Anne Angermann, Michael Beuschel, Martin Rau, Ulrich Wohlfarth
Matlab® – Simulink® – Stateflow®

D1618475

Weitere empfehlenswerte Titel

Matlab kompakt
Schweizer, 2013, 5.Aufl.
ISBN 978-3-486-72114-0, e-ISBN 978-3-486-73594-9

Signalverarbeitung mit MATLAB und Simulink
Hoffmann, 2012, 2. Aufl.
ISBN 978-3-486-70887-5, e-ISBN 978-3-486-71735-8

Einführung in Signale und Systeme
Hoffmann, 2013
ISBN 978-3-486-73085-2, e-ISBN 978-3-486-75523-7

Ereignisdiskrete Systeme
Puente León, 2013, 3.Aufl.
ISBN 978-3-486-73574-1, e-ISBN 978-3-486-76971-5

www.degruyter.com

Anne Angermann, Michael Beuschel,
Martin Rau, Ulrich Wohlfarth

Matlab® – Simulink® – Stateflow®

Grundlagen, Toolboxen, Beispiele

8. Auflage

DE GRUYTER
OLDENBOURG

Autoren

Dr.-Ing. Anne Angermann
Gräfelfing
angermann@matlabbuch.de

Dr. Michael Beuschel
Stammham
beuschel@matlabbuch.de

Dr. Martin Rau
Holzkirchen
rau@matlabbuch.de

Ulrich Wohlfarth
Westheim
wohlfarth@matlabbuch.de

MATLAB and Simulink are registered trademarks of The MathWorks, Inc. See, www.mathworks.com/trademarks for a list of additional trademarks. The MathWorks Publisher Logo identifies books that contain MATLAB and Simulink content. Used with permission. The MathWorks does not warrant the accuracy of the text or exercises in this book. This book's use or discussion of MATLAB and Simulink software or related products does not constitute endorsement or sponsorship by The MathWorks of a particular use of the MATLAB and Simulink software or related products.
For MATLAB® and Simulink® product information, or information on other related products, please contact:

The MathWorks, Inc.
3 Apple Hill Drive
Natick, MA, 01760-2098 USA
Tel: 508-647-7000; Fax: 508-647-7001
E-mail: info@mathworks.com; Web: www.mathworks.com

ISBN   978-3-486-77845-8
eISBN 978-3-486-85910-2

Bibliografische Information der Deutschen Nationalbibliothek
Die Deutsche Nationalbibliothek verzeichnet diese Publikation in der Deutschen Nationalbibliografie;
detaillierte bibliografische Daten sind im Internet über http://dnb.dnb.de abrufbar

Library of Congress Cataloging-in-Publication Data
A CIP catalog record for this book has been applied for at the Library of Congress.

© 2014 Oldenbourg Wissenschaftsverlag GmbH
Rosenheimer Straße 143, 81671 München, Deutschland
www.degruyter.com
Ein Unternehmen von De Gruyter

Lektorat: Dr. Gerhard Pappert
Herstellung: Tina Bonertz
Grafik: Irina Apetrei
Druck und Bindung: CPI buch bücher.de GmbH, Birkach
Gedruckt in Deutschland
Dieses Papier ist alterungsbeständig nach DIN/ISO 9706.

MIX
Papier aus verantwortungsvollen Quellen
FSC® C003147

Vorwort zur achten Auflage

Die 8. Auflage wurde im Hinblick auf das MATLAB Release 2013b vollständig überarbeitet. Schwerpunkte dabei waren geänderte Funktionen sowie die neue Benutzeroberfläche. Das Ergebnis ist ein kompaktes Lehrbuch für den Einsteiger und gleichzeitig ein übersichtliches Nachschlagewerk für den fortgeschrittenen MATLAB-Anwender.

Neben den überarbeiteten Beispielen, Übungsaufgaben und Lösungen steht auf der Internetseite **www.matlabbuch.de** auch wieder eine Bibliothek der Autoren mit nützlichen Extras für MATLAB und Simulink zur Verfügung. Diese Informationen finden sich auch auf der Homepage des De Gruyter Verlags **www.degruyter.com**.

Danken möchten wir zuallererst Herrn Professor i. R. Dierk Schröder für seine umfassende Unterstützung bei der Erstellung dieses Buches. Ausgehend von seiner Idee und seinem unermüdlichen Engagement, eine längst notwendige Vorlesung zum Softwarepaket MATLAB und Simulink für Studenten der Fachrichtungen Energietechnik, Automatisierungstechnik und Mechatronik ins Leben zu rufen, konnten wir in sehr freier und kollegialer Arbeitsweise ein Skriptum zu dieser Vorlesung erstellen.

Seit dem ruhestandsbedingten Wechsel kann dieses Engagement unter Leitung von Herrn Professor Ralph Kennel, Ordinarius des Lehrstuhls für Elektrische Antriebssysteme und Leistungselektronik der Technischen Universität München, in vollem Umfang fortgesetzt werden. Für seine immer wohlwollende Unterstützung sowie für die vertrauensvolle und angenehme Zusammenarbeit danken wir ihm daher sehr herzlich.

Die äußerst positive Resonanz von Studenten unterschiedlichster Fachrichtungen sowie zahlreiche Anfragen aus Forschung und Industrie ermutigten uns, das ursprüngliche Skriptum einem größeren Leserkreis zu erschließen und als Buch zu veröffentlichen. Aufgrund der regen Nachfrage erscheint dieses Buch nun bereits in seiner 8. Auflage. Nicht zuletzt danken wir daher unseren zahlreichen Lesern, allen Dozenten, Studenten und Kollegen, die uns dabei mit ihren Anregungen und ihrer stets wohlwollenden Kritik unterstützten und noch unterstützen werden.

Für Verbesserungvorschläge und Hinweise auf noch vorhandene Fehler sind wir jederzeit dankbar und werden sie auf der Internetseite **www.matlabbuch.de** neben weiteren aktuellen Informationen rund um MATLAB veröffentlichen.

Dem De Gruyter Verlag danken wir für die Bereitschaft, dieses Buch zu verlegen. Besonderer Dank gilt hierbei Herrn Dr. Pappert und Herrn Milla für ihre hilfreiche Unterstützung und für die Übernahme des Lektorats.

München

Anne Angermann
Michael Beuschel
Martin Rau
Ulrich Wohlfarth

Vorwort zur ersten Auflage

Das vorliegende Buch „Matlab – Simulink – Stateflow" wendet sich an *Studenten* und *Ingenieure*, die das Simulationswerkzeug MATLAB/Simulink effizient einsetzen wollen.

Zielsetzung dieses Buches ist es, dem Leser einen direkten Zugang zum Anwenden der umfangreichen Möglichkeiten dieses Programmpaketes zu ermöglichen. Es wird prägnant dargestellt, welche wesentlichen Funktionen in MATLAB und Simulink verfügbar sind – beispielsweise Ein- und Ausgabe, grafische Darstellungen oder die verschiedenen Toolboxen und Blocksets für die Behandlung zeitkontinuierlicher und zeitdiskreter linearer und nichtlinearer Systeme sowie ereignisdiskreter Systeme – und wie diese Funktionen zu nutzen sind. Dies wird außerdem an zahlreichen Beispielen erläutert. Um den Ansatz *prägnante Einführung* zu unterstützen, sind zudem zu jedem Abschnitt Übungsaufgaben mit deren Lösungen (...) beigefügt. Der Leser hat somit die Option, sein Verständnis des betreffenden Kapitels selbständig zu vertiefen und sofort praktisch zu überprüfen.

Um den Umfang dieses Buches zu begrenzen, sind keine theoretischen Abhandlungen z.B. über Integrationsverfahren, die Grundlagen der Regelungstechnik oder der Signalverarbeitung bzw. deren Implementierungen enthalten. Für den interessierten Leser finden sich jedoch in jedem Kapitel Hinweise auf vertiefende Literatur.

Ausgangspunkt dieses Buches war meine Überlegung, Studenten so früh wie möglich mit den Vorteilen des wertvollen Werkzeuges *Simulation* bekannt zu machen. Dies beginnt bei regelungstechnischen Aufgabenstellungen bereits bei der Modellbildung der Komponenten des betrachteten Systems und der Erstellung des Simulationsprogramms. Es setzt sich fort bei der Validierung der Modelle sowie der grafischen Veranschaulichung des Systemverhaltens in den verschiedenen Arbeitspunkten und bei unterschiedlichen Randbedingungen, etwa aufgrund variabler Parameter, der Systemanalyse, der Reglersynthese sowie der Optimierung des Gesamtsystems. Ausgehend von diesen Überlegungen wurde ein Konzept für dieses Buch erarbeitet, damit der Leser die verschiedenen Aufgabenstellungen möglichst anschaulich kennen lernt. Dieses Konzept wurde aufgrund langjähriger Erfahrung bei Vorlesungen, Studien- und Diplomarbeiten, Dissertationen und Industrieprojekten kontinuierlich verbessert.

Meine Mitarbeiter und ich hoffen, allen Interessierten in Studium und Beruf mit diesem Buch einen anschaulichen und effizienten Einstieg in die Simulation mit MATLAB und Simulink geben zu können.

München   Dierk Schröder

Inhaltsverzeichnis

1   Einführung

MATLAB ist ein umfangreiches Softwarepaket für numerische Mathematik. Wie der Name MATLAB, abgeleitet von MATrix LABoratory, schon zeigt, liegt seine besondere Stärke in der Vektor- und Matrizenrechnung. Unterteilt in ein Basismodul und zahlreiche Erweiterungspakete, so genannte Toolboxen, stellt MATLAB für unterschiedlichste Anwendungsgebiete ein geeignetes Werkzeug zur simulativen Lösung der auftretenden Problemstellungen dar.

Das **Basismodul** verfügt neben den obligatorischen Ein- und Ausgabefunktionen und Befehlen zur Programmablaufsteuerung über eine Vielzahl mathematischer Funktionen, umfangreiche zwei- und dreidimensionale Visualisierungsmöglichkeiten, objektorientierte Funktionalität für die Programmierung interaktiver Anwenderoberflächen und Schnittstellen zu Programmiersprachen (C, Fortran, Java) und Hardware.

Zusätzlich werden zahlreiche **Toolboxen (TB)** mit erweitertem Funktionsumfang angeboten. Im Rahmen dieses Buches werden die Toolboxen für Regelungstechnik, Control System Toolbox (Kap. 5), Signalverarbeitung, Signal Processing Toolbox (Kap. 6), und Optimierung, Optimization Toolbox (Kap. 7), vorgestellt. Eine Sonderstellung nimmt die Toolbox Simulink ein, die eine grafische Oberfläche zur Modellierung und Simulation physikalischer Systeme mittels Signalflussgraphen zur Verfügung stellt (Kap. 8–11). Hierzu kommt noch *Stateflow* (Kap. 12), eine Ergänzung zu Simulink (Blockset), mit dem endliche Zustandsautomaten modelliert und simuliert werden können.

Das vorliegende Buch soll Einsteigern einen raschen und intuitiven Zugang zu MATLAB vermitteln, sowie erfahrenen Anwendern eine Vertiefung ihres Wissens ermöglichen. Zahlreiche Programmbeispiele aus den Gebieten Elektrotechnik, Mechanik, Regelungstechnik und Physik veranschaulichen das Gelesene und können selbst nachvollzogen werden. Am Ende der einzelnen Abschnitte finden sich die jeweils wichtigsten Befehle in tabellarischen Übersichten zusammengefasst, um allen MATLAB-Anwendern im Sinne eines kompakten Nachschlagewerks zu dienen.

In **Kapitel 2 – MATLAB Grundlagen** wird ein Einstieg in die grundlegende Programmierung mit MATLAB gegeben. Alle wichtigen Typen von Variablen, mathematischen Funktionen und Konstrukte zur Programmablaufsteuerung werden erklärt. Besonders wird die Möglichkeit hervorgehoben, den Funktionsumfang von MATLAB durch selbst geschriebene Funktionen zu erweitern und umfangreiche Berechnungen in MATLAB-Skripts zu automatisieren. In **Kapitel 3 – Eingabe und Ausgabe in MATLAB** liegt der Schwerpunkt auf den Visualisierungsfunktionen: Ein- und Ausgabe von Daten am Command Window, zwei- und dreidimensionale Grafikfunktionen für die Darstellung von Daten und Berechnungsergebnissen und der Import und Export von Daten. Ferner wird in die Programmierung von grafischen Benutzeroberflächen, so genannten Graphical User Interfaces (GUI) zur benutzerfreundlichen Gestaltung von MATLAB-

Programmen eingeführt. Das **Kapitel 4 – Differentialgleichungen in MATLAB** führt in die numerische Lösung von Differentialgleichungen ein, wofür in MATLAB effiziente Algorithmen implementiert sind. Die Lösung von Anfangswertproblemen mit und ohne Unstetigkeiten, von differential-algebraischen Gleichungen (DAE), von Differentialgleichungen mit Totzeiten (DDE), von Randwertproblemen und von einfachen partiellen Differentialgleichungen (PDE) wird behandelt.

Nachdem nun alle wichtigen Grundfunktionen von MATLAB bekannt sind, erfolgt in **Kapitel 5 – Regelungstechnische Funktionen** eine detaillierte Darstellung der Fähigkeiten der Control System Toolbox. Dieses wichtige Thema beinhaltet alle Schritte von der Darstellung linearer zeitinvarianter Systeme als LTI-Objekt über deren Manipulation und Analyse bis zum Reglerentwurf. Hervorgehoben sei hier die sehr gute Verknüpfungsmöglichkeit der Control System Toolbox mit der grafischen Erweiterung Simulink zur Programmierung und Untersuchung dynamischer Systeme.

Die digitale Signalverarbeitung ist für viele Disziplinen der Ingenieurwissenschaften relevant und wird durch die Behandlung der Signal Processing Toolbox in **Kapitel 6 – Signalverarbeitung** berücksichtigt. Es werden numerische Verfahren zur Interpolation abgetasteter Signale, zur Spektralanalyse und Korrelation sowie zur Signalmanipulation durch analoge und digitale Filter behandelt.

Viele Problemstellungen erfordern die Minimierung oder Maximierung mehr oder weniger komplexer Funktionen. Da dies häufig nur numerisch möglich ist, wird in **Kapitel 7 – Optimierung** die Optimization Toolbox mit ihren Algorithmen zur Nullstellensuche und Minimierung bzw. Maximierung behandelt. Insbesondere wird auf die Minimierung unter Nebenbedingungen, die Methode der kleinsten Quadrate, die lineare Programmierung und die Optimierung der Reglerparameter eines Simulink-Modells eingegangen.

Nun erfolgt der Übergang zur grafischen Erweiterung **Simulink**, das zur grafischen Modellierung und Simulation dynamischer Systeme konzipiert ist und nahtlos mit allen Grundfunktionen und Toolboxen von MATLAB zusammenarbeitet. Das **Kapitel 8 – Simulink Grundlagen** stellt einen Einstieg in die blockorientierte grafische Programmierumgebung mit den zugehörigen Funktionsbibliotheken dar. Die Erstellung von Modellen wird von Anfang an erklärt. Ferner werden alle wichtigen Datentypen, Simulationsparameter und Tools für Verwaltung und Hierarchiebildung behandelt. In den **Kapiteln 9 – Lineare und nichtlineare Systeme in Simulink** und **10 – Abtastsysteme in Simulink** wird jeweils auf typisch vorkommende Systemklassen näher eingegangen. In **Kapitel 11 – Regelkreise in Simulink** erfolgt ein kompletter Reglerentwurf mit anschließender Simulation für eine Gleichstrom-Nebenschluss-Maschine, wodurch vor allem das Zusammenspiel zwischen der Control System Toolbox und Simulink aufgezeigt wird.

Das abschließende **Kapitel 12 – Stateflow** behandelt die Modellierung und Simulation ereignisdiskreter endlicher Zustandsautomaten. Diese Klasse von Systemen tritt häufig bei der Steuerung und Überwachung technischer Prozesse auf. Durch die Kombination mit Simulink lassen sich gemischt kontinuierliche und ereignisdiskrete Modelle erstellen.

Für eine übersichtliche Darstellung werden folgende **Schriftkonventionen** verwendet: Variablen werden *kursiv* geschrieben und optionale Parameter in eckigen Klammern [ ] angegeben. Die Kennzeichnung der MATLAB-Befehle, der Ein- und Ausgaben sowie der Dateinamen erfolgt durch `Schreibmaschinenschrift`.

Auf der Internetseite **www.matlabbuch.de** stehen aktuelle Informationen zum Buch sowie rund um MATLAB zur Verfügung. Dort findet sich auch der Programm-Code aller im Buch gezeigten Beispiele und eine kommentierte Musterlösung zu den Übungsaufgaben (einschließlich der zugehörigen MATLAB- und Simulink-Dateien). Zudem kann eine **Extra-Bibliothek** (`userlib`) heruntergeladen werden, welche eine Auswahl nützlicher MATLAB-Funktionen und Simulink-Blöcke der Autoren enthält. Diese Informationen finden sich auch auf der Homepage des De Gruyter Verlags **www.degruyter.com** nach Eingabe des Buchtitels in das Suchfeld.

2 MATLAB Grundlagen

2.1 Erste Schritte mit MATLAB

Zum Starten von MATLAB wird die Datei `matlab.exe` aufgerufen. Beendet wird MATLAB durch Schließen des MATLAB-*Desktops*, durch Eingabe der Befehle `quit` bzw. `exit` oder mit der Tastenkombination *Strg + Q*.

2.1.1 Der MATLAB-Desktop

Nach dem Starten von MATLAB erscheint der so genannte MATLAB-*Desktop*, eine integrierte Entwicklungsumgebung. Abbildung 2.1 zeigt eine mögliche Konfiguration:

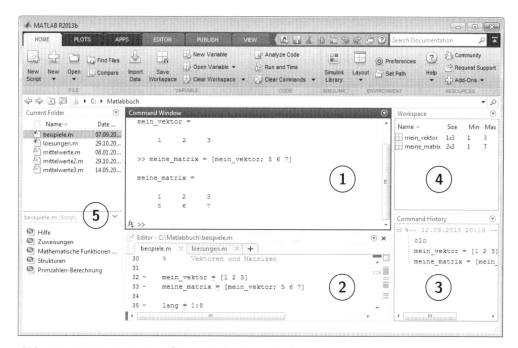

Abb. 2.1: MATLAB-*Desktop (Beispiel-Konfiguration)*

Command Window ①: Dieser Bereich stellt das Kernstück von MATLAB dar. Hier werden alle Eingaben in den so genannten *Workspace* gemacht und die Berechnungen ausgegeben. Der Prompt >> signalisiert die Eingabebereitschaft. Jede Eingabe wird mit

der Return-Taste abgeschlossen. Die Regel „Punkt vor Strich" sowie Klammern gelten
wie gewohnt. Zahlen können auch mit Exponent e (bzw. E) eingegeben werden.

```
>> (40^3 + 3*2e3) / 7
ans =
        10000
```

Tippt man die ersten Buchstaben eines gesuchten Befehls ein, erhält man mit der
Tabulator-Taste eine Liste der passenden MATLAB-Befehle.

Editor ②: Mit dem MATLAB-Editor können Skripts und Funktionen erstellt und
bearbeitet werden. Er bietet neben den Funktionen zum Editieren von Text die bei
einer Programmier-Umgebung üblichen Möglichkeiten zum schrittweisen Abarbeiten
des Programm-Codes, zur Syntax-Prüfung, zum Debuggen von Fehlern etc.

Command History ③: Hier werden die im Command Window eingegebenen Befehle
gespeichert und angezeigt. Durch Doppelklicken können die Befehle wiederholt werden;
auch lassen sich einzelne oder mehrere Befehle ausschneiden, kopieren oder löschen.
Gespeicherte Befehle können im Command Window ebenso mit den Kursortasten ↑
und ↓ abgerufen werden; tippt man zuvor den Beginn der gesuchten Befehlszeile ein,
erscheinen nur die passenden Befehle.

Workspace Browser ④: Hier werden alle im Workspace existierenden Variablen
mit Namen und Wert angezeigt. Über das Kontextmenü der Namensleiste lassen sich
weitere Eigenschaften wie Größe und Datentyp (`Class`) sowie statistische Größen (`Min`,
`Max`, etc.) auswählen. Zusätzlich lassen sich Variablen als Datei abspeichern, aus Dateien
einlesen, grafisch ausgeben oder mittels des Variable Editors einfach verändern.

Current Folder Browser ⑤: Mittels des Current Folder Browsers lassen sich das
gerade aktuelle Verzeichnis des Workspace einsehen oder ändern, Dateien öffnen, Verzeichnisse erstellen und andere typische Verwaltungs-Aufgaben durchführen.

Tabs und Toolstrip: Im oberen Bereich des Desktops befindet sich der *Toolstrip*,
der durch *Tabs* umgeschaltet und mit ◣ und ◢ zu- und aufgeklappt werden kann. Die
verfügbaren Tabs passen sich automatisch dem gerade aktiven Fenster an:

HOME ermöglicht das Öffnen, Erstellen und Verwalten von Dateien und enthält häufig
   genutzte Funktionen für die Arbeit mit Daten und MATLAB-Skripts. Darüber
   hinaus lassen sich das Layout des Desktops sowie grundlegende Einstellungen
   (*Preferences*) verändern.

PLOTS bietet eine schnelle grafische Darstellung von Daten (Details siehe Seite 55).

APPS enthält Links auf interaktive Werkzeuge der installierten Toolboxen.

EDITOR ist eine erweiterte Version von *HOME* zum Editieren, Debuggen und Ausführen
   von MATLAB-Skripts (siehe auch Kap. 2.4).

PUBLISH enthält Werkzeuge zur einfachen Dokumentation von MATLAB-Skripts.

VIEW ermöglicht verschiedene Anordnung der Fenster bei der gleichzeitigen Arbeit mit mehreren Dateien oder Variablen. Ebenso kann hier die Anzeige im MATLAB-Editor angepasst werden (siehe auch Kap. 2.4).

SHORTCUTS lassen sich mit häufig genutzen MATLAB-Befehlen belegen. Sie werden mit dem Button 🖹 erstellt und dann in einem zusätzlichen Tab angezeigt (in Abb. 2.1 nicht sichtbar).

Das Aussehen des Desktops kann auf vielfältige Weise individuell angepasst werden. Die einzelnen Fenster lassen sich durch Ziehen der Titelleisten mit der Maus neu anordnen. Im Tab *HOME/Layout* können die einzelnen Fenster zu- und abgeschaltet werden. Über ⊙ kann ein Kontextmenü geöffnet werden und dort mit *Undock* das aktuelle Fenster vom Desktop separiert bzw. mit *Dock* wieder dort integriert werden. Ebenso lassen sich dort Desktop-Layouts speichern. Auf diese Weise gespeicherte sowie verschiedene Standard-Layouts können jederzeit wiederhergestellt werden.

2.1.2 Die MATLAB-Hilfe

MATLAB stellt eine umfangreiche Hilfe zur Verfügung. Mit `help` *[befehl]* kann die Hilfe zu einem Befehl direkt im Command Window aufgerufen und dort ausgegeben werden.

```
>> help sqrt
 SQRT   Square root.
    SQRT(X) is the square root of the elements of X. Complex
    results are produced if X is not positive.

    See also sqrtm, realsqrt, hypot.

    Reference page in Help browser
       doc sqrt
```

Alternativ kann der Hilfe-Browser (siehe Abb. 2.2) im Tab *HOME/Help*, den Button ⑦ im MATLAB-Desktop oder über `doc` *befehl* aufgerufen werden. Mit dem Befehl `lookfor` *suchstring* kann auch die erste Kommentarzeile aller MATLAB-Dateien im MATLAB-Pfad nach *suchstring* durchsucht werden.

Abb. 2.2: MATLAB-*Hilfe-Browser*

Die Verwendung der MATLAB-Hilfe empfiehlt sich insbesondere bei der Suche nach neuen Befehlen und Funktionen. Oft finden sich am Ende des Hilfetextes Querverweise auf verwandte oder ergänzende Funktionen.

Hilfe

help [*befehl*]	MATLAB Online-Hilfe im Command Window
doc [*befehl*]	MATLAB Online-Hilfe im Hilfe-Browser ❓
lookfor *suchstring*	Suche in erster Kommentarzeile aller MATLAB-Dateien

---

2.1.3 Zuweisungen

Mit = wird in MATLAB eine Variable definiert und ihr ein Wert zugewiesen.[1] Eine vorherige Deklaration der Variablen ist nicht erforderlich. Die Eingabe des Variablennamens ohne Zuweisung gibt den aktuellen Wert der Variablen aus.

Alle Variablen bleiben im so genannten *Workspace* sichtbar, bis sie gelöscht werden oder MATLAB beendet wird. Variablennamen[2] können aus bis zu 63 Buchstaben oder (mit Ausnahme des ersten Zeichens) Zahlen sowie Unterstrichen (_) bestehen. Groß- und Kleinschreibung wird berücksichtigt.

Die Ausgabe eines Ergebnisses lässt sich z.B. bei Aneinanderreihung mehrerer Anweisungen mit Semikolon (;) unterdrücken. Ein Komma (,) zur Trennung von Anweisungen dagegen gibt das Ergebnis aus. Entfällt das Komma am Zeilenende, wird das Ergebnis ebenfalls ausgegeben.

```
>> variable_1 = 25; variable_2 = 10;
>> variable_1
variable_1 =
    25
>> a = variable_1 + variable_2, A = variable_1 / variable_2
a =
    35
A =
    2.5000
```

Bestimmte Variablennamen, wie pi, i, j, inf sind reserviert[3] und sollten daher nicht anders belegt werden; eps bezeichnet die relative Fließkomma-Genauigkeit (z.B. eps = 2.2204e-016). Bei mathematisch nicht definierten Operationen (z.B. 0/0) wird NaN (*Not a Number*) ausgegeben.

```
>> 1 / 0
ans =
    Inf
```

---

[1] Ohne Zuweisung speichert MATLAB das Ergebnis in der Variablen **ans** (siehe Beispiel auf Seite 6).

[2] Variablen dürfen nicht namensgleich mit MATLAB-Funktionen und selbst geschriebenen Funktionen sein. Im Zweifelsfall wird eine Überschneidung mit **which -all** *name* angezeigt.

[3] Für die Eulersche Zahl ist keine Variable reserviert; sie kann aber mit **exp(1)** erzeugt werden.

Zuweisungen			
`=`	Variablenzuweisung	`;`	Unterdrückung der Ausgabe
		`,`	Ausgabe (aneinander gereihte Befehle)

Vorbelegte Variablen und Werte			
`pi`	Kreiszahl π	`ans`	Standard-Ausgabevariable
`i,j`	Imaginäre Einheit $\sqrt{-1}$	`eps`	relative Fließkomma-Genauigkeit
`inf`	Unendlich ∞	`NaN`	Not a Number (ungültiges Ergebnis)

2.1.4 Mathematische Funktionen und Operatoren

In MATLAB steht eine Vielzahl mathematischer Funktionen zur Verfügung; einige sind im Folgenden zusammengestellt. Eine weiterführende Übersicht erhält man durch Eingabe von `help elfun` und `help datafun`. Alle aufgeführten Funktionen können auch auf Vektoren und Matrizen angewandt werden (diese werden in Kap. 2.2.2 behandelt).

Mathematische Funktionen und Operatoren			
`+ - * / ^`	Rechenoperatoren	`exp(`x`)`	Exponentialfunktion
`mod(`x,y`)`	x Modulo y	`log(`x`)`	Natürlicher Logarithmus
`rem(`x,y`)`	Rest nach Division x/y	`log10(`x`)`	Zehner-Logarithmus
`sqrt(`x`)`	Quadratwurzel	`erf(`$x/\sqrt{2}$`)`	Normalverteilung $\int_{-x}^{x}\varphi(x)dx$
`abs(`x`)`	Betrag	`real(`x`)`	Realteil
`sign(`x`)`	Signum (Vorzeichen)	`imag(`x`)`	Imaginärteil
`round(`x`)`	Runden	`conj(`x`)`	komplexe Konjugation
`ceil(`x`)`	Runden nach oben	`angle(`x`)`	Phase einer
`floor(`x`)`	Runden nach unten		komplexen Zahl
Trigonometrische Funktionen			
`sin(`x`)`	Sinus	`tan(`x`)`	Tangens
`cos(`x`)`	Cosinus	`cot(`x`)`	Cotangens
`sind(`x`)`	Sinus (x in Grad)	`atan(`y/x`)`	Arcus-Tangens $\pm\,\pi/2$
`cosd(`x`)`	Cosinus (x in Grad)	`atan2(`y,x`)`	Arcus-Tangens $\pm\,\pi$

2.2 Variablen

Um umfangreiche Daten effizient zu verarbeiten, bietet MATLAB für Variablen unterschiedliche Datentypen an. Aus allen Datentypen können Arrays erzeugt werden. Im Folgenden wird die Verwendung solcher Variablen sowie zugehöriger Funktionen und Operatoren erläutert. Für den schnellen Einstieg kann jedoch Kap. 2.2.1 übersprungen werden, da MATLAB in aller Regel automatisch mit geeigneten Datentypen arbeitet.

2.2.1   Datentypen in MATLAB

Standardmäßig verwendet MATLAB den **Fließkomma**-Datentyp `double` (64 Bit) und wandelt Daten vor Rechenoperationen falls nötig dahin um. Der Typ `single` (32 Bit) erlaubt die kompakte Speicherung großer Fließkomma-Daten. Eine beliebige Variable wird z.B. mit $klein = $ `single` $(gross)$ in den Typ `single` umgewandelt.

Als **Festkomma**-Datentypen stehen `int8`, `int16`, `int32` und `int64` für vorzeichenbehaftete sowie `uint8`, `uint16`, `uint32` und `uint64` für Zahlen ≥ 0 zur Verfügung. Diese Datentypen dienen der Modellierung von Festkomma-Arithmetik in MATLAB oder der Einsparung von Arbeitsspeicher, bringen jedoch in der Regel keinen Gewinn an Laufzeit. Als weitere Datentypen stehen `logical` für logische Ausdrücke und `char` (16 Bit!) für Strings zur Verfügung. Die erzwungene Typumwandlung erfolgt wie oben gezeigt.

Bei Festkomma-Rechenoperationen müssen alle Operanden denselben (!) Integer-Typ besitzen oder vom Typ `double` sein; andere Datentypen müssen vorher entsprechend umgewandelt werden. Das Ergebnis wird trotzdem immer als Integer ausgegeben!

Achtung: *Das Ergebnis von Integer-Rechenoperationen wird nach unten oder oben gerundet und auf den größten bzw. kleinsten Festkomma-Wert begrenzt! Dies gilt auch für alle Zwischenergebnisse innerhalb eines Rechenausdrucks.*

Im Folgenden werden die automatisch zugewiesenen Standard-Datentypen `double` bzw. `char` verwendet; eine Deklaration oder Umwandlung ist in der Regel **nicht** erforderlich.

Datentypen	
`double` (x),	Fließkomma (Standard für Zahlen)
`single` (x)	Fließkomma kompakt
`int8` (x), `int16` (x), ... `int64` (x)	Festkomma mit Vorzeichen
`uint8` (x), `uint16` (x), ... `uint64` (x)	Festkomma ohne Vorzeichen
`char` (x)	Zeichen (Standard für Strings)
`logical` (x)	Logischer Ausdruck

2.2.2   Vektoren und Matrizen

Die einfachste Art, einen Vektor bzw. eine Matrix zu erzeugen, ist die direkte Eingabe innerhalb eckiger Klammern `[]`. Spalten werden durch Komma (`,`) oder Leerzeichen[4] getrennt, Zeilen durch Semikolon (`;`) oder durch Zeilenumbruch.

```
>> mein_vektor = [1 2 3]
mein_vektor =
     1     2     3
>> meine_matrix = [mein_vektor; 5 6 7]
meine_matrix =
     1     2     3
     5     6     7
```

---

[4] In fast allen anderen Fällen werden Leerzeichen von MATLAB ignoriert.

Vektoren mit fortlaufenden Elementen können besonders einfach mit dem Doppelpunkt-Operator (*start* : [*schrittweite* :]*ziel*) erzeugt werden. Wird nur *start* und *ziel* angegeben, wird die Schrittweite zu +1 gesetzt. Das Ergebnis ist jeweils ein Zeilenvektor.

```
>> lang = 1:8
lang =
     1     2     3     4     5     6     7     8
>> tief = 10:-2:0
tief =
    10     8     6     4     2     0
```

Des Weiteren stehen die Befehle `linspace` (*start*, *ziel*, *anzahl*) und `logspace` für linear bzw. logarithmisch gestufte Vektoren zur Verfügung. Bei `logspace` werden *start* und *ziel* als Zehnerexponent angegeben, d.h. statt $100 (= 10^2)$ wird lediglich 2 eingegeben.

```
>> noch_laenger = linspace (1, 19, 10)
noch_laenger =
     1     3     5     7     9    11    13    15    17    19
>> hoch_hinaus = logspace (1, 2, 5)
hoch_hinaus =
   10.0000   17.7828   31.6228   56.2341  100.0000
```

Die Funktionen `ones` (*zeilen*, *spalten*) und `zeros` (*zeilen*, *spalten*) erzeugen Matrizen mit den Einträgen 1 bzw. 0. Analog lassen sich Matrizen höherer Dimensionen erstellen. Optional kann ein Datentyp aus Kap. 2.2.1 angegeben werden: `zeros` (*zeilen*, *spalten*, *typ*). Der Befehl `eye` (*zeilen*) erzeugt eine Einheitsmatrix (Spaltenzahl = Zeilenzahl).

```
>> zwei_mal_drei = ones (2, 3)
zwei_mal_drei =
     1     1     1
     1     1     1
```

Der Zugriff auf einzelne Elemente von Vektoren und Matrizen erfolgt durch Angabe der Indizes. Der kleinste Index ist 1 (nicht 0)! Insbesondere zur Ausgabe einzelner Zeilen bzw. Spalten eignet sich der Doppelpunkt-Operator, wobei ein allein stehender Doppelpunkt alle Elemente der zugehörigen Zeile bzw. Spalte adressiert.

```
>> meine_matrix (2, 3)
ans =
     7
>> meine_matrix (2, :)
ans =
     5     6     7
```

Sehr nützlich ist auch der Befehl `end`, der den Index des letzten Eintrags eines Vektors bzw. einer Matrix bezeichnet.

```
>> meine_matrix (end)
ans =
     7
>> meine_matrix (end, :)
ans =
     5     6     7
```

```
>> M = meine_matrix;
>> M (:, end+1) = [10; 11]
M =
     1     2     3    10
     5     6     7    11
```

Ein hilfreicher Befehl zum Erzeugen von Testdaten und Rauschsignalen ist der Befehl
rand (*zeilen, spalten*), der eine Matrix mit gleichverteilten Zufallswerten zwischen 0
und 1 ausgibt. Analog erzeugt randn (*zeilen, spalten*) normalverteilte Zufallswerte mit
dem Mittelwert 0 und der Standardabweichung 1. Weitere Befehle siehe help elmat.

```
>> zufall = rand (2, 3)
zufall =
    0.8381    0.6813    0.8318
    0.0196    0.3795    0.5028
```

Vektoren und Matrizen

[*x*1 *x*2 ... ; *x*3 *x*4 ...]	Eingabe von Vektoren und Matrizen
start:[*schrittweite*:]*ziel*	Doppelpunkt-Operator (erzeugt Zeilenvektor)
linspace (*start, ziel, anzahl*)	Erzeugung linearer Vektoren
logspace (*start, ziel, anzahl*)	Erzeugung logarithmischer Vektoren
eye (*zeilen*)	Einheitsmatrix
ones (*zeilen, spalten* [, *typ*])	Matrix mit Einträgen 1
zeros (*zeilen, spalten* [, *typ*])	Matrix mit Einträgen 0
rand (*zeilen, spalten*)	Matrix mit Zufallswerten zwischen 0 und 1
randn (*zeilen, spalten*)	Matrix mit normalverteilten Zufallswerten

---

2.2.3 Mathematische Funktionen und Operatoren für Vektoren und Matrizen

Viele mathematische Operatoren können auch auf Vektoren und Matrizen angewandt
werden. Die Multiplikation mit * wirkt dann als Vektor- bzw. Matrixprodukt; mit ^
wird eine quadratische Matrix potenziert. Die Linksdivision A\b liefert die Lösung **x**
des linearen Gleichungssystems $\mathbf{A} \cdot \mathbf{x} = \mathbf{b}$ (ggf. mittels *least squares*-Optimierung).

Die Transponierte eines Vektors bzw. einer Matrix wird durch transpose oder .' erzeugt. Für die konjugiert-komplexe Transposition steht der Befehl ctranspose oder '
zur Verfügung. Für reellwertige Größen liefern beide Operatoren dasselbe Ergebnis.

```
>> zwei_mal_drei * meine_matrix'
ans =
     6    18
     6    18
```

Soll eine der Operationen * / ^ elementweise ausgeführt werden, wird dem Operator
ein Punkt (.) vorangestellt. Operationen mit Skalaren sowie mit + und − werden immer
elementweise ausgeführt.

```
>> zwei_mal_drei ./ meine_matrix
ans =
    1.0000    0.5000    0.3333
    0.2000    0.1667    0.1429
```

Natürlich funktioniert dies auch bei Matrizen mit komplexen Werten:

```
>> komplex = [1+i 1-i; 2 3]
komplex =
    1.0000 + 1.0000i    1.0000 - 1.0000i
    2.0000              3.0000

>> komplex .* komplex
ans =
         0 + 2.0000i         0 - 2.0000i
    4.0000              9.0000
```

Der Befehl `diff` (*vektor* [, *n*]) berechnet den Differenzenvektor (*n*-fache numerische Differentiation). Mit `conv` (*vektor*1, *vektor*2) werden zwei Vektoren gefaltet. Wenn beide Vektoren die Koeffizienten eines Polynoms enthalten, entspricht das Ergebnis den Koeffizienten nach einer Multiplikation beider Polynome.

```
>> diff (mein_vektor)
ans =
    1    1
```

Der Befehl `inv` (*matrix*) invertiert eine quadratische Matrix; die Befehle `det` und `eig` bestimmen deren Determinante und Eigenwerte. Der Rang einer Matrix wird mit `rank` (*matrix*) berechnet.

```
>> quadratische_matrix = [2 1; 4 9]
quadratische_matrix =
    2    1
    4    9
>> det (quadratische_matrix)
ans =
   14
>> rank (quadratische_matrix)
ans =
    2
>> eig (quadratische_matrix)
ans =
    1.4689
    9.5311
```

Werden die nachstehenden Vektorbefehle wie `min`, `sum`, `sort` etc. auf Matrizen angewandt, wirken sie spaltenweise, d.h. für jede Spalte wird eine separate Berechnung durchgeführt und das Ergebnis als Vektor ausgegeben.

Funktionen und Operatoren für Vektoren und Matrizen

`*  ^  \`	Vektor- bzw. Matrixoperatoren, Linksdivision
`.*  .^  ./`	Elementweise Operatoren
$matrix$ `.'`, `transpose`$(matrix)$	Transponierte
$matrix$ `'`, `ctranspose`$(matrix)$	Transponierte (konjugiert komplex)
`diff`$(vector\,[, n])$	n-facher Differenzenvektor (Standard $n = 1$)
`conv`$(vector1,\ vector2)$	Faltung (Polynom-Multiplikation)
$sortiert$ `= sort`$(vector)$	Sortieren in aufsteigender Reihenfolge

Weitere Funktionen

`min`(vec)	kleinstes Vektorelement	`inv`(m)	Inverse einer Matrix
`max`(vec)	größtes Vektorelement	`det`(m)	Determinante
`mean`(vec)	Mittelwert	`eig`(m)	Eigenwerte
`std`(vec)	Standardabweichung	`rank`(m)	Rang
`sum`(vec)	Summe der Vektorelemente	`cumsum`(v)	Kumulierte Summe
`prod`(vec)	Produkt der Vektorelemente	`cumprod`(v)	Kumuliertes Produkt

2.2.4   Strukturen

Variablen können zu so genannten *Strukturen* zusammengestellt werden, um komplexe Daten übersichtlich zu verwalten. Dabei ist jedem Feld ein Name zugeordnet, der als *String*[5] zwischen einfache Anführungszeichen (' ') gesetzt wird. Eine Struktur wird mit dem Befehl `struct` ('*name1*', *wert1*, '*name2*', *wert2*, ...) oder mit einem Punkt (`.`) als Separator erzeugt.

```
>> meine_struktur = struct ('daten', meine_matrix, 'groesse', [2 3]);
```

Der Zugriff auf die Daten erfolgt ebenfalls mittels eines Punktes als Separator.

```
>> meine_struktur.daten(1,:)
ans =
     1     2     3
```

Geschachtelte Strukturen sind ebenfalls möglich, wie das folgende Beispiel zeigt: Eine Struktur `komponist` wird angelegt und ihrem Feld `name` der String 'Johann Sebastian Bach' zugewiesen. Eine zweite Struktur namens `datum` mit den drei Feldern `Tag`, `Monat` und `Jahr` enthält die entsprechenden Geburtsdaten. Anschließend wird die Struktur `datum` dem neu erzeugten Feld `geboren` der Struktur `komponist` zugewiesen.

```
>> komponist = struct ('name', 'Johann Sebastian Bach');
>> datum.Tag = 21;
>> datum.Monat = 'März';
>> datum.Jahr = 1685;
>> komponist.geboren = datum;
```

---

[5] Siehe auch weitere Ausführungen zum Thema Strings in Kap. 3.2.1.

Die Struktur `komponist` soll nun einen zweiten Eintrag mit dem String `'Wolfgang Amadeus Mozart'` als Wert für das Feld `name` erhalten. Die Werte für das Feld `geboren` werden nun direkt eingegeben (dies wäre oben ebenfalls möglich gewesen).

```
>> komponist(2).name = 'Wolfgang Amadeus Mozart';
>> komponist(2).geboren.Tag = 27;
>> komponist(2).geboren.Monat = 'Januar';
>> komponist(2).geboren.Jahr = 1756;
```

Die Struktur `komponist` ist nun eine vektorwertige Struktur, deren einzelne Elemente wie Vektoren behandelt werden können. Indizes, die auf die Strukturelemente verweisen, stehen unmittelbar nach dem Namen der Struktur.

```
>> komponist(2)
ans =
        name: 'Wolfgang Amadeus Mozart'
     geboren: [1x1 struct]

>> komponist(2).geboren
ans =
       Tag: 27
     Monat: 'Januar'
      Jahr: 1756
```

2.2.5   Cell Arrays

Noch eine Stufe allgemeiner gehalten sind so genannte *Cell Arrays*. Dies sind multidimensionale Arrays, die in jeder einzelnen Zelle Daten unterschiedlicher Datentypen enthalten können. Erzeugt werden Cell Arrays mit dem Befehl `cell` oder durch Einschließen der Elemente bzw. Indizes in geschweifte Klammern { }.

Die einzelnen Elemente eines Cell Arrays werden ebenso wie normale Vektoren oder Matrizen adressiert, nur werden statt runder Klammern geschweifte Klammern verwendet, z.B. `zelle{1,2}`.[6] Im Folgenden wird ein leeres 2×3-Cell Array namens `zelle` erzeugt:

```
>> zelle = cell (2, 3)
zelle =
     []     []     []
     []     []     []
```

Nun werden den einzelnen Zellen die folgenden Werte zugewiesen:

```
>> zelle {1, 1} = 'Zelle {1, 1} ist ein Text';
>> zelle {1, 2} = 10;
>> zelle {1, 3} = [1 2; 3 4];
>> zelle {2, 1} = komponist (2);
>> zelle {2, 3} = date;
```

---

[6] Die einzelnen Zellen eines (beliebigen) Array-Typs können auch mit nur einem Index adressiert werden. Für ein zweidimensionales $m \times n$-Array ist `zelle{k,j}` gleichbedeutend mit `zelle{(j-1)*m+k}` (siehe auch Befehle `ind2sub` und `sub2ind`). Die Reihenfolge der Elemente kann mit : ausgegeben werden, z.B. `meine_matrix(:)`.

Die Eingabe des Namens des Cell Arrays zeigt seine Struktur. Den Inhalt einer oder mehrerer Zellen erhält man durch die Angabe ihrer Indizes (kein Leerzeichen vor der geschweiften Klammer { verwenden!). Verschachtelte Strukturen werden wie oben gezeigt angesprochen.

```
>> zelle
zelle =
    [1x25 char   ]    [10]    [2x2 double]
    [1x1  struct]     []      '25-Jun-2011'

>> zelle{2, 3}                              % kein Leerzeichen vor { !
ans =
25-Jun-2011

>> zelle{2, 1}.geboren.Monat               % kein Leerzeichen vor { !
ans =
Januar
```

Cell Arrays eignen sich insbesondere auch zum Speichern unterschiedlich langer Strings. Werden Strings dagegen in einem normalen `char`-Array gespeichert, müssen alle Einträge dieselbe Anzahl an Zeichen aufweisen. Diese Einschränkung lässt sich mit einem Cell Array umgehen.

Strukturen und Cell Arrays	
struct ('n1', w1, 'n2', w2, ...)	Erzeugen einer Struktur
struktur . *name*	Zugriff auf Element *name*
zelle = {*wert*}	Erzeugen eines Cell Arrays
zelle {*index*} = *wert*	Erzeugen eines Cell Arrays
cell (*n*)	Erzeugen eines $n \times n$-Cell Arrays
cell (*m*, *n*)	Erzeugen eines $m \times n$-Cell Arrays

2.2.6   Mehrdimensionale Arrays

Viele MATLAB-Befehle verarbeiten auch mehrdimensionale Variablen. Am einfachsten werden solche Arrays erzeugt, indem bei der Zuweisung drei oder mehr Indizes verwendet werden. Befehle wie `zeros`, `ones`, `rand` oder `randn` sind ebenfalls verwendbar.

```
>> multi (:,:,2) = meine_matrix
multi(:,:,1) =
     0     0     0
     0     0     0
multi(:,:,2) =
     1     2     3
     5     6     7
```

Wird aus solch einem Array dann eine Teilmatrix extrahiert, behält MATLAB die höheren Dimensionen. Dies kann bei weiteren Rechenoperationen zu Fehlermeldungen führen:

```
>> teil = multi (2,2:3,:)
teil(:,:,1) =
     0     0
teil(:,:,2) =
     6     7
>> [1 2] * teil
??? Error using ==> mtimes
Input arguments must be 2-D.
```

In diesem Fall kann der Befehl `squeeze` (m) alle überflüssigen Dimensionen (d.h. alle Dimensionen mit der Länge 1) entfernen:

```
>> teil = squeeze (teil)
teil =
     0     6
     0     7
>> [1 2] * teil
ans =
     0    20
```

Auf andere Weise hilfreich ist der Befehl `reshape` $(m, zeilen, spalten)$, mit dem sich der Inhalt eines Arrays m auf eine neue Anzahl von Zeilen und Spalten verteilen lässt.[7] Die Anzahl der Elemente muss dabei ohne Rest aufteilbar sein. Optional kann eine Dimension auch unbestimmt bleiben (leere Klammern []). Um „Überraschungen" zu vermeiden, sollte das Ergebnis bei diesem Befehl aber immer gründlich geprüft werden.

```
>> reshape (multi, 2, [])
ans =
     0     0     0     1     2     3
     0     0     0     5     6     7
```

Mehrdimensionale Arrays	
`squeeze` (m)	Entfernen überzähliger Dimensionen ≥ 3
`reshape` $(m, zeilen, spalten)$	Ändern der Zeilen- und Spaltenzahl

---

2.2.7   Verwalten von Variablen

Im Folgenden werden Befehle vorgestellt, die Informationen über Art, Größe und Speicherbedarf von Variablen liefern sowie das Löschen von Variablen erlauben.

Mit dem Befehl `size` $(variable)$ lässt sich die Dimension eines Vektors bzw. einer Matrix bestimmen.

```
>> size (meine_matrix)
ans =
     2     3
```

---

[7] MATLAB verwendet für das Auffüllen der neuen Zeilen und Spalten die Reihenfolge der Elemente im internen Speicher, wie man sie auch mit `matrix (:)` erhält; siehe auch Fußnote auf Seite 15.

Für Vektoren eignet sich auch der Befehl `length` (*variable*), der bei Matrizen den Wert der größten Dimension angibt. Eine Variable kann auch die Größe 0 besitzen, wenn sie mit *variable* = [] erzeugt wurde.

```
>> length (meine_matrix)
ans =
     3
```

Mit dem Befehl `who` werden alle aktuell im Workspace vorhandenen Variablen aufgelistet. Mit `whos` erhält man zusätzlich deren Dimension (`Size`), Speicherbedarf (`Bytes`) und Datentyp (`Class`). Mit `clear` [*variable*1 *variable*2 ...] können Variablen gezielt gelöscht werden; ebenso mit dem Button ⬚ im *HOME*-Tab. Der Befehl `clear` alleine löscht alle Variablen im Workspace; `clear all` löscht zudem alle globalen Variablen.[8]

```
>> clear variable_1 variable_2 a A meine_matrix lang tief noch_laenger ...
        hoch_hinaus zwei_mal_drei M zufall quadratische_matrix datum teil ans

>> whos
  Name                Size                  Bytes  Class     Attributes

  komplex             2x2                      64  double    complex
  komponist           1x2                    1772  struct
  mein_vektor         1x3                      24  double
  meine_struktur      1x1                     416  struct
  multi               2x3x2                    96  double
  zelle               2x3                    1634  cell
```

Über *HOME/Layout* oder den Befehl `workspace` lässt sich der *Workspace Browser* öffnen. Dieser erlaubt ebenfalls eine Übersicht der vorhandenen Variablen. Durch Doppelklicken auf den gewünschten Namen wird der *Variable Editor* aktiviert (siehe Abb. 2.3). Dort können Variablen im *VARIABLE*-Tab editiert und gelöscht werden.

Ein markierter Datenbereich (im Beispiel die 2. Spalte von `zelle{1,3}`) kann mithilfe des *PLOTS*-Tabs direkt grafisch angezeigt werden. (siehe auch Seite 55). Im *VIEW*-Tab können mehrere Teilfenster innerhalb des Variable Editors angeordnet und zudem das Zahlenformat der Anzeige eingestellt werden.

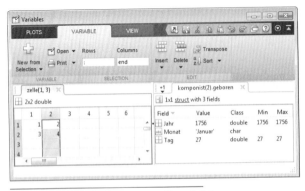

Abb. 2.3: MATLAB *Variable Editor*

---

[8] Zu globalen Variablen siehe Kap. 2.5.2

Verwalten von Variablen	
size (*variable*)	Dimensionen einer Variablen
length (*variable*)	Länge eines Vektors, größte Dimension einer Matrix
clear	Löscht alle Variablen im Workspace 🖉
clear all	Löscht zusätzlich alle globalen Variablen
clear [*v1 v2 ...*]	Löscht ausgewählte Variablen
who	Liste aller im Workspace existierenden Variablen
whos	Ausführliche Liste aller im Workspace existierenden Variablen mit Name, Dimension, Speicherbedarf und Datentyp

2.3 Ablaufsteuerung

Die Ablaufsteuerung umfasst neben den eigentlichen Verzweigungs-, Schleifen- und Abbruchbefehlen die Abfrage von Bedingungen sowie deren logische Verknüpfung.

2.3.1 Vergleichsoperatoren und logische Operatoren

Logische Operatoren können auf alle Zahlen angewandt werden. Werte ungleich 0 sind dabei logisch *wahr* und 0 ist logisch *falsch*. Als Ergebnis erhält man stets 0 bzw. 1.

Neben Vergleichsoperatoren stehen logische Operatoren für UND, ODER, NEGATION und EXKLUSIV ODER zur Verfügung, und zwar meist in der Form eines Zeichens oder als Funktion, z.B. $a \& b$ oder and(a, b) für a UND b. Zuerst werden mathematische, dann logische Ausdrücke ausgewertet (für Details siehe help precedence). Treten mehrere logische Operatoren auf, empfiehlt sich die Verwendung von Klammern!

```
>> mein_vektor >= 2
ans =
     0     1     1
>> 1 == 0 | (4 > 5-2 & 4 <= 5)
ans =
     1
```

Hier wird eine Ergebnistabelle für logische Verknüpfungen zweier Binärzahlen erstellt:

```
>> a = [0 0 1 1]';  b = [0 1 0 1]';
>> [ a     b    a&b   a|b xor(a,b) ~a ~(a&b) ~(a|b)]
ans =
     0     0     0     0     0     1     1     1
     0     1     0     1     1     1     1     0
     1     0     0     1     1     0     1     0
     1     1     1     1     0     0     0     0
```

Die *Shortcut-Operatoren* && und || brechen im Gegensatz zu & und | die Auswertung mehrerer logischer Ausdrücke ab, sobald das Ergebnis eindeutig ist: so wird ausdruck in (1 | ausdruck) ausgewertet, in (1 || ausdruck) dagegen nicht. Die Auswertung erfolgt dabei von links nach rechts. Bei vektorwertigen Daten müssen allerdings nach wie vor die Operatoren & und | bzw. `all` oder `any` verwendet werden (siehe unten).

Die Funktion `any` (*vektor*) ist wahr, wenn mindestens ein Element eines Vektors (bestehend aus Zahlen oder logischen Ausdrücken) wahr ist; `all` (*vektor*) ist nur wahr, wenn jedes Element wahr ist. Die Funktion `find` (*vektor*) liefert die Indizes aller wahren Elemente, [~, *index*] = `sort` (*vektor*) die Indizes aller Vektorelemente in sortierter Reihenfolge.[9] Eine weiterführende Befehlsübersicht erhält man mit `help ops`.

Der Befehl `exist` (*'name'*) überprüft, ob eine Variable, Funktion oder Datei *name* existiert: Falls nicht, wird 0 zurückgeliefert, ansonsten eine Zahl ungleich 0, z.B. 1 für eine Variable, 2 für eine MATLAB-Datei, 7 für ein Verzeichnis (siehe auch `doc exist`).

Eine spezielle Anwendung logischer Operatoren ist das *logical indexing*. Dabei wird ein Array mit einem Index-Array derselben Größe adressiert, welches nur aus den (logischen) Werten 0 und 1 besteht. Das folgende Beispiel setzt alle negativen Elemente von a auf 0. Der Ausdruck a < 0 liefert dabei den Vektor [1 1 0 0 0 0 0 0 0 0] zurück; damit werden nur die beiden ersten Elemente von a ausgewählt und auf 0 gesetzt.

```
>> a = -2:7
a =
    -2    -1     0     1     2     3     4     5     6     7
>> a (a < 0) = 0
a =
     0     0     0     1     2     3     4     5     6     7
```

In einem weiteren Schritt sollen alle durch 3 teilbaren Elemente von a entfernt werden.

```
>> a = a (logical (mod (a, 3)))
a =
     1     2     4     5     7
```

Da der Ausdruck mod(a,3) auch andere Werte als 0 und 1 liefert, muss sein Ergebnis mit `logical` explizit in logische Ausdrücke umgewandelt werden.[10]

Vergleichsoperatoren			Logische Operatoren		
==	eq (*a*, *b*)	gleich	~	not (*a*)	NEGATION
~=	ne (*a*, *b*)	ungleich	&	and (*a*, *b*)	UND
<	lt (*a*, *b*)	kleiner	|	or (*a*, *b*)	ODER
<=	le (*a*, *b*)	kleiner gleich		xor (*a*, *b*)	EXKLUSIV ODER
>	gt (*a*, *b*)	größer	&&		Shortcut-UND (skalar)
>=	ge (*a*, *b*)	größer gleich	||		Shortcut-ODER (skalar)
Weitere Operatoren					
	all (*vec*)	jedes Element wahr		exist (*'x'*)	Existenz von x
	any (*vec*)	mind. 1 Element wahr		find (*vec*)	Indizes wahrer Elemente
[~, *i*] = sort (*vec*)		Indizes *i* sortiert		logical (*a*)	Typ-Umwandlung

---

[9] Das Zeichen ~ ist dabei ein leerer Rückgabeparameter (anstelle des sortierten Vektors).

[10] Alternativ: a (~mod (a, 3)) = []. Dabei übernimmt die Negation ~ die Konvertierung in den Datentyp `logical`; die leere Zuweisung mit [] löscht die entsprechenden Elemente des Vektors a.

2.3.2 Verzweigungsbefehle `if` und `switch`

Mit Hilfe der oben behandelten Operatoren können Fallunterscheidungen durchgeführt werden. Dafür stellt MATLAB die folgenden Verzweigungsbefehle zur Verfügung:

> `if` *ausdruck befehle* [`elseif` *ausdruck befehle* ...] [`else` *befehle*] `end`
> `switch` *ausdruck* `case` *ausdruck befehle* [...] [`otherwise` *befehle*] `end`

Bei `case` können mehrere ODER-verknüpfte Möglichkeiten innerhalb geschweifter Klammern `{ }` (d.h. als Cell Array) angegeben werden. Anders als in C wird immer nur eine Verzweigung (`case`) ausgeführt; es wird kein `break` zum Aussprung benötigt.

```
if test <= 2
    a = 2
elseif test <= 5
    a = 5
else
    a = 10
end

switch test
    case 2
        a = 2
    case {3 4 5}
        a = 5
    otherwise
        a = 10
end
```

Für `test = 5` ergeben diese beiden Beispiele jeweils die Ausgabe

```
a =
    5
```

Eine Verschachtelung mehrerer `if`- und `switch`-Konstrukte ist natürlich möglich.

2.3.3 Schleifenbefehle `for` und `while`

Mit Schleifen können bestimmte Anweisungen mehrfach durchlaufen werden:

> `for` *variable* = *vektor befehle* `end`
> `while` *ausdruck befehle* `end`

```
for k = 1:0
    k^2
end
```

Die `for`-Schleife im obigen Beispiel wird nicht durchlaufen, da der für `k` angegebene Bereich `1:0` leer ist. Im Unterschied dazu wird im folgenden Beispiel die `while`-Schleife mindestens einmal abgearbeitet, da die Abbruchbedingung (siehe auch Kap. 2.3.4) erst am Ende geprüft wird. Außerdem sind zwei `end` notwendig – für `if` und `while`!

```
n = 1;
while 1
    n = n+1;
    m = n^2
    if m > 5
        break
    end
end
```

2.3.4 Abbruchbefehle `continue`, `break` und `return`

Weitere Befehle zur Ablaufsteuerung sind `continue`, `break` und `return`. Mit `continue`
wird innerhalb einer `for`- oder `while`-Schleife sofort zum nächsten Iterationsschritt gesprungen; alle innerhalb der aktuellen Schleife noch folgenden Befehle werden übergan-
gen. Der Befehl `break` dagegen bricht die aktuelle Schleife ganz ab. Der Befehl `return`
bricht eine MATLAB-Funktion bzw. ein Skript[11] ab und kehrt zur aufrufenden Ebene
zurück (bzw. zum Command Window, falls die Funktion von dort aufgerufen wurde).

Im folgenden Beispiel wird überprüft, welche ungeraden Zahlen zwischen 13 und 17
Primzahlen sind. Die zu testenden Zahlen m werden in der äußeren Schleife, mögliche
Teiler n in der inneren Schleife hochgezählt.

```
for m = 13:2:17
    for n = 2:m-1
        if mod (m,n) > 0
            continue
        end
        sprintf ('    %2d ist keine Primzahl.\n', m)
        break
    end
    if n == m-1
        sprintf ('!! %2d IST eine  Primzahl!\n', m)
    end
end
```

Ist n kein Teiler von m und damit `mod(m,n)` > 0, wirkt der `continue`-Befehl. Der erste
`sprintf`[12] und der `break`-Befehl werden übersprungen; es wird sofort das nächst-
höhere n getestet. Ist n dagegen Teiler von m, wird die innere `for`-Schleife nach der
Ausgabe „ist keine Primzahl" bei `break` verlassen und das nächste m getestet.

Ist m durch keine Zahl von 2 bis m-1 teilbar, so ist m eine Primzahl. Die Überprüfung
mit der zweiten `if`-Abfrage `n == m-1` ist notwendig, da die innere Schleife zwar bei
Nicht-Primzahlen vorzeitig abgebrochen wird, aber dennoch alle nachfolgenden Befehle
der äußeren Schleife abgearbeitet werden. Die Ausgabe am MATLAB-Workspace ergibt:

```
!! 13 IST eine  Primzahl!
   15 ist keine Primzahl.
!! 17 IST eine  Primzahl!
```

Eine weiterführende Übersicht zur Programm-Ablaufsteuerung bietet `help lang`.

---

[11] MATLAB-Skripts und -Funktionen werden in Kap. 2.4 und 2.5 behandelt.
[12] Die Syntax des Ausgabe-Befehls `sprintf` wird in Kap. 3.3 erklärt.

Verzweigungen, Schleifen und Ablaufsteuerung	
if ... [elseif ...] [else ...] end	If-Verzweigung
switch ... case ... [otherwise ...] end	Switch-Verzweigung
for *variable = vektor befehle* end	For-Schleife
while *ausdruck befehle* end	While-Schleife
break	Sofortiger Schleifen-Abbruch
continue	Sofortiger Sprung zum nächsten Iterationsschritt einer Schleife
return	Sofortiger Funktions-Rücksprung

2.4 Der MATLAB-Editor

Neben der direkten Befehlseingabe am MATLAB-Prompt können Befehlsfolgen auch in so genannten MATLAB-*Skripts* (Textdateien mit der Endung *.m*, daher auch *M-Files* genannt) gespeichert werden.

Zur Bearbeitung dieser Dateien steht der MATLAB-Editor zur Verfügung (siehe Abbildung 2.4). Dieser kann über *HOME/New* bzw. die Buttons ▦ oder ➕ aufgerufen werden. Ein bestehendes M-File wird dort über *Open*, durch Doppelklicken im Current Folder Browser oder mit dem Befehl edit *datei* geöffnet.

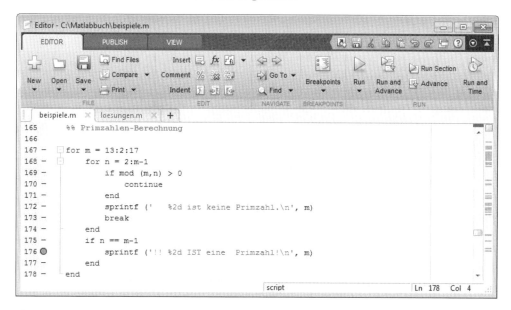

Abb. 2.4: MATLAB-*Editor (mit Beispieldatei zu Kap. 2.3.4)*

Das **Ausführen** eines Skripts geschieht durch Eingabe des Dateinamens (ohne Endung) im MATLAB-Command-Window, in diesem Fall also mit beispiele. Einfacher geht dies mit *Run* im Kontextmenü des Current Folder Browsers, mit *EDITOR/Run* (▷) oder der Funktionstaste F9; dabei werden Änderungen im Code jeweils auch gespeichert.

Zum **Debuggen** eines Skripts (oder einer Funktion) können in der Spalte neben der Zeilennummer Breakpoints per Mausklick gesetzt[13)] und gelöscht werden. ▷ startet den Debugger, ▷▷ springt zum nächsten Breakpoint. Mit 🔽 können einzelne Zeilen abgearbeitet und mit 🔽🔼🔼 aufgerufene Skripts bzw. Funktionen angesprungen, wieder verlassen oder bis zur markierten Zeile abgearbeitet werden. Die jeweils aktuelle Zeile ist mit einem Pfeil markiert, im Command Window (Prompt K>>) und im Workspace Browser werden die dann jeweils sichtbaren Variablen angezeigt. Beendet wird der Debugger mit 🔲 oder automatisch nach der letzten Zeile des M-Files. Im Breakpoint-Menü 🔳 können alle Breakpoints mit *Clear All* gelöscht werden.

Während der Eingabe wird eine **Syntax-Prüfung** durchgeführt. Auffällige Stellen werden im Code unterringelt und rechts neben dem vertikalen Scrollbalken farbig markiert: Syntaxfehler sind rot, Warnungen orange (also fehleranfällige oder ungünstige Konstrukte). Führt man den Mauszeiger über solch eine Markierung am Rand oder im Code, wird eine Beschreibung oder ein Verbesserungsvorschlag eingeblendet. Rechts oben erscheint als Zusammenfassung eine „Ampel": Wird keine Stelle beanstandet, ist diese grün. Eine Liste aller Fehlermeldungen und Warnungen des Code-Analyzers (`mlint`) erhält man ebenso im Profiler (siehe Kap. 2.6.1) und über *HOME/Analyze Code* (📝).

Kommentare werden durch das Zeichen % markiert, d.h. alle Zeichen rechts von % bis zum Zeilenende werden von MATLAB ignoriert. Zum Auskommentieren längerer Passagen sowie zur Aufhebung von Kommentaren sind die Buttons 🟦🟦 bzw. die Tasten *Strg + R* und *Strg + T* hilfreich. Ebenso existiert mit %{ *kommentar* %} eine Maskierung mehrzeiliger Kommentare.

Lange Zeilen können innerhalb eines Befehls mit ... umgebrochen werden (siehe Beispiel in Kap. 3.2.2). Ebenso verbessert der MATLAB-Editor die Übersichtlichkeit mit den Buttons 🔲🔲 zum einfach Ein- und Ausrücken von Zeilen sowie für bestimmte Bereiche (z.B. for-Schleifen) durch **Code Folding**. Letzteres kann mit den Symbolen 🔲🔲 neben dem Listing sowie mit *VIEW/Expand* bzw. *Collapse* (🔲🔲) aktiviert werden.

Hilfreich für lange Skripts ist auch die Strukturierung in so genannte **Sections** (in früheren MATLAB-Versionen: *Cell Mode*). Das Skript wird dabei durch *Section Breaks* (%%) in Abschnitte unterteilt (Einfügen manuell oder mit 🔲). Ein Kommentar nach %% wird bei der automatischen Dokumentation als Überschrift verwendet und auch im Vorschaufenster des *Current Folder Browsers* angezeigt, wie in Abb. 2.1 zu sehen ist. Diese Strukturierung bietet unter anderem folgende Funktionen:

- Schnelle Navigation: Mit der Tastenkombination *Strg + ↓* bzw. *Strg + ↑* kann man direkt zum nächsten bzw. vorigen Abschnitt springen. Alternativ zeigt der Button 🔲 eine Auswahlliste aller Abschnitte und aller Funktionen in einem M-File.

- Schnelle Evaluierung: Über *Run Section* bzw. *Run and Advance* (🔲🔲) lässt sich jeweils ein Abschnitt ausführen und wieder zu seinem Anfang oder zum folgenden Abschnitt springen.

---

13) Über das Kontextmenü kann eine zusätzliche Anhalte-Bedingung angegeben werden.

- Schnelle Dokumentation: Mittels 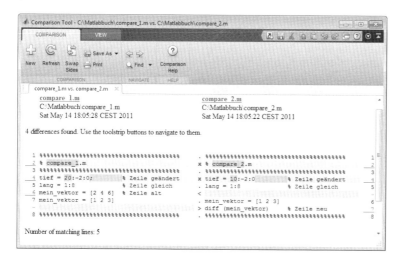 im *PUBLISH*-Tab wird der Code eines Skripts abschnittsweise samt Überschriften und Ergebnissen (Text und Grafik) als HTML-Dokument ausgegeben. Andere Formate (z.B. PDF) und weitere Einstellungen sind ebenfalls über den Button wählbar.

Der **Function Browser** im *EDITOR*-Tab bietet über den Button *fx* eine hierarchische Online-Hilfe zu allen MATLAB-Funktionen. Mit ⇦⇨ schließlich können die Stellen der letzten Änderungen (auch über mehrere Dateien) direkt angesprungen werden.

Das **Comparison Tool** eignet sich zum Vergleich von Dateien und ganzen Verzeichnissen. Es wird aus dem *HOME*- oder *EDITOR*-Tab mit dem Button aufgerufen und vergleicht zwei Textdateien (M-Files, aber auch andere) zeilenweise und markiert Abweichungen farbig. Ebenso ist ein detaillierter Vergleich der Variablen zweier MAT-Files möglich.[14]

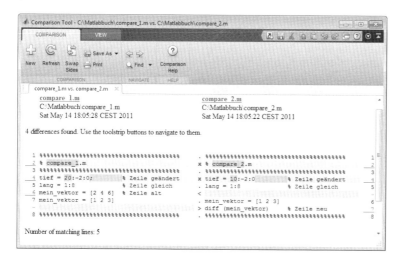

Abb. 2.5: MATLAB *Comparison Tool*

Skripts	
...	Fortsetzungszeichen zum Umbruch überlanger Zeilen
% *kommentar*	Kommentar-Zeile
%{ *kommentar* %}	Mehrzeiliger Kommentar
%% *titel*	Section-Kommentar als Abschnitts-Überschrift

---

[14] MAT-Files zum Speichern von MATLAB-Variablen werden in Kap. 3.3 erklärt.

2.5   MATLAB-Funktionen

Eine Sonderform der M-Files stellen so genannte MATLAB-*Funktionen* dar. Dies sind in
einer Datei abgespeicherte MATLAB-Skripts, die ihren eigenen, nach außen nicht sichtbaren Workspace (d.h. Variablen-Bereich) haben. Definiert wird eine Funktion durch
das Schlüsselwort `function` in der ersten Befehlszeile der Datei:

function [*out*1, *out*2, ...] = *funktionsname* (*in*1, *in*2, ...)
      befehle

In runden Klammern () nach dem Funktionsnamen[15] stehen die Übergabe-Parameter
*in*1, *in*2, ..., die beim Aufruf der Funktion übergeben werden können. In eckigen Klammern [] stehen die Rückgabewerte *out*1, *out*2, ..., die die Funktion an die aufrufende
Funktion bzw. an den Workspace zurückgibt. Zahlreiche MATLAB-Befehle sind als Funktionen programmiert, z.B. `mean(x)` – Anzeigen des Quellcodes mit `edit mean`.

Funktionen können von anderen Funktionen und Skripts aufgerufen werden, Skripts
ebenso durch andere Skripts. Lokale Funktionen können in dem M-File der aufrufenden
Funktion unten angefügt werden; die lokalen Funktionen sind dann nur für die Funktionen in dieser einen Datei sichtbar. Auch bei Skript- und Funktionsnamen unterscheidet
MATLAB (anders als in früheren Versionen) zwischen Groß- und Kleinschreibung![16]

Als Beispiel sei die Funktion `mittelwerte` in der Datei `mittelwerte.m` gespeichert. Sie
berechnet den arithmetischen und geometrischen Mittelwert eines übergebenen Vektors:

```
function [arithm, geom] = mittelwerte (x)   % Datei mittelwerte.m
arithm = mean(x);                           % Arithmetisches Mittel
geom   = prod(x).^(1/length(x));            % Geometrisches Mittel
```

Mit dem Aufruf `mittelwerte(test)` wird nur das erste Ergebnis der Rückgabeliste
`[arithm, geom]` zurückgegeben. Werden mehrere Rückgabewerte benötigt, so muss
das Ergebnis in ein Array der Form `[A, G]` gespeichert werden:

```
>> test = [2 4 3];
>> [A, G] = mittelwerte (test)
A =
     3
G =
    2.8845
```

Sollen Rückgabewerte übersprungen werden, können diese durch das Zeichen ˜ ersetzt
werden.[17]

```
>> [˜, G] = mittelwerte (test)
G =
    2.8845
```

---

[15] Der möglichst der Dateiname sein sollte, aber nicht muss!

[16] Für Fumktionen und Skripts dürfen trotzdem keine Namen gleichzeitig verwendet werden, die sich
nur durch Groß- bzw. Kleinschreibung unterscheiden!

[17] Siehe auch Beispiel zum Befehl `sort` auf Seite 20; mit älteren MATLAB-Versionen nicht möglich.

2.5.1 Funktionen mit variabler Parameterzahl

Eine Stärke von MATLAB-Funktionen ist, mit einer unterschiedlichen Anzahl von Übergabe-Parametern zurechtzukommen. Hierzu existieren innerhalb einer Funktion die Variablen `nargin` und `nargout`, die die Anzahl der übergebenen Parameter bzw. zurückzuschreibenden Werte enthalten. Der Befehl `inputname` ermittelt den Variablennamen der Übergabe-Parameter; zusätzlich überprüfen `narginchk` und `nargoutchk` die korrekte Anzahl der Eingangs- bzw. Rückgabeparameter.

Im Folgenden soll die Funktion `mittelwerte2` entweder nur den arithmetischen, nur den geometrischen oder beide Mittelwerte berechnen, wozu ein zweiter Übergabe-Parameter `schalter` definiert wird.

Je nach Anzahl der übergebenen Parameter wird nun unterschiedlich verfahren: Wird nur eine Variable x übergeben, so werden beide Mittelwerte zurückgegeben. Wird auch der zweite Parameter `schalter` übergeben, so wird `out1` das geometrische Mittel zugewiesen, wenn `schalter == 'g'` ist, ansonsten das arithmetische Mittel. `out2` wird als leer definiert. Wird eine andere Zahl an Parametern übergeben (Test mit `narginchk`), wird eine Fehlermeldung ausgegeben und die Funktion abgebrochen.

```
function [out1, out2] = mittelwerte2 (x, schalter)      % Datei mittelwerte2.m
narginchk (1, 2)                                         % Prüfe Parameterzahl
if nargin == 1
    out1 = mean(x);                                      % Arithmetisches Mittel
    out2 = prod(x).^(1/length(x));                       % Geometrisches Mittel
elseif nargin == 2
    if schalter == 'g', out1 = prod(x).^(1/length(x));   % Geometrisches Mittel
    else                out1 = mean(x);                  % Arithmetisches Mittel
    end
    out2 = [];                                           % Leere Ausgabe für out2
end
```

Damit ergibt sich folgende Ausgabe:

```
>> mittelwerte2 (test, 'g')
ans =
    2.8845
```

Funktionen	
function [*out*] = *name* (*in*)	MATLAB-Funktion *name* mit Liste der Eingabeparameter *in* und Ausgabewerte *out* definieren
nargin, nargout	Anzahl der Ein- bzw. Ausgabeparameter
narginchk (*min*, *max*)	Anzahl der Eingangsparameter überprüfen
nargoutchk (*min*, *max*)	Anzahl der Rückgabeparameter überprüfen, sonst Fehlertext
isempty (*name*)	Gültigkeit der Variablen *name* prüfen
error ('*info*')	Abbruch der Funktion und Anzeige von *info*

2.5.2   Lokale, globale und statische Variablen

Die Variablen *innerhalb* jeder Funktion sind *lokal* und werden beim Verlassen der Funktion wieder gelöscht. Soll eine Variable dagegen bis zum nächsten Aufruf derselben Funktion gespeichert bleiben, muss sie zu Beginn der Funktion mit `persistent` *variable ...* als statisch deklariert werden. Statische Variablen werden nur durch `clear functions` oder bei Änderung des M-Files der Funktion gelöscht.

Globale Variablen können mit `global` *VAR1 ...* deklariert werden.[18] Um auf diese Variablen zugreifen zu können, muss die Deklaration zu Beginn jeder betroffenen MATLAB-Funktion sowie bei Bedarf im Workspace des Command Windows erfolgen. Angezeigt werden die globalen Variablen mit `whos global`, gelöscht werden sie mit `clear global`. Globale und statische Variablen zeigt der Editor in hellblauer Schrift an.

So kann in der Funktion `mittelwerte2` die Übergabe des Parameters `schalter` vermieden werden, wenn dieser in der Funktion `mittelwerte3` als global definiert wird:

```
function [out1, out2] = mittelwerte3 (x)    % Datei mittelwerte3.m
global SCHALTER                             % Definiert globale Variable

out1 = mean(x);                             % Arithmetisches Mittel
out2 = prod(x).^(1/length(x));             % Geometrisches Mittel
if ~isempty (SCHALTER)
    if SCHALTER == 'g'
        out1 = out2;                        % Gibt geometrisches Mittel aus
    end
    out2 = [];
end
```

Hierdurch entfällt die Abfrage von `nargin`; sicherheitshalber muss nur z.B. mit `isempty` überprüft werden, ob die globale Variable `SCHALTER` nicht leer ist. Dann wird für `SCHALTER == 'g'` die Rückgabevariable `out1` auf das geometrische Mittel (`out2`) und anschließend `out2` auf `[]` gesetzt.

Ebenso muss im Command Window die Variable `SCHALTER` – vor der ersten Zuweisung! – als `global` deklariert werden. Wird die Variable dann dort gleich `'g'` gesetzt, kann die Funktion `mittelwerte3.m` auf diesen Wert zugreifen.

```
>> global SCHALTER
>> SCHALTER = 'g';
>> test = [2 4 3];

>> [M1, M2] = mittelwerte3 (test)
M1 =
    2.8845
M2 =
    []
```

Die Anzeige aller globalen Variablen ergibt dann:

---

[18] Zur Unterscheidung sollten für globale Variablen nur GROSSBUCHSTABEN verwendet werden.

```
>> whos global
  Name          Size              Bytes  Class      Attributes

  SCHALTER      1x1                   2  char       global
```

Der Befehl `assignin` erlaubt einer Funktion den Schreibzugriff auf andere (d.h. von ihr nicht sichtbare) Workspaces. Wird die Zeile `assignin ('base', 'name', wert)` innerhalb einer Funktion aufgerufen, weist sie der Variablen *name* im Workspace des Command Windows den Wert *wert* zu. Falls die Variable dort nicht existiert, wird sie dabei erzeugt. Umgekehrt liefert `evalin ('base', 'name')` aus einer Funktion heraus den Wert der Variablen im Workspace des Command Windows zurück. Ein Beispiel zur Verwendung von `assignin` findet sich auf Seite 254.

Achtung: *Globale Variablen und der Befehl `assignin` sind innerhalb von Funktionen mit Vorsicht zu genießen, da natürlich auch andere Funktionen, die Zugriff auf die so verwendeten Variablen haben, deren Wert verändern können!*

Globale und Statische Variablen in Funktionen

`persistent` *var1* ...	Statische (lokale) Variablen deklarieren
`global` *VAR1* ...	Globale Variablen definieren
`clear global` *VAR1* ...	Globale Variablen löschen

Zugriff aus Funktion heraus auf Workspace im Command Window

`assignin` ('base', 'var', x)	Zuweisen des Wertes x an die Variable *var*
x = `evalin` ('base', 'var')	Lesen des Wertes der Variable *var*

2.5.3 Hilfetext in Funktionen

Zur Erklärung einer Funktion kann im Kopf des zugehörigen M-Files ein Hilfetext eingefügt werden, der beim Aufruf von `help` *funktion* oder `doc` *funktion* ausgegeben wird. Der Text muss mit dem Kommentarzeichen `%` beginnen; die Ausgabe endet mit der ersten Leerzeile. Alle weiteren auskommentierten Zeilen werden unterdrückt. Für die Funktion `mittelwerte` lauten die ersten Zeilen z.B.

```
%MITTELWERTE (X) Berechnungen verschiedener Mittelwerte
%   [A,G] = MITTELWERTE (X) berechnet das arithmetische
%   Mittel A und das geometrische Mittel G des Vektors X.

% Erstellt: 21.01.02
```

Wird nun am MATLAB-Prompt der Befehl `help mittelwerte` eingegeben, so sieht die Ausgabe wie folgt aus:

```
>> help mittelwerte

MITTELWERTE (X) Berechnungen verschiedener Mittelwerte
    [A,G] = MITTELWERTE (X) berechnet das arithmetische
    Mittel A und das geometrische Mittel G des Vektors X.
```

2.5.4   Function Handles

Üblicherweise wird eine Funktion wie oben gezeigt direkt aufgerufen. Ein zweite, sehr
mächtige Möglichkeit ist das indirekte Ansprechen der Funktion über das ihr zugeordnete *Function Handle*.[19] Ein Function Handle stellt den Zeiger auf eine Funktion
dar. Dieser dient vor allem der Übergabe einer Funktion als Parameter an eine andere
Funktion und wird z.B. beim Aufruf von Gleichungslösern und Optimierungsbefehlen
verwendet (siehe Kap. 4 und 7).

Ein Function Handle wird durch den Operator @ vor dem Funktionsnamen *funktion*
erzeugt:

$$f\_handle = @funktion$$

Die dem Function Handle zugewiesene Funktion kann nun mit dem Befehl `feval` ausgeführt werden. Alternativ kann das Function Handle auch wie der ursprüngliche Funktionsname verwendet werden:

$$[out1, out2, ...] = \texttt{feval} \; (f\_handle, in1, in2, ...)$$
$$[out1, out2, ...] = f\_handle \; (in1, in2, ...)$$

Hierbei sind *in1*, *in2*, ... die Eingabeparameter der Funktion und *out1*, *out2*, ... die
Rückgabewerte. Für das obige Beispiel `mittelwerte` wird nun das Function Handle
`fh` erzeugt und die Funktion damit aufgerufen:

```
>> fh = @mittelwerte;      % function handle auf mittelwerte erzeugen
>> A = fh (test)           % Ausführen des function_handles fh
A =
     3
```

2.5.5   Anonymous Functions

Eine sehr bequeme Möglichkeit zum Arbeiten mit immer wieder verwendeten kleinen Funktionen sind *Anonymous Functions*.[20] Hiermit können im MATLAB-Workspace
Funktionen definiert werden, ohne sie in einem M-File abspeichern zu müssen.

Bereitgestellt und ausgeführt wird eine solche Anonymous Function wie oben beschrieben als Function Handle. Mehrere Variablen als Eingangsgröße werden mit Komma
getrennt aneinandergereiht.[21]

```
>> f1 = @(x) (x.^2+x-1)
f1 =
      @(x)(x.^2+x-1)

>> test = [2 4 3];
>> f1 (test)
ans =
     5    19    11
```

---

[19] Das Function Handle stellt einen eigenen Datentyp dar, der wie eine Struktur aufgebaut ist.
[20] In früheren MATLAB-Versionen auch als *Inline Objects* mit anderer Syntax verwendet. Für eine
detaillierte Erklärung zu Anonymous Functions siehe auch Kap. 7.1.
[21] Beispiel für zwei Eingangswerte: `f2 = @(x,y) (x.^2 + y.^2)`

2.5.6   P-Code und `clear functions`

Wird ein MATLAB-Skript oder eine MATLAB-Funktion zum ersten Mal aufgerufen, erzeugt MATLAB einen **Pseudo-Code**, der dann ausgeführt wird. Bleibt daher die Änderung eines M-Files ohne Wirkung, wurde dieser Übersetzungsvorgang nicht neu gestartet. Dies sollte automatisch geschehen, kann aber auch durch den Befehl `clear functions` erzwungen werden (die M-Files werden dabei natürlich nicht gelöscht!).

Der Pseudo-Code kann auch mit `pcode` *datei* erzeugt und als P-File abgespeichert werden, um z.B. Algorithmen zu verschlüsseln. Existieren sowohl M-File als auch das gleichnamige P-File, führt MATLAB immer das P-File aus. Nach einer Änderung des M-Files muss daher der Befehl `pcode` wiederholt oder das P-File gelöscht werden!

P-Files enthalten keinen Hilfetext wie in Kap. 2.5.3 beschrieben. Für eine verschlüsselte Weitergabe empfiehlt es sich daher, zu einem P-File ein gleichnamiges M-File zu erstellen, welches nur die Kommentarzeilen mit dem Hilfetext enthält (aber keinen Code).

Funktionen (erweitert)	
f_handle = @*funktion*	Function Handle auf *funktion* erzeugen
`functions` (*f_handle*)	Function-Handle-Informationen abrufen
`feval` (*f_handle*)	Function Handle (d.h. Funktion) ausführen
f = `inline` (*funktion*)	Funktion als Inline Object definieren
`pcode` *datei*	M-File `datei.m` als P-Code verschlüsseln
`clear functions`	Alle P-Codes im Workspace löschen

2.6   Code-Optimierung in MATLAB

Werden in MATLAB umfangreiche Daten bearbeitet, gilt es Hardware-Ressourcen möglichst effizient zu nutzen. Dieser Abschnitt beschreibt zunächst den MATLAB-Profiler als wichtiges Werkzeug für die Suche nach Optimierungspotential. Anschließend werden einige Tipps zur Reduktion der Rechenzeit und des Speicherbedarfs sowie zur Vermeidung typischer Fehler gegeben.

2.6.1   Der MATLAB-Profiler

Der MATLAB-Profiler wird über *Run and Time* (⟳) aus dem *HOME*- oder *EDITOR*-Tab aufgerufen. Im Feld *Run this code* wird die zu testende Funktion oder der Name des M-Files (ohne Endung) eingetragen und der Profiler mit dem Button *Start Profiling* gestartet; beim Aufruf aus dem *EDITOR*-Tab startet die Analyse mit dem aktuellen M-File automatisch.

Als Ergebnis zeigt der Profiler zunächst eine Übersicht an (*Profile Summary*, siehe Abb. 2.6).

Durch Anklicken der gewünschten Funktion oder Datei in der linken Spalte gelangt man zur Detailansicht (siehe Abb. 2.7). Diese zeigt zuerst eine tabellarische Übersicht, die unter anderem folgende Rubriken enthält:

- Laufzeit[22] (`time`)

- Anzahl der Aufrufe (`calls` bzw. `numcalls`)

- Nicht erreichter Code (`line` bzw. `coverage` / `noncoverage`)

- Code-Prüfung (`code analyzer`)

Weiter unten folgt schließlich ein Listing mit darüber liegendem Auswahlfeld. Durch Anklicken einer der genannten Rubriken kann dieses Kriterium durch farbige Markierung der relevanten Zeilen hervorgehoben werden.

Abb. 2.6: *Profiler mit Summary*

Abb. 2.7: *Listing mit Laufzeit-Markierung*

Wird im genannten Auswahlfeld die Rubrik `code analyzer` gewählt, werden Zeilen mit fehleranfälligen oder zeitintensiven Konstrukten markiert und mit erklärenden Kommentaren versehen.

2.6.2   Optimierung von Rechenzeit und Speicherbedarf

Matlab kompiliert eingegebene Befehle, Skripts und Funktionen – unbemerkt vom Anwender – bereits vor der Ausführung. Dies geschieht durch den so genannten *JIT-Accelerator*.[23] Dennoch lässt sich die Effizienz von Matlab-Skripts und -Funktionen durch geeignete Programmierung noch weiter verbessern.

In der Regel wird die meiste Laufzeit an wenigen Stellen innerhalb oft durchlaufener Schleifen des Matlab-Codes verschenkt; diese findet man am besten mittels des Matlab-Profilers. Der folgende Abschnitt zeigt, wie solche Stellen optimiert werden können.

- **Große Arrays** sollten vor ihrer Verwendung unbedingt mit der maximal benötigten Größe **vorbelegt** werden, damit Matlab den benötigten Speicher alloziert. Dafür eignen sich Befehle wie `zeros` (*zeilen*, *spalten* [, '*typ*']). Optional kann dabei auch ein **kompakter Datentyp** aus Kap. 2.2.1 angegeben werden.

---

[22] Alternative Laufzeitmessung mit den Funktionen `tic` und `toc`, siehe Übungsaufgabe in Kap. 2.7.4.

[23] Just In Time Accelerator

- **Shortcut-Operatoren** && und || (anstelle von & und |) beschleunigen skalare logische Verknüpfungen z.B. bei if- oder while-Abfragen.

- Alle **Hardware-Zugriffe** benötigen viel Zeit und sollten daher innerhalb häufig durchlaufener Schleifen unterbleiben. Dies gilt für Ausgaben im Command Window, Lesen und Schreiben von Dateien sowie für grafische Ausgaben jeder Art.

- Das **Löschen** nicht mehr benötigter **Variablen** mit clear *variable* und das Schließen nicht benötigter **Figures** mit close *nummer* gibt den dadurch belegten Speicher (zumindest zum Teil) wieder frei.

Achtung: *Bei der Optimierung sind immer auch die Lesbarkeit und Wartung eines M-Files zu berücksichtigen! Daher gelten die nun folgenden Anregungen ausschließlich für Stellen mit akuten Laufzeitproblemen:*

○ **Strukturen**, **Cell-Arrays** sowie Arrays hoher Dimension erfordern einen großen Verwaltungsaufwand und sollten daher in inneren Schleifen vermieden werden.

○ Jeder Aufruf von MATLAB-**Skripts** und -**Funktionen**, die als separates M-File vorliegen, benötigt zusätzliche Zeit. Diese lässt sich verringern, indem der Inhalt des aufgerufenen M-Files (entsprechend angepasst) in die Schleife kopiert wird.

○ Viele MATLAB-Funktionen (M-Files) bieten Aufruf-Varianten und detaillierte Fehlerbehandlung; dieser **Overhead** benötigt jedoch Rechenzeit. Bei genau definierten Rahmenbedingungen kann es sich lohnen, stattdessen eine dafür optimierte Funktion zu erstellen und diese in das aufrufende M-File zu integrieren.

○ Die Verwendung **globaler Variablen**, um Daten zwischen Funktionen auszutauschen, vermeidet das mehrfache Anlegen derselben Daten im Arbeitsspeicher. Vorsicht: Es besteht die Gefahr des unbeabsichtigten Überschreibens!

Schließlich kann MATLAB mit matlab.exe -nojvm auch **ohne** die **Java Virtual Machine** neu gestartet werden. Dies spart deutlich Arbeitsspeicher. Dafür steht allein das *Command Window* ohne den gewohnten Bedienkomfort und (im Gegensatz zu älteren MATLAB-Versionen) auch ohne Figures und grafische Benutzeroberfläche zur Verfügung (siehe Kap. 3).

2.6.3   Tipps zur Fehlersuche und Fehlervermeidung

Auch erfahrene MATLAB-Anwender bleiben von Flüchtigkeitsfehlern nicht immer verschont. Manche Fehler sind besonders tückisch, da sie eine MATLAB-Fehlermeldung an ganz anderer Stelle bewirken oder lediglich durch „überraschende" Ergebnisse auffallen. Einige solche Fehler werden im Folgenden beschrieben und mit Tipps zur Abhilfe ergänzt:

- **Alte Daten** eines vorherigen Projekts „überleben" im Workspace. Werden gleiche Variablennamen weiter verwendet, sind diese Variablen dann noch falsch belegt. Gleiches gilt, wenn ein M-File nacheinander mit verschiedenen Datensätzen aufgerufen wird. Neben unplausiblen Ergebnissen sind typische Fehlermeldungen *„Index exceeds matrix dimensions"* oder *„Matrix dimensions must agree"*. Abhilfe mit clear all.

- Ein mehrdimensionales Array wird mit **zuwenig Indizes** adressiert. MATLAB fasst das Array dann fälschlicherweise als Vektor bzw. Array niedrigerer Dimension auf (siehe auch Fußnote auf Seite 15). Abhilfe durch Debugger und Anzeigen der betreffenden Variable im Variable Editor.

- **Globale** oder Workspace-Variablen werden in einem anderen Skript (oder Funktion) unbeabsichtigt geändert. Abhilfe durch Funktionen mit lokalen Variablen und durch (neue) eindeutige Namen für globale und Workspace-Variablen.

- **Tippfehler bei Variablennamen**, z.B. `varible(k) = 2*variable(k-1)`, bleiben unentdeckt, wenn die Variable bei der Ausführung des fehlerhaften Codes bereits vorhanden ist. In diesem Fall wird eine neue Variable mit falschem Namen `varible` erzeugt; die eigentliche Variable dagegen bleibt unverändert. Abhilfe durch den MATLAB-Profiler: Unter der Rubrik `code analyzer` wird auf nicht verwendete Variablen und damit auf solche Tippfehler hingewiesen.

- **Leerzeichen** vor Klammern bei der Adressierung von Cell-Arrays und beim Zusammensetzen von Strings können zu Fehlermeldungen führen. Fehlerfrei funktioniert z.B. `zelle{2}` statt `zelle {2}` (siehe Beispiel auf Seite 16) sowie `[num2str(2.5), 'm']` statt `[num2str (2.5), 'm']` (siehe Beispiel Kap. 3.2.3).

- Variablen und Funktionen besitzen **identische Namen** oder es existieren mehrere M-Files desselben Namens im MATLAB-Pfad. Die Abfrage `which -all` *name* listet alle Vorkommen eines Namens im Workspace und MATLAB-Pfad auf.

- Insbesondere beim **Debuggen großer Funktionen** oder Skripts ist es hilfreich, die Ausführung genau an der ersten fehlerhaften Stelle im Code anzuhalten. Dazu wird im Breakpoint-Menü ⬛ des *EDITOR*-Tabs ein Haken bei *Stop on Errors* gesetzt. Der Editor öffnet die Funktion dann automatisch an der entsprechenden Stelle. Diese Einstellung wird beim Löschen aller Breakpoints im selben Menü wieder zurückgesetzt.[24]

- Zum **Abfangen** von **Benutzerfehlern** oder **Datenfehlern** dient das Konstrukt `try`...`[catch]`...`end`: Tritt nach `try` ein Fehler auf, wird sofort zu `catch` (sofern vorhanden) bzw. zu `end` gesprungen. Dies ist insbesondere bei Skripts und Funktionen zur automatischen Verarbeitung großer Datenmengen bzw. vieler Datensätze hilfreich. Sind Teile der Daten fehlerhaft, kann deren Verarbeitung übersprungen oder der Bediener informiert werden. Damit wird ein Abbruch des gesamten Skripts vermieden. Um beim Debuggen trotzdem Fehler im Code zu finden, werden die Zeilen mit `try`, `catch` und `end` vorübergehend auskommentiert (siehe auch `doc try`).

---

[24] Bei älteren MATLAB-Versionen wird *Stop on Errors* auch durch den Befehl `clear all` zurückgesetzt.

2.7 Übungsaufgaben

2.7.1 Rechengenauigkeit

Alle Rechenoperationen in MATLAB werden mit dem Variablentyp `double` (64 Bit) durchgeführt, soweit kein anderer Typ explizit angegeben ist. An einem Beispiel kann die Grenze der Rechengenauigkeit untersucht werden.

Quadrieren Sie die Zahl 1.000 000 000 1 insgesamt 32-mal! Berechnen Sie das Ergebnis zunächst in einer Schleife! Bestimmen Sie zum Vergleich das Ergebnis mit einer einzigen Potenzfunktion! Was fällt Ihnen auf?

Hinweis: Wählen Sie ein geeignetes Format der Zahlendarstellung, z.B. mit dem Befehl `format long g`.

2.7.2 Fibonacci-Folge

Nach dem italienischen Mathematiker *Leonardo Pisano Fibonacci* (ca. 1175 bis 1250 n. Chr.) ist folgende Reihe benannt:

$$n(k) = n(k-1) + n(k-2) \qquad \text{mit} \quad n(1) = n(2) = 1$$

Berechnen Sie die nächsten 10 Elemente mit einer Schleife! Beginnen Sie mit dem Vektor `[1 1]`, an den Sie bei jedem Durchlauf ein Element anfügen! Das wievielte Element überschreitet als Erstes den Wert 10^{20}? Verwenden Sie dazu eine Schleife mit entsprechender Abbruchbedingung!

Die Elemente der Fibonacci-Reihe können nach Gleichung (2.1) auch explizit bestimmt werden:

$$n(k) = \frac{F^k - (1-F)^k}{\sqrt{5}} \qquad \text{mit} \qquad F = \frac{1+\sqrt{5}}{2} \tag{2.1}$$

Berechnen Sie damit **ohne Schleife** das 12. bis 20. Element mit elementweisen Vektoroperationen!

2.7.3 Funktion `gerade`

Die Funktion `gerade` soll aus zwei Punkte-Paaren (x_1, y_1) und (x_2, y_2) in kartesischen Koordinaten die Parameter Steigung m und y_0 (y-Wert für $x = 0$) der Geradengleichung

$$y = m \cdot x + y_0$$

bestimmen. Es müssen also **4 Werte** `x1`, `y1`, `x2`, `y2` an die Funktion übergeben werden, die wiederum 2 Werte `m` und `y0` zurückgibt. Für den Fall einer senkrechten Steigung ($x_1 = x_2$) soll eine Warnung `'Steigung unendlich!'` mittels des Befehls `disp`[25] ausgegeben werden.

---

[25] Zur Verwendung des Befehls `disp` siehe Kapitel 3.2.3.

Werden nur **2 Werte** übergeben, so sollen neben den Parametern `m` und `y0` (in diesem Fall = 0) noch der Abstand `r` des Punktes vom Ursprung (Radius) und der mathematisch positive Winkel `phi` zur x-Achse in Grad zurückgegeben werden.

Wird eine andere Anzahl von Werten übergeben, so soll eine Fehlermeldung mit `'Falsche Anzahl von Parametern!'` und der Hilfetext der Funktion (Aufruf mit `help gerade`) ausgegeben werden.

2.7.4   Berechnungszeiten ermitteln

In MATLAB existieren verschiedene Befehle zur Abfrage der Systemzeit und zum Messen der Berechnungsdauer, darunter `tic` und `toc`: `tic` startet eine Stoppuhr, `toc` hält diese wieder an und gibt die verstrichene Zeit aus. Somit kann die Laufzeit von Programmen ermittelt werden, indem sie innerhalb eines solchen `tic`-`toc`-Paares aufgerufen werden.

Zum Vergleich der Laufzeit verschiedener Programmstrukturen werden die Funktionen `mittelwerte` aus Kap. 2.5 und `mittelwerte2` aus Kap. 2.5.1 verwendet.

Schreiben Sie ein Skript `mittelwerte_zeit.m`, in dem beide Funktionen jeweils 10 000-mal mit einem Testvektor aufgerufen werden. Stoppen Sie die Zeit für 10 000 Durchläufe für jede der beiden Funktionen. Wiederholen Sie diesen Test 10-mal (mittels einer Schleife) und mitteln Sie anschließend die Zeiten. Welche Funktion ist schneller und warum?

3 Eingabe und Ausgabe in MATLAB

Die in diesem Kapitel vorgestellten Befehle dienen der Steuerung der Bildschirmausgabe, der komfortablen Ein- und Ausgabe von Daten im Dialog mit dem Benutzer sowie dem Import und Export von Dateien. Weitere Schwerpunkte sind die grafische Darstellung von Ergebnissen in MATLAB und der Import und Export von Grafiken.

3.1 Steuerung der Bildschirmausgabe

Die Befehle zur Steuerung der Bildschirmausgabe sind syntaktisch an die entsprechenden UNIX-Befehle angelehnt. Sie sind vor allem zum Debuggen von Programmen oder zum Vorführen bestimmter Zusammenhänge hilfreich.

Soll die **Bildschirmausgabe seitenweise** erfolgen, wird mit `more on` die seitenweise Bildschirmausgabe ein- und mit `more off` ausgeschaltet. `more` (n) zeigt jeweils n Zeilen je Seite an. Die Steuerung erfolgt wie in UNIX: Ist die Ausgabe länger als eine Seite, so schaltet die Return-Taste um eine Zeile weiter, die Leertaste zeigt die nächste Seite an und die Taste Q bricht die Ausgabe ab.

Mit dem Befehl `echo on` können die beim Aufrufen eines MATLAB-Skripts oder einer Funktion ausgeführten **Befehle angezeigt** werden; `echo off` schaltet dies wieder aus. Beim Ausführen einer Funktion *funktion* werden die darin aufgerufenen Befehle mit `echo` *funktion* `on` ausgegeben (Ausschalten mit `echo` *funktion* `off`), wie das folgende Beispiel zeigt:

```
>> echo mittelwerte on
>> [A, G] = mittelwerte (1:2:7)

arithm = mean(x);                       % Arithmetisches Mittel
geom   = prod(x).^(1/length(x));        % Geometrisches Mittel
A =
     4
G =
    3.2011
```

Die **Bildschirmausgabe anhalten** kann man mit dem Befehl `pause`, der die Ausgabe beim nächsten Tastendruck fortsetzt, während `pause` (n) die Ausgabe für n Sekunden anhält. Mit `pause off` schaltet man alle folgenden `pause`-Befehle aus; es wird also nicht mehr angehalten. Mit `pause on` werden die `pause`-Befehle wieder aktiviert. So gibt die folgende Schleife jeweils den Zähler aus und wartet dann die dem Zähler entsprechende

Zeit in Sekunden.[1] Am Ende muss mit einem Tastendruck quittiert werden.

```
>> for i=1:2:6, disp(i), pause(i), end, disp('Ende'), pause
     1
     3
     5
Ende
>>
```

Auch sehr nützlich ist *HOME/Clear Commands* (🗒) bzw. der Befehl clc, mit dem alle Ein- und Ausgaben am **Command Window gelöscht** werden und der Cursor in die erste Zeile gesetzt wird.

Steuerung der Bildschirmausgabe	
more	Seitenweise Ausgabe am Bildschirm
echo	Zeigt Befehle bei Ausführung von Skripts und Funktionen an
pause	Hält die Bildschirmausgabe an (bis Tastendruck)
pause (n)	Hält die Bildschirmausgabe für n Sekunden an
clc	Löscht alle Ein- und Ausgaben im Command Window 🗒

3.2   Benutzerdialoge

Benutzerdialoge zur Eingabe und Ausgabe von Text und Daten können mit den im Folgenden beschriebenen Befehlen erstellt werden. Zu diesem Zweck wird zunächst die Behandlung von Text in MATLAB betrachtet.

3.2.1   Text in MATLAB (Strings)

Texte (*Strings*) werden in einfache Anführungszeichen eingeschlossen und können Variablen zugewiesen werden:[2] *string* = '*text*'. String-Variablen werden als Zeilen-Vektor gespeichert und können mit ['*text1*', '*text2*'] zusammengesetzt werden. Geht ein String in einem Skript über mehrere Zeilen, muss der String am Ende jeder Zeile abgeschlossen werden, da andernfalls der Umbruch mit ... auch als Teil des Strings interpretiert werden würde.

```
>> string = ['Das ist', ' ', 'ein String!']
string =
Das ist ein String!
```

```
>> whos string
  Name        Size            Bytes  Class     Attributes

  string      1x19               38  char
```

---

[1] Der Befehl disp zur Ausgabe von Zahlen und Strings wird in Kap. 3.2.3 behandelt.

[2] MATLAB wählt automatisch den Datentyp char, ohne dass dieser explizit angegeben werden muss.

3.2.2 Eingabedialog

Die Abfrage von Daten erfolgt mit dem Befehl *variable* = input (*string*). Der String wird ausgegeben; die Eingabe wird der Variablen zugewiesen. Wird keine Zahl, sondern ein String abgefragt, lautet der Befehl *string* = input (*string*, 's'). Als Sonderzeichen stehen innerhalb des Strings der Zeilenumbruch \n, das einfache Anführungszeichen '' sowie der Backslash \\ zur Verfügung. Hier das Beispiel eines Eingabedialogs:

```
preis = input (['Wieviel kostet heuer \n', ...
               'die Wiesn-Maß ?      '])
waehrung = input ('Währung ?              ', 's');
```

Nach Aufruf des Skripts kann man folgenden Dialog führen:

```
Wieviel kostet heuer
die Wiesn-Maß ?      9.85
Währung ?            EUR
```

3.2.3 Formatierte Ausgabe

Für die Ausgabe lassen sich Daten und Strings ebenfalls formatieren. Der Befehl disp (*string*) gibt einen String am Bildschirm aus. Interessant wird dieser Befehl, wenn der String zur Laufzeit aus variablen Texten zusammengesetzt wird; Zahlen müssen dann mit num2str (*variable* [, *format*]) ebenfalls in einen String umgewandelt werden.

Für vektorielle Daten kann die Ausgabe mit *string* = sprintf (*string, variable*) formatiert und mit disp ausgegeben werden. Die Syntax zur Formatierung entspricht bei num2str und sprintf im Wesentlichen der der Sprache C (genaue Infos über doc sprintf). Alle Variablen müssen in einer einzigen Matrix angegeben werden, wobei jede Spalte einen Datensatz für die Ausgabe darstellt. Fortsetzung des obigen Beispiels:

```
disp (['Aber ', num2str(preis, '%0.2f'), ' ', waehrung, ...
       ' pro Maß wird ein teures Vergnügen!'])
disp (' ')                                          % Leerzeile ausgeben
ausgabe = sprintf ('Zwei Maß kosten dann %2.2f %s.', ...  % Ausgabe formatieren
                   2*preis, waehrung);                     % ausgeben
disp (ausgabe)                                      % ausgeben
mehr = sprintf ('%4d Maß kosten dann %2.2f.\n', ...  % Ausgabe formatieren
                [3:5; (3:5)*preis]);                 % Vektoren für Ausgabe
disp (mehr)                                         % ausgeben
```

Als Ausgabe erhält man:

```
Aber 9.20 EUR pro Maß wird ein teures Vergnügen!

Zwei Maß kosten dann 19.70 EUR.
   3 Maß kosten dann 29.55.
   4 Maß kosten dann 39.40.
   5 Maß kosten dann 49.25.
```

Neben den oben beschriebenen Möglichkeiten erlaubt MATLAB auch die Erstellung grafischer Benutzerschnittstellen, die in Kap. 3.6 behandelt werden.

Benutzerdialoge

variable =	input (*string*)	Abfrage einer Variablen
string =	input (*string*, 's')	Abfrage eines Strings
string =	num2str (*variable* [, *format*])	Umwandlung Zahl in String
string =	sprintf (*string*, *variable*)	Formatierten String erzeugen
	disp (*string*)	Textausgabe auf Bildschirm

Sonderzeichen		**Formatierung**	
\n	Zeilenumbruch	%d	Ganze Zahl (z.B. 321)
\t	Tabulator	%x	Ganze Zahl hexadezimal
\\	Backslash \	%5.2f	Fließkomma-Zahl (z.B. 54.21)
%%	Prozentzeichen %	%.2e	Exponentenschreibweise (z.B. 5.42e+001)
''	Anführungszeichen '	%s	String

3.3   Import und Export von Daten

3.3.1   Standardformate

Für den Import und Export von Dateien unterstützt MATLAB standardmäßig ASCII-Text sowie ein spezielles MATLAB-Binärformat. Das Laden und Speichern geschieht mit den Befehlen `load` *dateiname* [*variable1 variable2* ...] und `save` *dateiname* [*variable1 variable2* ...]. Die alternativen Klammerversionen `load` ('*dateiname*' [, '*variable1*','*variable2*', ...]) und `save` ('*dateiname*' [, '*variable1*', '*variable2*', ...]) erlauben, den Dateinamen auch als String-Variable zu übergeben.

Wird nach `load` ein Dateiname **ohne** Endung angegeben, nimmt MATLAB an, dass die Daten im MATLAB-Binärformat (so genannte *MAT-Files*, mit der Endung *MAT*) vorliegen. Bei diesem sind außer den Werten der Variablen auch deren Namen gespeichert und die Daten, falls möglich, immer zusätzlich komprimiert.[3]

Zum Einlesen von Daten im ASCII-Format wird der Dateiname **mit** Endung angegeben. Die Daten einer Zeile müssen dann durch Leerzeichen oder Tabulatoren getrennt sein (keine Kommata!). Jede Zeile muss gleich viele Elemente besitzen (Kommentarzeilen sind aber erlaubt). Die eingelesenen Werte werden standardmäßig einer Variablen mit dem Namen der Datei zugewiesen. Mit *variable* = `load` ('*dateiname*') werden die eingelesenen Werte stattdessen der angegebenen Variablen zugewiesen.

```
>> test_vektor = [0:0.1:10]';              % Spaltenvektor
>> test_matrix = [test_vektor cos(test_vektor)];  % Matrix
>> save test                               % Speichern in Datei test.mat
>> clear                                   % Workspace löschen
>> load test                               % Laden aus Datei test.mat

>> who                                     % Anzeige des Workspace
Your variables are:

test_matrix  test_vektor
```

---

[3] Aufgrund der Komprimierung haben auch kompakte Datentypen aus Kap. 2.2.1 hier keinen Vorteil.

Beim Speichern mit `save` erzeugt MATLAB standardmäßig ein MAT-File. Die Option `-append` hängt zu speichernde Variablen an ein bestehendes MAT-File an. Werden beim Laden und Speichern keine Variablen explizit angegeben, lädt MATLAB jeweils alle Variablen des MAT-Files bzw. speichert alle Variablen aus dem Workspace.

Mit der alternativen Option `-ascii` kann ein ASCII-Format ausgegeben werden. Die Namen der Variablen werden dann nicht gespeichert. Speichern im ASCII-Format schreibt alle Variablen untereinander in die Ausgabedatei. Bei unterschiedlicher Spaltenzahl ist ein Einlesen in MATLAB dann nicht mehr ohne weiteres möglich. Selbst bei gleicher Spaltenzahl können die ursprünglichen Variablen aufgrund der nicht gespeicherten Namen nicht mehr separiert werden.

```
>> save test.txt -ascii test_matrix    % Speichern in Datei test.txt
>> clear                               % Workspace löschen
>> load test.txt                       % Laden aus Datei test.txt

>> who                                 % Anzeige des Workspace

Your variables are:

test
```

Die Befehle `xlswrite` (*'datei'*, *variable*) und `xlsread` (*'datei'*) schließlich schreiben in eine Excel-Datei bzw. lesen daraus. Für Details sei auf die MATLAB-Hilfe verwiesen.

Datenimport und -export Standardformate		
	`load` *datei* [*variable* ...]	Laden aus MAT-File
	`save` *datei* [*variable* ...]	Speichern in MAT-File
[*variable* =]	`load` *datei.endung*	Laden aus ASCII-File
	`save` *datei.endung* `-ascii` [*variable* ...]	Speichern in ASCII-File
variable =	`xlsread` (*'datei.xlsx'*)	Laden aus Excel-File
	`xlswrite` (*'datei.xlsx'*, *variable*)	Speichern in Excel-File

3.3.2 Formatierte Textdateien

Ein universeller Befehl zum **Einlesen** beliebig formatierter Textdateien ist *vektor* = `fscanf` (*fid*, *'format'*), der ähnlich wie in der Sprache C arbeitet. Hauptunterschied ist allerdings die vektorisierte Verarbeitung der Daten, d.h. der Formatstring wird so lange wiederholt auf die Daten angewandt, bis das Dateiende erreicht ist oder keine Übereinstimmung mehr gefunden wird. Dies bringt insbesondere bei großen Textdateien einen deutlichen Zeitgewinn gegenüber zeilenweisem Zugriff.

Die Befehle *string* = `fgetl` (*fid*) und *string* = `fgets` (*fid*, *anzahl*) lesen bei jedem Aufruf jeweils eine ganze Zeile bzw. eine bestimmte (maximale) Anzahl an Zeichen aus.

Zum Öffnen und Schließen der Datei sind dabei jeweils die zusätzlichen Befehle *fid* = `fopen` (*'datei.endung'*, *'zugriff'*) und `fclose` (*fid*) notwendig, wobei *fid* das Handle der geöffneten Datei ist. Der Parameter *zugriff* kann aus folgenden Strings bestehen

(siehe auch doc fopen): 'w' und 'a' für Schreiben bzw. Anfügen (die Datei wird bei
Bedarf angelegt) sowie 'r' für Lesen.

Für die formatierte **Ausgabe** in eine Textdatei kann der Befehl fprintf verwendet
werden. Die Syntax entspricht der von sprintf; es können jeweils nur reelle Zahlen
verarbeitet werden. Die Bierpreise von Kap. 3.2.3 werden mit den nachstehenden Befehlen in eine Datei bier.txt geschrieben:[4]

```
>> bier_id = fopen ('bier.txt', 'w');
>> fprintf (bier_id, '%s\r\n', 'Bierpreis-', 'Hochrechnung');    % Kopfzeilen
>> fprintf (bier_id, '%4d Maß kosten dann %2.2f.\r\n', ...
                    [3:5; (3:5)*preis]);
>> fclose (bier_id);
```

Die Ausgabe der unterschiedlich langen Kopfzeilen kann auch elegant mit einem Cell
Array erfolgen, indem zunächst jede Zeile k in eine Zelle kopfzeilen$\{k\}$ gespeichert
und dann mit fprintf (bier_id, '%s\r\n', kopfzeilen{:}) ausgegeben wird.

Für das **Einlesen beliebiger Textdaten** stellt MATLAB die sehr flexible Funktion
cellarray = textscan (fid, '*format*') zur Verfügung. Optional können weitere Parameter und zugehörige Werte angegeben werden (siehe doc textscan). Das folgende
Beispiel liest die Datei chaos.txt zeilenweise in ein Cell Array aus Strings ein:

```
>> fid = fopen ('chaos.txt', 'r');
>> zeilen = textscan (fid, '%s', ...        % Datei-Handle und Formatstring
                    'delimiter', '\n');     % nur Zeilenumbruch als Trennzeichen
>> fclose (fid);
>> zeilen = zeilen{:}                        % Umwandeln in einfaches Cell-Array
zeilen =
    'Kopfzeile'
    '4,5,6,'
    '1, 2,,'
    '3,*,0,'
    'Fusszeile'
```

Die so eingelesenen Zeilen können dann z.B. analog zu fscanf mit dem Befehl *vektor* =
sscanf (*string*, '*format*') weiterverarbeitet werden.

Ein weiteres Beispiel liest dieselbe Datei als numerische Daten ein; dabei werden leere
bzw. ungültige Werte (hier *) durch NaN (*Not a Number*) ersetzt.

```
>> fid = fopen ('chaos.txt', 'r');
>> matrix = textscan (fid, '%f %f %f', ... % Datei-Handle und Formatstring
                    'delimiter',      ',', ... % Komma als Trennzeichen
                    'whitespace',    '* ', ... % überspringt * und Leerzeichen
                    'emptyvalue',    NaN, ... % ersetzt leere Felder durch NaN
                    'headerlines',     1, ... % überspringt die erste Zeile
                    'collectoutput', 1);       % fasst Daten zu Matrix zusammen
>> fclose (fid);
```

Für jeden einzelnen Formatstring gibt der Befehl ein Cell-Array zurück. Mit der Option

---

[4] Das Beispiel erzeugt einen Text im DOS-Format: Der Format-String \r\n gibt die beiden Zeichen
carriage return (CR) und *linefeed* (LF) für den Zeilenumbruch aus. Unter UNIX genügt \n.

collectoutput werden die einzelnen Cell-Arrays dabei in einer Matrix zusammengefasst (hier die Variable `matrix`). Wie beim vorigen Beispiel muss dieses übergeordnete (d.h. verschachtelte) Cell-Array mit `{:}` erst noch „ausgepackt" werden:

```
>> matrix = matrix{:}                    % Umwandeln und Ausgabe
matrix =
      4      5      6
      1      2    NaN
      3    NaN      0
```

Mit Ausnahme ungültiger Werte liest auch der Befehl `dlmread` numerische Daten ein. Als Trennzeichen wird ein Komma vorgegeben; der gewünschte Bereich für die Ausgabe kann in Tabellen-Notation angegeben werden. Leere Werte werden immer mit 0 belegt.

```
>> matrix = dlmread ('chaos.txt', ',', 'A2..C3')   % Datei, Trennzeichen, Bereich
matrix =
      4      5      6
      1      2      0
```

Zum **interaktiven Einlesen** formatierter Textdateien (und auch von Excel-Dateien sowie weiterer Formaten) steht außerdem der *Import Wizard* zur Verfügung. Er wird mit *HOME/Import Data* (⬇) aufgerufen. Eine vollständige Übersicht der Befehle für Dateizugriffe bietet `help iofun`.

Datenimport und -export formatiert

fid =	`fopen` (*'datei.endung'*, *'zugriff'*)	Datei öffnen
	`fclose` (*fid*)	Datei schließen
	`fprintf` (*fid*, *'format'*, *variable* [, ...])	Formatiertes Schreiben
vektor =	`fscanf` (*fid*, *'format'*)	Formatiertes Lesen Datei
vektor =	`sscanf` (*string*, *'format'*)	Formatiertes Lesen String
string =	`fgetl` (*fid*)	Eine Zeile lesen
string =	`fgets` (*fid*, *n*)	*n* Zeichen lesen
cellarray =	`textscan` (*fid*, *'format'* [, *anzahl*] [, *'parameter'*, *wert*, ...])	
matrix =	`dlmread` (*'datei'*, *'trennzeichen'* [, *'bereich'*])	

3.3.3 Binärdateien

Zum Lesen und Schreiben binärer Daten stehen die Befehle *vektor* = `fread` (*fid*, *'format'*) und `fwrite` (*fid*, *matrix*, *'format'*) zur Verfügung. Typische Formate sind unten aufgeführt; Standard ist `uchar`. Siehe auch `doc fread`.

Datenimport und -export binär – Befehle

vektor =	`fread` (*fid*, *'format'*)	Binär Lesen aus Datei
	`fwrite` (*fid*, *matrix*, *'format'*)	Binär Schreiben in Datei

Datenimport und -export binär – Formate

`uchar, uint8, uint16, uint32, uint64`	Formate ohne Vorzeichen
`int8, int16, int32, int64`	Formate mit Vorzeichen
`single, double, float32, float64`	Formate Fließkomma
`bitN, ubitN, $1 \le N \le 64$`	N Bits mit/ohne Vorzeichen

3.4 Betriebssystemaufruf und Dateiverwaltung

Damit MATLAB ein aufgerufenes M-File oder Daten findet, muss sich die zugehörige Datei im aktuellen Verzeichnis oder im MATLAB-**Pfad** befinden. Der MATLAB-Pfad kann im *Path Browser* eingesehen und geändert werden. Der Aufruf erfolgt über *HOME/Set Path* oder den Befehl `pathtool`. Im Path Browser kann man über den Button *Add Folder* dem MATLAB-Pfad ein neues Verzeichnis hinzufügen.

Ein Ausrufezeichen (!) am Beginn einer Zeile veranlasst MATLAB, den Rest der Zeile dem **Betriebssystem** als Kommando zu übergeben. Werden Rückgabewerte benötigt, eignet sich der Befehl [*status, ergebnis*] = `system` (*kommando*). Hilfreich kann hier auch der mächtige (aber meist unübersichtliche!) Befehl `eval`(*string*) sein: Dieser Befehl interpretiert einen String als MATLAB-Befehl. Das folgende Beispiel erstellt ein Verzeichnis, weist dessen Namen der Struct-Variablen `verzeichnis` zu und löscht das Verzeichnis wieder. Eine weitere Übersicht erhält man mit `help general`.

```
>> mkdir ('testverzeichnis')            % Verzeichnis anlegen (MATLAB-Befehl)
>> verzeichnis = dir ('testverzeic*');  % Dir-Befehl ausführen (MATLAB-Befehl)
>> eval (['!rmdir ', verzeichnis.name]) % Verzeichnis löschen (Betriebssystem)
```

Die nachfolgend aufgeführten MATLAB-Befehle erlauben, ähnlich wie in gängigen Betriebssystemen, aus MATLAB heraus Verzeichnisse und **Dateien** zu **verwalten** (manuell ist dies natürlich auch im *Current Folder Browser* möglich).

Betriebssystemaufruf und Dateiverwaltung

`cd` *verzeichnis*	Verzeichniswechsel
`pwd`	Anzeige des aktuellen Verzeichnisses
`dir` [*auswahl*]	Anzeige Verzeichnis-Inhalt
`ls` [*auswahl*]	Anzeige Verzeichnis-Inhalt
`mkdir` *verzeichnis*	Neues Verzeichnis erstellen
`copyfile` *quelle ziel*	Datei kopieren
`delete` *datei*	Datei löschen
`!` *kommando*	Betriebssystemaufruf
`system` (*kommando*)	Betriebssystemaufruf mit Rückgabewerten
`eval` (*string*)	String als MATLAB-Befehl interpretieren

3.5 Grafische Darstellung

Insbesondere bei großen Datenmengen ist eine numerische Ausgabe wenig anschaulich. Daher werden nun Möglichkeiten zur grafischen Ausgabe behandelt. Zuerst werden die MATLAB-Figure sowie die für alle grafischen Ausgaben gleichermaßen gültigen Befehle, wie Achsen-Skalierung und Beschriftung, angesprochen. In den Kapiteln 3.5.3 und 3.5.4 werden die spezifischen Befehle für zwei- und dreidimensionale Grafiken beschrieben und an Beispielen ausführlich dargestellt; Kapitel 3.5.6 zeigt Möglichkeiten zum Import, Export und Drucken von Grafiken.

3.5.1 Die Figure – Grundlage einer MATLAB-Grafik

Den Rahmen für alle grafischen Ausgaben stellt die so genannte MATLAB-*Figure* dar, die mit `figure` erzeugt und mit einer Nummer versehen wird. Eine vorhandene Figure kann mit `figure` (*nummer*) angesprochen werden, die Nummer (eigentlich das *Handle*) einer Figure erhält man mit `gcf` (*Get handle to Current Figure*). Alle Grafikbefehle wirken stets auf die zuletzt erzeugte bzw. angesprochene Figure.

Abb. 3.1 wurde mit den folgenden Befehlen erzeugt. Falls keine Nummer explizit angegeben wird, vergibt MATLAB diese automatisch (hier 1).

```
>> figure
>> plot (diff (primes (500)))          % Abstand zwischen Primzahlen < 500
```

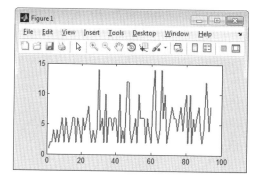

Abb. 3.1: MATLAB-*Figure*

Eine Figure kann mit `subplot` (*zeilen, spalten, zaehler*) gleichmäßig in so genannte *Subplots* unterteilt werden. Der jeweils angesprochene Subplot wird durch die Variable *zaehler* bestimmt; es wird zeilenweise von links oben durchnummeriert. Sind alle Argumente einstellig, können sie ohne Komma (und ohne Leerzeichen!) hintereinander geschrieben werden (siehe Beispiel auf Seite 49).

Der Inhalt einer vorhandenen Figure kann mit `clf` (*Clear Figure*) gelöscht werden. Die Figure selbst kann mit `close` *nummer* geschlossen (d.h. gelöscht) werden. `close` schließt die aktuelle Figure; `close all` schließt alle geöffneten Figures.

MATLAB verwaltet alle Grafiken objektorientiert. Die Objekt-Hierarchie für Grafikobjekte ist in Abb. 3.2 dargestellt. Die Eigenschaften der aktuellen Figure erhält man mit dem Befehl `get` (*FigureHandle*) bzw. `get` (`gcf`), die Eigenschaften des aktuellen Subplots über das Handle `gca` (*Get handle to Current Axis*) entsprechend mit `get` (`gca`).

Des Weiteren gibt `set (gcf)` bzw. `set (gca)` eine Liste der möglichen Parameter aus. Das Abfragen und Setzen einzelner Eigenschaften geschieht wie folgt:[5]

> `get` (*handle, 'eigenschaft '*)
>
> `set` (*handle, 'eigenschaft', wert*)

Bei etlichen Grafikbefehlen (z.B. `plot`, `xlabel`, `text`, `legend`, siehe ab Kap. 3.5.3) lassen sich Eigenschaften und zugehörige Werte in gleicher Weise als zusätzliche Parameter übergeben.

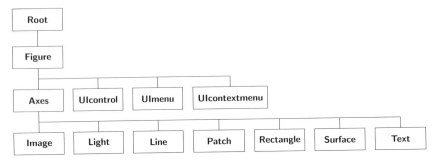

Abb. 3.2: *Objekt-Hierarchie für Grafikobjekte*

Über das Figure-Menü *View* kann der *Property Editor* aufgerufen werden; er erleichtert das Setzen einzelner Eigenschaften der Figure und aller anderen Grafikobjekte, wie Achsen, Beschriftung, Linienstärken, Skalierung etc. Ist der Button ⬚ aktiviert, können Objekte in der Figure angeklickt und dann deren Eigenschaften verändert werden.

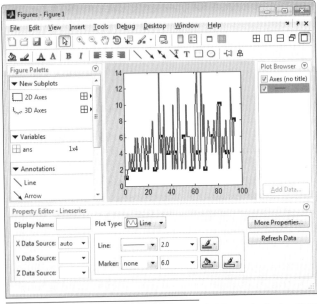

Abb. 3.3: MATLAB-*Figure mit Werkzeugen*

---

[5] Die übergebenen Werte können je nach Eigenschaft eine Zahl, ein Array oder ein String sein.

Über *Insert* kann die Figure mit frei platzierbaren Grafik- und Textobjekten versehen werden. Diese Funktionen sind auch über das Figure-Menü *View/Plot Edit Toolbar* und die dann eingeblendete zweite Funktionsleiste verfügbar (siehe Abb. 3.3).

Weitere Werkzeuge können ebenfalls über das Figure-Menü *View* aufgerufen werden: Die *Figure Palette* erlaubt das Hinzufügen weiterer Daten. Über *New Subplots* werden Subplots eingefügt. Ebenso können Subplots mit der Maus verschoben, skaliert sowie auch gelöscht werden. *Variables* bietet im Kontextmenü an, verfügbare Variablen zu plotten. Im *Plot Browser* können Objekte der Figure einzeln unsichtbar geschaltet werden. Die Figure-Buttons ◻▣ aktivieren bzw. deaktivieren die zuvor gewählten Werkzeuge (siehe ebenfalls Abb. 3.3).

Das so gestaltete Layout einer Figure kann über das Figure-Menü *File/Generate Code* als MATLAB-Funktion ausgegeben werden. Diese lässt sich dann mit anderen Daten wiederverwenden.

Grafik allgemein	
`figure` [(*nummer*)]	Erzeugen oder Ansprechen einer Figure
`subplot` (*zeilen, spalten, zaehler*)	Erzeugen oder Ansprechen eines Subplots
`clf`	Rücksetzen der aktuellen Figure
`close` *nummer*	Figure *nummer* schließen (löschen)
`close all`	Alle Figures schließen (löschen)
`gcf`	Aktuelle Figurenummer (*Handle*)
`gca`	Aktueller Subplot (*Handle*)
`get` (*handle,'eigenschaft'*)	Eigenschaft auslesen
`set` (*handle,'eigenschaft',wert*)	Eigenschaft setzen

3.5.2 Achsen und Beschriftung

Die **Skalierung der Achsen** erfolgt automatisch, kann aber auch manuell mit dem Befehl `axis([`*xmin, xmax, ymin, ymax*`])` für zweidimensionale bzw. mit `axis([`*x1, x2, y1, y2, z1, z2*`])` für dreidimensionale Grafiken eingestellt werden. Mit `axis('auto')` wird die Skalierung wieder MATLAB überlassen. Die Befehle `xlim([`*xmin, xmax*`])`, `ylim` und `zlim` skalieren jeweils die angegebene Achse.

Der Befehl `grid on` erzeugt ein **Gitternetz** entsprechend der Achsenteilung.[6]

Zur genaueren Betrachtung von **Ausschnitten eines Plots** kann nach dem Befehl `zoom on` (oder nach Anklicken eines der Buttons 🔍🔍 im Figure-Fenster) die Figure mit der Maus gezoomt werden. Ein Doppelklick in die Figure stellt die ursprüngliche Skalierung wieder her. Über das Menü *Tools/Pan* oder 🖑 lässt sich der Ausschnitt einer gezoomten Figure mit der Maus verschieben (weitere Optionen über Kontextmenü).

Zur **Beschriftung** der Plots bestehen mehrere Möglichkeiten: Mit `xlabel` (*string*) (und entsprechend `ylabel` und `zlabel`) werden die **Achsen** beschriftet; mit

---

[6] Änderung der Achsenteilung mittels Property Editor oder wie im Beispiel auf Seite 51 gezeigt.

dem Befehl `title`(*string*) wird eine **Überschrift** erzeugt. Dabei können entsprechend der LaTeX-Konventionen hoch- und tiefgestellte Zeichen sowie griechische Buchstaben verwendet werden.[7] So ergibt z.B. `xlabel` (`'\alpha_{yz}` = `b^3/c \rightarrow \pm \infty'`) die Beschriftung $\alpha_{yz} = b^3/c \rightarrow \pm\infty$.

Mit `legend` (*string*1, *string*2 ... [, `'Location'`, *richtung*]) kann eine **Legende** erzeugt werden. Die Strings werden entsprechend der Reihenfolge der `plot`-Befehle zugeordnet. Die Position der Legende wird mit *richtung* als (englische) Himmelsrichtung angegeben: `'NE'` platziert z.B. rechts oben (Standard), `'W'` links, `'Best'` automatisch und `'BestOutside'` neben dem Plot. Der Button ⊞ schaltet eine Legende zwischen sichtbar und unsichtbar um. Weitere Infos über `doc legend`.

Der Befehl `text` (*x*, *y*, *string*) schließlich **platziert** einen **Text** an einer beliebigen Koordinate im aktuellen Plot. Den genannten Beschriftungsbefehlen können optional weitere Parameter übergeben werden, z.B. `title`(`'Überschrift'`, `'FontSize'`, 16, `'FontWeight'`, `'Bold'`). Weitere Infos zur grafischen Ausgabe erhält man mit `help graph2d`, `help graph3d` und `help specgraph` (Spezialbefehle); siehe auch Kap. 3.7.

Grafik: Achsen

`axis` ([*xmin*, *xmax*, *ymin*, *ymax*])	Manuelle Achsen-Skalierung (2D)
`axis` ([*x1*, *x2*, *y1*, *y2*, *z1*, *z2*])	Manuelle Achsen-Skalierung (3D)
`axis` (`'auto'`)	Automatische Achsen-Skalierung
`xlim` ([*xmin*, *xmax*])	Manuelle Skalierung der x-Achse
`ylim` ([*ymin*, *ymax*])	Manuelle Skalierung der y-Achse
`zlim` ([*zmin*, *zmax*])	Manuelle Skalierung der z-Achse
`grid` [on | off]	Gitternetz ein | aus
`zoom` [on | off]	Zoomfunktion ein | aus 🔍 🔍

Grafik: Beschriftung

`xlabel` (*string*)	Beschriftung der x-Achse
`ylabel` (*string*)	Beschriftung der y-Achse
`zlabel` (*string*)	Beschriftung der z-Achse
`title` (*string*)	Überschrift erzeugen
`text` (*x*, *y*, *string*)	Text an Koordinate (*x*, *y*) platzieren
`legend` (*string*1, ... [, `'Location'`, ...])	Legende erzeugen

3.5.3   Plot-Befehle für zweidimensionale Grafiken

Der Befehl `plot` (*xwerte*, *ywerte* ... [, *plotstil*]) zeichnet die als Wertepaare (*xwerte*, *ywerte*) gegebenen Punkte. Diese werden standardmäßig mit einer blauen Linie verbunden. Werden als Argument mehrere x/y-Vektoren abwechselnd übergeben, erhält man unabhängige Linien. Entfällt *xwerte*, werden die Werte *ywerte* über ihrem Index geplottet; enthält *ywerte* dabei komplexe Zahlen, wird der Imaginärteil über dem Realteil dargestellt.

---

[7] Die in Kap. 3.2 beschriebenen Sonderzeichen \n, '' sowie \\ gelten hier jedoch nicht.

Der Befehl `stairs` verwendet dieselbe Syntax, erzeugt aber eine treppenförmige Linie (z.B. für abgetastete Signale, siehe Beispiel in Kap. 10.3.2). Die Befehle `bar` und `stem` erzeugen Balkendiagramme (siehe Spektren in Kap. 6.2). Die Befehle `semilogx` und `semilogy` besitzen die gleiche Syntax wie `plot` mit dem Unterschied, dass die x-Achse bzw. y-Achse logarithmisch skaliert wird. `loglog` plottet beide Achsen logarithmisch. Der Befehl `polar` plottet Daten in Polarkoordinaten.

Der Parameter *plotstil* ist ein String, der Farbe, Linien- und ggf. Punkttyp eines Plots bestimmt. Aus allen drei Kategorien kann *plotstil* je ein Element enthalten (muss aber nicht). So steht z.B. `'g-.'` für eine grüne gestrichelte Linie (— — —); `'ro-'` steht für eine rote durchgezogene Linie, bei der jeder Datenpunkt zusätzlich mit einem Kreis markiert ist. Darüber hinaus können optional Eigenschaft/Werte-Paare angegeben werden. So erzeugt z.B. `plot(x,y,'r','LineWidth',2.0)` einen Plot mit dicker roter Linie. Weitere Infos über `doc plot` oder in Kap. 3.7.

Farben					Punkte			Linien	
k	schwarz	r	rot		.	Punkte		–	durchgezogen
b	blau	m	magenta		o	Kreise		--	gestrichelt
c	cyan	y	gelb		*	Sterne		-.	gestrichelt
g	grün	w	weiß		+, x	Kreuze		:	gepunktet

Standardmäßig löscht jeder neue `plot`-Befehl zunächst alle vorhandenen Objekte der aktuellen Figure (bzw. des Subplots). Dies wird mit dem Befehl `hold on` nach dem ersten `plot`-Befehl verhindert. Das folgende Beispiel erzeugt Abb. 3.4:

```
figure                                      % Erzeugt neue Figure
subplot (121)                               % Linker Subplot
    plot (-5:0.1:5, cos ((-5:0.1:5)*pi), 'k:')   % schwarz, gepunktet
    hold on                                 % alten Plot beibehalten
    fplot ('2*sin(pi*x)/(pi*x)', [-5 5], 'k--')   % schwarz, gestrichelt
subplot (122)                               % Rechter Subplot
    t = (0:20)*0.9*pi;
    plot (cos (t), sin (t))                 % Standard: blaue Linie
```

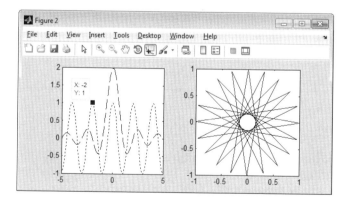

Abb. 3.4: MATLAB-*Figure mit zwei Subplots und über das Menü Tools aktiviertem Data Cursor (links)*

Der verwendete Befehl `fplot` (*funktion, bereich* [*, plotstil*]) dient der einfachen Darstellung expliziter Funktionen, die als String angegeben werden. Mit erweiterter Funktionalität steht darüber hinaus `ezplot` (*funktion1, funktion2* [*, bereich*]) zur Verfügung, um auch implizite Funktionen und Parameterkurven zu plotten (siehe Abb. 3.5).

```
>> ezplot ('x^2 - y^2 - 2')
>> ezplot ('sin(3*t) * cos(t) / (t+pi)', ...
           'sin(3*t) * sin(t) / (t+pi)', [0, 4*pi])
```

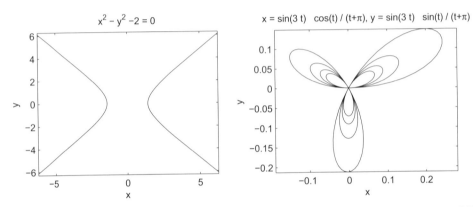

Abb. 3.5: *Implizite Funktion (links) und Parameterkurve (rechts) mit dem* ezplot-*Befehl*

Grafik: 2D Plot-Befehle

`plot` ([*xwerte,*] *ywerte* ... [*, plotstil*])	Plot, linear
`stairs` ([*xwerte,*] *ywerte* ... [*, plotstil*])	Plot, linear treppenförmig
`bar` (...), `stem` (...)	Plot, linear, Balken
`loglog` (*xwerte, ywerte* ... [*, plotstil*])	Plot, beide Achsen logarithmisch
`semilogx` (*xwerte, ywerte* ... [*, plotstil*])	Plot, x-Achse logarithmisch
`semilogy` (*xwerte, ywerte* ... [*, plotstil*])	Plot, y-Achse logarithmisch
`polar` (*winkel, radius* ... [*, plotstil*])	Plot, in Polarkoordinaten
`fplot` (*funktion, bereich*)	Plot, explizite Funktion
`ezplot` (*funktion* (x, y) [*, bereich*])	Plot, implizite Funktion
`ezplot` (*funktion1, funktion2* [*, bereich*])	Plot, Parameterkurve
`hold` [on	off]	Vorhandene Objekte halten

Beispiel: Frequenzgang Tiefpass und Hochpass

Im Folgenden findet sich ein (zugegebenermaßen kompliziertes) Beispiel, das Abb. 3.6 erzeugt. Dabei wird der Frequenzgang eines Tiefpasses (auch PT_1-Glied) und eines Hochpasses (auch DT_1-Glied) mit der Zeitkonstanten T im Laplace-Bereich ($s = j\omega$) berechnet und ausgegeben. Die Eckfrequenz liegt jeweils bei $1/T = 20\,rad\,s^{-1} = 3.18\,Hz$.

$$H_{TP}(j\,\omega) = \frac{1}{1 + j\,\omega\,T} \qquad\qquad H_{HP}(j\,\omega) = 1 - H_{TP} = \frac{j\,\omega\,T}{1 + j\,\omega\,T}$$

Hinweis für Interessierte: Mit `set` wird zunächst die Achsenteilung geändert und anschließend die Beschriftung der Achsen; `gca` liefert das Handle des jeweiligen Subplots, um die Parameter `ytick` und `yticklabel` zu ändern.

```
T                = 0.05;                          % Zeitkonstante [s]
omega            = logspace (0, 3, 100);          % Frequenzvektor [rad/s]

frequenzgang_TP  = (T*j*omega + 1).^(-1);         % Frequenzgang Tiefpass
frequenzgang_HP  = 1 - frequenzgang_TP;           % Frequenzgang Hochpass

figure (3)                                        % Erzeugt Figure 3
clf                                               % Löscht ggf. alte Plots

subplot (121)                                     % Linker Subplot: Amplitude
    loglog (omega, abs (frequenzgang_TP), '-')    % Amplitudengang Tiefpass
    hold on
    loglog (omega, abs (frequenzgang_HP), '--')   % Amplitudengang Hochpass
    loglog ([1 1]/T, [0.01 10], ':')              % Linie Zeitkonstante
    text (1.1/T, 0.02, 'Zeitkonstante')           % Text Zeitkonstante
    title ('Überschrift')                         % Titel linker Subplot
    xlabel ('\omega [rad s^-^1]')                 % Achsenbeschriftung X
    ylabel ('Frequenzgang [dB]')                  % Achsenbeschriftung Y
    legend ('Tiefpass', 'Hochpass')               % Legende an Standardposition
    xlim ([1 1e3])                                % Skalierung x-Achse
    skala = -40:20:40;                            % Gewünschte Achsteilung
    set (gca, 'ytick', 10.^(skala/20))            % Setzt Achsteilung (dB)
    set (gca, 'yticklabel', skala)                % Setzt Beschriftung

subplot (122)                                     % Rechter Subplot: Phase
    semilogx (omega, angle (frequenzgang_TP) *180/pi, '-')   % Phasengang TP
    hold on
    semilogx (omega, angle (frequenzgang_HP) *180/pi, '--')  % Phasengang HP
    grid on                                       % Aktiviert Gitterlinien
    xlabel ('\omega [rad s^-^1]')                 % Achsenbeschriftung X
    ylabel ('Phasengang [Grad]')                  % Achsenbeschriftung Y
    axis ([1 1e3 -90 90])                         % Skalierung x- und y-Achse
    skala = -90:30:90;                            % Gewünschte Achsteilung
    set (gca, 'ytick', skala)                     % Setzt Achsteilung (Grad)
    set (gca, 'yticklabel', skala)                % Setzt Beschriftung
```

Hinweis für immer noch Interessierte: Der Frequenzgang kann auch mit den in Kap. 5 behandelten Befehlen `tf` und `bode` der *Control System Toolbox* dargestellt werden:

```
>> tiefpass = tf ([1], [0.05 1]);
>> hochpass = 1 - tiefpass;
>> bode (tiefpass, 'b-', hochpass, 'r--')
```

Mittels des Befehls `tf` wird die Übertragungsfunktion im Laplace-Bereich, bestehend aus Zähler- und Nennerpolynom, generiert. Mit dem Befehl `bode` wird automatisch ein Bodediagramm erzeugt.

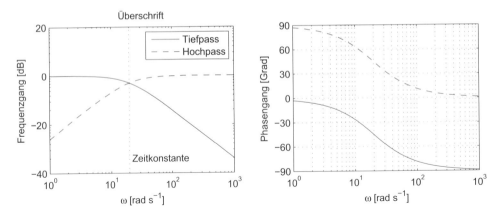

Abb. 3.6: *Beispiel: Frequenz- und Phasengang eines Tiefpasses und eines Hochpasses*

3.5.4   Plot-Befehle für dreidimensionale Grafiken

Zur Darstellung mehrdimensionaler Zusammenhänge eignen sich 3D-Plots. Im Folgenden werden einige der dafür verfügbaren Befehle beschrieben. Die Befehle zur Beschriftung und zur Achsen-Skalierung leiten sich dabei von denen bei 2D-Plots ab.

Der Befehl `plot3` entspricht `plot`, lediglich um einen dritten Datenvektor für die z-Achse erweitert. Folgende Befehle erzeugen den dreidimensionalen Plot in Abb. 3.7:

```
>> phi = (0:100) / 100 * 2*pi;
>> plot3 (-sin (2*phi), cos (3*phi), 1.5*phi, 'k.-')
>> grid on
```

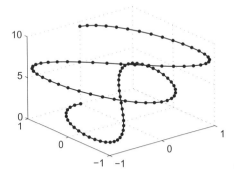

Abb. 3.7: *Dreidimensionaler Plot*

Zur Darstellung zweidimensionaler Funktionen als Flächen im Raum dient der Befehl `surf` (*xwerte, ywerte, zwerte* ... [, *farbe*]). Sind *xwerte, ywerte* und *zwerte* Matrizen gleicher Zeilen- und Spaltenzahl, werden die beschriebenen Punkte geplottet und die dazwischen liegenden Flächen ausgefüllt. Liegen alle Punkte in einem gleichmäßigen Raster bezüglich der x- und y-Achse, können *xwerte* und *ywerte* auch Vektoren sein. In diesem Fall werden die Einträge von *xwerte* auf die Spalten und *ywerte* auf die Zeilen der Matrix *zwerte* bezogen.

Die Befehle `mesh` und `waterfall` besitzen dieselbe Syntax wie `surf`, erzeugen aber ein Gitter ohne ausgefüllte Flächen bzw. ein Wasserfall-Diagramm. Dagegen erzeugt `contour` einen Plot der „Höhenlinien" (Linien gleicher *zwerte*).

Optional kann eine weitere Matrix *farbe* zur Festlegung der Farbe angegeben werden. Jedes Element von *farbe* entspricht einem Element von *zwerte*. Die Farb-Werte werden als Indizes für eine Farbtabelle verwendet, die über `colormap` (*name*) geändert werden kann. Der größte und kleinste Eintrag von *farbe* wird automatisch auf den größten bzw. kleinsten Datenwert skaliert. Ohne Angabe einer Farb-Matrix wird *farbe* = *zwerte* angenommen. Die Skalierung der Farbe kann mit `caxis` (*farbe_min*, *farbe_max*) festgelegt werden. Infos über vordefinierte Farbtabellen sind über `help graph3d` zu erhalten.

3.5.5 Perspektive

Die Perspektive von 3D-Plots kann mit `view` (*horizontal*, *vertikal*) durch Vorgabe des horizontalen und vertikalen Winkels (in Grad) verändert werden. Standard ist $(-37.5°, 30°)$. Verschiedene Möglichkeiten sind in Abb. 3.8 zu sehen. Die Perspektive kann auch interaktiv durch Ziehen mit der Maus verändert werden, nachdem der Befehl `rotate3d on` eingegeben oder der Button ⟳ im Figure-Fenster aktiviert wurde. Für große Grafiken sollte man dabei über das Kontextmenü die Option *Rotate Options/Plot Box Rotate* wählen, damit die Grafik nicht während des Drehens neu gezeichnet wird.

Der Befehl `box on` erzeugt einen Rahmen (*Box*) um die 3D-Grafik. Weitergehende Einstellmöglichkeiten für Perspektive und Beleuchtung bietet das Figure-Menü *View/Camera Toolbar* und die Befehlsübersicht mit `help graph3d`.

Grafik: 3D Plot-Befehle

[X, Y] = `meshgrid` (*xvektor*, *yvektor*)	Koordinatenraster (2D)
`plot3` (*xwerte*, *ywerte*, *zwerte*... [, *plotstil*])	3D-Plot, Punkte/Linien
`surf` (*xwerte*, *ywerte*, *zwerte*... [, *farbe*])	3D-Plot, Fläche
`mesh` (*xwerte*, *ywerte*, *zwerte*... [, *farbe*])	3D-Plot, Gitter
`waterfall` (*xwerte*, *ywerte*, *zwerte*... [...])	3D-Plot, Wasserfall
`contour` (*xwerte*, *ywerte*, *zwerte*... [...])	2D-Plot, Höhenlinien
`box` [on | off]	Box einblenden
`rotate3d` [on | off]	Interaktives Drehen ⟳
`view` (*horizontal*, *vertikal*)	Perspektive ändern
`zlabel` (*string*)	Beschriftung der z-Achse

Farben einstellen

`colormap` (*name*)	Wahl der Farbtabelle
`caxis` (*farbe_min*, *farbe_max*)	Skalierung der Farbe

Beispiel

Im folgenden Beispiel erzeugt der Befehl `meshgrid` zunächst aus den Vektoren x und y die Matrizen X und Y, deren Zeilen bzw. Spalten den Vektoren x bzw. y entsprechen. Daraus berechnet sich dann die Matrix Z:

```
x      = 0:0.05:2;
y      = -1:0.2:1;
[X, Y] = meshgrid (x, y);        % Erzeugt Matrizen über Bereich von x, y
Z      = (Y+1) .* cos (2*X.^2) + (Y-1) .* sin (2*X.^2) / 5;
```

Die so erhaltenen Daten werden nun mittels verschiedener Befehle und Einstellungen geplottet (siehe Abb. 3.8):

```
subplot (221)
    surf (X, Y, Z)
    view (-40, 30)
    title ('surf (X, Y, Z); view (-40, 30)')
subplot (222)
    mesh (X, Y, Z)
    view (-20, 30)
    title ('mesh (X, Y, Z); view (-20, 30); grid off; box on')
    grid off
    box on
subplot (223)
    waterfall (X, Y, Z)
    view (-20, 10)
    title ('waterfall (X, Y, Z); view (-20, 10)')
subplot (224)
    contour (X, Y, Z)
    title ('contour (X, Y, Z)')
```

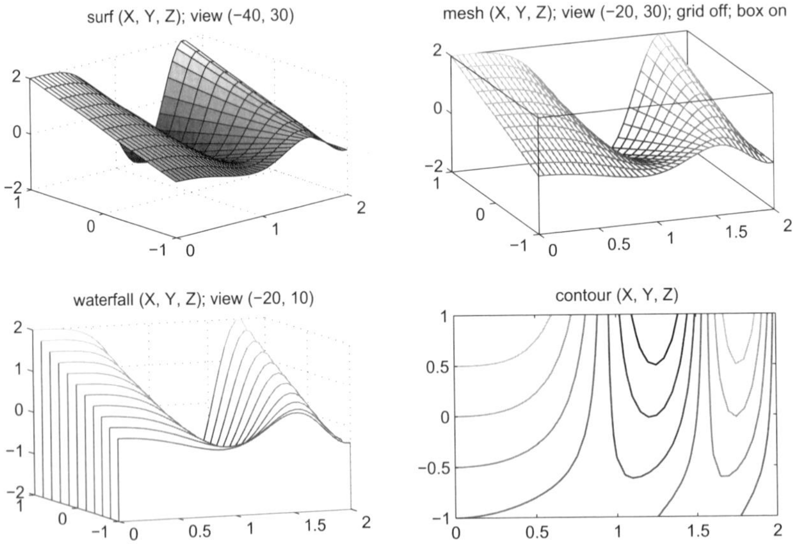

Abb. 3.8: *Beispiel: Verschiedene Darstellungen dreidimensionaler Daten*

Interaktives Plotten ist zudem im *PLOTS*-Tab des *Workspace Browsers* und des *Variable Editors* möglich. Für eine ausgewählte Variable können geeignete Plotbefehle durch Anklicken eines Beispiels direkt ausgeführt werden (siehe Abb. 3.9).

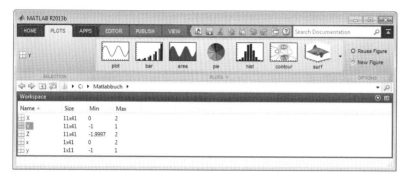

Abb. 3.9: *Inter- aktives Plotten aus dem Work- space Browser*

3.5.6 Importieren, Exportieren und Drucken von Grafiken

Zum Einlesen von Pixel-Grafiken bietet MATLAB den Befehl `imread` an. Mit *variable* = `imread`(*'datei'*, *'format'*) wird eine Grafik-Datei mit dem angegebenen Format[8] als Variable eingelesen, wobei *variable* bei Graustufen-Bildern eine zweidimensionale Matrix, bei Farbbildern ein dreidimensionales Array ist.

Der Befehl `image`(*variable*) gibt die so eingelesene Grafik in einer Figure aus. So erzeugen die folgenden Befehlszeilen die Figure in Abb. 3.10, die das im JPG-Format vorliegende Bild `foto.jpg` enthält:

```
>> foto_variable = imread ('foto.jpg', 'jpeg');
>> image (foto_variable)
```

Das Drucken und Exportieren von Grafiken aus MATLAB geschieht über den Befehl `print`. Mit `print -f`*nummer* wird die Figure *nummer* auf dem Standard-Drucker ausgegeben. Mit `print -f`*nummer* `-d`*option* *'datei'* erfolgt die Ausgabe in Dateien verschiedener Grafikformate.[9]

Über das Figure-Menü *File/Print Preview* lassen sich Lage und Größe der Figure sowie weitere Optionen für den Ausdruck (z.B. Farbraum, Linien, Schrift, etc.) einstellen.

```
>> print -f1;            % Drucken von Figure 1 auf Standard-Drucker
>> print -f1 -dmeta 'bild';   % Speichern als Windows-Metafile (bild.emf)
>> print -f1 -depsc 'bild';   % Speichern als Farb-Postscript  (bild.eps)
```

MATLAB bietet auch die Speicherung in einem eigenen Figure-Format an; dieses eignet sich insbesondere für spätere Weiterverarbeitung einer Figure in MATLAB. Gespeichert wird entweder über das Figure-Menü *File/Save As*, mit dem Befehl `saveas` (*handle*,*'datei'* [, *'format'*])[10] oder auch mit `savefig` (*handle*,*'datei'*).

---

[8] Mögliche Formate: `'bmp'`, `'ico'`, `'jpg'`/`'jpeg'`, `'pcx'`, `'tif'`/`'tiff'`, siehe auch `doc imread`.

[9] Mögliche Formate: `bmp`, `meta` (emf), `epsc`, `jpeg`, `pcx24b` (pcx), `pdf`, `tiff`, siehe auch `doc print`.

[10] Mögliche Formate: `'fig'` (speichert Figure als binäres Fig-File), `'m'` (erzeugt ein Fig-File und ein M-File, das das Fig-File aufruft). Des Weiteren sind auch einige Formate wie bei `print` zulässig.

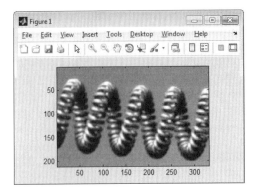

Abb. 3.10: *Mit* imread *und* image *eingebundene Grafik*

Erweiterte Ausgabeoptionen können zudem über das Figure-Menü *File/Export Setup* eingestellt werden.

Grafik: Importieren, Exportieren und Drucken	
`print -f`*nummer*	Figure auf Standarddrucker drucken
`print -f`*nummer* `-d`*format* `'datei'`	Figure in Datei speichern
`saveas` (*handle*, `'datei'`, `'format'`)	Figure in Datei speichern
`savefig` (*handle*, `'datei'`)	Figure als MATLAB-Figure speichern
variable = `imread` (`'datei'`, `'format'`)	Pixel-Grafik in Matrix einlesen
`image` (*variable*)	Pixel-Grafik in Figure plotten

3.6   Grafische Benutzeroberfläche (GUI)

Zur komfortablen Bedienung eigener Programme lassen sich in MATLAB grafische Benutzerschnittstellen, so genannte *GUIs*[11] erstellen. GUIs sind interaktive Figures in Form einer Dialogbox, die auch Text- und Grafikausgabe enthalten können. Als **Beispiel** dient die Erstellung eines **Datums-Rechners** zur Bestimmung des Wochentags für ein beliebiges Datum (siehe Abb. 3.11).

Abb. 3.11: *Beispiel: Datums-Rechner als fertiges GUI*

Zur Erstellung eines GUI müssen Layout und Funktionalität festgelegt werden. Für das Layout existiert ein grafischer Editor; die Funktionalität wird anschließend in ein automatisch vorgefertigtes *Application-M-File* eingefügt. Eine manuelle Erstellung des Layouts ist umständlich und daher nicht zu empfehlen.[12] Weiterführende Fragen beantworten wie immer die MATLAB-Hilfe (z.B. `help uitools`) und die Handbücher. [38]

---

[11] GUI = Graphical User Interface, GUIDE = GUI Design Editor

[12] Die Datei `datumsrechner_manuell.m` zeigt eine kompakte manuelle Programmierung.

3.6.1   GUI-Layout

Zur Erstellung und Bearbeitung eines GUI-Layouts bietet MATLAB den *GUIDE-Editor*
an, siehe Abb. 3.12. Beim Aufrufen über *HOME/New/Graphical User Interface* oder
mit dem Befehl `guide` erscheint zunächst eine Start-Auswahl. Neben einer leeren GUI-
Figure können auch verschiedene Beispiele damit erzeugt werden.

Neue Objekte innerhalb der GUI-Figure werden durch Anklicken eines Typs und Platzieren mit der Maus erzeugt. Die Größe kann ebenfalls per Maus verändert werden.
Vorteilhaft wird im Menü *Tools/Grid and Rulers* die *Grid Size* auf 10 Pixel gesetzt.
Bereits vorhandene Objekte können durch Ziehen mit der rechten Maustaste oder über
das GUIDE-Menü *Edit/Duplicate* dupliziert werden. Falls sich Objekte gegenseitig ver-
decken, kann die Reihenfolge im GUIDE-Menü *Layout* geändert werden. Alle Objekte können vorbelegt und beim Ausführen des GUI durch Funktionsaufrufe (z.B. bei
Anklicken einer Schaltfläche) verändert werden und eignen sich somit auch zur Ausgabe, insbesondere *Edit Text*- und *Static Text*-Objekte.

GUI-Objekte

Push Button	Schaltfläche, die beim Anklicken eine Funktion ausführt
Toggle Button	Auswahlfeld in Form einer Schaltfläche
Radio Button	Auswahlfeld rund
Check Box	Auswahlfeld eckig
Listbox	Auswahlliste (auch mehrere Elemente gleichzeitig)
Pop-up Menu	Auswahlliste (immer genau ein Element)
Table	Tabelle zur Ein- und Ausgabe
Edit Text	Editierbares Textfeld zur Ein- und Ausgabe (auch mehrzeilig)
Static Text	Statisches Textfeld (auch mehrzeilig)
Slider	Schieberegler
Panel	Gefülltes Rechteck zur grafischen Gestaltung des GUI
Button Group	Wie *Panel*, unterstützt Exklusiv-Auswahl, siehe GUIDE-Beispiel
Axes	Ausgabebereich für Grafik (2D- und 3D-Plots)

Das Objekt *Panel* gruppiert alle Objekte, die in diesem Bereich erstellt oder dorthin
verschoben werden. *Button Group* verwaltet zudem mehrere exklusive Auswahlfelder,
indem aus diesen immer nur eines ausgewählt werden kann.

Eine Hierarchie sämtlicher Objekte einschließlich der GUI-Figure als oberste Stufe zeigt
der *Object Browser*, der über das GUIDE-Menü *View/Object Browser* oder den Button ᵒᵒ aufgerufen wird (Abb. 3.13).

Die Eigenschaften der Objekte können mit dem *Property Inspector* editiert werden,
der durch Doppelklick auf ein Objekt im GUIDE oder im Object Browser, über das
Menü *View/Property Inspector* oder mit dem Button 🖼 aufgerufen wird (Abb. 3.14).

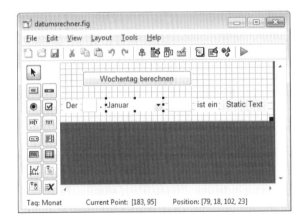

Abb. 3.12: *GUIDE-Editor mit Beispiel*   **Abb. 3.13:** *GUI-Object-Browser*

Viele Eigenschaften lassen sich direkt im Property Inspector durch Anklicken der Einträge in der rechten Spalte ändern. Für umfangreichere Eigenschaften (z.B. *Background-Color*, *String*) wird zusätzlich ein Button angezeigt, der beim Anklicken ein passendes Dialogfenster öffnet. So werden die Monatsnamen im Popup-Menü als Eigenschaft *String* mit dem String-Editor (Abb. 3.15) eingegeben. Je nach Objekt-Typ können nicht benötigte Eigenschafts-Felder leer oder mit Default-Werten belegt bleiben, insbesondere wenn sie beim Start des GUI initialisiert werden (siehe Beispiel Seite 61).

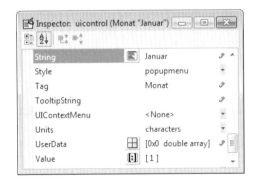

Abb. 3.14: *GUI-Property-Inspector*   **Abb. 3.15:** *GUI-String-Editor*

Im Folgenden werden die wichtigsten **Objekt-Eigenschaften** erläutert. Einige davon (wie *...Color*, *Font...*) sind selbsterklärend und werden daher nicht näher beschrieben:

Callback enthält den Funktionsaufruf, der bei jeder Aktivierung des Objekts durch Anklicken oder Eingabe ausgeführt wird. Der automatisch generierte Funktionsname leitet sich aus der Eigenschaft *Tag* ab. Eine entsprechende (leere) Funktion zu jedem Objekt wird auch im *Application-M-File* automatisch erzeugt.

Enable legt fest, ob ein Objekt vom Anwender aktiviert oder verändert werden kann (on). Im Gegensatz zu `inactive` verändert sich bei `off` die Objekt-Farbe zu grau.

Min, Max legen den Wertebereich eines *Sliders* fest. Gilt $Max - Min > 1$, erlauben *Edit Text*- und *Listbox*-Objekte die Eingabe mehrzeiliger Texte bzw. die gleichzeitige Auswahl mehrerer Elemente.

Position besteht aus dem Vektor [*links unten Breite Höhe*], der durch GUIDE automatisch gesetzt wird und Lage[10] sowie Größe des Objekts bestimmt. Mithilfe des Werkzeugs *Align Object* können Objekte komfortabel ausgerichtet werden. Der Aufruf erfolgt über das GUIDE-Menü *Tools/Align Objects* oder den Button ⌗. Siehe auch *Units*.

String kann einen (einzeiligen) Text zur Beschriftung einer Schaltfläche oder eines Auswahlfelds enthalten. Mehrzeilige Texte sind bei Textfeldern und Auswahllisten möglich. Bei Letzteren entspricht jede Zeile einem Element der Auswahlliste. Der Text wird stets *ohne* Anführungszeichen eingegeben.

Style legt den Typ des Objekts fest und wird von GUIDE automatisch vergeben; siehe Liste der GUI-Objekte (außer *Axes*) auf Seite 57.

Tag enthält den (eindeutigen) Namen des Objekts.[11] Diesen zeigt der GUIDE-Editor für das jeweils markierte Objekt auch in seiner Statuszeile an (links unten). Der Name wird für die zugehörige Callback-Funktion im automatisch erzeugten *Application-M-File* verwendet. Der Übersichtlichkeit halber sollten die Default-Namen bereits *vor dem ersten Speichern* des GUI durch sinnvolle Bezeichnungen ersetzt werden. Bei späteren Änderungen sollte man prüfen, ob MATLAB auch die Funktionsnamen im Application-M-File entsprechend angepasst hat.

TooltipString kann einen (einzeiligen) Text enthalten, der angezeigt wird, sobald sich der Mauszeiger für einige Zeit über dem Objekt befindet. Der Text wird ebenfalls *ohne* Anführungszeichen eingegeben.

Units legt die Einheit für die Eigenschaft *Position* fest. Die Default-Einstellung `characters` skaliert Objekte entsprechend der Schriftgröße und ermöglicht so ein gleichbleibendes Aussehen des GUI auf unterschiedlichen Rechnern. Die Einstellung `normalized` erwartet Werte im Bereich 0...1, die sich auf die aktuelle Breite und Höhe der GUI-Figure beziehen; dies eignet sich besonders für GUI-Figures mit veränderlicher Größe (siehe *Resize* unter Figure-Eigenschaften).

Value enthält den aktuellen Wert eines *Sliders* bzw. gibt an, ob ein Auswahlfeld aktiviert ist (1) oder nicht (0). Für eine exklusive Auswahl (d.h. immer nur eine Möglichkeit) kann ein *Pop-up Menu* verwendet werden; bei den übrigen Auswahlfeldern muss dies durch einen Funktionsaufruf sichergestellt werden, der die verbleibenden Auswahlfelder auf 0 setzt.[12] Alternativ wird dies auch von der *Button Group* unterstützt (für Details siehe zugehörige MATLAB-Hilfe bzw. -Beispiele). Bei Auswahllisten enthält *Value* den Index des gewählten Listeneintrags (durchnummeriert mit 1, 2, ...).[13]

---

[10] Linke untere Ecke des Objekts bezogen auf linke untere Ecke des GUI-Fensters.

[11] *Tag* in *kursiver Schrift* ist der Bezeichner des Objekts – nicht zu verwechseln mit „Tag" als Datum.

[12] Siehe auch Beispieldatei `reglerkonfigurator.m`.

[13] Bei *Listbox* enthält *Value* die Indizes aller gewählten Elemente als Vektor.

Visible bestimmt, ob ein Objekt sichtbar ist oder ausgeblendet wird. Damit kann das
GUI-Layout zur Laufzeit verändert werden.

Die wichtigsten **Figure-Eigenschaften** für GUIs werden im Folgenden erläutert; auch
hier wird auf offensichtliche Eigenschaften nicht weiter eingegangen. Zum Editieren
muss der Property Inspektor durch Doppelklick auf den GUI-Hintergrund im GUIDE
oder auf die GUI-Figure im Object Browser geöffnet werden.

FileName wird beim Speichern des GUI verwendet und sollte daher hier nicht
geändert werden (besser über das GUIDE-Menü *File/Save As*).

Name enthält den Text, der in der Titelzeile des GUI-Fensters angezeigt wird.

Position bestimmt Lage[14)] und Größe der GUI-Figure beim Öffnen. Diese Werte werden durch GUIDE automatisch gesetzt.

Resize ermöglicht oder verhindert, dass der Anwender die Größe der GUI-Figure per
Maus ändert (siehe auch *Units* unter Objekt-Eigenschaften).

Tag wird nur benötigt, falls der Anwender auf die GUI-Figure mittels *Handle* zugreifen
möchte (z.B. von einem anderen GUI aus) oder für `printdlg` (siehe unten). Das
Handle des GUI erhält man dann mit `handles.`*TagName* oder mit *handle =*
`findobj` (`'Tag'`, *TagName*).

Units legt die Einheit für die Position der GUI-Figure fest. Auch hier empfiehlt sich die
Default-Einstellung `characters` für ein rechnerunabhängiges Aussehen des GUI.
Die Einstellung `normalized` bezieht sich hier auf Breite und Höhe des Bildschirms.

Die Einstellungen zum **Speichern des GUI** im GUIDE-Menü *Tools/GUI Options*
können übernommen werden. Damit werden beim Speichern jeweils zwei Dateien erzeugt (bzw. ergänzt): ein *Fig-File* mit dem Layout der GUI-Figure sowie ein *Application-
M-File*, das die GUI-Figure aufruft und in dem schon bestimmte Funktionen vordefiniert sind. Im gewählten Beispiel werden die Dateien `datumsrechner.fig` und
`datumsrechner.m` erzeugt.

3.6.2   GUI-Funktionalität

Die eigentliche Funktionalität eines GUI verbirgt sich in den *Callback-Funktionen*. Bei
jedem Aufruf eines Objekts (d.h. Anklicken oder Eingabe) werden so genannte *Callbacks*
ausgeführt. Diese rufen stets das automatisch generierte Application-M-File auf und
übergeben den Namen der gewünschten Callback-Funktion als Parameter. So erfolgt
z.B. beim Anklicken des *Push Buttons* (*Tag* = `Berechnen`) im Datums-Rechner der
folgende Funktionsaufruf:

```
datumsrechner('Berechnen_Callback',hObject,eventdata,guidata(hObject))
```

Damit ruft das Application-M-File seinerseits die gewünschte lokale Callback-Funktion
`Berechnen_Callback` auf, die im Application-M-File wie folgt vordefiniert ist:

```
function Berechnen_Callback(hObject, eventdata, handles)
```

[14)] Linke untere Ecke der GUI-Figure bezogen auf linke untere Bildschirmecke.

Der Inhalt der Funktion muss durch den Anwender programmiert werden. Im vorliegenden Beispiel werden die folgenden Zeilen eingefügt.

```
TagNr     = str2num (get (handles.TagNr, 'String'));
Monat     = get (handles.Monat, 'Value');
Jahr      = str2num (get (handles.Jahr, 'String'));

Wochentag = weekday (datenum (Jahr, Monat, TagNr));
set (handles.Wochentag, 'String', handles.TageListe (Wochentag));
```

Beim Aufruf dieser Callback-Funktion werden zunächst `TagNr`, `Monat` und `Jahr` mit `get` ausgelesen. `TagNr` und `Jahr` liegen als String vor und müssen daher noch mit `str2num` in Zahlen umgewandelt werden; bei `Monat` entspricht das Feld *Value* dem gewählten Listenelement (Januar = 1, etc.) und muss nicht konvertiert werden. Schließlich wird mit den MATLAB-Befehlen `datenum` und `weekday` der Wochentag berechnet (1 = Sonntag, 2 = Montag, etc.) und der entsprechende Eintrag des Arrays `TageListe` ausgegeben.

`TageListe` wird am besten während der Initialisierung des GUI definiert. Um aus unterschiedlichen lokalen Funktionen auf diese Variable zugreifen zu können, kann diese entweder als global definiert werden (dies muss allerdings in jeder darauf zugreifenden Funktion wiederholt werden!) oder über die vorgegebene Struktur `handles`. Letztere wird an jede lokale Funktion übergeben und ist somit dort sichtbar. Die Definition erfolgt zu Beginn der folgenden Funktion im Application-M-File:

```
function datumsrechner_OpeningFcn(hObject, eventdata, handles, varargin)
```

Hier kann der Anwender eigene Deklarationen und Initialisierungs-Befehle programmieren. Im vorliegenden Beispiel werden die folgenden Zeilen eingefügt:

```
handles.TageListe    = {'Sonntag.', 'Montag.', 'Dienstag.', 'Mittwoch.', ...
                        'Donnerstag.', 'Freitag.', 'Samstag.'};

[Jahr, Monat, TagNr] = datevec (now);
Wochentag            = weekday (now);

set (handles.TagNr, 'String', num2str (TagNr));
set (handles.Monat, 'Value', Monat);
set (handles.Jahr, 'String', num2str (Jahr));
set (handles.Wochentag, 'String', handles.TageListe (Wochentag));
```

Damit wird beim Start des GUI die Struktur `handles` um das Cell Array `TageListe` erweitert. Anschließend wird das aktuelle Datum abgefragt und das GUI mit diesen Werten vorbelegt; dazu müssen `TagNr` und `Jahr` wieder in Strings umgewandelt werden.

Einige Zeilen weiter unten im Application-M-File (siehe Seite 64) steht der automatisch erzeugte Befehl `guidata(hObject, handles)`. Er schließt die Initialisierung ab und wird benötigt, um die erweiterte Struktur `handles` zu speichern.

Für die Erstellung von **Menüs** und **Kontextmenüs** steht ein eigener Editor zur Verfügung (Aufruf über GUIDE-Menüpunkt *Tools/Menu Editor* oder den Button ▨); für jeden Menüeintrag wird im Application-M-File die zugehörige Funktion vordefiniert.

Toolbars können über das Menü *Tools/Toolbar Editor* oder den Button ✎ definiert werden. Zudem können **vordefinierte Dialogboxen** vom GUI aus aufgerufen werden. Beispiele finden sich in der Start-Auswahl des GUIDE-Editors (siehe auch `help uitools`).

Der GUIDE-Menüpunkt *Tools/Tab Order Editor* erlaubt, die Reihenfolge der Eingabefelder eines GUI für das Durchsteppen mit der Tabulator-Taste festzulegen.

GUI: Vordefinierte Dialogboxen

cell array =	`inputdlg` (*text, titel*)	Texteingabe
	`msgbox` (*text, titel* [, *icon*])	Textausgabe
string =	`questdlg` (*text, titel, button, ... default*)	Frage
dateiname =	`uigetfile` (*filter, titel*)	Datei öffnen
dateiname =	`uiputfile` (*filter, titel*)	Datei speichern
handle =	`waitbar` (*x*, [*handle*,] *titel*)	Fortschrittsbalken
	`printdlg` (*handle*)	Drucken

GUI: Nützliche Befehle

string =	`num2str` (*variable* [, *format*])	Umwandlung Zahl in String
variable =	`str2num` (*string*)	Umwandlung String in Zahl
string =	`sprintf` (*string, variable*)	Formatierten String erzeugen
variable =	`sscanf` (*string, format*)	Formatierten String lesen

3.6.3 GUI ausführen und exportieren

Ausgeführt wird das fertige GUI durch Eingabe des Namens des Application-M-Files im MATLAB-Command-Window oder mit dem Kontextmenü *Run* im Current Directory Browser. Mit dem GUIDE-Menüpunkt *Tools/Run* oder dem Button ▶ kann das GUI auch direkt aus dem GUIDE-Editor heraus gestartet werden (dabei werden Änderungen am GUI gespeichert). Das fertige GUI des Datums-Rechners zeigt Abb. 3.11.

Mit dem GUIDE-Menüpunkt *File/Export* wird ein bereits gespeichertes GUI bei Bedarf (z.B. zur Erzeugung eines P-Files) zu einem einzigen Export-M-File zusammengefasst. Dies kann die getrennte Speicherung von Fig-File und Application-M-File jedoch nicht ersetzen, da das Export-M-File nicht mehr mittels GUIDE grafisch editiert werden kann.

3.6.4 Aufbau des Application-M-File

Für Interessierte wird im Folgenden der Aufbau des automatisch erzeugten Application-M-Files näher erläutert. Dazu wird der MATLAB-Code des Datums-Rechners auszugsweise (. . .) wiedergegeben und kommentiert.

Das Application-M-File wird sowohl beim Starten des GUI als auch bei Callbacks durch MATLAB aufgerufen. Zu Beginn des Application-M-Files wird daher anhand der übergebenen Parameter eine **Verzweigung** in verschiedene Aktionen durchgeführt: Beim

Aufrufen des Application-M-Files ohne Parameter wird das GUI gestartet; wird der Name einer Callback-Funktion als Parameter übergeben, wird diese von hier aufgerufen.

```
function varargout = datumsrechner(varargin)
% DATUMSRECHNER MATLAB code for datumsrechner.fig
%       DATUMSRECHNER, by itself, creates a new DATUMSRECHNER (...)
%
%       DATUMSRECHNER('CALLBACK',hObject,eventData,handles,...) calls the local
%       function named CALLBACK in DATUMSRECHNER.M with the given input arguments.
(...)
% Begin initialization code - DO NOT EDIT
(...)
% End initialization code - DO NOT EDIT
```

Der nächste Abschnitt dient im Wesentlichen der **Initialisierung** des GUI. Innerhalb der Funktion datumsrechner_OpeningFcn können Initialisierungs-Befehle eingefügt werden, die die Eigenschaften der GUI-Figure überschreiben. Soll die Struktur handles erweitert werden, muss dies *vor* dem Befehl guidata erfolgen. Schließlich können mit der Funktion datumsrechner_OutputFcn auch Parameter zur aufrufenden Funktion (bzw. zum Command Window) zurückgegeben werden.

```
% --- Executes just before datumsrechner is made visible.
function datumsrechner_OpeningFcn(hObject, eventdata, handles, varargin)
% This function has no output args, see OutputFcn.
% hObject      handle to figure
% eventdata    reserved - to be defined in a future version of MATLAB
% handles      structure with handles and user data (see GUIDATA)
% varargin     unrecognized PropertyName/PropertyValue pairs from the
%              command line (see VARARGIN)

% EINGEFÜGT: Definiert Liste der Wochentage als Variable in der Struktur
%            "handles". Setzt alle Werte beim ersten Aufruf auf aktuelles Datum.

handles.TageListe    = {'Sonntag.', 'Montag.', 'Dienstag.', 'Mittwoch.', ...
                        'Donnerstag.', 'Freitag.', 'Samstag.'};
[Jahr, Monat, TagNr] = datevec (now);
Wochentag            = weekday (now);
set (handles.TagNr, 'String', num2str (TagNr));
set (handles.Monat, 'Value', Monat);
set (handles.Jahr, 'String', num2str (Jahr));
set (handles.Wochentag, 'String', handles.TageListe (Wochentag));

% EINGEFÜGT ENDE

% Choose default command line output for datumsrechner
handles.output = hObject;

% Update handles structure
guidata(hObject, handles);

% --- Outputs from this function are returned to the command line.
function varargout = datumsrechner_OutputFcn(hObject, eventdata, handles)
% varargout    cell array for returning output args (see VARARGOUT); (...)
varargout{1} = handles.output;
```

Im nächsten Teil des Application-M-Files sind alle **Callback-Funktionen** vordefiniert. Für GUI-Objekte (außer Menüs und *Axes*) existieren je zwei Funktionen: ..._CreateFcn und ..._Callback. Erstere wird nur beim Starten des GUI aufgerufen, Letztere bei jeder Aktivierung des Objekts (durch Anklicken oder Eingabe). Jedesmal, wenn der GUI-Figure neue Objekte hinzugefügt werden, werden hier die zugehörigen Funktionen mit dem Namen *TagName*_CreateFcn und *TagName*_Callback angehängt, wobei *TagName* der im Feld *Tag* stehende Bezeichner des Objekts ist.

```
function TagNr_Callback(hObject, eventdata, handles)
(...)
% --- Executes during object creation, after setting all properties.
function TagNr_CreateFcn(hObject, eventdata, handles)
(...)

% --- Executes on selection change in Monat.
function Monat_Callback(hObject, eventdata, handles)
(...)
% --- Executes during object creation, after setting all properties.
function Monat_CreateFcn(hObject, eventdata, handles)
(...)

function Jahr_Callback(hObject, eventdata, handles)
(...)
% --- Executes during object creation, after setting all properties.
function Jahr_CreateFcn(hObject, eventdata, handles)
(...)

% --- Executes on button press in Berechnen.
function Berechnen_Callback(hObject, eventdata, handles)
(...)

% EINGEFÜGT: Holt aktuelle Werte (ggf. mit Umwandlung String nach Zahl)
%            Berechnet zugehörigen Wochentag und gibt diesen aus.

TagNr    = str2num (get (handles.TagNr, 'String'));
Monat    = get (handles.Monat, 'Value');
Jahr     = str2num (get (handles.Jahr, 'String'));

Wochentag = weekday (datenum (Jahr, Monat, TagNr));
set (handles.Wochentag, 'String', handles.TageListe (Wochentag));

% EINGEFÜGT ENDE
```

Hier endet das Application-M-File. Im **Export-M-File** schließt sich hier die Funktion datumsrechner_export_LayoutFcn mit der Layout-Information des GUI an. Es folgen schließlich noch weitere Funktionen zum Starten des GUI (stark gekürzt):

```
% --- Creates and returns a handle to the GUI figure.
function h1 = datumsrechner_export_LayoutFcn(policy)
(...)
```

3.7   Tipps rund um die MATLAB-Figure

Eine Stärke von MATLAB sind die umfangreichen grafischen Ausgabemöglichkeiten. Der folgende Abschnitt gibt einige Tipps, wie diese noch effizienter eingesetzt werden können.

- **Liniendicke** und **-farbe** lassen sich durch Anhängen eines oder mehrerer der folgenden Eigenschaft-Werte-Paare ändern. Standard-Linienstärke ist 0.5. Die Farbe wird als [*rot grün blau*] mit Wertebereich $0\dots1$ (dunkel ... hell) angegeben. Dies ist möglich bei `plot`, `semilogx`, `semilogy`, `loglog`, `stairs` und `plot3`.

  ```
  plot (x, y, 'o--', 'LineWidth', 3, ...
                'Color', [1.0 0.7 0.0])
  ```

- **Schriftart** und **-größe** lassen sich durch Anhängen eines oder mehrerer der folgenden Eigenschaft-Werte-Paare ändern. Dies gilt für die Befehle `text`, `title`, `xlabel`, `ylabel` und `zlabel`.

  ```
  title ('Titeltext', 'FontName', 'Courier', ...
                'FontSize', 16, ...
                'FontWeight', 'Bold')
  ```

  Bei `legend` muss dies dagegen wie folgt geschehen:

  ```
  handle = legend ...
  set (handle, 'FontName', 'Courier')
  ```

- Zum **Beschriften** von **Datenpunkten** wird der Befehl `text` sinnvollerweise mit einem Offset in x- und/oder in y-Richtung versehen. Die folgende Zeile beschriftet den Datenpunkt (x, y) mit dem Wert y (zwei Nachkommastellen):

  ```
  text (x + 0.2, y + 0.1, num2str (y, '%3.2f'))
  ```

- Die **Achsenbeschriftung** kann wie im Beispiel auf Seite 51 geändert werden: Die Eigenschaft `xtick` (analog `ytick`, `ztick`) gibt die Position der Beschriftung als Vektor vor. Dagegen ändert `xticklabel` die Beschriftung selbst; die zugehörigen Werte können sowohl ein Zahlenvektor als auch ein Cell Array aus Strings sein.

  ```
  set (gca, 'XTick', [1 2 3], ...
                'XTickLabel', {'A', 'B', 'C'})
  ```

- Eine **zweite y-Achse** für 2D-Grafiken ermöglicht der Befehl `plotyy`. Dabei wird die linke Achse den Daten $(x1, y1)$, die rechte $(x2, y2)$ farblich zugeordnet.

  ```
  plotyy (x1, y1, x2, y2)
  ```

- **Synchrones Zoomen** gleicher Achsen unterstützt der Befehl `linkaxes`. Wird anschließend der Ausschnitt einer Achse geändert, ändert er sich automatisch in den verbundenen Achsen mit. Als Parameter werden ein Vektor der Achsen-Handles und die zu verbindende Richtung (`'x'`, `'y'`, `'xy'`, `'off'`) übergeben.

  ```
  h(1) = subplot (211)
  h(2) = subplot (212)
  linkaxes (h, 'x')
  ```

- **Ausgefallene Anordnungen von Subplots** lassen sich per Drag & Drop mit den Figure-Werkzeugen realisieren; der Aufruf erfolgt mit dem Figure-Button ⬉ (siehe Abb. 3.3). Der anschließend über den Menüpunkt *File/Generate M-File* erzeugte Code ist allerdings etwas umständlich. Wer interaktives Arbeiten bevorzugt, kann mit diesen Werkzeugen auch die oben stehenden Formatierungen vornehmen.

- Eine **Legende iterativ zusammensetzen** kann analog zum Beispiel auf Seite 42 ein Cell Array *legendtext*. Jeder Eintrag wird über eine Laufvariable k angefügt (man beachte die geschweiften Klammern { }) und schließlich mit `legend` gemeinsam ausgegeben:

  legendtext {k} = '*String*';   % für jeden Eintrag

  `legend` (*legendtext*)

- Ein **Mehrzeiliger Text** wird bei den Befehlen `text`, `title`, `xlabel`, `ylabel` und `zlabel` mit einem Cell Array aus Strings erzeugt.

  `title` ({'*Zeile 1*'; '*Zeile 2*'})

  Ausnahme ist wieder `legend`; dort sind mehrzeilige Einträge nur mit dem LaTeX-Befehl `\newline` innerhalb eines Strings möglich:

  `legend` ('*Daten 1*', '*Daten 21*\newline*Daten 22*')

- Ein **Textblock** in einem leeren Teil des Figure-Fensters kann mit einem Subplot erstellt werden, dessen Achsen unsichtbar geschaltet sind. Soweit nicht mit dem Befehl `axis` verändert, sind die x- und y-Achse jeweils von $0 \dots 1$ skaliert; die Position $(0, 1)$ stellt folglich die linke obere Ecke des Subplots dar. Diese Möglichkeit kann auch in GUIs genutzt werden, um dort Sonderzeichen und Formeln auszugeben.

  `subplot` (212)

  `set` (gca, 'Visible', 'off')

  `text` (0.0, 1.0, {'*Zeile 1*'; '*Zeile 2*'})

- Neben den auf Seite 48 beschriebenen Beschriftungsmöglichkeiten für griechische Buchstaben und einfache Formeln steht auch ein LaTeX-Interpreter für **Griechische Zeichen, Steuerzeichen** sowie anspruchsvolle **Formeln** zur Verfügung. Dabei muss eine etwas andere Syntax für den Befehl `text` verwendet werden.

  `text` ('Position', [0.5 0.3], ...

        'Interpreter', 'latex', ...

        'String', '$$\hat\alpha Test_{ab} \cdot \frac{a}{b}$$')

- Sollen **Datei-, Pfad-** oder **Variablennamen als Titel** verwendet werden, müssen darin enthaltene Sonderzeichen (z.B. Backslash \ und Unterstrich _) für eine korrekte Ausgabe konvertiert werden (man beachte dabei die Reihenfolge!).

  `title` (`strrep` (`strrep` (*name*, '\', '\\'), '_', '_'))

- Der **Name** einer Figure kann auch in der **Titelleiste des Fensters** angezeigt werden. Dies erleichtert die Suche beim Umschalten zwischen einer Vielzahl von Fenstern, da dann nicht nur die Figure-Nummer sondern auch der Figure-Name vom Betriebssystem (z.B. in der Taskleiste) angezeigt werden.

  ```
  set(gcf,'Name','Figure-Name')
  ```

- Die **Größe einer Figure beim Drucken** wird über die folgenden Einstellungen verändert. Als Einheiten stehen neben `inches` (Standard) auch `normalized` (0...1), `centimeters` und `points` zur Verfügung.

  ```
  set(gcf,'PaperUnits','normalized',...
          'PaperPosition',[links unten breite höhe])
  ```

- Das **Papierformat** kann wie folgt geändert werden. Es besteht die Wahl zwischen `portrait` (Hochformat ist Standard) und `landscape` (Querformat). Die Größe des Papiers kann z.B. mit `usletter` (Standard) sowie `A0...A5` spezifiziert werden.

  ```
  set(gcf,'PaperOrientation','landscape',...
          'PaperType','A4')
  ```

- Um **Figures auf fortlaufende Seiten** zu **drucken**, bestehen zwei Möglichkeiten: Werden alle Figures in einem einzigen M-File erzeugt, kann im *PUBLISH*-Tab ein HTML-Dokument mit allen Figures erstellt werden. Dort lassen sich auch weitere Einstellungen und Formate (z.B. PDF) für die Ausgabe wählen (siehe auch Seite 25).

  Alternativ bietet sich der Befehl `print` mit der Option `-append` an – allerdings nur für PostScript-Ausgabe.

  ```
  print -fnummer -dpsc -append 'PS-Datei'
  ```

3.8   Übungsaufgaben

3.8.1   Harmonisches Mittel

Erweitern Sie die Funktion `mittelwerte` zur Berechnung der Mittelwerte in Kap. 2.5 um die Berechnung des *Harmonischen Mittels*:

$$H(x) = \frac{n}{\dfrac{1}{x(1)} + \dfrac{1}{x(2)} + \cdots + \dfrac{1}{x(n)}}$$

Erstellen Sie ein MATLAB-Skript, bei dem über einen Eingabedialog eine frei wählbare Anzahl an Datensätzen eingegeben werden kann. Nach jeder Eingabe werden die Mittelwerte mit obiger Funktion berechnet. Wenn keine weitere Eingabe mehr erfolgt (d.h. leere Eingabe), wird die Anzahl der Datensätze ausgegeben und danach spaltenförmig ihre Länge mit den zugehörigen Mittelwerten. Der gesamte Dialog soll z.B. folgendermaßen aussehen:

```
Geben Sie einen Datenvektor ein: [1 2 3 4 5]
Geben Sie einen Datenvektor ein: 1:10
Geben Sie einen Datenvektor ein: logspace (0, 2, 100)
Geben Sie einen Datenvektor ein:

Es wurden die Mittelwerte für 3 Datensätze berechnet.
                          Arithmetisch Geometrisch Harmonisch

Datensatz  1 mit   5 Werten:   A =   3.00   G =   2.61   H =   2.19
Datensatz  2 mit  10 Werten:   A =   5.50   G =   4.53   H =   3.41
Datensatz  3 mit 100 Werten:   A =  21.79   G =  10.00   H =   4.59
```

3.8.2   Einschwingvorgang

In vielen technischen Systemen treten exponentiell abklingende Einschwingvorgänge auf. Diese lassen sich z.B. durch die Skalierung einer Cosinus-Funktion mit einer Exponentialfunktion darstellen (F ist die Frequenz, T die Dämpfungs-Zeitkonstante):

$$h(t) = \cos(2\pi F t) \cdot \exp(-t/T) \qquad F = 0.05\,Hz \qquad T = 50\,s$$

Zeichnen Sie diese Funktion sowie ihre Hüllkurven mit MATLAB, wie sie in Abb. 3.16 dargestellt ist! Beschriften Sie die Achsen, fügen Sie eine Legende ein und markieren Sie die Dämpfungs-Zeitkonstante T!

3.8.3   Gauß-Glocke

Plotten Sie eine Gauß-Glockenkurve nach Abb. 3.17!

$$z_i = \exp\left(-\frac{a_i}{2}\right)$$

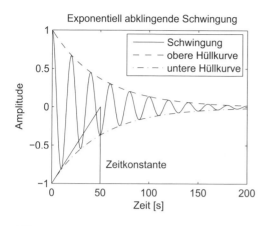

Abb. 3.16: *Einschwingvorgang*

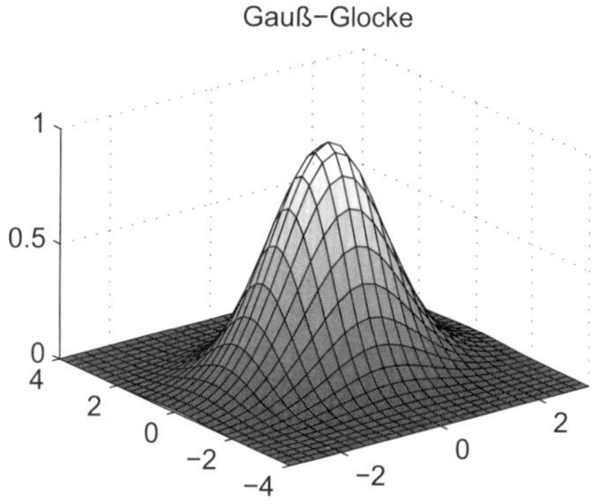

Abb. 3.17: *Gauß-Glocke*

Erzeugen Sie dazu zunächst die Matrizen X und Y der Koordinaten und anschließend eine Matrix A der Abstandsquadrate, für deren Elemente $a_i = x_i^2 + y_i^2$ gilt. Testen Sie auch die Befehle `mesh` sowie `pcolor`!

3.8.4 Spirale und Doppelhelix

Schreiben Sie ein Skript, das eine sich verjüngende Spirale erzeugt, wie in Abb. 3.18 zu sehen (Laufvariable $t \geq 1$):

$$\text{Winkel:} \quad \varphi = 2\pi t \qquad \text{Radius:} \quad r = \frac{1}{t} \qquad \text{Höhe:} \quad h = \ln(t)$$

Verändern Sie nun das Skript, so dass es eine Doppelhelix erzeugt (siehe Abb. 3.19)! Verwenden Sie dazu den Befehl `surf`!

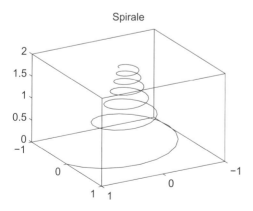

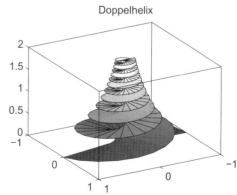

Abb. 3.18: *Spirale*

Abb. 3.19: *Doppelhelix*

3.8.5   Funktion `geradevek`

Die in Übung 2.7.3 programmierte Funktion `gerade` soll nun zur Funktion `geradevek`
so erweitert werden, dass die Koordinaten `x1`, `y1`, `x2` und `y2` auch vektoriell sein dürfen,
also die Geradengleichungen und Werte für jeweils mehrere Punkte P_1, P_2, ... P_n mit
$n = $ `length(x1)` bestimmt werden können. So enthält der Vektor `x1` die x_1-Koordinaten
aller Punkte, `x2` die x_2-Koordinaten aller Punkte etc.

Zusätzlich soll der Aufruf der Funktion `geradevek` ohne Übergabe von Parametern eine
Demonstration der Funktionalität in Form der folgenden Bildschirmausgabe im Command Window liefern sowie die in Abb. 3.20 gezeigte Figure erzeugen. Zur Ermittlung
der Punkte mit Geraden unendlicher Steigung eignet sich der Befehl `find`.

```
=================================================
DEMO geradevek:
=================================================
 a) [m,y0] = geradevek(1,2,3,1)
m =
    -0.5000
y0 =
     2.5000
=================================================
 b) [m,y0] = geradevek([1 1],[2 2],[3 2],[1 4])
m =
    -0.5000     2.0000
y0 =
     2.5000          0
=================================================
 c) [m,y0,r,phi] = geradevek([0 -2],[4 1])
Steigung m +/- unendlich für Punkt(e) 1 !
m =
        Inf    -0.5000
y0 =
       0        0
r =
     4.0000     2.2361
phi =
    90.0000   153.4349
=================================================
```

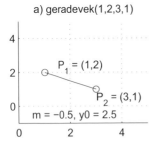
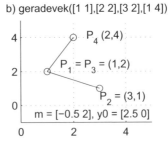
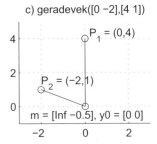

Abb. 3.20: *Ausgabe der Online-Hilfe zur Funktion* `geradevek`

4 Differentialgleichungen in MATLAB

Eine wesentliche Fähigkeit von MATLAB ist die numerische Lösung von Differentialgleichungen. Von dieser Fähigkeit macht auch die grafische Simulationsumgebung Simulink intensiv Gebrauch (Kap. 8). In MATLAB wird unterschieden zwischen gewöhnlichen Differentialgleichungen (ODEs, *Ordinary Differential Equations*), differential-algebraischen Gleichungen (DAEs, *Differential Algebraic Equations*), Differentialgleichungen mit Verzögerungen (DDEs, *Delay Differential Equations*), impliziten Differentialgleichungen und partiellen Differentialgleichungen (PDEs, *Partial Differential Equations*). Die in MATLAB enthaltenen numerischen Lösungsalgorithmen entsprechen dem momentanen Stand der Forschung in der numerischen Mathematik und können für eine Vielzahl von Systemen eingesetzt werden, die durch Differentialgleichungen beschreibbar sind. Ausführliche Theorie zu Differentialgleichungen und deren numerischer Lösung findet sich in [2, 11, 21, 32, 35, 36, 50].

4.1 Anfangswertprobleme (ODEs, DAEs und DDEs)

Eine klassische Aufgabenstellung in den Ingenieurwissenschaften ist das Anfangswertproblem. Gegeben ist ein dynamisches System mit eindeutig definierten Anfangszuständen, und man möchte den zeitlichen Verlauf der Zustandsgrößen über einen vorgegebenen Zeitraum berechnen. Bezüglich Struktur und Lösbarkeit kann eine Unterscheidung in gewöhnliche Differentialgleichungen (ODEs), differential-algebraische Gleichungen (DAEs), Differentialgleichungen mit Verzögerungen (DDEs) und impliziten Differentialgleichungen getroffen werden.

4.1.1 Gewöhnliche Differentialgleichungen (ODEs)

Mathematisch lässt sich eine gewöhnliche Differentialgleichung mit dem Zustandsvektor $\mathbf{x}$, dem Zeitargument t, einer beliebigen vektorwertigen Funktion $\mathbf{f}$ und dem Anfangszustand $\mathbf{x}_0$ zum Zeitpunkt t_0 als Differentialgleichungssystem erster Ordnung gemäß Gleichung (4.1) darstellen.

$$\dot{\mathbf{x}} = \mathbf{f}(t, \mathbf{x}) \qquad \mathbf{x}(t_0) = \mathbf{x}_0 \tag{4.1}$$

Bei einem System n-ter Ordnung kann (4.1) mit x_{i0} als Anfangswert von Gleichung i ausgeschrieben werden als:

$$\dot{x}_1 = f_1(t, x_1(t), x_2(t), \ldots x_n(t)) \qquad x_1(t_0) = x_{10} \qquad (4.2)$$

$$\vdots$$

$$\dot{x}_n = f_n(t, x_1(t), x_2(t), \ldots x_n(t)) \qquad x_n(t_0) = x_{n0}$$

Oftmals liegt das betrachtete dynamische System nicht als System von n Differentialgleichungen, sondern als Differentialgleichung n-ter Ordnung vor. Dies stellt keine Einschränkung dar, vielmehr kann jede gewöhnliche Differentialgleichung n-ter Ordnung in ein System mit n Differentialgleichungen erster Ordnung umgewandelt werden. Die Differentialgleichung

$$\tilde{x}^{(n)} = f\left(t, \tilde{x}, \dot{\tilde{x}}, \ldots, \tilde{x}^{(n-1)}\right) \qquad (4.3)$$

kann durch die Substitution $x_1 = \tilde{x}$, $x_2 = \dot{\tilde{x}}$ etc. in die geforderte Form (4.1) umgewandelt werden. Die Anfangsbedingungen müssen entsprechend umgerechnet werden.

$$
\begin{aligned}
\dot{x}_1 &= x_2 \\
\dot{x}_2 &= x_3 \\
&\vdots \\
\dot{x}_{n-1} &= x_n \\
\dot{x}_n &= f(t, x_1, x_2, \ldots, x_n)
\end{aligned} \qquad (4.4)
$$

Zur Lösung von Differentialgleichungen gemäß (4.1) stehen in MATLAB die in Tab. 4.1 zusammengestellten Algorithmen zur Verfügung [39]. Wichtige Grundtypen von Integrationsalgorithmen werden in Kap. 8.7.1 genauer erläutert. Eine Differentialgleichung wird als steif (*stiff*) bezeichnet, wenn das charakteristische Polynom gleichzeitig sehr kleine und sehr große Nullstellen besitzt oder wenn Schaltvorgänge berücksichtigt werden müssen.

Bei der Wahl der Integrationsverfahren hat sich folgendes Vorgehen bewährt: Zuerst wählt man eines der drei ersten Verfahren in Tab. 4.1. Erscheint das Ergebnis nicht plausibel, so werden die restlichen Verfahren ausprobiert. Der Solver `ode45` ist für sehr viele Systeme geeignet und kann somit immer in einem ersten Versuch verwendet werden. Genauere Angaben zu den zugrunde liegenden Algorithmen, der automatischen Schrittweitensteuerung und Anwendungsempfehlungen können [33, 39] entnommen werden.

Der einfachste Aufruf eines Solvers erfolgt durch den Befehl

```
[t, x] = solver(@xpunkt, tspan, x0)
```

wobei `solver` durch ein Verfahren aus Tab. 4.1 zu ersetzen ist (z.B. `ode45`). `@xpunkt` ist das Function Handle der MATLAB-Funktion `xpunkt` (siehe Kap. 2.5), die als Spaltenvektor die ersten Ableitungen des Differentialgleichungssystems zurückliefert. `xpunkt`

Tab. 4.1: *Lösungsalgorithmen (Solver) für ODEs und DAEs*

Solver	Problembeschreibung	Verfahren
ode45	Nicht steife Differentialgleichungen	Runge-Kutta
ode23	Nicht steife Differentialgleichungen	Runge-Kutta
ode113	Nicht steife Differentialgleichungen	Adams
ode15s	Steife Differentialgleichungen und DAEs	NDFs (BDFs)
ode23s	Steife Differentialgleichungen	Rosenbrock
ode23t	Mäßig steife Differentialgleichungen und DAEs	Trapez-Regel
ode23tb	Steife Differentialgleichungen	TR-BDF2
ode15i	Implizite Differentialgleichungen	BDFs

hat für ein System dritter Ordnung die Form:

```
function dxdt = xpunkt(t, x)
dxdt = [...; ...; ...];
```

Die Übergabe einer Funktion als Handle ist die in MATLAB bevorzugte Methode zur Übergabe von Funktionen an andere Funktionen. Ein Handle enthält die gesamte Information, die MATLAB zum Ausführen der Funktion mittels `feval` benötigt. Der Solver ruft die Funktion `xpunkt` für verschiedene Zeitpunkte `t` und mit dem jeweils aktuellen Zustandsvektor `x` auf, wodurch die Ableitungen am aktuellen Lösungspunkt berechnet werden. Das Argument `tspan` bezeichnet das Zeitintervall der gewünschten Lösung. Ist `tspan` ein Vektor aus zwei Elementen, so ist das erste Element der Startzeitpunkt und das zweite der Endzeitpunkt der Integration. Soll die Lösung zu fest vorgegebenen Zeitpunkten bestimmt werden, so kann für `tspan` eine Folge von auf- oder absteigenden Zeitwerten angegeben werden. Die Auswertung im Rückgabeparameter `t` erfolgt dann genau zu diesen Zeitpunkten. Die interne variable Integrationsschrittweite bzw. die Rechengenauigkeit wird durch `tspan` nicht beeinflusst. Die Lösungswerte zu den gewünschten Zeitpunkten werden durch Interpolation der von MATLAB intern verwendeten Zeitschritte berechnet. `x0` ist der Spaltenvektor der Anfangswerte der Lösungstrajektorie.

Der Rückgabewert `t` ist ein Spaltenvektor, der die Zeitpunkte aller berechneten Lösungswerte enthält. Die Rückgabematrix `x` beinhaltet die zu den Zeitpunkten gehörenden Lösungsvektoren, wobei jede Zeile von `x` der entsprechenden Zeile von `t` zugeordnet ist.

Beim Aufruf eines Solvers mit nur einem Rückgabewert wird die Lösung in einer Struktur gespeichert.

```
loesung = solver(@xpunkt, tspan, x0)
```

Dabei werden immer die Felder `loesung.x`, `loesung.y` und `loesung.solver` generiert. In `loesung.x` werden die vom Solver gewählten Zeitschritte als Zeilenvektor gespeichert. Das Feld `loesung.y` enthält die Lösungsvektoren zu den Zeitpunkten `loesung.x` als Spaltenvektoren, so dass sich im Allgemeinen eine Matrix für `loesung.y` ergibt. Das Feld `loesung.solver` enthält zur Information den Namen des zur Lösung verwendeten

Solvers als String (z.B. `ode45`). Da die Integrationsschrittweite vom Solver aufgrund von Toleranzen selbst gewählt wird, kann die Anzahl der Schritte nie genau vorherbestimmt werden. Wenn hingegen die Auswertung der Lösung einer Differentialgleichung zu genau festgelegten Zeitpunkten benötigt wird, kann dies durch das Kommando `deval` erfolgen. Dazu muss die Lösung in einer Struktur gespeichert worden sein. Aufgrund von zusätzlichen Informationen im Feld `idata` werden evtl. benötigte Zwischenwerte interpoliert. Dies ist ähnlich wie die Angabe eines Zeitpunkte-Vektors `tspan` im Solver, nur dass hier die gesamte Lösung in einer Struktur gespeichert wird und später zu unterschiedlichen Zeitpunkten ausgewertet werden kann. Der Aufruf von `deval` lautet:

```
[x, xp] = deval(loesung, tint, idx)
```

Der Zeilenvektor `tint` enthält die gewünschten Auswertezeitpunkte, und der Vektor `idx` gibt die Indizes der Elemente der Lösungstrajektorie an, die in den Lösungsvektor `x` übernommen werden sollen. Die Angabe von `idx` im Aufruf von `deval` kann auch entfallen, was dazu führt, dass alle Elemente der Lösung nach `x` übernommen werden. Die Spalten von `x` stellen die Lösung der Differentialgleichung zu den Zeitpunkten `tint` dar, die Spalten von `xp` stellen die erste Ableitung der polynomialen Interpolation der Lösung dar. Der Rückgabewert `xp` kann auch entfallen.

Um eine bereits berechnete Lösung eines Anfangswertproblems auf ein längeres Intervall auszudehnen, kann der Befehl `odextend` genutzt werden. Dabei wird der Endwert des ursprünglichen Lösungsintervalls als Anfangswert für die weitere Integration der Lösung verwendet. Der Aufruf lautet:

```
loesung_ext = odextend(loesung, @xpunkt, tend)
```

Die Einstellungen für Solver und Optionen werden der Struktur `loesung` entnommen. Für die Fortsetzung der Integration können auch andere Anfangswerte `x0_ext` benutzt werden. Die Integration erfolgt dann mit den Anfangswerten `x0_ext`. Der Aufruf lautet:

```
loesung_ext = odextend(loesung, @xpunkt, tend, x0_ext)
```

Angetriebenes Pendel: Die numerischen Lösungsalgorithmen für Differentialgleichungen werden nun an einem einfachen Beispiel demonstriert. Abb. 4.1 zeigt ein idealisiertes Pendel. Am Ende eines masselosen Seils befindet sich die Punktmasse m, die Bewegungen nur in einer Ebene ausführen kann. Auf die Masse wirkt die Beschleunigungskraft F_B aufgrund der Gravitation, die Reibkraft F_{Reib} und die von außen aufgebrachte Antriebskraft $F_A(t)$. Die Reibkraft nimmt Werte zwischen $-F_R$ für positive Winkelgeschwindigkeiten und $+F_R$ für negative Winkelgeschwindigkeiten $\dot{\varphi}$ an. Die Gleichungen des Systems lauten:

$$F_B = m \cdot g \cdot \sin\varphi \tag{4.5}$$

$$F_{Reib} = -\frac{2}{\pi} \cdot F_R \cdot \arctan(10\dot{\varphi}) \tag{4.6}$$

$$a = -l \cdot \ddot{\varphi} \tag{4.7}$$

Hierbei ist a der Betrag der Beschleunigung entlang der Kreistangente, $\ddot{\varphi}$ ist die Winkel-

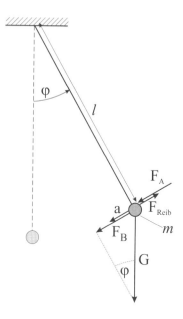

Abb. 4.1: *Angetriebenes Pendel*

beschleunigung und g die Erdbeschleunigung. Das Kräftegleichgewicht am Massepunkt ergibt die Differentialgleichung des reibungsbehafteten Pendels.

$$\ddot{\varphi} = -\frac{g}{l} \cdot \sin\varphi - \frac{F_R}{m \cdot l} \cdot \frac{2}{\pi} \cdot \arctan(10\dot{\varphi}) - \frac{F_A(t)}{m \cdot l} \tag{4.8}$$

Substituiert man $x_1 = \varphi$ und $x_2 = \dot{\varphi}$, so erhält man das zugehörige Differentialgleichungssystem erster Ordnung:

$$\dot{x}_1 = x_2 \tag{4.9}$$

$$\dot{x}_2 = -\frac{g}{l} \cdot \sin x_1 - \frac{F_R}{m \cdot l} \cdot \frac{2}{\pi} \cdot \arctan(10 x_2) - \frac{F_A(t)}{m \cdot l}$$

Mittels des Solvers `ode45` soll die Lösung dieser Differentialgleichung für die Anregung $F_A(t) = 30 \cdot \sin(2\pi \cdot 0.1 \cdot t)$ und die Anfangswerte $\varphi_0 = 0.26$ ($\hat{=}15°$) und $\dot{\varphi}_0 = 0$ bestimmt werden. Zuerst wird die Funktion zur Berechnung des Vektors der Ableitungen aufgestellt.

```
% xpunkt_pendel.m
function xpunkt = xpunkt_pendel(t,x)
% Geometrie, Masse, Reibung
l = 5; m = 30; g = 9.81; Fr = 4;
% Antriebskraft
Fa = 30*sin(2*pi*0.1*t);
% Berechnung von xpunkt
xpunkt = [x(2); -g/l*sin(x(1)) - Fr*2/pi*atan(10*x(2))/m/l - Fa/m/l];
```

In den folgenden Programmzeilen werden zuerst die Anfangswerte und die Integrationsdauer gesetzt, anschließend die Integration mittels `ode45` durchgeführt und schließlich das Ergebnis in einer Grafik dargestellt. Dazu wird die Lösung zu 200 äquidistanten Zeitpunkten zwischen 0 und 40 s ausgewertet.

```
% dgl_pendel.m
% Anfangswerte, Zeitspanne
x0 = [15/360*2*pi; 0];
tspan = [0 40];
% Integration der DGL
loesung = ode45(@xpunkt_pendel, tspan, x0);
% grafische Ausgabe von phi und phipunkt
tint = linspace(tspan(1), tspan(2), 200);
x = deval(loesung, tint);
subplot(211)
plot(tint,x(1,:),tint,x(2,:))
```

Die Funktion xpunkt_pendel wird an ode45 als Function Handle (@xpunkt_pendel, siehe Kap. 2.5) übergeben.[1] Die Parameter l, m und F_R können auch erst beim Aufruf von ode45 an xpunkt_pendel übergeben werden. Die Funktion xpunkt_pendel muss dann folgendermaßen abgeändert werden:

```
% xpunkt_pendel2.m
function xpunkt = xpunkt_pendel2(t,x,l,m,Fr)
g = 9.81;
% Antriebskraft
Fa = 30*sin(2*pi*0.1*t);
% Berechnung von xpunkt
xpunkt = [x(2); -g/l*sin(x(1)) - Fr*2/pi*atan(10*x(2))/m/l - Fa/m/l];
```

Der Aufruf von ode45 lautet dann:

```
% dgl_pendel2.m
% Anfangswerte, Zeitspanne
x0 = [15/360*2*pi; 0];
tspan = [0 40];
% Geometrie, Masse, Reibung
l = 5; m = 30; Fr = 4;
% Integration der DGL
loesung = ode45(@xpunkt_pendel2, tspan, x0, [], l, m, Fr);
```

Die Parameter l, m und Fr werden von ode45 an die Funktion der Ableitungen (xpunkt_pendel) weitergereicht. Der Platzhalter [] ist für Optionen reserviert, die im Anschluss an dieses Beispiel besprochen werden.

Der Lösungsverlauf über eine Zeitspanne von 40 s ist in Abb. 4.2 dargestellt.

Unter Berücksichtigung von Optionseinstellungen lauten die allgemeinen Aufrufe der verschiedenen Solver:

```
[t, x] = solver(@xpunkt, tspan, x0, options, p1, p2, ...);
loesung = solver(@xpunkt, tspan, x0, options, p1, p2, ...);
```

---

[1] Eine weitere Alternative sind Anonymus Functions, siehe Kap. 7.1.

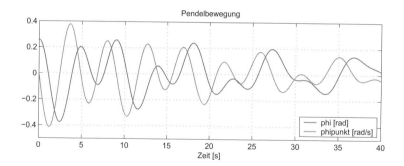

Abb. 4.2: *Lösungsverlauf des angetriebenen Pendels*

Die Parameter `p1`, `p2`, ... werden an die Funktion `xpunkt` und an alle evtl. in den Optionen definierten Funktionen als zusätzliche Argumente übergeben. Mit der Struktur `options` kann das Verhalten der Solver gesteuert werden. Eine Struktur mit Standardvorbelegungen wird durch das Kommando `odeset` erzeugt.

```
>> odeset
             AbsTol: [ positive scalar or vector {1e-6} ]
             RelTol: [ positive scalar {1e-3} ]
         NormControl: [ on | {off} ]
         NonNegative: [ vector of integers ]
           OutputFcn: [ function_handle ]
           OutputSel: [ vector of integers ]
              Refine: [ positive integer ]
               Stats: [ on | {off} ]
         InitialStep: [ positive scalar ]
             MaxStep: [ positive scalar ]
                 BDF: [ on | {off} ]
            MaxOrder: [ 1 | 2 | 3 | 4 | {5} ]
            Jacobian: [ matrix | function_handle ]
            JPattern: [ sparse matrix ]
          Vectorized: [ on | {off} ]
                Mass: [ matrix | function_handle ]
    MStateDependence: [ none | {weak} | strong ]
           MvPattern: [ sparse matrix ]
        MassSingular: [ yes | no | {maybe} ]
        InitialSlope: [ vector ]
              Events: [ function_handle ]
```

In eckigen Klammern werden die möglichen Werte bzw. in geschweiften Klammern die Standardwerte angezeigt. Eine neue Options-Struktur mit einzelnen veränderten Werten wird durch den Befehl `odeset` generiert.

```
options = odeset('name1', wert1, 'name2', wert2, ...);
```

Die Namen stehen für die möglichen Felder der Options-Struktur, denen die gewünschten Werte zugeordnet werden können. Um z.B. das Feld `RelTol` auf den Wert 10^{-6} zu setzen, ist folgendes Kommando nötig:

```
options = odeset('RelTol', 1e-6);
```

Wenn in einer bestehenden Options-Struktur einzelne Felder abgeändert werden sollen, so geschieht dies durch die folgende MATLAB-Eingabe, wobei alle nicht veränderten Felder ihre vorherigen Werte behalten:

```
options = odeset(options, 'name1', wert1, 'name2', wert2, ...);
```

Die Abfrage einzelner Felder einer Options-Struktur kann entweder mit dem Punkt-Operator (z.B. options.RelTol) oder mit dem speziellen Befehl odeget erfolgen. Wenn das Feld name der Struktur options in die Variable opt gespeichert werden soll, so geschieht dies durch:

```
opt = odeget(options, 'name')
```

Die Felder einer Options-Struktur lassen sich in Kategorien einteilen, von denen die wichtigsten kurz besprochen werden. Tab. 4.2 zeigt die Einteilung gemäß [39].

Tab. 4.2: ODE-Optionen: Einteilung in Kategorien

Kategorie	Feldname
Toleranzen	RelTol, AbsTol, NormControl
Ausgabe des Solvers	OutputFcn, OutputSel, Refine, Stats, NonNegative
Jacobi-Matrix	Jacobian, JPattern, Vectorized
Schrittweite	InitialStep, MaxStep
Masse-Matrix und DAEs	Mass, MStateDependence, MvPattern, MassSingular, InitialSlope
Event-Erkennung	Events
speziell für ode15s	MaxOrder, BDF

Einige Optionen sind von ihrem Namen her selbsterklärend: RelTol und AbsTol bezeichnen die relative bzw. absolute **Toleranz** des Integrationsalgorithmus [41]. Mit diesen Optionen wird die Genauigkeit der Lösungstrajektorie gesteuert. InitialStep und MaxStep kennzeichnen die Start- bzw. maximale **Integrationsschrittweite**. Die Letztere kann unter anderem dafür verwendet werden, dass der Solver bei periodischen Lösungen nicht über ganze Perioden hinwegspringt, wenn die maximale Schrittweite auf einen Bruchteil der zu erwartenden Periode eingestellt wird. Die Option NonNegative setzt die Nebenbedingung, dass die in NonNegative angegebenen Indizes des Lösungsvektors größer oder gleich null sein müssen. Diese Option ist nicht für alle Solver verfügbar und sollte nur dann verwendet werden, wenn der Integrator ansonsten keine Lösung findet.

Mit den Optionen zur **Ausgabe des Solvers** lässt sich die Anzahl der Ausgabewerte und der Aufruf zusätzlicher Funktionen bei jedem Integrationsschritt steuern. Die Option Refine kann auf einen beliebigen ganzzahligen Wert größer 1 gesetzt werden. Dadurch erhöht sich die Anzahl der Ausgabewerte (t,x) um diesen Faktor, wobei die zusätzlichen Zwischenwerte nicht durch Integrationsschritte, sondern durch Interpolation aus benachbarten Lösungswerten erzeugt werden. Dies dient meist dazu, den Lösungsverlauf glatter darstellen zu können. Wenn die Option `Stats` auf `on` gesetzt wird, werden neben den Rückgabewerten der Solver-Funktion statistische Informationen zur Lösungsberechnung, wie z.B. Anzahl der Funktionsauswertungen, Anzahl fehlgeschlagener Schritte, Anzahl erfolgreicher Schritte etc., geliefert. Diese Information kann für Diagnosezwecke und Rechenzeitabschätzungen wichtige Anhaltspunkte liefern. Die Option `OutputSel` kann mit einem Vektor belegt werden, der die Indizes derjenigen Zustandsgrößen angibt, die in den Lösungsvektor `x` bzw. `loesung.x` übernommen werden. Bei großen Systemen kann dadurch Speicherplatz eingespart werden.

Die in der Option `OutputFcn` angegebene Funktion wird bei jedem Integrationsschritt aufgerufen. Durch Angabe von

```
options = odeset('OutputFcn', @myoutput);
```

wird die Funktion `myoutput` mit den Argumenten `t`, `x` und `flag` aufgerufen. Die Funktion muss dabei folgendermaßen definiert sein:

```
function status = myoutput(t, x, flag)
% hier folgen Aktionen der Output-Funktion
% und die Rückgabe von status
```

Vor dem Start der Integration wird `myoutput` mit dem Flag `'init'` aufgerufen. Dies ermöglicht vor der Integration, Initialisierungen in der Output-Funktion durchzuführen. Während der Integration wird die Output-Funktion ohne Flag, nur mit zwei Argumenten aufgerufen (`myoutput(t, x)`) und sie führt ihre eigentliche Aufgabe durch. Typische Aufgaben für eine Output-Funktion sind grafische Ausgaben, Abspeichern in Dateien oder zusätzliche Überwachungen. Während der Integration muss der Rückgabewert `status` der Output-Funktion einen Wert von 0 oder 1 annehmen. Bei einem Status von 1 wird die Integration angehalten. Dies ist ein eleganter Weg, um z.B. über ein GUI (siehe Kap. 3.6) eine Stopp-Schaltfläche zu implementieren. Nach Beendigung der Integration wird die Output-Funktion einmalig mit dem Flag `'done'` aufgerufen. Dies dient zum Löschen von Dateien oder Variablen, zur Durchführung von kompletten Bildschirmausgaben etc. In MATLAB sind bereits vier vorgefertigte Output-Funktionen vorhanden, die direkt verwendet werden können oder als Basis für eigene Funktionen dienen. `odeplot` liefert eine grafische Ausgabe der Zustandsvariablen über der Zeit, `odephas2` und `odephas3` generieren zwei- bzw. dreidimensionale Phasenplots und `odeprint` listet die Lösung im Command Window auf.

Die Option `OutputSel` ist ein Vektor aus Indizes, der angibt, welche Komponenten des Lösungsvektors an die Output-Funktion übergeben werden sollen. Wenn mittels `odeplot` nur die zweite und vierte Komponente des Lösungvektors geplottet werden soll, so geschieht dies durch die folgende Optionseinstellung:

```
options = odeset('OutputFcn', @odeplot, 'OutputSel', [2 4]);
```

In einem Beispiel soll die Funktionsweise von `odephas2` als Output-Funktion kurz erläutert werden. Es wird die lineare homogene Differentialgleichung zweiter Ordnung aus

Gleichung (4.10) mit dem Anfangswert $\mathbf{x}_0 = [1\ 1]^T$ betrachtet.

$$\dot{\mathbf{x}} = \mathbf{A} \cdot \mathbf{x} = \begin{bmatrix} -0.1 & 1 \\ -20 & -1 \end{bmatrix} \cdot \mathbf{x} \tag{4.10}$$

Die folgenden MATLAB-Kommandos definieren die Funktion der Ableitungen, wobei die Systemmatrix $\mathbf{A}$ vom Solver als Parameter mit übergeben wird.

```
% odeplot_xpunkt.m
function xpunkt = odeplot_xpunkt(t, x, A)
xpunkt = A * x;
```

In den nachfolgenden Zeilen wird die Differentialgleichung in der Zeitspanne von 0 bis 10 s mittels ode45 gelöst und der Phasenplot in Abb. 4.3 mit der Output-Funktion odephas2 generiert, wobei ode45 mit zwei Rückgabewerten aufgerufen wurde.

```
% odeplot_bsp.m
A = [-0.1 1; -20 -1]; x0 = [1; 1];
options = odeset('OutputFcn', @odephas2);
[t, x] = ode45(@odeplot_xpunkt, [0 10], x0, options, A);
```

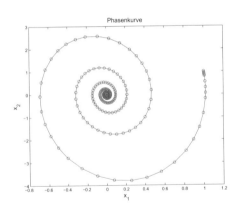

Abb. 4.3: Phasenplot der Differentialglei-chung (4.10) erzeugt mit odephas2

Die Solver für steife Differentialgleichungen (ode15s, ode23s, ode23t, ode23tb) ar-beiten effizienter, wenn ihnen zusätzliche Informationen über die **Jacobi-Matrix** der rechten Seite von Gleichung (4.1) zur Verfügung gestellt werden. Die Jacobi-Matrix wird für die numerische Integration der genannten Algorithmen immer benötigt, wird sie jedoch nicht explizit spezifiziert, so wird sie selbst numerisch durch finite Differen-zen berechnet, was die Anzahl der Funktionsauswertungen und damit die Rechenzeit erhöht. Die Jacobi-Matrix ist definiert als:

$$\frac{\partial f(t, \mathbf{x})}{\partial \mathbf{x}} = \begin{bmatrix} \frac{\partial f_1}{\partial x_1} & \frac{\partial f_1}{\partial x_2} & \cdots \\ \frac{\partial f_2}{\partial x_1} & \frac{\partial f_2}{\partial x_2} & \cdots \\ \vdots & \vdots & \ddots \end{bmatrix} \tag{4.11}$$

Die Berechnung der Jacobi-Matrix erfolgt in einer Funktion (z.B. function J = Fjacobi(t, x)), die in der Option Jacobian angegeben wird.

```
options = odeset('Jacobian', @Fjacobi);
```

Wenn die Jacobi-Matrix konstant ist (z.B. bei linearen Differentialgleichungen), kann in der Option `Jacobian` auch direkt die konstante Matrix spezifiziert werden.

Als Beispiel für die Verwendung der Jacobi-Matrix soll wieder das Pendel aus Gleichung (4.8) dienen, auch wenn es sich tatsächlich nicht um ein steifes System handelt. Für die laufende Berechnung der Jacobi-Matrix dient die Funktion `Fjacobi`, wobei die Parameter `l`, `m` und `Fr` beim Funktionsaufruf übergeben werden.

```
% Fjacobi.m
function J = Fjacobi(t, x, l, m, Fr)
% Erdbeschleunigung
g = 9.81;
% Jacobi-Matrix
J = [0 1; -g/l*cos(x(1)) -Fr*2/pi*10/(1+(10*x(2))^2)/m/l];
```

Zur Integration wird nun ein Solver für steife Systeme verwendet (`ode15s`) und die Funktion zur Berechnung der Jacobi-Matrix in der Option `Jacobian` bekannt gemacht. Zur Berechnung der rechten Seite der Differentialgleichung dient die Funktion `xpunkt_pendel2` auf Seite 76, die eine Parameterübergabe zulässt.

```
% dgl_pendel_jacobi.m
% Anfangswerte, Zeitspanne
x0 = [15/360*2*pi; 0];
tspan = [0 40];
% Geometrie, Masse, Reibung
l = 5; m = 30; Fr = 4;
options = odeset('Jacobian', @Fjacobi);
% Integration der DGL
[t x] = ode15s(@xpunkt_pendel2, tspan, x0, options, l, m, Fr);
```

Das Ergebnis der Lösungstrajektorie ist natürlich identisch mit der Darstellung in Abb. 4.2.

Event-Behandlung: In vielen technischen Systemen spielen Schaltvorgänge oder Unstetigkeiten eine wichtige Rolle. Dabei kann es sich um einfache unstetige funktionale Zusammenhänge oder auch um Strukturvariabilitäten dynamischer Systeme handeln. Typische Beispiele sind Haftreibungsvorgänge, Stoßvorgänge oder das Auftrennen und Verbinden von Teilsystemen. Die numerischen Integrationsverfahren dürfen über solche Unstetigkeitsstellen nicht einfach hinwegintegrieren, da sich das numerische Ergebnis im Allgemeinen sehr deutlich von der Realität unterscheiden wird. Die Solver in MAT-LAB sind zu diesem Zweck mit Mechanismen zur Detektion solcher Unstetigkeiten, so genannter *Events*, ausgestattet. Die Solver sind in der Lage, während der Integration die Schrittweite so anzupassen, dass Nullstellen einer Funktion exakt mit einem Integrationsschritt getroffen werden. Wenn die Nullstelle erreicht wird, kann die Integration entweder ganz normal fortgesetzt oder angehalten werden. Die Option `Events` wird benutzt, um die Funktion anzugeben, deren Nullstellen detektiert werden sollen. Die Funktion muss die folgende Form besitzen:

```
function [value, isterminal, direction] = ereignis(t, x, p1, p2, ...)
```

Die Funktion `ereignis` wird mit dem aktuellen Zeitpunkt `t`, dem Zustandsvektor `x` und evtl. weiteren Parametern `p1`, `p2`, ... aufgerufen. Die Rückgabewerte haben die folgende Bedeutung:

- `value` ist ein Vektor, dessen Nulldurchgänge vom Solver überwacht werden. Die Integrationsschrittweite wird so variiert, dass die Nulldurchgänge exakt getroffen werden. Das Element `value(i)` wird als i-tes Ereignis bezeichnet.

- `isterminal(i)=1` bedeutet, dass bei einem Nulldurchgang von `value(i)` die numerische Integration zu beenden ist. Wenn `isterminal(i)=0` ist, wird die Integration nicht unterbrochen.

- `direction(i)=0` heißt, dass alle Nulldurchgänge von `value(i)` zu detektieren sind; bei `direction(i)=1` werden nur Nulldurchgänge mit positiver Steigung bzw. bei `direction(i)=-1` nur Nulldurchgänge mit negativer Steigung von `value(i)` detektiert.

Die Überwachung von Ereignissen wird durch die Option `Events` aktiviert. Zur Überwachung der Funktion `ereignis` ist folgende Option notwendig:

```
options = odeset('Events', @ereignis);
```

Die Verwendung der Option `Events` veranlasst den Solver, weitere Rückgabewerte zu liefern. Die allgemeinen Aufrufe der Solver lauten nun:

```
[t, x, te, xe, ie] = solver(@xpunkt, tspan, x0, options, p1, p2, ...);
loesung = solver(@xpunkt, tspan, x0, options, p1, p2, ...);
```

Im Spaltenvektor `te` werden die Zeitpunkte des Auftretens eines Events aus der Funktion `ereignis` zurückgegeben. Die Zeilen von `xe` enthalten den Lösungsvektor zu diesen Zeitpunkten. Die Werte in `ie` geben jeweils die Nummer der zu den Zeitpunkten `te` aufgetretenen Ereignisse an. Diese Nummer ist der Index des Elements `value(ie)` der Ereignisfunktion, bei der ein Nulldurchgang stattfand. Beim Aufruf eines Solvers mit nur einem Rückgabewert werden bei aktivierter Event-Überwachung die zusätzlichen Felder `loesung.xe`, `loesung.ye` und `loesung.ie` angelegt. In `loesung.xe` werden die Zeitpunkte von aufgetretenen Events abgelegt, `ye` enthält die zugehörigen Lösungsvektoren und `loesung.ie` enthält die Indizes der detektierten Events.

Zur Veranschaulichung der Möglichkeiten der Event-Lokalisierung wird wieder das Pendel aus Abb. 4.1 betrachtet. Die folgenden Modifikationen in der Problemstellung sind jedoch zu beachten: Das Pendel wird nicht angetrieben, sondern nur aufgrund der Gewichtskraft beschleunigt. In der Stellung $\varphi = 0$ befindet sich eine starre Wand, an der das Pendel einen vollkommen elastischen Stoß ohne Energieverlust vollführt. Setzt man in Gleichung (4.9) die Antriebskraft F_A auf null, so erhält man für $\varphi > 0$ das Differentialgleichungssystem (4.12) zwischen zwei Stößen. Es gilt wieder die Substitution $x_1 = \varphi$ und $x_2 = \dot{\varphi}$.

$$\dot{x}_1 = x_2 \tag{4.12}$$

$$\dot{x}_2 = -\frac{g}{l} \cdot \sin x_1 - \frac{F_R}{m \cdot l} \cdot \frac{2}{\pi} \cdot \arctan(10 x_2)$$

Wenn das Pendel aus der Anfangslage $\varphi_0 = 0.26$ ($\widehat{=}15°$) losgelassen wird, gilt zunächst Gleichung (4.12), bis die Lage $\varphi = 0$ erreicht ist. Dieses Ereignis wird detektiert, die Aufprallgeschwindigkeit wird ausgelesen, und die Integration wird angehalten. Der elastische Stoß wird dargestellt, indem für den nächsten Abschnitt (bis zum nächsten Stoß) der Anfangswert der Winkelgeschwindigkeit auf die negative Aufprallgeschwindigkeit gesetzt wird. Bis zum nächsten Stoß gilt wieder Gleichung (4.12). Dies wird so lange fortgesetzt, bis die Endzeit der Integration erreicht ist. Die zu detektierenden Ereignisse sind demnach die mit negativer Steigung erfolgenden Nulldurchgänge von φ. Die einzelnen Abschnitte der Integration werden am Ende zu einer Gesamtlösungstrajektorie zusammengesetzt.

Die beschriebene Vorgehensweise wird in den nachfolgenden MATLAB-Funktionen realisiert. Zunächst wird die Differentialgleichung (4.12) in der Funktion xpunkt_pendelwand abgebildet.

```
% xpunkt_pendelwand.m
function xpunkt = xpunkt_pendelwand(t,x,l,m,g,Fr)
% Berechnung von xpunkt
xpunkt = [x(2); -g/l*sin(x(1)) - Fr*2/pi*atan(10*x(2))/m/l];
```

Die Ereignisfunktion ereignis muss Nulldurchgänge mit negativer Steigung von $\varphi = x_1$ feststellen und die Integration abbrechen.

```
% ereignis.m
function [value, isterminal, direction] = ereignis(t,x,l,m,g,Fr)
value = x(1);       % Nulldurchgang von phi detektieren
isterminal = 1;  % Integration stoppen
direction = -1;  % nur Nulldurchgang mit negativer Steigung detektieren
```

Die Funktion ereignis benötigt die Argumente l, m, g und Fr, da sie vom Solver auch an die Ereignisfunktion übergeben werden. Die Argumente müssen in der Definition vorhanden sein, auch wenn sie in der Funktion nicht ausgewertet werden. Die eigentlichen Kommandos zur Lösung zeigt die Datei dgl_pendelwand.m.

```
% dgl_pendelwand.m
l = 5; m = 30; g = 9.81; Fr = 4;   % Geometrie, Masse, Reibung
% Anfangswerte, Zeitspanne, Optionen
x0 = [15/360*2*pi; 0]; tend = 20; tspan = [0 tend];
options = odeset('Events',@ereignis);
t = []; x = [];   % Variablen zur Akkumulation von t und x
while 1           % Beginn Schleife
  % Lösung bis zum ersten Ereignis
  [tout xout] = ode45(@xpunkt_pendelwand,tspan,x0,options,l,m,g,Fr);
  n = length(tout);
  t = [t; tout]; % Akkumulation von t und x
  x = [x; xout];
  x0 = [0; -xout(n,2)]; % neue Anfangswerte setzen
  tstart = tout(n);     % neuen Startzeitpunkt setzen
  tspan = [tstart tend];
  if tstart>=tend       % Abbruch, wenn Endzeit erreicht
    break
  end
end
end
```

```
% grafische Ausgabe von phi und phipunkt
phi = x(:,1); phipunkt = x(:,2); subplot(211); plot(t,phi,t,phipunkt)
```

Die Lösungstrajektorie zwischen zwei Ereignissen wird in den Variablen `tout` und `xout` zwischengespeichert und in den Variablen `t` und `x` akkumuliert. Mit dem Kommando `options = odeset('Events',@ereignis)` wird die Funktion `ereignis` als Ereignisfunktion bekannt gemacht. In einer `while`-Schleife werden die Lösungen zwischen zwei Ereignissen berechnet, die Einzeltrajektorien akkumuliert, neue Anfangswerte und Startzeiten für den nächsten Abschnitt gesetzt und bei Überschreiten der Endzeit die Schleife abgebrochen. Schließlich wird das zusammengesetzte Ergebnis noch grafisch dargestellt. Der Lösungsverlauf für φ und $\dot{\varphi}$ ist in Abb. 4.4 dargestellt. Deutlich sind die Ereignisse als Knicke in φ bzw. Sprünge in $\dot{\varphi}$ zu erkennen. Eine weitere Anwendung der Ereignisdetektion ist in [13] am Beispiel eines springenden Balls angegeben. Ein komplexeres Beispiel kann [39] entnommen werden.

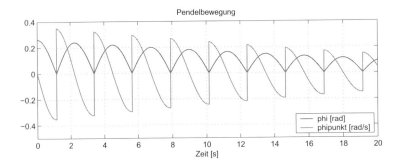

Abb. 4.4: *Lösungsverlauf des Pendels mit elastischem Stoß*

4.1.2 Differential-algebraische Gleichungen (DAEs)

Häufig lassen sich Differentialgleichungen der Mechanik durch eine Differentialgleichung mit Masse-Matrix gemäß Gleichung (4.13) darstellen.

$$\mathbf{M}(t,\mathbf{x})\cdot\dot{\mathbf{x}} = \mathbf{f}(t,\mathbf{x}) \qquad \text{mit} \quad \mathbf{x}(t_0) = \mathbf{x}_0 \tag{4.13}$$

In der zeit- und zustandsabhängigen Masse-Matrix sind typischerweise Massen und Trägheitsmomente des mechanischen Systems enthalten. Wenn die Masse-Matrix nicht singulär ist, kann Gleichung (4.13) in Gleichung (4.14) umgeformt werden und es existiert eine Lösung für alle Anfangsbedingungen t_0 und $\mathbf{x}_0$.

$$\dot{\mathbf{x}} = \mathbf{M}^{-1}(t,\mathbf{x})\cdot\mathbf{f}(t,\mathbf{x}) \qquad \text{mit} \quad \mathbf{x}(t_0) = \mathbf{x}_0 \tag{4.14}$$

Bei nicht singulärer Masse-Matrix sind alle Solver in der Lage, ein System gemäß Gleichung (4.13) zu lösen. Für Systeme mit konstanter Masse-Matrix wird die Option `Mass` aus Tab. 4.2 direkt auf diese Matrix gesetzt. Bei zeit- und zustandsabhängigen Masse-Matrizen enthält diese Option einen Zeiger auf eine Funktion `mass(t, x)`, die für die Ermittlung der Masse-Matrix sorgt.

Bei singulärer Matrix $\mathbf{M}(t, \mathbf{x})$ stellt Gleichung (4.13) eine differential-algebraische Gleichung (kurz: DAE) dar, die nur dann eine Lösung besitzt, wenn der Anfangswert $\mathbf{x}_0$ **konsistent** mit der DAE ist. Das bedeutet, es muss eine Anfangssteilheit $\dot{\mathbf{x}}(t_0)$ existieren, so dass $\mathbf{M}(t_0, \mathbf{x}_0) \cdot \dot{\mathbf{x}}(t_0) = \mathbf{f}(t_0, \mathbf{x}_0)$ ist. Bei nicht konsistenter Anfangsbedingung versucht der Solver in deren Nähe eine konsistente zu finden und das Problem mit diesem neuen Anfangswert zu lösen. DAEs können nur mit den Solvern ode15s und ode23t behandelt werden. Der Solver ode23s kann nur DAEs mit konstanter Masse-Matrix lösen. In der Option Mass muss entweder eine konstante Matrix oder ein Zeiger auf eine Funktion zur Ermittlung der Masse-Matrix enthalten sein. Bei der Lösung von DAEs kann die Effizienz der Algorithmen dadurch gesteigert werden, dass das Problem mit diagonaler Masse-Matrix formuliert wird. Eine weitere Effizienzsteigerung ist bei nicht zustandsabhängigen Masse-Matrizen (odeset('MStateDependence','none')), schwach zustandsabhängigen Masse-Matrizen (odeset('MStateDependence','weak'), Standardeinstellung) oder stark zustandsabhängigen Masse-Matrizen (odeset('MStateDependence','strong')) durch Setzen der entsprechenden Option möglich. Bei nicht zustandsabhängiger Masse-Matrix wird die Funktion zu ihrer Berechnung nur mit der Zeit t, nicht jedoch mit dem Zustandsvektor x aufgerufen, d.h. eine Definition von mass(t) reicht aus.

Das bekannte Pendel aus Gleichung (4.8) soll als Beispiel für eine Differentialgleichung mit Masse-Matrix dienen und wird in die Form (4.13) umformuliert. Zusätzlich wird angenommen, dass die Masse m des Pendels mit der Zeit exponentiell abnimmt und das Pendel nicht angetrieben wird.

$$m(t) = m_0 \cdot \exp\left(\frac{-t}{T}\right) \tag{4.15}$$

Als Differentialgleichungssystem mit Masse-Matrix ergibt sich:

$$\dot{x}_1 = x_2 \tag{4.16}$$

$$m(t) \cdot \dot{x}_2 = -\frac{m(t) \cdot g}{l} \cdot \sin x_1 - \frac{F_R}{l} \cdot \frac{2}{\pi} \cdot \arctan(10 x_2)$$

Aus Gleichung (4.16) lässt sich unschwer die Masse-Matrix ablesen.

$$\mathbf{M}(t) = \begin{bmatrix} 1 & 0 \\ 0 & m(t) \end{bmatrix} \tag{4.17}$$

Die Funktion xpunkt_pendelmass repräsentiert die rechte Seite von Gleichung (4.16). Die Daten zu Geometrie, Anfangsmasse etc. werden als Parameter vom Solver übergeben.

```
% xpunkt_pendelmass.m
function xpunkt = xpunkt_pendelmass(t,x,l,m0,g,Fr,T)
m = m0*exp(-t/T);
% Berechnung von xpunkt
xpunkt = [x(2); -m*g/l*sin(x(1)) - Fr*2/pi*atan(10*x(2))/l];
```

Die kontinuierliche Berechnung der Masse-Matrix (4.17) wird in der Funktion `mass` realisiert. Auch hier werden die Daten des Pendels als Parameter vom Solver übergeben.

```
% mass.m
function M = mass(t,x,l,m0,g,Fr,T)
M = [1 0; 0 m0*exp(-t/T)];
```

Damit der Solver die Masse-Matrix verwenden kann, muss sie über die Option `Mass` auf `@mass` gesetzt werden. Die Lösung der Differentialgleichung des Pendels mit zeitvariabler Masse-Matrix mit dem Solver `ode15s` erfolgt gemäß den nachstehenden MATLAB-Kommandos.

```
% dgl_pendelmass.m
% Daten, Anfangswerte, Zeitspanne, Optionen
l = 5;  m0 = 30; g = 9.81; Fr = 4; T = 15;
x0 = [15/360*2*pi; 0];
tspan = [0 20]; options = odeset('Mass', @mass);
% Integration der DGL
[t x] = ode15s(@xpunkt_pendelmass,tspan,x0,options,l,m0,g,Fr,T);
```

Als Lösung für φ und $\dot{\varphi}$ über die Zeitspanne von 20 s ergibt sich der in Abb. 4.5 oben dargestellte Verlauf. Im unteren Teil von Abb. 4.5 ist der zugehörige Masseverlauf dargestellt.

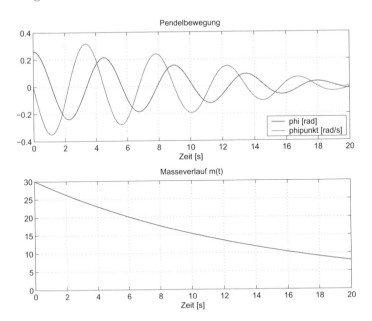

Abb. 4.5: *Lösungsverlauf des Pendels mit zeitvariabler Masse-Matrix*

Anfangswertprobleme

`[t,x] = solver(@xpunkt,tspan,x0,opt)`	Lösung eines Anfangswertproblems
`lsg = solver(@xpunkt,tspan,x0,opt)`	solver ist z.B. ode45
`[x, xp] = deval(lsg, tint, idx)`	Auswerten der Lösung
`lsg_ext = odextend(lsg, @xpunkt, tend)`	Erweitern der Lösung
`options = odeset('name1',wert1,...)`	Optionen setzen
`opt_wert = odeget(options,'name')`	Optionen abfragen

4.1.3 Differentialgleichungen mit Totzeiten (DDEs)

MATLAB ist in der Lage, Differentialgleichungen mit mehreren konstanten Totzeiten (Verzögerungen) zu lösen. Die rechte Seite einer derartigen Differentialgleichung hängt dann nicht nur von der Zeit und vom aktuellen Zustandsvektor, sondern auch von zeitlich verzögerten Zustandsvektoren ab. Dieser Typ von Differentialgleichung wird als *Delay Differential Equation* (DDE) bezeichnet und hat die allgemeine Form aus Gleichung (4.18).

$$\dot{\mathbf{x}} = \mathbf{f}(t, \mathbf{x}(t), \mathbf{x}(t - \tau_1), \mathbf{x}(t - \tau_2), \dots, \mathbf{x}(t - \tau_k)) \tag{4.18}$$

Die Totzeiten τ_1 bis τ_k sind positive Konstanten. Es wird die Lösung eines Anfangswertproblems mit $\mathbf{x}(t_0) = \mathbf{x}_0$ im Intervall $t_0 \leq t \leq t_{end}$ gesucht. Aus Gleichung (4.18) ist sofort ersichtlich, dass die zeitliche Ableitung $\dot{\mathbf{x}}$ auch von der vergangenen Lösung für $t < t_0$ abhängig ist. Die vergangene Lösung (*History*) wird mit $\mathbf{s}(t)$ bezeichnet und es gilt:

$$\mathbf{x}(t) = \mathbf{s}(t) \qquad \text{für} \quad t < t_0 \tag{4.19}$$

Im Allgemeinen besitzen Anfangswertprobleme für Differentialgleichungen mit Totzeiten eine Unstetigkeit in der ersten Ableitung am Anfangszeitpunkt t_0, da die vergangene Lösung $\mathbf{s}(t)$ die Differentialgleichung bei $t = t_0$ normalerweise nicht erfüllt. Diese Unstetigkeit pflanzt sich in Abständen von τ_1 bis τ_k in der Lösung für $t \geq t_0$ fort. Ein zuverlässiger Lösungsalgorithmus muss diese Unstetigkeiten bei der Integration beachten.

Die Lösung von Anfangswertproblemen mit Totzeiten erfolgt durch den Befehl `dde23`. Dieser basiert auf dem Solver `ode23`, beachtet aber zusätzlich die angesprochenen Unstetigkeiten. Der allgemeine Aufruf lautet:

```
loesung = dde23(@xpunkt, tau, history, tspan, options, p1, p1, ...)
```

`@xpunkt` ist das Function Handle zur Berechnung der rechten Seite der Differentialgleichung (4.18). Die Definition lautet:

```
function dxdt = xpunkt(t, x, Z, p1, p2, ...)
dxdt = [...; ...; ...];
```

Die rechte Seite `xpunkt` wird mit der Integrationszeit `t`, dem aktuellen Lösungsvektor `x` und den verzögerten Lösungsvektoren `Z` aufgerufen. Dabei entspricht jede Spalte von

Z einem verzögerten Lösungsvektor, $Z(:,j) = x(t - \tau_j)$. Der Vektor `tau` enthält alle
Verzögerungszeiten τ_1 bis τ_k.

Das Argument `history` ist entweder ein konstanter Spaltenvektor, der die Lösung für
$t < t_0$ angibt, oder das Function Handle einer Funktion, die die Lösung für $t < t_0$
berechnet.

```
function hist = history(t, p1, p2, ...)
hist = [...; ...; ...];
```

Der Vektor `tspan` besteht aus den Elementen t_0 und t_{end} und gibt die Integrationszeit an. Mit der Struktur `options` können Optionseinstellungen analog zu Tab. 4.2
vorgenommen werden. An alle beteiligten Funktionen werden schließlich noch die Parameter p1, p2, ... übergeben. Eine Liste aller zulässigen Optionen liefert das Kommando
`ddeset`.

```
>> ddeset
           AbsTol: [ positive scalar or vector {1e-6} ]
           Events: [ function_handle ]
      InitialStep: [ positive scalar ]
         InitialY: [ vector ]
            Jumps: [ vector ]
          MaxStep: [ positive scalar ]
      NormControl: [ on | {off} ]
        OutputFcn: [ function_handle ]
        OutputSel: [ vector of integers ]
           Refine: [ positive integer {1} ]
           RelTol: [ positive scalar {1e-3} ]
            Stats: [ on | {off} ]
```

Die Optionen haben die gleiche Bedeutung wie in Tab. 4.2. Das neue Feld `InitialY`
dient zur Spezifikation einer Unstetigkeit bei $t = t_0$. Ohne dessen Angabe wird für den
Anfangswert $x_0 = s(t_0)$ verwendet. Dies entspricht einer stetigen Lösung bei t_0. Wird
das Feld `InitialY` mit einem Wert ungleich $s(t_0)$ belegt, so wird dieser als Anfangswert benutzt und die Lösung besitzt dann eine Unstetigkeit bei t_0. Um Unstetigkeiten
in der vergangenen Lösung (*History*) oder in den Koeffizienten der rechten Seite anzugeben, werden die (positiven oder negativen) Zeitpunkte von Unstetigkeitsstellen dem
Feld `Jumps` als Vektor zugewiesen. Zustandsabhängige Unstetigkeiten werden über eine
Event-Funktion im Feld `Events` wie in Kap. 4.1.1 behandelt.

Das Setzen und Ändern von Feldern einer Options-Struktur geschieht mit den Kommandos `ddeset` und `ddeget`.

```
>> options = ddeset('Jumps',[1 3 7 8]);
>> x0 = ddeget(options,'InitialY');
```

Der Rückgabewert `loesung` des Aufrufs `dde23` ist eine Struktur mit den Feldern `loesung.x`, `loesung.y`, `loesung.yp`, `loesung.solver`, `loesung.discont` und
`loesung.history`. Diese besitzen die gleichen Bedeutungen wie bei den ODE-Solvern
in Kap. 4.1.1. Das neue Feld `loesung.discont` zeigt alle berücksichtigten Unstetigkeiten an, auch wenn sie durch die Totzeiten τ_1 bis τ_k bedingt sind. Schließlich enthält das
Feld `loesung.history` die zur Berechnung verwendete vergangene Lösungstrajektorie.

Die Auswertung der Lösung erfolgt wie gewohnt mit dem Kommando deval (siehe Seite 74). Bei Verwendung einer Event-Funktion existieren auch hier die zusätzlichen Felder loesung.xe, loesung.ye und loesung.ie mit der entsprechenden Bedeutung.

Beispiel: Mit dem Solver dde23 wird nun eine einfache Differentialgleichung mit Totzeiten gelöst und das Ergebnis grafisch dargestellt. Die Differentialgleichung lautet:

$$\dot{x}_1(t) = -0.4 \cdot x_1(t-1) \quad \dot{x}_2(t) = x_1(t-1) - 2 \cdot x_2(t-0.5) \tag{4.20}$$

Die Lösung für $t < t_0$ sei konstant und gleich $[\,1 \; -2\,]$. Es wird nun der Lösungsverlauf für $t_0 = 0 \leq t \leq t_{end} = 6$ mit dem Anfangswert $\mathbf{x}_0 = \mathbf{0}$ berechnet. Dazu erfolgt zunächst die Definition der History-Funktion.

```
% hist_ddebsp.m
function s = hist_ddebsp(t)
s = [1; -2];
```

Die rechte Seite der Differentialgleichung wird in der Funktion xpunkt_ddebsp codiert. Dazu werden zunächst die Lösungen $\mathbf{x}(t-1)$ und $\mathbf{x}(t-0.5)$ in den Variablen x_tau1 und x_tau2 zwischengespeichert. Anschließend wird die Ableitung xpunkt berechnet.

```
% xpunkt_ddebsp.m
function xpunkt = xpunkt_ddebsp(x, t, Z)
% verzögerte Lösung extrahieren
x_tau1 = Z(:,1); x_tau2 = Z(:,2);
% Ableitung berechnen
xpunkt = [-0.4*x_tau1(1); x_tau1(1) - 2*x_tau2(2)];
```

Die Lösung der Differentialgleichung erfolgt mit den nachstehenden Kommandos. Zuerst werden die Verzögerungszeiten $\tau_1 = 1$ und $\tau_2 = 0.5$ in den Vektor tau gespeichert. Das Feld InitialY wird auf den Anfangswert $\mathbf{0}$ gesetzt, da er sich von der vergangenen Lösung $\mathbf{s}(0)$ unterscheidet. Dadurch entsteht eine Unstetigkeit der ersten Ableitung bei $t_0 = 0$. Anschließend erfolgt die Lösung mittels dde23 und eine grafische Auswertung.

```
% ddebsp.m
% Zeitspanne
tspan = [0 6];
% Verzögerungszeiten
tau = [1, 0.5];
% Optionen setzen
options = ddeset('InitialY',[0;0]);
% Lösung der DGL
loesung = dde23(@xpunkt_ddebsp, tau, @hist_ddebsp, tspan, options);
% grafische Auswertung
tint = linspace(0, 6, 60); x = deval(loesung, tint);
subplot(211); plot(tint,x(1,:),tint,x(2,:))
```

Das Ergebnis ist in Abb. 4.6 dargestellt. Deutlich sind die Unstetigkeiten bei $t = 1$ und $t = 0.5$ erkennbar. Diese sind durch die Unstetigkeit bei $t = 0$ und die Totzeiten $\tau_1 = 1$ und $\tau_2 = 0.5$ bedingt.

Zur Lösung von DDEs mit allgemeinen Totzeiten, die nicht notwendigerweise konstant sein müssen, stellt MATLAB das Kommando ddesd zur Verfügung. Der Aufruf lautet

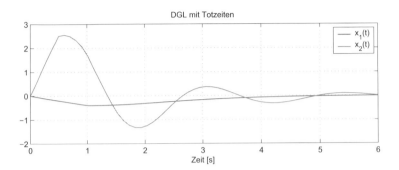

Abb. 4.6: *Lösung der Differentialgleichung (4.20)*

```
loesung = ddesd(@xpunkt, @tau, history, tspan)
```

`@xpunkt` stellt die rechte Seite der Differentialgleichung dar, `@tau` ist ein Function Handle auf eine Funktion zur Berechnung der Verzögerungen, `history` ist die Lösung in der Vergangenheit und `tspan` ist der Integrationszeitraum.

Differentialgleichungen mit Totzeiten (DDEs)	
`loes = dde23(@xpunkt,tau,hist,tspan)`	Lösung der DDE (tau konstant)
`loes = ddesd(@xpunkt,@tau,hist,tspan)`	Lösung der DDE (tau variabel)
`[x, xp] = deval(loes,xint,idx)`	Auswertung der Lösung
`opt = ddeset('name1',wert1,...)`	Optionen setzen
`opt_wert = ddeget(opt,'name')`	Optionen abfragen

4.1.4   Implizite Differentialgleichungen

Wenn eine gewöhnliche Differentialgleichung nicht nach ihrer Ableitung $\dot{x}$ auflösbar ist, spricht man von einer impliziten Differentialgleichung. Die hier behandelten impliziten Differentialgleichungen sind von der Form:

$$\mathbf{f}(t,\mathbf{x},\dot{\mathbf{x}}) = 0 \qquad \mathbf{x}(t_0) = \mathbf{x}_0 \qquad \dot{\mathbf{x}}(t_0) = \dot{\mathbf{x}}_0 \qquad (4.21)$$

Die Lösung derartiger Differentialgleichungen erfolgt mit dem Befehl `ode15i`. Die möglichen Aufrufe lauten:

```
[t, x] = ode15i(@f, tspan, x0, xp0, options)
loesung = ode15i(@f, tspan, x0, xp0, options)
```

Die Argumente des Solvers `ode15i` entsprechen Gleichung (4.21). `@f` ist das Function Handle auf die linke Seite von Gleichung (4.21), `tspan` ist ein Vektor zur Spezifikation des Integrationsintervalls, `x0` ist der Anfangswert der Lösung, `xp0` ist die Anfangssteigung der Lösung, und mittels `options` können Optionen zur Integration angegeben werden. In `t` und `x` wird die Lösung $\mathbf{x}(t)$ zurückgeliefert. Wird nur der Rückgabewert `loesung` auf der linken Seite angegeben, so wird die Lösung in eine Struktur gespeichert (siehe Seite 73).

Als Beispiel wird die Differentialgleichung des Pendels aus Kap. 4.1.1 nochmals mittels `ode15i` gelöst. Auch diese Differentialgleichung lässt sich als implizite Gleichung darstellen. Wenn man Gleichung (4.9) umformuliert, so erhält man:

$$\dot{x}_1 - x_2 = 0 \tag{4.22}$$

$$\dot{x}_2 + \frac{g}{l} \cdot \sin x_1 + \frac{F_R}{m \cdot l} \cdot \frac{2}{\pi} \cdot \arctan(10x_2) + \frac{F_A(t)}{m \cdot l} = 0$$

Die Anregung des Pendels erfolgt mit $F_A(t) = 30 \cdot \sin(2\pi \cdot 0.1 \cdot t)$, die Anfangsauslenkung beträgt $x_{10} = 0.26$ bei der Anfangswinkelgeschwindigkeit $x_{20} = 0$. Die Anfangswerte $\mathbf{x}(t_0)$ und $\dot{\mathbf{x}}(t_0)$ müssen konsistent mit der zu lösenden Differentialgleichung sein. $\mathbf{x}(t_0)$ berechnet sich aus der vorgegebenen Anfangsbedingung zu $\mathbf{x}(t_0) = [0.26 \ \ 0]^T$. Der Wert $\dot{\mathbf{x}}(t_0)$ lässt sich aus der Differentialgleichung (4.22) explizit berechnen. Ist dies nicht möglich, so kann zur konsistenten Anfangswertberechnung auch das Kommando `decic` verwendet werden. Die Funktion zur Berechnung der linken Seite von Gleichung (4.22) lautet:

```
% f_pendel.m
function f = f_pendel(t,x,xp,l,m,g,Fr)
% Antriebskraft
Fa = 30*sin(2*pi*0.1*t);
% Berechnung von f
f = [xp(1)-x(2); xp(2) + g/l*sin(x(1)) + Fr*2/pi*atan(10*x(2))/m/l + Fa/m/l];
```

Die Lösung der impliziten Differentialgleichung erfolgt in folgendem m-Skript. Dabei werden die Geometrieparameter von der Funktion `f_pendel` übergeben und das Ergebnis mittels `deval` ausgewertet und grafisch dargestellt. Abb. (4.7) zeigt den zeitlichen Verlauf von $x_1(t)$ und $x_2(t)$.

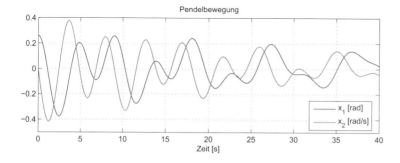

Abb. 4.7: Lösung des angetriebenen Pendels mittels `ode15i`

```
% dgl_pendel_implizit.m
% Geometrie, Masse, Reibung
l = 5; m = 30; g = 9.81; Fr = 4;
% Anfangswerte, Zeitspanne
x0 = [15/360*2*pi; 0];
tspan = [0 40];
% Anfangs-Ableitung aus der DGL berechnen
xp0 = [x0(2); -g/l*sin(x0(1))];
% Integration der DGL
loesung = ode15i(@f_pendel,tspan,x0,xp0,[],l,m,g,Fr);
% grafische Ausgabe von x1 und x2
tint = linspace(tspan(1),tspan(2),200);
x = deval(loesung, tint);
subplot(211)
plot(tint,x(1,:),tint,x(2,:))
```

Implizite Differentialgleichungen

`loesung = ode15i(@f,tspan,x0,xp0,options)`	Lösung der DGL
`[x,xp] = deval(loesung,xint,idx)`	Auswertung der Lösung
`[x0m,xp0m] = decic(@f,t0,x0,fix_x0,xp0,fix_xp0)`	Berechnung konsistenter Anfangsbedingungen

4.2 Randwertprobleme für gewöhnliche Differentialgleichungen

Bisher waren für die Lösung von gewöhnlichen Differentialgleichungen immer Startwerte am Beginn des Lösungsintervalls gegeben. Es existieren jedoch auch technische Problemstellungen, bei denen die Lösung der Differentialgleichung gleichzeitig Bedingungen am Beginn und Ende des Lösungshorizonts erfüllen muss. Dies bezeichnet man als Randwertproblem (BVP, Boundary Value Problem). MATLAB ist in der Lage, Randwertprobleme der folgenden Form zu lösen:

$$\mathbf{y}'(x) = \frac{d\mathbf{y}}{dx} = \mathbf{f}(x, \mathbf{y}) \tag{4.23}$$

Jetzt ist x die unabhängige Variable (entspricht t bei Anfangswertproblemen) und $\mathbf{y}$ die abhängige Variable. Die Randbedingungen spezifizieren einen Zusammenhang der Lösung für mehrere Punkte x. MATLAB kann nur Zweipunkt-Randwertprobleme lösen, d.h. die Randbedingungen spezifizieren einen Zusammenhang zwischen den Lösungspunkten am Anfang und am Ende des Lösungsintervalls. Es wird eine Lösung im Intervall $[a\ b]$ berechnet, wobei die allgemeinen Randbedingungen lauten:

$$\mathbf{g}(\mathbf{y}(a), \mathbf{y}(b)) = 0 \tag{4.24}$$

Im Gegensatz zu Anfangswertproblemen können Randwertprobleme keine, eine oder mehrere Lösungen besitzen. Bei vielen Randwertproblemen sind neben der Funktion

$\mathbf{y}(x)$ auch unbekannte konstante Parameter gesucht. Das allgemeine Randwertproblem mit dem unbekannten Parametervektor $\mathbf{p}$ lautet daher:

$$\mathbf{y}'(x) = \mathbf{f}(x, \mathbf{y}, \mathbf{p}) \qquad (4.25)$$

$$\mathbf{g}(\mathbf{y}(a), \mathbf{y}(b), \mathbf{p}) = \mathbf{0}$$

In diesem Fall muss die Anzahl der Randbedingungen um die Zahl der unbekannten Parameter höher sein, um eine eindeutige Lösung zu erhalten. Die numerische Lösung von Randwertproblemen erfolgt nicht streng vorwärts gerichtet, sondern erfordert den Einsatz eines Suchverfahrens. Dieses benötigt zum Starten eine geschätzte Anfangslösung und eine anfängliche Intervalleinteilung des Lösungsbereichs, die vom Benutzer angegeben werden müssen. Anschließend wird eine numerische Lösung durch Lösen eines Satzes von algebraischen Gleichungen, die aus den Rand- und Intervallbedingungen resultieren, berechnet. Die Intervalleinteilung wird so lange verfeinert, bis die geforderte Genauigkeit erreicht ist. Die numerische Lösung für Zweipunkt-Randwertprobleme erfolgt mit dem MATLAB-Befehl bvp4c. Seine Grundsyntax lautet:

```
loesung = bvp4c(@ystrich,@randbed,loesinit)
```

ystrich ist eine Funktion, die in einem Spaltenvektor die rechte Seite von Gleichung (4.23) zurückliefert. Sie wird von bvp4c mit den Argumenten x und $\mathbf{y}$ aufgerufen und hat die Form:

```
function dydx = ystrich(x,y)
dydx = [...];
```

Die Funktion randbed ermittelt als Spaltenvektor die Restabweichungen (Residuen) der Randbedingungen von ihren Sollwerten.

```
function res = randbed(ya,yb)
res = [...];
```

Die Argumente ya und yb sind Spaltenvektoren der erzielten Funktionswerte an den Intervallgrenzen a und b. Wenn eine Randbedingung lautet $y_1(a) = 5$, dann muss eine Komponente des Rückgabevektors res lauten: res(i)=ya(1)-5.

Die Struktur loesinit stellt eine anfängliche Schätzlösung des Randwertproblems dar. Die Struktur muss mindestens die beiden Felder loesinit.x und loesinit.y enthalten. x enthält ein Gitter von Punkten an denen die Anfangslösung gegeben ist. Dadurch werden implizit auch die Intervallgrenzen des Lösungsintervalls definiert. Die Grenzen a und b werden bestimmt aus x(1) und x(end). Das Feld y enthält als Spaltenvektor die anfänglichen Schätzwerte der Lösung an den Gitterpunkten x. Der Lösungsvektor loesinit.y(:,i) gehört zum Gitterpunkt loesinit.x(i). Der Name der Struktur für die Anfangslösung kann beliebig sein, die Felder mit den Gitterpunkten und zugehörigen Lösungsvektoren müssen jedoch die Namen x und y tragen. Als Hilfe zur Erzeugung der Anfangslösung steht die Funktion bvpinit zur Verfügung. Ihre Syntax lautet:

```
loesinit = bvpinit(xinit, yinit)
```

wobei `xinit` ein Vektor der anfänglichen Rasterpunkte ist. Das Argument `yinit` kann entweder ein Spaltenvektor der Dimension der Systemordnung oder ein Function Handle sein. Wenn `yinit` ein Spaltenvektor ist, wird sein Wert für alle Rasterpunkte in `xinit` konstant fortgesetzt, d.h. man erhält eine konstante Anfangslösung. Wenn `yinit` ein Function Handle ist, wird die zugeordnete Funktion an allen Gitterpunkten `xinit` ausgewertet. Die Funktion muss einen Spaltenvektor mit der Anfangslösung für einen Gitterpunkt `xinit(i)` zurückliefern.

Der Solver `bvp4c` liefert in der Struktur `loesung` die Felder x und y. Das Feld `loesung.x` enthält die vom Solver gewählten Gitterpunkte, in `loesung.y` sind die berechneten Werte der Lösung $\mathbf{y}(x)$ an den Gitterpunkten enthalten. In `loesung.yp` werden schließlich die Ableitungen $\mathbf{y}'(x)$ an den Gitterpunkten geliefert. Wenn die Lösung auch bei Werten zwischen zwei Gitterpunkten benötigt wird, kann dazu die Funktion `deval`, wie bei Anfangswertproblemen auch, zur Interpolation verwendet werden. Der Aufruf lautet:

```
[xi, xpi] = deval(loesung, xint, idx)
```

`xint` ist ein Vektor mit den gewünschten Lösungspunkten. Zu jedem Element i des Vektors `xint(i)` wird der zugehörige Lösungsvektor `xi(:,i)` und die erste Ableitung `xpi(:,i)` des Lösungsvektors berechnet, die dann für grafische Ausgaben verwendet werden können. Wenn der Vektor `idx` angegeben wird (optional), werden nur die Lösungen mit den in `idx` enthaltenen Indizes in `xi` und `xpi` gespeichert.

Das Kommando

```
loesinit = bvpxtend(sol, xnew, ynew)
```

dient zur Erzeugung einer neuen Startlösung für ein Randwertproblem, das über das Intervall $[a \; b]$ hinausreicht. `xnew` muss außerhalb des ursprünglichen Intervalls $[a \; b]$ liegen, `ynew` ist die geschätzte Lösung am Punkt `xnew`. Der Aufruf

```
loesinit = bvpxtend(sol, xnew, extrap)
```

setzt keine Angabe einer Schätzlösung voraus, vielmehr wird diese durch Interpolation bestimmt. Der Parameter kann die Werte `'constant'`, `'linear'` und `'solution'` (kubische Interpolation) haben.

Der Solver `bvp4c` kann auch mit Optionen zur individuellen Anpassung aufgerufen werden. Dazu wird eine Options-Struktur verwendet, die mit dem Kommando `bvpset` erzeugt und verändert werden kann. Die einfache Eingabe von `bvpset` zeigt alle zulässigen Optionen an.

```
>> bvpset
          AbsTol: [ positive scalar or vector {1e-6} ]
          RelTol: [ positive scalar {1e-3} ]
     SingularTerm: [ matrix ]
        FJacobian: [ function_handle ]
       BCJacobian: [ function_handle ]
            Stats: [ on | {off} ]
             Nmax: [ nonnegative integer {floor(10000/n)} ]
       Vectorized: [ on | {off} ]
```

Die Veränderung einzelner Felder einer Options-Struktur erfolgt durch

```
options = bvpset(options,'name1',wert1,'name2',wert2,...)
```

wobei `name1` und `name2` die Felder von `options` bezeichnen und `wert1` und `wert2` die zuzuweisenden Werte sind. Einzelne Felder können mit dem Befehl `bvpget` aus einer Options-Struktur abgefragt werden.

```
var = bvpget(options, 'name')
```

Der Rückgabewert `var` enthält den Wert des Feldes `name` aus der Struktur `options`.

Mit den Feldern `AbsTol` und `RelTol` können die entsprechenden Toleranzen eingestellt und die Genauigkeit der Lösung beeinflusst werden [39]. In den Feldern `FJacobian` und `BCJacobian` können Function Handles angegeben werden, die auf Funktionen zur Berechnung der Jacobi-Matrix der rechten Seite des DGL-Systems in (4.23) bzw. der Funktion `randbed` zeigen. Zu beachten ist, dass beim Einsatz unbekannter Parameter (siehe unten) die Funktionen zur Berechnung der Jacobi-Matrizen auch die partiellen Ableitungen bezüglich der unbekannten Parameter liefern müssen [39]. Mit dem Feld `Nmax` kann die Zahl der Rasterpunkte in `loesung.x` nach oben begrenzt werden. Die Option `Vectorized` gibt an, ob die rechte Seite von Gleichung (4.23) vektorwertig aufgerufen werden kann. Dies kann die Ausführungsgeschwindigkeit von `bvp4c` erheblich beschleunigen. Es muss dann gelten:

$$\mathbf{f}(x_1, x_2, \ldots, \mathbf{y}_1, \mathbf{y}_2, \ldots) = [\,\mathbf{f}(x_1, \mathbf{y}_1), \mathbf{f}(x_2, \mathbf{y}_2), \ldots\,] \tag{4.26}$$

Mit der Option `SingularTerm` kann eine spezielle Klasse singulärer Randwertprobleme gelöst werden. Diese müssen die folgende Form besitzen:

$$\mathbf{y}'(x) = \frac{d\mathbf{y}}{dx} = \frac{1}{x} \cdot \mathbf{S} \cdot \mathbf{y} + \mathbf{f}(x, \mathbf{y}) \tag{4.27}$$

Die Option `SingularTerm` muss mit der Matrix $\mathbf{S}$ aus Gleichung (4.27) belegt werden. Es ist zu beachten, dass die Funktion `ystrich` nach wie vor nur den Term $\mathbf{f}(x, \mathbf{y})$ zurückliefern darf. Das singuläre Randwertproblem kann nur im Intervall $[0\ b]$ gelöst werden. Die Randbedingungen bei $x = 0$ müssen konsistent mit der notwendigen Bedingung $\mathbf{S} \cdot \mathbf{y}(0) = \mathbf{0}$ für eine stetige Lösung sein. Diese Bedingung sollte auch von der Anfangslösung `loesinit` erfüllt werden.

Der allgemeine Aufruf von `bvp4c` mit Optionen lautet:

```
loesung = bvp4c(@ystrich,@randbed,loesinit,options)
```

Wenn zusätzlich zum Lösungsverlauf $\mathbf{y}(x)$ unbekannte Parameter gesucht sind, so müssen bei der Anfangslösung auch anfängliche Parameterwerte in der Struktur `loesinit` angegeben werden. Dies geschieht im Feld `loesinit.parameters`, in dem alle unbekannten Parameter in einem Vektor zusammengefasst werden. Sobald dieses Feld vorhanden ist, werden diese Parameter in die Lösungssuche einbezogen. Die Funktionen `ystrich` (rechte Seite der DGL) und `randbed` (Residuen der Randbedingungen) werden in diesem Fall vom Solver `bvp4c` zusätzlich mit dem Parametervektor aufgerufen. Ihre Definitionen müssen daher lauten:

```
function dydx = ystrich(x,y,parameters)
```

```
function res = randbed(ya,yb,parameters)
```

Wenn für die Initialisierung der Lösung die Funktion **bvpinit** benutzt wird, so wird als drittes Argument der unbekannte Parametervektor übergeben.

```
loesinit = bvpinit(xinit, yinit, parameters)
```

Zusätzlich zu unbekannten Parametern können den Funktionen **ystrich** und **randbed** auch bekannte Parameter übergeben werden. Diese folgen in den Funktionsdefinitionen direkt auf den Vektor der unbekannten Parameter.[2] Die entsprechenden Funktionsdefinitionen lauten dann:

```
function dydx = ystrich(x,y,parameters,p1,p2,...)
```

```
function res = randbed(ya,yb,parameters,p1,p2,...)
```

Die Parameter **p1**, **p2** ... werden den Funktionen vom Solver übergeben und müssen auch beim Solveraufruf berücksichtigt werden. Der Aufruf ändert sich entsprechend.

```
loesung = bvp4c(@ystrich,@randbed,loesinit,options,p1,p2,...)
```

Beispiel: Zur Illustration der Verwendung des Solvers **bvp4c** wird nun als Beispiel ein Biegebalken [21] genauer betrachtet. Die Differentialgleichung des Biegebalkens aus Abb. 4.8 lautet für kleine Durchbiegungen $(1 + y'^2 \approx 1)$:

$$-y'' = \frac{M(x)}{EI(x)} = b(x) \tag{4.28}$$

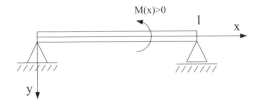

Abb. 4.8: *Biegebalken mit Momentenverlauf $M(x)$*

Mit der vorgegebenen Lagerung und der Länge des Balkens von $l = 1$ ergeben sich die Randbedingungen

$$y(0) = 0 \qquad \text{und} \qquad y(1) = 0. \tag{4.29}$$

---

[2] Wenn keine unbekannten Parameter vorhanden sind, folgen sie direkt auf die Argumente x und y bzw. ya und yb.

Der Biegemomentverlauf $M(x)$ und die Biegesteifigkeit $EI(x)$ sind von der Koordinate x folgendermaßen abhängig:

$$M(x) = 5 - 4x \qquad EI(x) = 100e^{-x} \tag{4.30}$$

Mit der Substitution $y_1 = y$ und $y_2 = y'$ ergibt sich die in MATLAB codierte rechte Seite von Gleichung (4.28) zu:

```
% ystrich_balken.m
function dydx = ystrich_balken(x,y)
dydx = [y(2); (4*x-5)/100*exp(-x)];
```

In der Funktion `bc_balken` werden die Residuen der Randbedingungen an den Positionen $x = 0$ und $x = 1$ berechnet.

```
% bc_balken.m
function res = bc_balken(ya,yb)
res = [ya(1); yb(1)];
```

Zunächst wird ein Anfangsgitter `xmesh` erzeugt. Die Anfangslösungen sollen sowohl für y_1 als auch y_2 für alle Punkte des Gitters `xmesh` gleich null sein. Die Struktur mit der Anfangslösung wird mit der Hilfsfunktion `bvpinit` erzeugt. Die Berechnung der Lösung erfolgt ohne die Verwendung spezieller Optionen mit dem Solver `bvp4c`.

```
% bvp_balken.m
% Schätzwert für Startlösung
xmesh = linspace(0,1,100);
yini(1) = 0; yini(2) = 0;
loesinit = bvpinit(xmesh,yini);
% Lösung berechnen
loesung = bvp4c(@ystrich_balken, @bc_balken, loesinit)
% Ergebnis grafisch darstellen
subplot(211)
plot(loesung.x,loesung.y(1,:))
```

Der Verlauf der betrachteten Biegelinie ist in Abb. 4.9 dargestellt. Man beachte, dass die y-Koordinaten in Abb. 4.8 und Abb. 4.9 in entgegengesetzte Richtungen zeigen.

Das Kommando `bvp4c` kann auch Randwertprobleme mit mehr als zwei Randbedingungen lösen (Multi-Point-Randwertprobleme). Das Randwertproblem wird dann in mehrere Regionen aufgeteilt. An den Regionsgrenzen müssen zusätzliche Randbedingungen gelten. Die Definition mehrerer Regionen erfolgt bei der Initialisierung. Im folgenden Beispiel werden die Regionen -2 bis 1 und 1 bis 2 definiert. Die Regionsgrenzen werden beim x-Raster doppelt angegeben.

```
xinit = [-2 -1.5 -1 -0.5 0 0.5 1 1 1.5 2];
yinit = [1; 1];
solinit = bvpinit(xinit, yinit);
```

In der Funktion `randbed` zur Berechnung der Abweichungen von den Randbedingungen werden diese an den Grenzen -2 und 1 für die erste Region und 1 und 2 für die zweite

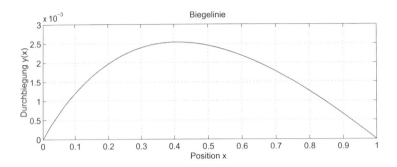

Abb. 4.9: *Mit* bvp4c *berechnete Biegelinie*

Region berechnet. Ein Beispiel für ein Randwertproblem mit drei Randbedingungen enthält die Datei threebvp.m.[3]

Randwertprobleme

`loes = bvp4c(@ystrich,@randb,init,opt)`	Lösung eines Randwertproblems
`init = bvpinit(xinit,yinit)`	Startlösung festlegen
`init = bvpxtend(sol,xnew,ynew)`	Startlösung für neues Intervall
`[xi, xpi] = deval(loes, xint, idx)`	Auswertung der Lösung
`opt = bvpset('name1',wert1,...)`	Optionen setzen
`opt_wert = bvpget(opt,'name')`	Optionen abfragen

4.3   Partielle Differentialgleichungen (PDEs)

Den am schwierigsten zu lösenden Typ von Differentialgleichungen stellen partielle Differentialgleichungen dar. Im Gegensatz zu gewöhnlichen Differentialgleichungen stellen sie einen funktionalen Zusammenhang zwischen der Ableitung nach dem Zeitargument t **und** örtlichen Variablen $\mathbf{x}$ her. Eine analytische Lösung von PDEs ist im Allgemeinen nicht möglich, und auch die numerische Lösung gestaltet sich sehr schwierig. Für fortgeschrittene Anwendungen existiert eine separate PDE-Toolbox; einfache Problemstellungen können jedoch auch in MATLAB numerisch gelöst werden.

Die in MATLAB numerisch lösbaren partiellen Differentialgleichungen hängen von der Zeit t und **einer** Ortsvariablen x ab und müssen die folgende Form besitzen:

$$\mathbf{C}\left(x,t,\mathbf{u},\frac{\partial \mathbf{u}}{\partial x}\right) \cdot \frac{\partial \mathbf{u}}{\partial t} = x^{-m} \cdot \frac{\partial}{\partial x}\left(x^m \cdot \mathbf{f}\left(x,t,\mathbf{u},\frac{\partial \mathbf{u}}{\partial x}\right)\right) + \mathbf{s}\left(x,t,\mathbf{u},\frac{\partial \mathbf{u}}{\partial x}\right) \quad (4.31)$$

Die Lösungsfunktion $\mathbf{u}(t,x)$ kann numerisch im Intervall $t_0 < t < t_f$ bzw. $a < x < b$ bestimmt werden. Die Werte a und b müssen beschränkt sein. m darf die Werte 0, 1 oder 2 annehmen, was der flachen, zylindrischen und sphärischen Symmetrie entspricht.

---

[3] Im Umfang von MATLAB enthalten.

Wenn $m > 0$ ist, muss auch $a \geq 0$ sein. In Gleichung (4.31) stellt $\mathbf{f}$ einen Flussterm und $\mathbf{s}$ eine Quelle dar. Die Kopplung der Ortsableitung und der Zeitableitung ist auf die Multiplikation mit der Diagonalmatrix $\mathbf{C}$ beschränkt, deren Elemente entweder null oder positiv sind. Ein Element gleich null entspricht einer elliptischen Gleichung und andernfalls einer parabolischen Gleichung. Es muss mindestens eine parabolische Gleichung existieren. Ein Element der Matrix $\mathbf{C}$, das zu einer parabolischen Gleichung gehört, darf für einzelne Werte x verschwinden, wenn diese Werte Gitterpunkte der festgelegten Ortsdiskretisierung sind. Unstetigkeiten in $\mathbf{C}$ und $\mathbf{s}$ dürfen ebenfalls nur an Gitterpunkten auftreten.

Zur Anfangszeit t_0 muss die Lösung für alle x eine Anfangsbedingung der folgenden Form erfüllen:

$$\mathbf{u}(x, t_0) = \mathbf{u}_0(x) \tag{4.32}$$

Die Funktion $\mathbf{u}_0(x)$ wird als Anfangswertfunktion bezeichnet. An den Intervallgrenzen $x = a$ und $x = b$ erfüllt die Lösung für alle Zeitpunkte t die Randbedingungen:

$$\mathbf{p}(x, t, \mathbf{u}) + \mathbf{Q}(x, t) \cdot \mathbf{f}\left(x, t, \mathbf{u}, \frac{\partial \mathbf{u}}{\partial x}\right) = \mathbf{0} \tag{4.33}$$

$\mathbf{Q}(x, t)$ ist eine Diagonalmatrix mit Elementen immer ungleich null oder identisch null. Zu beachten ist, dass die Randbedingung bezüglich der Flussfunktion $\mathbf{f}$ anstelle der partiellen Ableitung $\partial \mathbf{u}/\partial x$ definiert ist und nur die Funktion $\mathbf{p}$ von $\mathbf{u}$ abhängig sein darf.

In MATLAB steht zur Lösung der beschriebenen Systeme aus parabolischen und elliptischen partiellen Differentialgleichungen mit der Zeitvariable t und einer Ortsvariablen x der Solver pdepe zur Verfügung. Er löst Anfangs-Randwertprobleme und benötigt mindestens eine parabolische Gleichung im System. Der Solver wandelt die PDEs durch Diskretisierung über die vom Anwender angegebenen Rasterpunkte in ODEs um. Die Zeitintegration erfolgt mit dem Solver ode15s. Der PDE-Solver pdepe nutzt die Fähigkeiten von ode15s zur Lösung von differential-algebraischen Gleichungen, die auftreten, wenn im PDE-System elliptische Gleichungen vorhanden sind. Wenn die, zu elliptischen Gleichungen gehörenden, Anfangswerte nicht konsistent mit der Diskretisierung sind, versucht pdepe diese anzupassen. Gelingt es nicht, muss das Diskretisierungsraster feiner gewählt werden. Der Aufruf des PDE-Solvers lautet:

```
loesung = pdepe(m,@pdefun,@icfun,@bcfun,xmesh,tspan)
```

Das Argument m definiert die Symmetrie der Aufgabenstellung (m kann 0, 1 oder 2 sein). Die Funktion pdefun definiert die Komponenten der PDE und berechnet die Terme $\mathbf{C}$, $\mathbf{f}$ und $\mathbf{s}$ aus Gleichung (4.31). pdefun hat die Form:

```
function [c,f,s] = pdefun(x,t,u,dudx)
```

Die Argumente x und t sind Skalare, u ist der Spaltenvektor der aktuellen Lösung und dudx seine partielle Ableitung. Die Ergebnisse c, f und s sind alles Spaltenvektoren, wobei der Vektor c genau die Diagonalelemente der Matrix $\mathbf{C}$ aus Gleichung (4.31) enthält.

In der Funktion `icfun` wird die Anfangslösung $\mathbf{u}(x, t_0)$ zum Zeitpunkt t_0, abhängig nur von der Ortskoordinate x bestimmt. Die Funktion liefert in einem Spaltenvektor u die Anfangslösung und lautet allgemein:

```
function u = icfun(x)
```

Das vierte Argument von `pdepe` ist eine Funktion zur Berechnung der Terme $\mathbf{p}$ und $\mathbf{Q}$ aus Gleichung (4.33) der Randbedingungen. Die Funktion `bcfun` lautet:

```
function [pl,ql,pr,qr] = bcfun(xl,ul,xr,ur,t)
```

`ul` und `ur` sind die aktuellen Lösungen am linken Rand bei `xl=a` bzw. am rechten Rand bei `xr=b`. Die Rückgabewerte `pl` und `ql` entsprechen dem Vektor $\mathbf{p}$ und der Diagonalen der Matrix $\mathbf{Q}$ aus Gleichung (4.33), ausgewertet am linken Rand bei `xl=a`. Entsprechendes gilt für `pr` und `qr` am rechten Rand bei `xr=b`. Wenn $m > 0$ und $a = 0$ ist, verlangt der Solver zur Lösbarkeit, dass der Fluss $\mathbf{f}$ an der Stelle $x = a$ verschwindet. Der Solver `pdepe` erzwingt diese Randbedingung automatisch und ignoriert andere Werte aus `pl` und `ql`.

Das Argument `xmesh` von `pdepe` ist ein Zeilenvektor mit aufsteigenden Ortskoordinaten, mit dem festgelegt wird, für welche Werte x jeweils eine Lösung für alle Werte aus `tspan` berechnet wird. Der Vektor `xmesh` muss mindestens drei Elemente besitzen. Der Zeilenvektor `tspan` enthält in aufsteigender Reihenfolge alle Zeitpunkte, an denen für alle Elemente aus `xmesh` die Lösung bestimmt werden soll. Auch hier gilt die Mindestlänge von drei Elementen.

Der Solver akzeptiert die gleiche Options-Struktur wie gewöhnliche Differentialgleichungen in Kap. 4.1.1, die auch mit den dort beschriebenen Befehlen manipuliert werden kann. Außerdem können auch hier Parameter an die von `pdepe` aufgerufenen Funktionen übergeben werden. Die Funktionen `pdefun`, `icfun` und `bcfun` werden mit den zusätzlichen Parametern `p1`, `p2`,... aufgerufen. Der allgemeinste Aufruf lautet demnach:

```
loesung = pdepe(m,@pdefun,@icfun,@bcfun,xmesh,tspan,options,p1,p2,...)
```

Der Rückgabewert `loesung` von `pdepe` ist ein dreidimensionales Feld mit den folgenden Einträgen:

- `loesung(:,:,k)` ist die k-te Komponente des Lösungsvektors $\mathbf{u}(x,t)$.

- `loesung(i,j,k)` ist die k-te Komponente der Lösung zum Zeitpunkt `tspan(i)` und am Gitterpunkt `xmesh(j)`.

Wenn die Lösung nur aus einer Komponente besteht, wird in `loesung` nur ein zweidimensionales Feld zurückgeliefert. Die Interpolation des Lösungs-Arrays zwischen zwei Gitterpunkten erfolgt mit dem Befehl `pdeval`.

Ein einfaches Beispiel zur Verwendung von `pdepe` ist in der Online-Hilfe zu MATLAB enthalten (Aufruf mit `doc pdepe`). Ein umfangreicheres Beispiel zur Wärmeleitung findet sich in [13].

> **Partielle DGLs (PDEs)**
>
> `loesung = pdepe(m,@pdefun,@icfun,...`   Lösung einer PDE
> `    @bcfun,xmesh,tspan,opt)`
> `[uint,dudxint] = pdeval(m,xmesh,ui,xint)`   Auswertung der Lösung

4.4 Übungsaufgaben

4.4.1 Feder-Masse-Schwinger

Betrachtet wird ein Feder-Masse-Schwinger gemäß Abb. 4.10. In der Ruhelage befindet

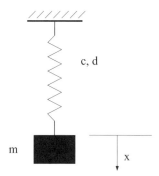

Abb. 4.10: Feder-Masse-Schwinger mit Dämpfung

sich die bewegliche Masse in der Stellung $x = 0$. Es wird angenommen, dass sich die Masse in der Zeit von $t = 0$ bis $t = 20$ von 5 auf 1 linear verringert. Die Differentialgleichung des Feder-Masse-Systems ist gegeben durch Gleichung (4.34).

$$m(t) \cdot \ddot{x} = -c \cdot x - d \cdot \dot{x} \tag{4.34}$$

Als Zahlenwerte sind gegeben: $m = 5$, $c = 150$, $d = 1$.
Lösen Sie die Differentialgleichung für die Zeitspanne von $t = 0 \ldots 20$ mit den Anfangswerten $x_0 = 0.2$ und $\dot{x}_0 = 0$ mit dem Solver `ode45` ohne spezielle Optionen für die Toleranzen, und stellen Sie das Ergebnis für den Weg x und die Geschwindigkeit $\dot{x}$ grafisch dar. Stellen Sie ebenfalls den Masseverlauf im Intervall $t = 0 \ldots 20$ grafisch dar. Hinweis: Sie können die Differentialgleichung mit und ohne Masse-Matrix darstellen und lösen.

4.4.2 Elektrischer Schwingkreis

In dieser Aufgabe geht es um eine einfache **Event-Erkennung**. Betrachtet wird der in Abb. 4.11 dargestellte elektrische Schwingkreis. Die Bauelemente besitzen folgende Werte: $R = 0.5$, $L = 10^{-4}$ und $C = 10^{-6}$. Zum Zeitpunkt $t = 0.3 \cdot 10^{-3}$ wird der Schalter geschlossen, und die resultierende Kapazität verdoppelt sich durch die Parallelschaltung (nehmen Sie an, dass die Spannungen an den Kondensatoren zum Umschaltzeitpunkt

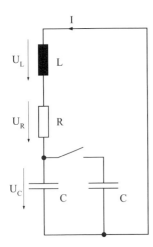

Abb. 4.11: *Elektrischer Schwingkreis*

gleich sind). Dieses Ereignis soll exakt detektiert, die Integration angehalten und eine neue Integration mit den Endwerten des letzten Abschnitts als Anfangswerte gestartet werden. Bestimmen Sie den Lösungsverlauf der Zustandsgrößen I und U_C im Intervall $t = 0 \ldots 10^{-3}$. Stellen Sie die Lösungskurven grafisch über der Zeit dar. Die Differentialgleichungen des Schwingkreises lauten:

$$\dot{U}_C = \frac{1}{C} \cdot I \tag{4.35}$$

$$\dot{I} = -\frac{1}{L} \cdot U_C - \frac{R}{L} \cdot I \tag{4.36}$$

4.4.3   Springender Ball

In dieser Aufgabe wird ein Ball untersucht, der im freien Fall auf eine elastische Oberfläche trifft. Die Oberfläche besitzt eine Elastizität c und eine Dämpfung d, wodurch der Ball wieder reflektiert wird. Auf der Oberfläche ist die Positionskoordinate $x = 0$. Die Bewegung des Balls mit der Masse m wird durch zwei verschiedene Differentialgleichungen beschrieben. Im freien Fall gilt mit der Erdbeschleunigung g die Gleichung (4.36).

$$\ddot{x} = -g \tag{4.36}$$

Während der Berührungsphase mit der elastischen Oberfläche gilt Gleichung (4.37).

$$m \cdot \ddot{x} = -c \cdot x - d \cdot \dot{x} - m \cdot g \tag{4.37}$$

Die Bewegung kann in zwei Phasen eingeteilt werden: Freier Fall bis $x = 0$ und Berührung mit der Oberfläche für $x < 0$. Die Übergänge zwischen diesen Phasen sollen exakt detektiert und die einzelnen Lösungstrajektorien zur grafischen Darstellung zusammengesetzt werden. Wählen Sie den Solver `ode45` und die Option `Events` entsprechend aus. Die folgenden Zahlenwerte sind gegeben: $m = 1$, $c = 300$, $d = 0.5$ und

$g = 9.81$.

Bestimmen Sie die Lösungstrajektorie für die Zeitspanne von 20 s unter Berücksichtigung der Umschaltung zwischen den Bewegungsphasen. Verwenden Sie die Anfangswerte $x_0 = 1$ und $\dot{x}_0 = 0$ und stellen Sie das Ergebnis grafisch dar.

4.4.4 Kettenlinie

Ein Seil soll an den Punkten (0,0) und (0,1) im kartesischen Koordinatensystem aufgehängt werden. Es wird nur von seinem eigenen Gewicht $m \cdot g$ belastet. Der sich einstellende Verlauf $y(x)$ wird durch die folgende Differentialgleichung mit Randbedingungen beschrieben:

$$y'' = a\sqrt{1 + y'^2} \qquad y(0) = 0 \qquad y(1) = 0 \qquad (4.38)$$

Im Parameter a sind Länge und Masse des Seils sowie die horizontale Spannkraft enthalten. Es gilt $a = 4$.

Berechnen Sie durch Lösung eines Randwertproblems den Verlauf y(x), den das hängende Seil beschreibt. Verwenden Sie als Startlösung eine waagrechte Gerade mit der Gleichung $y = -0.5$.

5 Regelungstechnische Funktionen Control System Toolbox

Ein für den Regelungstechniker und Systemtheoretiker bedeutsames und äußerst hilfreiches Werkzeug stellt die Control System Toolbox dar. Mit ihrer Hilfe lassen sich alle Schritte der regelungstechnischen Untersuchung eines Systems durchführen. Zur Vertiefung sei auf die Fachliteratur verwiesen: [4, 17, 18, 19, 22, 26, 27, 29].

- Modellhafte Beschreibung zeitkontinuierlicher und zeitdiskreter linearer, zeitinvarianter Systeme (Übertragungsfunktion, Nullstellen-Polstellen-Darstellung, Zustandsdarstellung, Frequenzgang-Daten-Modelle; Kap. 5.1)

- Umwandeln und Bearbeiten der Systeme (Kap. 5.2), Analyse der Systemeigenschaften (Dynamik, Zeit- und Frequenzantwort; Kap. 5.3)

- Entwurf und Optimierung von Reglern (Wurzelortskurve, SISO Design Tool, Zustandsregelung und -beobachtung, LQ-Optimierung, Kalman-Filter; Kap. 5.4)

Zusätzlich stehen noch Bewertungsalgorithmen für Probleme der numerischen Zuverlässigkeit zur Verfügung (Kap. 5.5), die überwiegend in M-Files abgelegt sind und somit für Änderungen und Ergänzungen offen stehen (hierzu siehe [5, 10, 16, 35, 36, 49]).

5.1 Modellierung linearer zeitinvarianter Systeme als LTI-Modelle

Zu Beginn einer regelungstechnischen Untersuchung steht die Modellierung des gegebenen Systems. Ausgehend von den physikalischen Gesetzen wird eine, üblicherweise mathematische, Systembeschreibung hergeleitet, die die Ursache-Wirkungs-Zusammenhänge zwischen den Eingängen **u** und den Ausgängen **y** beschreibt.

MATLAB stellt nun für *zeitkontinuierliche und -diskrete lineare zeitinvariante Systeme (LTI-Systeme)* der Typen Single-Input/Single-Output (SISO) und Multiple-Input/Multiple-Output (MIMO) die folgenden vier Darstellungsarten zur Verfügung:

- Übertragungsfunktion (Transfer Function TF)

- Nullstellen-Polstellen-Darstellung (Zero-Pole-Gain ZPK)

- Zustandsdarstellung (State-Space SS)

- Frequenzgang-Daten-Modelle (Frequency Response Data FRD)

Hierbei stellen die Modelle vom Typ TF, ZPK und SS parametrische Beschreibungs-
formen dar, während FRD-Modelle zur Darstellung und Analyse von gemessenen oder
simulierten Frequenzgang-Verläufen dienen. Die Analyse von FRD-Modellen beschränkt
sich folglich auch nur auf Frequenzraum-Methoden.

Achtung: *Die Koeffizienten der Modelle TF, ZPK und SS können auch aus der Menge der komplexen Zahlen stammen! Allerdings können für solche Modelle nicht alle Funktionen verwandt werden, nämlich Zeitbereichsantworten
(Kap. 5.3.3),* `margin` *und* `allmargin` *(Kap. 5.3.4) und* `rlocus` *(Kap. 5.4.1).*

5.1.1   Übertragungsfunktion – Transfer Function TF

Eine Übertragungsfunktion ist eine rationale Funktion in s mit dem Zählerpolynom num
(engl. *numerator*, Zähler) und dem Nennerpolynom den (engl. *denominator*, Nenner)
und beschreibt das Übertragungsverhalten eines Systems im Laplace-Bereich.

$$h(s) \;=\; \frac{num\,(s)}{den\,(s)} \;=\; \frac{a_m\,s^m \,+\, a_{m-1}\,s^{m-1} \,+\, \ldots \,+\, a_1\,s \,+\, a_0}{b_n\,s^n \,+\, b_{n-1}\,s^{n-1} \,+\, \ldots \,+\, b_1\,s \,+\, b_0} \tag{5.1}$$

Erstellen von TF-SISO-Modellen

TF-Modelle von SISO-Systemen lassen sich auf zwei Arten definieren:

1. **Befehl** `tf`(*num*, *den*)**:**   Eingabe des Zählerpolynoms num (`[2 -3]`) und des
   Nennerpolynoms den (`[1 1]`) der Übertragungsfunktion jeweils als Vektoren mit
   Koeffizienten von s in *absteigender Reihenfolge* von s.

```
>> h = tf([2 -3],[1 1])
h =
   2 s - 3
   -------
    s + 1
Continuous-time transfer function.
```

2. **Rationale Funktion in** s**:**   Es wird zuerst die Variable s als TF-Modell definiert und dann die Übertragungsfunktion als rationale Funktion in s eingegeben.

```
>> s = tf('s')
s =
   s

>> h = (s+2) / (s^2 + 5*s + 4)
h =
       s + 2
   -------------
   s^2 + 5 s + 4
Continuous-time transfer function.
```

   Achtung: *Wurde s als TF-Modell definiert, so werden alle folgenden mit rationalen Funktionen in s erstellten Modelle als TF-Modelle interpretiert, bis s neu belegt oder in ein ZPK-Modell umgewandelt wird.*

Erstellen von TF-MIMO-Modellen

MIMO-Systeme lassen sich als zweidimensionale Matrix $\mathbf{H}$ von Übertragungsfunktionen darstellen, wobei das Matrixelement h_{ij} für die Übertragungsfunktion vom Eingang j zum Ausgang i steht; die Zeilen entsprechen also den Ausgängen und die Spalten den Eingängen (Gleiche Anordnung wie die $\mathbf{D}$-Matrix der Zustandsdarstellung, Kap. 5.1.3).

$$\mathbf{H} = \begin{bmatrix} h_{11} & h_{12} \\ h_{21} & h_{22} \end{bmatrix} = \begin{bmatrix} \dfrac{num_{11}}{den_{11}} & \dfrac{num_{12}}{den_{12}} \\ \dfrac{num_{21}}{den_{21}} & \dfrac{num_{22}}{den_{22}} \end{bmatrix} = \begin{bmatrix} \dfrac{2s-3}{s+1} & \dfrac{s^2+s-6}{s+5} \\ \dfrac{s+2}{s^2+5s+4} & \dfrac{-1}{2s^2+6s+10} \end{bmatrix} \tag{5.2}$$

Die Eingabe in MATLAB kann auf zwei Arten erfolgen:

1. Definieren der einzelnen TF-SISO-Modelle mit `tf`

```
>> h11 = tf([2 -3],[1 1]);
>> h12 = tf([1 1 -6],[1 5]);
>> h21 = tf([1 2],[1 5 4]);
>> h22 = tf(-1,[2 6 10]);
```

oder als rationale Funktionen in `s`:

```
>> s = tf('s');
>> h11 = (2*s-3) / (s+1);
>> h12 = (s^2+s-6) / (s+5);
>> h21 = (s+2) / (s^2+5*s+4);
>> h22 = -1 / (2*s^2+6*s+10);
```

Zusammenfügen zur Matrix H:

```
>> H = [h11 h12 ; h21 h22];
```

2. Definieren von zwei **Cell Arrays** der Dimension $Ny \times Nu$ (Ny: Anzahl der Ausgänge, Nu Anzahl der Eingänge): Der eine enthält alle Zählerpolynome (**NUM**), der andere alle Nennerpolynome (**DEN**).

$$\mathbf{NUM} = \begin{bmatrix} n_{11} & n_{12} \\ n_{21} & n_{22} \end{bmatrix} \qquad \mathbf{DEN} = \begin{bmatrix} d_{11} & d_{12} \\ d_{21} & d_{22} \end{bmatrix} \tag{5.3}$$

Auch hier werden in MATLAB jeweils die Vektoren mit den Koeffizienten von s in *absteigender Reihenfolge* von s eingegeben.

```
>> NUM = { [2 -3] [1 1 -6] ; [1 2] -1 };
>> DEN = { [1  1] [1 5] ; [1 5 4] [2 6 10] };
```

Aufruf von `tf` mit den Parametern `NUM` und `DEN`.

```
>> H = tf(NUM,DEN);
```

Die Ausgabe ist in beiden Fällen identisch:

```
>> H
H =
  From input 1 to output...
        2 s - 3
    1:  -------
        s + 1
          s + 2
    2:  -------------
        s^2 + 5 s + 4

  From input 2 to output...
        s^2 + s - 6
    1:  -----------
          s + 5
            -1
    2:  ----------------
        2 s^2 + 6 s + 10
Continuous-time transfer function.
```

Systeme nur mit Verstärkung

Bestehen alle Übertragungsfunktionen nur aus Verstärkungsfaktoren, so genügt folgender Aufruf, um das TF-Modell G des Systems zu erzeugen:

```
>> G = tf([1 2 ; 3 0])
G =
  From input 1 to output...
    1:  1

    2:  3

From input 2 to output...
    1:  2

    2:  0

Static gain.
```

5.1.2   Nullstellen-Polstellen-Darstellung – Zero-Pole-Gain ZPK

Eine der Übertragungsfunktion ähnliche Beschreibungsform des Übertragungsverhaltens ist die Nullstellen-Polstellen-Darstellung:

$$h(s) \; = \; k \cdot \frac{(s - z_1) \cdot \ldots \cdot (s - z_{m-1}) \cdot (s - z_m)}{(s - p_1) \cdot \ldots \cdot (s - p_{n-1}) \cdot (s - p_n)} \tag{5.4}$$

Hier ist k ein reeller oder komplexer Verstärkungsfaktor, die $z_1 \ldots z_m$ bzw. die $p_1 \ldots p_n$ sind die reellen und/oder konjungiert komplexen Paare der Nullstellen (engl. *zeros*) bzw. der Polstellen (engl. *poles*). Sie entsprechen somit den Wurzeln des Zähler- bzw. Nennerpolynoms der Übertragungsfunktion.

Erstellen von ZPK-SISO-Modellen

Wie bei den TF-Modellen stehen auch hier zwei Möglichkeiten zur Verfügung, ein ZPK-Modell zu erzeugen:

1. **Befehl zpk(z, p, k):** Eingabe des Nullstellenvektors z ([-6 1 1]), des Polstellenvektors p ([-5 1]) und des (skalaren) Verstärkungsfaktors k (3).

```
>> h =  zpk([-6 1 1],[-5 1],3)
h =
   3 (s+6) (s-1)^2
   ---------------
     (s+5) (s-1)
Continuous-time zero/pole/gain model.
```

2. **Rationale Funktion in s:** Hierzu wird die Variable s als ZPK-Modell definiert und dann die Übertragungsfunktion als rationale Funktion in s eingegeben.

```
>> s = zpk('s')
s =
   s
Continuous-time zero/pole/gain model.

>> h = 2 * 1 / ((s-1)*(s+2))
h =
        2
   -----------
   (s-1) (s+2)
Continuous-time zero/pole/gain model.
```

Achtung: *Wurde s als ZPK-Modell definiert, so werden alle folgenden mit rationalen Funktionen in s erstellten Modelle als ZPK-Modelle interpretiert, bis s neu belegt oder in ein TF-Modell umgewandelt wird.*

Erstellen von ZPK-MIMO-Modellen

Auch hier wird die zweidimensionale Matrix $\mathbf{H}$ mit der Dimension $Ny \times Nu$ und den Matrixelementen h_{ij} für die Übertragungsfunktion vom Eingang j (Spalten) zum Ausgang i (Zeilen) aufgestellt.

$$\mathbf{H} = \begin{bmatrix} h_{11}\ h_{12} \\ h_{21}\ h_{22} \end{bmatrix} = \begin{bmatrix} k_{11} \cdot \dfrac{z_{11}}{p_{11}} & k_{12} \cdot \dfrac{z_{12}}{p_{12}} \\ k_{21} \cdot \dfrac{z_{21}}{p_{21}} & k_{22} \cdot \dfrac{z_{22}}{p_{22}} \end{bmatrix}$$

$$= \begin{bmatrix} 2 \cdot \dfrac{1}{(s-1) \cdot (s+2)} & 3 \cdot \dfrac{(s-1)^2 \cdot (s+6)}{(s-1) \cdot (s+5)} \\ 1 \cdot \dfrac{(s-1) \cdot (s-2)}{(s+4) \cdot (s+1)} & -1 \cdot \dfrac{s+1}{(s^2 + 2\,s + 2) \cdot (s+1)} \end{bmatrix} \tag{5.5}$$

Die Eingabe in MATLAB erfolgt auf die zwei schon bekannten Arten:

1. Definieren der einzelnen ZPK-SISO-Modelle mit zpk

```
>> h11 = zpk([],[-2 1],2);
>> h12 = zpk([-6 1 1],[-5 1],3);
>> h21 = zpk([1 2],[-4 -1],1);
>> h22 = zpk(-1,[-1 -1+i -1-i],-1);
```

oder als rationale Funktionen in s:

```
>> s = zpk('s');
>> h11 = 2 * 1 / ((s-1)*(s+2));
>> h12 = 3 * (s^2-2*s+1)*(s+6) / (s^2+4*s-5);
>> h21 = (s^2-3*s+2) / (s^2+5*s+4);
>> h22 = -1 * (s+1) / ((s^2+2*s+2)*(s+1));
```

Zusammenfügen zur Matrix H:

```
>> H = [h11 h12 ; h21 h22];
```

2. Definieren von zwei **Cell Arrays** (Dimension $Ny \times Nu$, Ausgänge $i = 1 \ldots Ny$, Eingänge $j = 1 \ldots Nu$) für die Nullstellenpolynome (**Z**) und die Polstellenpolynome (**P**) sowie der $Ny \times Nu$-Matrix der Verstärkungsfaktoren (**K**).

$$\mathbf{Z} = \begin{bmatrix} z_{11} & z_{12} \\ z_{21} & z_{22} \end{bmatrix} \qquad \mathbf{P} = \begin{bmatrix} p_{11} & p_{12} \\ p_{21} & p_{22} \end{bmatrix} \qquad \mathbf{K} = \begin{bmatrix} k_{11} & k_{12} \\ k_{21} & k_{22} \end{bmatrix} \qquad (5.6)$$

```
>> Z = { [] [-6 1 1 ] ; [1 2] -1 };
>> P = { [-2 1] [-5 1] ; [-4 -1] [-1 -1+i -1-i] };
>> K = [2 3 ; 1 -1];
```

Aufruf von zpk mit den Parametern Z, P und K.

```
>> H = zpk(Z,P,K)
H =
  From input 1 to output...
            2
  1:  -----------
      (s+2) (s-1)
      (s-1) (s-2)
  2:  -----------
      (s+4) (s+1)

  From input 2 to output...
       3 (s+6) (s-1)^2
  1:  ----------------
       (s+5) (s-1)
          - (s+1)
  2:  --------------------
      (s+1) (s^2 + 2s + 2)

Continuous-time zero/pole/gain model.
```

5.1.3　Zustandsdarstellung – State-Space SS

In der Zustandsdarstellung wird nicht die Übertragungsfunktion zwischen den Eingangs-
und Ausgangsgrößen betrachtet, sondern für jedes Speicherelement ($\hateq$ Integrator) eine
Differentialgleichung 1. Ordnung ermittelt. So ergibt sich für ein System mit n Speichern nicht *eine* Übertragungsfunktion *n-ter* Ordnung, sondern ein *Satz von n Differentialgleichungen 1. Ordnung*. In Matrix-Schreibweise ergeben sich für den Fall eines
Multiple-Input/Multiple-Output-Systems (MIMO) folgende Gleichungen:

Zustands-DGL:　　　　　　　$\dot{\mathbf{x}} = \mathbf{A}\,\mathbf{x} + \mathbf{B}\,\mathbf{u}$　　　　　　　　(5.7)

Ausgangsgleichung:　　　　　$\mathbf{y} = \mathbf{C}\,\mathbf{x} + \mathbf{D}\,\mathbf{u}$　　　　　　　　(5.8)

mit　$\mathbf{x}$:　Zustandsvektor　$(Nx \times 1)$　　$\mathbf{A}$:　Systemmatrix　　$(Nx \times Nx)$

　　　$\mathbf{u}$:　Eingangsvektor　$(Nu \times 1)$　　$\mathbf{B}$:　Eingangsmatrix　$(Nx \times Nu)$

　　　$\mathbf{y}$:　Ausgangsvektor　$(Ny \times 1)$　　$\mathbf{C}$:　Ausgangsmatrix　$(Ny \times Nx)$

　　　　　　　　　　　　　　　　　　　$\mathbf{D}$:　Durchschaltmatrix　$(Ny \times Nu)$

Hierbei ist Nx die Ordnung des Systems bzw. die Anzahl der Speicherelemente, Nu die
Zahl der Eingangsgrößen und Ny die Anzahl der Ausgangsgrößen.

Im häufig auftretenden Fall eines **Single-Input/Single-Output-Systems (SISO)**
mit nur einer Eingangs- und einer Ausgangsgröße vereinfachen sich die Gleichungen
(5.7) und (5.8) durch Ersetzen von $\mathbf{B}$ durch $\mathbf{b}$ $(Nx \times 1)$, $\mathbf{C}$ durch $\mathbf{c}^T$ $(1 \times Nx)$ und $\mathbf{D}$
durch d zu ($\mathbf{b}$, $\mathbf{c}$ Spaltenvektoren, d skalar):

Zustands-DGL:　　　　　　　$\dot{\mathbf{x}} = \mathbf{A}\,\mathbf{x} + \mathbf{b}\,u$　　　　　　　　(5.9)

Ausgangsgleichung:　　　　　$y = \mathbf{c}^T\,\mathbf{x} + d\,u$　　　　　　　　(5.10)

Die Eingabe in MATLAB erfolgt mit dem **Befehl ss**(A, B, C, D), wobei A, B, C und
D die entsprechenden System-Matrizen bzw. -Vektoren sind:

- **Kein Durchschaltanteil**:　Da in der physikalischen Realität die meisten
  Strecken Tiefpass-Charakteristik aufweisen, entfällt in der Regel der Durchschaltanteil, so dass $D = 0$ gesetzt werden darf, unabhängig von den Dimensionen von
  $\mathbf{u}$ und $\mathbf{y}$.

> ```
> >> ss(A,B,C,0)
> ```

- **SISO:**　Der üblicherweise als Spaltenvektor definierte Vektor $\mathbf{c}$ muss als Zeilenvektor übergeben, also transponiert werden! Der Vektor $\mathbf{d}$ hingegen ist skalar.

> ```
> >> ss(A,B,c',d)
> ```

- **Zustandsminimale Darstellung:**　Werden das System **sys** und der zusätzliche Parameter 'min' übergeben, so wird ein SS-Modell erzeugt, das aus der
  minimalen Anzahl von Zuständen besteht.

> ```
> >> ss(sys,'min')
> ```

Als Beispiel dient nun ein MIMO-System mit zwei Zuständen, drei Eingängen und drei Ausgängen. Die beschreibenden Matrizen sind mit folgenden Werten belegt:

$$\mathbf{A} = \begin{bmatrix} 1 & 2 \\ 3 & 4 \end{bmatrix} \quad \mathbf{B} = \begin{bmatrix} 1 & 1 & 0 \\ 0 & 1 & 2 \end{bmatrix} \quad \mathbf{C} = \begin{bmatrix} 0 & 1 \\ 1 & 2 \\ 3 & 1 \end{bmatrix} \quad \mathbf{D} = \begin{bmatrix} 0 & 0 & 0 \\ 0 & 0 & 0 \\ 0 & 0 & 0 \end{bmatrix}$$

MATLAB-Eingabe:

```
>> SYS = ss([1 2 ; 3 4],[1 1 0 ; 0 1 2],[0 1 ; 1 2 ; 3 1],0)
SYS =

  a =
        x1  x2
    x1   1   2
    x2   3   4

  b =
        u1  u2  u3
    x1   1   1   0
    x2   0   1   2

  c =
        x1  x2
    y1   0   1
    y2   1   2
    y3   3   1

  d =
        u1  u2  u3
    y1   0   0   0
    y2   0   0   0
    y3   0   0   0

Continuous-time state-space model.
```

5.1.4 Frequenzgang-Daten-Modelle – Frequency Response Data FRD

Im Gegensatz zu den drei bereits vorgestellten Modellen basiert das *Frequenzgang-Daten-Modell* nicht auf einer mathematischen Beschreibung des Systems, sondern auf einem aus einer Messung oder Simulation aufgenommenen Frequenzgang-Datensatz. Dieser kann z.B. aus der Messung der Amplitude und des Phasenwinkels des Ausgangssignals eines Systems bei Anregung mit einem sinusförmigen Signal bei unterschiedlichen Frequenzen ermittelt werden.

Das Ausgangssignal $y(t)$ geht aus dem Eingangssignal $\sin(\omega t)$ wie folgt hervor:

$$y(t) = |G(\omega)| \cdot \sin\left(\omega t + \varphi(\omega)\right) = |F(j\omega)| \cdot \mathrm{Im}\left\{e^{j\left(\omega t + \varphi(\omega)\right)}\right\} \quad (5.11)$$

Mathematisch gesehen stellt die Frequenzgangfunktion die komplexe Antwort eines Systems auf Anregung mit einem sinusförmigen Eingangssignal dar:

$$F(j\omega) = |F(j\omega)| \cdot e^{j\,\varphi(\omega)} = \frac{a_m\,(j\omega)^m + \ldots + a_1\,(j\omega) + a_0}{b_n\,(j\omega)^n + \ldots + b_1\,(j\omega) + b_0} \quad (5.12)$$

$$|F(j\omega)| = \sqrt{\mathrm{Re}\{F(j\omega)\}^2 + \mathrm{Im}\{F(j\omega)\}^2} \quad (5.13)$$

$$\varphi(\omega) = \arctan\left(\frac{\mathrm{Im}\{F(j\omega)\}}{\mathrm{Re}\{F(j\omega)\}}\right) \quad (5.14)$$

Erstellen von FRD-SISO-Modellen

Die Eingabe in MATLAB geschieht mit dem Befehl frd($ant, freq, eh$). Hierbei ist ant der Vektor mit den komplexen Frequenzantworten zu den entsprechenden im Vektor $freq$ gespeicherten Frequenzen. eh ist ein optionaler Parameter für die Einheit der Frequenz in 'rad/s' (Standardwert) oder 'Hz'.

Als Beispiel dient hier ein PT_1-Glied:

$$F = \frac{1}{1 + j\omega T} = \frac{1 - j\omega T}{1 + (\omega T)^2} = \frac{1}{\sqrt{1 + (\omega T)^2}} \cdot e^{-j\,\arctan(\omega T)} \quad (5.15)$$

```
>> freq  = [0.01 0.1 1 10 100 1000 10000] ;   % Frequenzpunkte
>> ant   = (1-j*freq) ./ (1+freq.^2) ;        % PT1 erzeugen
>> sysfrd = frd(ant,freq,'Units','rad/s')
sysfrd =

    Frequency(rad/s)              Response
    ----------------              --------
             0.0100        9.999e-01 - 9.999e-03i
             0.1000        9.901e-01 - 9.901e-02i
             1.0000        5.000e-01 - 5.000e-01i
            10.0000        9.901e-03 - 9.901e-02i
           100.0000        9.999e-05 - 9.999e-03i
          1000.0000        1.000e-06 - 1.000e-03i
         10000.0000        1.000e-08 - 1.000e-04i

Continuous-time frequency response.
```

Erstellen von FRD-MIMO-Modellen

FRD-MIMO-Systeme werden auf die gleiche Art und Weise erzeugt, nur dass hier der Frequenzantworten-Vektor ant ein Tensor[1] der Dimension $Ny \times Nu \times Nf$ mit der Anzahl der Ausgänge Ny, der Anzahl der Eingänge Nu und der Länge Nf des Frequenzenvektors $freq$ ist.

---

[1] Multidimensionale Matrix, siehe [6, 34].

5.1.5   Zeitdiskrete Darstellung von LTI-Modellen

Bei zeitdiskreten Modellen wird statt der Laplace- die z-Transformation verwendet, die Differentialgleichungen gehen in Differenzengleichungen über. Zeitdiskrete Modelle werden analog den zeitkontinuierlichen Modellen definiert, zusätzlich muss die *Abtastzeit* T_s als Parameter Ts angegeben werden. Steht die Abtastzeit noch nicht fest, so kann Ts außer bei FRD–Modellen auf den Wert -1 gesetzt werden. Die MATLAB-Befehle lauten:

$$systf \quad = \texttt{tf}\,(num,den,T_s)$$
$$syszpk \quad = \texttt{zpk}\,(z,p,k,T_s)$$
$$sysss \quad = \texttt{ss}\,(a,b,c,d,T_s)$$
$$sysfrd \quad = \texttt{frd}\,(ant,freq,T_s)$$

Erstellen zeitdiskreter TF- und ZPK-Modelle

Eine zeitdiskrete Übertragungsfunktion wird als rationale Funktion in z definiert, entweder als Übertragungsfunktion oder in Nullstellen-Polstellen-Darstellung:

$$h_{TF} = \frac{z - 0.5}{z^2 + z - 2} \qquad = \qquad h_{ZPK} = \frac{z - 0.5}{(z+2)(z-1)}$$

Auch hier gibt es wieder zwei Möglichkeiten zur Eingabe:

1. **Befehl** $\texttt{tf}\,(num, den, T_s)$ **bzw. Befehl** $\texttt{zpk}(z, p, k, T_s)$**:**   Eingabe der entsprechenden System-Parameter wie in Kap. 5.1.1 und 5.1.2 und der Abtastzeit T_s.

```
>> h = tf([1 -0.5],[1 1 -2],0.01)      >> h = zpk(0.5,[-2 1],1,0.01)
h =                                     h =

   z - 0.5                                  (z-0.5)
  -----------                             -----------
  z^2 + z - 2                             (z+2) (z-1)

Sample time: 0.01 seconds               Sample time: 0.01 seconds
Discrete-time transfer function.        Discrete-time zero/pole/gain model.
```

2. **Rationale Funktion in** z**:**   Erst die Variable z als TF- bzw. ZPK-Modell definieren und dann die Übertragungsfunktion als rationale Funktion in z eingeben.

```
>> z = tf('z',0.01)                     >> z = zpk('z',0.01)
z =                                     z =

   z                                       z

Sample time: 0.01 seconds               Sample time: 0.01 seconds
Discrete-time zero/pole/gain model.     Discrete-time zero/pole/gain model.


>> h = (z-0.5) / (z^2 + z - 2)          >> h = (z-0.5) / ((z+2)*(z-1))
h =                                     h =

    (z-0.5)                                 (z-0.5)
  -----------                             -----------
  (z+2) (z-1)                             (z+2) (z-1)

Sample time: 0.01 seconds               Sample time: 0.01 seconds
Discrete-time zero/pole/gain model.     Discrete-time zero/pole/gain model.
```

Zeitdiskrete Übertragungsfunktion im DSP-Format

In einigen Bereichen der Regelungstechnik, z.B. in der digitalen Signalverarbeitung, werden Übertragungsfunktionen oft als rationale Funktionen in der *Variablen* z^{-1} und *in aufsteigender Reihenfolge* angegeben. Dies kollidiert bei der normalen Eingabe von Übertragungsfunktionen in z mit unterschiedlicher Ordnung von Zähler- und Nennerpolynom mit der Regel der absteigenden Reihenfolge. Um dieses Problem zu vermeiden, bietet MATLAB den Befehl filt(num, den, T_s), der ein TF-Modell in DSP-Format erzeugt. Da es sich hierbei immer um ein zeitdiskretes Modell handelt, kann die Angabe für T_s auch unterbleiben.

```
>> h = filt([1 -0.5],[1 1 -2],0.01)

h =
      1 - 0.5 z^-1
    ------------------
    1 + z^-1 - 2 z^-2
```

$$h_{DSP} = \frac{z^{-1} - 0.5z^{-2}}{1 + z^{-1} - 2z^{-2}} = h_{TF} = \frac{z - 0.5}{z^2 + z - 2}$$

```
Sample time: 0.01 seconds
Discrete-time transfer function.
```

Erstellen zeitdiskreter SS-Modelle

Die zeitdiskrete Zustandsdarstellung eines SS-Systems lautet (mit $\mathbf{a}(k) = \mathbf{a}(k\,T_s)$):

Zustands-DGL: $\qquad\qquad \mathbf{x}(k+1) \quad = \quad \mathbf{A}\,\mathbf{x}(k) \; + \; \mathbf{B}\,\mathbf{u}(k)$ $\qquad\qquad$ (5.16)

Ausgangsgleichung: $\qquad\qquad \mathbf{y}(k) \quad = \quad \mathbf{C}\,\mathbf{x}(k) \; + \; \mathbf{D}\,\mathbf{u}(k)$ $\qquad\qquad$ (5.17)

Die Eingabe erfolgt genauso wie in Kap. 5.1.3 zuzüglich der Eingabe von T_s.

```
>> sys = ss([ 3 ],[ 1 3 ],[ 0.5 ],0,-1);
```

LTI-Modelle	
tf ($num, den[, T_s]$)	**Übertragungsfunktion:** Vektor der Zählerkoeffizienten num, Vektor der Nennerkoeffizienten den
zpk ($z, p, k[, T_s]$)	**Nullstellen-Polstellen-Darstellung:** Nullstellenvektor z, Polstellenvektor p, Verstärkungsvektor k
ss ($A, B, C, D[, T_s]$)	**Zustandsdarstellung:** Systemmatrix A, Eingangsmatrix B, Ausgangsmatrix C, Durchschaltmatrix D
frd ($ant, freq, eh[, T_s]$)	**Frequenzgang-Daten-Modelle:** Frequenzantwort ant, Vektor der Frequenzen $freq$, Einheit rad/s (Standard) oder Hz (eh='Units', 'rad/s')
T_s	**Abtastzeit** für zeitdiskrete Systeme ohne T_s: **zeitkontinuierliches** Modell $T_s = -1$: **zeitdiskretes** Modell, T_s unspezifiziert

5.1.6   Zeitverzögerungen in LTI-Modellen

Oft treten in realen Systemen Zeitverzögerungen auf, d.h. die Signale werden nicht sofort, sondern erst nach Ablauf einer bestimmten Zeit am Eingang wirksam, am Ausgang sichtbar oder innerhalb des Systems treten verzögernde Effekte auf. Zur Modellierung bietet die Control System Toolbox nun die im Folgenden erläuterten Befehle. Da die Zeitverzögerungen durch das Setzen von hierfür vordefinierten Eigenschaften der LTI-Modelle erfolgt, empfiehlt sich vor dem Weiterlesen das Studium von Kap. 5.2.1.

Zeitverzögerungen zwischen Ein- und Ausgängen

Für TF- und ZPK-Modelle lassen sich im Frequenzbereich Zeitverzögerungen T_d zwischen den einzelnen Ein- und Ausgängen festlegen. In der Laplace-Notation bedeutet dies eine Multiplikation der Übertragungsfunktion mit $e^{-T_d\,s}$.

In MATLAB wird die Zeitverzögerung zwischen Eingang j und Ausgang i eingegeben über die Eigenschaft ioDelay des LTI-Modells, der eine Matrix Td mit den Zeitverzögerungen der einzelnen Ein-/Ausgänge zugewiesen wird (Die Matrix muss die gleiche Dimension wie das LTI-Modell sys haben):

```
set(sys,'ioDelay',Td)
```

Als Beispiel wird der Übertragungsfunktion von Eingang 2 zu Ausgang 1 des TF-MIMO-Modells aus Kapitel 5.1.1, S. 107 eine Zeitverzögerung von 0.4 Sekunden hinzugefügt:

```
>> set(H,'ioDelay',[0 0.4 ; 0 0]) ;
>> H(1,2)

ans =
                  s^2 + s - 6
   exp(-0.4*s)  *  -----------
                     s + 5

Continuous-time transfer function.
```

Zeitverzögerungen am Eingang oder Ausgang

Existiert am Ein- oder Ausgang eines Modells eine Zeitverzögerung, so kann diese mittels der Eigenschaften InputDelay bzw. OutputDelay in das LTI-Modell eingebaut werden. Bei SS-LTI-Modellen lautet die Zustandsdarstellung des Systems im Zeitbereich mit der Verzögerungszeit T_{de} zwischen Eingang $\mathbf{u}$ und Zustandsvektor $\mathbf{x}$ bzw. T_{da} zwischen Zustandsvektor $\mathbf{x}$ und Ausgang $\mathbf{y}$ wie folgt:

Zustands-DGL: $$\dot{\mathbf{x}}(t) \;=\; \mathbf{A}\,\mathbf{x}(t) \;+\; \mathbf{B}\,\mathbf{u}(t - T_{de}) \tag{5.18}$$

Ausgangsgleichung: $$\mathbf{y}(t) \;=\; \mathbf{C}\,\mathbf{x}(t - T_{da}) \;+\; \mathbf{D}\,\mathbf{u}(t - (T_{de} + T_{da})) \tag{5.19}$$

Hiermit vereinfacht sich auch die Eingabe von gleichen Zeitverzögerungen zwischen Ein- und Ausgängen: Anstatt für jedes einzelne Matrixelement für die Werte von ioDelay den gleichen Wert angeben zu müssen, benötigt man hier nur die Angabe eines Vektors mit den Zeitverzögerungen am Eingang (InputDelay) oder Ausgang (OutputDelay).

Interne Zeitverzögerungen

Mit den Eigenschaften `InputDelay`, `OutputDelay` und `ioDelay` lassen sich zwar einfache Zeitverzögerungen erzeugen. Nicht möglich ist aber die Realisierung von Systemen, bei denen die Zeitverzögerungen nicht am Eingang, Ausgang oder zwischen einem Eingang und einem Ausgang liegen. Ein Beispiel hierfür sind Rückkoppelschleifen, die im Vorwärtszweig eine Zeitverzögerung enthalten, denn die Gesamtübertragungsfunktion eines solchen Systems mit einer Übertragungsfunktion $e^{-3s}/(1+s)$ im Vorwärtszweig (Zeitverzögerung 3 Sekunden) lautet:

$$G = \frac{e^{-3s}}{1+s+e^{-3s}}$$

Die e-Funktion im Nenner kann nicht mehr mit einer Ausgangsverzögerung realisiert werden. Um dies zu ermöglichen, sieht MATLAB die interne Zeitverzögerung `InternalDelay` statt `ioDelay` bei SS-LTI-Modellen vor.

Erzeugt wird obige Rückkoppelschleife in MATLAB aus den Übertragungsfunktionen der einzelnen LTI-Modelle und Rückkoppeln mit dem `feedback`-Befehl, wobei dieser als Eingabe zwingend ein TF-LTI-Modell benötigt.

```
>> s = tf('s');
>> sys = tf(ss(exp(-3*s)/(s+1)));
>> feedback(sys,1);
```

Padé-Approximation für zeitkontinuierliche Systeme[2]

Durch die Padé-Approximation wird die Zeitverzögerung $e^{-T_d\,s}$ des zeitkontinuierlichen Systems angenähert durch eine rationale Funktion. Dies geschieht mit dem Befehl

pade (sys,n)   [num,den] = pade (sys,ni,no,nio)
pade (sys,ni,no,nio) $sysx$ = pade (sys,ni,no,nio)

Hierbei gibt der Parameter n die Ordnung der rationalen Funktion an. Bei MIMO-Systemen kann die Ordnung jeweils einzeln für jeden Eingang im Vektor ni, für jeden Ausgang im Vektor no und in der Matrix nio für die Zeitverzögerungen zwischen den Ein- und Ausgängen angegeben werden. Die Ausgabevariablen num und den enthalten Zähler und Nenner der rationalen Approximations-Funktion als TF-Modell, während bei $sysx$ der Modell-Typ des Ursprungsmodells sys erhalten bleibt.

So ergibt sich mit der Padé-Approximation für die Teilübertragungsfunktion H(1,2) aus obigem Beispiel die rationale Übertragungsfunktion:

```
>> pade(H(1,2))

ans =
  -s^3 + 4 s^2 + 11 s - 30
  -------------------------
      s^2 + 10 s + 25

Continuous-time transfer function.
```

---

[2] Im zeitdiskreten Fall entspricht der Padé-Approximation der Befehl `absorbDelay` bzw. vor R2011b `delay2z`.

Zeitverzögerungen bei zeitdiskreten Systemen

Bei zeitdiskreten Systemen funktioniert die Eingabe der Verzögerungszeiten ebenso wie bei den zeitkontinuierlichen Systemen, nur werden hier die Vielfachen n der Abtastzeit T_s übergeben. Dies entspricht im z-Bereich dann einer Multiplikation mit z^{-n}, was dem Hinzufügen eines n-fachen Poles bei $z = 0$ gleichkommt. Das folgende Beispiel zeigt die Erzeugung einer zeitdiskreten Eingangsverzögerung von vier Abtastperioden.

```
>> h = tf([1 -0.5],[1 1 -2],0.01,'InputDelay',4)

h =
               z - 0.5
   z^(-4) * -----------
             z^2 + z - 2

Sample time: 0.01 seconds
Discrete-time transfer function.
```

Natürlich könnten somit alle zeitdiskreten Zeitverzögerungen realisiert werden, doch aus Gründen der Übersichtlichkeit, der Speicherung und der Berechnung empfiehlt sich die Verwendung der Zeitverzögerungs-Eigenschaften [37]. Sollten die Zeitverzögerungen doch einmal in Polstellen umgewandelt werden, so geschieht dies mit dem Befehl

$$sysp = \texttt{absorbDelay}\,(sys)$$

Bei obigem Modell h ergibt sich folglich die ausmultiplizierte Übertragungsfunktion:

```
>> h = absorbDelay(h)

h =
         z - 0.5
   -------------------
   z^6 + z^5 - 2 z^4

Sample time: 0.01 seconds
Discrete-time transfer function.
```

Die Zustandsdarstellung lässt sich z.B. wie folgt schreiben:

Zustands-DGL: $\mathbf{x}(k+1) = \mathbf{A}\,\mathbf{x}(k) + \mathbf{B}\,\mathbf{u}(k-n)$

Ausgangsgleichung: $\mathbf{y}(k+m) = \mathbf{C}\,\mathbf{x}(k) + \mathbf{D}\,\mathbf{u}(k-n)$

Zeitverzögerung – Eigenschaften und Befehle

$sys.\texttt{InputDelay}$	Eingangs-Zeitverzögerung des LTI-Modells sys
$sys.\texttt{OutputDelay}$	Ausgangs-Zeitverzögerung des LTI-Modells sys
$sys.\texttt{ioDelay}$	Ein-/Ausgangs-Zeitverzögerungen des LTI-Modells sys
$sys.\texttt{InternalDelay}$	Interne Zeitverzögerungen bei komplexem LTI-Modell sys
$\texttt{totaldelay}\,(sys)$	Ermittelt die gesamte Zeitverzögerung des Systems
$\texttt{absorbDelay}\,(sys)$	Ersetzt Zeitverzögerungen durch Pole bei $z = 0$
$\texttt{pade}\,(sys,n)$	Padé-Approximation mit Ordnung n

5.2 Arbeiten mit LTI-Modellen

5.2.1 Eigenschaften von LTI-Modellen

LTI-Objekte

Unabhängig von der gewählten Darstellungsart eines Systems speichert MATLAB alle Daten eines LTI-Modells als so genanntes *LTI-Objekt* (LTI-object) in *einer* Variablen ab, die die Form einer *Struktur* bzw. *eines Cell Arrays* (Kap. 2.2.4 bzw. 2.2.5) aufweist. Eigenschaften eines LTI-Objekts bestehen also aus verschiedenen *Feldern* mit vorgegebenen Namen (*EigName*) und den ihnen zugewiesenen *Werten* (*EigWert*).

Der Zugriff auf die einzelnen Felder (Eigenschaften) erfolgt entweder mit dem ".“-Befehl oder mit den Befehlen `get` (Abrufen der Eigenschaften) und `set` (Ändern der Eigenschaften), wobei bei den Eigenschaftsnamen Groß- und Kleinschreibung nicht unterschieden wird.

Online-Hilfe zu den Eigenschaften von LTI-Objekten erhält man mit `ltiprops`.

Setzen und Ändern von Modell-Eigenschaften

Um einer Eigenschaft *EigName* den Wert *EigWert* zuzuweisen, gibt es drei Möglichkeiten:

1. **Befehle `tf`, `zpk`, `ss` oder `frd`:** Beim Erstellen eines LTI-Objekts können eine oder mehrere Eigenschaften durch paarweise Angabe ihres Namens *EigName* und ihres Wertes *EigWert* bestimmt werden:

$$sys = \texttt{tf}\,(num, den, T_s, 'EigName', EigWert, ...)$$
$$sys = \texttt{zpk}\,(z, p, k, T_s, 'EigName', EigWert)$$
$$sys = \texttt{ss}\,(a, b, c, d, T_s, 'EigName', EigWert)$$
$$sys = \texttt{frd}\,(ant, freq, T_s, eh, 'EigName', EigWert)$$

2. **Befehl `set`:** Hier werden die Werte einer oder mehrerer Modell-Eigenschaften wie folgt gesetzt oder geändert:

$$\texttt{set}(sys, 'EigName1', EigWert1, 'EigName2', EigWert2, ...)$$

Wird der `set`(*sys*,'*EigName1*')-Befehl ohne Wert der Eigenschaft *EigName1* aufgerufen, so werden alle für diese Eigenschaft möglichen Einstellungen angezeigt.

3. **".“-Befehl:** Mit dem „.“-Befehl für Strukturen können auf einfache Weise die Eigenschaften von LTI-Objekten geändert werden. So wird mit

$$sys.EigName = EigWert$$

der Eigenschaft *EigName* des Modells *sys* der Wert *EigWert* zugewiesen.

Abrufen von Modell-Eigenschaften

Die einzelnen Modell-Eigenschaften können auf zweierlei Arten abgerufen werden:

1. **Befehl** get(*sys*, '*EigName*'): Der Befehl get ist das Pendant zu set und liefert den Wert der angegebenen Eigenschaft zurück. Wird nur get(*sys*) aufgerufen, so werden sämtliche Eigenschaften von *sys* angezeigt bzw. an eine Variable übergeben.

2. **".".-Befehl:** Mit dem Befehl *sys.EigName* wird der Wert *EigWert* der Eigenschaft *EigName* des LTI-Objekts *sys* angezeigt oder anderen Variablen zugewiesen.

Beispiel

Erst wird mit tf eine zeitdiskrete Übertragungsfunktion sys definiert, deren Eigenschaft 'Notes' den String 'LTI-Objekt' zugewiesen bekommt.

```
>> sys = tf([1 -0.5],[1 1 -2],-1,'Notes','LTI-Objekt')

sys =
   z - 0.5
  -----------
  z^2 + z - 2

Sample time: unspecified
Discrete-time transfer function.
```

Dann wird mit set die noch unspezifizierte Abtastzeit Ts auf 0.05 gesetzt und die Eigenschaft 'InputName' mit dem String 'Eingang' und 'TimeUnits' auf 'seconds' belegt.

```
>> set(sys,'Ts',0.05,'InputName','Eingang')

>> sys.OutputName = 'Ausgang'

  From input "Eingang" to output "Ausgang":
   z - 0.5
  -----------
  z^2 + z - 2

Sample time: 0.05 seconds
Discrete-time transfer function.
```

Weiter wird der Variablen abtastzeit die Abtastzeit Ts und der Variablen notiz der Inhalt der Eigenschaft Notes zugewiesen.

```
>> abtastzeit = sys.Ts
abtastzeit =
    0.0500

>> notiz = get(sys,'Notes')
notiz =
    'LTI-Objekt'
```

Abschließend werden mit `get` alle Eigenschaften angezeigt.

```
>> get(sys)
              num: {[0 1 -0.5000]}
              den: {[1 1 -2]}
         Variable: 'z'
          ioDelay: 0
       InputDelay: 0
      OutputDelay: 0
               Ts: 0.0500
         TimeUnit: 'seconds'
        InputName: {'Eingang'}
        InputUnit: {''}
       InputGroup: [1x1 struct]
       OutputName: {'Ausgang'}
       OutputUnit: {''}
      OutputGroup: [1x1 struct]
             Name: ''
            Notes: {'LTI-Objekt'}
         UserData: []
     SamplingGrid: [1x1 struct]
```

Allgemeine und modellspezifische Eigenschaften

Es gibt nun die bei allen LTI-Objekten existierenden *allgemeinen Eigenschaften* (generic properties) und die von der Darstellungsart (TF, ZPK, SS, FRD) abhängigen *modellspezifischen Eigenschaften* (model-specific properties). In den folgenden Tabellen steht in der ersten Spalte der Name der Eigenschaft, in der zweiten Spalte eine kurze Beschreibung und in der dritten Spalte die Art des Wertes.

Allgemeine Eigenschaften von LTI-Modellen		
Ts	Abtastzeit (in Sekunden)	Skalar
InputDelay	Eingangs-Zeitverzögerung	Vektor
OutputDelay	Ausgangs-Zeitverzögerung	Vektor
ioDelay	Ein-/Ausgangsverzögerungen	Matrix
TimeUnit	Zeiteinheit	String
InputUnit	Eingangseinheit	Cell-Vector von Strings
OutputUnit	Ausgangseinheit	Cell-Vector von Strings
InputName	Namen der Eingänge	Cell-Vector von Strings
OutputName	Namen der Ausgänge	Cell-Vector von Strings
InputGroup	Gruppen von Eingängen	Cell Array
OutputGroup	Gruppen von Ausgängen	Cell Array
Notes	Bemerkungen	Text
Userdata	Zusätzliche Daten	beliebig
SamplingGrid	Beispielraster f. Modellarrays	Struktur

Eigenschaften von TF-Modellen

num	Zählerkoeffizienten	Cell Array reeller Zeilenvektoren
den	Nennerkoeffizienten	Cell Array reeller Zeilenvektoren
Variable	TF-Variable	's','p','z','q' oder 'z^-1'

Eigenschaften von ZPK-Modellen

z	Nullstellen	Cell Array reeller Spaltenvektoren
p	Polstellen	Cell Array reeller Spaltenvektoren
k	Verstärkungen	zweidimensionale reelle Matrix
Variable	ZPK-Variable	's','p','z','q' oder 'z^-1'

Eigenschaften von SS-Modellen

a	Systemmatrix	zweidimensionale reelle Matrix
b	Eingangsmatrix	zweidimensionale reelle Matrix
c	Ausgangsmatrix	zweidimensionale reelle Matrix
d	Durchschaltmatrix	zweidimensionale reelle Matrix
e	Deskriptormatrix	zweidimensionale reelle Matrix
StateName	Namen der Zustände	Cell-Vector von Strings

Eigenschaften von FRD-Modellen

Frequency	Frequenzpunkte	Reeller Vektor
ResponseData	Frequenzantwort	Komplexwertige mehrdim. Matrix
Units	Einheit der Frequenz	'rad/s' oder 'Hz'

5.2.2   Schnelle Datenabfrage

Da MATLAB die Daten eines Modells in ein LTI-Objekt speichert (Kap. 5.2.1), gibt es zum schnellen und bequemen Auslesen der wichtigsten Modell-Daten folgende Befehle (sys: TF-, ZPK- oder SS-Modell; $sysfrd$: FRD-Modell):

$$[num,den,Ts] \quad = \texttt{tfdata}\,(sys)$$
$$[z,p,k,Ts] \quad\;\; = \texttt{zpkdata}\,(sys)$$
$$[a,b,c,d,Ts] \quad = \texttt{ssdata}\,(sys)$$
$$[ant,freq,Ts] \;\; = \texttt{frdata}\,(sysfrd)$$

So liefert `tfdata` für die Übertragungsfunktion h = tf ([2 -3],[1 1]) aus Kap. 5.1.1:

```
>> [num,den,Ts] = tfdata(h)
num =
    [1x2 double]
den =
    [1x2 double]
Ts =
    0

>> num{1,1}                        % Abfrage des Cell arrays
ans =
    2    -3
```

Da `num` und `den` bei `tf` sowie `p` und `z` bei `zpk` auch bei SISO-Systemen immer Cell Arrays sind, kann für diese Modell-Typen das Abspeichern in Zeilenvektoren und nicht in Cell Arrays mit dem Parameter 'v' erzwungen werden, wodurch sich der Zugriff vereinfacht.

```
>> [num,den,Ts] = tfdata(h,'v') ;
>> num =
      2    -3
```

Schnelle Datenabfrage

`tfdata` (*sys*)	Hauptdaten *num,den,Ts* aus TF-LTI-Modell auslesen
`zpkdata` (*sys*)	Hauptdaten *z,p,k,Ts* aus ZPK-LTI-Modell auslesen
`ssdata` (*sys*)	Hauptdaten *a,b,c,d,Ts* aus SS-LTI-Modell auslesen
`frdata` (*sysfrd*)	Hauptdaten *ant,freq,Ts* aus FRD-LTI-Modell auslesen

---

5.2.3 Rangfolge der LTI-Modelle

Werden Operationen auf LTI-Modelle verschiedener Typen gleichzeitig angewendet oder erhalten Befehle als Eingabe unterschiedliche Modell-Typen, so wird der Typ des Antwortmodells nach folgender Rangliste bestimmt (A > B: A hat Vorrang vor B):

$$\text{FRD} \; > \; \text{SS} \; > \; \text{ZPK} \; > \; \text{TF} \tag{5.20}$$

Intern bestimmt MATLAB obiger Regel entsprechend zuerst den Modell-Typ mit der höchsten Priorität und wandelt dann alle Modelle anderen Typs in diesen um, bevor es die Operation ausführt. Soll diese Regel durchbrochen werden und die Ausgabe in einem bestimmten Modell-Typ erfolgen, so sind hier zwei Wege möglich (TF-Modell `systf`, SS-Modell `sysss`):

- **Vorheriges Umwandeln**: Es werden erst alle Modelle in den gewünschten Modell-Typ umgewandelt und dann die Operation ausgeführt.

```
sys = systf + tf(sysss)        % Erst umwandeln, dann rechnen
```

- **Nachfolgendes Umwandeln**: Es wird erst die Operation ausgeführt und das Ergebnis in den gewünschten Modell-Typ umgewandelt.

```
sys = tf(systf + sysss)        % Erst rechnen, dann umwandeln
```

Achtung: Die beiden Vorgehensweisen sind **numerisch nicht identisch**! Aufgrund der unterschiedlichen Abfolge der Umwandlungen kann es hier zu Problemen bei der numerischen Darstellung kommen (Kap. 5.5)!

5.2.4   Vererbung von LTI-Modell-Eigenschaften

Von Interesse ist auch, wie bei Operationen auf LTI-Modellen deren Eigenschaften behandelt werden. Gleiches gilt beim Verknüpfen mehrerer Modelle verschiedener Typen. Obwohl dies oft von der Operation abhängig ist, lassen sich doch einige Grundregeln angeben:

- **Diskrete LTI-Modelle**:   Werden durch eine Operation zeitdiskrete LTI-Modelle verknüpft, so müssen alle Modelle die gleiche Abtastzeit haben bzw. bis auf eine alle Abtastzeiten unspezifiziert sein (`sys.Ts = -1`). Die Abtastzeit des Ergebnisses ist dann die der Einzelmodelle, falls nicht alle Abtastzeiten unspezifiziert waren.

- `Notes` **und** `UserData` werden bei den meisten Operationen nicht vererbt.

- **Verknüpfung zweier Systeme**:   Werden zwei Systeme mit Befehlen wie +, *, [,], [;], `append` oder `feedback` verknüpft, so werden die Namen für Ein- oder Ausgänge (`InputName`, `OutputName`) sowie Gruppen von Ein- oder Ausgängen (`InputGroup`, `OutputGroup`) vererbt, wenn sie bei beiden Systemen gleich sind. Andernfalls bleibt die entsprechende Eigenschaft des neuen Systems unbesetzt.

- **Variable** `Variable`:   Bei TF- und ZPK-Modellen gilt folgende Rangfolge:
    - Zeitkontinuierliche Modelle: `p` $>$ `s`
    - Zeitdiskrete Modelle: `z^-1` $>$ `q` $>$ `z`

5.2.5   Umwandlung in einen anderen LTI-Modell-Typ

Um LTI-Modelle verschiedener Typen gemeinsam bearbeiten zu können, um sie zu verbinden oder um Operationen auf sie anwenden zu können, die nur für einen bestimmten Typ möglich sind, können die Typen ineinander umgewandelt werden.

Explizite Umwandlung

Soll ein LTI-Modell in einen bestimmten Typ umgewandelt werden, so geschieht dies mit den Befehlen zur Erstellung von LTI-Modellen, nur dass jetzt das umzuwandelnde Modell *sys* als Parameter übergeben wird:

sys	= tf (*sys*)	% Umwandlung in TF-Modell
sys	= zpk (*sys*)	% Umwandlung in ZPK-Modell
sys	= ss (*sys*)	% Umwandlung in SS-Modell
sysfrd	= frd (*sys*, *freq*)	% Umwandlung in FRD-Modell

Hierbei können die Typen TF, ZPK und SS ohne weiteres ineinander umgewandelt werden, bei der Umwandlung in ein FRD-Modell muss zusätzlich noch der Frequenzenvektor *freq* angegeben werden. Eine Umwandlung eines FRD-Modells in einen anderen Typ ist **nicht möglich**.

Zusätzlich bietet MATLAB bereits folgende Umwandlungsfunktionen:

			TF $\to$	ZPK $\to$	SS $\to$
TF:	[num,den]	=		zp2tf(z,p,k)	ss2tf(A,B,C,D,iu)
ZPK:	[z,p,k]	=	tf2zp(num,den)		ss2zp(A,B,C,D,iu)
SS:	[A,B,C,D]	=	tf2ss(num,den)	zp2ss(z,p,k)	

Automatische Umwandlung

Es gibt Operationen, die nur auf bestimmte Modell-Typen angewendet werden können. Werden nun Modelle eines anderen Typs als Parameter an so einen Befehl übergeben, so wandelt MATLAB diese erst in den benötigten Modell-Typ um und führt dann die entsprechende Operation aus. So berechnet z.B. der Befehl step die Sprungantwort eines Systems basierend auf der Zustandsdarstellung (SS), in die alle anderen Modell-Typen umgewandelt werden.

Achtung: *Auch hier sind die in Kapitel 5.5 aufgeführten Probleme bei der numerischen Darstellung von Systemen zu beachten!*

5.2.6   Arithmetische Operationen

Da es sich bei den LTI-Modellen um mathematische Darstellungsformen handelt, können auch die meisten (Matrix-)Operationen auf sie angewendet werden.

Addition und Subtraktion   Das Addieren bzw. das Subtrahieren zweier Systeme entspricht dem Parallel-Schalten, es werden also bei gleichem Eingangssignal die Ausgänge addiert oder subtrahiert:

Addition: $\quad \mathbf{y} \;=\; \mathbf{y_1} + \mathbf{y_2} = \mathbf{G_1} \cdot \mathbf{u} + \mathbf{G_2} \cdot \mathbf{u} \quad \widehat{=} \quad$ sys = sys1 + sys2

Subtraktion: $\quad \mathbf{y} \;=\; \mathbf{y_1} - \mathbf{y_2} = \mathbf{G_1} \cdot \mathbf{u} - \mathbf{G_2} \cdot \mathbf{u} \quad \widehat{=} \quad$ sys = sys1 - sys2

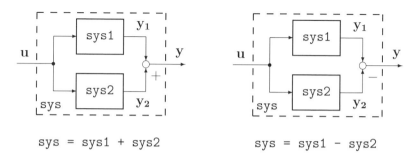

Abb. 5.1: *Signalflussplan Addition und Subtraktion*

Für Modelle in Zustandsdarstellung ergibt sich (− für Subtraktion):

$$\mathbf{A} = \begin{bmatrix} \mathbf{A_1} & 0 \\ 0 & \mathbf{A_2} \end{bmatrix} \quad \mathbf{B} = \begin{bmatrix} \mathbf{B_1} \\ \mathbf{B_2} \end{bmatrix} \quad \mathbf{C} = \begin{bmatrix} \mathbf{C_1} & (-)\mathbf{C_2} \end{bmatrix} \quad \mathbf{D} = \mathbf{D_1} \pm \mathbf{D_2}$$

Multiplikation:　Die Multiplikation entspricht der Reihenschaltung zweier LTI-Modelle, wobei wegen der matrixähnlichen Struktur auf die Reihenfolge der Systeme zu achten ist:

$$\mathbf{y} = \mathbf{G_2} \cdot \mathbf{v} = \mathbf{G_2} \cdot (\mathbf{G_1} \cdot \mathbf{u}) = (\mathbf{G_2} \times \mathbf{G_1}) \cdot \mathbf{u} \quad \hat{=} \quad \text{sys = sys2 * sys1}$$

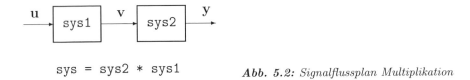

sys = sys2 * sys1　　　　　　　*Abb. 5.2: Signalflussplan Multiplikation*

Für Modelle in Zustandsdarstellung ergibt sich wieder:

$$\mathbf{A} = \begin{bmatrix} \mathbf{A_1} & \mathbf{B_1 C_2} \\ 0 & \mathbf{A_2} \end{bmatrix} \quad \mathbf{B} = \begin{bmatrix} \mathbf{B_1 D_2} \\ \mathbf{B_2} \end{bmatrix} \quad \mathbf{C} = \begin{bmatrix} \mathbf{C_1} & \mathbf{D_1 C_2} \end{bmatrix} \quad \mathbf{D} = \mathbf{D_1 D_2}$$

Inversion, links- und rechtsseitige Matrix-Division:　Diese Operationen sind naturgemäß nur definiert für quadratische Systeme, d.h. Systeme mit der gleichen Anzahl von Ein- und Ausgängen (gleichbedeutend mit **D** ist quadratisch).

Inversion:　　　　　　　　　　　$\mathbf{u} = \mathbf{G}^{-1}\mathbf{y} \quad \hat{=} \quad$ sys = inv(sys)

Linksseitige Matrix-Division:　　$\mathbf{G_1}^{-1}\mathbf{G_2} \quad \hat{=} \quad$ sys1 \ sys2

Rechtsseitige Matrix-Division:　$\mathbf{G_1}\mathbf{G_2}^{-1} \quad \hat{=} \quad$ sys1 / sys2

Für Modelle in Zustandsdarstellung ergibt sich die Inversion mit **D** quadratisch und invertierbar zu:

$$\mathbf{A} = \mathbf{A} - \mathbf{B}\mathbf{D}^{-1}\mathbf{C} \quad \mathbf{B} = \mathbf{B}\mathbf{D}^{-1} \quad \mathbf{C} = -\mathbf{D}^{-1}\mathbf{C} \quad \mathbf{D} = \mathbf{D}^{-1}$$

+	Addition	*	Multiplikation	inv	Matrix-Inversion
-	Subtraktion	^	Potenz	/	rechtsseitige Matrix-Division
		.'	Transposition	\	linksseitige Matrix-Division

5.2.7   Auswählen, verändern und verknüpfen von LTI-Modellen

Auswählen von LTI-Modellen

LTI-Modelle lassen sich aufgrund ihrer matrixähnlichen Struktur sehr leicht bearbeiten. So können einfach Teilsysteme extrahiert oder verändert werden; Ein- und Ausgänge lassen sich bequem hinzufügen oder löschen.

Anhand des folgenden Beispiels sollen diese Funktionen erläutert werden: Zuerst wird ein MIMO-TF-Modell sys mit zwei Ein- und zwei Ausgängen erzeugt. Anschließend wird daraus ein Teilsystem teilsys extrahiert (Übertragungsfunktion von Eingang 2 nach Ausgang 1). Nun wird diesem Teilsystem eine I-Übertragungsfunktion zugewiesen und in das Originalsystem eingefügt.

```
>> systf = tf([h11 h12;h21 h22])
systf =
  From input 1 to output...
        2 s + 1
   1:   -------
        s + 0.1
   2:   0
  From input 2 to output...
          1
   1:   -------
        s + 0.5
          1
   2:   -----
        s - 1

Continuous-time transfer function.

>> teilsys = systf(1,2)              % H von Eingang 2 nach Ausgang 1
teilsys =
      1
  -------
  s + 0.5

Continuous-time transfer function.

>> teilsys = tf(1,[1 0])
teilsys =
  1
  -
  s

Continuous-time transfer function.

>> systf(1,2) = teilsys;
```

Gelöscht wird nun die erste Spalte respektive der Eingang 1, dann wird eine neue Spalte ($\widehat{=}$ neuer Eingang) angehängt. Hier ist auf die zwei Möglichkeiten der Zuweisung zu achten: Bei sys(i,j) = neu bleibt der Typ des Modells unverändert, bei sys = [sys, neu] wird er auf den Typ von neu gewandelt.

```
>> systf(:,1) = []
systf =
  From input to output...
       1
  1:  -
       s
       1
  2:  -----
      s - 1

Continuous-time transfer function.
>> systf(:,2) = [ tf(1,[1 -1]) ; tf(1,1) ] ;
```

Bei **SS-Modellen** geschieht bei der Extraktion Folgendes: `teilsys = sys(`i,j`)` erzeugt ein Teilsystem mit den Matrizen `a`, `b(:,`j`)`, `c(`i`,:)` und `d(`i,j`)`.

Verknüpfen von LTI-Modellen

Zum einfachen Zusammensetzen von Systemen aus mehreren Teilsystemen gibt es einige hilfreiche Funktionen:

Horizontale Verknüpfung: Die horizontale Verknüpfung addiert bei einem System mit verschiedenen Eingängen die entsprechenden Ausgänge miteinander, d.h. sie fügt eine neue Spalte an **H** an:

$$sys = [\ sys1\ ,\ sys2\ ]$$

$$y\ =\ [\,\mathbf{H_1}, \mathbf{H_2}\,]\cdot\begin{bmatrix}\mathbf{u_1}\\\mathbf{u_2}\end{bmatrix}\ =\ \mathbf{H_1 u_1}\ +\ \mathbf{H_2 u_2}$$

Vertikale Verknüpfung: Die vertikale Verknüpfung verwendet für beide Systeme die gleichen Eingänge und setzt den Ausgang aus den beiden Teilausgängen zusammen. Sie entspricht dem Hinzufügen einer neuen Zeile in der Matrix-Schreibweise.

$$sys = [\ sys1\ ;\ sys2\ ]$$

$$\begin{bmatrix}\mathbf{y}_1\\\mathbf{y}_2\end{bmatrix}\ =\ \begin{bmatrix}\mathbf{H}_1\\\mathbf{H}_2\end{bmatrix}\cdot\mathbf{u}$$

Diagonale Verknüpfung: Beim diagonalen Verknüpfen wird aus den Systemen ein neues System kreiert, die Teilsysteme bleiben aber völlig entkoppelt:

$$sys = \mathtt{append}(sys1, sys2)$$

$$\begin{bmatrix}\mathbf{y}_1\\\mathbf{y}_2\end{bmatrix}=\begin{bmatrix}\mathbf{H}_1 & 0\\0 & \mathbf{H}_2\end{bmatrix}\cdot\begin{bmatrix}\mathbf{u}_1\\\mathbf{u}_2\end{bmatrix}$$

Parallele Verknüpfung: Das parallele Verknüpfen ist die generalisierte Form der Addition von Systemen. Es können sowohl die Ein- als auch die Ausgänge angegeben werden, die miteinander verknüpft werden sollen: Die Indexvektoren $in1$ und $in2$ geben an, welche Eingänge $\mathbf{u_1}$ von $sys1$ und $\mathbf{u_2}$ von $sys2$ miteinander verbunden werden, und die Indexvektoren $out1$ und $out2$ geben an, welche Ausgänge $\mathbf{y_1}$ von $sys1$ und $\mathbf{y_2}$ von $sys2$ summiert werden. Das erstellte System sys hat dann $Dim(\mathbf{v_1})+Dim(\mathbf{u})+Dim(\mathbf{v_2})$ Eingänge und $Dim(\mathbf{z_1}) + Dim(\mathbf{y}) + Dim(\mathbf{z_2})$ Ausgänge.

sys = parallel($sys1,sys2,in1,in2,out1,out2$)

Serielle Verknüpfung: Das serielle Verknüpfen ist die generalisierte Form der Multiplikation von Systemen. Es wird angegeben, welche Ausgänge $outputs1$ von $sys1$ mit welchen Eingängen $inputs2$ von $sys2$ verbunden werden. Das erstellte System sys hat dann $Dim(\mathbf{u})$ Eingänge und $Dim(\mathbf{y})$ Ausgänge.

sys = series($sys1,sys2,outputs1,inputs2$)

Rückgekoppeltes System: Besonders hilfreich ist die Rückkopplungsfunktion `feedback`. Mit ihr lässt sich die Übertragungsfunktion eines geschlossenen Regelkreises $sys = (\mathbf{E} + vor \cdot rueck)^{-1} vor$ mit den Übertragungsfunktionen vor im Vorwärts- und $rueck$ im Rückwärtszweig einfach erzeugen. Standardwert für $sign$ ist -1 für Gegenkopplung, für Mitkopplung muss explizit $+1$ angegeben werden.

sys = feedback($vor,rueck[,sign]$)

Das folgende einfache Beispiel soll nun die Funktion des Befehls `feedback` verdeutlichen. Betrachtet wird das folgende System aus einem Integrator im Vorwärtszweig (`integrator`), dessen Ausgang y mit einem Verstärkungsfaktor V (`proportional`) rückgekoppelt wird.

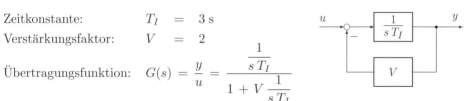

Zeitkonstante: $T_I = 3\,\text{s}$

Verstärkungsfaktor: $V = 2$

Übertragungsfunktion: $G(s) = \dfrac{y}{u} = \dfrac{\dfrac{1}{s\,T_I}}{1 + V\,\dfrac{1}{s\,T_I}}$

```
>> integrator   = tf(1,[3 0])
integrator =
   1
  ---
  3 s
```

Continuous-time transfer function.

```
>> proportional = tf(2,1)
proportional =

   2
```

Static gain.

```
>> feedback(integrator,proportional)
ans =
     1
  -------
  3 s + 2
```

Continuous-time transfer function.

Verknüpfen von LTI-Modellen

[$sys1$, $sys2$]	Horizontales Verknüpfen
[$sys1$; $sys2$]	Vertikales Verknüpfen
append ($sys1$,$sys2$)	Diagonales Verknüpfen
parallel($sys1$,$sys2$,$in1$,$in2$,$out1$,$out2$)	Paralleles Verknüpfen
series ($sys1$,$sys2$,$output1$,$input2$)	Serielles Verknüpfen
feedback ($sys1$,$sys2$[,$sign$])	rückgekoppeltes System

5.2.8   Spezielle LTI-Modelle

Mit der Control System Toolbox können auf schnelle Art und Weise stabile zeitkontinu-ierliche und zeitdiskrete mit Zufallswerten besetzte Testsysteme sowie Systeme 2. Ordnung definiert werden.

Zufallswertsysteme

Die **Befehle rss bzw. drss** erzeugen stabile zeitkontinuierliche bzw. zeitdiskrete LTI-Modelle in Zustandsdarstellung, deren Matrizen mit Zufallswerten besetzt werden.

$$sys = \text{rss} (n[,p,m])) \qquad\qquad sys = \text{drss} (n[,p,m])$$

Mit den **Befehlen rmodell bzw. drmodell** können zufallswertige zeitkontinuierliche bzw. zeitdiskrete TF-Modelle n-ter Ordnung und SS-Modelle n-ter Ordnung mit m Eingängen und p Ausgängen erzeugt werden:

$$[num,den] \;= \text{rmodel} (n) \qquad\qquad [num,den] \;= \text{drmodel} (n)$$

$$[A,B,C,D] = \text{rmodel} (n[,p,m]) \qquad [A,B,C,D] = \text{drmodel} (n[,p,m])$$

System 2. Ordnung

Ein System 2. Ordnung mit der Übertragungsfunktion

$$G(s) \;=\; \frac{1}{s^2 + 2\,\omega_0\,D \cdot s + \omega_0^2}$$ (5.21)

mit der Kennkreisfrequenz ω_0 und dem Dämpfungsfaktor D wird als TF- bzw. als SS-Modell wie folgt definiert:

$$[num,den] \quad = \quad \texttt{ord2}\,(\omega_0,D)$$

$$[A,B,C,D] \quad = \quad \texttt{ord2}\,(\omega_0,D)$$

Spezielle LTI-Modelle

`drmodel, drss`	Stabiles zeitdiskretes Modell mit Zufallswerten
`rmodel, rss`	Stabiles zeitkontinuierliches Modell mit Zufallswerten
`ord2`(ω_0,D)	System 2. Ordnung (Kennkreisfrequenz ω_0, Dämpfung D)

5.2.9 Umwandlung zwischen zeitkontinuierlichen und zeitdiskreten Systemen

Oft ist es erforderlich, ein zeitkontinuierliches System in ein zeitdiskretes umzuwandeln oder umgekehrt. So z.B. wenn Ergebnisse aus einer Simulation mit (abgetasteten) Messdaten verglichen werden sollen oder mit der Abtastung einhergehende Probleme selbst von Interesse sind.

MATLAB stellt dazu für TF-, ZPK- oder SS-Modelle die beiden Befehle

$$sysd = \texttt{c2d}\,(sysc, T_s\,[,methode]) \qquad\qquad sysd = \texttt{c2d}\,(sysc, T_s\,[,opts])$$

$$sysc = \texttt{d2c}\,(sysd\,[,methode]) \qquad\qquad sysc = \texttt{d2c}\,(sysd\,[,opts])$$

zur Verfügung, wobei `c2d` ein zeitkontinuierliches Modell *sysc* in ein zeitdiskretes *sysd* und `d2c` ein zeitdiskretes in ein zeitkontinuierliches Modell umwandelt.

Anzugeben ist die Abtastzeit T_s bei der Diskretisierung und der optionale Parameter *methode*, der die Diskretisierungsmethode vorgibt: Halteglied 0. Ordnung(ZOH), Halteglied 1. Ordnung (FOH), Tustin-Approximation (Trapezmethode) u.a. Standardwert ist hier das Halteglied 0. Ordnung. Alternativ kann mit *opts* auch ein mit `c2dOptions` bzw. `d2cOptions` erzeugbarer Eigenschaftssatz übergeben werden.

Halteglied 0. Ordnung (Zero-Order Hold ZOH):

Die Berechnungsvorschrift ist denkbar einfach, der abgetastete Wert wird einfach bis zur nächsten Abtastung gehalten:

$$u(t) \;=\; u[k] \qquad\qquad k\,T_s \leq t \leq (k+1)\,T_s$$ (5.22)

Wird ein zeitdiskretes Modell mit ZOH in ein zeitkontinuierliches konvertiert, so gelten folgende Einschränkungen:

- Es dürfen keine Pole bei $z = 0$ liegen.

- Negative reelle Pole im z-Bereich werden zu komplex-konjungierten Polpaaren im s-Bereich, d.h. die Ordnung erhöht sich dort.

Halteglied 1. Ordnung (First-Order Hold FOH):

Die FOH interpoliert linear zwischen den beiden Abtastwerten und ist für stetige Systeme in der Regel genauer als ZOH, aber nur für die Diskretisierung geeignet.

$$u(t) = u[k] + \frac{t - kT_s}{T_s} \cdot (u[k+1] - u[k]) \qquad kT_s \leq t \leq (k+1)T_s \qquad (5.23)$$

Tustin-Approximation (Trapezmethode, Bilineare Methode):

Die Tustin-Approximation [22] verwendet zur Berechnung von $u[k]$ den Mittelwert der Ableitungen am linken und rechten Intervallrand. Sie ist nicht definiert für Systeme mit Polen bei $z = -1$ und schlecht konditioniert für Systeme mit Polen nahe $z = -1$. Es ergibt sich als Zusammenhang zwischen s und z:

$$z = e^{sT_s} = \frac{1 + s\frac{T_s}{2}}{1 - s\frac{T_s}{2}} \qquad\qquad s = \frac{2}{T_s} \cdot \frac{z-1}{z+1} \qquad (5.24)$$

Im folgenden **Beispiel** wird die kontinuierliche Übertragungsfunktion eines PT_2-Gliedes

$$F(s) = \frac{1}{s^2 + 0{,}7 \cdot s + 1}$$

definiert und dann mittels verschiedener Methoden diskretisiert: Halteglied 0. Ordnung (zoh), Halteglied 1. Ordnung (foh) und Tustin-Approximation (tustin). Anschließend wird die Sprungantwort geplottet (Abb. 5.3 links).

```
>> sysc  = tf([1],[1 .7 1])          % PT_2
sysc =
          1
   ---------------
   s^2 + 0.7 s + 1

Continuous-time transfer function.

>> sysd  = c2d(sysc,1.5)              % Halteglied 0.~Ordnung
sysd =
     0.6844 z + 0.4704
   ----------------------
   z^2 - 0.1951 z + 0.3499

Sample time: 1.5 seconds
Discrete-time transfer function.
```

```
>> sysd1 = c2d(sysc,1.5,'foh')          % Halteglied 1.~Ordnung
sysd1 =
  0.2654 z^2 + 0.7353 z + 0.1542
  ------------------------------
     z^2 - 0.1951 z + 0.3499

Sample time: 1.5 seconds
Discrete-time transfer function.

>> sysd2 = c2d(sysc,1.5,'tustin')       % Tustin-Approximation
sysd2 =
  0.2695 z^2 + 0.5389 z + 0.2695
  ------------------------------
     z^2 - 0.4192 z + 0.497

Sample time: 1.5 seconds
Discrete-time transfer function.

>> step(sysc,'r-',sysd,'c--',sysd1,'g-.',sysd2,'k-',20)
```

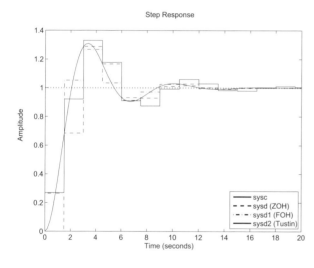

Abb. 5.3: *Verschiedene Diskretisierungsmethoden*

Abtastung mit geänderter Abtastzeit

Soll ein bestehendes zeitdiskretes TF-, ZPK- oder SS-Modell mit einer neuen Abtastzeit abgetastet werden, so kann dies natürlich über die Befehlsfolge c2d(d2c(sys),T_s) geschehen.

Die Control System TB bietet hierfür aber den einfacheren Befehl d2d(sys,T_s) an, der ein ZOH-System erwartet. Hierbei muss die neue Abtastzeit keineswegs ein Vielfaches der alten Abtastzeit sein, außer die Pole im z-Bereich sind komplex: Dann muss die neue Abtastzeit ein geradzahliges Vielfaches der alten sein.

Für die Übertragungsfunktion $F(s) = 1/(s+1)$ ergibt sich (Abb. 5.4):

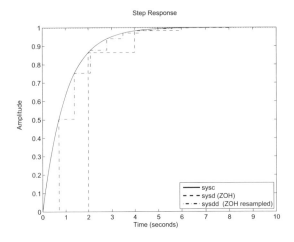

```
>> sysc  = tf(1,[1 1])              % PT_1
sysc =
     1
  -----
  s + 1
```

Continuous-time transfer function.

```
>> sysd  = c2d(sysc,2)              % Halteglied 0.~Ordnung
sysd =
    0.8647
  ----------
  z - 0.1353
```

Sample time: 2 seconds
Discrete-time transfer function.

```
>> sysdd = d2d(sysd,0.7)            % Neue Abtastzeit
sysdd =
    0.5034
  ----------
  z - 0.4966
```

Sample time: 0.7 seconds
Discrete-time transfer function.

```
>> step(sysc,'r-',sysd,'c--',sysdd,'g-.',10)
```

Umwandlung zeitkontinuierlicher und zeitdiskreter Systeme

c2d $(sysc, T_s[, methode])$	Zeitkontinuierliches in zeitdiskretes System wandeln
d2c $(sysd[, methode])$	Zeitdiskretes in zeitkontinuierliches System wandeln
d2d $(sys, T_s[, methode])$	Abtastung mit geänderter Abtastzeit
methode	Diskretisierungsmethode: 'zoh', 'foh', 'tustin', 'matched', 'impulse' (nur c2d)

5.3   Analyse von LTI-Modellen

Ist ein regelungstechnisches System modelliert, so folgt als zweiter Schritt die Untersuchung der Systemeigenschaften. Um Aussagen über das Verhalten eines Systems zu
machen, stellt die Control System Toolbox ein umfangreiches Spektrum von Analyse-
Funktionen bereit: Von den allgemeinen Systemeigenschaften über Modelldynamik im
Zeit- und Frequenzbereich bis zur Überprüfung der Regelbarkeit.

5.3.1   Allgemeine Eigenschaften

Die allgemeinen Eigenschaften sind vor allem nützlich für die Programmierung komplexer Skripts und Funktionen, die möglichst allgemein gehalten sein sollen, z.B. für
Auswerteprogramme, die je nach übergebenem Modell-Typ verschiedene Werte retour-
nieren, unterschiedliche Analyse-Funktionen aufrufen oder verschiedene Darstellungsarten wählen sollen.

So gibt class (*objekt*) den Typ von *objekt* zurück, der unter anderem cell, double
oder char lauten kann. Gegenteiliges erledigt der Befehl isa (*objekt*,'*classname*'): Er
überprüft, ob *objekt* vom Typ *classname* ist.

```
>> sys = ss([ 1 2 ; 3 4 ],[ 1 1 ; 0 1 ],[ 3 1 ],0) ;
>> class(sys)
ans =
ss
>> isa(sys,'cell')
ans =
     0
```

Mit isct (*sys*) und isdt (*sys*) wird getestet, ob *sys* zeitkontinuierlich bzw. zeitdiskret
ist, während issiso (*sys*) eine logische 1 liefert, wenn *sys* ein SISO-System ist.

```
>> isct(sys)
ans =
     1
>> issiso(sys)
ans =
     0
```

Mit isempty (*sys*) wird das Fehlen von Ein- und Ausgängen ermittelt; hat das System
Verzögerungen, liefert hasdelay (*sys*) eine 1. isproper (*sys*) liefert eine 1, wenn der
Rang des Zählerpolynoms von *sys* kleiner oder gleich dem des Nennerpolynoms ist.

```
>> sys = tf([1 3],[2 1 5]) ;
>> isempty(sys)
ans =
     0
>> hasdelay(sys)
ans =
     0
>> isproper(sys)
ans =
     1
```

Ein wichtiger Befehl zur Ermittlung von Systemeigenschaften ist der Befehl size. Abhängig von den übergebenen Parametern liefert er die Anzahl der Systemein- und -ausgänge, der Dimensionen von LTI-Arrays, Angaben über die Systemordnung bei TF-, ZPK- und SS-Modellen und Anzahl der Frequenzen eines FRD-Modells:

size(sys):   Anzahl der Systemein- und -ausgänge für ein einfaches LTI-Modell; für LTI-Arrays zusätzlich die Länge ihrer Dimensionen.

$d = $ size(sys):   Zeilenvektor d mit Anzahl der Ein- und Ausgänge [Ny Nu] für ein einfaches LTI-Modell, [Ny Nu $S1$ $S2$ ... Sp] für ein $S1 \times S2 \times$ ... $\times Sp$ LTI-Array mit Nu Systemein- und Ny Systemausgängen

size(sys,1):   Anzahl der Systemausgänge

size(sys,2):   Anzahl der Systemeingänge

size(sys,'order'):   Systemordnung/Anzahl der Zustände bei SS-Modellen

size(sys,'frequency'):   Anzahl der Frequenzen eines FRD-Modells

```
>> sys = tf([1 3],[2 1 5]) ;
>> size(sys)
Transfer function with 1 outputs and 1 inputs.
>> d  = size (sys)
d =
     1     1
>> Ns = size(sys,'order')
Ns =
     2
>> sys = [ tf([1 3],[2 1 5]) , zpk([1 -1],[2 2],2) ]
sys =
  From input 1 to output:
      0.5 (s+3)
  ------------------
  (s^2 + 0.5s + 2.5)

  From input 2 to output:
  2 (s-1) (s+1)
  -------------
      (s-2)^2
Continuous-time zero/pole/gain model.
>> d = size(sys)
d =
     1     2
```

Allgemeine Eigenschaften	
class (sys)	Gibt den Modell-Typ von sys aus
isa (sys,'$classname$')	Wahr, wenn sys vom Typ $classname$ ist
hasdelay (sys)	Wahr, wenn sys Zeitverzögerungen hat
isct (sys)	Wahr, wenn sys zeitkontinuierlich ist
isdt (sys)	Wahr, wenn sys zeitdiskret ist
isempty (sys)	Wahr, wenn sys keine Ein- oder Ausgänge hat
isproper (sys)	Wahr, wenn Rang(Zähler) $\leq$ Rang(Nenner)
issiso (sys)	Wahr, wenn sys ein SISO-Modell ist
size (sys)	Liefert die Dimensionen von sys

5.3.2   Modell-Dynamik

Ohne einen Zeitverlauf oder Antworten auf verschiedene Testsignale zu kennen, können anhand verschiedener Kennwerte schon wichtige dynamische Systemeigenschaften angegeben werden, wie z.B. stationäre Verstärkungen und Einschwingverhalten, Resonanzfrequenzen und Systemstabilität.

Stationäre (Gleich-)Verstärkung

Mit dem Befehl dcgain (*sys*) ermittelt man die Verstärkung des Systems *sys* für Frequenzen $s = 0$ (kontinuierliche Systeme) bzw. für $z = 1$ (diskrete Systeme). Systeme mit dominierendem integrierendem Verhalten haben die Gleichverstärkung unendlich.

```
>> sys = [ tf(zpk([-1],[1 0],2)) , tf([2 1 -6],[2 1 1 -4 ]) ]
sys =
  From input 1 to output:
  2 s + 2
  -------
  s^2 - s

  From input 2 to output:
    2 s^2 + s - 6
  -------------------
  2 s^3 + s^2 + s - 4
Continuous-time transfer function.

>> dcgain(sys)
ans =
   Inf      1.5000
```

Natürliche Frequenzen und Dämpfungen

Die natürlichen Frequenzen ω_n und die zugehörigen Dämpfungen D eines Systems werden bestimmt aus den konjungiert komplexen Polen $\alpha \pm j\,\beta$ durch:

$$\omega_n \;=\; \sqrt{\alpha^2 + \beta^2} \qquad\qquad D \;=\; \frac{-\,\alpha}{\sqrt{\alpha^2 + \beta^2}} \tag{5.25}$$

Für reelle Eigenwerte wird die Dämpfung noch mit sign(Eigenwert) multipliziert. Im zeitdiskreten Fall werden über $z = e^{sT_s}$ den Polen z entsprechende kontinuierliche Pole s berechnet (natürlicher Frequenzvektor ω , Dämpfungsvektor d, Polstellenvektor p).

> damp (*sys*)
> $[\omega,d]$ = damp (*sys*)
> $[\omega,d,p]$ = damp (*sys*)

```
>> sys =  tf(1,[2 -3 1 2]);
>> damp(sys)
        Eigenvalue            Damping      Frequency
 -5.83e-01                   1.00e+00       5.83e-01
  1.04e+00 + 7.94e-01i      -7.95e-01       1.31e+00
  1.04e+00 - 7.94e-01i      -7.95e-01       1.31e+00
(Frequencies expressed in rad/seconds)
```

Bandbreite

Ein weiterer interessanter Wert eines Systemes ist seine Bandbreite, die in MATLAB definiert ist als die erste Frequenz (in rad/s), bei der die Verstärkung auf 70,79% ihres stationären Wertes (Gleich-Verstärkung) fällt, bei der also die Verstärkung um 3 dB abgenommen hat. Ermittelt wird dieser Wert in MATLAB mit dem Befehl

    bandwidth (sys)

    fb = bandwidth (sys,$dbdrop$)

Zusätzlich zum System sys kann auch noch der Verstärkungswert $dbdrop$ (in dB) angegeben werden, an dem die Bandbreite ermittelt werden soll.

Das folgende Beispiel erläutert die Funktion des Befehls bandwidth. Für das System sys wird zuerst die Bandbreite fb ermittelt. Anschließend wird die Verstärkung in dB für die Gleichverstärkung und mittels des Befehls freqresp (siehe Kap. 5.3.4) die Verstärkung bei der Bandbreiten-Frequenz fb berechnet.[3] Diese unterscheiden sich um 3 dB, und auch der Vergleich der linearen Verstärkungswerte ergibt Gleiches.

```
>> sys = tf([2 1 -6],[2 1 1 -4 ])
sys =
     2 s^2 + s - 6
   -------------------
   2 s^3 + s^2 + s - 4

Continuous-time transfer function.

>> fb = bandwidth(sys)
fb =
   1.76299380692774

>> dB_dc = 20*log10(dcgain(sys))
dB_dc =
   3.52182518111363
>> dB_fb = 20*log10(abs(freqresp(sys,fb)))
dB_fb =
   0.52183436632361
>> dB_dc - 3
ans =
   0.52182518111363

>> abs(freqresp(sys,fb))/0.7079
ans =
   1.50009860084947
>> dcgain(sys)
ans =
   1.50000000000000
```

---

[3] Zur Erinnerung: Der dB-Wert von x wird berechnet nach $X\,\mathrm{dB} = 20 \cdot \log_{10}(x)$.

Polstellen und Nullstellen eines LTI-Modells[4]

Die **Pole** eines Systems werden ermittelt mit `pole` (*sys*) und stellen bei SS-Modellen die Eigenwerte der Systemmatrix $\mathbf{A}$ dar, bei TF- und ZPK-Modellen sind es die Wurzeln des Nennerpolynoms, die auch mit dem MATLAB-Befehl `roots` berechnet werden können (Polstellenvektor p und Vektor r mit den Wurzeln des Polynoms c).

$$p = \texttt{pole}\,(sys)$$
$$r = \texttt{roots}\,(c)$$

Der Befehl `zero` (*sys*) gibt die **Nullstellen** des Systems an. Wird das Ergebnis von `zero` dem Vektor [z,k] zugewiesen, enthält z den Nullstellenvektor und k die Verstärkung des Systems bei Nullstellen-Polstellen-Darstellung:

$$\texttt{z} = \texttt{zero}\,(sys)$$
$$[z,k] = \texttt{zero}\,(sys)$$

Im Beispiel werden zuerst die Polstellen des ZPK-Modells berechnet, dann aus diesem Zähler und Nenner des entsprechenden TF-Modells extrahiert und anschließend die Wurzeln des Nennerpolynoms ermittelt, die natürlich zu den Polstellen identisch sind. Zu guter Letzt werden noch der Nullstellenvektor und die ZPK-Verstärkung ermittelt.

```
>> sys = zpk([-0.2 0.6],[-0.5 -0.7-0.8*i -0.7+0.8*i 0.3],2)
sys =
             2 (s+0.2) (s-0.6)
  ---------------------------------------
   (s+0.5) (s-0.3) (s^2 + 1.4s + 1.13)

Continuous-time zero/pole/gain model.
>> pole(sys)
ans =
  -0.5000 + 0.0000i
  -0.7000 - 0.8000i
  -0.7000 + 0.8000i
   0.3000 + 0.0000i
>> [num,den] = tfdata(tf(sys),'v') ;
>> den
den =
    1.0000    1.6000    1.2600    0.0160   -0.1695
>> roots(den)
ans =
  -0.7000 + 0.8000i
  -0.7000 - 0.8000i
  -0.5000 + 0.0000i
   0.3000 + 0.0000i
>> [z,k] = zero(sys)
z =
   -0.2000
    0.6000
k =
     2
```

---

[4] MATLAB enthält den Befehl [V,D] = `eig`(A), mit dem die Eigenwertmatrix D und die Eigenvektormatrix V der Matrix A berechnet werden, so dass gilt: $AV = VD$ (Eigenwertproblem $\mathbf{A}\lambda \overset{!}{=} \lambda\mathbf{x}$).

Im Zusammenhang mit den Nullstellen- und Polstellenvektoren sind die Befehle `esort` und `dsort` zwei nützliche **Sortierfunktionen**:

s = esort (p) s = dsort (p)

[s,ndx] = esort (p) [s,ndx] = dsort (p)

`esort` ordnet die im Vektor p abgespeicherten Pole eines **kontinuierlichen** Systems, zuerst die instabilen Pole und dann, nach Realteil in absteigender Reihenfolge, die anderen Pole. ndx bezeichnet den Index der Pole im Vektor p.

```
>> pc = pole(sys);
>> [sc,ndxc] = esort(pc);
>> [ pc , sc , ndxc ]
ans =
  -0.5000 + 0.0000i    0.3000 + 0.0000i    4.0000 + 0.0000i
  -0.7000 - 0.8000i   -0.5000 + 0.0000i    1.0000 + 0.0000i
  -0.7000 + 0.8000i   -0.7000 + 0.8000i    3.0000 + 0.0000i
   0.3000 + 0.0000i   -0.7000 - 0.8000i    2.0000 + 0.0000i
```

`dsort` ordnet die im Vektor p abgespeicherten Pole eines **diskreten** Systems, zuerst die instabilen Pole und dann, nach Betrag in absteigender Reihenfolge, die anderen Pole.

```
>> pd = pole(c2d(sys,1));
>> [sd,ndxd] = dsort(pd) ;
>> [ pd , sd , ndxd ]
ans =
   1.3499 + 0.0000i    1.3499 + 0.0000i    1.0000 + 0.0000i
   0.6065 + 0.0000i    0.6065 + 0.0000i    2.0000 + 0.0000i
   0.3460 + 0.3562i    0.3460 + 0.3562i    3.0000 + 0.0000i
   0.3460 - 0.3562i    0.3460 - 0.3562i    4.0000 + 0.0000i
```

Nullstellen-Polstellen-Verteilung

Die Aufgaben von `pole` und `zeros` vereinigt die Funktion `pzmap`. Mit ihr lässt sich die Null- und Polstellenverteilung grafisch anzeigen bzw. als Nullstellenvektor z und Polstellenvektor p abspeichern.

pzmap (sys)

[p,z] = pzmap (sys)

Für die **Achsenskalierung** stehen die beiden Befehle `sgrid` und `zgrid` zur Verfügung.

sgrid   zgrid

sgrid (z,wn) zgrid (z,wn)

Für den **kontinuierlichen** Fall erzeugt `sgrid` in der **s-Ebene** ein Gitternetz mit konstanten Dämpfungen (Bereich von 0 bis 1 mit Schrittweite 0,1) und konstanten natürlichen Frequenzen (Bereich von 0 bis 10 rad/s mit Schrittweite 1 rad/s).

In der **(diskreten) z-Ebene** erzeugt `zgrid` ein Gitternetz mit konstanten Dämpfungen (Bereich von 0 bis 1 mit Schrittweite 0,1) und konstanten natürlichen Frequenzen (Bereich von 0 bis π mit Schrittweite $\pi/10$).

Für das folgende Beispiel zeigt Abb. 5.5 die Null- und Polstellenverteilung der definierten
ZPK-Übetragungsfunktion für den zeitkontinuierlichen Fall in der s-Ebene (links) und
für den zeitdiskreten Fall (Abtastzeit 1 s) in der z-Ebene (rechts). Nullstellen werden
durch ○ und Polstellen durch × gekennzeichnet.

```
>> sys = zpk([-0.2 0.6],[-0.5 -0.7-0.8*i -0.7+0.8*i 0.3],2)
sys =
              2 (s+0.2) (s-0.6)
   -----------------------------------
   (s+0.5) (s-0.3) (s^2 + 1.4s + 1.13)

Continuous-time zero/pole/gain model.

>> sysd = c2d(sys,1)
sysd =
     0.47509 (z-1.827) (z-0.8187) (z+0.5171)
   --------------------------------------------
   (z-1.35) (z-0.6065) (z^2 - 0.6919z + 0.2466)

Sample time: 1 seconds
Discrete-time zero/pole/gain model.
>> subplot(121), pzmap(sys) , sgrid
>> subplot(122), pzmap(sysd), zgrid
```

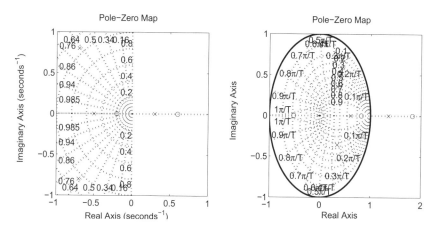

Abb. 5.5: *Nullstellen-Polstellen-Verteilung* (pzmap): *s-Ebene (links), z-Ebene (rechts)*

Da die Funktion pzmap nur für SISO-Systeme geeignet ist, erweitert der Befehl iopzmap
diese Funktionalität auch auf MIMO-Systeme, wobei jeweils für jede Ein-/Ausgangs-
kombination in einem Subplot die Null-Polstellenverteilung angezeigt wird.

$$\text{iopzmap}\,(sys[,sys2,...])$$

Auch lassen sich Null-Polstellenverteilungen von Systemen mit unterschiedlichen Anzah-
len von Ein- und Ausgängen anzeigen. Anhand der MIMO-ZPK-Übertragungsfunktion
aus Kap. 5.1.2 wird dies in Abb. 5.6 dargestellt:

```
>> Z = { [] [-6 1 1 ] ; [1 2] -1 };
>> P = { [-2 1] [-5 1] ; [-4 -1] [-1 -1+i -1-i] };
>> K = [2 3 ; 1 -1];
>> H = zpk(Z,P,K)
H =
  From input 1 to output...
             2
    1:  -----------
        (s+2) (s-1)

        (s-1) (s-2)
    2:  -----------
        (s+4) (s+1)

  From input 2 to output...
        3 (s+6) (s-1)^2
    1:  ---------------
           (s+5) (s-1)

             - (s+1)
    2:  --------------------
        (s+1) (s^2 + 2s + 2)

Continuous-time zero/pole/gain model.

>> iopzmap(sys,H)
```

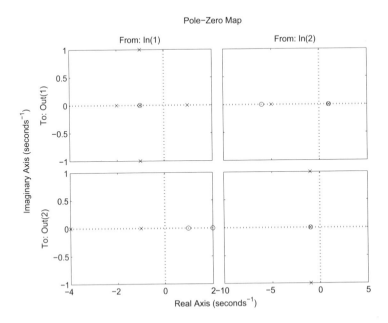

Abb. 5.6: *Nullstellen-Polstellen-Verteilung für MIMO-Systeme* (`iopzmap`)

Normen eines LTI-Modells (H_2 und H_∞)

Mit Normen lassen sich bei der Stabilitätsanalyse Aussagen über die Entfernung der Systemzustände vom Ruhezustand machen. Die Control System Toolbox unterstützt zwei Normen: Die H_2-Norm und die H_∞-Norm. Während die H_2-Norm nicht für FRD-Modelle geeignet ist, bearbeitet die H_∞-Norm sämtliche Modell-Typen.

Die Befehls-Syntax lautet:

```
norm (sys)
norm (sys,2)
norm (sys,inf[,tol])
[ninf,fpeak] = norm (sys,inf)
```

Standardnorm ist die H_2-**Norm**, die mit `norm(sys)` bzw. `norm(sys,2)` kalkuliert wird.

Die H_∞-**Norm** wird mit `norm(sys,inf[,tol])` aufgerufen, der optionale Parameter *tol* legt die Berechnungsgenauigkeit fest. Sie liefert die maximale Verstärkung *ninf* des Frequenzgangs zurück, wobei *fpeak* die zugehörige Frequenz ist. So wird z.B. die H_∞-Norm für die Berechnung des Phasenrandes (siehe Kap. 5.3.4) verwendet.

Die H_∞-Norm der folgenden Übertragungsfunktion wird berechnet und der Frequenzgang in Abb. 5.7 gezeigt.

```
>> sys = tf(1,[1 2 100])
Transfer function:
        1
---------------
s^2 + 2 s + 100

>> [ninf,fpeak] = norm(sys,inf)
ninf =
      0.0500
fpeak =
     10.0000
>> bode (sys)
```

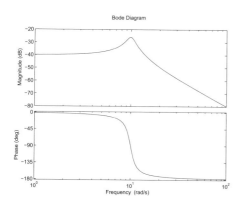

Abb. 5.7: *Bode-Diagramm für* `sys = tf(1,[1 2 100])`

Kovarianz mit weißem Rauschen

Mit dem Befehl covar(*sys*,*W*) lässt sich schließlich die Ausgangs-Autokorrelationsfunktion des Systems *sys* auf Anregung mit weißem Rauschen (Amplitude *W*) bestimmen. Bei SS-Modellen gibt es zusätzlich die Zustands-Autokorrelationsfunktion.

$$[P,Q] \; = \; \texttt{covar} \, (sys, W)$$

P ist hierbei die Autokorrelationsfunktion Φ_{yy} des Ausgangs und *Q* die Autokorrelationsfunktion Φ_{xx} der Zustände.

```
>> sys = tf(1,[1 1]) ;
sys =
    1
  -----
  s + 1

Continuous-time transfer function.
>> P = covar(sys,1)
P =
    0.5000
>> sys = tf(1,[eps 1])
sys =
        1
  --------------
  2.22e-16 s + 1

Continuous-time transfer function.
>> P = covar(sys,1)
P =
   2.2518e+15
```

Modell-Dynamik

dcgain (*sys*)	stationäre (Gleich-)Verstärkung
bandwidth (*sys*)	Bandbreiten-Frequenz bei Verstärkung $-3\,\mathrm{dB}$
damp (*sys*)	natürliche Frequenz und die Dämpfung
zero (*sys*)	Nullstellen eines LTI-Modells
pole (*sys*)	Pole eines LTI-Modells
roots (*c*)	Wurzeln eines Polynoms *c* (MATLAB)
eig (*A*)	Eigenwerte und Eigenvektoren der Matrix *A* (MATLAB)
esort (*p*)	Ordnet die zeitkontinuierlichen Pole
dsort (*p*)	Ordnet die zeitdiskreten Pole
pzmap (*sys*)	Nullstellen-Polstellen-Verteilung (SISO-Systeme)
iopzmap (*sys*)	Nullstellen-Polstellen-Verteilung (MIMO-Systeme)
sgrid, zgrid	Gitternetz in der *s*- bzw. *z*-Ebene (Wurzelortskurven; Nullstellen- und Polstellen-Verteilung)
norm (*sys*)	Normen eines LTI-Modells (H_2 und H_∞)
covar (*sys*,*W*)	Kovarianz mit weißem Rauschen

5.3.3   Systemantwort im Zeitbereich

Für den Regelungstechniker ist es sehr wichtig, das Verhalten eines Systems im Zeitbereich zu kennen. Zur Erinnerung: Das Ausgangssignal im Zeitbereich (zeitkontinuierlich und zeitdiskret) ergibt sich aus (siehe auch [8],[17])

$$\mathbf{y}(t) = \mathbf{C}\, e^{\mathbf{A}t}\, \mathbf{x_0} + \int_{\tau=0}^{t} \left(\mathbf{C}\, e^{\mathbf{A}(t-\tau)}\, \mathbf{B} + \mathbf{D} \right) \mathbf{u}(\tau)\, d\tau \tag{5.26}$$

$$\mathbf{y}[k] = \mathbf{C}\, A^k\, \mathbf{x_0} + \sum_{i=0}^{k-1} \left(\mathbf{C}\, \mathbf{A}^{k-i-1}\, \mathbf{B} + \mathbf{D} \right) \mathbf{u}[i] \tag{5.27}$$

mit dem Anfangswertvektor $\mathbf{x_0}$ und dem Eingangssignalvektor $\mathbf{u}$ sowie der *freien Bewegung* (linker Term) und der *erzwungenen Bewegung* (rechter Term).

In der Regel interessieren vor allem die Antworten auf bestimmte Eingangssignale, wie z.B. die Impulsantwort oder Sprungantwort. Die Control System Toolbox stellt unter anderem folgende Funktionen bereit: Anfangswertantwort (`initial`), Impulsantwort (`impulse`), Sprungantwort (`step`). Mittels `gensig` können bestimmte Eingangssignale generiert werden und `lsim` berechnet den Zeitverlauf für beliebige Eingangssignale.

Anfangswertantwort

Die Anfangswertantwort beschreibt das Verhalten des Systems auf bestimmte Anfangswerte des Zustandsvektors $\mathbf{x_0}$ und wird als die *freie Bewegung* bezeichnet (linker Term in Gleichung (5.26) bzw. (5.27)), der Einfluss der Eingänge wird also zu null gesetzt.

Sie wird berechnet mit dem Befehl `initial`:

```
initial (sys,x_0[,t])
[y,t,x] = initial (sys,x_0[,t])
```

Hierbei ist *sys* ein SS-Modell (MIMO) und x_0 der Vektor mit den Anfangswerten.

Der **optionale Parameter** t bestimmt den Zeitvektor: Ist t skalar, so gibt er das Ende der Berechnungsperiode an, ist er definiert als t = $0:dt:Tf$, so reicht der Zeitvektor von 0 bis Tf mit der Schrittweite dt. Ist *sys* zeitdiskret, so sollte dt gleich der Abtastzeit T_s sein, ist *sys* zeitkontinuierlich, so sollte dt ausreichend klein sein, da für die Berechnung der Antworten das System mit ZOH bzw. FOH diskretisiert wird und anschließend mit dt abgetastet wird.

Wird die zweite Variante gewählt, so ist y der **Ausgangsvektor**, t der **Zeitvektor** und x der **Zustandsvektor** der Zustände. Für den Fall eines SIMO-Modells hat der Ausgangsvektor y so viele Zeilen wie t Elemente und so viele Spalten wie das System Ausgänge, also die Dimension `length(t)` $\times Ny$. Bei MIMO-Modellen erweitert sich y um eine dritte Dimension, nämlich die Anzahl der Eingänge Nu:

SIMO: $\mathrm{Dim}(y)$ = `length` $(t) \times Ny$

MIMO: $\mathrm{Dim}(y)$ = `length` $(t) \times Ny \times Nu$

Sowohl die über den Zeitvektor t als auch die über die Dimension von y gemachten Aussagen gelten allgemein für alle Antwortfunktionen `initial`, `impuls`, `step` und `lsim`.

So wurden die Verläufe in Abb. 5.8 erzeugt mit:

```
>> systf = tf(5,[1 1 10]) ;
>> sys   = ss(systf) ;
>> [y,t,x] = initial(sys,[4 -1],12) ;    % Anfangswertantwort
>> subplot(221)
>> plot(t,y)
>> subplot(223)
>> plot(t,x(:,1),'r-',t,x(:,2),'g--')
>> subplot(122)
>> plot(x(:,1),x(:,2))
```

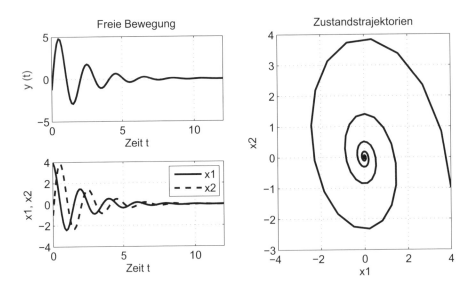

Abb. 5.8: *Anfangswertantwort* (`initial`)*: Zeitverläufe und Zustandstrajektorien*

Impulsantwort

Die Impulsantwort eines Systems ist definiert als die Antwort auf die Anregung des Systems mit einem Dirac-Impuls $\delta(t)$ bzw. einem Einheitsimpuls bei diskreten Systemen $\delta[k]$. Die zugehörigen Befehle lauten:

$\quad$ `impulse` $(sys[,t])$

$\quad$ y = `impulse` $(sys[,t])$

$\quad$ $[y,t[,x]]$ = `impulse` $(sys[,t])$

Hier kann *sys* ein beliebiges LTI-Modell sein, für den optionalen Zeitvektor t und MIMO-Modelle gilt das bereits oben Gesagte. Die Rückgabe von x ist nur bei SS-Modellen möglich, hier wird der Anfangswertvektor auf null gesetzt.

Sprungantwort

Die Sprungantwort ergibt sich, wenn das System mit einem Einheitssprung $\sigma(t)$ beaufschlagt wird. Die Befehle lauten analog denen bei der Impulsantwort:

step $(sys[,t])$

y = step$(sys[,t])$

$[y,t[,x]]$ = step$(sys[,t])$

Ein Beispiel für ein SIMO-Modell mit einer PT$_1$- und einer PT$_2$-Übertragungsfunktion zeigt Abb. 5.9, der entsprechende Programmcode steht nachfolgend:

```
>> sys2in = [ tf(5,[1 1 10]) , tf(1,[1 1]) ] ;
>> subplot(211) , impulse(sys2in);          % Impulsantwort
>> subplot(212) , step(sys2in);             % Sprungantwort
```

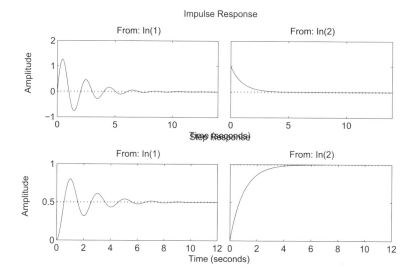

Abb. 5.9: *Impulsantwort* (impulse) *und Sprungantwort* (step)

Systemantwort auf beliebiges Eingangssignal:

Eine sehr hilfreiche Funktion ist lsim(sys,u,t): Mit ihr kann die Systemantwort auf ein mehr oder weniger beliebiges Eingangssignal u getestet werden. Die Befehls-Syntax lautet:

lsim $(sys,u,t,[,x_0])$

$[y,t]$ = lsim (sys,u,t)

$[y,t[,x]]$ = lsim $(sys,u,t,[,x_0])$

sys ist ein LTI-Modell (Anfangswertvektor x_0 nur bei SS-Modellen), u ist eine beliebige Eingangssignalmatrix, die so viele Zeilen wie t Elemente und so viele Spalten wie das System Eingänge hat (Dimension length$(t) \times Nu$).

Ist die Abtastzeit dt des Zeitvektors zu groß gewählt, würde also unterabgetastet werden, erkennt lsim dies und gibt eine Warnung aus.

Testsignal erzeugen:

Um Standardtestsignale nicht selber programmieren zu müssen, weist die Control System Toolbox den Befehl gensig auf, der ein Testsignal u und den zugehörigen Zeitvektor t erzeugt.

$$[u,t] \ = \ \text{gensig}(typ,tau[,Tf,Ts])$$

Mit dem Parameter typ kann gewählt werden zwischen Sinussignal ('sin'), einem periodischen Rechtecksignal ('square') und einer periodischen Pulsfunktion ('pulse'). Die Periodendauer ist tau, Tf bestimmt die Dauer des Signals und Ts die Abtastzeit. Abb. 5.10 zeigt die Antwort der unten stehend definierten PT$_1$- und PT$_2$-Modelle auf das mit gensig erzeugte Rechtecksignal.

```
>> sys2in = [ tf(1,[1 1]) ; tf(1000,[1 5 1000]) ] ;
>> [u,t] = gensig('square',3,10,0.01) ;   % beliebiges Eingangssignal
>> [y,t] = lsim(sys2in,'r-',u,t) ;         % Antwort auf beliebiges Eingangssignal
>> plot(t,y(:,1),t,y(:,2),t,u)
```

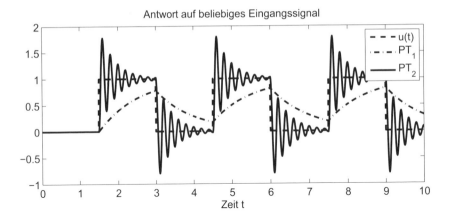

Abb. 5.10: *Antwort auf beliebiges Eingangssignal* (gensig *und* lsim)

Systemantwort im Zeitbereich	
initial $(sys,x_0,[,t])$	Anfangswertantwort berechnen
impulse $(sys[,t])$	Impulsantwort berechnen
step $(sys[,t])$	Sprungantwort berechnen
lsim $(sys,u,t,[,x_0])$	Systemantwort auf beliebiges Eingangssignal
gensig (typ,tau)	Testsignal erstellen

5.3.4   Systemantwort im Frequenzbereich

Für den Regelungstechniker interessant ist auch das Systemverhalten im Frequenzbereich: Oft sind die Testsignale sinusförmig oder die Parameter des Systems sind nicht genau bekannt. Mittels der Methoden zur Frequenzganguntersuchung können sehr umfangreiche Aussagen über frequenzabhängige Systemeigenschaften gemacht werden: stationäre Gleichverstärkung, Bandbreite, Amplituden- und Phasenrand, Stabilität des geschlossenen Regelkreises.

Erinnert werden soll an dieser Stelle, dass der **Frequenzgang** $F(j\omega)$ definiert ist als die Übertragungsfunktion eines LTI-SISO-Systems auf der imaginären Achse [17]. Voraussetzung hierfür ist also, dass das System asymptotisch stabil ist, die Realteile aller Eigenwerte kleiner null sind. Es wird nur der eingeschwungene Zustand betrachtet, die Anteile der Realteile σ_i sind bereits asymptotisch abgeklungen.

Frequenzantwort berechnen

Zur schnellen Berechnung von Frequenzantworten dienen die Befehle

$$frsp = \texttt{evalfr}(sys, f) \qquad\qquad H = \texttt{freqresp}(sys, w)$$

Soll die Frequenzantwort eines Systems sys lediglich für eine einzelne Frequenz f ermittelt werden, so geschieht dies mit `evalfr`. Anzumerken ist, dass f auch eine komplexe Frequenz sein kann.

Die Frequenzantworten für mehrere Frequenzen berechnet `freqresp`, wobei w der Frequenzvektor ist. Die Ergebnisvariable H ist in jedem Fall ein dreidimensionaler Array der Dimension $Ny \times Nu \times \texttt{length(w)}$, so dass die einzelnen Elemente mit $H(i,j,k)$ angesprochen werden müssen: k-te Frequenzantwort der Übertragungsfunktion von Eingang j nach Ausgang i.

```
>> sys = tf([3 -1],[-2 1 1])
sys =
    -3 s + 1
  -------------
  2 s^2 - s - 1

Continuous-time transfer function.

>> w = [-j , -2-j , -1+j]
w =
        0 - 1.0000i  -2.0000 - 1.0000i  -1.0000 + 1.0000i
>> [ evalfr(sys,w(1)) ; evalfr(sys,w(2)) ; evalfr(sys,w(3))]
ans =
        0 - 1.0000i
   0.5846 - 0.3231i
   0.6000 + 0.8000i
>> H = freqresp(sys,w)
H(:,:,1) =
   0.0000 - 1.0000i
H(:,:,2) =
   0.5846 - 0.3231i
H(:,:,3) =
   0.6000 + 0.8000i
```

Bode-Diagramm

Das Bode-Diagramm stellt den Frequenzgang von $F(j\omega)$ getrennt nach Betrag und Winkel dar (Kap. 5.1.4), übereinander aufgetragen über der logarithmischen Frequenzachse. Oben wird der **Amplitudengang** logarithmisch in Dezibel ($1\,\mathrm{dB} = 20 \cdot log_{10}|\,F(j\omega)\,|$) und unten der **Phasengang** in Grad angezeigt.

Diese Darstellung hat den großen Vorteil, dass sich der Gesamtfrequenzgang $F(j\omega)$ der Serienschaltung mehrerer LTI-Systeme (Produkt der einzelnen Frequenzgänge $F_i(j\omega)$)

$$F(j\omega) \;=\; \prod_i^n |\,F_i(j\omega)\,| \cdot e^{j\,\sum_i^n \varphi_i(\omega)} \tag{5.28}$$

ergibt aus der Summation der logarithmierten Teilbeträge $|\,F_i(j\omega)\,|$ und der Summation der einzelnen Winkel $\varphi_i(j\omega)$:

Amplitudengang : $|\,F(j\omega)\,| \;=\; log_{10}|\,F_1(j\omega)\,| + log_{10}|\,F_2(j\omega)\,| + \ldots + log_{10}|\,F_n(j\omega)\,|$

Phasengang : $\varphi(\omega) \;=\; \varphi_1(\omega) + \varphi_2(\omega) + \ldots + \varphi_n(\omega)$

In MATLAB wird ein Bode-Diagramm des LTI-Modells *sys* erstellt mit den Befehlen

    bode ($sys[,w]$)
    [mag,$phase$,w] = bode (sys)

Es kann der **Frequenzvektor** w mit der Untergrenze $wmin$ und der Obergrenze $wmax$ explizit angegeben werden (in rad/s und in geschweiften Klammern!). Auch kann mit logspace (Kap. 2.2.2) ein Frequenzvektor mit logarithmischem Abstand der Frequenzpunkte erzeugt werden:

    w = $wmin$:$schrittweite$:$wmax$
    w = { $wmin$, $wmax$ }
    w = logspace ($start$,$ziel$,$anzahl$)

Wird die dritte Version des Befehlsaufrufes ausgeführt, so speichert bode den Amplitudengang in *mag*, den Phasengang in *phase* und den zugehörigen Frequenzvektor in w. Zu beachten ist, dass *mag* und *phase* dreidimensionale Arrays der Dimension $Ny \times Nu \times k$ mit $k = $ length(w) sind. Im Fall eines MIMO-Systems stellen mag(i,j,k) und phase(i,j,k) die Werte von Amplituden- und Phasengang für die Übertragungsfunktion von Eingang j nach Ausgang i dar. Auch im Fall eines SISO-Modells *sys* müssen die Werte für die Frequenz ω_k angesprochen werden mit mag(1,1,k) bzw. phase(1,1,k)!

Bei zeitkontinuierlichen Systemen werden nur positive Frequenzen ω auf der imaginären Achse berechnet, bei zeitdiskreten Systemen wird die Übertragungsfunktion auf dem (oberen) Einheitskreis ausgewertet gemäß

$$z = e^{j\,\omega T_s} \qquad\qquad 0 \le \omega \le \omega_N = \frac{\pi}{T_s} \tag{5.29}$$

mit der Nyquist-Frequenz ω_N (Die untere Hälfte des Einheitskreises entspricht wegen der Periodizität der z-Übertragungsfunktion mit $2\omega_N$ der oberen).

Anmerkung: Sollen mehrere Systemantworten in ein Bode- bzw. Nyquist-Diagramm geplottet werden, so können die Befehle `bode` bzw. `nyquist` wie folgt aufgerufen werden:

```
bode (sys1,sys2,...,sysN[,w])      bode (sys1,'stil1',...,sysN,'stilN')
nyquist (sys1,sys2,...,sysN[,w])   nyquist (sys1,'stil1',...,sysN,'stilN')
```

Hierbei sind $sys1$, $sys2$ etc. die einzelnen Systeme, die alle die gleiche Anzahl an Ein- sowie Ausgängen haben müssen. Werden Linienarten ('$stil1$', '$stil2$' etc.) angegeben, so muss dies für alle Systeme geschehen, es kann dann aber kein Frequenzvektor w übergeben werden. Soll dies trotzdem geschehen, so müssen die entsprechenden Diagramme „von Hand" erstellt werden, z.B. mit `loglog` und `semilogx` (Kap. 3.5.3).

Das **Beispiel** soll die Möglichkeiten des Befehls `bode` verdeutlichen: Es wird eine Übertragungsfunktion `sysPT1` definiert und dann mit der Abtastzeit 0.05 diskretisiert (`sysPT1d`). Die beiden Übertragungsfunktionen werden in den **linken Teilplot** (`subplot(121)`) in Abb. 5.11 mit `bode (sysPT1,'r-',sysPT1d,'b--')` geplottet.

```
>> sysPT1  = tf(1,[0.05 1]) ;
>> sysPT1d = c2d(sysPT1,0.05)
sysPT1d =
    0.6321
   ----------
   z - 0.3679

Sample time: 0.05 seconds
Discrete-time transfer function.

>> subplot(121)
>> bode(sysPT1,'r-',sysPT1d,'b--')
```

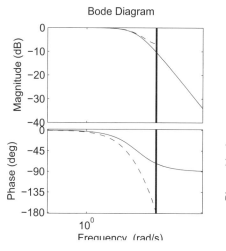 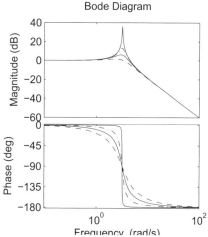

Abb. 5.11: *Bode-Diagramme: `sysPT1` (-) und `sysPT1d` (--) (links), `sysPT2` für unterschiedliche Dämpfungen (rechts)*

Die Erzeugung des **rechten Teilplots** (subplot(122)) von Abb. 5.11 gestaltet sich umfangreicher: Die Übertragungsfunktion sysPT2 soll für verschiedene Dämpfungen in ein Bode-Diagramm mit verschiedenen Linienstilen geplottet werden:

In der ersten for-Schleife wird ein TF-Modell mit vier (size(sysPT2)=length(d)+1) Eingängen und einem Ausgang definiert, wobei der jeweilige Dämpfungswert aus dem Vektor d genommen wird. Da die Anzahl der Parametervariationen für d beliebig wählbar sein soll, werden mit der zweiten for-Schleife die Bode-Diagramme übereinander gelegt, was den vorherigen Befehl hold on erfordert (aktiviert Haltefunktion des Teilplots). Die Linienstile sind in dem Cell Array stil gespeichert und werden mit stil{n} aufgerufen[5] .

```
>> sysPT2 = tf(10,[1 0.05 10]);
>> d = [sqrt(2)/2 1.6 3] ;
>> for n = 1:1:length(d) ,
>>      sysPT2 = [ sysPT2 ; tf(10,[1 d(n) 10]) ] ;
>> end;
>> subplot(122) ,
>> hold on;
>> stil = {'r-' 'b-.' 'k-' 'g--'}
>> for n = 1:1:size(sysPT2,1) ,
>>      bode(sysPT2(n),stil{n});
>> end;
```

Wie aus dem Vergleich der beiden PT_1-Frequenzgänge in Abb. 5.11 links sofort zu sehen, stimmen die beiden Verläufe aufgrund der viel zu großen Abtastzeit nur schlecht überein, was sich in der Sprungantwort deutlich zeigt (Abb. 5.12). Eine geringere Abtastzeit führt dann zu besserem Ergebnis (sysPT1dneu).

```
>> sysPT1dneu = d2d(sysPT1d,0.01) ;
>> step(sysPT1,'r-',sysPT1d,'b-.',sysPT1dneu,'g--')
>> legend('sysPT1','sysPT1d','sysPT1dneu',4)
```

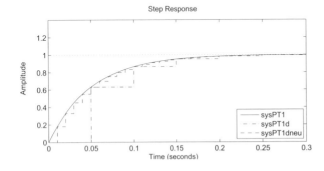

Abb. 5.12: *Sprungantworten von sysPT1, sysPT1d und sysPT1dneu*

---

[5] Genau genommen müsste bei beliebiger Zahl von Dämpfungswerten d und ergo beliebiger Zahl von Eingängen der Befehl zur Auswahl des Linien-Stils stil{1+mod(n-1,size(sysPT2,1))} lauten, so dass die vier Linienarten für n > 4 zyklisch wiederholt würden.

Amplituden- und Phasenrand

Eine weitere Hilfe im Rahmen von Stabilitätsuntersuchungen stellen die beiden Befehle `margin` und `allmargin` dar, die die Stabilitätsreserven Amplitudenrand und Phasenrand für geschlossene Regelkreise berechnen.

Der **Amplitudenrand (Amplitudenreserve)** ist definiert als die Verstärkung F_R, die zusätzlich in die Übertragungsfunktion des offenen Regelkreises eingebracht werden muss, damit der geschlossene Regelkreis gerade instabil wird: Der Wert ergibt sich aus der Inversen des Betrags $|F(j\omega)|$ bei der **Phasen-Durchtrittsfrequenz** ω_φ.

Der **Phasenrand (Phasenreserve)** φ_R ist definiert als der Winkelabstand zu $-180°$, bei dem der Wert des Betrags $|F(j\omega)|$ der Übertragungsfunktion des offenen Regelkreises **1** ist, die zugehörige Frequenz wird **Amplituden-Durchtrittsfrequenz** ω_A genannt.

Für die **Stabilität des geschlossenen Regelkreises** muss gelten:

$$\omega_A < \omega_\varphi \qquad \text{gleichbedeutend} \qquad F_R > 1 \qquad \text{gleichbedeutend} \qquad \varphi_R > 0$$

An der **Stabilitätsgrenze** gilt: $\quad \omega_A = \omega_\varphi \quad$ und $\quad F_R = 1 \quad$ und $\quad \varphi_R = 0$

Die genaue Befehls-Syntax für den Befehl `margin` lautet:

```
margin (sys)
[Gm,Pm,Wcg,Wcp] = margin (sys)
[Gm,Pm,Wcg,Wcp] = margin (mag,phase,w)
```

Dabei ist Gm der Amplitudenrand mit der Phasen-Durchtrittsfrequenz Wcg und Pm der Phasenrand mit der Amplituden-Durchtrittsfrequenz Wcp. Die Werte mag, $phase$ und w entsprechen den Rückgabewerten des Befehls `bode`.

Wird der Befehl ohne Rückgabe-Variable aufgerufen, so plottet er ein Bode-Diagramm mit den Amplituden- und Phasenrändern wie in Abb. 5.13. Erzeugt wurde der Plot in Abb. 5.13 mit den folgenden Zeilen:

```
>> sys  = zpk([],[-1 -1 -1],4)
sys =
      4
  -------
  (s+1)^3

Continuous-time zero/pole/gain model.

>> margin(sys)
>> [Gm,Pm,Wcg,Wcp] = margin(sys)
Gm =
    2.0003
Pm =
    27.1424
Wcg =
    1.7322
Wcp =
    1.2328
```

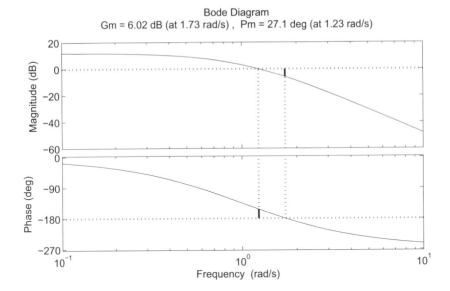

Abb. 5.13: *Bode-Diagramm mit Amplituden- und Phasenrand*

Der Befehl `allmargin` greift etwas weiter als `margin`: Er berechnet für das System mit offener Rückführschleife verschiedene Kenngrößen zur Stabilität und liefert diese in eine struct-Variable *stabil* zurück.

$$stabil = \texttt{allmargin}\,(sys)$$

Die einzelnen Felder der Struktur *stabil* lauten wie folgt (Frequenzen in rad/s):

GainMargin	**Amplitudenrand:** inverse Amplitude bei den Frequenzen GMFrequency
GMFrequency	Frequenzen, bei denen der Phasenwinkel −180° durchläuft.
PhaseMargin	**Phasenrand:** positiver Winkelabstand von −180° an den Stellen PMFrequency in Grad
PMFrequency	Frequenzen, bei denen die Amplitude 0 dB[6] durchläuft.
DelayMargin	**Totzeitrand:** Bei noch größerer Totzeit ist das System instabil (Sekunden bei zeitkontinuierlichen, Vielfache der Abtastzeit bei zeitdiskreten Systemen)
DMFrequency	Zu DelayMargin gehörige Frequenz
Stable	1 bei Stabilität des geschlossenen Regelkreises, 0 bei Instabilität.

Anhand des obigen Beispiels soll die Bedeutung der einzelnen Felder erläutert werden. Zuerst wird der Variablen `stabil` das Ergebnis von `allmargin(sys)` zugewiesen: Das System ist stabil, der Amplitudenrand beträgt 2.0003, der Phasenrand 27.1424° und

---

[6] Entspricht Verstärkung 1.

der Totzeitrand 0.3843 Sekunden. Diese Werte können auch aus Abb. 5.13 abgelesen werden.

```
>> stabil = allmargin(sys)
stabil =
      GainMargin: 2.0003
     GMFrequency: 1.7322
     PhaseMargin: 27.1424
     PMFrequency: 1.2328
     DelayMargin: 0.3843
     DMFrequency: 1.2328
          Stable: 1
```

Nun wird dem System eine Totzeit von `stabil.DelayMargin+0.01` zugefügt, der Totzeitrand also um 0.01 Sekunden überschritten. Die erneute Berechnung mit `allmargin` gibt nun neue Werte zurück und verifiziert die Instabilität des neuen Systems.

```
>> sys.ioDelay = stabil.DelayMargin + 0.01
sys =
                         4
   exp(-0.39*s) * -------
                   (s+1)^3

Continuous-time zero/pole/gain model.
>> allmargin(sys)
ans =
      GainMargin: [1x8 double]
     GMFrequency: [1x8 double]
     PhaseMargin: -0.7063
     PMFrequency: 1.2328
     DelayMargin: -0.0100
     DMFrequency: 1.2328
          Stable: 0
```

Nyquist-Diagramm

Eine andere Möglichkeit, den Frequenzgang darzustellen, ist das Nyquist-Diagramm. Aufgetragen werden Real- und Imaginärteil der komplexen Übertragungsfunktion des **offenen Regelkreises** $-F_0(j\omega)$ für Werte von $\omega = 0$ bis $\omega = \infty$. Die entstehende Kurve wird als **Ortskurve** von $-F_0(j\omega)$ bezeichnet.

Auf Basis des Nyquist-Stabilitäts-Kriteriums kann die Stabilität des geschlossenen Regelkreises (bei Einheitsrückführung und negativer Rückkopplung) im Nyquist-Diagramm abgelesen werden [26]:

'Der geschlossene Regelkreis ist stabil, wenn der vom kritischen Punkt $-1 + j\,0$ zum laufenden Ortspunkt $-F(j\omega)$ ($\hat{=}$ Ortskurve des aufgetrennten Regelkreises) weisende Fahrstrahl für wachsendes ω von $+0$ bis $+\infty$ eine Winkeländerung

$$\mathop{\Delta}_{\omega=+0}^{\omega=+\infty} \phi_{soll} = n_r \cdot \pi + n_a \cdot \frac{\pi}{2}$$

erfährt.'

Dabei darf die Übertragungsfunktion $-F_0(p)$ folgenden – auch einen Totzeitanteil enthaltenden – Aufbau haben

$$-F_0(p) \;=\; \frac{Z_0(p)}{N_0(p)} \cdot e^{-pT_t} \;; \qquad n_0 > m_0 \;, \qquad T_t \geq 0 \;,$$

wobei m_0 und n_0 den Grad des Zähler- und Nennerpolynoms von F_0 angeben und n_r, n_a und n_l jeweils die Anzahl der Wurzeln von $N_0(p)$ rechts (instabil), auf (grenzstabil) und links (stabil) der imaginären Achse der p-Ebene, [...], bezeichnen.

Diese Aussage kann auch so formuliert werden:

Der geschlossene Regelkreis ist stabil, wenn die Ortskurve des offenen Regelkreises den kritischen Punkt $-1 + j\,0$ im Gegenuhrzeigersinn so oft umkreist, wie $F(s)$ positive reelle Pole besitzt.

Für das Erzeugen eines Nyquist-Diagramms lautet die Befehls-Syntax wie folgt:

> nyquist $(sys[,w])$
>
> $[re,im]$ = nyquist (sys,w)
>
> $[re,im,w]$ = nyquist (sys)

Für den Frequenzvektor w sowie das Übereinanderlegen von Ortskurven mehrerer Systeme in ein Nyquist-Diagramm gilt das bereits unter dem Bode-Diagramm Gesagte.

Wiederum soll ein **Beispiel** den Befehl `nyquist` anschaulich machen: Aus dem ZPK-Modell `sys` werden drei diskrete ZPK-Modelle mit verschiedenen Abtastzeiten gemacht und anschließend in ein Nyquist-Diagramm geplottet.

```
>> sys   = zpk([],[-1 -1 -1],4) ;
>> sysd1 = c2d(sys,0.3) ;
>> sysd2 = c2d(sys,1.5) ;
>> sysd3 = c2d(sys,4.0) ;
>> nyquist(sys,'r-',sysd1,'b-.',sysd2,'k-' ,sysd3,'g--')
```

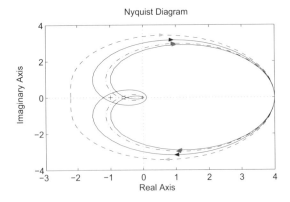

Abb. 5.14: *Nyquist-Diagramm:* `sys` *und* `sysd1-sysd3` *mit verschiedenen Abtastzeiten*

Für die oben definierten PT$_1$- und PT$_2$-Funktionen sind die Nyquist-Diagramme in Abb. 5.15 dargestellt.

```
>> subplot(121)
>> nyquist(sysPT1,'r-',sysPT1d,'b--')
>> subplot(122)
>> hold on;
>> stil = {'r-' 'b-.' 'k-' 'g--'} ;
>> for n = 2:1:size(sysPT2,1) ,
>>     nyquist(sysPT2(n),stil{1+mod(n-1,size(sysPT2,1))});
>> end;
```

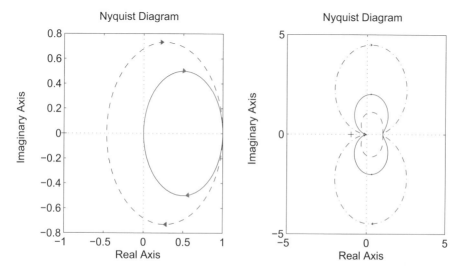

Abb. 5.15: *Nyquist-Diagramme : sysPT1 (-) und sysPT1d (--) (links), sysPT2 für unterschiedliche Dämpfungen (rechts)*

Systemantwort im Frequenzbereich	
evalfr (sys, f)	Berechnet Antwort bei einer komplexen Frequenz f
freqresp (sys, w)	Berechnet Antworten für ausgewählte Frequenzen w
bode $(sys[, w])$	Berechnet das Bode-Diagramm
margin (sys)	Berechnet Amplitudenrand und Phasenrand
allmargin (sys)	Berechnet Stabilitätskenngrößen
nyquist $(sys[, w])$	Berechnet das Nyquist-Diagramm

5.3.5   Interaktive Modellanalyse mit dem LTI-Viewer

Neben den oben gezeigten Möglichkeiten bietet MATLAB einen interaktiven LTI-Viewer
an, mit dem auf schnelle und einfache Weise ein System innerhalb einer Figure untersucht werden kann.

Aufgerufen wird dieser Viewer mit dem Befehl ltiview, wodurch sich ein leerer LTI-
Viewer öffnet. Mit dessen Menü-Befehlen und den Kontextmenüs (rechte Maustaste)
können dann unterschiedliche Systeme geladen und exportiert werden, verschiedene
Ausgabetypen, wie Sprungantwort, Bode-Diagramm etc., gewählt und gleichzeitig im
LTI-Viewer angesehen werden, wie z.B. in Abb. 5.16 dargestellt.

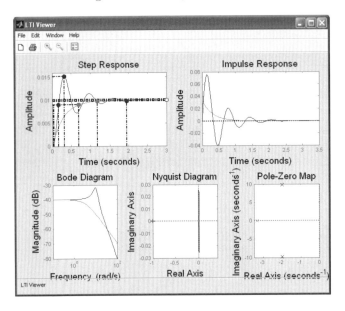

Abb. 5.16: *Interaktive Modellanalyse mit dem LTI-Viewer*

Schon beim Aufruf gibt es verschiedene Möglichkeiten, um bestimmte Voreinstellungen
festzulegen:

> ltiview (*sys*)
>
> ltiview (*plottype*,*systems*,*extras*)
>
> ltiview (*open*,*systems*,*viewers*)

Wird nur ein System *sys* übergeben, so wird der LTI-Viewer standardmäßig mit dessen
Sprungantwort geöffnet. Mittels des Parameters *plottype* kann man eine oder mehrere Darstellungsarten für die übergebenen Systeme wählen. Der Parameter *extras*
enthält die zusätzlichen Eingabeparameter der verschiedenen Zeit- und Frequenzantworten. Für einen bereits geöffneten LTI-Viewer (Handle *viewers*) kann nun mit dem
Wert 'clear' für den Parameter *open* und weglassen von *systems* der LTI-Viewer
zurückgesetzt werden, mit 'current' werden dem LTI-Viewer Systeme hinzugefügt.
Der Parameter *extras* enthält die zusätzlichen Eingabeparameter der verschiedenen

Zeit- und Frequenzantworten, z.B. die Angabe des Eingangssignals u, des Zeitvektors t und des Anfangswertvektors x0 bei Aufruf von ltiview('lsim',sys1,sys2,u,t,x0).

Im folgenden Beispiel (Abb. 5.17) wird zuerst ein schwingungsfähiges PT_2-System sys erzeugt, das im LTI-Viewer mit der Darstellung als Bode-Diagramm und als Nullstellen-Polstellen-Verteilung geöffnet wird, wobei der Handle des LTI-Viewers in h gespeichert wird. Anschließend wird im offenen LTI-Viewer noch ein PT_1-System angezeigt.

```
>> [num,den] = ord2(10,0.2);
>> sys = tf(num,den);
>> h = ltiview({'step';'pzmap'},sys);
>> ltiview('current',tf(dcgain(sys),[0.3 1]),h)
```

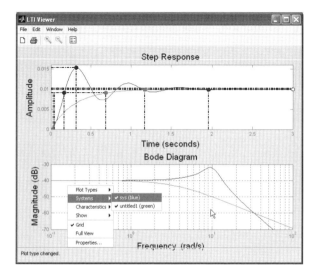

Abb. 5.17: *LTI-Viewer*

Die Grundeinstellungen des LTI-Viewers sowie einige andere Grundeinstellungen der Control System Toolbox lassen sich mittels des interaktiven Tools „Control System Toolbox Preferences" einstellen, das mit dem Befehl

    ctrlpref

gestartet wird. Die insgesamt vier Einstell-Fenster zeigt Abb. 5.18.

So können im Register „Units" Einstellungen zu den standardmäßig verwendeten Einheiten getroffen werden: Für die Frequenz auto (Standard), 'Hz', 'rad/second', 'rpm', 'kHz', 'MHz', 'GHz' 'rad/nanosecond' etc. oder 'cycles/millisecond' etc., wobei für die Darstellung lineare 'lin scale' oder logarithmische Skalierung 'log scale' (Standard) eingestellt werden kann. Für die Verstärkung kann 'dB' (Standard) oder der Absolutwert mit 'absolute' angegeben werden. Die Phase kann entweder in 360°-Einteilung mit 'degree' (Standard) oder in rad 'radians' erfolgen. Die Zeit kann automatisch mit 'auto' bzw. von 'nanosecond' bis zu 'years' eingestellt werden.

Im Register „Style" können Einstellungen zu den Gitterlinien, der Schriftauswahl für die Beschriftung und der Achsen-Farbe getroffen werden.

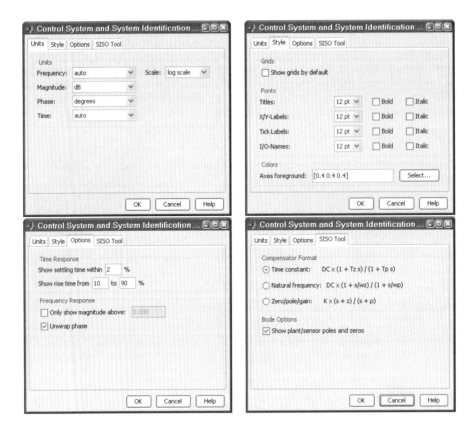

Abb. 5.18: *„Control System Toolbox Preferences"-Tool zur Festlegung von Grundeinstellungen der Control System Toolbox*

Im Register „Options" können Angaben zur Anstiegs- und zur Abklingzeit bei den Zeitantwort-Darstellungen, also Impulsantwort (Befehl `impulse`) und Sprungantwort (Befehl `step`), sowie zur Phasendarstellung im Bodediagramm (Befehle `bode` und `margin`) eingestellt werden.

Im Register „SISO Tool" können für das SISO Design Tool Angaben zur Struktur des dort verwendeten Reglers sowie für die Darstellung des dort gezeigten Bodediagramms getroffen werden (siehe hierzu Kap. 5.4.2).

Interaktive Modellanalyse mit dem LTI-Viewer	
h = `ltiview`(*systems*)	Öffnet einen LTI-Viewer mit den Systemen *systems* und weist seinen Handle der Variablen h zu
`ctrlpref`	Öffnet das „Control System Toolbox Preferences"-Tool zur Festlegung von Grundeinstellungen der Control System Toolbox

5.3.6   Ordnungsreduzierte Darstellung

Für die Analyse der Systemeigenschaften kann es hilfreich sein, eine reduzierte System-darstellung zu verwenden: So lässt sich z.B. oft das tief- und hochfrequente Verhalten eines Systems getrennt untersuchen, ohne wichtige Eigenschaften außer Acht zu lassen.

Automatische Ordnungsreduktion

Mit dem Befehl `minreal` lassen sich in der Zustandsdarstellung nicht beobachtbare und nicht steuerbare **Zustände eliminieren** bzw. bei Übertragungsfunktionen (TF und ZPK) identische **Nullstellen und Pole kürzen**. Der optionale Parameter *tol* gibt die Toleranz für die Zustands-Elimination bzw. Nullstellen-Polstellen-Kürzung an. Diese liegt standardmäßig bei *tol* = `sqrt(eps)`, bei größeren Toleranzen werden mehr Zustände eliminiert.

$$sysr = \texttt{minreal}\,(sys[,tol])$$

$$msys = \texttt{sminreal}\,(sys)$$

Für LTI-Systeme in Zustandsdarstellung eliminiert der Befehl `sminreal` alle Zustände, die aufgrund struktureller Gegebenheiten vorhanden sind, aber keinen Einfluss auf das **Ein-/Ausgangsverhalten** haben.

Wie im folgenden Beispiel leicht zu erkennen ist, führt erst die Angabe der Toleranz `0.01` zur gewünschten Kürzung der Nullstelle bei `-0.999` mit dem Pol bei `-1.001`.

```
>> sys = zpk([-0.999 1],[-1.001 2],0.5)
sys =
  0.5 (s+0.999) (s-1)
  -------------------
    (s+1.001) (s-2)

Continuous-time zero/pole/gain model.
>> minreal(sys)
ans =
  0.5 (s+0.999) (s-1)
  -------------------
    (s+1.001) (s-2)

Continuous-time zero/pole/gain model.
>> minreal(sys,0.01)
ans =
  0.5 (s-1)
  ---------
    (s-2)

Continuous-time zero/pole/gain model.
```

Im Beispiel für `sminreal` wird das System `sys`, dessen zweiter Zustand weder mit dem Eingang noch mit dem Ausgang verknüpft ist, auf das Teilsystem `sys(1,1)` minimiert.

```
>> sys = ss ([1 2 ; 0 3 ],[4 ; 0],[5 0],0) ;
>> msys = sminreal(sys);
>> [ msys.a msys.b msys.c msys.d ]
ans =
     1     4     5     0
```

Explizite Ordnungsreduktion

Soll ein System hoher Ordnung vereinfacht werden oder unterschiedlich „schnelle"
Zustände getrennt untersucht werden, so ist `modred`[7] das geeignete Werkzeug.

$rsys$ = modred ($sys,elim$)

$rsys$ = modred ($sys,elim[,methode]$)

Neben dem System sys muss dem Befehl `modred` im Parameter $elim$ der Vektor mit den
Indizes der zu eliminierenden Zustände übergeben werden. Als Berechnungsvorschrift
$methode$ gibt es zwei grundsätzlich voneinander verschiedene Methoden:

'MatchDC' (Matching **DC**-gain) erzeugt ein reduziertes Modell, das die gleiche **stationäre Gleichverstärkung** (Kap. 5.3.2) aufweist wie das Originalmodell. Die
Ableitungen (linke Seite) der in $elim$ angegeben Zustände werden zu null
gesetzt und damit diese Zustände in den restlichen Gleichungen eliminiert.
(Standard)

'Truncate'(**Truncate**) entfernt einfach die in $elim$ übergebenen Zustände aus dem Originalmodell, was zwar nicht zu übereinstimmender stationärer Gleichverstärkung
führen muss, aber in der Regel zu **besserer Übereinstimmung im Frequenzbereich** führt.

Beispiel

Aus den PT$_1$- und PT$_2$-Übertragungsfunktionen `sysPT1` und `sysPT2` wird das Gesamtsystem `sys` erzeugt und jeweils mit 'del' und 'mdc' zwei reduzierte Darstellungen
`sys1mdel` und `sys2mdel` bzw. `sys1mmdc` und `sys2mmdc` berechnet.

```
>> T  = 0.2 ; V  = 0.8 ;
>> wn = T/0.001 ; d  = 0.05 ;
>> sysPT1 = ss(tf(V,[T 1])) ;
>> sysPT2 = ss(tf(wn^2,[1 2*d*wn wn^2])) ;
>> sys = sysPT1 + sysPT2 ;
>> sys1mdel = modred(sys,[2,3],'Truncate') ;
>> sys2mdel = modred(sys,[1],'Truncate') ;
>> sys1mmdc = modred(sys,[2,3],'MatchDC') ;
>> sys2mmdc = modred(sys,[1],'MatchDC') ;
>> sys.a
ans =
    -5.0000         0          0
          0  -20.0000  -156.2500
          0  256.0000          0
>> [sysPT1.a , sys1mdel.a , sys1mmdc.a ]
ans =
    -5    -5    -5
>> [sysPT2.a , sys2mdel.a , sys2mmdc.a ]
ans =
  -20.0000 -156.2500   -20.0000 -156.2500   -20.0000 -156.2500
  256.0000         0   256.0000         0   256.0000         0
```

---

[7] Dieser Befehl wird gerne mit dem Befehl `balreal` verwendet, der mittels der Gram'schen
Steuerbarkeits- und Beobachtbarkeitsmatrizen eine verbesserte Zustandsdarstellung berechnet [17, 37].

Abschließend werden die Sprungantworten in Abb. 5.19 und die Bode-Diagramme in Abb. 5.20 geplottet.

```
>> figure(1)
>> subplot(221) , step(sys,'r-')
>> subplot(222) , step(sysPT1,'b-',sysPT2,'g--')
>> subplot(223) , step(sys1mdel,'b-',sys1mmdc,'g--')
>> subplot(224) , step(sys2mdel,'b-',sys2mmdc,'g--')
>> figure(2)
>> subplot(121) , bode(sysPT1,'r-',sys1mdel,'b-',sys1mmdc,'g--')
>> subplot(122) , bode(sysPT2,'r-',sys2mdel,'b-',sys2mmdc,'g--')
```

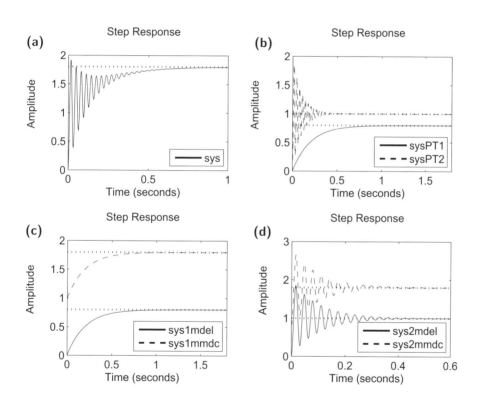

Abb. 5.19: *Sprungantworten Modellreduktion: (a) sys, (b) sysPT1 (-) und sysPT2 (--); (c) sys1mdel (-) und sys1mmdc (--), (d) sys2mdel (-) und sys2mmdc (--)*

Ordnungsreduktion	
`minreal`(*sys*,[*tol*])	Zustands-Elimination/Nullstellen-Polstellen-Kürzung
`modred`(*sys*,*elim*)	Ordnungsreduktion
`sminreal`(*sys*)	Strukturierte Ordnungsreduktion

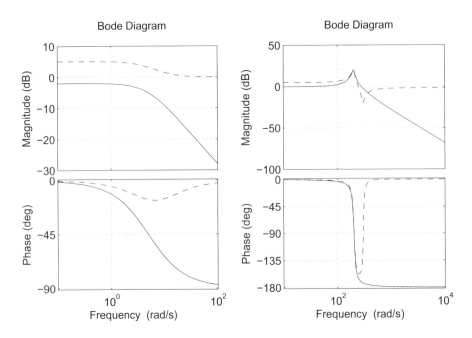

Abb. 5.20: *Bode-Diagramm Modellreduktion: sysPT1 (-), sys1mdel (-) und sys1mmdc (--) (links); sysPT2 (-), sys2mdel (-) und sys2mmdc (--) (rechts)*

5.3.7 Zustandsbeschreibungsformen

Je nach Untersuchungsziel können unterschiedliche Darstellungsformen eines Systems erwünscht sein. So lassen sich im Zustandsraum durch geeignete Matrix-Transformationen verschiedene Darstellungen eines Systems erzeugen, z.B. die Beobachtbarkeits- und Steuerbarkeitsmatrizen für die Untersuchung von Beobachtbarkeit und Steuerbarkeit.

Kanonische Zustandsbeschreibungen

Mit dem Befehl `canon` bietet die Control System Toolbox die Möglichkeit, in Abhängigkeit des Parameters *type* zwei kanonische Zustandsbeschreibungen zu realisieren:

$$csys = \texttt{canon}\,(sys, \texttt{'}type\texttt{'})$$
$$[csys, T] = \texttt{canon}\,(sys, \texttt{'}type\texttt{'})$$

Bei SS-Modellen wird für beide Typen in der Variablen T die Transformationsmatrix gespeichert, die den transformierten Zustandsvektor $\mathbf{x_c} = \mathbf{Tx}$ erzeugt.

Wird als *type* `'modal'` übergeben, so wird eine Zustandsbeschreibung erstellt, bei der in der Diagonalen der Systemmatrix die reellen Eigenwerte λ_i des Systems und die komplexen Eigenwerte $\sigma \pm j\omega$ jeweils in 2×2-Untermatrizen stehen ($\mathbf{A}$ diagonalisierbar):

Beispiel:

reelle Eigenwerte λ_1, λ_2

konj. komplexer Eigenwert $\sigma \pm j\omega$

$$\mathbf{A} = \begin{bmatrix} \lambda_1 & 0 & 0 & 0 \\ 0 & \sigma & \omega & 0 \\ 0 & -\omega & \sigma & 0 \\ 0 & 0 & 0 & \lambda_2 \end{bmatrix} \quad (5.30)$$

Eine zweite Darstellungsart ist die **Beobachter-Normalform**, für die als *type* 'companion' angegeben wird. Voraussetzung hierfür ist die Steuerbarkeit des Systems vom ersten Eingang aus. Die Systemmatrix des Systems wird aus den Koeffizienten des charakteristischen Polynoms $\chi(s)$ wie folgt gebildet (n: Anzahl der Zustände):

$$\chi(s) = s^n + c_1 s^{n-1} + \ldots + c_{n-1}s + c_n \quad \mathbf{A} = \begin{bmatrix} 0 & 0 & \ldots & \ldots & 0 & -c_n \\ 1 & 0 & 0 & \ldots & 0 & -c_{n-1} \\ 0 & 1 & 0 & & \vdots & \vdots \\ \vdots & 0 & \ddots & \ldots & \vdots & \vdots \\ 0 & \ldots & \ldots & 1 & 0 & -c_2 \\ 0 & \ldots & \ldots & 0 & 1 & -c_1 \end{bmatrix} \quad (5.31)$$

Beobachtbarkeit

Bei der Systemanalyse ist es zunächst wichtig zu wissen, ob und welche Zustände eines Systems beobachtbar sind. Dies geschieht entweder über die Beobachtbarkeitsmatrix **Ob** oder mittels der Beobachtbarkeitsform des Systems.

Die **Beobachtbarkeitsmatrix Ob** (**Ob**servability Matrix) wird gebildet aus der Systemmatrix **A** und der Ausgangsmatrix **C** nach:

$$\mathbf{Ob} = \begin{bmatrix} \mathbf{C} \\ \mathbf{CA} \\ \mathbf{C}\mathbf{A}^2 \\ \vdots \\ \mathbf{CA}^{n-1} \end{bmatrix} \quad (5.32)$$

Hat die Beobachtbarkeitsmatrix vollen Rang, so ist das System **vollständig beobachtbar**, andernfalls entspricht der Rang von **Ob** der Anzahl der beobachtbaren Zustände.

In MATLAB wird die **Beobachtbarkeitsmatrix** berechnet mit:

Ob = obsv (A, C)

Ob = obsv (sys)

Sollen auch Aussagen gemacht werden darüber, welche Zustände nicht beobachtbar sind, so gelingt dies mittels der **Beobachtbarkeitsform**. Ist ein System nicht vollständig beobachtbar, so existiert eine Ähnlichkeitstransformation auf Stufenform, für die gilt:

$$\overline{\mathbf{A}} = \mathbf{T}\,\mathbf{A}\,\mathbf{T}^T \qquad \overline{\mathbf{B}} = \mathbf{T}\,\mathbf{B} \qquad \overline{\mathbf{C}} = \mathbf{C}\,\mathbf{T}^T \quad (5.33)$$

Das transformierte System stellt sich wie folgt dar:

$$\overline{\mathbf{A}} = \begin{bmatrix} \mathbf{A}_{no} & \mathbf{A}_{12} \\ \mathbf{0} & \mathbf{A}_{o} \end{bmatrix} \qquad \overline{\mathbf{B}} = \begin{bmatrix} \mathbf{B}_{no} \\ \mathbf{B}_{o} \end{bmatrix} \qquad \overline{\mathbf{C}} = [\,\mathbf{0}\ \mathbf{C}_{o}\,] \quad (5.34)$$

$\mathbf{A_{no}}$ ist die Matrix der unbeobachtbaren Zustände und $\mathbf{B_{no}}$ die Matrix der unbeobachtbaren Eingänge, $\mathbf{A_o}$, $\mathbf{B_o}$ und $\mathbf{C_o}$ sind die Matrizen des beobachtbaren Teilsystems.

In MATLAB wird die **Beobachtbarkeitsform** erzeugt durch:

$$[Abar, Bbar, Cbar, T, k] = \text{obsvf}\,(A, B, C[, tol])$$

Die drei Variablen *Abar*, *Bbar* und *Cbar* enthalten die auf Stufenform transformierten Matrizen $\overline{\mathbf{A}}$, $\overline{\mathbf{B}}$ und $\overline{\mathbf{C}}$. Der Vektor k hat als Länge die Dimension von A: In jedem Element wird die Anzahl der beobachtbaren Zustände während der iterativen Matrix-Transformation gespeichert. Die Anzahl der Einträge ungleich null von k gibt also die Anzahl der Iterationsschritte an, die Summe der Vektorelemente von k die Anzahl der beobachtbaren Zustände. Auch hier ist T die Transformationsmatrix, der optionale Parameter *tol* gibt die Toleranz bei der Berechnung der Beobachtbarkeitsform an.

Ein **Beispiel** soll die beiden Befehle `obsv` und `obsvf` veranschaulichen.

```
>> A = [ 6 -1 ;  1 4 ]
A =
       6     -1
       1      4
>> B = [ -2  2 ; -2 2 ]
B =
      -2      2
      -2      2
>> C = [  1  0 ;  0 1 ]
C =
       1      0
       0      1
>> Ob = obsv(A,C)
Ob =
       1      0
       0      1
       6     -1
       1      4
>> rank(Ob)
ans =
       2
```

Wie bereits an der Ausgangsmatrix C zu erkennen, ist das System vollständig beobachtbar. Gleiches liefert die Stufenform der Beobachtbarkeitsform (k=2):

```
>> [Abar,Bbar,Cbar,T,k] = obsvf(A,B,C)
Abar =
       6     -1
       1      4
Bbar =
      -2      2
      -2      2
Cbar =
       1      0
       0      1
T =
       1      0
       0      1
k =
       2      0
```

Steuerbarkeit

Eine weitere interessante Eigenschaft ist die Steuerbarkeit eines Systems. Sollen bestimmte Zustände eines Systems geregelt werden, so müssen sie steuerbar sein. Um Aussagen über die Steuerbarkeit eines Systems zu machen, eignen sich sowohl die Steuerbarkeitsmatrix **Co** als auch die Steuerbarkeitsform der Zustandsdarstellung.

Die **Steuerbarkeitsmatrix Co** (**Co**ntrollability Matrix) eines Systems mit n Zuständen ist definiert als:

$$\mathbf{Co} = \begin{bmatrix} \mathbf{B} & \mathbf{AB} & \mathbf{A}^2\mathbf{B} & \dots & \mathbf{A}^{n-1}\mathbf{B} \end{bmatrix} \tag{5.35}$$

Hat die Steuerbarkeitsmatrix vollen Rang, so ist das System **vollständig steuerbar**, andernfalls entspricht der Rang von **Co** der Anzahl der steuerbaren Zustände. Die Befehls-Syntax lautet:

Co = ctrb (A, B)

Co = ctrb (sys)

Sollen auch Aussagen gemacht werden über die Zustände, die nicht steuerbar sind, so gelingt dies mittels der **Steuerbarkeitsform**. Ist ein System nicht vollständig steuerbar, so existiert auch hier eine Ähnlichkeitstransformation auf Stufenform, für die gilt:

$$\overline{\mathbf{A}} = \mathbf{T}\,\mathbf{A}\,\mathbf{T}^T \qquad \overline{\mathbf{B}} = \mathbf{T}\,\mathbf{B} \qquad \overline{\mathbf{C}} = \mathbf{C}\,\mathbf{T}^T \tag{5.36}$$

Das transformierte System stellt sich wie folgt dar:

$$\overline{\mathbf{A}} = \begin{bmatrix} \mathbf{A_{nc}} & \mathbf{0} \\ \mathbf{A_{21}} & \mathbf{A_c} \end{bmatrix} \qquad \overline{\mathbf{B}} = \begin{bmatrix} \mathbf{0} \\ \mathbf{B_c} \end{bmatrix} \qquad \overline{\mathbf{C}} = \begin{bmatrix} \mathbf{C_{nc}} & \mathbf{C_c} \end{bmatrix} \tag{5.37}$$

Alle nicht steuerbaren Zustände befinden sich in der Teilmatrix $\mathbf{A_{nc}}$, die nicht steuerbaren Eingänge enthält $\mathbf{C_{nc}}$, das steuerbare Teilsystem hat die Matrizen $\mathbf{A_c}$, $\mathbf{B_c}$ und $\mathbf{C_c}$.

In MATLAB erhält man die **Steuerbarkeitsform** durch:

$[Abar, Bbar, Cbar, T, k]$ = ctrbf $(A, B, C[, tol])$

Für die zurückgegebenen Variablen gilt analog zur Beobachtbarkeitsform: Die drei Variablen *Abar*, *Bbar* und *Cbar* enthalten die auf Stufenform transformierten Matrizen $\overline{\mathbf{A}}$, $\overline{\mathbf{B}}$ und $\overline{\mathbf{C}}$, k die Anzahl der steuerbaren Zustände während der iterativen Matrix-Transformation. Die Anzahl der Einträge ungleich null von k gibt wiederum die Anzahl der Iterationsschritte an, die Summe der Vektorelemente von k die Anzahl der steuerbaren Zustände. Für T und *tol* gilt Analoges wie bei der Berechnung der Beobachtbarkeitsform.

Anhand des folgenden Beispiels wird die Funktion von `ctrb` und `ctrbf` gezeigt.

```
>> A = [ 6 -1 ;   1 4 ]
A =
       6     -1
       1      4
>> B = [ -2  2 ; -2 2 ]
B =
      -2      2
      -2      2
>> C = [  1   0 ;   0 1 ]
C =
       1      0
       0      1
>> Co = ctrb(A,B)
Co =
      -2      2    -10     10
      -2      2    -10     10
>> rank(Co)
ans =
       1
```

Der Rang der Steuerbarkeitsmatrix Co ist nicht voll, deshalb ist das System nicht vollständig steuerbar. Das gleiche Ergebnis erhält man, wenn man die Steuerbarkeitsform aufstellt.

```
>> [Abar,Bbar,Cbar,T,k] = ctrbf(A,B,C)
Abar =
    5.0000    -0.0000
    2.0000     5.0000
Bbar =
         0          0
    2.8284    -2.8284
Cbar =
   -0.7071    -0.7071
    0.7071    -0.7071
T =
   -0.7071     0.7071
   -0.7071    -0.7071
k =
       1      0
```

Zustandsbeschreibungsformen

canon $(sys,\,'type')$	Kanonische Zustandsbeschreibungen
obsv (A,C), obsv (sys)	Beobachtbarkeitsmatrix
obsvf $(A,B,C[,tol])$	Stufenform der Beobachtbarkeitsmatrix
ctrb (A,B), ctrb (sys)	Steuerbarkeitsmatrix
ctrbf $(A,B,C[,tol])$	Stufenform der Steuerbarkeitsmatrix

5.4   Reglerentwurf

Das abschließende Ziel einer regelungstechnischen Untersuchung stellt der Entwurf eines Reglers dar, mit dem ein gewünschtes Systemverhalten eingestellt werden soll. Erster Schritt ist dabei die Auswahl eines geeigneten Reglers, der in einem zweiten Schritt parametriert wird.

Bei guten Simulationsergebnissen des geschlossenen Regelkreises folgt dann die Implementierung am realen System mit anschließenden Tests. Sind die so erzielten Ergebnisse von ausreichender Güte, ist die regelungstechnische Aufgabe abgeschlossen.

In der Regel werden aber noch Verbesserungen erforderlich sein, so dass einige oder auch alle Stufen der Untersuchung, angefangen von der Modellierung des Systems über die Systemanalyse bis hin zur Reglersynthese, ein oder mehrere Male durchlaufen werden müssen.

Für den Entwurf und die Auslegung eines Reglers stellt die Control System Toolbox nun einige Verfahren zur Verfügung:

- Wurzelortskurven-Verfahren

- SISO Design Tool

- Polplatzierung in Verbindung mit Zustandsrückführung und -beobachtung

- Linear-quadratisch optimale Regelung

- Kalman-Filter als Zustandsbeobachter für verrauschte Größen

5.4.1   Reglerentwurf mittels Wurzelortskurve

Ein klassisches Verfahren zum Einstellen der Reglerparameter von SISO-Systemen ist der Entwurf mithilfe von Wurzelortskurven (WOK).

Eine Wurzelortskurve beschreibt das Verhalten der Pole des geschlossenen Regelkreises in Abhängigkeit eines Rückführverstärkungsfaktors k und stellt diese Abhängigkeit in der komplexen Nullstellen-Polstellen-Ebene mit den Realteilen $\mathrm{Re}\{\lambda\} = \sigma$ als x-Achse und den Imaginärteilen $\mathrm{Im}\{\lambda\} = \omega$ als y-Achse dar.

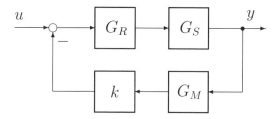

Abb. 5.21: *Signalflussplan Regelkreis*

Im Rahmen der Control System Toolbox setzt sich die Übertragungsfunktion $-G_0$ des offenen Regelkreises nach Abb. 5.21 zusammen aus den Übertragungsfunktionen der Strecke G_S, des Reglers G_R, eines Mess-Sensors G_M und des Rückführverstärkungsfaktors k (n Zählerpolynome, d Nennerpolynome):

$$-G_0 \;=\; k \cdot G_R \cdot G_S \cdot G_M \;=\; k \cdot \frac{n_R\, n_S\, n_M}{d_R\, d_S\, d_M} \;=\; k \cdot \frac{n_0}{d_0} \tag{5.38}$$

Die Übertragungsfunktion des geschlossenen Regelkreises nach Abb. 5.21 lautet bei negativer Rückkopplung (n Zählerpolynome, d Nennerpolynome):

$$G \;=\; \frac{G_R\, G_S}{1 + k \cdot G_R\, G_S\, G_M} \;=\; \frac{n_R\, n_S\, d_M}{d_R\, d_S\, d_M \;+\; k \cdot n_R\, n_S\, n_M} \tag{5.39}$$

Die Pole des geschlossenen Regelkreises entprechen den Wurzeln des Nennerpolynoms von G nach der Gleichung

$$d_0 + k \cdot n_0 \;=\; d_R\, d_S\, d_M \;+\; k \cdot n_R\, n_S\, n_M \;=\; 0 \;. \tag{5.40}$$

Die Control System Toolbox stellt für das WOK-Verfahren für SISO-LTI-Modelle den Befehl `rlocus` zur Verfügung mit der Befehls-Syntax:

```
rlocus (sys[,k])
[r,k] = rlocus (sys)
r = rlocus (sys,k)
```

Das übergebene LTI-Modell sys ist hierbei die **positive** Übertragungsfunktion des offenen Regelkreises

$$G_0 \;=\; G_R \cdot G_S \cdot G_M \qquad \widehat{=} \qquad \text{sys = sysM * sysS * sysR}$$

ohne den Verstärkungsfaktor k, der optional übergeben werden kann. Somit wird sys gebildet durch das entsprechende Verknüpfen der Einzelmodelle (Achtung auf die Reihenfolge der Modelle, siehe auch Kap. 5.2.6 und 5.2.7):

Der erste Aufruf mit `rlocus (sys[,k])` ohne Variablenrückgabe erzeugt die Wurzelortskurve von sys in einem Plot. Werden nicht explizit Verstärkungsfaktoren mit dem Vektor k angegeben, so wählt MATLAB passende Werte.

In diesem Zusammenhang sei an das Plotten einer Nullstellen-Polstellen-Verteilung mit dem Befehl `pzmap` erinnert (Kap. 5.3.2). Auch hier stehen die Befehle `sgrid` bzw. `zgrid` zur Verfügung, mittels derer ein Gitternetz mit Linien gleicher Dämpfung (Geraden vom Ursprung) und gleicher natürlicher Frequenz (Kreise um den Ursprung) eingeblendet werden können.

Wird als Befehlsaufruf [r,k] = rlocus(*sys*) gewählt, so werden in der Matrix r die komplexen Wurzelorte zu den entsprechenden Verstärkungsfaktoren im Vektor k rückgeliefert. Die Matrix r hat length(k) Spalten, wobei in der n-ten Spalte jeweils die dem Wert $k(n)$ zugehörigen Pole abgelegt sind.

Im **Beispiel** wird die Wurzelortskurve von sys in Abb. 5.22 gezeigt. Ausgegeben werden weiter der minimale und maximale Wert für k und die zugehörigen Ortskurvenpunkte.

```
>> sys = zpk([],[-0.1 -1-i -1+i],1)
sys =

            1
  ---------------------
  (s+0.1) (s^2 + 2s + 2)

Continuous-time zero/pole/gain model.

>> rlocus(sys)
>> [r,k] = rlocus(sys) ;
>> [ k(1)    , k(max(find(k<inf))) ]
ans =
  1.0e+005 *
          0    9.2571
>> [ r(:,1) , r(:,max(find(k<inf))) ]
ans =
  -0.1000 + 0.0000i -98.1571 + 0.0000i
  -1.0000 + 1.0000i   48.0285 +84.4046i
  -1.0000 - 1.0000i   48.0285 -84.4046i
```

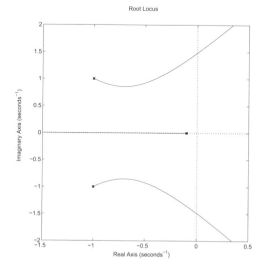

Abb. 5.22: Wurzelortskurve für sys

Verstärkungsfaktoren auslesen

Sehr hilfreich im Zusammenhang mit `rlocus` ist der Befehl `rlocfind`, der den Verstärkungsfaktor k und die entsprechenden Pole r für eine durch Mausklick bestimmte Polstelle im mit `rlocus` erzeugten WOK-Diagramm ausgibt.

$$[k,r] = \texttt{rlocfind}\,(sys[,p])$$

Durch Angabe des Vektors p mit frei gewählten Polstellenorten berechnet `rlocfind` Ortskurvenpunkte, die nahe den angegebenen Werten in p liegen. Die k-Werte werden berechnet nach $k = |\,den(p)/num(p)\,|$, die Pole sind wieder die Wurzeln nach Gl. (5.40).

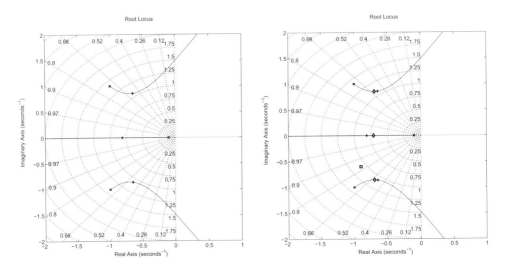

Abb. 5.23: *k-Wert ermitteln mit* `rlocfind` *(links); Pole für p-Wert ermitteln (rechts)*

Abb. 5.23 zeigt links die dem per Mausklick markierten Punkt −0.6256 − 0.7391i zugehörigen Pole als +. Zusätzlich wurde mit `sgrid` ein Gitternetz erzeugt.

```
>> [kf,rf] = rlocfind(sys)     % K-Werte durch Mausklick ermitteln
Select a point in the graphics window
selected_point =
  -0.6256 - 0.7391i
kf =
    0.7363
rf =
  -0.6446 + 0.8598i
  -0.6446 - 0.8598i
  -0.8108 + 0.0000i
>> sgrid
```

Weiter wurden für den Punkt `p = [-0.9-0.6i]` der Verstärkungsfaktor `kff` und die Wurzeln `rff` berechnet und dann `p` (□) sowie die zugehörigen `rff` (◇) in Abb. 5.23 rechts geplottet:

```
>> p = [-0.9-0.6i]            % k-Werte für p ermitteln
p =
  -0.9000 - 0.6000i
>> [kff,rff] = rlocfind(sys,p)
kff =
    0.6610
rff =
  -0.6952 + 0.8544i
  -0.6952 - 0.8544i
  -0.7096 + 0.0000i
>> hold on
>> plot(p,'ks',rff,'kd')
```

Wurzelortskurven-Verfahren

rlocus $(sys[,k])$ Berechnet die Wurzelortskurve
rlocfind $(sys[,p])$ Gibt Verstärkung und Pole der WOK zurück

---

5.4.2   Reglerentwurf mit dem Control and Estimation Tools Manager und dem SISO Design Tool

Für den Reglerentwurf von SISO-Systemen bietet die Control System Toolbox auch ein interaktives Werkzeug an, mit dem die Untersuchung des Systems und der komplette Reglerentwurf in vorgefertigten Formularen abläuft: Den **Control and Estimation Tools Manager**, u.a. mit dem **SISO Design Tool**.

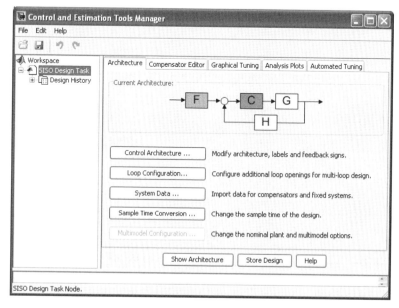

Abb. 5.24: Control and Estimation Tools Manager

Der in Abb. 5.24 gezeigte Control and Estimation Tools Manager stellt eine Vielzahl von Auslegungsmöglichkeiten für Regler für unterschiedliche Systeme bereit. So kann im Menü **Architecture** die Struktur des Regelsystems eingestellt, im Menü **Compensator Editor** der Regler bearbeitet, im Menü **Graphical Tuning** graphisch getunt, im Menü **Analysis Plots** graphische Analyse betrieben und im Menü **Automated Tuning** automatisch der Regler eingestellt werden

Gestartet wird das SISO Design Tool mit dem Befehl `sisotool` bzw. folgenden Befehlen:

sisotool ($sys[,comp]$)
sisotool ($view,sys,comp,options$)

Ohne Parameter wird ein leeres SISO Design Tool geöffnet, mit sys kann ein SISO-LTI-Modell übergeben werden, $comp$ ist ein SISO-LTI-Modell für den Regler. Der Parameter $view$ kann auf `'rlocus'` für Wurzelortskurven-Kriterium oder `'bode'` für Auslegung im Bode-Diagramm gesetzt werden. $options$ ist eine `struct`-Variable mit zwei Feldern: $options$.`feedback` gibt an, ob der Regler im Vorwärtspfad (`'forward'`, Standard) oder im Rückwärtspfad (`'feedback'`) sitzt; $options$.`sign` bestimmt, ob die Rückkopplung negativ (`-1`, Standard) oder positiv (`1`) ist.[8]

Das in Abb. 5.25 gezeigte SISO Design Tool wurde erzeugt mit:

```
>> options.location = 'forward' ;
>> options.sign = -1 ;
>> sisotool(zpk([],[-0.1 -1-i -1+i]),1),1,options) ;
```

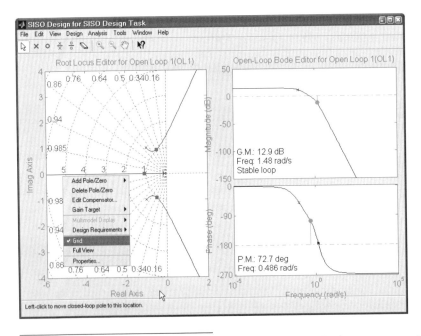

Abb. 5.25: SISO Design Tool

---

[8] Da eine tiefer gehende Beschreibung den Rahmen dieses Buches sprengen würde, wird auf das Handbuch [37] und die sehr umfangreiche Online-Hilfe verwiesen.

5.4.3   Zustandsregelung und Zustandsbeobachtung

Die im Folgenden vorgestellten Verfahren basieren auf der Darstellung der Systeme im Zustandsraum und wenden die Theorie der Zustandsregelung und Zustandsbeobachtung an, die im Rahmen dieses Buchs nur kursorisch und ohne Herleitungen dargestellt wird. Für die vertiefte Auseinandersetzung mit den theoretischen Voraussetzungen sei auf die einschlägige Literatur verwiesen (z.B. [17, 18, 27]).

Zustandsregler

Ein Zustandsregler basiert auf dem Prinzip der vollständigen Zustandsrückführung über die Rückführmatrix $\mathbf{K}$, wie sie in Abb. 5.26 dargestellt ist. Der Zustandsregler stellt somit einen Proportional-Regler im Rückführzweig dar. Für den Reglerentwurf wird beim Zustandsregler die Sollwertvorgabe $\mathbf{w}$ zu null gesetzt.

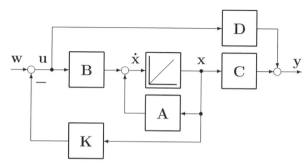

Abb. 5.26: *Zustandsregler*

Zustands-DGL Strecke:	$\dot{\mathbf{x}}$	$=$	$\mathbf{A}\,\mathbf{x}\;+\;\mathbf{B}\,\mathbf{u}$	(5.41)
Ausgangsgleichung:	$\mathbf{y}$	$=$	$\mathbf{C}\,\mathbf{x}\;+\;\mathbf{D}\,\mathbf{u}$	(5.42)
Regelgesetz ($\mathbf{w}=\mathbf{0}$):	$\mathbf{u}$	$=$	$-\,\mathbf{K}\,\mathbf{x}$	(5.43)
Geschlossener Regelkreis:	$\dot{\mathbf{x}}$	$=$	$(\mathbf{A}-\mathbf{B}\,\mathbf{K})\cdot\mathbf{x}$	(5.44)

Grundvoraussetzung für einen Zustandsregler ist die Rückführung aller Zustände, d.h. alle Zustände müssen gemessen werden, was in praxi meist nicht möglich ist. Deshalb werden Zustandsbeobachter erforderlich, die aus den vorhandenen Messgrößen die fehlenden Zustände schätzen.

Zustandsbeobachter (Luenberger-Beobachter)

Der klassische Beobachteransatz nach Luenberger verwendet ein zur Strecke identisches Modell, wobei über die Rückführmatrix $\mathbf{L}$ der Ausgangsfehler zwischen realem Ausgang $\mathbf{y}$ und geschätztem Ausgang $\hat{\mathbf{y}}$ das Modellverhalten an das Streckenverhalten heranführt.

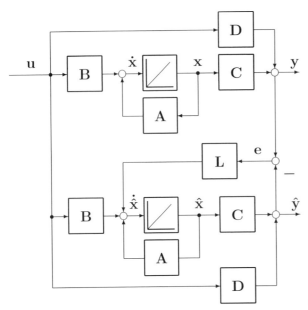

Abb. 5.27: *Zustandsbeobachter*

Zustands-DGL Beobachter: $\dot{\hat{x}} \;=\; A\,\hat{x} + B\,u + L\,e$ (5.45)

Ausgangsgleichung: $\hat{y} \;=\; C\,\hat{x} + D\,u$ (5.46)

Ausgangsfehler: $e \;=\; y - \hat{y} \;=\; C\,(x - \hat{x})$ (5.47)

Neue Zustands-DGL: $\dot{\hat{x}} \;=\; (A - LC)\,\hat{x} + (B - LD)\,u + L\,y$

$$\;=\; (A - LC)\,\hat{x} + [B - LD \ \ L]\cdot\begin{bmatrix} u \\ y \end{bmatrix} \quad (5.48)$$

Zustandsregler mit Luenberger-Beobachter

Wird für den Zustandsregler der geschätzte Zustandsvektor $\hat{x}$ verwendet, so ergibt sich die Gleichung des geschlossenen Regelkreises zu:

$$\begin{bmatrix} \dot{x} \\ \dot{e} \end{bmatrix} \;=\; \begin{bmatrix} A - BK & BK \\ 0 & A - LC \end{bmatrix}\cdot\begin{bmatrix} x \\ e \end{bmatrix} \quad\quad\quad (5.49)$$

$$e \;=\; x - \hat{x} \quad\quad\quad\quad\quad\quad\quad\quad (5.50)$$

Für die Auslegung des Zustandsreglers (Rückführmatrix **K**) und des Zustandsbeobachters (Rückführmatrix **L**) wird in der Regel das Verfahren der Polplatzierung (Kap. 5.4.4) gewählt. Hierbei ist zu beachten, dass die Beobachterdynamik schneller sein sollte als die Reglerdynamik!

5.4.4 Reglerentwurf mittels Polplatzierung

Ein gängiges Verfahren zur Auslegung eines Zustandsreglers ist die Polplatzierung, bei der die Zustandsregler-Rückführmatrix **K** so berechnet wird, dass die Pole des geschlossenen Regelkreises den Polen eines vorgegebenen Wunsch-Polynoms entsprechen.

Zustandsregler-Rückführvektor k/Rückführmatrix K berechnen

Die Control System Toolbox bietet hierzu zwei Befehle: `acker` und `place`. Beide Befehle berechnen den Rückführvektor **k** bzw. die Rückführmatrix **K** so, dass die Streckenpole mit den im Vektor p übergebenen Polen übereinstimmen, wobei die Wunsch-Pole nicht mehrfach sein sollten:

$$k = \texttt{acker}\,(A,b,p)$$
$$K = \texttt{place}\,(A,B,p)$$
$$[K, prec, message] = \texttt{place}\,(A,B,p)$$

Die beiden Befehle unterscheiden sich dadurch, dass `acker` nur für SISO-Systeme geeignet ist, `place` hingegen auch für MIMO-Systeme. Zudem wird `acker` schnell numerisch instabil.

Zusätzlich gibt `place` an, wie nahe die Eigenwerte des geschlossenen Systems bei den gewünschten Polen liegen (*prec*) und speichert bei Abweichungen größer als 10% eine Warnungsmeldung in *message*. Das Handbuch [37] empfiehlt den Befehl `place`.

Zustandsbeobachter-Rückführmatrix L berechnen

Ebenso wie für die Berechnung der Zustandsregler-Rückführmatrix **K** können `acker` und `place` auch für die Berechnung der Rückführmatrix **L** des Zustandsbeobachters verwendet werden. Hierbei wird die Systemmatrix A transponiert und statt der Eingangsmatrix B die transponierte Ausgangsmatrix C an die Befehle übergeben (Ausgangsvektor c bei `acker`). Die Rückführmatrix L ergibt sich dann aus dem Transponierten des Ergebnisses von `acker` bzw. `place`.

$$L = \texttt{acker}\,(A\text{'},c\text{'},p)\,.\text{'}$$
$$L = \texttt{place}\,(A\text{'},C\text{'},p)\,.\text{'}$$

Zustandsbeobachter erstellen

Ist die Rückführmatrix **L** berechnet, so kann auf einfache und schnelle Weise der Beobachter erstellt werden. Der Befehl `estim` erzeugt die Systemgleichungen des Zustandsbeobachters *est* wie folgt:

$$est = \texttt{estim}\,(sys,L)$$
$$est = \texttt{estim}\,(sys,L,sensors,known)$$

Im ersten Fall wird angenommen, dass alle Eingänge stochastische Größen (Prozessrauschen **w** und Messrauschen **v**) sind und alle Ausgänge gemessen werden. Die Systemgleichungen von Strecke (links) und Beobachter (rechts) lauten:

$$\dot{x} = A\,x + B\,w$$

$$y = C\,x + D\,w$$

$$\dot{\hat{x}} = A\,\hat{x} + L\,(y - C\,\hat{x})$$

$$\begin{bmatrix} \hat{y} \\ \hat{x} \end{bmatrix} = \begin{bmatrix} C \\ E \end{bmatrix} \hat{x}$$

Werden zusätzlich noch die Indexvektoren *sensors* und *known* angegeben, so bestimmen diese die gemessenen Ausgänge **y** bzw. die bekannten Eingänge **u**. Die nicht gemessenen Ausgänge stehen in **z**; **w** und **v** sind wieder Prozess- und Messrauschen. Die Systemgleichungen lauten (Strecke links, Beobachter rechts):

$$\dot{x} = A\,x + B_1\,w + B_2\,u$$

$$\begin{bmatrix} z \\ y \end{bmatrix} = \begin{bmatrix} C_1 \\ C_2 \end{bmatrix} x + \begin{bmatrix} D_{11} \\ D_{21} \end{bmatrix} w + \begin{bmatrix} D_{12} \\ D_{22} \end{bmatrix} u$$

$$\dot{\hat{x}} = A\hat{x} + B_2 u + L(y - C_2\hat{x} - D_{22}u)$$

$$\begin{bmatrix} \hat{y} \\ \hat{x} \end{bmatrix} = \begin{bmatrix} C_2 \\ E \end{bmatrix} \hat{x} + \begin{bmatrix} D_{22} \\ 0 \end{bmatrix} u$$

Das durch `estim` erhaltene Beobachtermodell `est` mit den Eingängen [u ; y] und den Ausgängen [$\hat{y}$; $\hat{x}$] zeigt Abb. 5.28.

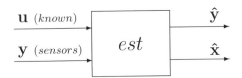

Abb. 5.28: *Modell est des Zustandsbeobachters*

Das folgende **Beispiel** soll die einzelnen Befehle verdeutlichen: Aus den Streckenpolen von `sys` werden die Beobachterpole `polo` berechnet und mittels `place` der Rückführvektor `l` bestimmt, mit dem dann der Beobachter `est` erzeugt wird. Anschließend wird die Sprungantwort von `sys` in `y` gespeichert, das als zweites Eingangssignal für das Beobachtermodell `est` dient. Dessen Sprungantwort wird mit `lsim` erzeugt, wobei `xo0` die Anfangswerte des Beobachters sind. Das Ergebnis zeigt Abb. 5.29.

```
>> sys = ss(tf(100,[1 2 100])) ;
>> polo = 3*real(pole(sys)) + imag(pole(sys))/3*i ;
>> [ pole(sys) polo ]
ans =
  -1.0000 + 9.9499i  -3.0000 + 3.3166i
  -1.0000 - 9.9499i  -3.0000 - 3.3166i

>> l = place(sys.a',sys.c',polo).'
l =
    -3.5200
     1.2800
>> est = estim(sys,l,1,1) ;
>> t = 0:0.01:4 ;
>> [y,t,x] = step(sys,t) ;
>> xo0 = [0.5 -0.4] ;
>> [yo,to,xo] = lsim(est,[ones(size(t)) y],t,xo0) ;
```

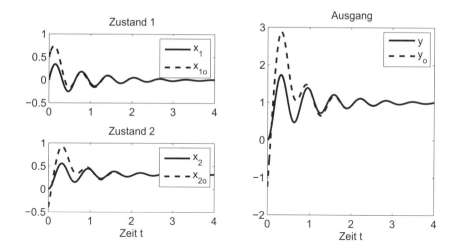

Abb. 5.29: Zustände und Ausgänge bei Zustandsbeobachtung

Zustandsregler mit Zustandsbeobachter erstellen

Sind die Rückführmatrizen **L** und **K** berechnet, so kann der komplette Zustandsregler mit Beobachter erstellt werden mit dem Befehl `reg`.

$$rsys = \texttt{reg}\,(sys, K, L)$$
$$rsys = \texttt{reg}\,(sys, K, L, sensors, known, controls)$$

Hierbei sind K und L die mit `acker` oder `place` kalkulierten Rückführmatrizen von Zustandsregler und -beobachter, *sensors* die Indizes der gemessenen Ausgänge **y**, *known* die Indizes der bekannten Eingänge $\mathbf{u_d}$ und *controls* die Indizes der Steuereingriffe **u**.

Die Gleichungen von Strecke und komplettem Regler lauten wieder:

$$\dot{\mathbf{x}} = \mathbf{A}\,\mathbf{x} + \mathbf{B}\,\mathbf{u} \qquad\qquad \dot{\hat{\mathbf{x}}} = \left(\mathbf{A} - \mathbf{L}\,\mathbf{C} - (\mathbf{B} - \mathbf{L}\,\mathbf{D})\,\mathbf{K}\right)\hat{\mathbf{x}} + \mathbf{L}\,\mathbf{y}$$

$$\mathbf{y} = \mathbf{C}\,\mathbf{x} + \mathbf{D}\,\mathbf{u} \qquad\qquad \mathbf{u} = -\mathbf{K}\,\hat{\mathbf{x}}$$

Das Gesamtreglersystem *rsys* ist in Abb. 5.30 dargestellt:

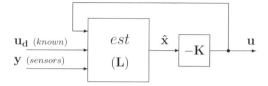

Abb. 5.30: Gesamtreglersystem rsys (Zustandsregler und -beobachter)

Auch hier soll ein **Beispiel** die Funktionsweise von `reg` verdeutlichen: Das System `sys` soll zustandsgeregelt werden. Hierzu werden die Wunsch-Pole des Beobachters und des Reglers anhand der Streckenpole festgelegt, wobei die Beobachterpole „schneller" und stärker bedämpft sind als die des Reglers.

```
>> sys = ss(tf(100,[1 2 100])) ;
>> polo = 10*real(pole(sys)) + imag(pole(sys))/10*i ;
>> polc =  5*real(pole(sys)) + imag(pole(sys))/ 5*i ;
```

Mit dem Befehl place werden nun die Rückführvektoren l und k bestimmt. Zum späteren Vergleich wird neben dem Gesamtsystem rsys (Regler mit integriertem Beobachter) noch der Beobachter est erzeugt.

```
>> l = place(sys.a',sys.c',polo).'
l =
   -1.4004
    5.7600
>> k = place(sys.a,sys.b,polc)
k =
    2.0000   -2.2200
>> est  = estim(sys,l,1,1) ;
>> rsys = reg (sys,k,l) ;
```

Die Sprungantwort von sys wird in y gespeichert, das als zweites Eingangssignal für est dient. Die Sprungantwort wird sowohl für est als auch für reg mit lsim kalkuliert, xo0 und xc0 sind die Anfangswerte des Beobachters und des Reglers.

```
>> t = 0:0.01:4 ;
>> [y,t,x] = step(sys,t) ;
>> xo0 = [0.5 -0.04] ;
>> [yo,to,xo] = lsim(est,[ones(size(t)) y],t,xo0) ;
>> xc0 = [0 0] ;
>> [yc,tc,xc] = lsim(rsys,ones(size(t)),t,xc0) ;
```

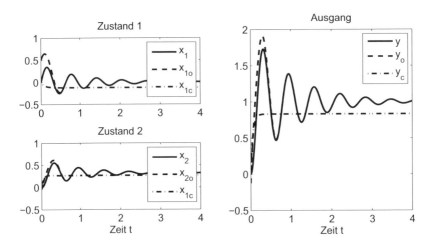

Abb. 5.31: *Zustände und Ausgänge bei Zustandsregelung und -beobachtung*

Wie sich aus Abb. 5.31 ablesen lässt, schwingt der Beobachter jetzt sehr schnell auf das Systemverhalten ein. Der Zustandsregler regelt sehr schnell und ohne Überschwingen auf einen konstanten Wert aus, der allerdings nicht dem gewünschten Wert von 1 entspricht.

Dieser stationäre Regelfehler hängt mit der geänderten Übertragungsfunktion des geschlossenen Regelkreises zusammen [17, 18]. Abhilfe kann hier durch eine **Sollwertanpassung** geschaffen werden, die durch Einfügen einer Konstanten im Sollwertpfad den stationären Regelfehler für eine Führungsgröße zu null macht. Dies führt aber zu einem bleibendem Regelfehler bei Störungen, was nur durch einen **Zustandsregler mit Führungsintegrator** behoben werden kann. Zu dieser Problematik findet sich ein ausführliches Beispiel in der Übungsaufgabe Kap. 5.6.7.

Polplatzierung

acker (A, b, p) Polplatzierung mit Ackermanns Formel

place (A, B, p) Polplatzierung nach [14]

Zustandsbeobachter und Zustandsregler erstellen

estim (sys, L) Zustandsbeobachter erstellen

reg (sys, K, L) Zustandsregler mit Zustandsbeobachter erstellen

5.4.5   Linear-quadratisch optimale Regelung

Eine weiteres Verfahren zum Auslegen eines Zustandsreglers ist die linear-quadratisch optimale Regelung, die zur Berechnung der Reglerparameter ein quadratisches Gütekriterium minimiert und nicht ein bestimmtes Einschwingverhalten vorgibt.

Für ein zu regelndes LTI-System mit der Zustandsbeschreibung (zeitkontinuierliches System links, zeitdiskretes System rechts)

$$\dot{\mathbf{x}} = \mathbf{A}\,\mathbf{x} + \mathbf{B}\,\mathbf{u} \qquad\qquad \mathbf{x_{k+1}} = \mathbf{A}\,\mathbf{x_k} + \mathbf{B}\,\mathbf{u_k} \tag{5.51}$$

$$\mathbf{y} = \mathbf{C}\,\mathbf{x} + \mathbf{D}\,\mathbf{u} \qquad\qquad \mathbf{y_k} = \mathbf{C}\,\mathbf{x_k} + \mathbf{D}\,\mathbf{u_k} \tag{5.52}$$

und der Zustandsrückführung

$$\mathbf{u} = -\,\mathbf{K}\,\mathbf{x} \qquad\qquad \mathbf{u_k} = -\,\mathbf{K}\,\mathbf{x_k} \tag{5.53}$$

soll die Rückführmatrix $\mathbf{K}$ so bestimmt werden, dass das quadratische Gütekriterium

$$J(\mathbf{x}, \mathbf{u}) = \int_{t=0}^{\infty} \left(\mathbf{x}^T \mathbf{Q}\,\mathbf{x} + \mathbf{u}^T \mathbf{R}\,\mathbf{u} + 2\mathbf{x}^T \mathbf{N}\,\mathbf{u} \right) dt \tag{5.54}$$

minimal wird.

Die Lösung dieses Minimierungsproblems wird in der Regel durch das Lösen der zugehörigen algebraischen **Matrix-Riccati-Gleichung** für $\mathbf{S}$ berechnet.[9]

$$0 = \mathbf{A}^T\mathbf{S} + \mathbf{S}\,\mathbf{A} - (\mathbf{S}\mathbf{B} + \mathbf{N})\,\mathbf{R}^{-1}(\mathbf{B}^T\mathbf{S} + \mathbf{N}^T) + \mathbf{Q} \tag{5.55}$$

---

[9] In der Control System Toolbox mit den Befehlen care bzw. dare, siehe auch Online-Hilfe und [37].

Die Rückführmatrix ergibt sich mit $\mathbf{S}$ zu:

$$\mathbf{K} = \mathbf{R}^{-1}(\mathbf{B}^T\mathbf{S} + \mathbf{N}^T) \tag{5.56}$$

Für den zeitdiskreten Fall lauten die Gleichungen wie folgt:

$$J(\mathbf{x_k}, \mathbf{u_k}) = \sum_{n=1}^{\infty}\left(\mathbf{x_k}^T\mathbf{Q}\,\mathbf{x_k} + \mathbf{u_k}^T\mathbf{R}\,\mathbf{u_k} + 2\,\mathbf{x_k}^T\mathbf{N}\,\mathbf{u_k}\right) \tag{5.57}$$

$$\mathbf{0} = \mathbf{A}^T\mathbf{SA} - \mathbf{S} - (\mathbf{A}^T\mathbf{SB} + \mathbf{N})(\mathbf{B}^T\mathbf{XB} + \mathbf{R})^{-1}(\mathbf{B}^T\mathbf{SA} + \mathbf{N}^T) + \mathbf{Q} \tag{5.58}$$

$$\mathbf{K} = (\mathbf{B}^T\mathbf{XB} + \mathbf{R})^{-1}(\mathbf{B}^T\mathbf{SA} + \mathbf{N}^T) \tag{5.59}$$

Hierbei ist $\mathbf{Q}$ die Gewichtungsmatrix der Zustände und $\mathbf{R}$ die Gewichtungsmatrix der Eingänge. Die Matrix $\mathbf{N}$ gewichtet die Verknüpfung von Eingängen und Zuständen und ist wichtig für den Fall, dass die Durchgriffsmatrix $\mathbf{D} \neq \mathbf{0}$ ist. Das System muss stabilisierbar sein, d.h. alle nicht steuerbaren Teilsysteme müssen asymptotisch stabil sein.

LQ-optimale Regler-Rückführmatrix K berechnen

Die Control System Toolbox stellt für die Berechnung der Rückführmatrix $\mathbf{K}$ eines LQ-optimalen Zustandsreglers die folgenden vier Befehle bereit:

$[K,S,e]$ = lqr $(A,B,Q,R[,N])$
$[K,S,e]$ = dlqr $(A,B,Q,R[,N])$
$[Kd,S,e]$ = lqrd $(A,B,Q,R[,N],Ts)$
$[K,S,e]$ = lqry $(sys,Q,R[,N])$

Immer eingegeben werden müssen die System-Matrizen A und B bzw. das ganze System sys bei lqry und die Gewichtungsmatrizen Q und R. Die Gewichtungsmatrix N hingegen wird standardmäßig zu null gesetzt. Bei lqrd kommt noch die Abtastzeit Ts hinzu.

Der Ausgabevariablen K wird die Regler-Rückführmatrix zugewiesen, S ist die Lösung der zugehörigen Riccati-Gleichung und e = eig($A-B*K$) enthält die Eigenwerte des geschlossenen Regelkreises.

Die Befehle im Einzelnen: lqr berechnet die Rückführmatrix K für ein kontinuierliches System anhand von Gleichungen (5.54–5.56), dlqr führt Gleiches für ein diskretes System mittels Gleichungen (5.57–5.59) durch. Der Befehl lqrd hingegen ermittelt für ein kontinuierliches System die Rückführmatrix Kd des diskreten Reglers für das dem kontinuierlichen System entsprechende, mit Ts und ZOH abgetastete diskrete System (Kap. 5.2.9).

Für den Fall, dass statt der Zustände die Systemausgänge Ziel der Optimierung sein sollen, minimiert `lqry` die quadratische Gütefunktion:

$$J\left(\mathbf{y},\mathbf{u}\right) \;=\; \int\limits_{t=0}^{\infty} \left(\mathbf{y}^T\,\mathbf{Q}\,\mathbf{y} + \mathbf{u}^T\,\mathbf{R}\,\mathbf{u} + 2\,\mathbf{y}^T\,\mathbf{N}\,\mathbf{u}\right)dt \tag{5.60}$$

Kalman-Filter

Das Kalman-Filter berücksichtigt den Umstand, dass sowohl das System als auch das Ausgangssignal $\mathbf{y}$ in der Regel einen Rauschanteil $\mathbf{w}$ bzw. $\mathbf{v}$ haben, für deren Erwartungswerte bzw. Varianzen gilt:

$$E\{\mathbf{w}\} = \mathbf{0} \qquad\qquad E\{\mathbf{v}\} = \mathbf{0} \tag{5.61}$$

$$E\{\mathbf{w}\mathbf{w}^T\} = \mathbf{Q} \qquad E\{\mathbf{v}\mathbf{v}^T\} = \mathbf{R} \qquad E\{\mathbf{w}\mathbf{v}^T\} = \mathbf{N} \tag{5.62}$$

Optimierungsziel ist es nun, den Zustandsvektor $\mathbf{x}$ so zu schätzen ($\hat{\mathbf{x}}$), dass der quadratische Mittelwert des Fehlers $\mathbf{x} - \hat{\mathbf{x}}$ minimal wird:

$$\mathbf{P} \;=\; \lim_{t\to\infty} E\{(\mathbf{x}-\hat{\mathbf{x}})(\mathbf{x}-\hat{\mathbf{x}})^T\} \;\overset{!}{=}\; \min \tag{5.63}$$

Abb. 5.32 zeigt das Kalman-Filter für den zeitkontinuierlichen Fall.

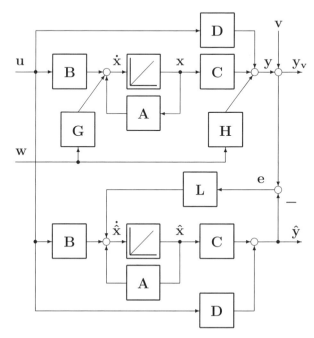

***Abb. 5.32:** Kalman-Filter*

Strecke:	$\dot{x}$	$=$	$\mathbf{A}\,x + \mathbf{B}\,u + \mathbf{G}\,w$	(5.64)

$$y_v \quad = \quad \mathbf{C}\,x + \mathbf{D}\,u + \mathbf{H}\,w + v \tag{5.65}$$

Beobachter: $\dot{\hat{x}} \quad = \quad \mathbf{A}\,\hat{x} + \mathbf{B}\,u + \mathbf{L}\,e \tag{5.66}$

$$\hat{y} \quad = \quad \mathbf{C}\,\hat{x} + \mathbf{D}\,u \tag{5.67}$$

Ausgangsfehler: $e \quad = \quad y_v - \hat{y} \tag{5.68}$

Die Rückführmatrix **L** wird durch das Lösen einer algebraischen Matrix-Riccati-Gleichung ermittelt, im diskreten Fall wird zusätzlich noch die Matrix **M** benötigt, die den Schätzwert des vorangegangenen Abtastschritts neu berechnet. Für eine ausführliche Einführung sei auf die Literatur (z.B. [18]) und das Handbuch [37] verwiesen.

Für die Auslegung des Kalman-Filters wird üblicherweise das Verfahren der linear-quadratischen Optimierung (Kap. 5.4.5) verwendet.

Kalman-Filter erstellen

Ein Kalman-Filter lässt sich mit den Befehlen `kalman` bzw. `kalmd` generieren: `kalman` erstellt, abhängig vom Typ des Systems, ein kontinuierliches oder diskretes Kalman-Filter. Ist schon ein kontinuierliches Filter entworfen und funktioniert zufrieden stellend, so ist `kalmd` sehr nützlich, um das entsprechende diskrete Kalman-Filter mit der Abtastzeit Ts zu erzeugen.

$$[kest, L, P] = \texttt{kalman}\,(sys, Qn, Rn[, Nn, sensors, known])$$
$$[kest, L, P, M, Z] = \texttt{kalman}\,(sys, Qn, Rn, Nn)$$
$$[kest, L, P, M, Z] = \texttt{kalmd}\,(sys, Qn, Rn, Ts)$$

Das System sys wird gebildet mit der Systembeschreibung aus Gleichung (5.64) und Gleichung (5.65):

$$sys\texttt{.a} = \mathbf{A} \qquad sys\texttt{.b} = [\ \mathbf{B}\ \mathbf{G}\ ] \qquad sys\texttt{.c} = \mathbf{C} \qquad sys\texttt{.d} = [\ \mathbf{D}\ \mathbf{H}\ ]$$

Obligatorisch sind auch die Varianzmatrizen Qn und Rn, die das Prozess- bzw. Messrauschen beschreiben, die Matrix Nn ist standardmäßig null. Zusätzlich können noch die Indexvektoren $sensors$ und $known$ spezifiziert werden: Sie enthalten die Indizes der Messausgänge bzw. der bekannten Eingänge (analog zum Befehl `estim`, Kap. 5.4.4, Seite 177). Bei `kalmd` muss noch die Abtastzeit Ts angegeben werden.

In $kest$ wird die Zustandsdarstellung des Kalman-Filters (SS-Modell) zurückgeliefert, wobei $[\ u\ ;\ y_v\ ]$ seine Eingänge und $[\ \hat{y}\ ;\ \hat{x}\ ]$ seine Ausgänge sind (Abb. 5.33). Die Matrix L ist wieder die Beobachter-Rückführmatrix **L** (Kalman-Verstärkung) und P ist die Kovarianzmatrix des stationären Fehlers. Im diskreten Fall wird noch die Matrix M und die Fehlerkovarianzmatrix Z ausgegeben [37].

Im folgenden umfangreichen Beispiel wird der Entwurf eines Kalman-Filters für ein System mit Prozess- und Messrauschen gezeigt.

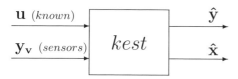

Abb. 5.33: *Modell kest des Kalman-Filters*

Basierend auf einer PT$_2$-Übertragungsfunktion wird das System `strecke` mit Prozessrauschen `w` definiert.

```
>> sys = ss(tf(1000,[1 10 1000])) ;
>> strecke = ss(sys.a,[sys.b sys.b],sys.c,sys.d) ;
>> strecke.inputname  = {'u' 'w'} ;
>> strecke.outputname = {'y'} ;
```

Weiter werden die (skalaren) Varianzen `Qn` und `Rn` mit den Werten `0.1` bzw. `0.2` belegt und mittels `kalman` die komplette Systemdarstellung des Kalman-Filters `kest` erzeugt.

```
>> Qn = 0.1 ; Rn = 0.2 ;
>> [kest,L,P] = kalman(strecke,Qn,Rn) ;
>> [L,P]
L =
    0.3613
    1.7205
P =
    0.0498    0.0093
    0.0093    0.0440
```

Um die Systemantworten des Systems mit Prozess- und Messrauschen testen zu können, wird das System `rausch` so definiert, dass es drei optimale Eingänge für `u`, `w` und `v` hat, wobei Letzterer den Prozess nicht beeinflusst, aber direkt auf den Ausgang wirkt.

```
>> rausch    = ss(sys.a,[sys.b sys.b 0*sys.b],...
                 [sys.c ; sys.c ],[0 0 0 ; 0 0 1] );
>> rausch.inputname  = {'u' 'w' 'v'} ;
>> rausch.outputname = {'y' 'yv'} ;
```

Schließlich müssen zur Simulation mit `lsim` ein Eingangssignal `u`, hier als Rechteckfunktion mit Amplitude 2 und Periode 3, sowie die Rauschsignale `w` und `v` erzeugt werden.

```
>> [u,tt] = gensig('square',3,6,0.01) ;
>> u = 2 * u ;
>> randn('seed',0) ;
>> w = sqrt(Qn) * randn(length(tt),1)  ;
>> v = sqrt(Rn) * randn(length(tt),1)  ;
```

Zuerst wird nun mit `lsim` die Systemantwort ohne Rauschen berechnet (`yideal`), dann die Systemantwort `yrausch` mit den Rauschsignalen `w` und `v`. Der Beobachter wird nun mit dem Eingangssignal `u` und dem verrauschten Ausgangssignal `yrausch(:,2)` (=`yv`) beaufschlagt, wodurch das geschätzte Ausgangssignal `yestim` erzeugt wird. Die nachfolgenden Zuweisungen dienen nur zum einfacheren Ansprechen der einzelnen Systemantworten.

```
>> [yideal,t]  = lsim(rausch,[u,0*w,0*v],tt) ;
>> [yrausch,t] = lsim(rausch,[u,w,v],tt) ;
>> [yestim,t]  = lsim(kest,[u,yrausch(:,2)],t) ;

>> y  = yrausch(:,1) ;              % System-Ausgang
>> yv = yrausch(:,2) ;              % Verrauschter System-Ausgang
>> ye = yestim(:,1) ;              % Geschätzter Ausgang
```

Um eine Aussage über die Güte der Signale machen zu können, wird der Messfehler emess und der Schätzfehler des Kalman-Filters ebeob definiert und die Kovarianzen berechnet.

```
>> emess = y - yv ;                % Messfehler
>> ebeob = y - ye ;                % Schätzfehler
>> [ cov(emess) cov(ebeob) ]
ans =
    0.2200    0.0245
```

Letzter Schritt ist der Plot einer Figure, wie sie sich in Abb. 5.34 darstellt.

```
>> figure (1)
>> subplot(311) , plot(t,yideal(:,1))
>> subplot(312) , plot (t,yv,'k:',t,y,'r-',t,ye,'b--')
>> subplot(313) , plot(t,emess,':',t,ebeob,'k-')
```

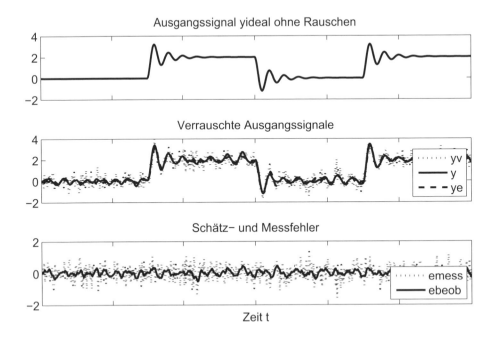

Abb. 5.34: *Kalman-Filterung: Ausgangssignale, Schätz- und Messfehler*

LQ-optimalen Zustandsregler mit Kalman-Filter erstellen

Analog zum Befehl `reg` kann mit `lqgreg` ein LQ-optimaler Zustandsregler mit Kalman-Filter erstellt werden. Als Parameter werden hier die Systemgleichung des Kalman-Filters *kest* und die Rückführmatrix K übergeben, die zuvor mit `kalman` und einem der Befehle `lqr`, `dlqr`, `lqrd` oder `lqry` berechnet wurden.

$$rlqg = \texttt{lqgreg}\,(kest, K[,controls])$$

Wird zusätzlich noch der Indexvektor *controls* angegeben, so hat das Kalman-Filter zusätzliche Eingänge $\mathbf{u_d}$, die nicht als Steuergrößen verwendet werden. Die Indizes bezeichnen dann die Steuereingriffe $\mathbf{u}$.

Die Gleichungen von Strecke und komplettem Regler lauten:

$$\dot{\mathbf{x}} = \mathbf{A}\,\mathbf{x} + \mathbf{B}\,\mathbf{u} + \mathbf{G}\,\mathbf{w} \qquad\qquad \dot{\hat{\mathbf{x}}} = \big(\mathbf{A} - \mathbf{L}\,\mathbf{C} - (\mathbf{B} - \mathbf{L}\,\mathbf{D})\,\mathbf{K}\big)\,\hat{\mathbf{x}} + \mathbf{L}\,\mathbf{y_v}$$

$$\mathbf{y} = \mathbf{C}\,\mathbf{x} + \mathbf{D}\,\mathbf{u} + \mathbf{H}\,\mathbf{w} + \mathbf{v} \qquad\qquad \mathbf{u} = -\,\mathbf{K}\,\hat{\mathbf{x}}$$

Das Gesamtreglersystem *rlqg* im geschlossenen Regelkreis zeigt Abb. 5.35.

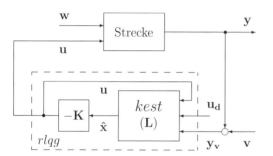

Abb. 5.35: *Geschlossener Regelkreis mit LQ-optimalem Regler und Kalman-Filter (rlqg)*

Auf ein Beispiel sei an dieser Stelle verzichtet und auf die ausführlichen Fallbeispiele („Design Case Studies") im Handbuch der Control System Toolbox [37] verwiesen.

Linear-quadratisch optimale Regelung	
`lqr` $(A,B,Q,R[,N])$	LQ-optimaler Regler für kontinuierliches System
`dlqr` $(A,B,Q,R[,N])$	LQ-optimaler Regler für zeitdiskretes System
`lqrd` $(A,B,Q,R[,N],Ts)$	LQ-optimaler diskreter Regler für zeitkontinuierliches System
`lqry` $(sys,Q,R[,N])$	LQ-optimaler Regler mit Ausgangsgewichtung
`lqgreg` $(kest,k)$	LQ-optimalen Regler erstellen
Kalman-Filter	
`kalman` (sys,Qn,Rn,Nn)	Kalman-Filter berechnen
`kalmd` (sys,Qn,Rn,Ts)	Diskretes Kalman-Filter für zeitkontinuierliches System berechnen

5.5   Probleme der numerischen Darstellung

Bereits bei der Modellierung realer Probleme müssen Vereinfachungen getroffen werden, z.B. Linearisierung um einen Arbeitspunkt oder Ordnungsreduktion. Das so erstellte mathematische Modell gibt zwar nur das Verhalten des vereinfachten Systems wieder, ist aber in sich exakt. Die rechnerinterne Umsetzung stellt nun eine weitere, an sich unerwünschte Vereinfachung dieses exakten Modells dar. Diktiert wird diese Vereinfachung z.B. durch die Zahlendarstellung und den eingeschränkten Zahlenbereich des Rechners oder durch die vorhandene begrenzte Rechenleistung und Speicherkapazität.

Die Wissenschaft, die sich auf theoretischer Ebene mit diesen Problemen beschäftigt, ist die numerischen Mathematik. Sie stellt die Algorithmen zur näherungsweisen Lösung mathematischer Probleme aus den verschiedensten Arbeitsgebieten (Naturwissenschaften, Technik etc.) zur Verfügung und bewertet die Lösungsverfahren nach verschiedenen Gesichtspunkten, z.B. nach dem Rechenaufwand oder dem Speicherplatzbedarf.

Dem Anwender stellt sich also die Frage, was er bei der Umsetzung am Rechner beachten muss, um eine möglichst gute und zuverlässige Lösung seines Problems zu erhalten. Ohne allzu tief in die Theorie der numerischen Mathematik einzusteigen, werden im Folgenden einfache Bewertungsmaßstäbe aufgezeigt und die LTI-Modelle Zustandsdarstellung, Übertragungsfunktion und Nullstellen-Polstellen-Darstellung verglichen.

5.5.1   Fehlerbegriff

Zur Unterscheidung der möglichen Ursachen für fehlerhafte Lösungen von numerischen Problemen werden die Fehler beim Übergang zur numerischen Darstellung üblicherweise in folgende Klassen unterteilt:

1. **Datenfehler** oder **Eingangsfehler** resultieren aus fehlerhaften Eingangsdaten, z.B. verrauschten Messdaten. Ihre Auswirkungen auf die Lösung lassen sich nicht vermeiden, doch kann und muss ihr Einfluss auf das Ergebnis minimiert werden.

2. **Verfahrensfehler** entstehen durch nicht vollständige Modellierung eines Problems, insbesondere durch die Diskretisierung des Problems oder die endliche Anzahl von Schritten bei Iterationsverfahren.

3. **Rundungsfehler** folgen aus der Art der Zahlendarstellung und dem begrenzten Zahlenbereich im Rechner und stellen ein nicht zu unterschätzendes Problem dar.

Wichtig im Zusammenhang mit dem Fehlerbegriff ist auch die Definition des absoluten Fehlers ε_k und des relativen Fehlers δ_k (falls $x_k \neq 0$) für die Näherungswerte $\tilde{\mathbf{x}} = (\tilde{x}_1, \ldots, \tilde{x}_n)$ an die exakten Werte $\mathbf{x} = (x_1, \ldots, x_n)$ mit $1 \leq k \leq n$:

$$\varepsilon_k \;=\; x_k - \tilde{x}_k \qquad\qquad \delta_k \;=\; \frac{x_k - \tilde{x}_k}{x_k} \tag{5.69}$$

Die beiden Fehler können sich für ein Problem durchaus unterschiedlich verhalten.

Die Problematik der Daten- oder Eingangsfehler wird durch die Konditionierung des Problems beschrieben und in Kap. 5.5.2 erläutert, die Verfahrens- und Rundungsfehler werden in Kap. 5.5.3 dargestellt.

5.5.2   Kondition eines Problems

Der Begriff der Kondition eines Problems behandelt die *Auswirkung von Datenfehlern* auf die Berechnungsergebnisse. Hierbei heißt ein Problem *gut konditioniert*, wenn geringe Änderungen in den Eingangsdaten auch nur geringfügig Änderungen in den Ergebnissen zeitigen, und *schlecht konditioniert*, wenn schon kleine Änderungen in den Eingangsdaten zu großen Abweichungen der Ergebnisse von der richtigen Lösung führen.[10] So kann ein schlecht konditioniertes Problem auch mit einem sehr guten und numerisch stabilen Lösungsalgorithmus **nicht befriedigend gelöst** werden.

Zur Abschätzung der Konditionierung eines Problems werden in der numerischen Mathematik *Konditionszahlen* bezüglich unterschiedlicher Probleme definiert, die angeben, wie stark sich die Änderung eines Eingangswertes auf einen Lösungswert auswirkt.

So stellt das Lösen von linearen Gleichungssystemen $\mathbf{A}\,\mathbf{x} = \mathbf{b}$ und das Ermitteln von Eigenwerten und -vektoren eine wichtige Aufgabe in der numerischen Simulation dar. Da lineare Gleichungssysteme oft sehr schlecht konditioniert sind, wird zur Fehlerabschätzung die Kondition der Matrix $\mathbf{A}$ wie folgt definiert [10]: Aus dem gestörten linearen Gleichungssystem

$$\mathbf{A} \cdot (\mathbf{x} + \Delta\mathbf{x}) \quad = \quad \mathbf{b} + \Delta\mathbf{b} \tag{5.70}$$

mit der Störung $\Delta\mathbf{b}$ ergibt sich der Fehler $\Delta\mathbf{x} = \mathbf{A}^{-1}\Delta\mathbf{b}$, der mittels der beliebigen Vektor- bzw. Matrixnormen $||\cdot||$ abgeschätzt werden kann durch:

$$||\Delta\mathbf{x}|| \quad \leq \quad ||\mathbf{A}^{-1}|| \cdot ||\Delta\mathbf{b}|| \tag{5.71}$$

Der relative Fehler ergibt sich dann zu:

$$\frac{||\Delta\mathbf{x}||}{||\mathbf{x}||} \quad \leq \quad ||\mathbf{A}^{-1}|| \cdot ||\mathbf{A}|| \cdot \frac{||\Delta\mathbf{b}||}{||\mathbf{b}||} \tag{5.72}$$

Definition: $\text{cond}(\mathbf{A}) := ||\mathbf{A}^{-1}|| \cdot ||\mathbf{A}||$ heißt die Konditionszahl der Matrix $\mathbf{A}$.

Die Konditionszahl $\text{cond}(\mathbf{A})$ ist für eine natürliche Norm größer oder gleich eins. MATLAB bietet zur Überprüfung der Kondition von Matrizen verschiedene Befehle an:

    cond (A[,p])
    condest (A)
    condeig (A)

Der Befehl cond (A,p) berechnet die Konditionszahl der Matrix A bezüglich der Inversion mit dem Typ der Norm p, der sein kann: 1 für die natürliche Norm, 2 für die Spektralnorm (Standardwert), 'fro' für die Frobenius-Norm und inf für die Unendlich-Norm. Die natürliche Norm (1-Norm) verwendet der Befehl condest (A), der einen anderen Algorithmus zur Abschätzung verwendet als cond $(A,1)$. Der Befehl condeig (A) schließlich bestimmt einen Vektor von Konditionszahlen für die Eigenwerte der Matrix A. Eine Matrix kann für die Berechnung der Eigenwerte und bezüglich der Lösung eines

---

[10] Es werden auch die Begriffe *gutartig* und *bösartig* verwendet.

linearen Gleichungssystems (Matrix-Inversion) durchaus unterschiedlich gut konditioniert sein.

In der Anwendung ist eine gängige Regel, dass der Wert von `log10(cond(A))` die Anzahl der Dezimalstellen angibt, die bei der Lösung des linearen Gleichungssystems durch Rundungsfehler verloren gehen. Ein weiterer Anhaltspunkt für schlechte Kondition ist, wenn `cond`(A) sehr viel größer als `1/sqrt(eps)` ist.

Konditionzahlen

`cond`($A[,p]$)	Konditionszahl der Matrix A bezüglich Inversion mit Norm p
`condest`(A)	Konditionszahl der Matrix A bezüglich Inversion (1-Norm)
`condeig`(A)	Konditionszahl der Matrix A bezüglich Eigenwerten

5.5.3   Numerische Instabilität

Im Gegensatz zum Konditionsproblem[11] beschreibt die numerische Stabilität bzw. Instabilität die *Auswirkungen des verwendeten Lösungsalgorithmus* auf das Ergebnis.

Da in einem Digitalrechner in der Regel mit Gleitkomma-Arithmetik gerechnet wird und die Menge der darstellbaren Zahlen durch die endliche Zahl von hierfür zur Verfügung stehenden Stellen[12] im Rechner begrenzt ist, müssen die berechneten Zahlen oft gerundet werden. Durch diese Rundungsvorgänge kann es zum Problem der *Auslöschung* von Stellen kommen. Tritt dies bei einer mehrstufigen Berechnung in mehreren Zwischenergebnissen auf, so können sich diese Fehler aufschaukeln und zur numerischen Instabilität führen. Dieses Verhalten wird auch als *Fehlerfortpflanzung* bezeichnet.

Da die arithmetischen Grundoperationen Addition, Subtraktion, Multiplikation und Division unterschiedlich empfindlich gegenüber der Auslöschung sind, kann die *Reihenfolge der Operationen* in einem Algorithmus einen wesentlichen Einfluss auf das Ergebnis haben. Für die arithmetischen Grundoperationen zwischen zwei Zahlen gelten folgende Grundregeln:

- Multiplikation und Division sind „gutartige" Operationen.

- Addition und Subtraktion sind „gutartig", wenn die beiden Zahlen gleiches (Addition) bzw. entgegengesetztes (Subtraktion) Vorzeichen haben. Dies entspricht der Addition der Beträge beider Zahlen und der Multiplikation mit dem resultierenden Vorzeichen.

- Addition und Subtraktion sind „bösartig" und führen zur numerischen Instabilität, wenn die beiden Zahlen ungleiches (Addition) bzw. gleiches (Subtraktion) Vorzeichen haben **und** ungefähr gleich groß sind. Dies entspricht der Subtraktion der Beträge beider Zahlen und der Multiplikation mit dem resultierenden Vorzeichen.

---

[11] Dieses wird auch als Problem der *natürlichen Stabilität* bzw. *Instabilität* bezeichnet.
[12] Üblicherweise als Wortlänge bezeichnet.

5.5.4 Bewertung der LTI-Modell-Typen nach numerischen Gesichtspunkten

Die **Zustandsdarstellung (SS-LTI-Modell)** ist für die numerische Berechnung **grundsätzlich am besten geeignet!** Deshalb sind auch viele Algorithmen in MATLAB und in der Control System Toolbox für SS-LTI-Modelle implementiert, Modelle in anderen Darstellungsarten werden automatisch umgewandelt oder müssen explizit konvertiert werden (Kap. 5.2.5). Nichtsdestoweniger müssen auch SS-LTI-Modelle gut konditioniert sein, um eine sinnvolle Lösung zu liefern. Hierzu kann der Befehl `ssbal` von Nutzen sein, mit dem eine normierte bzw. austarierte Zustandsdarstellung erzeugt wird, die starke Größenunterschiede in den Vektor- und Matrixelementen vermeidet.

Die **Übertragungsfunktion (TF-LTI-Modell)** ist in der Regel nur für Systeme niedriger Ordnung (< 10) geeignet und vor allem bei sehr unterschiedlich großen Koeffizienten oft **schlecht konditioniert.** Ein weiteres Problem der TF-LTI-Modelle ist, dass bei der Konvertierung in ein SS-LTI-Modell eine möglichst austarierte Zustandsdarstellung[13] erzeugt wird, die oft eine schlecht konditionierte Systemmatrix bezüglich der Eigenvektoren hat, vor allem bei Systemen höherer Ordnung.

Wenn möglich, ist die **Nullstellen-Polstellen-Darstellung (ZPK-LTI-Modell)** der Übertragungsfunktion vorzuziehen, da insbesondere die Polstellen bei der Konvertierung in die Zustandsdarstellung nicht verfälscht werden! Probleme können in diesem Fall jedoch bei mehrfachen Polstellen und bei Polstellen bei null auftreten.

Zusammenfassend können folgende Empfehlungen gegeben werden:

- Wenn möglich, Modelle in Zustandsdarstellung als SS-LTI-Modell beschreiben.

- Eine normierte bzw. austarierte Beschreibung bei SS-LTI-Modellen verwenden.

- Die Probleme, die bei der numerischen Simulation auftreten können, immer im Hinterkopf behalten und die gewonnenen Ergebnisse auf ihre Verlässlichkeit überprüfen.

5.6 Übungsaufgaben

5.6.1 Erstellen von LTI-Modellen

Erstellen Sie für die folgenden Übertragungsfunktionen jeweils ein TF-LTI-Modell und speichern Sie den entsprechenden Namen in der Objekt-Eigenschaft `Notes` ab. Wählen Sie dazu geeignete Werte für die Parameter.

Plotten Sie in eine Figure in tabellarischer Form jeweils zeilenweise für die verschiedenen Übertragungsfunktionen den Namen, die Sprungantwort, das Bode-Diagramm und das Nyquist-Diagramm, wie in Abb. 5.36 dargestellt.

---

[13] Siehe auch den Befehl `ssbal` in [37].

P-Glied: $F(s) = K_P$ mit $K_P = 1$

I-Glied: $F(s) = \dfrac{K_I}{s}$ mit $K_I = 1$

D-Glied: $F(s) = K_D \cdot s$ mit $K_D = 1$

PI-Glied: $F(s) = K_P + \dfrac{K_I}{s}$ mit $K_P = 1, K_I = 1$

PD-Glied: $F(s) = K\,(1 + s\,T_V)$ mit $K = 1, T_V = 1$

Warum dürfen beim D- und PD-Glied keine Sprungantworten ausgegeben werden?

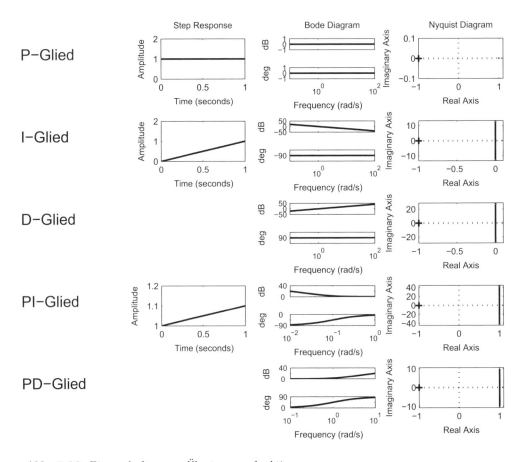

Abb. 5.36: *Eigenschaften von Übertragungsfunktionen*

Anmerkung: In den Abb. 5.36–5.38 wurden zum Teil die Achsbeschriftungen wie Bode Diagramm, Phase etc. nachträglich mit dem *Property Editor* entfernt, da sie sich wegen der vielen Subplots teilweise überlappen.

5.6.2 Verzögerte Übertragungsglieder

Erzeugen Sie wiederum TF-Modelle für die folgenden verzögerten Übertragungsfunktionen und stellen Sie sie wie in Aufgabe 5.6.1 grafisch dar (Abb. 5.37).

PT_1-Glied: $\quad F(s) = \dfrac{V}{1 + sT}$ $\qquad$ mit $\quad V = 0.8, T = 0.2$

PT_2-Glied: $\quad F(s) = \dfrac{V\omega_0^2}{s^2 + s\,2D\omega_0 + \omega_0^2}$ $\qquad$ mit $\quad \omega_0 = T/0.005; D = 0.05, V, T$ wie PT_1

IT_1-Glied: $\quad F(s) = \dfrac{K_I}{s} \cdot \dfrac{V}{1 + sT}$ $\qquad$ mit $\quad K_I = 1, V = 1, T = 0.2$

DT_1-Glied: $\quad F(s) = K_D\,s \cdot \dfrac{V}{1 + sT}$ $\qquad$ mit $\quad K_D = 1, V = 1, T = 0.2$

T_t-Glied: $\quad F(s) = e^{-T_t s}$ $\qquad$ mit $\quad T_t = 0.1$

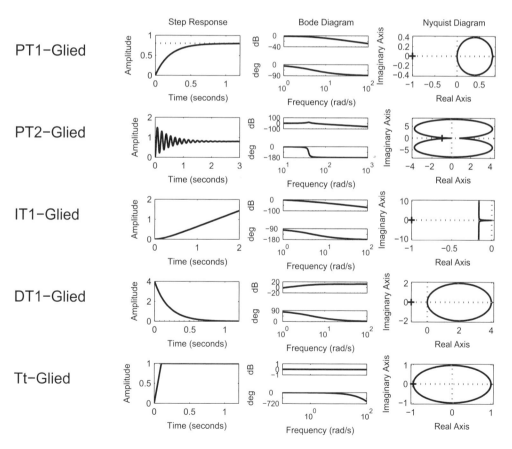

Abb. 5.37: *Eigenschaften von verzögerten Übertragungsfunktionen*

5.6.3   Verzögerte Übertragungsglieder zeitdiskretisiert

Diskretisieren Sie nun die in Aufgabe 5.6.2 erzeugten Übertragungsfunktionen mit der Abtastzeit 0.1 s und stellen Sie diese grafisch dar (Abb. 5.38).

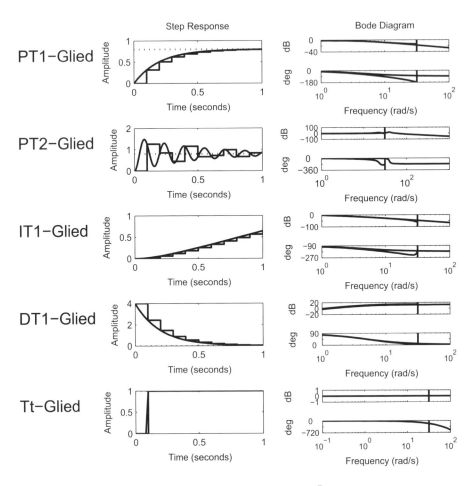

Abb. 5.38: *Eigenschaften von verzögerten zeitdiskreten Übertragungsfunktionen*

5.6.4   Typumwandlung

Wandeln Sie beide TF-Modelle für das PT_1- und PT_2-Glied aus Aufgabe 5.6.2 in SS-LTI-Modelle um und überprüfen Sie die Korrektheit der Umwandlung anhand der Formel

$$\frac{\mathbf{y}(s)}{\mathbf{u}(s)} = \mathbf{C} \, (s\mathbf{E} - \mathbf{A})^{-1} \, \mathbf{B} \,. \tag{5.73}$$

5.6.5   Stabilitätsanalyse

Die folgende Übertragungsfunktion 2. Ordnung

$$\frac{x}{u} = \frac{k}{as^2 + bs + c}$$

lässt sich in Zustandsdarstellung beschreiben durch:

$$\dot{\mathbf{x}} = \begin{bmatrix} -\dfrac{b}{a} & -\dfrac{c}{a} \\ 1 & 0 \end{bmatrix} \cdot \mathbf{x} + \begin{bmatrix} \dfrac{k}{a} \\ 0 \end{bmatrix} \cdot u \qquad \text{und} \qquad y = \begin{bmatrix} 0 & 1 \end{bmatrix} \cdot \mathbf{x}$$

Die Lösung des charakteristischen Polynoms von $\mathbf{A}$

$$\chi = \det(\lambda \mathbf{E} - \mathbf{A}) = \lambda^2 + \frac{b}{a} \cdot \lambda + \frac{c}{a} \stackrel{!}{=} 0$$

lautet bekanntlich:

$$\lambda_{1,2} = -\frac{b}{2a} \pm \frac{1}{2a} \cdot \sqrt{b^2 - 4ac}$$

Abhängig von den Parametern a, b und c existieren nun eine reelle doppelte Lösung, zwei reelle Lösungen oder eine Lösung mit konjugiert komplexen Eigenwerten.

1. Definieren Sie zuerst das SS-LTI-Modell in Abhängigkeit von a, b, c und k. Variieren Sie nun die Werte von a, b und c jeweils zwischen -1, 0 (nicht für a) und $+1$ und ermitteln Sie die Art der Eigenwerte, wie z.B. in der MATLAB-Ausgabe in Tab. 5.1 gezeigt.

2. In einem weiteren Schritt soll nun für zwei feste Werte von a und b nur noch c zwischen -1 und 1 variiert werden und untersucht werden, wie sich die Polstellen verändern. Hierzu soll eine Polstellenmatrix P erzeugt werden, in der für die verschiedenen Werte von c die entsprechenden Polstellen abgespeichert werden.

3. Anschließend soll der Verlauf der Polstellen in eine Figure geplottet werden, wie sie Abb. 5.39 zeigt. Hierbei markiert ein ○ den Anfang bei $c = -1$ und ein × das Ende für $c = 1$. **Achtung:** Die Pole bestehen zum Teil aus komplexen Variablen.

Tab. 5.1: Stabilitätstabelle einer PT_2-Übertragungsfunktion

a	b	c	Re<0	Re=0	Re>0	konj
-1	-1	-1	2	0	0	1
-1	-1	0	1	1	0	0
-1	-1	1	1	0	1	0
-1	0	-1	0	2	0	1
-1	0	0	0	2	0	0
-1	0	1	1	0	1	0
-1	1	-1	0	0	2	1
-1	1	0	0	1	1	0
-1	1	1	1	0	1	0
1	-1	-1	1	0	1	0
1	-1	0	0	1	1	0
1	-1	1	0	0	2	1
1	0	-1	1	0	1	0
1	0	0	0	2	0	0
1	0	1	0	2	0	1
1	1	-1	1	0	1	0
1	1	0	1	1	0	0
1	1	1	2	0	0	1

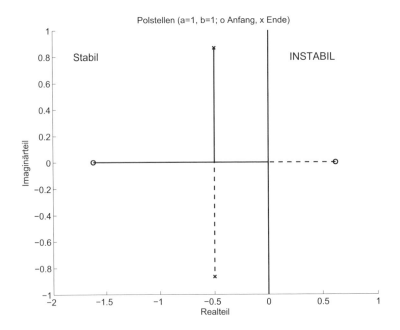

Abb. 5.39: Eigenschaften von verzögerten Übertragungsfunktionen

5.6.6   Regelung der stabilen PT$_2$-Übertragungsfunktion

Wie aus Tab. 5.1 abzulesen ist, verhält sich die PT$_2$-Übertragungsfunktion aus Aufgabe 5.6.5 mit den Parametern a = 1, b = 0.5, c = 1 und K = 1 stabil.

1. **Streckenverhalten:** Untersuchen Sie das Streckenverhalten der PT$_2$-Übertragungsfunktion mit den geeigneten MATLAB-Befehlen, z.B.

   - Nullstellen- und Polstellenverteilung
   - stationäre Gleichverstärkung
   - Eigenfrequenzen
   - Dämpfungsverhalten

   Verwenden Sie den LTI-Viewer zur Untersuchung des Streckenverhaltens im Zeit- und Frequenzbereich, z.B. Impuls- und Sprungantwort, Bode-Diagramm.

2. **Regelung:** Nun soll eine Regelung für die PT$_2$-Übertragungsfunktion erstellt werden. Entwerfen sie Regler mit unterschiedlichen Charakteristika:

   P-Regler: V_P

   PI-Regler: $V_P + V_I \dfrac{1}{s} \;=\; \dfrac{V_P s + V_I}{s}$

   PID-Regler: $V_D s + V_P + V_I \dfrac{1}{s} \;=\; \dfrac{V_D s^2 + V_P s + V_I}{s}$

   Verwenden Sie sowohl die MATLAB-Befehle als auch das SISO Design Tool. Plotten Sie Sprungantworten und Stabilitätsgrenzen wie in Abb. 5.40 und Abb. 5.41.

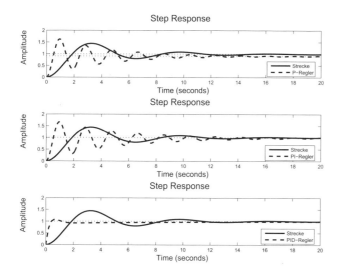

Abb. 5.40: *Sprungantworten der geschlossenen Regelkreise*

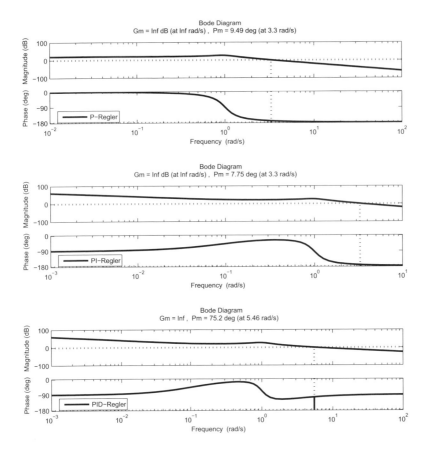

Abb. 5.41: *Stabilitätsgrenzen der offenen Regelkreise*

5.6.7   Regelung der instabilen PT_2-Übertragungsfunktion

1. **Regelung mit P-Regler**

   Nun wird der Parameter `c` der PT_2-Übertragungsfunktion auf -1 gesetzt, das Verhalten der Strecke wird also instabil. Entwerfen Sie nun einen P-Regler, der das Streckenverhalten im geschlossenen Regelkreis stabilisiert und erstellen Sie das LTI-Modell `sys_r` des geschlossenen Regelkreises.

2. **Regelung mit Zustandsregler mit Sollwertanpassung**

   Nun soll das Überschwingen ganz unterdrückt und der stationäre Regelfehler des P-Reglers vermieden werden. Hierzu dient ein **Zustandsregler mit Sollwertanpassung** nach Abb. 5.42.

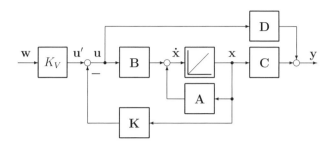

Abb. 5.42: *Zustands-regler mit Sollwertan-passung*

Berechnen Sie den **Rückführvektor K** des Regelgesetzes $\mathbf{u} = -\mathbf{K} \cdot \mathbf{x}$ ($\mathbf{u}' = \mathbf{0}$) mit `acker` oder `place` (Wunsch-Pole z.B. -1.1 und -1). Welche Eigenschaften müssen die Wunsch-Pole aufweisen, damit das Überschwingen vermieden wird?

Berechnen Sie den **Sollwertanpassungsfaktor** $\quad K_V = \dfrac{-1}{\mathbf{C}\,(\mathbf{A} - \mathbf{BK})^{-1}\,\mathbf{B}}\quad$.

Erzeugen Sie das LTI-Modell `sys_z` des **zustandsgeregelten Systems** mit der Zustands-DGL $\dot{\mathbf{x}} = (\mathbf{A} - \mathbf{B}\,\mathbf{K}) \cdot \mathbf{x} + \mathbf{B} \cdot \mathbf{u}'$ und überprüfen Sie, ob die Pole dieses Systems tatsächlich den gewünschten Polen entsprechen.

Plotten Sie die Sprungantworten des Systems mit P-Regler (`sys_r`), mit Zustandsregler ohne (`sys_z`) und mit Sollwertanpassung (`sys_z*Kv`) wie in Abb. 5.43.

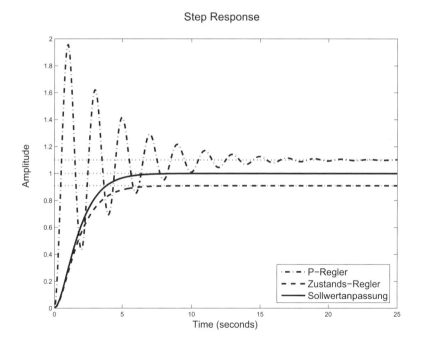

Abb. 5.43: *Regelung instabile PT_2-Funktion: Sprungantworten mit P-Regler (- ·), Zustandsregler ohne (--) und mit Sollwertanpassung (-)*

3. **Regelung mit Zustandsregler mit Führungsintegrator**

Die Parameter der PT_2-Übertragungsfunktion lauten nun a = 1, b = -0.5, c = 1 und K = 1, d.h. die Übertragungsfunktion ist weiter instabil, kann aber nicht mehr mit einem P-Regler stabilisiert werden. Zusätzlich wirkt nun die **Störgröße** z auf den Zustand x_1.

Entwerfen Sie wieder einen **Zustandsregler mit Sollwertanpassung** wie in Punkt 2. Erstellen Sie das System sys_s, das sys_z aus Aufgabe 2 ergänzt um einen zweiten Eingang für die Störung: sys_s.b = [sys.b [2;0]].

Da die Rückführung mit **K** proportional erfolgt, kann eine Störung nicht ausgeglichen werden, es muss ein **Zustandsregler mit Führungsintegrator** entworfen werden, wie ihn Abb. 5.44 zeigt.

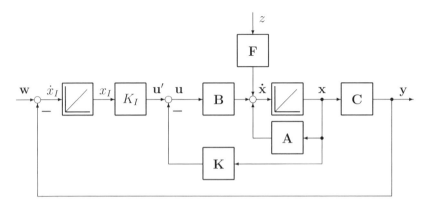

Abb. 5.44: *Zustandsregler mit Führungsintegrator*

Der Integrator mit dem Zustand x_I und der Verstärkung K_I wird der Strecke zugeschlagen, so dass sich für die Berechnung des erweiterten Rückführvektors $[\mathbf{K}\ K_I]$ folgende Zustandsdarstellung der Strecke (Führungsübertragungsfunktion von $\mathbf{u}$ nach x_I) ergibt:

$$\begin{bmatrix} \dot{\mathbf{x}} \\ \dot{x}_I \end{bmatrix} = \begin{bmatrix} \mathbf{A} & \mathbf{0} \\ -\mathbf{C} & \mathbf{0} \end{bmatrix} \cdot \begin{bmatrix} \mathbf{x} \\ x_I \end{bmatrix} + \begin{bmatrix} \mathbf{B} \\ \mathbf{0} \end{bmatrix} \cdot u \qquad \mathbf{y} = \mathbf{C} \cdot \mathbf{x} \qquad (5.74)$$

Für die geregelte Strecke mit Störung lautet die Zustands-DGL (von $\mathbf{w}$ nach $\mathbf{y}$):

$$\begin{bmatrix} \dot{\mathbf{x}} \\ \dot{x}_I \end{bmatrix} = \begin{bmatrix} \mathbf{A} - \mathbf{BK} & \mathbf{B}K_I \\ -\mathbf{C} & \mathbf{0} \end{bmatrix} \cdot \begin{bmatrix} \mathbf{x} \\ x_I \end{bmatrix} + \begin{bmatrix} \mathbf{0} & \mathbf{F} \\ 1 & 0 \end{bmatrix} \cdot \begin{bmatrix} w \\ z \end{bmatrix} \qquad \mathbf{y} = [\mathbf{C}\ 0] \cdot \mathbf{x} \quad (5.75)$$

Erzeugen Sie das System sys_f nach Gleichung (5.74) und berechnen Sie damit den erweiterten Rückführvektor $[\mathbf{K}\ K_I]$. Erstellen Sie damit das geregelte System sys_zf nach Gleichung (5.75) mit $\mathbf{F} = [2\ 0]^T$.

Simulation und Ausgabe: Der Sollwert ist eine Sprungfunktion bei 0 Sekunden, die Störung soll nun nach 15 und nach 35 Sekunden wirken (Abb. 5.45). Erzeugen Sie den Zeitvektor `t` (0 bis 50 s) und die beiden Sprungfunktionen für Sollwert w und Störgröße z und simulieren und plotten Sie mit `lsim` die Zeitverläufe für die beiden Systeme `sys_s` und `sys_zf`.

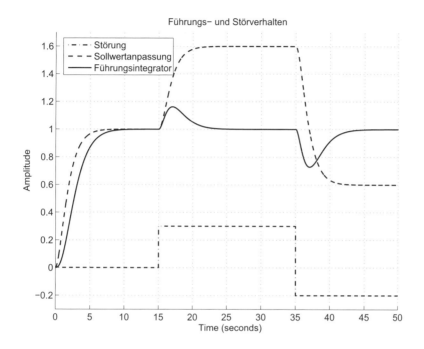

Abb. 5.45: *Regelung instabile PT_2-Funktion mit Störung: Sprungantworten Zustandsregler mit Sollwertanpassung (-) und Zustandsregler mit Führungsintegrator (--)*

5.6.8   Kondition und numerische Instabilität

Betrachtet wird das folgende lineare Gleichungssystem (aus [5]):

$$\begin{bmatrix} 1 & a \\ a & 1 \end{bmatrix} \cdot \mathbf{x} = \begin{bmatrix} 1 \\ 0 \end{bmatrix}$$

mit seiner Lösung

$$x_1 = \frac{1}{1-a^2} \qquad x_2 = -a \cdot x_1 = \frac{-a}{1-a^2} \; .$$

1. **Kondition (Natürliche Instabilität)**

   Berechnen Sie nun für Werte von $a = 1 + 10^{-n}$ für $n = 1, \ldots, 9$ die Konditionszahl `cond(A)`, den Wert für `log10(cond(A))` sowie die Lösung des linearen Gleichungssystems `x = A\b` bzw. `xe = (A-E)\b` mit der Störung `E = [ 0.0001 0.0001 ; 0.0001 -0.0001 ]`.

   Vergleichen Sie die Lösungsvektoren `x` und `xe` des ungestörten und des gestörten Systems!

2. **Numerische Instabilität**

   Die Addition der beiden Komponeneten x_1 und x_2 des Lösungsvektors **x** ergibt rechnerisch:

   $$x_1 + x_2 \quad = \quad \frac{1}{1 - a^2} - \frac{a}{1 - a^2} \quad = \quad \frac{1}{1 + a}$$

   Berechnen Sie nun wie oben für Werte von $a = 1 + 10^{-n}$ für $n = 1, \ldots, 9$ die Summe $x_1 + x_2$, und zwar zum einen als Summe der Elemente des Lösungsvektors des linearen Gleichungssystems und zum anderen mit der (mathematisch korrekten) Formel $1/(1 + a)$ und vergleichen Sie die Ergebnisse.

6 Signalverarbeitung – Signal Processing Toolbox

Methoden der Signalverarbeitung im Zeit- und Frequenzbereich ermöglichen die Aufbereitung, Filterung und Analyse von Daten. In der Regel liegen diese in Form abgetasteter Messwerte vor und können zur weiteren Bearbeitung in MATLAB als Vektor eingelesen werden. Zur theoretischen Vertiefung sei auf weiterführende Literatur verwiesen. [24, 31]

6.1 Aufbereitung der Daten im Zeitbereich

Messungen werden meist zu diskreten Zeitpunkten durchgeführt. Bei der Auswertung kann es notwendig sein, die Abtastzeitpunkte verschiedener Datenkanäle zu synchronisieren. Dafür werden Befehle zur Interpolation und zur Änderung der Abtastrate eingesetzt. Zudem können Daten mit einer mathematischen Funktion approximiert werden.

6.1.1 Interpolation und Approximation

Durch Interpolation lassen sich Zwischenwerte zu vorhandenen Daten erzeugen. Für eindimensionale Interpolation steht in MATLAB der Befehl interp1 (*x_werte, y_werte, x_auswertung, methode*) zur Verfügung sowie analog die Befehle interp2 und interp3 für höhere Dimensionen. Die Messdaten müssen dabei jeweils in der Reihenfolge aufsteigender Koordinaten vorliegen.

Das Beispiel in Abb. 6.1 links wird mit den folgenden Zeilen erzeugt. Dabei fällt auf, dass eine *Extrapolation* (d.h. über den Bereich der gegebenen Testpunkte hinaus) nur mit Splines und stückweise kubischer Interpolation (pchip bzw. früher cubic) möglich ist. Lineare Interpolation liefert hier standardmäßig nur NaN. Abhilfe ist aber mit der zusätzlichen Option 'extrap' möglich.

```
x        = -0.6:2.4;
y        = exp (-x.^2/2);
x_interp = -1:0.1:3;
y_interp_linear = interp1 (x, y, x_interp, 'linear');
y_interp_pchip  = interp1 (x, y, x_interp, 'pchip');
y_interp_spline = interp1 (x, y, x_interp, 'spline');
figure
    plot (x, y, 'ko'), hold on
    plot (x_interp, exp (-x_interp.^2/2), 'k:')
    plot (x_interp, y_interp_linear, 'b-.')
    plot (x_interp, y_interp_pchip,  'g--')
    plot (x_interp, y_interp_spline, 'r-')
```

Liegen zwei- oder dreidimensionale Messdaten unsortiert vor, erzeugt `griddata`
(*x_werte, y_werte, daten, x_ausw, y_ausw, methode*) daraus ein gleichmäßiges Raster
aus interpolierten Datenpunkten. Diese Funktion eignet sich auch zur grafischen Darstellung eines Kennfeldes aus ungleichmäßig verteilten Messpunkten (siehe Abb. 6.1
rechts), wie es mit den folgenden Befehlen erzeugt wird. Der Befehl `meshgrid` erstellt
ein passendes Koordinatenraster (siehe auch Beispiel auf Seite 54).

```
x = rand (100, 1) * 4 - 2;               % Erzeugt Zufallszahlen-Vektor
y = rand (100, 1) * 4 - 2;
z = x .* exp (-x.^2 - y.^2);             % Testpunkte

[XI, YI] = meshgrid (-2:.25:2, -2:.25:2); % Koordinaten-Raster
ZI = griddata (x, y, z, XI, YI, 'v4');    % Kennfeld aus Testpunkten
figure
    mesh (XI, YI, ZI)                     % Kennfeld zeichnen
    hold on
    plot3 (x, y, z, 'o')                  % Testpunkte zeichnen
```

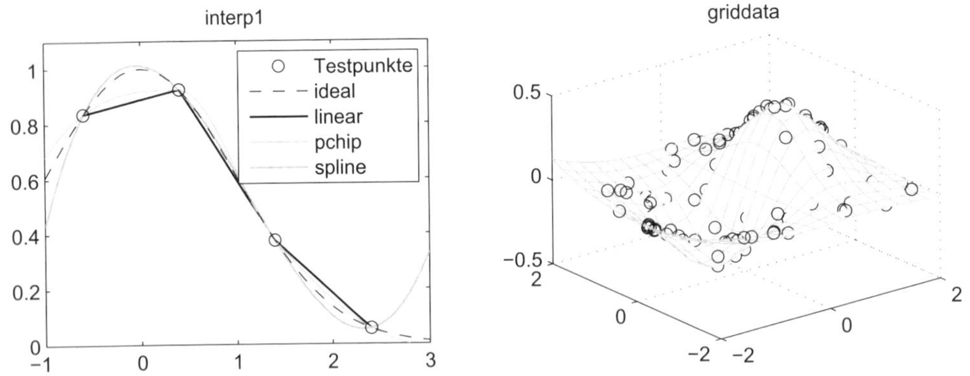

Abb. 6.1: *Verschiedene Interpolationsverfahren*

Wenn Messdaten durch ein Polynom approximiert werden sollen, bietet sich das *Basic
Fitting Tool* an. Dazu werden die Messdaten zuerst in einer normalen Figure geplottet
und anschließend das *Basic Fitting Tool* im Figure-Menü *Tools* gestartet. Bei diesem
Werkzeug handelt es sich um ein GUI zur einfachen Visualisierung von Approximati-
onsfunktionen. Es können verschiedene Typen von Funktionen ausgewählt werden, die
auch sofort in der Figure mit Legende angezeigt werden. Bei Auswahl der Check Box
Show Equations werden zusätzlich die Gleichungen der Funktionen angezeigt.

Die folgenden MATLAB-Befehle erzeugen Datenpaare und stellen sie in einer Figure dar
(siehe Abb. 6.2). Diese zeigt die Datenpaare als Kreise und die vom *Basic Fitting Tool*
erzeugten Approximationen inklusive der zugehörigen Gleichungen.

```
x = -0.6:2.4;
y = exp (-x.^2/2);
plot (x, y, 'ko')
```

Der Vorteil dieses Tools besteht in der schnellen grafischen Beurteilung des Resultats.
Für genauere Ergebnisse oder für die Abarbeitung in Skripts sind die Befehle `polyfit`
zur Bestimmung der Koeffizienten und `polyval` zur Auswertung jedoch besser geeignet.

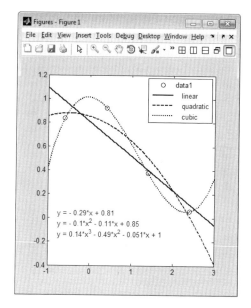 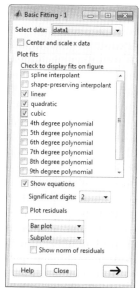

Abb. 6.2: *Interpolation mit dem Basic Fitting Tool*

Ein ähnliches Tool stellt das GUI *Data Statistics* dar. Es wird durch den Menüpunkt *Tools/Data Statistics* der entsprechenden Figure gestartet. Damit lassen sich Mittelwert, Standardabweichung und weitere statistische Größen ermitteln (siehe Abb. 6.3).

Die gleichen Daten lassen sich auch im Workspace Browser anzeigen (die Spaltenauswahl erfolgt über das Kontextmenü der Namensleiste).

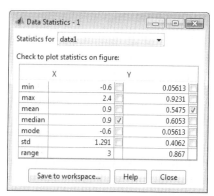

Abb. 6.3: *Data Statistics Tool*

Interpolation und Approximation – im MATLAB-Befehlssatz enthalten

$$y\_int = \texttt{interp1}(x, y, x\_auswertung, methode)$$ Interpolation
$$[X, Y, Z] = \texttt{meshgrid}(x\_vektor, y\_vektor, z\_vektor)$$ Koordinatenraster (3D)
$$d\_int = \texttt{griddata}(x, y, d, x\_ausw, y\_ausw, meth)$$ Daten rastern (2D)
$$d\_int = \texttt{griddata}(x, y, z, d, x\_aus, y\_aus, z\_aus)$$ Daten rastern (3D)

$$koeff = \texttt{polyfit}(x, y, ordnung)$$ Polynom-Approximation
$$y = \texttt{polyval}(koeff, x)$$ Polynom-Auswertung

6.1.2   Änderung der Abtastrate

Zur Erhöhung der Abtastrate eines Signals sowie zu deren Reduzierung (*Upsampling* bzw. *Downsampling*) stellt MATLAB jeweils zwei Befehle bereit. Der Befehl `downsample` (*daten, faktor* [, *offset*]) tastet die Daten um einen ganzzahligen Faktor langsamer ab. So greift z.B. *faktor* = 4 jeden vierten Datenpunkt heraus (siehe Abb. 6.4 Mitte). Der optionale (und ebenfalls ganzzahlige) Offset muss kleiner sein als der Faktor und verschiebt die Abtastpunkte nach rechts. Wird als Daten eine Matrix übergeben, wendet MATLAB den Befehl auf jede Spalte separat an.

```
t = 0.025:0.025:1;                    % Zeitvektor
x = 4*sin (2*pi*t) + cos (pi/4 + 16*pi*t);  % Datenvektor ("Messwerte")
y = downsample (x, 4);                % Reduzierung der Abtastrate
figure
subplot (131)
    plot (x, '.-')
    title ('Originalsignal')
subplot (132)
    plot (y, '.-')
    title ('Abtastrate reduziert')
```

Der Befehl `upsample` (*daten, faktor* [, *offset*]) tastet die Daten um einen ganzzahligen Faktor höher ab, indem er zwischen zwei Datenpunkten eine entsprechende Anzahl Nullen einfügt (siehe Abb. 6.4 rechts).

```
z = upsample (y, 4);                  % Erhöhung der Abtastrate
subplot (133)
    plot (z, '.-')
    title ('Abtastrate wieder erhöht')
```

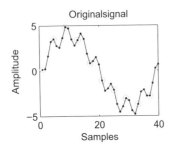 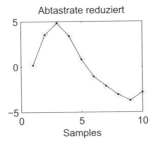 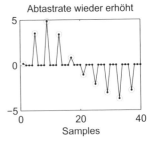

Abb. 6.4: *Originalsignal (links), mit* `downsample` *reduzierte (Mitte) und mit* `upsample` *wieder erhöhte Abtastrate (rechts) – jeweils zum Vergleich zusätzlich das abgetastete Signal (○)*

In beiden Fällen muss der Anwender dafür Sorge tragen, dass er beim Downsampling das Abtasttheorem nicht verletzt (wie in Abb. 6.4 der Fall!) bzw. beim Upsampling die Daten zusätzlich geeignet filtert und skaliert.

Die folgenden Befehle berücksichtigen beide Aspekte: `decimate` (*daten, faktor*) arbeitet analog zu `downsample`, filtert die Daten zuvor jedoch mit einem Anti-Aliasingfilter (Tschebyscheff-Tiefpass 8. Ordnung). Optional kann eine andere Filterordnung auch direkt angegeben werden. Bei großen Datensätzen ist es ratsam, mit der Option `'fir'` ein schnelleres FIR-Filter zu verwenden. Details zu digitalen Filtern siehe ab Kap. 6.4.2.

```
y = decimate (x, 4, 8, 'fir');  % Reduzierung der Abtastrate, FIR-Filter 8. Ord.
```

Der Befehl `interp` (*daten, faktor*) (nicht zu verwechseln mit `interp1`!) erhöht die Abtastrate, indem er die Zwischenpunkte mit einem speziellen Interpolationsfilter erzeugt. Abb. 6.5 zeigt das vorige Beispiel mit diesen beiden Befehlen.

```
z = interp (y, 4);              % Erhöhung der Abtastrate
```

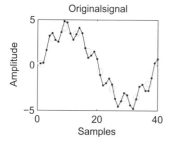 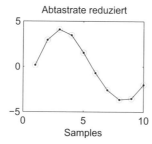 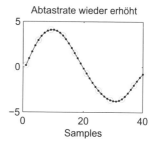

Abb. 6.5: *Originalsignal (links), mit* `decimate` *reduzierte (Mitte) und mit* `interp` *wieder erhöhte Abtastrate (rechts) – jeweils zum Vergleich zusätzlich das abgetastete Signal* (○)

Schließlich existiert auch die Kombination aus Up- und Downsampling zur Änderung der Abtastrate mit einem rationalen Faktor *zaehler/nenner*. Der Befehl `resample` (*daten, zaehler, nenner*) erhöht zunächst die Abtastrate um den Faktor *zaehler*, filtert die Daten mit einem Anti-Aliasingfilter (FIR-Tiefpass) und reduziert anschließend die Abtastrate um den Faktor *nenner*, wobei beide Faktoren ganzzahlig sein müssen. Beginnen oder enden die Daten nicht mit Werten nahe Null, ist das Ergebnis dort ungenau, da `resample` intern die Daten mit Nullen ergänzt.

Änderung der Abtastrate	
`downsample` (*daten, faktor* [, *offset*])	Reduktion ohne Filterung
`upsample` (*daten, faktor* [, *offset*])	Erhöhung ohne Filterung
`decimate` (*daten, faktor* [, *ordnung*] [, `'fir'`])	Reduktion mit Filterung
`interp` (*daten, faktor*)	Erhöhung mit Filterung
`resample` (*daten, zaehler, nenner*)	Änderung mit Filterung

6.1.3   Weitere Werkzeuge

Bedingt durch die Messdatenerfassung können Daten einen konstanten oder auch veränderlichen Offset (d.h. Gleichanteil bzw. Drift) aufweisen. Dies führt bei einer nachfolgenden Spektralanalyse (siehe Kap. 6.2) oder der Anwendung digitaler Filter (siehe ab Kap. 6.4.2) teilweise zu störenden Effekten.[1]

Der Befehl $daten$ = detrend ($daten$) entfernt daher Offset und Drift von einem Signalvektor;[2] liegen die Daten als Matrix vor, wirkt der Befehl separat auf jede Spalte. Mit [$peaks, index$] = findpeaks ($daten$) lassen sich Signale nach Peaks durchsuchen und deren Höhe $peaks$ und Indizes $index$ ausgeben.[3] Mit zusätzlichen Optionen als Eigenschaft- und Wertepaare kann die Suche eingeschränkt werden (z.B. Mindestabstand, Mindesthöhe über Nachbarschaft, etc.); weitere Details über doc findpeaks.

Eine **interaktive Analyse** ist mit dem *Signal Browser* möglich, der mittels sptool aufgerufen wird (siehe Abb. 6.6 und 6.7). Das sptool kann auch direkt vom MATLAB-Dekstop über *Apps/Signal Analysis* (⬛) gestartet werden.

Im Startfenster muss zunächst über den Menüpunkt *File/Import* ein Signal aus dem Workspace oder einer Datei importiert werden; dabei sollten auch Abtastfrequenz und Name (zur Verwendung im sptool) eingegeben werden. Anschließend wird im sptool mit dem Button *View* in der linken Spalte der Signal Browser aufgerufen. Vielfältige Einstell- und Auswertemöglichkeiten bestehen über die Buttonleiste und das Menü.

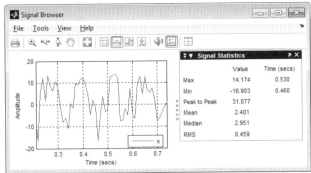

Abb. 6.6: sptool: *Startfenster*   **Abb. 6.7:** sptool: *Signal Browser*

Weitere Werkzeuge im Zeitbereich	
detrend ($daten$)	Entfernung von Offset und Drift
detrend ($daten$, 'constant')	Entfernung des Gleichanteils (Offset)
findpeaks ($daten$, 'threshold', th)	Peak-Suche (Mindesthöhe th)
sptool	*Signal Processing Tool*

---

[1] Bei der Spektralanalyse kann ein Gleichanteil zu Leakage bei niedrigen Frequenzen führen (siehe Seite 210), bei digitalen Filtern zu ungewolltem Einschwingverhalten.

[2] Der Befehl detrend ist im MATLAB-Befehlssatz enthalten.

[3] Der Befehl findpeaks eignet sich ebenfalls für (reellwertige) Spektren sowie für Korrelationsfunktionen (siehe Kap. 6.2 und 6.3).

6.2 Spektralanalyse

Grundlage der Spektralanalyse ist die Fouriertransformation. Dazu kommen Methoden wie Averaging oder Fensterung, mit denen sich das Ergebnis der Analyse verbessern lässt. Darauf aufbauend bietet MATLAB Funktionen zur Bestimmung von Leistungsspektren eines Signals.

6.2.1 Diskrete Fouriertransformation (DFT)

Die *Diskrete Fouriertransformation (DFT)* eines Zeitsignals $x(t)$ leitet sich von der kontinuierlichen Fouriertransformation ab:

$$X(j\omega) = \int_{-\infty}^{\infty} x(t) \exp(-j\omega t)\, dt \tag{6.1}$$

Um die DFT zu erhalten, wird das Integral durch eine Summe von N Rechtecken der Höhe $x(nT_s)$ angenähert.[4] Dabei entspricht T_s der Abtastzeit, $F_s = 1/T_s$ der Abtastfrequenz und N der Anzahl der Messwerte:

$$X_d(\omega_k) = \sum_{n=0}^{N-1} x(nT_s) \exp(-j\omega_k n T_s) \tag{6.2}$$

Die DFT X_d existiert nur für diskrete Frequenzen $\omega_k = k\Delta\omega$. Die Frequenzauflösung $\Delta\omega = 2\pi/(NT_s)$ bzw. $\Delta F = 1/(NT_s)$ ist umgekehrt proportional zur Messdauer NT_s. Aufgrund des Abtasttheorems entspricht die höchste messbare Frequenz $F_{max} = F_s/2 = 1/(2T_s)$ der halben Abtastfrequenz. Je nach Phasenlage der einzelnen Frequenzkomponenten treten in der Regel komplexe Spektralkoeffizienten auf. Sollen die reellen Fourierkoeffizienten a_i, b_i der Fourierreihe

$$x(t) = a_0 + \sum_{k=1}^{K} \left(a_k \cos(k\omega_k t) + b_k \sin(k\omega_k t) \right) \tag{6.3}$$

mittels der DFT bestimmt werden, muss die Abtastzeit T_s berücksichtigt und das Ergebnis auf die Messdauer NT_s normiert werden. Dazu werden die Elemente von X_d durch N geteilt.[5] Ebenso werden alle Frequenzen ab F_{max} ausgeblendet (Index $k \geq N/2$) und dafür die verbleibenden Elemente – mit Ausnahme des Gleichanteils (Index $k = 0$), der nur einmal vorkommt – verdoppelt.

$$a_0 = \frac{1}{N} \operatorname{Re}\{X_d(0)\} \qquad a_{k>0} = \frac{2}{N} \operatorname{Re}\{X_d(k)\} \qquad b_{k>0} = -\frac{2}{N} \operatorname{Im}\{X_d(k)\}$$

Die in MATLAB implementierte Funktion `fft (x)` verarbeitet einen Datenvektor x und gibt einen Vektor X derselben Länge mit den Spektralkoeffizienten zurück.[6] Daher

---

[4] Die Breite T_s der Rechtecke ist dabei nicht in der Definition der DFT berücksichtigt.

[5] Dies schließt die Berücksichtigung der Rechteckbreite T_s ein.

[6] Der Befehl `fft` ist im MATLAB-Befehlssatz enthalten.

sind die Koeffizienten mit Index $k = 2, 3, \ldots$ symmetrisch zu denen mit Index $k = N$, $N{-}1, \ldots$. Die Indizes werden im Weiteren, wie bei MATLAB üblich, von 1 bis N gezählt und nicht von 0 bis $N{-}1$.

Im folgenden Beispiel wird zunächst ein „Messvektor" x mit dem zugehörigen Zeit-vektor t erzeugt.

```
t = 0.01:0.01:0.5;                      % Zeitvektor (Fs = 100 Hz)
x = 5 + 8*sin(2*pi*8*t) + 4*cos(2*pi*33*t);  % Datenvektor ("Messwerte")
```

Als Nächstes werden daraus die Abtastzeit T_s, die Anzahl der Messwerte N und der Frequenzvektor f zur späteren Anzeige des Spektrums bestimmt. Die Fouriertrans-formierte X wird normiert und auf den Bereich $< F_{max}$ begrenzt (die Indizes werden mit floor auf ganze Zahlen abgerundet). Abb. 6.8 zeigt Mess-Signal und Spektrum.

```
Ts = diff (t(1:2));                     % Abtastzeit
N = length (x);                         % Länge des Datenvektors
f = [0:floor((N-1)/2)] / (N*Ts);        % Frequenzvektor für Plot

X = fft (x);                            % Fouriertransformation
X = X / N;                              % Normierung
X = [X(1) 2*X(2:floor((N-1)/2)+1)];     % Begrenzen auf < F_max

figure
subplot (121)
    plot (t, x, '.-')
    title ('Signal')
subplot (122)
    stem (f, abs (X))
    xlabel ('Frequenz [Hz]')
    title ('Spektrum')
```

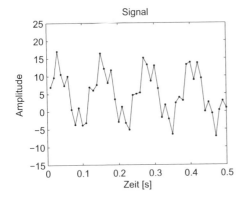 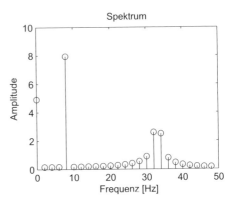

Abb. 6.8: *Zeitsignal und Spektrum*

In diesem Beispiel beträgt die Abtastzeit $T_s = 10\,\mathrm{ms}$ und die höchste messbare Frequenz demnach $F_{max} = 50\,\mathrm{Hz}$. Es werden $N = 50$ Messwerte ausgewertet; die Frequenz-auflösung ist somit $\Delta F = 2\,\mathrm{Hz}$. Das Spektrum wird für alle Frequenzen $0, \Delta F, 2\Delta F, \ldots$

bis F_{max} berechnet. Liegt ein Frequenzanteil des Mess-Signals dazwischen (wie der Anteil mit 33 Hz im Beispiel), tritt der so genannte *Leakage-Effekt* auf: Die Amplitude verteilt sich auch auf Nachbarfrequenzen. Dies ist immer dann der Fall, wenn die gesamte Messzeit NT_s kein ganzzahliges Vielfaches der Periodendauer der zu analysierenden Frequenz ist.

Eine feinere Frequenzauflösung ΔF ist als Abhilfe gegen Leakage nur bedingt geeignet, da sich dadurch Rauschen stärker auswirkt. Eine bessere Möglichkeit ist die Verwendung von Fensterfunktionen. Zusätzlich bietet sich – insbesondere bei Leistungsspektren – eine Mittelwertbildung im Frequenzbereich an (so genanntes *Averaging*).

6.2.2 Averaging

Steht ein ausreichend langer Messdatensatz zur Verfügung, kann dieser in Sequenzen zerlegt werden, die einzeln mittels DFT transformiert werden, um anschließend den Mittelwert der einzelnen Spektren zu berechnen.

Das folgende Beispiel verwendet ein „Mess-Signal" über 25 s, zu welchem Rauschen hinzugefügt wird. Die Länge einer Sequenz wird mit $N\_seq = 50$ Messpunkten vorgegeben.

```
t = 0.01:0.01:25;                          % Zeitvektor (Fs = 100 Hz)
x = 5 + 8*sin(2*pi*8*t) + 4*cos(2*pi*33*t); % Datenvektor ("Messwerte")
x = x + 5*(randn (1,length(t)));           % Rauschen hinzufügen

Ts = diff (t(1:2));                        % Abtastzeit
N_seq = 50;                                % Länge einer Sequenz
N = length (x);                            % Länge des Datenvektors
f = [0:N_seq/2-1] / (N_seq*Ts);            % Frequenzvektor für Plot

X = zeros (1, N_seq);                      % Leeres Array erzeugen
for k = 1:N/N_seq
    x_seq = x (1+(k-1)*N_seq:k*N_seq);     % Sequenz ausschneiden
    X = X + abs (fft (x_seq));             % DFT und Summation
end
X = [X(1) 2*X(2:N_seq/2)] / N;            % Begrenzen, Normieren
```

Abb. 6.9 zeigt links zum Vergleich das Spektrum der ersten Sequenz sowie rechts das Spektrum mit 50fachem Averaging. Das Rauschen wird dabei zu einem gleichmäßigen „Teppich" gemittelt.

6.2.3 Fensterung

Zur Verminderung des Leakage-Effekts kann neben Averaging auch eine Fensterung des Datensatzes vor der diskreten Fouriertransformation erfolgen. Die grundlegende Idee kann folgendermaßen beschrieben werden: Die endliche Aufzeichnung eines unendlich langen periodischen Zeitsignals stellt mathematisch gesehen die Multiplikation des Zeitsignals mit einer Rechteck-Fensterfunktion dar. Diese hat nur während der Aufzeichnung den Wert 1, ansonsten 0. Im Frequenzbereich faltet sich somit das Spektrum des Zeitsignals mit dem des Rechteckfensters.

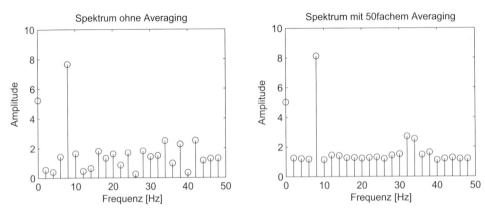

Abb. 6.9: *Spektrum ohne und mit 50fachem Averaging*

Für das Auftreten des Leakage-Effekts ist das langsame Abklingen des Rechteckspektrums, also die steilen Flanken des Fensters im Zeitbereich verantwortlich. Verwendet man stattdessen ein Fenster mit flachen Flanken, d.h. Messwerte in der Mitte des Fensters werden höher gewichtet als Messwerte am Rand, dann kann der Leakage-Effekt verringert werden.

Für die Erzeugung verschiedener Fensterfunktionen der Datenlänge n stehen in MATLAB unter anderem die Befehle `rectwin` (n), `triang` (n), `bartlett` (n), `hamming` (n), `hann` (n) und `blackman` (n) zur Verfügung, siehe Abb. 6.10.

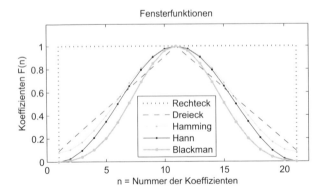

Abb. 6.10: *Fensterfunktionen der Datenlänge 21*

Die DFT wird nun nicht mehr auf den Datensatz direkt, sondern auf den gefensterten Datensatz angewandt. Der Aufruf für einen Datensatz x (Zeilenvektor) unter Verwendung des Hamming-Fensters lautet dann:

```
X = fft (hamming (length (x))' .* x);
```

Ein ausführlicheres Beispiel ist in den folgenden MATLAB-Befehlen gegeben. Der Leakage-Effekt tritt bei den Frequenzen 11 Hz und 33 Hz auf (Abb. 6.11 links).

```
t = 0.01:0.01:0.5;                    % Zeitvektor (Fs = 100 Hz)
x = 8*sin(2*pi*11*t) + 4*cos(2*pi*33*t);   % Datenvektor ("Messwerte")
```

```
Ts = diff (t(1:2));                    % Abtastzeit
N = length (x);                        % Länge des Datenvektors
f = [0:floor((N-1)/2)] / (N*Ts);       % Frequenzvektor für Plot

X = fft (hamming (N)' .* x);           % Fouriertransformation
X = X / N;                             % Normierung
X = [X(1) 2*X(2:floor((N-1)/2)+1)];    % Begrenzen auf < F_max
```

Durch eine Datenfensterung kann die Aufweitung des Spektrums verringert werden. Allerdings wird durch die Fensterung auch die Amplitude reduziert (Abb. 6.11 rechts). Es muss je nach Anwendung entschieden werden, ob dies zulässig ist oder nicht.

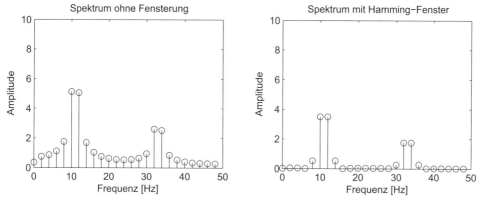

Abb. 6.11: *Spektrum ohne und mit Datenfensterung mit Hamming-Fenster*

Eine gute Übersicht verfügbarer Fensterfunktionen bietet schließlich das *Window Design and Analysis Tool*, das mit `wintool` oder direkt aus dem *Apps*-Tab des Desktops gestartet wird (siehe Abb. 6.12).

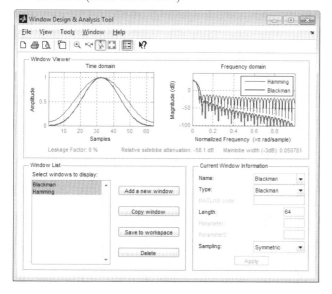

Abb. 6.12: *wintool: Window Design and Analysis Tool*

Fensterfunktionen

`rectwin` *(laenge)*	Rechteck	`hamming` *(laenge)*	Hamming
`triang` *(laenge)*	Dreieck (Rand > 0)	`hann` *(laenge)*	Hann
`bartlett` *(laenge)*	Dreieck (Rand = 0)	`blackman` *(laenge)*	Blackman

`wintool`   *Window Design and Analysis Tool*

6.2.4   Leistungsspektren

In der Messtechnik werden anstelle der oben behandelten Amplitudenspektren meist Leistungsdichtespektren verwendet. Das **Autoleistungsdichtespektrum** Φ_{xx} erhält man durch Quadrieren der DFT und anschließende Normierung auf N und F_s. Als Einheit wird üblicherweise W / Hz bei linearer bzw. dB / Hz bei logarithmischer Darstellung verwendet, wobei 10 dB einem Faktor 10 der Leistung entsprechen.[7]

$$\Phi_{xx}(f) \;=\; \frac{1}{NF_s}\left|X_d(2\pi f)\right|^2 \;=\; \frac{1}{NF_s}\left|\sum_{n=0}^{N-1} x(nT_s)\,\exp\left(-j2\pi f nT_s\right)\right|^2 \quad (6.4)$$

Die gesamte Leistung[8] P des Signals erhält man daraus und mit der Frequenzauflösung $\Delta F = F_s/N$ wie folgt.

$$P \;=\; \Delta F \sum_{n=0}^{N-1} \Phi_{xx}(n\Delta F) \;=\; \frac{1}{N^2}\sum_{n=0}^{N-1}\left|X_d(2\pi\, n\Delta F)\right|^2 \quad (6.5)$$

Der Befehl `pwelch`[9] *(x, fenster, ueberlappung, Nfft, Fs)* gibt das Leistungsdichtespektrum aus. Durch eine Überlappung der einzelnen Sequenzen von 50% wird der Verlust relevanter Information beim Averaging minimiert; die Daten werden standardmäßig mit einem Hammingfenster beaufschlagt. Parameter, die nicht geändert werden sollen, können leer (`[]`) gelassen werden. Ohne Rückgabeparameter wird das Spektrum grafisch ausgegeben. Abb. 6.13 wird mit den folgenden Zeilen erstellt.

```
t = 0.01:0.01:25;                        % Zeitvektor (Fs = 100 Hz)
x = 2 + 8*sin(2*pi*8*t) + 4*cos(2*pi*33*t); % Datenvektor ("Messwerte")
x = x + 5*(randn (1,length(t)));         % Rauschen hinzufügen

[Pxx, F] = pwelch (x, rectwin (250), [], 250, 100);
plot (F, 10*log10(Pxx))                  % alternativ: plot (F, pow2db (Pxx))
```

Für die Umrechnung zwischen Amplitude (Absolutwert!) bzw. Leistung und dB stehen die Befehle $xdb = $`mag2db (abs (x))` und $x = $`db2mag` (xdb) mit $xdb = 20 \cdot \log_{10}(x)$ sowie analog `pow2db` und `db2pow` mit $xdb = 10 \cdot \log_{10}(x)$ zur Verfügung.[10]

---

[7] Die Leistung ist proportional zum Quadrat der Amplitude; daher entsprechen 10 dB nur dem Faktor $\sqrt{10}$ der Amplitude; 20 dB entsprechen Faktor 10 der Amplitude und somit Faktor 100 der Leistung.

[8] Die Äquivalenz mit der aus dem Zeitsignal berechneten Leistung gilt bei Verwendung von Fensterung oder Averaging nur näherungsweise.

[9] Benannt nach einer Veröffentlichung von P.D. Welch, 1967

[10] Die Befehle `mag2db` und `db2mag` sind in der *Control System Toolbox* enthalten.

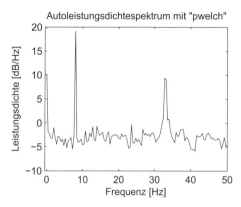

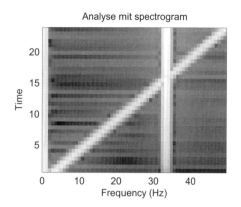

Abb. 6.13: *Autoleistungsdichtespektrum mit* `pwelch` *und Rechteckfenster*

Abb. 6.14: *Spektralanalyse eines nicht-periodischen Signals mit* `spectrogram`

Für eine quantitative Analyse der Leistungsdichte[11] empfiehlt es sich, wie in Abb. 6.13 den Befehl `pwelch` mit Rechteckfenster `rectwin` zu verwenden (Achtung: Leakage!). Weitere Methoden zur Berechnung (eigentlich Abschätzung) des Leistungsdichtespektrums können der MATLAB-Hilfe zu `pwelch` entnommen werden.

Eine **interaktive Analyse** ist mit dem *Spectrum Viewer* möglich, der im `sptool` mit dem Button *Create* (bzw. *View*) in der rechten Spalte aufgerufen wird (siehe Abb. 6.6). Nach Einstellen der gewünschten Analyseparameter kann mit dem Button *Apply* das Spektrum ausgegeben werden (siehe Abb. 6.15).

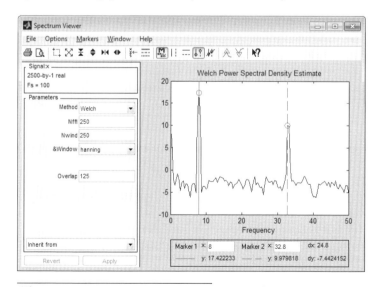

Abb. 6.15: `sptool`: *Spectrum Viewer*

---

[11] Der Rauschanteil besitzt die Leistungsdichte $5^2\,\mathrm{W}\,/\,50\,\mathrm{Hz} = 0.5\,\mathrm{W}\,/\,\mathrm{Hz} = -3\,\mathrm{dB}\,/\,\mathrm{Hz}$. Mit $\Delta F = 100\,\mathrm{Hz}\,/\,250 = 0.4\,\mathrm{Hz}$ besitzt die *sin*-Komponente eine Leistungsdichte von $8^2\,\mathrm{W}\,/\,2\,/\,0.4\,\mathrm{Hz} = 80\,\mathrm{W}\,/\,\mathrm{Hz} = 19\,\mathrm{dB}\,/\,\mathrm{Hz}$, der Gleichanteil die Leistungsdichte $2^2\,\mathrm{W}\,/\,0.4\,\mathrm{Hz} = 10\,\mathrm{W}\,/\,\mathrm{Hz} = 10\,\mathrm{dB}\,/\,\mathrm{Hz}$.

Der Befehl cpsd (*x*, *y*, *fenster*, *ueberlappung*, *Nfft*, *Fs*) bestimmt das **Kreuzleis-tungsdichtespektrum** der Signale *x* und *y*. Er verwendet dieselben Standardeinstel-lungen wie pwelch.

Der Befehl spectrogram (*x*, *fenster*, *ueberlappung*, *Nfft*, *Fs*) schließlich eignet sich zur Spektralanalyse **nichtperiodischer Signale**, deren Komponenten sich also in Am-plitude oder Frequenz über der Zeit ändern (z.B. Sprachsignale). Optional können Fensterung (standardmäßig hamming) und Überlappungsbereich der DFT-Sequenzen (standardmäßig *Nfft*/2) geändert werden. Die folgenden Zeilen erzeugen und analysie-ren ein nichtperiodisches Signal. Abb. 6.14 (siehe vorherige Seite) zeigt das Resultat.

```
t = 0.01:0.01:25;                % Zeitvektor (F = 100 Hz)
x = 5 + 8  * sin (2*pi*(2+t).*t) + ...  % Datenvektor frequenzvariabler Anteil
        t .* cos (2*pi*  33 *t);        %              amplitudenvariabler Anteil
spectrogram (x, 125, [], 125, 100)      % Spektralanalyse mit spectrogram
```

Spektralanalyse	
fft (x)	Diskrete Fouriertransformation
db2mag (xdb), mag2db (abs (x)) db2pow (xdb), pow2db (x)	Umrechnung Amplitude $\longleftrightarrow$ dB Umrechnung Leistung $\longleftrightarrow$ dB
pwelch (x, *fenst*, *ueb*, *Nfft*, *Fs*) cpsd (x, y, *fenst*, *ueb*, *Nfft*, *Fs*) spectrogram (x, *fenst*, *ueb*, *Nfft*, *Fs*)	Autoleistungsdichtespektrum Kreuzleistungsdichtespektrum Analyse nichtperiodischer Signale
sptool	*Signal Processing Tool*

6.3   Korrelation

Korrelationsfunktionen dienen der Analyse der Ähnlichkeit bzw. der Übereinstimmung von Signalen. Korrelationsfunktionen sind sowohl für zeitkontinuierliche als auch für zeitdiskrete Signale definiert. Im Rahmen der Signalanalyse in MATLAB liegen alle Sig-nale in abgetasteter Form vor, so dass hier nur zeitdiskrete Korrelationsfunktionen betrachtet werden. Die **Kreuzkorrelationsfunktion** ϕ_{xy} zweier Signale $x(n)$ und $y(n)$ im Zeitbereich ist definiert durch:

$$\phi_{xy}(k) = \frac{1}{N} \sum_{n=0}^{N-1} x(n+k) \cdot y(n) \tag{6.6}$$

Die Korrelationsfunktion kann auch mit nur einem Signal gebildet werden. Dadurch entsteht die **Autokorrelationsfunktion** ϕ_{xx}. Die Autokorrelationsfunktion ist stets eine gerade Funktion, daher gilt $\phi_{xx}(-k) = \phi_{xx}(k)$.

$$\phi_{xx}(k) = \frac{1}{N} \sum_{n=0}^{N-1} x(n+k) \cdot x(n) \tag{6.7}$$

Für $k = 0$ erhält man die Leistung P des Signals.

$$\phi_{xx}(0) \;=\; \frac{1}{N} \sum_{n=0}^{N-1} \left| x(n) \right|^2 \;=\; P \tag{6.8}$$

Zur exakten Berechnung der Korrelationsfunktionen wäre es eigentlich notwendig, einen unendlich langen Datensatz zu verwenden, d.h. $N \rightarrow \infty$. Die in den Gleichungen (6.6) und (6.7) angegebenen Berechnungsvorschriften stellen also nur Näherungen dar, die sich mit steigendem N immer mehr dem Idealfall annähern. Genauere Informationen zur Korrelationsmesstechnik können [31] entnommen werden.

Die Kreuzkorrelationsfunktion zweier Signale x und y (Abtastwerte der zugehörigen Zeitfunktionen) wird in MATLAB durch den Befehl xcorr berechnet:

cxy = xcorr $(x, y, \text{'}options\text{'})$

Wird *options* weggelassen, so wird die Korrelationsfunktion nicht auf die Signallänge N bezogen, d.h. der Faktor $1/N$ in Gleichung (6.6) entfällt. Wird die Option 'biased' angegeben, erhält man die Kreuzkorrelationsfunktion gemäß Gleichung (6.6). Die Option 'coeff' skaliert das Ergebnis so, dass $\phi_{xy}(0) = 1$ gilt. Schließlich normiert 'unbiased' das Ergebnis nicht auf die Signallänge N sondern auf den (veränderlichen) Überlappungsbereich $N - |k|$; dies empfiehlt sich für eine quantitative Analyse der Amplitude korrelierender Signalanteile – aber nur solange $|k| \ll N$ gilt.

Die Autokorrelationsfunktion ϕ_{xx} kann durch Angabe nur eines Signalvektors bestimmt werden.

cxx = xcorr $(x, \text{'}options\text{'})$

xcorr liefert einen Vektor der Länge $2N - 1$. Bei einer Datensatzlänge von N sind nur Verschiebungen im Bereich $-N + 1 \leq k \leq N - 1$ sinnvoll. Bei Verschiebungen außerhalb dieses Bereichs sind die Korrelationsfunktionen null. Innerhalb der Vektoren cxx bzw. cxy sind die Elemente der Korrelationsfunktionen wie folgt angeordnet:

$$\phi_{xx}(-N + 1) = cxx(1)$$
$$\phi_{xx}(-N + 2) = cxx(2)$$
$$\vdots \qquad \vdots$$
$$\phi_{xx}(0) = cxx(N)$$
$$\phi_{xx}(1) = cxx(N + 1)$$
$$\vdots \qquad \vdots$$
$$\phi_{xx}(N - 1) = cxx(2N - 1)$$

Korrelation	
xcorr $(x, \text{'}options\text{'})$	Autokorrelation
xcorr $(x, y, \text{'}options\text{'})$	Kreuzkorrelation

Beispiel zur Autokorrelation

Als Beispiel für die Anwendung der Autokorrelationsfunktion wird eine einfache Übertragungsstrecke betrachtet. Das Nutzsignal (z.B. Sprache, Messwerte) wird durch abgeschwächte Echos gestört. Mithilfe der Autokorrelationsfunktion sollen die Laufzeiten der Echos bestimmt werden.

Zunächst wird das Nutzsignal als Zufallsfolge über einen Zeitraum von $0.5\,\mathrm{s}$ mit der Abtastfrequenz F_s erzeugt. Anschließend werden zwei Echosignale aus dem ursprünglichen Signal durch Zeitverzögerung um $30\,\mathrm{ms}$ bzw. $100\,\mathrm{ms}$ und durch Dämpfung generiert. Das Gesamtsignal *compound* wird schließlich der Autokorrelation unterzogen.

```
Fs          = 44.1e3;              % Abtastfrequenz [Hz]
Ts          = 1/Fs;               % Abtastzeit
t           = 0:Ts:0.5;           % Zeitvektor
N           = length (t);         % Länge des Datensatzes
signal      = randn (1, N);       % Nutzsignal als Zufallszahlen erzeugen

echo1       = zeros (1, N);        % Verzögertes und abgeschwächtes Echo 1
delay1      = 30e-3;              % Verzögerung Echo 1 [s]
delayIndex1 = round (delay1 / Ts); % Index-Verschiebung Echo 1
echo1 (delayIndex1+1:end) = 0.5 * signal (1:end-delayIndex1);

echo2       = zeros (1, N);        % Verzögertes und abgeschwächtes Echo 2
delay2      = 100e-3;             % Verzögerung Echo 2 [s]
delayIndex2 = round (delay2 / Ts); % Index-Verschiebung Echo 2
echo2 (delayIndex2+1:end) = 0.3 * signal (1:end-delayIndex2);

compound = signal + echo1 + echo2; % zusammengesetztes Signal
cxx = xcorr (compound, 'unbiased'); % Autokorrelation
```

Die gesuchte Laufzeit der Echosignale kann direkt an der Zeitachse der Autokorrelationsfunktion in Abb. 6.16 abgelesen werden (bei $70\,\mathrm{ms} = 100\,\mathrm{ms} - 30\,\mathrm{ms}$ ist zusätzlich eine doppelt gedämpfte Korrelation zu sehen). Bei der grafischen Darstellung mit den folgenden Befehlen werden nur die Daten auf der positiven Zeitachse geplottet:

```
plot (1000 * t, cxx (N:2*N-1))    % Nur positive Zeitachse plotten
title ('Autokorrelation (unbiased)')
xlabel ('Verschiebung [ms]')
```

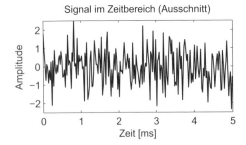 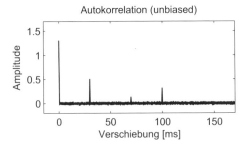

Abb. 6.16: *Autokorrelationsfunktion zur Bestimmung der Echolaufzeit*

Beispiel zur Kreuzkorrelation

Als Beispiel für die Anwendung der Kreuzkorrelation soll nun mithilfe von vier Sendern im Raum die Position eines Empfängers bestimmt werden; die Position der Sender sei bekannt. Die Sender strahlen verschiedene, dem Empfänger bekannte zyklische Signalfolgen bestehend aus -1 und $+1$ aus. Der Empfänger empfängt alle vier zeitverzögerten Signale und zusätzliches Rauschen. Mithilfe von vier Kreuzkorrelationsfunktionen sollen die Laufzeiten (d.h. Abstände zu den Sendern) bestimmt werden.

Zunächst werden die spezifischen Signalfolgen *seq1 ... seq4* der Sender erzeugt. Entsprechend der Laufzeiten werden diese Signalfolgen dann verzögert. Zu dem entstehenden Summensignal *compound* wird noch Rauschen hinzugefügt.

```
Fs      = 10e3;                             % Abtastfrequenz
Ts      = 1/Fs;                             % Abtastzeit
t       = 0:Ts:0.5;                         % Zeitvektor
N       = length (t);                       % Länge des Datensatzes

seq1    = sign (randn (1, N));              % Zufallsfolge Sender 1
seq2    = sign (randn (1, N));              % Zufallsfolge Sender 2
seq3    = sign (randn (1, N));              % Zufallsfolge Sender 3
seq4    = sign (randn (1, N));              % Zufallsfolge Sender 4

delay1 = 100e-3;                            % Laufzeit von Sender 1
delay2 = 200e-3;                            % Laufzeit von Sender 2
delay3 = 150e-3;                            % Laufzeit von Sender 3
delay4 = 400e-3;                            % Laufzeit von Sender 4

delayIndex1 = round (delay1 / Ts);          % Index-Verschiebung 1
delayIndex2 = round (delay2 / Ts);          % Index-Verschiebung 2
delayIndex3 = round (delay3 / Ts);          % Index-Verschiebung 3
delayIndex4 = round (delay4 / Ts);          % Index-Verschiebung 4

delayedSeq1 = [seq1(end-delayIndex1+1:end) seq1(1:end-delayIndex1)];
delayedSeq2 = [seq2(end-delayIndex2+1:end) seq2(1:end-delayIndex2)];
delayedSeq3 = [seq3(end-delayIndex3+1:end) seq3(1:end-delayIndex3)];
delayedSeq4 = [seq4(end-delayIndex4+1:end) seq4(1:end-delayIndex4)];

noise = randn (1, N);                       % Rauschen
compound = delayedSeq1 + delayedSeq2 + ...  % Summensignal
           delayedSeq3 + delayedSeq4 + noise;
```

Zur Bestimmung der Signallaufzeiten werden die Kreuzkorrelationsfunktionen jeweils zwischen der spezifischen Signalfolge der Sender und dem empfangenen Signal gebildet. Daraus kann direkt die Laufzeit vom jeweiligen Sender abgelesen werden. Durch die Option 'biased' verringert sich die Amplitude der Korrelationssignale mit zunehmender Laufzeit – entsprechend des reduzierten Überlappungsbereichs (siehe Abb. 6.17).

Die Option 'unbiased' (im Beispiel zur Autokorrelation) dagegen hält die Amplituden in etwa gleich groß, indem Gl. (6.6) auf die Länge des Überlappungsbereichs normiert wird (d.h. $N-|k|$ im Nenner). Dies erhöht für große $|k|$ allerdings das Rauschen erheblich.

Die MATLAB-Befehle zur Extraktion der Signallaufzeiten und zur grafischen Darstellung gemäß Abb. 6.17 sind im Folgenden aufgeführt.

```
cxy1 = xcorr (compound, seq1, 'biased');     % Kreuzkorrelation Sender 1
cxy2 = xcorr (compound, seq2, 'biased');     % Kreuzkorrelation Sender 2
cxy3 = xcorr (compound, seq3, 'biased');     % Kreuzkorrelation Sender 3
cxy4 = xcorr (compound, seq4, 'biased');     % Kreuzkorrelation Sender 4

N_min = (length (cxy1) - 1) / 2 + 1;         % Min Index für Plot
N_max = length (cxy1);                       % Max Index für Plot

plot (1000 * t, cxy1 (N_min:N_max), ...
      1000 * t, cxy2 (N_min:N_max), ...
      1000 * t, cxy3 (N_min:N_max), ...
      1000 * t, cxy4 (N_min:N_max))

legend ('S1, 100 ms', 'S2, 200 ms', 'S3, 150 ms', 'S4, 400 ms')
xlabel ('Laufzeit [ms]')
title ('Kreuzkorrelation (biased)')
```

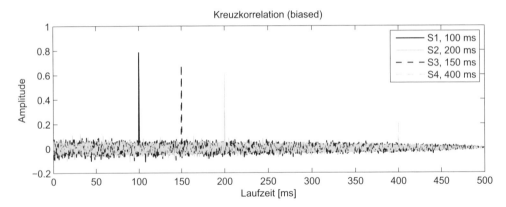

Abb. 6.17: Kreuzkorrelationsfunktionen zur Laufzeitbestimmung

6.4   Analoge und Digitale Filter

Filter dienen dazu, bestimmte Frequenzbereiche aus Daten hervorzuheben oder zu dämpfen, um z.B. ein Nutzsignal vom Rauschen zu trennen. Soweit nicht anders angegeben, wird im Folgenden unter der Grenzfrequenz (oder auch Eckfrequenz) diejenige Frequenz verstanden, bei der der Amplitudengang des Filters gegenüber dem Durchlassbereich um 3 dB abfällt; dies entspricht einer Reduzierung der Amplitude um Faktor $\sqrt{2}$ bzw. einer Halbierung der Ausgangsleistung.

6.4.1   Analoge Filter

Analoge Filter werden zur Auslegung oder Simulation physikalischer Systeme benötigt; eine Anwendung auf abgetastete Daten ist nur mithilfe von Integrationsalgorithmen möglich, wie z.B. in Simulink. Die Übertragungsfunktion[12] eines analogen Filters im Laplace-Bereich lautet allgemein für die Eingangsgröße x und die Ausgangsgröße y wie folgt. Die Zählerterme mit $b_1 \dots b_n$ haben dabei differenzierenden, die Nennerterme mit $a_1 \dots a_m$ integrierenden Charakter.

$$H(s) = \frac{y(s)}{x(s)} = \frac{B(s)}{A(s)} = \frac{b_1 \, s^n + b_2 \, s^{n-1} + \dots + b_n \, s + b_{n+1}}{a_1 \, s^m + a_2 \, s^{m-1} + \dots + a_m \, s + a_{m+1}} \qquad (6.9)$$

Konkurrierende Kriterien für die Auslegung sind neben der gewünschten Flankensteilheit die Welligkeit im Durchlass- und die Dämpfung im Sperrbereich. Daher werden verschiedene Filtertypen unterschieden, die jeweils auf bestimmte Kriterien hin optimiert sind. Die folgenden Standardfilter stehen als MATLAB-Befehle zur Verfügung.[13]

```
besself (ordnung, omega)
butter  (ordnung, omega, 's')
cheby1  (ordnung, welligkeit, omega, 's')
cheby2  (ordnung, welligkeit, omega, 's')
ellip   (ordnung, welligkeit, daempfung, omega, 's')
```

Bei `cheby1` wird die Welligkeit im Durchlassbereich angegeben, bei `cheby2` die Dämpfung im Sperrbereich. Bei `ellip` (auch *Cauer*-Filter) wird beides spezifiziert. Welligkeit und Dämpfung werden jeweils in dB angegeben.[14]

```
[B, A] = butter (4, 1000*2*pi, 's');  % Butterworth-Tiefpass 4. Ord., Fg = 1 kHz
```

Die Grenzfrequenz *omega* wird in rad/s angegeben und kann einen beliebigen positiven Wert annehmen. Ein mit `butter` ausgelegtes Filter hat bei der Grenzfrequenz eine Dämpfung von 3 dB. Bei `besself` ist sie größer, kann aber mit einem Korrekturfaktor[15] angepasst werden. Bei `cheby1` und `ellip` entspricht die Dämpfung dann der Welligkeit, bei `cheby2` der Dämpfung im Sperrbereich (siehe auch Abb. 6.18).

---

[12] Die Indizes beginnen hier nach MATLAB-Konvention bei 1, nicht bei 0!

[13] Die Option 's' dient zur Unterscheidung von digitalen Filtern; `besself` ist nur analog verfügbar.

[14] Eine Dämpfung von 20 dB entspricht 1/10 der ungefilterten Signalamplitude.

[15] Korrekturfaktor für die Grenzfrequenz bei der Auslegung von Bessel-Tiefpässen 1. bis 12. Ordnung: 1.000, 1.272, 1.405, 1.514, 1.622, 1.728, 1.832, 1.932, 2.028, 2.120, 2.209, 2.295.

Abbildung 6.18 zeigt den Frequenzgang einiger analoger Tiefpässe mit der Grenzfrequenz 1 kHz jeweils für die Ordnung 2, 4 und 8. Der Frequenzgang H wird mit
`freqs` (*zaehler, nenner*) bestimmt. Der ebenfalls zurückgegebene Frequenzvektor W
besitzt dabei die Einheit rad/s; alternativ kann er mit `freqs` (*zaehler, nenner, W*) explizit vorgegeben werden. Ohne Rückgabeparameter plottet `freqs` Betrag und Phase
der (komplexen) Übertragungsfunktion.

```
[H, W] = freqs (B, A);              % Frequenzgang und Frequenzvektor berechnen
loglog (W/(2*pi), abs (H));         % Frequenzgang ausgeben
```

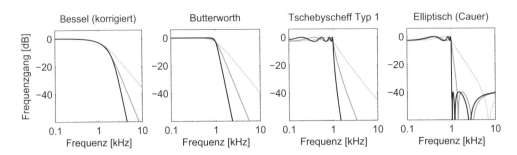

Abb. 6.18: *Frequenzgang einiger analoger Filter der Ordnung 2, 4 und 8*

Um einen Hochpass zu erzielen, wird an die Befehle die Option `'high'` angehängt.
Enthält die Variable *omega* zwei Frequenzen, wird ein Bandpass erstellt bzw. nach
zusätzlichem Anfügen der Option `'stop'` eine Bandsperre.

Die Parameter des Filters können wahlweise als Zähler und Nenner der Übertragungsfunktion, als Nullstellen und Pole sowie in Zustandsdarstellung (jeweils im s-Bereich)
ausgegeben werden. Die Unterscheidung erfolgt über die Anzahl der zurückzugebenden
Parameter.

Das folgende Beispiel erzeugt zunächst einen Tschebyscheff-Hochpass 6. Ordnung mit
3 dB Welligkeit oberhalb von 1 kHz; es werden die Nullstellen z, die Pole p und der
Verstärkungsfaktor k ausgegeben. Die zweite Zeile erstellt ein elliptisches Filter (Cauer)
als Bandsperre zwischen 100 Hz und 200 Hz, das zusätzlich eine Dämpfung von 20 dB
im Sperrbereich besitzt; das Filter wird in Zustandsdarstellung berechnet.

```
[z, p, k]    = cheby1 (6, 3, 1000*2*pi, 'high', 's');        % Hochpass
[a, b, c, d] = ellip  (6, 3, 20, [100 200]*2*pi, 'stop', 's');   % Bandsperre
```

Analoge Filter

`besself` (*ordnung, omega*)	Bessel-Filter (nur analog)
`butter` (*ordnung, omega,* `'s'`)	Butterworth-Filter
`cheby1` (*ordnung, welligkeit, omega,* `'s'`)	Tschebyscheff-Filter Typ 1
`cheby2` (*ordnung, welligkeit, omega,* `'s'`)	Tschebyscheff-Filter Typ 2
`ellip` (*ordnung, welligkeit, daempf, omega,* `'s'`)	Elliptisches Filter (Cauer)
[H, W] = `freqs` (*zaehler, nenner* [, W])	Frequenzgang analog

6.4.2 Digitale FIR-Filter

Die Übertragungsfunktion eines digitalen Filters im z-Bereich lautet allgemein für die Eingangsgröße x und die Ausgangsgröße y:

$$H(z^{-1}) = \frac{y(z^{-1})}{x(z^{-1})} = \frac{B(z^{-1})}{A(z^{-1})} = \frac{b_1 + b_2\,z^{-1} + \ldots + b_{n+1}\,z^{-n}}{a_1 + a_2\,z^{-1} + \ldots + a_{m+1}\,z^{-m}} \quad (6.10)$$

Der Ausgangswert $y(k)$ wird demnach als gewichtete Summe aktueller und vergangener Eingangswerte (Zähler B) sowie vergangener Ausgangswerte (Nenner A) berechnet:

$$a_1\,y(k) = b_1\,x(k) + b_2\,x(k-1) + \ldots + b_{n+1}\,x(k-n) \quad (6.11)$$
$$- a_2\,y(k-1) - \ldots - a_{m+1}\,y(k-m)$$

Bei digitalen Filtern unterscheidet man IIR-Filter[16] und FIR-Filter.[17] Bei FIR-Filtern sind die Koeffizienten $a_2, \ldots, a_{m+1} = 0$, da der Ausgangswert nur aus den Eingangswerten berechnet wird, es entfällt also die zweite Zeile von (6.11).

FIR-Filter besitzen eine endliche Impulsantwort und sind daher stets (im regelungstechnischen Sinn) stabil. Sie bewirken eine lineare Phasenverschiebung des Eingangssignals (mittlere Totzeit $T_t = nT_s/2$ bei Abtastzeit T_s). Nachteilig ist die im Vergleich zu IIR-Filtern höhere benötigte Ordnung (d.h. große Anzahl an Koeffizienten).

Ein FIR-Tiefpassfilter wird mit dem Befehl fir1 (*ordnung, grenzfrequenz*) ausgelegt, der einen Koeffizienten-Vektor der Länge $n+1$ zurückgibt (siehe Abb. 6.19 links, ×). Die normierte Grenzfrequenz muss im Bereich $0 \ldots 1$ liegen, wobei der Wert 1 der halben Abtastfrequenz entspricht. Hochpass, Bandpass und Bandsperre werden wie bei analogen Filtern erstellt.

```
fir1 (20, 0.2);            % Tiefpass, Durchlassbereich < 0.2 F_max
fir1 (20, 0.2, 'high');    % Hochpass, Durchlassbereich > 0.2 F_max
fir1 (20, [0.2 0.4]);      % Bandpass, Durchlassbereich 0.2 ... 0.4 F_max
fir1 (20, [0.2 0.4], 'stop'); % Bandsperre, Sperrbereich   0.2 ... 0.4 F_max
```

Der Frequenzgang des Filters kann mit freqz (*zaehler, nenner, N, Fs*) berechnet werden; der Befehl wertet Gleichung (6.10) für $z^{-k} = \exp(-jk\omega T_s)$ aus. Das Argument N bestimmt die Auflösung; die Abtastfrequenz F_s wird in Hz angegeben. Der *nenner* ist in diesem Fall skalar $a_1 = 1$. Bei der Auslegung des Filters (hier mit Rechteckfenster) ist zu beachten, dass die Länge der Fensterfunktion stets $n+1$ beträgt.

```
B = fir1 (20, 0.2, rectwin (20+1)); % FIR-Tiefpass mit Rechteckfenster
[H, F] = freqz (B, 1, 200, 100);    % Frequenzgang und Frequenzvektor
plot (F, abs (H))                   % Plotten
```

Abb. 6.19 zeigt die Koeffizienten im Zeitbereich (links) und den Frequenzgang (rechts) eines FIR-Filters der Ordnung $n = 20$, der Abtastfrequenz $F_s = 100\,$Hz und der Grenzfrequenz $F_g = F_s/2 \cdot 0.2 = 10\,$Hz. Es sind die Ergebnisse ohne Fensterfunktion (d.h. mit Rechteckfenster rectwin) und mit Hamming-Fenster dargestellt.

---

[16] Infinite Impulse Response

[17] Finite Impulse Response

Beim Frequenzgang des Filters ohne Fensterung (rechts, − −) fällt dabei die deutliche Welligkeit in der Nähe der Grenzfrequenz auf, das so genannte *Gibbs'sche Phänomen*.[18] Dieser Effekt kann durch verschiedene Fensterfunktionen verringert werden, die das Zeitsignal skalieren. Die Funktion `fir1` verwendet standardmäßig ein Hamming-Fenster (siehe auch Kap. 6.2).

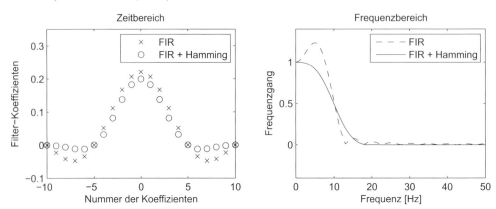

Abb. 6.19: *Koeffizienten im Zeitbereich und Frequenzgang eines FIR-Filters ohne Fensterfunktion (= Rechteckfenster) und mit Hamming-Fenster (Standard)*

In Abb. 6.20 (—) wird ein FIR-Filter (Tiefpass mit $F_g = 20\,$Hz und Hamming-Fenster) auf die Daten aus Abb. 6.8 angewandt. Dies geschieht mit dem Befehl `filter` (*zaehler, nenner, daten*).[19] Zu Beginn ist dabei das Einschwingen des Filters zu erkennen, ebenso die deutliche Verzögerung des Signals um fast eine Periode ($T_t = 20 \cdot 0.01\,\text{s}/2 = 0.1\,\text{s}$).

```
x_fir = filter (B, 1, x);
```

Die genannte Verzögerung bzw. Phasenverschiebung kann mit dem Befehl `filtfilt` vermieden werden (siehe Abb. 6.20, − −). Dabei wird das FIR-Filter zunächst wie gewohnt und danach zusätzlich rückwärts auf die gefilterten Daten angewandt. Durch diese doppelte Filterung erhöht sich natürlich auch die effektive Ordnung des Filters.

Ein Filter mit **frei vorgegebenem Frequenzgang** erstellt der Befehl `fir2` (*ordnung, frequenzvektor, amplitudenvektor*). Der Frequenzvektor enthält normierte Frequenzen in aufsteigender Folge und muss mit 0 beginnen und mit 1 enden (= $F_s/2$); doppelte Werte sind möglich. Zu jeder Frequenz gibt ein zweiter Vektor die zugehörigen Amplituden des Frequenzgangs vor. Abb. 6.21 zeigt im Vergleich den vorgegebenen Sollverlauf und den mit `fir2` approximierten Frequenzgang. Wie bei `fir1` kann optional ein Fenster spezifiziert werden (Standard ist ein Hamming-Fenster).

```
frequenz  = [0.0 0.3 0.3 0.6 1.0];      % Normierte Frequenzen
amplitude = [1.0 1.0 0.5 0.5 0.0];      % Amplituden
B = fir2 (50, frequenz, amplitude);     % FIR-Filter mit Ordnung 50
```

---

[18] Ein begrenztes Zeitsignal entsteht durch die Multiplikation eines beliebig langen Signals mit einem Rechteckfenster. Die Fouriertransformierte dieses Fensters, die Spaltfunktion, tritt daher in der Filter-Übertragungsfunktion auf.

[19] Der Befehl `filter` ist im MATLAB-Befehlssatz enthalten.

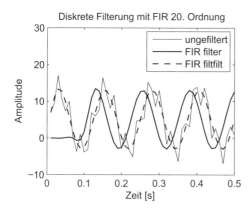

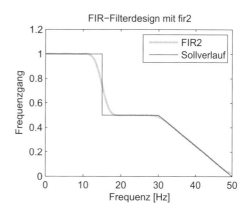

Abb. 6.20: *Ungefiltertes sowie mit FIR-Filter 20. Ordnung gefiltertes Signal*

Abb. 6.21: *Frequenzgang mit* fir2 *sowie vorgegebener Sollverlauf*

FIR-Filter	
fir1 (*ordnung, grenzfrequenz*)	FIR-Standardfilter
fir2 (*ordnung, frequenz, amplitude*)	FIR-Filter nach Frequenzgang
filter (*zaehler*, 1, *daten*)	Diskrete Filterung von Daten
filtfilt (*zaehler*, 1, *daten*)	Diskrete Filterung, phasenkorrigiert
[H, F] = freqz (*zaehler*, 1, N, Fs)	Frequenzgang diskret

6.4.3   Digitale IIR-Filter

Im Gegensatz zu FIR-Filtern arbeiten IIR-Filter rekursiv, da zur Berechnung auch vergangene Ausgangswerte zurückgeführt werden. Dadurch wird die gleiche Flankensteilheit eines Filters bei deutlich niedrigerer Ordnung erreicht. Sie werden z.B. im Zusammenhang mit abgetasteten Systemen eingesetzt (siehe Kap. 10).

IIR-Filter werden mit den gleichen Befehlen wie analoge Filter ausgelegt, wobei die Option 's' entfällt; ein Besselfilter steht nicht zur Verfügung. Die Frequenzen werden wie bei FIR-Filtern auf die halbe Abtastfrequenz $F_{max} = F_s/2$ normiert; die Erstellung von Hochpass-, Bandpassfiltern und Bandsperren erfolgt ebenso wie bei analogen Filtern. Die Filter können wahlweise als – jeweils zeitdiskrete – Übertragungsfunktion, Pole und Nullstellen oder Zustandsdarstellung ausgegeben werden. Hier folgen Beispiele einiger Filter 6. Ordnung:

```
[B, A] = butter (6, 0.6);            % Tiefpass, Grenzfrequenz 0.6*Fs/2
[z, p, k] = cheby1 (6, 3, 0.6, 'high');   % Hochpass, 3 dB Durchlass-Welligkeit
[a, b, c, d] = ellip (6, 3, 20, [0.3 0.6], 'stop');   % Bandsperre
```

Die Filter werden wieder mit den Befehlen filter (*zaehler, nenner, daten*) und analog filtfilt auf Daten angewandt (siehe Kap. 6.4.2). Als Beispiel sollen die folgenden MATLAB-Befehlszeilen dienen. Die hohe Frequenz von 33 Hz wird durch ein

Butterworth-Tiefpass 2. Ordnung mit einer Grenzfrequenz von 20 Hz unterdrückt. Das Beispiel zeigt, dass bei IIR-Filtern schon niedrige Filterordnungen zur Erzielung guter Ergebnisse ausreichen (Abb. 6.22).

```
t = 0.01:0.01:1;                        % Zeitvektor Fs = 100 Hz
x = 5 + 8*sin(2*pi*8*t) + 4*cos(2*pi*33*t);  % Beispiel-Signal

[B, A] = butter (2, 20/50);             % Auslegung IIR-Filter
x_filt = filter (B, A, x);              % Filtern mit filter
x_filtfilt = filtfilt (B, A, x);        % Filtern mit filtfilt

plot (t, x , 'k:')
hold on
plot (t, x_filt , 'r-')
plot (t, x_filtfilt , 'b--')
axis ([0 0.5 -10 30])
xlabel ('Zeit [s]')
title ('Diskrete Filterung')
legend ('ungefiltert', 'IIR filter', 'IIR filtfilt', 1)
```

Der Befehl yulewalk (*ordnung, frequenzvektor, amplitudenvektor*) approximiert einen **frei vorgegebenen Frequenzgang** mittels Least-Squares-Verfahren. yulewalk lässt sich wie fir2 verwenden, gibt jedoch neben dem Zähler auch den Nenner der Übertragungsfunktion zurück. Der Frequenzvektor muss ebenfalls mit 0 beginnen und mit 1 enden (= $F_s/2$); doppelte Werte sind möglich. Zu jeder Frequenz gibt der zweite Vektor die Amplituden vor. Abb. 6.23 zeigt Sollverlauf und den mit yulewalk approximierten Frequenzgang.

```
frequenz  = [0.0 0.3 0.3 0.6 1.0];       % Normierte Frequenzen
amplitude = [0.5 0.5 0.2 0.2 1.0];       % Amplituden
[B, A] = yulewalk (4, frequenz, amplitude);  % IIR-Filter mit Ordnung 4
[H, F] = freqz (B, A, 200, 100);         % Übertragungsfunktion Fs = 100 Hz
```

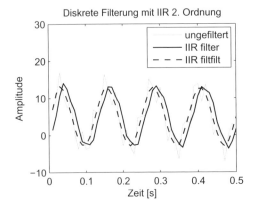
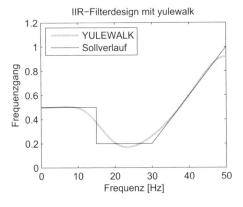
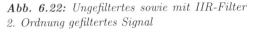

Abb. 6.22: *Ungefiltertes sowie mit IIR-Filter 2. Ordnung gefiltertes Signal*

Abb. 6.23: *Soll- und Istverlauf des Filter-Frequenzgangs mit* yulewalk

Neben den beschriebenen Befehlen zur Filterauslegung steht mit `fdatool` ein interaktives *Filter Design and Analysis Tool* zur Verfügung (siehe Abb. 6.24). Dieses kann über
den Button *New* oder *Edit* im `sptool` sowie im *APPS*-Tab aufgerufen werden (Abb. 6.6).

Filterübertragungsfunktionen lassen sich gut mit dem *Filter Visualization Tool* `fvtool`
(*zaehler, nenner*) darstellen und analysieren (siehe Abb. 6.25 mit der Darstellung der
Sprungantwort). Das kann ebenso aus dem `sptool` heraus mit dem Button *View* der
Filter-Spalte aufgerufen werden. Die Abtastfrequenz[20] lässt sich im Menü *Analysis/
Sampling Frequency* und die Achsenskalierung unter dem Menüpunkt *Analysis/Analysis
Parameters* einstellen.

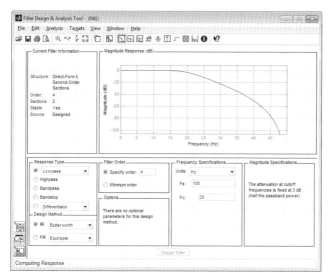

Abb. 6.24: `fdatool`*: Filter Design and Analysis Tool*

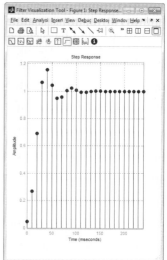

Abb. 6.25: `fvtool`

IIR-Filter

`butter` (*ordnung, grenzfrequenz*)	Butterworth-Filter
`cheby1` (*ordnung, welligkeit, grenzfrequenz*)	Tschebyscheff-Filter Typ 1
`cheby2` (*ordnung, welligkeit, grenzfrequenz*)	Tschebyscheff-Filter Typ 2
`ellip` (*ordnung, welligkeit, daempf, grenzfreq*)	Elliptisches Filter (Cauer)
`yulewalk` (*ordnung, frequenz, amplitude*)	Beliebiger Frequenzgang
`filter` (*zaehler, nenner, daten*)	Diskrete Filterung (Daten)
`filtfilt` (*zaehler, nenner, daten*)	Diskr. Filt., phasenkorrigiert
$[H, F]$ = `freqz` (*zaehler, nenner, N, Fs*)	Frequenzgang diskret
`sptool`	*Signal Processing Tool*
`fdatool`	*Filter Design and Analysis Tool*
`fvtool` (*zaehler, nenner*)	*Filter Visualization Tool*

---

[20] Nur bei Aufruf mit `fvtool` (*zaehler, nenner*).

6.4.4   Filterentwurf mit Prototyp-Tiefpässen

Die beschriebenen Standardbefehle für analoge und digitale IIR-Filter basieren auf analogen Prototyp-Tiefpässen, deren Grenzfrequenz und Charakteristik entsprechend transformiert werden. Mithilfe der im Folgenden beschriebenen Transformationen lassen sich zudem auch benutzerdefinierte Filter (z.B. mit aperiodischem Einschwingen) elegant erstellen.

Entsprechend der Standardbefehle stehen die folgenden Prototyp-Tiefpässe mit der normierten Grenzfrequenz 1 rad/s zur Verfügung, die jeweils Nullstellen z, Polstellen p und Verstärkung k ausgeben.

$[z,\, p,\, k]$ = besselap (*ordnung*)
$[z,\, p,\, k]$ = buttap   (*ordnung*)
$[z,\, p,\, k]$ = cheb1ap (*ordnung, welligkeit*)
$[z,\, p,\, k]$ = cheb2ap (*ordnung, welligkeit*)
$[z,\, p,\, k]$ = ellipap (*ordnung, welligkeit, daempfung*)

Zur weiteren Verarbeitung wird die Zustandsdarstellung (*state space*) der Filter benötigt. Die Umrechnung erfolgt mit dem Befehl zp2ss.[21]

Um die gewünschte Filtercharakteristik zu erhalten, müssen nun die Prototypen für die entsprechende Grenzfrequenz skaliert und gegebenenfalls in einen anderen Filter-Typ (z.B. Hochpass) transformiert werden. Beides erledigen die folgenden vier Befehle.

$[a,\, b,\, c,\, d]$ = lp2lp $(a,\, b,\, c,\, d,\, omega)$
$[a,\, b,\, c,\, d]$ = lp2hp $(a,\, b,\, c,\, d,\, omega)$
$[a,\, b,\, c,\, d]$ = lp2bp $(a,\, b,\, c,\, d,\, omega,\, bandbreite)$
$[a,\, b,\, c,\, d]$ = lp2bs $(a,\, b,\, c,\, d,\, omega,\, bandbreite)$

Die Frequenz *omega* (in rad/s) ist bei Tief- und Hochpass die Grenzfrequenz, bei Bandpass und -sperre die Mittenfrequenz, welche durch das geometrische Mittel *omega* = $\sqrt{omega1 \cdot omega2}$ aus den beiden Grenzfrequenzen *omega1* und *omega2* bestimmt wird. Die Bandbreite ist die Differenz beider Grenzfrequenzen.

Abschließend muss die Zustandsdarstellung des Filters noch mit ss2tf in eine Übertragungsfunktion (*transfer function*) umgerechnet werden. Der Entwurf eines Butterworth-Bandpasses 4. Ordnung mit einem Durchlassbereich von 40...80 Hz sieht damit folgendermaßen aus:

```
omega       = [40 80] * 2 * pi;                    % Grenzfrequenzen
[z, p, k]   = buttap  (4);                         % Prototyp-Tiefpass 4. Ordnung
[a, b, c, d] = zp2ss (z, p, k);                    % Umrechnung in Zustandsform
[a, b, c, d] = lp2bp (a, b, c, d, sqrt(prod(omega)), diff(omega));   % Bandpass
[B, A]      = ss2tf (a, b, c, d);                  % Analoges Filter
```

Wie bei der Standardfunktion besself gilt auch für besselap, dass die Dämpfung bei der Grenzfrequenz größer als 3 dB ist. Soll dies korrigiert werden, muss die Frequenz des Prototyp-Tiefpasses erhöht werden (siehe Fußnote zu Korrekturfaktoren auf Seite 221). Ebenso ist eine Korrektur bei Filtern mit aperiodischem Einschwingen erforderlich.

---

[21] Die Befehle zp2ss und ss2tf sind in der *Control System Toolbox* enthalten.

Im folgenden Beispiel wird ein Tiefpass 4. Ordnung mit aperiodischem Einschwingverhalten für eine Grenzfrequenz von 100 Hz ausgelegt. Der zugehörige Prototyp-Tiefpass wird dabei durch direkte Vorgabe der Pole erstellt:

```
ordnung = 4;                 % Ordnung des Filters
z = [];                      % Keine Nullstellen
p = -ones (ordnung, 1);      % Polstellen bei s=-1 entsprechend der Filterordnung
k = 1;                       % Verstärkung 1
```

Bei dieser Art Filter lautet der Korrekturfaktor $1/\sqrt{2^{1/ordnung} - 1}$. Abbildung 6.26 zeigt Frequenzgang und Sprungantwort des Filters.

```
omega       = 100 * 2 * pi;                   % Grenzfrequenz 100 Hz
korrektur   = 1 / sqrt (2 ^(1 / ordnung) -1); % Korrekturfaktor > 1
[a, b, c, d] = zp2ss (z, p, k);               % Umrechnung in Zustandsform
[a, b, c, d] = lp2lp (a, b, c, d, korrektur); % Korrektur
[a, b, c, d] = lp2lp (a, b, c, d, omega);     % Transformation
[B, A]      = ss2tf (a, b, c, d);             % Übertragungsfunktion
```

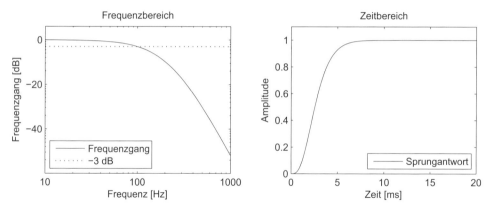

Abb. 6.26: *Frequenzgang mit –3 dB-Linie sowie Sprungantwort eines Tiefpasses 4. Ordnung mit Grenzfrequenz 100 Hz und aperiodischem Einschwingverhalten*

Um aus analogen **digitale Filter** zu erstellen, müssen entsprechende analoge Prototypen erzeugt und anschließend in eine zeitdiskrete Form transformiert werden. Dies geschieht meist mit der **Bilinearen Transformation** (auch Tustin-Approximation). Diese führt den s-Bereich (Laplace) abhängig von der Abtastfrequenz F_s mit der folgenden Rechenvorschrift in den z-Bereich über.

$$s = 2 F_s \cdot \frac{z - 1}{z + 1} \tag{6.12}$$

Dabei muss allerdings der Frequenzbereich $-\infty < omega < \infty$ in analoger Darstellung auf den durch die Abtastfrequenz begrenzten Bereich $-F_s/2 < F < F_s/2$ abgebildet werden. Diese Abbildung ist nur für die Frequenz 0 (d.h. $s = 0$ bzw. $z = 1$) exakt; alle anderen Frequenzen sind „verzerrt". Bei Filtern soll jedoch das Übertragungsverhalten im Bereich der Grenzfrequenz F_g möglichst genau nachgebildet werden. Um dies zu erreichen, muss die Grenzfrequenz für die Auslegung des analogen Filters mit so genanntem „Pre-warping" entgegengesetzt verzerrt werden.

Über den Zusammenhang $\omega_g = 2\pi F_g$ kann die Formel auch für Frequenzen in rad/s angewandt werden (siehe auch nachstehendes Beispiel zum manuellen Pre-warping):

$$F_{g,\,pre\text{-}warped} = F_g \cdot \frac{F_s}{\pi\,F_g} \cdot \tan\left(\frac{\pi\,F_g}{F_s}\right) \tag{6.13}$$

Der Befehl bilinear $(a, b, c, d, Fs\,[,\,Fp])$ führt die Bilineare Transformation durch. Wird die optionale Frequenz F_p (meist $= F_g$) vorgegeben, wendet er zudem das Pre-warping an, so dass eine exakte Übereinstimmung bei F_p vorliegt. Beide Frequenzen werden in Hz angegeben. Für das obige Filter mit aperiodischem Einschwingen lautet der Aufruf demnach wie folgt (Abb. 6.27 zeigt links das Resultat):

```
[e, f, g, h] = bilinear (a, b, c, d, Fs, 100);  % Fs = 300 Hz, Fp = Fg = 100 Hz
[Bp, Ap]     = ss2tf (e, f, g, h);              % Übertragungsfunktion
```

Die folgenden Zeilen greifen das Beispiel von Seite 228 auf. Da zwei Grenzfrequenzen vorliegen, muss hier das Pre-warping manuell auf beide angewandt werden. Anschließend wird der Prototyp-Tiefpass wie gehabt erstellt und dann mit bilinear (ohne F_p) transformiert. Abtastfrequenz ist 200 Hz. Abb. 6.27 zeigt rechts den Frequenzgang sowie zum Vergleich den des analogen Filters und des digitalen Filters ohne Pre-warping.

```
Fs           = 200;                           % Abtastfrequenz 200 Hz
omega        = [40 80] * 2 * pi;              % Grenzfrequenz
omega        = 2 * Fs * tan (omega / Fs / 2); % Grenzfrequenz mit Pre-warping
[z, p, k]    = buttap  (4);                   % Prototyp-Tiefpass
[a, b, c, d] = zp2ss (z, p, k);               % Umrechnung in Zustandsform
[a, b, c, d] = lp2bp (a, b, c, d, sqrt(prod(omega)), diff(omega));   % Bandpass
[e, f, g, h] = bilinear (a, b, c, d, Fs);     % Dig. Filter mit Pre-warping
[Bp, Ap]     = ss2tf (e, f, g, h);            % Übertragungsfunktion
```

Als alternative Transformationsvorschrift versucht der Befehl impinvar (*zaehler, nenner, Fs*), die **Impulsantwort** eines analogen Filters möglichst genau mit einem digitalen Filter nachzubilden. Gegenüber der Bilinearen Transformation ist allerdings die Amplitude im Durchlassbereich verfälscht sowie die Dämpfung im Sperrbereich deutlich reduziert. Praktisch eignet sich impinvar nur für Tiefpässe niedriger Ordnung.

Analoge Prototyp-Tiefpässe	Filter-Transformationen	
besselap (*ordnung*)	lp2lp	Tiefpass → Tiefpass
buttap (*ordnung*)	lp2hp	Tiefpass → Hochpass
cheb1ap (*ordnung, welligkeit*)	lp2bp	Tiefpass → Bandpass
cheb2ap (*ordnung, welligkeit*)	lp2bs	Tiefpass → Bandsperre
ellipap (*ordnung, welligkeit, daempf*)		
Filterdarstellung	**Diskretisierung**	
zp2ss	→ Zustandsdarstellung	bilinear	Bilineare Transformation
ss2tf	→ Übertragungsfunktion	impinvar	Impulsinvarianz

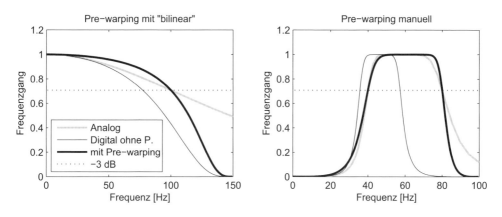

Abb. 6.27: *Digitale Filter ohne und mit Pre-warping im Vergleich zum analogen Filter. Aperiodischer Tiefpass (links) und Butterworth-Bandpass (rechts)*

6.5   Übungsaufgaben

6.5.1   Interpolation

Ein Audiosignal x wurde mit einer Abtastfrequenz $F_s = 120\,\text{kHz}$ aufgezeichnet. Für eine Datenübertragung muss das Signal auf die Abtastfrequenz $F_t = 48\,\text{kHz}$ komprimiert werden. Geben Sie die dafür benötigten Befehle an!

Geben Sie die drei wesentlichen Schritte bei dieser Reduzierung der Abtastrate an! Halten Sie dabei die richtige Reihenfolge ein und begründen Sie die einzelnen Schritte!

6.5.2   Spektralanalyse

Aus einer Langzeitmessung erhalten Sie den Datenvektor x, der mit einer Abtastrate von $F_s = 100\,\text{Hz}$ aufgezeichnet wurde. Wenden Sie die Diskrete Fouriertransformation (DFT) auf die ersten $10\,\text{s}$ der Messwerte an! Welche Art von Spektrum und welche Frequenzauflösung ΔF erhalten Sie dabei?

Das stark verrauschte Signal enthält zwei Anteile nahe $20\,\text{Hz}$. Durch welche Maßnahme können Sie den Rauschabstand (SNR) dieser Signalanteile im Spektrum verbessern? Berechnen Sie das Spektrum P mit einem passenden MATLAB-Befehl! Welche Art von Spektrum gibt der Befehl aus? Geben Sie auch den zugehörigen Frequenzvektor F aus!

Eine weitere Verbesserung der Spektralanalyse soll durch eine geeignete Fensterung erfolgen. Welcher Effekt wird dadurch reduziert? Schlagen Sie ein dafür besonders effektives Fenster der Länge 512 vor und weisen Sie die Koeffizienten dem Vektor B zu! Welchen Nachteil besitzt die Fensterung?

Berechnen Sie den Frequenzgang H des gewählten Fensters! (Hinweis: Fassen Sie die Fensterkoeffizienten als Zählerpolynom $B(z)$ eines FIR-Filters auf.) Plotten Sie den Frequenzgang des Fensters mit den Achsen in Hz und dB!

6.5.3   Signaltransformation im Frequenzbereich

Transformieren Sie ein Rechtecksignal im Frequenzbereich in ein Dreiecksignal!

Erzeugen Sie dazu mit der Funktion `square` (*zeit_vektor*) eine Periode des Rechtecksignals (Frequenz 20 Hz, Abtastzeit $T_s = 1\,\mathrm{ms}$, siehe Abb. 6.28 links – –)! Wenden Sie die DFT auf dieses Signal an!

Skalieren Sie anschließend die Fourierkoeffizienten, so dass Gleichung (6.14) in Gleichung (6.15) übergeht (siehe Abb. 6.28 rechts) und wenden Sie die inverse DFT `ifft` (x) auf die skalierten Koeffizienten an! Kontrollieren Sie Ihr Ergebnis im Zeitbereich!

$$h_{Rechteck}(t) = \frac{sin(t)}{1} + \frac{sin(3t)}{3} + \frac{sin(5t)}{5} + \frac{sin(7t)}{7} + \cdots \tag{6.14}$$

$$h_{Dreieck}(t) = \frac{sin(t)}{1^2} - \frac{sin(3t)}{3^2} + \frac{sin(5t)}{5^2} - \frac{sin(7t)}{7^2} \pm \cdots \tag{6.15}$$

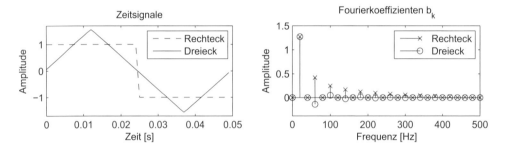

Abb. 6.28: *Rechteck- und Dreiecksignal (links) und zugehörige Fourierkoeffizienten b_k (rechts)*

6.5.4   Lecksuche mittels Korrelation

In einer unterirdischen Wasserleitung befindet sich ein Leck. An beiden Enden eines 360 m langen Teilstücks werden nun Messmikrofone angebracht, um den genauen Ort des Lecks mittels Korrelation zu finden. Die Schallgeschwindigkeit im Wasser beträgt 1440 m/s. Der Frequenzgang der Mikrofone ist mit max. 20 kHz angegeben.

Geben Sie die mindestens erforderliche Abtastfrequenz F_S an! Welche Messdauer T benötigen Sie mindestens, um das gesamte Teilstück prüfen zu können?

Die Messdauer wird nun auf 1 s festgelegt. Bestimmen Sie aus den gemessenen Signalvektoren x_1 und x_2 die Korrelationsfunktion für eine quantitative Analyse! Plotten Sie die Korrelationsfunktion! Achten Sie auf die richtige Skalierung der Zeitachse! Blenden Sie dabei die Bereiche aus, die *außerhalb* des Teilstücks der Wasserleitung liegen!

6.5.5   Signalanalyse und digitale Filterung

Ein vorgegebenes Signal soll analysiert und der relevante Anteil herausgefiltert werden. Sie finden die Datei `ueb_signal.dat` (ASCII) bzw. `ueb_signal.mat` (MATLAB-Format) mit dem Datensatz auf den Internetseiten des Verlags und der Autoren.

Laden Sie den Datensatz! Analysieren Sie das Spektrum des Signals und legen Sie ein FIR-Filter aus, das nur die beiden niedrigsten Frequenzanteile durchlässt, die höheren jedoch dämpft! Eliminieren Sie außerdem den Gleichanteil des Signals!

6.5.6   Analoger Bandpass

Bestimmen Sie die Übertragungsfunktion eines mehrfachen Bandpasses im Laplace-Bereich! Die Grenzfrequenzen seien 10, 20, 70 und 100 Hz (idealisierter Frequenzgang in Abb. 6.29 – –). Überlagern Sie dazu zwei Butterworth-Filter 8. Ordnung!

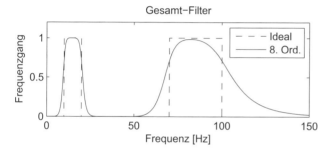

Abb. 6.29: Idealisierter Filter-Frequenzgang (– –) und Verlauf bei Teilfiltern 8. Ordnung (—)

6.5.7   Digitaler IIR-Bandpass

Bestimmen Sie die zeitdiskrete Übertragungsfunktion des Bandpasses aus der vorigen Aufgabe 6.5.6! Die Abtastfrequenz sei 300 Hz.

Erstellen Sie das Filter alternativ unter Verwendung von Prototyp-Tiefpässen! Nähern Sie den idealen Frequenzgang in Abb. 6.29 auch mittels des Befehls `yulewalk` an und vergleichen Sie das Resultat mit den vorigen Ergebnissen!

Warum kann die Übertragungsfunktion aus Aufgabe 6.5.6 nicht direkt in ein IIR-Filter transformiert werden? Wann ist dies trotzdem möglich?

7 Optimierung – Optimization Toolbox

Die Lösung vieler technischer Problemstellungen erfordert die Minimierung oder Maximierung mehrdimensionaler Zielfunktionen. Anschaulich betrachtet ist man in der Situation eines Wanderers, der das tiefste Tal oder die höchste Erhebung finden muss. Oftmals treten neben das eigentliche Minimierungsproblem zusätzliche Gleichungs- oder Ungleichungsnebenbedingungen, die eine Einschränkung der Lösungsmenge von Anfang an bedeuten. Man spricht dann von Optimierung unter Nebenbedingungen oder *constrained optimization*. Ein weit verbreitetes Verfahren zur angenäherten Lösung überbestimmter Gleichungssysteme ist die Methode der kleinsten Quadrate (*least squares*). Dieses Verfahren wird häufig zur Kurveninterpolation (*curve fitting*) eingesetzt, ist aber nicht auf diese Anwendung beschränkt. Auch hier existieren Varianten mit Nebenbedingungen sowie lineare und nichtlineare *least squares*-Verfahren. Eine Unterproblemstellung bei der Optimumsuche ist häufig die Nullstellenbestimmung von nichtlinearen Gleichungssystemen. Für diese Problemstellung bietet die Optimization Toolbox verschiedene Suchalgorithmen an.

Ziel dieser Einführung in die Optimization Toolbox ist nicht die Erklärung oder Herleitung der verschiedenen Optimierungsalgorithmen, sonderen deren effiziente Anwendung. An geeigneter Stelle wird kurz auf charakteristische Eigenschaften und Besonderheiten einzelner Algorithmen hingewiesen, für detaillierte Informationen siehe [9, 23, 25, 42].

Im Folgenden wird nicht mehr zwischen Minimierung und Maximierung unterschieden, vielmehr werden wir uns auf das Minimierungsproblem beschränken. Alle Maximierungsprobleme mit der Zielfunktion $F(\mathbf{x})$ lassen sich auf das zugehörige Minimierungsproblem mit der Zielfunktion $-F(\mathbf{x})$ zurückführen. Es gelten die folgenden typografischen Konventionen: Vektorwertige Funktionen werden in Großbuchstaben, skalare Funktionen in Kleinbuchstaben, Vektoren in Kleinbuchstaben in Fettschrift und Matrizen in Großbuchstaben in Fettschrift gedruckt.

Die Optimization Toolbox erwartet die zu optimierende Zielfunktion und alle Nebenbedingungen als eine MATLAB-Funktion im M-File-Format oder als *anonymous function*. Das Verwenden von *anonymous functions* anstelle von MATLAB-Funktionen kann vor allem innerhalb von MATLAB-Skripts von Vorteil sein. Das Erstellen von MATLAB-Funktionen wurde in Kap. 2.5 erklärt. Die Übergabe der zu optimierenden Funktionen an die entsprechenden MATLAB-Algorithmen erfolgt durch Function Handles (Kap. 2.5 und 4.1.1), die die gesamte Information der zugehörigen Funktion enthalten, die MATLAB zu deren Ausführung benötigt. Die Übergabe einer Funktion als String in einfachen Anführungszeichen ist aus Kompatibilitätsgründen zwar noch möglich, sollte aber vermieden werden. Ein Function Handle wird durch Voranstellen des @-Operators vor den

Funktionsnamen erzeugt. Eine Funktion mit dem Namen `fkt` wird durch das folgende Kommando als Handle an die Funktion `fzero` zur Nullstellenbestimmung (Kap. 7.3) übergeben:

```
fzero(@fkt,...)
```

Auf die Möglichkeit der Funktionsdefinition als *anonymous function* wird in Kap. 7.1 kurz eingegangen.

7.1   Anonymous Functions

Anstatt eine MATLAB-Funktion als M-File auf der Festplatte zu speichern, kann die Funktion auch im MATLAB-Workspace als *anonymous function* abgelegt werden (in älteren MATLAB-Versionen als *inline object*) . Prinzipiell kann jede MATLAB-Funktion auch als *anonymous function* erzeugt werden, besonders geeignet sind jedoch kleine Funktionen, die innerhalb eines MATLAB-Skripts wiederholt aufgerufen werden. Auf diese Weise kann der gesamte benötigte Programmtext innerhalb einer einzigen Skript-Datei untergebracht werden.

Zur Definition der Funktion $f_1(x) = x^2 + x - 1$ ist folgende Befehls-Syntax nötig:

```
>> f1=@(x) x^2+x-1
f1 =
    @(x)x^2+x-1
```

Das Ergebnis ist das Funktion Handle `f1` im MATLAB-Workspace. Im Befehl `@` können in Klammern auch mehrere unabhängige Variablen definiert werden. Die zweidimensionale Funktion $f_2(x_1, x_2) = x_1^2 - x_2^2 + 3x_1x_2^2$ wird erzeugt durch

```
>> f2 = @(x1,x2) x1^2-x2^2+3*x1*x2^2
f2 =
    @(x1,x2)x1^2-x2^2+3*x1*x2^2
```

Die Auswertung erfolgt durch Aufruf der *anonymous function* an der gewünschten Stelle. Mehrere Funktionsargumente werden durch Komma getrennt.

```
>> y1 = f1(3), y2 = f2(3,2)
y1 =
    11
y2 =
    41
```

Die definierten *anonymous functions* können einschließlich Speicherplatzbedarf wie Variablen über den Befehl `whos` angezeigt werden. Der Inhalt der *anonymous function* kann durch Eingabe des Objektnamens abgefragt werden.

```
>> f2
f2 =
    @(x1,x2)x1^2-x2^2+3*x1*x2^2
```

Durch den Befehl @ können beliebige MATLAB-Ausdrücke als *anonymous function* im Workspace abgelegt werden. Es können daher auch vektorwertige Funktionen erzeugt werden. Die vektorwertige Funktion $F_{3vek}(x_1, x_2) = \left[x_1^2 - x_2^2 + 3x_1x_2^2 \quad x_1^2 + x_2 - 1\right]^T$ wird durch den Befehl

```
>> f3_vek=@(x1,x2) [x1^2-x2^2+3*x1*x2^2; x1^2+x2-1]
f3_vek =
    @(x1,x2)[x1^2-x2^2+3*x1*x2^2;x1^2+x2-1]
```

erzeugt. Die Auswertung erfolgt wieder durch einfachen Aufruf an der gewünschten Stelle.

```
>> y3 = f3_vek(3,2)
y3 =
    41
    10
```

Wenn eine Funktion ganze Vektoren als Argument erhält und diese elementweise ausgewertet werden sollen (dadurch erspart man sich `for`-Schleifen), dann können generell statt der Operatoren `*`, `/`, `^` die elementweisen Punkt-Operatoren `.*`, `./`, `.^` verwendet werden. Dadurch ist die Funktion sowohl mit Vektoren als auch mit Skalaren aufrufbar.

Wird in den nachfolgenden Optimierungsalgorithmen statt einer M-File-Funktion eine *anonymous function* als Zielfunktion verwendet, so wird kein Function Handle, sondern einfach der Name des *anonymous function* übergeben (ohne @-Operator).

---

anonymous functions

f = @(var1,var2,...) Funktionsdefinition *anonymous function* erzeugen

---

7.2 Algorithmensteuerung

Alle Algorithmen der Optimization Toolbox verwenden eine Variable `options` (Datentyp *structure*) zur Steuerung der jeweiligen Berechnungen. Wird für `options` eine leere Variable [] angegeben oder wird `options` weggelassen, so werden Standardeinstellungen verwendet. Die Befehle `optimget` und `optimset` dienen zur Manipulation der Variablen `options`. Die Eingabe

```
>> optimset
            Display: [ off | iter | iter-detailed | notify | notify-detailed
                     | final | final-detailed ]
         MaxFunEvals: [ positive scalar ]
             MaxIter: [ positive scalar ]
              TolFun: [ positive scalar ]
                TolX: [ positive scalar ]
          FunValCheck: [ on | {off} ]
            OutputFcn: [ function | {[]} ]
             PlotFcns: [ function | {[]} ]
```

```
            Algorithm: [ active-set | interior-point | interior-point-convex
                         | levenberg-marquardt | simplex | sqp |
                         trust-region-dogleg | trust-region-reflective ]
 AlwaysHonorConstraints: [ none | {bounds} ]
         BranchStrategy: [ mininfeas | {maxinfeas} ]
        DerivativeCheck: [ on | {off} ]
            Diagnostics: [ on | {off} ]
          DiffMaxChange: [ positive scalar | {Inf} ]
          DiffMinChange: [ positive scalar | {0} ]
          FinDiffRelStep: [ positive vector | positive scalar | {[]} ]
            FinDiffType: [ {forward} | central ]
      GoalsExactAchieve: [ positive scalar | {0} ]
             GradConstr: [ on | {off} ]
                GradObj: [ on | {off} ]
                HessFcn: [ function | {[]} ]
                Hessian: [ user-supplied | bfgs | lbfgs | fin-diff-grads
                         | on | off ]
               HessMult: [ function | {[]} ]
            HessPattern: [ sparse matrix | {sparse(ones(numberOfVariables))} ]
             HessUpdate: [ dfp | steepdesc | {bfgs} ]
        InitBarrierParam: [ positive scalar | {0.1} ]
         InitialHessType: [ identity | {scaled-identity} | user-supplied ]
       InitialHessMatrix: [ scalar | vector | {[]} ]
   InitTrustRegionRadius: [ positive scalar | {sqrt(numberOfVariables)} ]
               Jacobian: [ on | {off} ]
              JacobMult: [ function | {[]} ]
           JacobPattern: [ sparse matrix | {sparse(ones(Jrows,Jcols))} ]
             LargeScale: [ on | off ]
               MaxNodes: [ positive scalar | {1000*numberOfVariables} ]
             MaxPCGIter: [ positive scalar |
                          {max(1,floor(numberOfVariables/2))} ]
           MaxProjCGIter: [ positive scalar |
                          {2*(numberOfVariables-numberOfEqualities)} ]
             MaxRLPIter: [ positive scalar | {100*numberOfVariables} ]
             MaxSQPIter: [ positive scalar |
          {10*max(numberOfVariables,numberOfInequalities+numberOfBounds)}]
                MaxTime: [ positive scalar | {7200} ]
          MeritFunction: [ singleobj | {multiobj} ]
              MinAbsMax: [ positive scalar | {0} ]
    NodeDisplayInterval: [ positive scalar | {20} ]
     NodeSearchStrategy: [ df | {bn} ]
         ObjectiveLimit: [ scalar | {-1e20} ]
        PrecondBandWidth: [ positive scalar | 0 | Inf ]
          RelLineSrchBnd: [ positive scalar | {[]} ]
  RelLineSrchBndDuration: [ positive scalar | {1} ]
           ScaleProblem: [ none | obj-and-constr | jacobian ]
                Simplex: [ on | {off} ]
      SubproblemAlgorithm: [ cg | {ldl-factorization} ]
                 TolCon: [ positive scalar ]
              TolConSQP: [ positive scalar | {1e-6} ]
                 TolPCG: [ positive scalar | {0.1} ]
              TolProjCG: [ positive scalar | {1e-2} ]
           TolProjCGAbs: [ positive scalar | {1e-10} ]
              TolRLPFun: [ positive scalar | {1e-6} ]
             TolXInteger: [ positive scalar | {1e-8} ]
               TypicalX: [ vector | {ones(numberOfVariables,1)} ]
            UseParallel: [ always | {never} ]
```

erzeugt eine leere Struktur zur Algorithmensteuerung, wobei die Werte in [] die erlaubten Werte darstellen. `options=optimset` weist eine leere Struktur der Variablen `options` zu. Wird ein Wert nicht explizit gesetzt, nutzt der betreffende Algorithmus seine Standardeinstellungen. Einzelne Felder werden durch den Befehl

```
options=optimset(oldopts, 'param1', value1, 'param2', value2, ...)
```

verändert. Um die momentanen Optionen `TolX` und `MaxIter` zu verändern, ohne explizit eine Variable `oldopts` anzulegen, dient folgende Eingabe:

```
>> options = optimset(options, 'TolX', 1e-6, 'MaxIter', 30);
```

Alle Felder innerhalb von `options` können, wie bei jeder Struktur im Workspace, durch Eingabe von `options` angezeigt werden. Die Extraktion einzelner Felder aus `options` erfolgt mit dem Befehl `optimget`.

```
>> par = optimget(options, 'TolX')
par =
   1.0000e-006
```

Nicht alle Felder werden für jeden Befehl aus der Optimization Toolbox auch tatsächlich verwendet. Eine Übersicht über die von einem Befehl verwendeten Felder kann mit der Eingabe `optimset(@befehlsname)` erzeugt werden. Gleichzeitig werden dabei die Standardwerte mit ausgegeben. Ein wichtiges Feld, das für fast alle Algorithmen der Optimization TB verwendet werden kann, stellt `Display` dar. Die zulässigen Werte sind `'off'`, `'final'`, `'notify'` und `'iter'`. Bei `'off'` erfolgt keine Ausgabe, bei `'notify'` erfolgt eine Ausgabe nur, wenn der Algorithmus nicht konvergiert ist, bei `'final'` wird nur das Endergebnis ausgegeben und bei `'iter'` wird schließlich Information zu jedem Iterationsschritt ausgegeben. Der Standardwert ist nicht bei allen Algorithmen identisch.

Mit der Option `FunValCheck` kann überprüft werden, ob eine zu optimierende Funktion gültige Werte liefert. `FunValCheck` kann die Werte `On` und `Off` annehmen. Bei aktivierter Option wird eine Warnung angezeigt, wenn die Funktion einen komplexen Rückgabewert, `Inf` oder `NaN` liefert.

Die Variable `options` kann für alle Befehle der Optimization TB zur Algorithmensteuerung benutzt werden. Wenn für unterschiedliche Befehle jedoch unterschiedliche Optionen verwendet werden sollen, so müssen auch verschiedene Variablen (z.B. `options1`, `options2`) erzeugt werden.

Für alle Befehle außer `fzero`, `fminbnd`, `fminsearch` und `lsqnonneg` (diese Bfehle gehören zum MATLAB-Basisumfang) kann zum Setzen der Optionen auch das Kommando `optimoptions` verwendet werden. Die Eingabe von

```
options=optimoptions(@fminunc)
```

weist die Default-Optionen des Solvers `fminunc` der Variablen `options` zu. Einzelne Felder werden durch abwechselnde Angabe von Feld und Wert verändert. Die Eingabe von

```
options=optimoptions(@fminunc,'TolX',1e-3,'Display','iter')
```

setzt die Optionen für den Solver `fminunc` auf die Defaultwerte und verändert die Werte `TolX` und `Display` entsprechend. Wenn bereits eine `oldopts`-Variable existiert und einzelne Felder darin verändert werden sollen, so geschieht dies durch folgendes Kommando:

```
options=optimoptions(oldopts,'TolX',1e-4,'Display','final')
```

Abbruchkriterien: Bei allen Algorithmen der Optimization Toolbox lassen sich Abbruchkriterien und Informationen zum berechneten Ergebnis über zusätzliche Rückgabewerte abfragen. Dies geschieht über den Aufruf:

```
[..., exitflag, output] = optim(@funktion, x0, ...);
```

Der Platzhalter `optim` steht für ein Kommando der Optimization Toolbox. Im Rückgabewert `exitflag` wird Information zum Abbruch des Algorithmus, in `output` werden detaillierte Informationen zum Ergebnis geliefert. Die Werte und Bedeutungen variieren für unterschiedliche Algorithmen. Die Bedeutungen für `exitflag` werden bei der Beschreibung der Algorithmen tabellarisch zusammengefasst, die Bedeutungen von `output` können in der Online-Hilfe nachgelesen werden.

Optionseinstellungen	
`options=optimset`	leere Variable `options` erzeugen
`options=optimset(oldopts,'par1',val1)`	Manipulation einzelner Felder
`optimset(@befehlsname)`	von `befehlsname` verwendete Felder anzeigen
`optimget(options,'par1')`	Wert des Feldes `par1` anzeigen
`options=optimoptions(@befehlsname)`	Default Optionen erzeugen
`options=optimoptions(oldopts,'par1',val1)`	Manipulations einzelner Felder

7.3   Nullstellenbestimmung

Viele Unterproblemstellungen bei Optimierungsaufgaben erfordern das Lösen nichtlinearer Gleichungssysteme und die Nullstellenbestimmung nichtlinearer Funktionen. Im Allgemeinen lassen sich für nichtlineare Funktionen die Nullstellen nur numerisch bestimmen, da allgemeingültige Lösungsformeln nicht existieren. Das Lösen einer nichtlinearen Gleichung kann stets in eine Nullstellensuche umgewandelt werden, so dass hier nur die Nullstellensuche behandelt wird. MATLAB bietet zur Nullstellenbestimmung die Befehle `fzero` für skalare und `fsolve` für vektorwertige nichtlineare Funktionen bzw. Gleichungssysteme an.

7.3.1   Skalare Funktionen

Zuerst soll die Nullstellenbestimmung einer skalaren Funktion mit dem Befehl `fzero` untersucht werden. Dieser Befehl implementiert einen numerischen Algorithmus zur Nullstellensuche. Der Begriff Nullstelle ist im Zusammenhang mit `fzero` physikalisch motiviert, d.h. es geht hier um die Frage, an welchen Stellen x eine Funktion $f(x)$ für reellwertiges x das Vorzeichen wechselt. Dies bedeutet zweierlei: Zum einen werden komplexe Nullstellen von Polynomen nicht erfasst, zum anderen sind Berührpunkte von $f(x)$ und der x-Achse keine Nullstellen in diesem Sinne. `fzero` kann in den folgenden zwei Varianten angewandt werden:

```
nullst = fzero(@funktion, x0, options)
[nullst, f_wert] = fzero(@funktion, x0, options)
```

`funktion` gibt den Funktionsnamen der M-Funktion oder der *anonymous function* an, dessen Nullstelle bestimmt werden soll. Wenn x0 als skalare Zahl angegeben wird, verwendet `fzero` den Wert x0 als Startwert für die Nullstellensuche. Das Suchintervall wird ausgehend vom Startwert x0 so lange vergrößert, bis ein Vorzeichenwechsel der Funktion auftritt. Das tatsächlich verwendete Suchintervall hängt also davon ab, in welcher Richtung zuerst ein Vorzeichenwechsel auftritt. Um das Suchintervall genau zu spezifizieren, kann für x0 ein Vektor der Länge 2 angegeben werden, wobei die Vorzeichen der Funktion $f(x)$ an den Intervallgrenzen unterschiedlich sein müssen (dann existiert sicher mindestens eine Nullstelle).

Als Beispiel wird die Funktion

$$f(x) = x^6 + x^5 - 3x^4 - x^2 - 6x + 1 \tag{7.1}$$

und die verschiedenen Anwendungsmöglichkeiten des MATLAB-Befehls `fzero` betrachtet. Um anschaulich zu zeigen, wie der Befehl `fzero` arbeitet, wird der Graph der Funktion $f(x)$ betrachtet (Abb. 7.1). Zuerst wird die M-Funktion `funktion1.m` mit

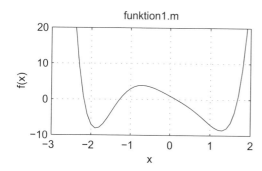

Abb. 7.1: *Graph der Funktion* $f(x) = x^6 + x^5 - 3x^4 - x^2 - 6x + 1$

folgendem Inhalt erzeugt:

```
% funktion1.m
function y = funktion1(x)
y = x.^6 + x.^5 - 3*x.^4 - x.^2 - 6*x + 1;
```

Die Nullstelle in der Nähe von $x \approx 0.2$ wird ausgehend vom Startwert x0=0 durch folgenden Befehl berechnet.

```
>> x0 = 0; [nullst fwert] = fzero(@funktion1, x0)
nullst =
    0.1620
fwert =
    0
```

Wird der Startwert zu x0=-0.8 gewählt, so findet `fzero` eine andere Nullstelle.

```
>> x0 = -0.8; [nullst fwert] = fzero(@funktion1, x0)
nullst =
   -1.2766
fwert =
 -8.8818e-016
```

Ausgehend von der Grafik in Abb. 7.1 führt die Spezifikation eines Suchintervalls zielgerichteter zum gewünschten Ergebnis. Alle vier Nullstellen der Funktion $f(x)$ können durch eine Befehlsfolge bestimmt werden.

```
>> x01=[-2.5 -2]; x02=[-1.5 -1]; x03=[0 0.5]; x04=[1.5 2];
>> options=optimset(@fzero); options=optimset('Display','final');
>> [nullst1 fwert1] = fzero(@funktion1, x01, options)
Zero found in the interval [-2.5, -2] nullst1 =
   -2.1854
fwert1 =
   2.1316e-014
>> [nullst2 fwert2] = fzero(@funktion1, x02, options)
Zero found in the interval [-1.5, -1] nullst2 =
   -1.2766
fwert2 =
 -8.8818e-016
>> [nullst3 fwert3] = fzero(@funktion1, x03, options)
Zero found in the interval [0, 0.5]
nullst3 =
    0.1620
fwert3 =
    0
>> [nullst4 fwert4] = fzero(@funktion1, x04, options)
Zero found in the interval [1.5, 2]
nullst4 =
    1.6788
fwert4 =
    0
```

`fzero` bricht nach einer erfolgreichen Nullstellensuche immer ab und sucht nicht nach weiteren. Mehrere Nullstellen können nur durch Vorgabe mehrerer Suchintervalle bestimmt werden. Wenn die Nullstelle nicht exakt bestimmt werden muss, kann die Rechengenauigkeit von `fzero` verändert werden. Die Genauigkeit wird durch den Parameter `TolX` in der Variablen `options` gesteuert. Es handelt sich dabei um die maximale Abweichung in x-Richtung. Standardmäßig wird `TolX=eps` verwendet, was der Floating-Point-Genauigkeit von MATLAB entspricht. Die Auswirkung der Veränderung der Genauigkeit wird anhand von `nullst4` untersucht. Wird die Genauigkeit auf `1e-6` verringert, so liefert `fzero` ein schlechteres Ergebnis zurück. Die Anzahl der Iterationsschritte ist dafür geringer. Der Funktionswert ist bei verringerter Genauigkeit weiter von null entfernt.

```
>> tol=1e-3; options=optimset(@fzero);
>> options=optimset(options,'TolX',tol,'Display','final');
>> [nullst4 fwert4] = fzero(@funktion1, x04, options)
Zero found in the interval [1.5, 2]
nullst4 =
    1.6781
fwert4 =
   -0.0372
```

Da es sich bei `funktion1` um ein Polynom in x handelt, steht noch ein weiterer Befehl zur Bestimmung aller Nullstellen (einschließlich komplexer) zur Verfügung. Der Befehl `roots` erhält in einem Vektor alle Polynomkoeffizienten als Argument und liefert alle Nullstellen zurück.

```
>> poly = [1 1 -3 0 -1 -6 1];
nullst = roots(poly)
nullst =
  -2.1854 + 0.0000i
   1.6788 + 0.0000i
  -1.2766 + 0.0000i
   0.3106 + 1.1053i
   0.3106 - 1.1053i
   0.1620 + 0.0000i
```

Bei allgemeinen nichtlinearen Funktionen führt nur die Verwendung von `fzero` zum Ziel. Als weiteres Beispiel soll nun die Lösung der Gleichung

$$\arctan(x) = 0.5x \tag{7.2}$$

dienen. Definiert man sich die *anonymous function* `funktion2`, so lassen sich mit einer einfachen Befehlsfolge die drei Lösungen bestimmen.

```
>> funktion2 = @(x) atan(x)-0.5.*x;
>> options=optimset(@fzero); options=optimset('Display','final');
>> x01 = [-3 -1]; nullst1 = fzero(funktion2, x01, options)
Zero found in the interval [-3, -1]
nullst1 =
   -2.3311
>> x02 = [-1 1]; nullst2 = fzero(funktion2, x02, options)
Zero found in the interval [-1, 1]
nullst2 =
    0
>> x03 = [2 3]; nullst3 = fzero(funktion2, x03, options)
Zero found in the interval [2, 3]
nullst3 =
    2.3311
```

Parameterübergabe: Oftmals ist es wünschenswert, neben den Funktionsargumenten noch weitere Parameter an die zu optimierende Funktion zu übergeben. Dies geschieht für alle Befehle der Optimization Toolbox nach dem selben Schema: Nach dem Optionsargument können beliebig viele Parameter an die Funktion übergeben werden. Die zu optimierende Funktion wird dann nach dem Funktionsargument x auch mit den Parametern p1, p2,... als zusätzlichen Argumenten aufgerufen. Dies soll mit dem Befehl

`fzero` an einem Beispiel verdeutlicht werden.
Es werden die Nullstellen der Funktion

$$f(x) = e^{p_1 \cdot x} - p_2 \cdot x \qquad (7.3)$$

gesucht, wobei die Parameter p_1 und p_2 mit an die Funktion übergeben werden sollen.
Die zugehörige MATLAB-Funktion mit zusätzlichen Parametern lautet:

```
% f_param.m
function y = f_param(x,p1,p2)
y=exp(p1.*x) - p2.*x;
```

An die Funktion `f_param` werden die Werte p1=1 und p2=3 übergeben. Eine Nullstelle
im Intervall $1 \leq x \leq 2$ wird bestimmt durch die folgenden Befehle, wobei die Parameter
nach den Optionen im Aufruf von `fzero` angegeben werden:

```
>> x0=[1 2]; options=optimset(@fzero); p1 = 1; p2 = 3;
>> x = fzero(@f_param,x0,options,p1,p2)
x =
    1.5121
```

Durch die Übergabe von Parametern an die zu optimierende Funktion kann dieselbe
MATLAB-Funktion für verschiedene Parameterkombinationen verwendet werden.

Abbruchkriterium: Wird die Funktion `fzero` mit vier Rückgabewerten aufgerufen,
so erhält man Information über das Abbruchkriterium in der Variablen `exitflag` und
detaillierte Informationen zum Ergebnis in der Variablen `output` (siehe Online-Hilfe).
Der Aufruf lautet dann:

```
[nullst, f_wert, exitflag, output] = fzero(@funktion, x0, options)
```

Die Bedeutung von `exitflag` ist in Tab. 7.1 zusammengefasst.

Tab. 7.1: Bedeutung von `exitflag` bei `fzero`

Wert	Beschreibung
1	Konvergenz auf eine eindeutige Lösung
−1	Abbruch durch die Output-Funktion
−3	Funktion lieferte NaN oder Inf
−4	Funktion lieferte einen komplexen Wert
−5	Konvergenz auf einen singulären Wert
−6	Es wurde kein Vorzeichenwechsel erkannt

7.3.2   Vektorwertige Funktionen / Gleichungssysteme

Das numerische Lösen von Gleichungssystemen erfolgt mit dem Befehl `fsolve` für nichtlineare Gleichungssysteme und mit dem Befehl \ (`slash`) für lineare Gleichungssysteme.

Zunächst sollen Gleichungssysteme betrachtet werden, die weder über- noch unterbestimmt sind, die also entweder keine oder eine endliche Anzahl an Lösungen besitzen. Im Falle eines linearen Gleichungssystems bedeutet das, dass es keine oder genau eine Lösung gibt. Das lineare Gleichungssystem

$$x_1 + 2x_2 + 3x_3 = 1 \qquad 2x_1 + 3x_2 + 6x_3 = 3 \qquad 3x_1 + 2x_2 + 7x_3 = 0 \quad (7.4)$$

lässt sich durch Einführen der Matrix-Schreibweise

$$\mathbf{A} \cdot \mathbf{x} = \mathbf{b} \qquad \text{mit} \quad \mathbf{x} = \begin{bmatrix} x_1 & x_2 & x_3 \end{bmatrix}^T \qquad\qquad (7.5)$$

durch die nachfolgenden Befehle lösen.

```
>> A = [1 2 3; 2 3 6; 3 2 7]
A =
     1     2     3
     2     3     6
     3     2     7
>> b = [1; 3; 0]
b =
     1
     3
     0
>> x = A\b
x =
   -7.5000
   -1.0000
    3.5000
```

Der Befehl `A\b` liefert prinzipiell dasselbe Ergebnis wie `inv(A)*b` (zu `inv` siehe Kap. 2.2.2), nur wird statt der Berechnung der inversen Matrix das Gauß-Eliminationsverfahren [20] verwendet. Dies ist in vielen Fällen numerisch günstiger. `A\b` wird auch als Matrix-Linksdivision bezeichnet. Über die eindeutige Lösbarkeit des linearen Gleichungssystems kann vorab durch Berechnung der Determinante von **A** entschieden werden.

```
>> determinante = det(A)
determinante =
    2.0000
```

Bei nichtlinearen Gleichungssystemen kann es neben keiner auch mehrere Lösungen geben. Der Befehl `fsolve` stellt Algorithmen zur Lösung von Gleichungssystemen der Form

$$F(\mathbf{x}) = 0 \qquad\qquad (7.6)$$

zur Verfügung, wobei $F(\mathbf{x})$ eine vektorwertige Funktion mehrerer Veränderlicher ist. Die Syntax lautet:

```
x = fsolve(@funktion, x0, options)
[x fval] = fsolve(@funktion, x0, options)
[x fval exitflag] = fsolve(@funktion, x0, options)
[x fval exitflag,output] = fsolve(@funktion, x0, options)
```

Mit der Variablen `options` können verschiedene Algorithmen ausgewählt werden, es kann die von den Algorithmen verwendete Jacobi-Matrix durch den Benutzer vorgegeben und die Toleranz für die Lösungssuche eingestellt werden. Es wird prinzipiell zwischen *Large-Scale-* und *Medium-Scale*-Algorithmen unterschieden. *Large-Scale*-Algorithmen sind besser für Gleichungssysteme mit einer hohen Anzahl an freien Variablen geeignet, während *Medium-Scale*-Algorithmen für niederdimensionale Probleme ausreichend sind. Diese Auswahl wird durch das Feld `LargeScale` der Optionsstruktur mit den Werten `on` oder `off` getroffen. Der Standardwert ist `off`. Mit dem Feld `NonlEqnAlgorithm` kann der *Medium-Scale*-Algorithmus explizit gewählt werden; beim *Large-Scale*-Algorithmus hat dieses Feld keine Bedeutung. Standardmäßig wird der *Trust-Region* `dogleg` Algorithmus gewählt; dies kann durch die Werte `gn` oder `lm` auf Gauß-Newton bzw. Levenberg-Marquart geändert werden. Genauere Informationen hierzu und zu den verwendeten Algorithmen finden sich in [42]. Wird `options` im Argument weggelassen, werden Standardeinstellungen verwendet.

Das zu lösende Gleichungssystem $F(\mathbf{x})$ muss in einer M-Funktion oder einer *anonymous function* als vektorwertige Funktion definiert werden. `x0` wird als Startwert für den Optimierungsalgorithmus verwendet, `x` ist das Ergebnis der Optimierung und `fval` gibt den Funktionswert bei der Lösung `x` an. `exitflag` gibt die Bedingung an, unter der der Optimierungsalgorithmus beendet wurde. Eine Zuordnung der Werte von `exitflag` zu den Bedeutungen enthält Tab. 7.2. `output` enthält detaillierte Informationen zum Ergebnis (siehe Online-Hilfe).

Tab. 7.2: *Bedeutung von* `exitflag` *bei* `fsolve`

Wert	Beschreibung
1	Konvergenz auf eine eindeutige Lösung
2	Änderung in x kleiner als vorgegebene Toleranz
3	Änderung der Funktion kleiner als vorgegebene Toleranz
4	Betrag der Suchrichtung kleiner als vorgegebene Toleranz
0	Anzahl der Iterationen oder Funktionsauswertungen überschritten
−1	Abbruch durch die Output-Funktion
−2	Konvergenz auf ein Ergebnis ungleich null
−3	Vertrauensbereich wurde zu gering
−4	Linienoptimierung nicht erfolgreich

Zur Veranschaulichung soll folgendes Gleichungssystem betrachtet werden:

$$F(\mathbf{x}) = \begin{bmatrix} x_1^2 - 3x_2 + e^{-x_1} \\ \sin(x_1) + x_2 - e^{-x_2} \end{bmatrix} = \mathbf{0} \tag{7.7}$$

Die Definition von F in MATLAB erfolgt durch die M-Funktion `funktion3.m`. Diese wertet `fsolve` bei jedem Iterationsschritt aus.

```
% funktion3.m
function F = funktion3(x)
F = [x(1)^2 - 3*x(2) + exp(-x(1)), sin(x(1)) + x(2) - exp(-x(2))];
```

Nun kann die Optimierungsroutine `fsolve` mit der MATLAB-Funktion `funktion3` als Argument gestartet werden. In den Optionen wird im nachfolgenden MATLAB-Code angegeben, dass jeder Iterationsschritt angezeigt werden soll. Der Startwert wird zunächst auf $x_0 = [1\ 1]$ festgelegt.

```
x0 = [1 1];
options = optimset(@fsolve);
options = optimset(options, 'Display', 'iter');
[x, fval, exitflag] = fsolve(@funktion3, x0, options)
                                      Norm of      First-order   Trust-region
  Iteration  Func-count      f(x)       step       optimality    radius
      0           3        4.83529                   6.91           1
      1           6        0.198145        1         1.57           1
      2           9        4.24063e-05  0.126672     0.0134         2.5
      3          12        1.72925e-09  0.00565829   0.000136       2.5
      4          15        9.56958e-20  1.90386e-05  1.06e-09       2.5
Equation solved.
x =
    0.4879    0.2840
fval =
    1.0e-09 *
    0.2911   -0.1047
exitflag =
     1
```

Neben der Lösung `x` und dem Funktionswert `fval` zeigt `exitflag = 1` an, dass der Optimierungsalgorithmus erfolgreich konvergiert ist. Die zusätzliche Ausgabe zu den Iterationsschritten 1 bis 5 gibt Auskunft über den Verlauf der Nullstellensuche. Es wird jeweils die Anzahl der Funktionsauswertungen (`Func-count`), der Funktionswert (`f(x)`) und der Betrag der Schrittweite (`Norm of step`) ausgegeben. Da bei den Algorithmen Ableitungen 1. Ordnung (Jacobi-Matrix) verwendet werden, ist die Anzahl der Funktionsauswertungen größer als die Anzahl der Iterationsschritte. Die Jacobi-Matrix wird numerisch in der Nähe der aktuellen Position `x` bestimmt. Die Zahl der Iterationsschritte hängt vom gewählten Anfangswert ab. Wählt man den Anfangswert weiter von der (unbekannten) Lösung entfernt, so steigt die Iterationszahl und damit auch der Rechenaufwand. Die Zahl der notwendigen Rechenoperationen bis zur gesuchten Lösung kann also nie exakt vorherbestimmt werden.

```
x0 = [10 10];
options = optimset(@fsolve);
options = optimset(options, 'Display', 'iter');
[x, fval, exitflag] = fsolve(@funktion3, x0, options)
                                      Norm of      First-order   Trust-region
  Iteration  Func-count      f(x)       step       optimality    radius
      0           3        4989.42                  1.39e+03        1
      1           6        2687.41         1        905             1
      2           9        241.483        2.5       157            2.5
      3          12        36.3099        6.25      39.4           6.25
      4          15        20.1537       4.95502    19.4           6.25
      5          18        6.11052       1.53276    9.34           6.25
      6          21        0.118046      0.714296   1.16           6.25
      7          24        0.000355242   0.141307   0.0636         6.25
```

```
     8           27        1.2034e-09       0.0072647        0.00012          6.25
     9           30        1.44516e-21      1.00765e-05      7.11e-11         6.25
Equation solved.
x =
    0.4879      0.2840
fval =
    1.0e-10 *
    0.0149     -0.3799
exitflag =
    1
```

Bei nichtlinearen Gleichungssystemen kann es auch mehr als eine Lösung geben. Wenn man die ungefähre Lage der Lösungen kennt, so sollte der Anfangswert in deren Nähe gewählt werden. Die zweite Lösung des Gleichungssystems in (7.7) kann durch Wahl der Anfangswerte des Optimierungsalgorithmus zu $x_0 = [-2\ 2]$ gefunden werden.

```
x0 = [-2 2];
options = optimset(@fsolve);
options = optimset(options, 'Display', 'final');
[x, fval, exitflag] = fsolve(@funktion3, x0, options)
Equation solved.
x =
   -0.9229      1.1227
fval =
    1.0e-07 *
    0.4071      0.0576
exitflag =
    1
```

Aus diesen Ausführungen sollte vor allem Folgendes klar geworden sein: Der Optimierungsalgorithmus kann immer nur **eine** Lösung finden. Weitere Lösungen können durch Variation der Anfangswerte berechnet werden. Wenn eine spezielle Lösung benötigt wird, so sollte man sich vorab ein grobes Bild über deren Lage machen (z.B. durch grafische Methoden), damit die Anfangswerte entsprechend gesetzt werden können.

Bei Problemstellungen hoher Ordnung oder bei rechenzeitkritischen Anwendungen kann die Anzahl der Funktionsauswertungen (Func-count) dadurch reduziert werden, dass die für die Algorithmen benötigte Jacobi-Matrix nicht numerisch approximiert wird, sondern in der zu optimierenden Funktion als zweiter Ausgabewert bereitgestellt wird. Dazu muss die Jacobi-Matrix entweder von Hand oder mit der Symbolic-Toolbox bestimmt werden. Damit der Optimierungsalgorithmus fsolve die bereitgestellte Jacobi-Matrix verwenden kann, muss die Option options.Jacobian auf 'on' gesetzt werden. Die Jacobi-Matrix ist definiert als:

$$J_{ij} = \frac{\partial F_i}{\partial x_j} \tag{7.8}$$

Die neu zu definierende Funktion funktion4 wird nun für das Beispiel in Gleichung (7.7) um die Jacobi-Matrix erweitert.

```
% funktion4.m
function [F, J] = funktion4(x)
F = [x(1)^2 - 3*x(2) + exp(-x(1)), sin(x(1)) + x(2) - exp(-x(2))];
J = [ 2*x(1)-exp(-x(1)), -3; cos(x(1)), 1+exp(-x(2)) ];
```

Die Funktion `funktion4` muss jetzt nur noch einmal pro Iterationsschritt ausgewertet werden. Der Aufruf der Optimierungsroutine lautet dann:

```
x0 = [-2 2]; options = optimset(@fsolve);
options = optimset(options, 'Display', 'iter', 'Jacobian', 'on');
[x, fval, exitflag] = fsolve(@funktion4, x0, options)
                              Norm of      First-order   Trust-region
  Iteration  Func-count    f(x)      step      optimality    radius
      0          1       29.9547                  61.8          1
      1          2        2.63653  0.879018       10.7          1
      2          3        0.0877609 0.373429       1.42         2.2
      3          4        0.000731682 0.131078     0.116        2.2
      4          5        9.46897e-08 0.0141595    0.0013       2.2
      5          6        1.69041e-15 0.000163722  1.74e-07     2.2
Equation solved.
x =
   -0.9229    1.1227
fval =
   1.0e-07 *
   0.4071    0.0576
exitflag =
     1
```

Das Ergebnis ist identisch wie im Fall ohne Verwendung der Jacobi-Matrix, nur sind wesentlich weniger Funktionsauswertungen nötig.

Nullstellenbestimmung

`[nullst, fwert]=fzero(@funktion, x0, options)`
     Nullstelle einer skalaren Funktion bestimmen
`\` (slash)
     Lösung eines linearen Gleichungssystems $\mathbf{Ax} = \mathbf{b}$
`[x,fval,exitflag]=fsolve(@funktion,x0,options)`
     Lösung eines nichtlinearen Gleichungssystems

7.4 Minimierung nichtlinearer Funktionen

Die Optimization Toolbox bietet zahlreiche Algorithmen zur Minimierung nichtlinearer Funktionen. In diesem Abschnitt wird die Minimierung skalarer Funktionen einer und mehrerer Veränderlicher **ohne** Nebenbedingungen behandelt (*unconstrained optimization*).

Der einfachste Fall ist die Minimumsuche einer skalaren Funktion einer Variablen in einem vorgegebenen Intervall. Diese Aufgabe könnte durch Nullsetzen der Ableitung der Funktion gelöst werden. Dabei handelt es sich dann aber normalerweise um das Problem, die Nullstelle einer nichtlinearen Funktion zu finden. Dies muss sehr häufig durch numerische Verfahren gelöst werden. Außerdem muss der so gefundene Punkt kein Extremwert sein, es kann sich auch um einen Sattelpunkt handeln. Die Algorithmen der Optimization Toolbox tragen all diesen Problemstellungen Rechnung.

Die Minimumsuche einer skalaren Funktion einer Variablen in einem vorgegebenen Intervall erfolgt durch den Befehl `fminbnd`. Der Algorithmus liefert ein lokales Minimum innerhalb der Grenzen $x_1 < x < x_2$. Der Aufruf erfolgt durch

```
[x, fval, exitflag] = fminbnd(@funktion, x1, x2, options)
```

wobei die Variablen `fval`, `exitflag` und `options` nicht zwingend notwendig sind. `funktion` muss eine kontinuierliche Funktion ohne Sprungstellen sein. Ferner ist das Konvergenzverhalten der Optimierungsroutine umso langsamer, je näher die Lösung an einem der Randbereiche liegt. Die Bedeutungen der verschiedenen Rückgabewerte für `exitflag` sind in Tab. 7.3 zusammengefasst.

Tab. 7.3: *Bedeutung von* `exitflag` *bei* `fminbnd`

Wert	Beschreibung
1	Konvergenz zu einer Lösung auf der Basis von `options.TolX`
0	Anzahl der Iterationen oder Funktionsauswertungen überschritten
−1	Abbruch durch die Output-Funktion
−2	Inkonsistentes Suchinterval (`x1 > x2`)

Es sollen nun die Minima und Maxima der Funktion

$$f(x) = 0.5x^3 - x^2 - x + e^{0.1x} \tag{7.9}$$

bestimmt werden. Zur Eingrenzung der Suchintervalle wird der Graph der Funktion in Abb. 7.2 herangezogen. Die Funktion aus Gleichung (7.9) wird in der M-Funktion `funktion5.m` definiert. Das Minimum wird durch folgenden Aufruf bestimmt.

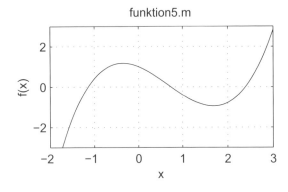

Abb. 7.2: *Graph der Funktion* $f(x) = 0.5x^3 - x^2 - x + e^{0.1x}$

```
options = optimset(@fminbnd); options = optimset(options,'Display','final');
x1 = 1; x2 = 2;
[x, fval, exitflag] = fminbnd(@funktion5, x1, x2, options)
Optimization terminated:
 the current x satisfies the termination criteria using OPTIONS.TolX of 1.000000e-04
x =
    1.6826
fval =
   -0.9487
exitflag =
     1
```

Neben dem Ergebnis x = 1.6826 wird hier auch der Funktionswert am Minimum (fval) und zu jedem Iterationsschritt der verwendete Algorithmus angegeben (Procedure). Das lokale Maximum erhält man durch Minimierung von funktion6 = -1*funktion5. Der nachfolgende Aufruf startet die Optimierung.

```
options = optimset(@fminbnd); options = optimset(options,'Display','final');
x1 = -1; x2 = 0;
[x, fval, exitflag] = fminbnd(@funktion6, x1, x2, options)
Optimization terminated:
 the current x satisfies the termination criteria using OPTIONS.TolX of 1.000000e-04
x =
   -0.3565
fval =
   -1.1717
exitflag =
     1
```

Der verwendete Algorithmus in fminbnd basiert auf dem Goldenen-Schnitt-Suchverfahren und parabolischer Interpolation. Der Befehl fminsearch stellt dieselbe Funktionalität wie fminbnd zur Verfügung, verwendet aber als Optimierungsalgorithmus die Simplex-Methode. Diese verwendet weder numerisch noch analytisch berechnete Gradienten und liefert daher auch häufig für unstetige Funktionen das gewünschte Ergebnis.

Zur Minimierung skalarer Funktionen mehrerer Veränderlicher ohne Nebenbedingungen (*unconstrained optimization*) steht der Befehl fminunc zur Verfügung. Der Aufruf erfolgt durch

```
[x, fval, exitflag] = fminunc(@funktion, x0, options)
```

wobei fval und exitflag optionale Ausgabewerte sind. Die Bedeutung des Rückgabewerts exitflag ist in Tab. 7.4 zusammengefasst. Standardmäßig geht fminunc von einem so genannten *Large-Scale*-Optimierungsproblem aus. Das bedeutet, die Anzahl der zu optimierenden Parameter $x_1 \ldots x_n$ ist sehr groß. In diesem Fall muss der Gradient der zu optimierenden Funktion als zweites Ausgabeargument analytisch mit angegeben werden, damit die numerischen Berechnungen nicht zu aufwendig werden. Hier sollen nur *Medium-Scale*-Optimierungsprobleme betrachtet werden, so dass die *Large-Scale*-Optimierung in der Variablen options mit dem Befehl options = optimset(options, 'LargeScale', 'off') deaktiviert werden sollte. In diesem Fall werden die vom Optimierungsalgorithmus verwendeten Gradienten durch Funktionsauswertungen numerisch bestimmt. Der Optimierungsalgorithmus verwendet eine *Quasi-Newton*-Methode mit ei-

Tab. 7.4: *Bedeutung von* `exitflag` *bei* `fminunc`

Wert	Beschreibung
1	Konvergenz auf eine eindeutige Lösung
2	Änderung in x kleiner als vorgegebene Toleranz
3	Änderung der Funktion kleiner als vorgegebene Toleranz
0	Anzahl der Iterationen oder Funktionsauswertungen überschritten
-1	Abbruch durch die Output-Funktion
-2	Linienoptimierung nicht erfolgreich

ner gemischt quadratischen und kubischen Abstiegsmethode (für Details siehe [42]). Die Minimierungsprozedur soll wieder an einem Beispiel vorgestellt werden. Betrachtet wird die Funktion:

$$f(x_1, x_2) = 2x_1^4 + x_2^4 - 2x_1^2 - 2x_2^2 + 4\sin(x_1 x_2) \tag{7.10}$$

Der Graph von $f(x_1, x_2)$ ist in Abb. 7.3 dargestellt. Ziel ist die Bestimmung der beiden Minima. Das erste Minimum in der Nähe der Werte $\mathbf{x} = [1 \;\; -1]$ wird ohne Anzeige bei jedem Iterationsschritt durch die folgende Befehlsfolge bestimmt:

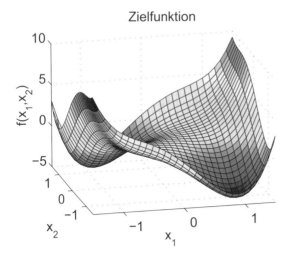

Abb. 7.3: *Graph der Funktion* $f(x_1, x_2) = 2x_1^4 + x_2^4 - 2x_1^2 - 2x_2^2 + 4\sin(x_1 x_2)$

```
options = optimset(@fminunc);
options = optimset(options,'Display','final','LargeScale','off');
x0 = [1 -1];
[x, fval] = fminunc(@funktion7, x0, options)
Local minimum found.
Optimization completed because the size of the gradient is less than
the selected value of the function tolerance.
x =
    0.9039    -1.1732
fval =
   -4.6476
```

Das zweite Minimum in der Nähe von $\mathbf{x} = [-1\ 1]$ wird durch die Vorgabe entsprechender Anfangswerte ermittelt. Die Befehlsfolge lautet:

```
options = optimset(@fminunc);
options = optimset(options,'Display','final','LargeScale','off');
x0 = [-1 1];
[x, fval] = fminunc(@funktion7, x0, options)
Local minimum found.
Optimization completed because the size of the gradient is less than
the selected value of the function tolerance.
x =
   -0.9039     1.1732
fval =
   -4.6476
```

Die Genauigkeit, aber auch der Rechenaufwand kann durch Verringerung von TolX oder TolFun in der Variable options erhöht werden. Grundsätzlich hat die Wahl der Anfangswerte auf das Konvergenzverhalten des Optimierungsalgorithmus einen entscheidenden Einfluss. In der Nähe des Ursprungs ist die Funktion (7.10) sehr flach, wodurch ihre Ableitungen 1. und 2. Ordnung sehr klein werden. Das kann dazu führen, dass der Optimierungsalgorithmus innerhalb seiner Toleranzen einen Ergebniswert liefert, obwohl gar kein Minimum vorliegt. Dieses Verhalten kann durch die Wahl der Startwerte $\mathbf{x}_0 = [0.01\ 0.01]$ erzeugt werden. Man darf also nie blind auf das Ergebnis der Optimierungsroutine vertrauen, sondern muss sich immer von der Plausibilität überzeugen.

Um manuell in den Verlauf einer Optimierung eingreifen zu können, gibt es bei vielen Befehlen der Optimization Toolbox die Möglichkeit, bei jedem Iterationsschritt eine selbstdefinierte Output-Funktion aufzurufen. Typischerweise werden dort Aktionen wie die Überwachung von Abbruchkriterien oder die Aufzeichnung des Verlaufs der Optimierung durchgeführt. Die Output-Funktion wird durch die Option 'OutputFcn' aktiviert. Im folgenden Beispiel wird der Verlauf der Optimierung in der Variable verlauf protokolliert und am Ende ausgegeben. In den ersten beiden Spalten der Variablen verlauf ist das Optimierungsergebnis nach jedem Iterationsschritt enthalten, die dritte Spalte enthält den jeweils zugehörigen Funktionswert.

```
options = optimset(@fminunc);
options=optimset(options,'OutputFcn',@outfcn,'Display','final','LargeScale','off');
x0 = [-1 1];
[x, fval] = fminunc(@funktion7, x0, options)
```

```
Local minimum found.
Optimization completed because the size of the gradient is less than
the selected value of the function tolerance.
x =
   -0.9039    1.1732
fval =
   -4.6476
verlauf
verlauf =
   -1.0000    1.0000   -4.3659
   -0.8626    1.1615   -4.6290
   -0.9039    1.1800   -4.6473
   -0.9042    1.1722   -4.6476
   -0.9039    1.1732   -4.6476
   -0.9039    1.1732   -4.6476
   -0.9039    1.1732   -4.6476
```

Die Aufzeichnung des Verlaufs der Optimierung erledigt die Output-Funktion `outfcn`.
Die drei obligatorischen Argumente x, `OptimValues` und `state` beschreiben den Fortschritt der Optimierungsroutine zum aktuellen Iterationsschritt. x ist der Ergebnisvektor, `OptimValues` ist eine Struktur, die den Funktionswert, die Iterationszahl, den
Gradienten, die Schrittweite, etc. enthält und `state` ist ein String, der die Werte `init`,
`interrupt`, `iter` und `done` annehmen kann. Die Felder in `OptimValues` hängen vom
verwendeten Algorithmus ab. Eine genaue Beschreibung der Felder ist im MATLAB
Helpdesk unter *Optimization Toolbox/Optimization Options/Output Function* enthalten. Der Zustand `init` wird bei der Initialisierung des Algorithmus erreicht, `iter` wird
bei jedem Ende einer normalen Iteration und `done` nach Abschluss aller Iterationen erreicht. Im Zustand `interrupt` werden gerade umfangreiche Zwischenrechnungen durchgeführt und der Algorithmus ist innerhalb der aktuellen Iteration unterbrechbar. Die
Unterbrechung wird über den Rückgabewert `stop` gesteuert. Wird `stop` nicht gesetzt
oder auf `false` gesetzt, arbeitet der Algorithmus normal weiter. Wird `stop` auf `true`
gesetzt, bricht der Algorithmus mit der aktuellen Iteration ab. Die Funktion `outfcn`
kann noch weitere Argumente besitzen, die z.B. durch übergebene Parameter belegt
werden (siehe S. 243). Die folgende Funktion `outfcn` speichert den Verlauf des Opti-
mierungsvorgangs (Zwischenergebnisse und zugehörige Funktionswerte) in der Matrix
`suchfolge` ab und weist das Ergebnis nach Beendigung der Optimierung der Variablen
`verlauf` im MATLAB-Workspace zu.

```
function stop = outfcn(x, OptimValues, state)
persistent suchfolge;
switch state
    case 'init'
        suchfolge=[];
    case 'iter'
        suchfolge = [suchfolge; x, OptimValues.fval];
    case 'done'
        assignin('base','verlauf',suchfolge);
end
stop = false;
```

Um den Fortschritt einer Optimierung auszugeben, kann eine Plot-Funktion über die Option `PlotFcns` definiert werden. Eine Plot-Funktion kann analog zu einer Output-Funktion selbst programmiert werden, oder es wird eine der vordefinierten Plot-Funktionen aus Tab. 7.5 verwendet.

Tab. 7.5: *Vordefinierte Plot-Funktionen*

Funktion	Ausgabe
`@optimplotx`	aktueller Optimierungswert
`@optimplotfunccount`	Anzahl der Funktionsaufrufe
`@optimplotfval`	aktueller Funktionswert
`@optimplotconstrviolation`	maximale Verletzung einer Nebenbedingung
`@optimplotresnorm`	Norm der Residuen
`@optimplotstepsize`	aktuelle Schrittweite
`@optimplotfirstorderopt`	Optimalitätsbedingung erster Ordnung

Minimierung ohne Nebenbedingungen

`[x,fval,exitflag]=fminbnd(@funktion,x1,x2,options)`
    Minimierung einer Funktion einer Variablen im Intervall $x_1 < x < x_2$

`[x,fval,exitflag]=fminunc(@funktion,x0,options)`
    Minimierung einer Funktion mehrerer Variablen mit dem Startwert x_0

7.5 Minimierung unter Nebenbedingungen

Bei vielen Optimierungsproblemen ist man nicht nur an einem Minimum der Zielfunktion interessiert, vielmehr muss die unabhängige Variable **x** auch verschiedene Nebenbedingungen erfüllen. Diese Nebenbedingungen können vom Anwender willkürlich festgelegt sein oder durch physikalische Begrenzungen bedingt sein (z.B. Obergrenze der PKW-Geschwindigkeit). Man unterscheidet zwischen Gleichungs- und Ungleichungsnebenbedingungen, die beide gleichzeitig vorkommen können. Die Optimierung unter Nebenbedingungen wird als *constrained nonlinear optimization* bezeichnet. Neben der allgemeinen Minimierung unter Nebenbedingungen wird in Kap. 7.5.2 der Spezialfall einer quadratischen Zielfunktion mit ausschließlich linearen Gleichungs- und Ungleichungsnebenbedingungen behandelt (quadratische Programmierung). Unter bestimmten Voraussetzungen ist dann ein lokales Minimum immer auch das globale Minimum. Einen weiteren wichtigen Spezialfall stellt die lineare Programmierung in Kap. 7.5.3 dar. Hier liegt eine lineare Zielfunktion mit linearen Nebenbedingungen zugrunde, deren globales Minimum in einer endlichen Zahl von Iterationsschritten erreicht wird.

7.5.1   Nichtlineare Minimierung unter Nebenbedingungen

Der allgemeine Fall der numerischen Minimierung nichtlinearer Funktionen unter linearen und nichtlinearen Nebenbedingungen wird als *nichtlineare Programmierung* bezeichnet. Die Funktionsweise zahlreicher Algorithmen wird in [9, 25] beschrieben. Die Optimization Toolbox bietet für diese Problemstellung den Befehl `fmincon` an, welcher eine Funktion $f(\mathbf{x})$ unter mehreren Nebenbedingungen minimiert. Diese werden in lineare und nichtlineare Nebenbedingungen aufgeteilt, so dass sich der Optimierungsalgorithmus `fmincon` auf die folgende Problemstellung anwenden lässt:

$$\min_{\mathbf{x}} f(\mathbf{x}) \qquad \text{unter den Nebenbedingungen} \tag{7.11}$$

$$\mathbf{c}(\mathbf{x}) \leq \mathbf{0} \tag{7.12}$$

$$\mathbf{c}_{eq}(\mathbf{x}) = \mathbf{0} \tag{7.13}$$

$$\mathbf{A} \cdot \mathbf{x} \leq \mathbf{b} \tag{7.14}$$

$$\mathbf{A}_{eq} \cdot \mathbf{x} = \mathbf{b}_{eq} \tag{7.15}$$

$$\mathbf{lb} \leq \mathbf{x} \leq \mathbf{ub} \tag{7.16}$$

$\mathbf{c}$ und $\mathbf{c}_{eq}$ sind vektorwertige nichtlineare Funktionen, $\mathbf{A}$ und $\mathbf{A}_{eq}$ sind konstante Matrizen, $\mathbf{b}$ und $\mathbf{b}_{eq}$ sind konstante Vektoren und $\mathbf{lb}$ und $\mathbf{ub}$ sind die unteren bzw. oberen Grenzen für den Ergebnisvektor $\mathbf{x}$. Der Aufruf des Optimierungsalgorithmus unter Berücksichtigung von Nebenbedingungen erfolgt durch:

```
[x,fval,exitflag]=fmincon(@funktion,x0,A,b,Aeq,...
                    beq,lb,ub,@nonlcon,options)
```

Beim Aufruf von `fmincon` müssen nicht alle Parameter angegeben werden. Nicht verwendete Einträge müssen dann lediglich durch ein leeres Element `[]` ersetzt werden. `funktion` ist die zu minimierende Funktion, $\mathbf{x}_0$ ist der vom Optimierungsalgorithmus verwendete Startwert und $\mathbf{A}$ bis $\mathbf{ub}$ beschreiben die linearen Nebenbedingungen gemäß den Gleichungen (7.14) bis (7.16). Über die Variable `options` wird in gewohnter Weise der Optimierungsalgorithmus gesteuert. In der MATLAB-Funktion `nonlcon` werden die nichtlinearen Ungleichungs- und Gleichungsnebenbedingungen gemäß den Gleichungen (7.12) und (7.13) definiert. Die nichtlinearen Nebenbedingungen müssen exakt wie in den obigen Gleichungen definiert werden, d.h. sie müssen insbesondere auf „$= 0$" bzw. „≤ 0" enden. Allgemein hat eine M-Funktion für die nichtlinearen Nebenbedingungen dann folgendes Aussehen:

```
% Nichtlineare Nebenbedingungen
function [c, ceq] = nonlcon(x)
c   = ... % nichtlineare Ungleichungs NB
ceq = ... % nichtlineare Gleichungs NB
```

Die Ungleichungsnebenbedingung muss das erste, die Gleichungsnebenbedingung das zweite Funktionsergebnis von `nonlcon` sein. Im Lösungsvektor ist `x` die Lösung des

Optimierungsproblems, `fval` der Funktionswert an dieser Stelle und `exitflag` gibt
Auskunft über die Abbruchbedingung des Algorithmus. Die Bedeutung der Werte von
`exitflag` ist in Tab. 7.6 zusammengefasst.

Tab. 7.6: *Bedeutung von `exitflag` bei `fmincon`*

Wert	Beschreibung
1	Konvergenz auf eine Lösung
2	Änderung in x kleiner als vorgegebene Toleranz
3	Änderung der Funktion kleiner als vorgegebene Toleranz
4	Betrag der Suchrichtung und Verletzung der Nebenbedingungen innerhalb der Toleranzen
5	Betrag der Richtungsableitung und Verletzung der Nebenbedingungen innerhalb der Toleranzen
0	Anzahl der Iterationen oder Funktionsauswertungen überschritten
-1	Abbruch durch die Output-Funktion
-2	Keine plausible Lösung gefunden

Der Befehl `fmincon` verwendet intern verschiedene Optimierungsalgorithmen. Es stehen
die Algorithmen *trust-region-reflective*, *active-set*, *interior-point* und *sqp* zur Verfügung.
Beim *trust-region-reflective*-Algorithmus muss die Zielfunktion zusätzlich den Gradienten bei jeder Funktionsauswertung zurückliefern. Der Gradient wird analog zur Jacobi-
Matrix in Kap. 7.3 definiert. Allgemein hat die Zielfunktion dann die folgende Form:

```
% Zielfunktion mit Gradientenangabe
function [f, g] = funktion(x)
f = ...        % Zielfunktion von x
g = [ ... ]    % Gradient als Vektor von x
```

Wird der *active-set-*, *interior-point-* oder *sqp*-Algorithmus verwendet, müssen diese in
der Variablen `options` durch einen der folgenden Befehle aktiviert werden:

```
options=optimset(options,'Algorithm','active-set')
options=optimset(options,'Algorithm','interior-point')
options=optimset(options,'Algorithm','sqp')
```

In diesen Fällen kann die Angabe des Gradienten in der Zielfunktion unterbleiben, der
Gradient wird dann bei jedem Iterationsschritt numerisch bestimmt. Für alle Algorithmen gilt die Einschränkung, dass sowohl die Zielfunktion als auch alle nichtlinearen
Nebenbedingungen stetig sein müssen. Ferner werden immer nur abhängig vom Startwert x0 lokale Minima geliefert.

Zur Darstellung der Funktionsweise von `fmincon` soll wieder die Funktion in Gleichung
(7.10) auf Seite 252 betrachtet werden. Jetzt soll jedoch die Nebenbedingung beachtet
werden, dass der Ergebnisvektor nur auf dem Kreis mit der Gleichung

$$(x_1 - 0.5)^2 + x_2^2 = 1 \tag{7.17}$$

liegt darf. Es handelt sich also um eine nichtlineare Gleichungsnebenbedingung. Abb. 7.4 links zeigt nochmals die Funktion aus Gleichung (7.10), Abb. 7.4 rechts zeigt die Nebenbedingung (7.17) in der Ebene $z = -5$ und auf die Zielfunktion projiziert. Die Optimierungsaufgabe besteht nunmehr im Auffinden des Minimums der Kurve im Raum in Abb. 7.4 rechts.

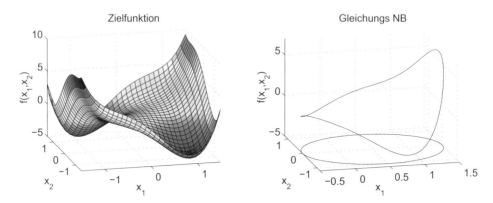

Abb. 7.4: *Graph der Zielfunktion $f(x_1, x_2) = 2x_1^4 + x_2^4 - 2x_1^2 - 2x_2^2 + 4\sin(x_1 x_2)$ (links) und Nebenbedingung auf die Zielfunktion projiziert (rechts)*

Die Definition der Nebenbedingung erfolgt durch:

```
% Nebenbedingung (x1-0.5)^2+x2^2=1; Datei neben.m
function [c, ceq] = neben(x)
c = [];
ceq = ( x(1)-0.5 )^2 + x(2)^2 -1;
```

Wie aus Abb. 7.4 ersichtlich ist, existieren zwei lokale Minima. Das erste Minimum in der Nähe von $\mathbf{x} = [0.5 \; -1]$ wird durch die Befehlsfolge

```
options = optimset(@fmincon);
options = optimset(options,'Display','final','Algorithm','active-set');
x0 = [0.5 -1];
[x, fval] = fmincon(@funktion7, x0,[],[],[],[],[],[],@neben,options)
Local minimum possible. Constraints satisfied.
x =
    0.8523   -0.9359
fval =
   -4.2450
```

bestimmt. Es wurde der *active-set*-Algorithmus ausgewählt, so dass die Angabe von Gradienten nicht nötig ist. Das zweite Minimum in der Nähe von $\mathbf{x} = [-0.2 \; 1]$ (abzulesen aus Abb. 7.4) kann durch Abändern der Anfangswerte berechnet werden.

```
options = optimset(@fmincon);
options = optimset(options,'Display','final','Algorithm','active-set');
x0 = [0.5 1];
[x, fval] = fmincon(@funktion7, x0,[],[],[],[],[],[],@neben,options)
Local minimum possible. Constraints satisfied.
x =
   -0.2868    0.6171
fval =
   -1.4721
```

In der Ausgabe werden neben dem Ergebnisvektor x das Abbruchkriterium und der Funktionswert an der Stelle x angegeben. Wenn das lokale Minimum innerhalb des Bereichs liegt, der durch die Nebenbedingungen begrenzt wird, so sind auch die Nebenbedingungen unwirksam. Dies ist meist nur für Ungleichungsnebenbedingungen möglich.

Als Beispiel für eine lineare Ungleichungsnebenbedingung soll wieder die Funktion aus Gleichung (7.10) verwendet werden. Die Nebenbedingungen lauten nun:

$$x_1 \geq x_2 \quad \text{und} \quad x_2 \geq -1 \tag{7.18}$$

In der x_1-x_2-Ebene ist dies der mit B gekennzeichnete Bereich in Abb. 7.5. Um die

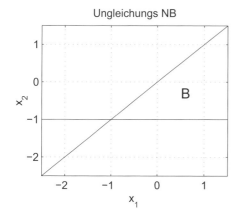

Abb. 7.5: *Begrenzung des Lösungsraumes durch Gleichung (7.18)*

Darstellung gemäß Gleichung (7.14) zu erreichen, müssen die Matrix **A** und der Vektor **b** gemäß Gleichung (7.19) definiert werden.

$$\mathbf{A} = \begin{bmatrix} -1 & 1 \\ 0 & -1 \end{bmatrix} \qquad \mathbf{b} = \begin{bmatrix} 0 \\ 1 \end{bmatrix} \tag{7.19}$$

A und **b** werden anschließend dem Optimierungsalgorithmus übergeben. Der Aufruf erfolgt durch die Befehle:

```
A = [-1 1; 0 -1]; b = [0; 1];
options = optimset(@fmincon);
options = optimset(options,'Display','final','Algorithm','active-set');
x0 = [1 0];
[x, fval] = fmincon(@funktion7, x0,A,b,[],[],[],[],[],options)
Local minimum possible. Constraints satisfied.
Active inequalities (to within options.TolCon = 1e-06):
  lower      upper      ineqlin   ineqnonlin
                           2
x =
   0.9135    -1.0000
fval =
  -4.4428
```

Aus der Ausgabe ist ersichtlich, dass für die Minimumsuche die zweite Nebenbedingung in Gleichung (7.18) relevant war (`Active inequalities: 2`), da das lokale Minimum ohne Berücksichtigung von Nebenbedingungen nicht im Bereich B in Abb. 7.5 liegt. In diesem einfachen Fall kann man auch anhand der Lösung $x_2 = -1$ schließen, dass die Nebenbedingung $x_2 \geq -1$ die Beschränkung bei der Lösungssuche darstellt. Die Lösung liegt also auf der Geraden $x_2 = -1$.

Der Befehl `fmincon` kann beliebig viele Gleichungs- und Ungleichungsnebenbedingungen gleichzeitig berücksichtigen. Es muss jedoch beachtet werden, dass überhaupt noch ein gültiger Lösungsraum bestehen bleibt. Die Nebenbedingungen dürfen sich nicht vollständig gegenseitig ausschließen. Auch hier ist, genauso wie bei den bisherigen Optimierungsalgorithmen, zu beachten, dass immer nur ein lokales Minimum in der Nähe des Startwerts gefunden wird.

Wenn die Zielfunktion nicht skalar, sondern vektorwertig ist, dann spricht man von einem Optimierungsproblem mit mehreren Zielgrößen (*multiobjective optimization problem*). Es müssen also mehrere Funktionen gleichzeitig bestimmte Optimalitätsbedingungen einhalten (*goal attainment problem*). Die Optimization Toolbox bietet hierfür den Befehl `fgoalattain` an. Eine weitere typische Problemstellung bei vektorwertigen Zielfunktionen ist die Minimierung des schlechtest möglichen Ergebnisses (*worst case*). Es soll also das Maximum der einzelnen Komponenten der Zielfunktion minimiert werden. Diese Form von Optimierungsproblem wird üblicherweise als Minimax-Problem bezeichnet. Für diesen Zweck enthält die Optimization Toolbox den Befehl `fminimax`. Für genauere Informationen zu `fgoalattain` und `fminimax` konsultieren Sie bitte die Online-Hilfe zu MATLAB oder [42].

Optimtool: Alle Optimierungsalgorithmen können auch über ein grafisches Tool, das so genannte `optimtool` bedient werden. Der Start erfolgt durch Eingabe von

```
>> optimtool
```

an der Befehlszeile. In der grafischen Benutzeroberfläche können Solver, Algorithmus, zu optimierende Funktion, Startwert, Nebenbedingungen und alle Optionen (ähnlich zur Variablen `options`) angegeben werden. Es kann dabei auch auf Variablen im MATLAB Workspace und auf Funktionen zugegriffen werden. Die Verwendung von `optimtool` wird nun anhand der Optimierung von `funktion7.m` mit der Nebenbedingung aus Abb. 7.4 veranschaulicht.

Solver und Algorithmus können über Pull-Down-Menüs ausgewählt werden. Die zu optimierende Funktion und die Nebenbedingung werden als Function Handle (`@funktion7`, `@neben`) eingetragen. Der Startwert der Optimierung wird direkt eingetragen. Durch Anklicken des Buttons *Start* wird die Optimierung gestartet und das Ergebnis im Fenster links unten dargestellt. Alle Einstellungen und das Ergebnis sind in Abb. 7.6 dargestellt.

Abb. 7.6: *Optimierung mittels* `optimtool`

Minimierung unter Nebenbedingungen

`[x,fval]=fmincon(@funktion,x0,A,b,Aeq,beq,lb,ub,@nonlcon,opt)`
>   Minimierung einer Funktion mehrerer Variablen unter Gleichungs- und Ungleichungsnebenbedingungen

`optimtool`
>   Start der grafischen Oberfläche zur Optimierung

`[x,fval]=fminimax(@funktion,x0,A,b,Aeq,beq,lb,ub,@nonlcon,opt)`
>   Lösung eines Minimax-Problems

`[x,fval]=fgoalattain(@funktion,x0,@goal,weight,A,b,Aeq,beq,lb,...`
                      `ub,@nonlcon,options)`
>   Lösung eines *goal attainment*-Problems

7.5.2   Quadratische Programmierung

Einen wichtigen Spezialfall der nichtlinearen Minimierung stellt die quadratische Programmierung dar, der eine quadratische Zielfunktion mit linearen Gleichungs- und Ungleichungsnebenbedingungen zugrunde liegt. Die Problemstellung lautet:

$$\min_{\mathbf{x}} \frac{1}{2}\mathbf{x}^T\mathbf{Q}\,\mathbf{x} + \mathbf{g}^T\mathbf{x} \qquad \text{unter den Nebenbedingungen} \tag{7.20}$$

$$\mathbf{A} \cdot \mathbf{x} \leq \mathbf{b} \tag{7.21}$$

$$\mathbf{A}_{eq} \cdot \mathbf{x} = \mathbf{b}_{eq} \tag{7.22}$$

$$\mathbf{lb} \leq \mathbf{x} \leq \mathbf{ub} \tag{7.23}$$

Die Matrix $\mathbf{Q}$ und der Vektor $\mathbf{g}$ sind konstant und beschreiben die quadratische Form der Zielfunktion, wobei $\mathbf{Q}$ symmetrisch sein muss. Dies stellt keine Einschränkung dar, da bei nicht symmetrischer Matrix $\mathbf{Q}$ einfach eine symmetrische Matrix $\mathbf{Q}' = 0.5 \cdot (\mathbf{Q} + \mathbf{Q}^T)$ generiert werden kann, die den Wert der quadratischen Form (7.20) unverändert lässt.[1] Die Matrix $\mathbf{A}$ und der Vektor $\mathbf{b}$ kennzeichnen die Ungleichungsnebenbedingungen, die Matrix $\mathbf{A}_{eq}$ und der Vektor $\mathbf{b}_{eq}$ die Gleichungsnebenbedingungen und die Vektoren $\mathbf{lb}$ und $\mathbf{ub}$ sind untere bzw. obere Schranken für die Zielvariable $\mathbf{x}$. Die Nebenbedingung in Gleichung (7.23) kann ohne Probleme in die Nebenbedingung in Gleichung (7.21) integriert werden, die Bedienung des Algorithmus wird durch die explizite Angabe von Schranken für $\mathbf{x}$ aber komfortabler. Die Effizienz des zugehörigen MATLAB-Algorithmus wird jedoch gesteigert, wenn keine Nebenbedingungen in Form von Gleichung (7.23) angegeben werden. Für eine positiv semidefinite, symmetrische Matrix $\mathbf{Q}$ ist die Problemstellung in Gleichung (7.20) konvex, und damit ist jede lokale Lösung auch eine globale Lösung. Der Algorithmus zur quadratischen Programmierung arbeitet viel effizienter als allgemeine nichtlineare Optimierungsalgorithmen und sollte bei entsprechender Problemstellung bevorzugt eingesetzt werden. Quadratische Programme treten im Bereich der Regelungstechnik häufig bei der Online-Optimierung von Stellgrößen linearer Systeme mit quadratischen Gütefunktionalen und linearen Nebenbedingungen auf. Ein typisches Beispiel ist die modellbasierte prädiktive Regelung von LTI-Systemen [7].

In MATLAB wird ein quadratisches Programm durch den Befehl `quadprog` gelöst. Seine Syntax lautet:

```
[x,fval,exitflag,output] = quadprog(Q,g,A,b,Aeq,beq,lb,ub,x0,options)
```

In `x` und `fval` werden der Lösungsvektor und der zugehörige Funktionswert zurückgegeben. `exitflag` gibt Auskunft über die Art des Abbruchs des Algorithmus (siehe Tab. 7.7). Die Argumente `Q` bis `ub` von `quadprog` entsprechen den Vektoren und Matrizen aus den Gleichungen (7.20) bis (7.23). Das Argument `x0` ist der Startwert der Minimumsuche, und mit der Struktur `options` kann die übliche Algorithmus-Steuerung vorgenommen werden. Über den Rückgabewert `output` lassen sich Informationen über den verwendeten Algorithmus, Zahl der Iterationen und ein Maß der Optimalität abfragen.

---

[1] Diesen Schritt führt `quadprog` automatisch aus, wenn keine symmetrische Matrix angegeben wird.

Tab. 7.7: *Bedeutung von* `exitflag` *bei* `quadprog`

Wert	Beschreibung
1	Konvergenz auf eine Lösung
3	Änderung der Funktion kleiner als vorgegebene Toleranz
4	Lokales Minimum gefunden
0	Anzahl der Iterationen überschritten
−2	Problemformulierung ist unplausibel
−3	Problemformulierung ist unbegrenzt
−4	Aktuelle Suchrichtung führt zu keiner Verkleinerung des Funktionswerts
−7	Betrag der Suchrichtung kleiner als Toleranz

Nun soll ein einfaches Beispiel mit symmetrischer Matrix $\mathbf{Q}$ und Ungleichungsnebenbedingung mittels `quadprog` gelöst werden. Die Problemstellung lautet:

$$\min_{\mathbf{x}} \left(2x_1^2 + 5x_2^2 + 10x_3^2 + 4x_1x_2 + 6x_1x_3 + 12x_2x_3 + 3x_1 - 2x_2 + x_3\right) \quad (7.24)$$

unter der Nebenbedingung:

$$x_1 + x_2 - x_3 \geq 4 \tag{7.25}$$

Die folgenden MATLAB-Befehle lösen das quadratische Programm mit dem Anfangswert $\mathbf{x}_0 = [1\ 1\ 1]$. Da die entstehende Matrix $\mathbf{Q}$ positiv definit ist, ist das Optimierungsproblem streng konvex, und das berechnete Minimum ist das globale Minimum.

```
% quadprog_bsp.m
% Matrizen der quadratischen Form
Q = 2.*[2 2 3; 2 5 6; 3 6 10];
g = [3 -2 1];
% Matrizen der Nebenbedingung
A = [-1 -1 1];
b = [-4];
% Optionen und Anfangswert
options = optimset(@quadprog);
options = optimset(options,'LargeScale','off','Algorithm','active-set');
x0 = [1 1 1];
% Optimierung starten
[x,fval,exitflag] = quadprog(Q,g,A,b,[],[],[],[],x0,options)
Optimization terminated.
x =
   -0.1000
    2.4667
   -1.6333
fval =
    1.9000
exitflag =
    1
```

Quadratische Programmierung

`[x,fval,exitflag,output] = quadprog(Q,g,A,b,Aeq,beq,lb,ub,x0,opt)`
Lösen eines quadratischen Programms

7.5.3   Lineare Programmierung

Ein weiterer wichtiger Spezialfall der Minimierung unter Nebenbedingungen ist die Minimierung einer linearen Zielfunktion unter linearen Gleichungs- und Ungleichungsnebenbedingungen. Dies bezeichnet man als lineare Programmierung. Diese Optimierungsmethode wird oft bei wirtschaftlichen Produktions- und Transportproblemen eingesetzt und ist das in der Praxis am weitesten verbreitete Verfahren. Es verdankt seinen häufigen Einsatz sowohl seiner Einfachheit als auch dem Vorhandensein zuverlässiger numerischer Lösungsalgorithmen.

Die Problemstellung der linearen Programmierung lautet:

$$\min_{\mathbf{x}} f(\mathbf{x}) = \mathbf{g}^T \mathbf{x} \qquad \text{unter den Nebenbedingungen} \tag{7.26}$$

$$\mathbf{A} \cdot \mathbf{x} \leq \mathbf{b} \tag{7.27}$$

$$\mathbf{A}_{eq} \cdot \mathbf{x} = \mathbf{b}_{eq} \tag{7.28}$$

$$\mathbf{lb} \leq \mathbf{x} \leq \mathbf{ub} \tag{7.29}$$

Der Vektor $\mathbf{g}$ definiert die lineare Zielfunktion. Die Matrizen und Vektoren $\mathbf{A}$, $\mathbf{b}$, $\mathbf{A}_{eq}$ und $\mathbf{b}_{eq}$ beschreiben die Ungleichungs- und Gleichungsnebenbedingungen. Zur einfachen Angabe von Schranken für den Lösungsvektor $\mathbf{x}$ existieren die unteren und oberen Schranken $\mathbf{lb}$ und $\mathbf{ub}$.

Die folgenden Eigenschaften eines linearen Programms seien festgehalten [25]: Ohne Nebenbedingungen besitzt es keine Lösung, da die lineare Zielfunktion f auf einem unbeschränkten Bereich keinen Extremwert besitzt. Sofern eine Lösung existiert, liegt diese aufgrund der Linearität von Zielfunktion und Nebenbedingungen immer auf dem Rand des durch die Nebenbedingungen definierten zulässigen Bereichs, und zwar entweder an einer Ecke (eindeutige Lösung) oder auf einer Kante (mehrdeutige Lösung). Der bekannteste numerische Algorithmus zur Lösung eines linearen Programms ist die Simplex-Methode. Diese liefert in einer endlichen Anzahl von Iterationsschritten das globale Minimum der Zielfunktion auf dem zulässigen Bereich. Die maximal nötige Iterationszahl ist gleich der Zahl der Eckpunkte des zulässigen Bereichs.

Der MATLAB-Befehl `linprog` zur Lösung eines linearen Programms basiert ebenfalls auf einer Variante der Simplex-Methode. Seine Syntax lautet:

`[x,fval,exitflag,output] = linprog(g,A,b,Aeq,beq,lb,ub,x0,options)`

Die Rückgabewerte `x` und `fval` enthalten den Lösungsvektor und den zugehörigen Wert der Gütefunktion. Das Flag `exitflag` gibt Auskunft über die Art des Abbruchs des Algorithmus (siehe Tab. 7.8). Über den Rückgabewert `output` lassen sich Informationen

Tab. 7.8: *Bedeutung von* `exitflag` *bei* `linprog`

Wert	Beschreibung
1	Konvergenz auf eine Lösung
0	Anzahl der Iterationen überschritten
−2	Problemformulierung ist unplausibel
−3	Problemformulierung ist unbegrenzt
−4	Der Funktionswert `NaN` ist aufgetreten
−5	Aktuelle und duale Problemformulierung sind unplausibel
−7	Betrag der Suchrichtung kleiner als Toleranz

über den verwendeten Algorithmus und die Zahl der Iterationen abfragen. Die Argumente `g` bis `ub` entsprechen den Vektoren und Matrizen der Gleichungen (7.26) bis (7.29). Mit `x0` kann ein Startwert vorgegeben werden, und mit der Struktur `options` können Optionen für `linprog` vorgegeben werden. Durch Setzen der Option `Simplex` auf `on` wird der ursprüngliche Simplex-Algorithmus verwendet, der keine Angabe eines Anfangswerts zulässt, da dieser vom Algorithmus selbst berechnet wird. Ein trotzdem angegebener Anfangswert `x0` wird in diesem Fall ignoriert.

Die Anwendung der linearen Programmierung soll nun anhand eines Transportproblems gezeigt werden. An den Angebotsorten A_1, A_2 und A_3 stehen jeweils 4, 5 und 6 Mengeneinheiten eines Gutes zur Verfügung. An den Nachfrageorten B_1, B_2, B_3 und B_4 werden jeweils 1, 3, 2 und 5 Mengeneinheiten des Gutes benötigt. Die Transportkosten von A_i nach B_j betragen c_{ij} und sind proportional zur transportierten Menge. Es gelten folgende Werte:

$$
\begin{aligned}
c_{11} &= 1 & c_{12} &= 2 & c_{13} &= 4 & c_{14} &= 3 \\
c_{21} &= 5 & c_{22} &= 1 & c_{23} &= 2 & c_{24} &= 6 \\
c_{31} &= 2 & c_{32} &= 3 & c_{33} &= 7 & c_{34} &= 1
\end{aligned}
\tag{7.30}
$$

Gesucht sind die vom Ort i zum Ziel j transportierten Mengen x_{ij}, die die Transportkosten $f(\mathbf{x})$ minimieren. Die gesuchten Mengen fasst man im Vektor $\mathbf{x}$ zusammen.

$$
\mathbf{x} = [x_{11}\ x_{12}\ x_{13}\ x_{14}\ x_{21}\ x_{22}\ x_{23}\ x_{24}\ x_{31}\ x_{32}\ x_{33}\ x_{34}]^T
\tag{7.31}
$$

Durch Definition des Vektors $\mathbf{g}$ ergibt sich die Zielfunktion als Transportkostenfunktion gemäß Gleichung (7.33).

$$
\mathbf{g} = [c_{11}\ c_{12}\ c_{13}\ c_{14}\ c_{21}\ c_{22}\ c_{23}\ c_{24}\ c_{31}\ c_{32}\ c_{33}\ c_{34}]^T
\tag{7.32}
$$

$$
f(\mathbf{x}) = \mathbf{g}^T\mathbf{x}
\tag{7.33}
$$

An den Nachfrageorten B_1 bis B_4 ist zu beachten, dass die nachgefragte Menge auch der tatsächlich transportierten Menge entspricht.

Dies führt auf die folgenden Gleichungsnebenbedingungen:

$$\sum_{i=1}^{3} x_{i1} = 1 \qquad \sum_{i=1}^{3} x_{i2} = 3 \qquad \sum_{i=1}^{3} x_{i3} = 2 \qquad \sum_{i=1}^{3} x_{i4} = 5 \tag{7.34}$$

An den Angebotsorten ist zu beachten, dass die abtransportierte Menge höchstens der verfügbaren Menge entspricht. Dies führt auf die folgenden Ungleichungsnebenbedingungen:

$$\sum_{j=1}^{4} x_{1j} \leq 4 \qquad \sum_{j=1}^{4} x_{2j} \leq 5 \qquad \sum_{j=1}^{4} x_{3j} \leq 6 \tag{7.35}$$

Ferner ist zu beachten, dass keine negativen Transportmengen x_{ij} zugelassen sind, dass also alle $x_{ij} \geq 0$ sind.

Das folgende MATLAB-Skript löst das beschriebene Transportproblem mittels `linprog`. Man kann sich am Ergebnis x zumindest von der Einhaltung der Nebenbedingungen leicht überzeugen.

```
% linprog_bsp.m
% Angebote
a1 = 4; a2 = 5; a3 = 6;
% Nachfragen
b1 = 1; b2 = 3; b3 = 2; b4 = 5;
% Transportkostenmatrix
c = [1 2 4 3; 5 1 2 6; 2 3 7 1];
% Vektor g der Zielfunktion
g = [c(1,:).'; c(2,:).'; c(3,:).'];
% Matrix der Gleichungsnebenbedingungen
Aeq = [1 0 0 0 1 0 0 0 1 0 0 0;
       0 1 0 0 0 1 0 0 0 1 0 0;
       0 0 1 0 0 0 1 0 0 0 1 0;
       0 0 0 1 0 0 0 1 0 0 0 1];
beq = [b1 b2 b3 b4].';
% Matrix der Ungleichungsnebenbedingungen
A = [1 1 1 1 0 0 0 0 0 0 0 0;
     0 0 0 0 1 1 1 1 0 0 0 0;
     0 0 0 0 0 0 0 0 1 1 1 1;
     -1.*eye(12)];
b = [a1 a2 a3 zeros(1,12)].';
% Lösung des Transportproblems als lineares Programm
x = linprog(g,A,b,Aeq,beq)
Optimization terminated.
```

```
x =
    1.0000
    0.0000
    0.0000
    0.0000
    0.0000
    3.0000
    2.0000
    0.0000
    0.0000
    0.0000
    0.0000
    5.0000
```

Eine spezielle Form der linearen Programmierung stellt die *Binary Integer Programmierung* dar. Es handelt sich dabei um ein lineares Programm mit der zusätzlichen Nebenbedingung, dass die Elemente des Ergebnisvektors nur aus 0 oder 1 bestehen dürfen. Eine Lösung dieser Optimierungsprobleme erfolgt mit dem Befehl bintprog, dessen Syntax lautet:

```
[x,fval,exitflag]=bintprog(g,A,b,Aeq,beq,x0,options)
```

Der Algorithmus erzeugt einen binären Suchbaum durch wiederholtes Hinzufügen von Nebenbedingungen. An jedem Punkt des Suchbaums wird ein lineares Programm gelöst. Die Bedeutung der Rückgabewerte für exitflag ist in Tab. 7.9 zusammengefasst.

Tab. 7.9: Bedeutung von exitflag bei bintprog

Wert	Beschreibung
1	Konvergenz auf eine Lösung
0	Anzahl der Iterationen überschritten
−2	Problemformulierung ist unplausibel
−4	Die Anzahl der Knoten des Suchbaums wurde überschritten
−5	Die max. Laufzeit des Algorithmus wurde überschritten
−6	Die Anzahl der LP-Iterationen wurde überschritten

Lineare Programmierung

```
[x,fval,exitflag,output] = linprog(g,A,b,Aeq,beq,lb,ub,x0,options)
```
    Lösen eines linearen Programms

```
[x,fval,exitflag]=bintprog(g,A,b,Aeq,beq,x0,options)
```
    Lösen eines Binary Integer Programms

7.6   Methode der kleinsten Quadrate (Least Squares)

Unter den Begriff *Methode der kleinsten Quadrate* fallen verschiedene Optimierungs-verfahren, die jedoch alle zum Ziel haben, eine quadratische Fehlersumme zu minimie-ren. Es wird unterschieden zwischen linearen und nichtlinearen *least squares*-Verfahren, jeweils ohne und mit Nebenbedingungen. Da *least squares*-Verfahren häufig zur Be-stimmung von Ausgleichspolynomen angewandt werden, hat sich auch der Begriff *curve fitting* durchgesetzt.

Das lineare *least squares*-Verfahren ohne Nebenbedingungen kann auf das Lösen von überbestimmten Gleichungssystemen angewandt werden. Das Gleichungssystem

$$\mathbf{C} \cdot \mathbf{x} = \mathbf{d} \quad \Longleftrightarrow \quad \mathbf{C} \cdot \mathbf{x} - \mathbf{d} = \mathbf{0} \tag{7.36}$$

mit $\mathbf{C} \in \mathbb{R}^{n \times m}$ und $\mathbf{d} \in \mathbb{R}^{n \times 1}$ sei überbestimmt $(n > m)$ und besitze deshalb kei-ne Lösung. Da keine exakte Lösung existiert, kann Gleichung (7.36) auch als Mini-mierungsproblem aufgefasst werden. Das Minimierungsproblem zur Bestimmung der bestmöglichen Lösung hat dann die Form

$$\min_{\mathbf{x}} \|\mathbf{C} \cdot \mathbf{x} - \mathbf{d}\|_2^2 \tag{7.37}$$

wobei $\|\ldots\|_2^2$ die quadratische euklidsche Norm eines Vektors ist. Setzt man $F(\mathbf{x}) = \mathbf{C} \cdot \mathbf{x} - \mathbf{d}$ und führt die Berechnung der euklidschen Norm aus, so lautet das Minimie-rungsproblem:

$$\min_{\mathbf{x}} \sum_{i=1}^{n} F_i(\mathbf{x})^2 \tag{7.38}$$

$F_i(\mathbf{x})$ ist die Abweichung einer Komponente in Gleichung (7.36) von der exakten Lösung des Gleichungssystems. Der Vektor $\mathbf{x}$ wird nun so bestimmt, dass die Fehlerquadratsum-me minimal wird (daher stammt auch der Name *Methode der kleinsten Quadrate*). Ein typischer Anwendungsfall der linearen Methode der kleinsten Quadrate ist die Bestim-mung eines Ausgleichspolynoms durch vorgegebene Messpunkte. Zur Bestimmung einer Kennlinie $y = g(u)$ werden n Messpunkte aufgenommen. Die Eingangsgrößen u_i werden im Vektor $\mathbf{u} = [u_1 \ldots u_n]$ und die Messwerte y_i im Vektor $\mathbf{y} = [y_1 \ldots y_n]$ abgelegt. Die Kennlinie soll durch ein Polynom m-ter Ordnung approximiert werden $(m < n)$. Der Ansatz lautet:

$$y_i = a_0 + a_1 u_i + a_2 u_i^2 + \ldots + a_m u_i^m \tag{7.39}$$

Jeder Messpunkt soll möglichst gut auf dem zu bestimmenden Ausgleichspolynom lie-gen. Das lineare Gleichungssystem, das dieses Problem beschreibt, kann analog zu Glei-chung (7.36) formuliert werden. Die benötigten Matrizen ergeben sich dann zu:

$$\mathbf{C} = \begin{bmatrix} 1 & u_1 & u_1^2 & \cdots & u_1^m \\ 1 & u_2 & u_2^2 & \cdots & u_2^m \\ \vdots & & \ddots & & \vdots \\ 1 & u_n & u_n^2 & \cdots & u_n^m \end{bmatrix} \qquad \mathbf{x} = \begin{bmatrix} a_0 \\ a_1 \\ \vdots \\ a_m \end{bmatrix} \qquad \mathbf{d} = \begin{bmatrix} y_1 \\ y_2 \\ \vdots \\ y_n \end{bmatrix} \tag{7.40}$$

Die Berechnung der optimalen Lösung des überbestimmten Gleichungssystems gemäß (7.38) erfolgt durch den MATLAB-Befehl \ (slash). Das Optimierungsproblem in Gleichung (7.37) kann auch analytisch gelöst werden [31] und ist immer eindeutig, solange $n \geq m$ gilt, d.h. solange die Anzahl der Gleichungen größer als die Anzahl der Polynomkoeffizienten ist. Im folgenden Beispiel sind im Messvektor **u** die Eingangsgrößen einer Messreihe abgelegt. Die zugehörigen Messwerte sind im Vektor **y** abgelegt. Die Wertepaare sind aus der Funktion

$$y = 1 + 2u - 0.1u^2 + u^3 \tag{7.41}$$

durch Überlagerung eines Rauschsignals erzeugt worden und in der Datei datensatz.mat gespeichert. Die optimalen Polynomkoeffizienten a_0 bis a_3 im Sinne von Gleichung (7.37) werden in MATLAB durch die folgenden Befehle berechnet.

```
>> load datensatz.mat
>> d = y; C = [ones(length(u),1), u, u.^2, u.^3];
>> x = C \ d
x =
    1.0008
    2.0035
   -0.0994
    1.0008
```

Da es sich hier um ein lineares Optimierungsproblem handelt, existiert eine eindeutige, von Anfangswerten unabhängige Lösung. Die Abweichungen von den exakten Werten sind auf die verrauschten Messdaten zurückzuführen.

Für die Lösung der linearen Methode der kleinsten Quadrate zur Berechnung von Polynomkoeffizienten existiert der spezialisierte Befehl polyfit. Dieser bestimmt in absteigender Reihenfolge die Koeffizienten eines Ausgleichspolynoms n-ter Ordnung für die Datenpaare u und $y(u)$. Die Lösung von Gleichung (7.41) mittels polyfit lautet:

```
>> load datensatz.mat
>> x = polyfit(u, y, 3)
x =
    1.0008   -0.0994    2.0035    1.0008
```

Wenn aus physikalischen Überlegungen oder sonstigen Gründen die Polynomkoeffizienten nur positiv sein dürfen, so erhält man eine erste Nebenbedingung. Die erweiterte Problemstellung ist in Gleichung (7.42) angegeben. Man bezeichnet dies auch als *nonnegative least squares*.

$$\min_{\mathbf{x}} \|\mathbf{C} \cdot \mathbf{x} - \mathbf{d}\|_2^2 \quad \text{für} \quad \mathbf{x} \geq \mathbf{0} \tag{7.42}$$

Die Berechnung der optimalen Lösung unter der Nebenbedingung $\mathbf{x} \geq \mathbf{0}$ erfolgt mit dem Befehl lsqnonneg. Die Befehls-Syntax lautet:

```
x = lsqnonneg(C,d,options)
[x,resnorm,residual,exitflag] = lsqnonneg(C,d,options)
```

x enthält den optimalen Ergebnisvektor, in der Variablen resnorm wird die quadrierte euklidische Norm norm(C*x-d)^2 des Restfehlers ausgegeben, residual enthält den

Restfehler d-C*x und `exitflag` gibt Aufschluss über die Abbruchbedingung des Algorithmus. Die Bedeutung der Werte von `exitflag` ist in Tab. 7.10 zusammengefasst.

Tab. 7.10: *Bedeutung von* `exitflag` *bei* `lsqnonneg`

Wert	Beschreibung
> 0	Konvergenz auf eine Lösung
0	Anzahl der Iterationen überschritten

Angewandt auf obiges Beispiel in Gleichung (7.41) ergibt sich als Optimum für die Polynomkoeffizienten unter Berücksichtigung der Nebenbedingung $\mathbf{x} \geq \mathbf{0}$:

```
>> d = y; C = [ones(length(u),1), u, u.^2, u.^3];
>> options=optimset(@lsqnonneg);
>> options=optimset(options,'Display','final');
>> [x,resnorm] = lsqnonneg(C,d,options)
Optimization terminated.
x =
    0.6928
    2.0035
         0
    1.0008
resnorm =
    4.7689
```

Die Beurteilung dieses Ergebnisses im Vergleich zum optimalen Ergebnis ohne Nebenbedingung kann durch Berechnung von dessen Norm erfolgen.

```
>> norm(C*lsqnonneg(C,d,options)-d)
Optimization terminated.
ans =
    2.1838
>> norm(C*(C\d)-d)
ans =
    0.3779
```

In den vorstehenden MATLAB-Befehlen wurde die Norm des Ergebnisses der *nonnegative least squares*-Optimierung und die Norm des Ergebnisses ohne Nebenbedingung berechnet. Auf diese Weise steht ein Maß zur Beurteilung der Qualität des erzielten Ergebnisses zur Verfügung. `norm` berechnet die euklidsche Norm (nicht deren Quadrat); um den Wert von `resnorm` zu erhalten, muss das Ergebnis von `norm` noch quadriert werden.

Zur Berücksichtigung von allgemeineren Gleichungs- und Ungleichungsnebenbedingungen kann der Befehl `lsqlin` verwendet werden. Dieser ist auf Optimierungsprobleme gemäß den Gleichungen (7.43) bis (7.46) anwendbar.

$$\min_{\mathbf{x}} \|\mathbf{C} \cdot \mathbf{x} - \mathbf{d}\|_2^2 \tag{7.43}$$

unter den Nebenbedingungen

$$\mathbf{A} \cdot \mathbf{x} \leq \mathbf{b} \tag{7.44}$$

$$\mathbf{A}_{eq} \cdot \mathbf{x} = \mathbf{b_{eq}} \tag{7.45}$$

$$\mathbf{lb} \leq \mathbf{x} \leq \mathbf{ub} \tag{7.46}$$

$\mathbf{C}$, $\mathbf{d}$, $\mathbf{A}$, $\mathbf{b}$, $\mathbf{A}_{eq}$ und $\mathbf{b}_{eq}$ sind konstante Matrizen bzw. Vektoren. $\mathbf{lb}$ und $\mathbf{ub}$ stellen untere und obere Grenzen für $\mathbf{x}$ dar. Der Aufruf der Optimierungsroutine erfolgt durch den Befehl:

```
[x,resnorm,residual,exitflag] = lsqlin(C,d,A,b,Aeq,beq,lb,ub,x0,options)
```

Nicht benötigte Argumente von `lsqlin` werden dabei durch `[]` ersetzt. Die Bedeutung der Rückgabewerte entspricht denen des Befehls `lsqnonneg`. Die Bedeutung der Werte von `exitflag` enthält Tab. 7.11.

Tab. 7.11: Bedeutung von `exitflag` bei `lsqlin`

Wert	Beschreibung
1	Konvergenz auf eine Lösung
3	Veränderung des Residuums kleiner als Toleranz
0	Anzahl der Iterationen überschritten
−2	Die Problemstellung ist unplausibel
−4	Ungünstige Konditionierung verhindert weitere Optimierung
−7	Betrag der Suchrichtung kleiner als Toleranz

Als Beispiel soll wieder das Ausgleichspolynom 3. Ordnung zum Eingangsvektor $\mathbf{u}$ und zum Messvektor $\mathbf{y}$ betrachtet werden. Zusätzlich wird die Nebenbedingung

$$x_1 + x_2 = 3 \tag{7.47}$$

berücksichtigt (diese ist für die exakte Lösung auch erfüllt). Mit den Matrizen $\mathbf{A}_{eq}$ und $\mathbf{b}_{eq}$ wird schließlich die Form (7.45) erreicht.

$$\mathbf{A}_{eq} = \begin{bmatrix} 1 & 1 & 0 & 0 \end{bmatrix} \qquad \mathbf{b}_{eq} = 3 \tag{7.48}$$

Zu beachten ist hier, dass vier unbekannte Parameter gesucht werden, so dass die Matrix $\mathbf{A}_{eq}$ mit Nullen ergänzt werden muss. Die Optimierungsroutine wird durch die nachfolgende Befehls-Sequenz gestartet.

```
>> d = y; C = [ones(length(u),1), u, u.^2, u.^3];
>> x0 = [4 -1 1 1]; options=optimset(@lsqlin);
>> options=optimset(options,'Display','final','LargeScale','off');
>> Aeq = [1 1 0 0]; beq = [3];
>> [x,resnorm] = lsqlin(C,d,[],[],Aeq,beq,[],[],x0,options)
Optimization terminated.
x =
    0.9986
    2.0014
   -0.0990
    1.0011
resnorm =
    0.1431
```

Die Polynomkoeffizienten x_1 und x_2 erfüllen die Nebenbedingung (7.47). Durch die Vorgabe von Gleichungs- oder Ungleichungsnebenbedingungen können gegebene physikalische Zusammenhänge mit in die Optimierungsroutine eingebracht werden.

Wenn Messdaten nicht durch ein Polynom sondern eine beliebige nichtlineare Funktion approximiert werden sollen, spricht man von nichtlinearem *curve fitting*. Allgemein handelt es sich dabei um ein Problem der Form:

$$\min_{\mathbf{x}} \|F(\mathbf{x}, \mathbf{x}_{data}) - \mathbf{y}_{data}\|_2^2 = \min_{\mathbf{x}} \sum_{i=1}^{n} \left(F(\mathbf{x}, \mathbf{x}_{data,i}) - \mathbf{y}_{data,i}\right)^2 \qquad (7.49)$$

$\mathbf{x}_{data}$ und $\mathbf{y}_{data}$ sind Messdatenvektoren, die durch die vektorwertige Funktion $F(\mathbf{x}, \mathbf{x}_{data})$ approximiert werden sollen. Im Vektor $\mathbf{x}$ sind die zu optimierenden Parameter der Funktion F zusammengefasst. Die Lösung des Optimierungsproblems aus Gleichung (7.49) erfolgt in MATLAB mit dem Befehl lsqcurvefit. Der Aufruf erfolgt durch:

```
[x,resnorm,residual,exitflag]=lsqcurvefit(@funktion,x0,xdata,ydata,lb,ub,options)
```

Die Definition der Ausgleichsfunktion funktion hat das folgende Format:

```
function F = funktion(x,xdata)
F = ... % abhängig von den Parametern x und den Eingangsdaten xdata
```

Zusätzlich können neben den Datenvektoren xdata und ydata und dem Startwert x0 für die Optimierungsroutine auch die Nebenbedingungen lb und ub als Bereichsgrenzen für den Parametervektor $\mathbf{x}$ übergeben werden. Über die Variable options erfolgt in gewohnter Weise die Steuerung des Optimierungsalgorithmus (siehe Kap. 7.2). Die Bedeutung der Werte von exitflag ist in Tab. 7.12 zusammengefasst.

Die Problemstellung und deren Lösung soll nun anhand eines praktischen Beispiels aufgezeigt werden. Ein technischer Prozess wird durch einen Impuls am Eingang angeregt. Zu den Zeitpunkten $\mathbf{t} = [t_1 \ldots t_n]$ wird der zugehörige Prozessausgang $\mathbf{y} = [y_1 \ldots y_n]$ aufgezeichnet. Durch Messrauschen sind die Werte $\mathbf{y}$ gestört. Es wird vorausgesetzt, dass ungefähre Kenntnis über den Prozessantwortverlauf vorliegt, z.B. durch grafische Analyse. Die betrachtete Prozessantwort ist in Abb. 7.7 dargestellt. Sie wird im Zeitbereich als abklingende Sinus-Schwingung mit den unbekannten Parametern K, T und

Tab. 7.12: *Bedeutung von* `exitflag` *bei* `lsqcurvefit`

Wert	Beschreibung
1	Konvergenz auf eine Lösung
2	Veränderung in x kleiner als Toleranz
3	Veränderung des Residuums kleiner als Toleranz
4	Betrag der Suchrichtung kleiner als Toleranz
0	Anzahl der Iterationen überschritten
−1	Abbruch durch die Output-Funktion
−2	Die Problemstellung ist unplausibel
−4	Ungünstige Konditionierung verhindert weitere Optimierung

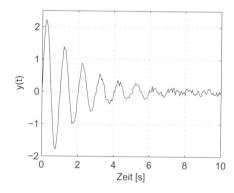

Abb. 7.7: *Prozessantwort nach einer Impulsanregung*

ω angesetzt.

$$y(t) = K \cdot e^{-t/T} \cdot \sin(\omega t) \tag{7.50}$$

Die Messvektoren **t** und **y** sind bereits aus einer Messung vorhanden und in der Datei `datensatz_curve.mat` gespeichert. Die Ausgleichsfunktion wird hier aufgrund ihrer Einfachheit als *anonymous function* definiert. Die optimalen Parameter K, T und ω sind im Vektor **x** zusammengefasst und werden durch die folgenden Befehle bestimmt.

```
>> load datensatz_curve.mat
>> f_fit = @(x,xdata) x(1).*(exp(-xdata./x(2)).*sin(x(3).*xdata));
>> x0 = [1 1 4];
>> options = optimset(@lsqcurvefit);
>> options = optimset(options,'Algorithm','levenberg-marquardt','Display','final');
>> [x,resnorm] = lsqcurvefit(f_fit,x0,t,y,[],[],options)
Local minimum possible.
lsqcurvefit stopped because the final change in the sum of squares relative to
its initial value is less than the selected value of the function tolerance.
x =
    2.5158    1.9949    6.2752
resnorm =
    0.6391
```

Es ergibt sich demnach $K = 2.499$, $T = 2.011$ und $\omega = 6.283$ (die exakten Werte ohne Messrauschen wären $K = 2.5$, $T = 2$ und $\omega = 2\pi$). Dieses Beispiel zeigt, dass mit der Optimierungsroutine `lsqcurvefit` die Parameter nichtlinearer Funktionen aus verrauschten Messdaten extrahiert werden können. Es ist zu beachten, dass sowohl die Lösung als auch die Konvergenzgeschwindigkeit vom gewählten Startwert x0 abhängen.

Als Erweiterung der linearen Methode der kleinsten Quadrate gemäß Gleichung (7.37) soll nun ein nichtlineares *least squares*-Verfahren behandelt werden. Hierbei handelt es sich um den allgemeinsten Fall der Methode der kleinsten Quadrate. Ein ausführliches Anwendungsbeispiel hierzu folgt in Kap. 7.7.
Ziel der nichtlinearen Methode der kleinsten Quadrate ist die Optimierung einer nichtlinearen vektorwertigen Funktion $F(\mathbf{x})$ mit den freien Parametern $\mathbf{x}$ gemäß Gleichung (7.51).

$$\min_{\mathbf{x}} \|F(\mathbf{x})\|_2^2 = \min_{\mathbf{x}} \sum_{i=1}^{n} F_i(\mathbf{x})^2 \tag{7.51}$$

Zur Lösung von Optimierungsproblemen wie in Gleichung (7.51) stellt die Optimization Toolbox den Befehl `lsqnonlin` zur Verfügung. Die quadratische Summe aus Gleichung (7.51) wird nicht explizit berechnet, stattdessen wird eine vektorwertige Funktion $F(\mathbf{x})$ an `lsqnonlin` übergeben. Der Aufruf lautet

```
[x,resnorm,residual,exitflag] = lsqnonlin(@funktion,x0,lb,ub,options)
```

wobei `funktion` die vektorwertige Funktion darstellt. Neben dem Startwert x0 der Optimierungsroutine und den Optionen, können untere und obere Grenzen für die Parameter x angegeben werden. Nicht benötigte Argumente werden durch [] ergänzt. Bei der Wahl der Anfangswerte muss auch berücksichtigt werden, dass immer nur lokale Minima bestimmt werden können. Die Bedeutung des Rückgabewerts `exitflag` ist in Tab. 7.13 erklärt.

Tab. 7.13: *Bedeutung von* `exitflag` *bei* `lsqnonlin`

Wert	Beschreibung
1	Konvergenz auf eine Lösung
2	Veränderung in x kleiner als Toleranz
3	Veränderung des Residuums kleiner als Toleranz
4	Betrag der Suchrichtung kleiner als Toleranz
0	Anzahl der Iterationen überschritten
−1	Abbruch durch die Output-Funktion
−2	Die Problemstellung ist unplausibel
−4	Linienoptimierung kann Ergebnis nicht verbessern

Methode der kleinsten Quadrate (MKQ, *Least Squares*)

`\` (`slash`)

    lineare MKQ ohne Nebenbedingungen

`x=polyfit(u,y,n)`

    Koeffizienten eines Ausgleichspolynoms

`[x,resnorm,res,exit]=lsqnonneg(C,d,x0,options)`

    lineare MKQ mit $x \geq 0$

`[x,resnorm,res,exit]=lsqlin(C,d,A,b,Aeq,beq,lb,ub,x0,options)`

    lineare MKQ mit Nebenbedingungen

`[x,resnorm,res,exit]=lsqcurvefit(@funktion,x0,xdata,ydata,`
                                     `lb,ub,options)`

    nichtlineares *curve fitting*

`[x,resnorm,res,exit]=lsqnonlin(@funktion,x0,lb,ub,options)`

    nichtlineare MKQ

7.7   Optimierung eines Simulink-Modells

Alle Befehle zur Minimierung nichtlinearer vektorwertiger Funktionen sind grundsätzlich zur Optimierung von Parametern eines Simulink-Modells geeignet. Die Erstellung eines Simulink-Modells wird detailliert in den Kap. 8 bis 10 behandelt. Als Anwendung des Befehls `lsqnonlin` soll die Optimierung der Reglerparameter K_p, K_I und K_d eines PID-Reglers mithilfe der Methode der kleinsten Quadrate behandelt werden. Die quadratische Fehlersumme der Systemantwort auf einen Einheitssprung soll innerhalb eines vorgegebenen Zeitintervalls möglichst klein werden. Die Sprungantwort $g(t, \mathbf{x})$ des Systems ist nichtlinear von der Zeit und von den gesuchten Reglerparametern $\mathbf{x}$ abhängig. Wenn das System in Simulink simuliert wird, so kann man zu jedem Integrationsschritt den Systemausgang aufzeichnen lassen. Je nach eingestellten Reglerparametern $\mathbf{x}$ wird sich ein unterschiedliches Ausgangssignal $y(t, \mathbf{x})$ ergeben. Fasst man die einzelnen Abtastschritte $y_i(\mathbf{x}) = y(t_i, \mathbf{x})$ zum Ausgangsvektor $\mathbf{y}(\mathbf{x})$ zusammen, so erhält man eine vektorwertige Funktion, die von `lsqnonlin` minimiert werden kann. Bei einem konstanten Sollwert y_{ref} und n Integrationsschritten ergibt sich die zu minimierende Funktion $F(\mathbf{x})$ zu:

$$F(\mathbf{x}) = \begin{bmatrix} y_1(\mathbf{x}) - y_{ref} \\ y_2(\mathbf{x}) - y_{ref} \\ \vdots \\ y_n(\mathbf{x}) - y_{ref} \end{bmatrix} \tag{7.52}$$

Die im Sinne der Methode der kleinsten Quadrate optimalen Reglerparameter $\mathbf{x}$ können dann mit `lsqnonlin` bestimmt werden.

```
x = lsqnonlin(@funktion,x0,lb,ub,options)
```

Die MATLAB-Funktion 'funktion' enthält die Definition von $F(\mathbf{x})$ gemäß Gleichung (7.52). Als Beispiel wird das in Abb. 7.8 dargestellte schwingungsfähige System

3. Ordnung mit Sättigung und Anstiegsbegrenzung betrachtet. Die Sättigung ist auf ± 8,

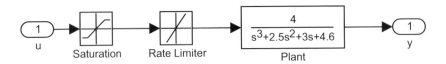

Abb. 7.8: *Regelstrecke als Simulink-Modell*

der Anstieg auf ± 3 begrenzt. Der Prozess in Abb. 7.8 soll durch einen PID-Regler geregelt werden, wobei die Reglerkoeffizienten noch unbekannt sind. Die Regelungsstruktur ist in Abb. 7.9 dargestellt. Da die Optimization Toolbox nur Funktionen minimieren

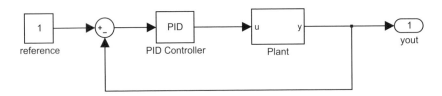

Abb. 7.9: *Regelungsstruktur für die Strecke aus Abb. 7.8*

kann, muss nun eine Funktion erstellt werden, die den Fehler (Differenz zwischen Soll- und Istwert) für alle Simulationszeitpunkte zurückliefert. Diese Funktion erhält als Argumente die drei Koeffizienten eines PID-Reglers, ruft das Simulink-Modell `simopt.mdl` (Abb. 7.9) auf und berechnet den Fehlervektor, welcher anschließend von `lsqnonlin` minimiert wird. Die entsprechende Funktion lautet:

```
function F = simopterror(x)
Kp = x(1); % Variablennamen in die des Simulink-Modells umbenennen
KI = x(2);
Kd = x(3);
% Optionen für Simulink-Modell setzen, Workspace auf den der Funktion
% simopterror.m setzen
opt=simset('solver','ode5','SrcWorkspace','Current');
% Simulation von simopt.mdl im Intervall 0..10 s starten
[tout,xout,yout] = sim('simopt',[0 10],opt);
F = yout - 1; % Fehlersignal berechnen; Sollwert ist 1
```

Die Umbenennung der Reglerparameter ist notwendig, da im Simulink-Modell die Bezeichnungen `Kp`, `KI` und `Kd` verwendet werden. Mittels `simset` werden Optionen an das Simulink-Modell übergeben. Insbesondere wird durch `simset('SrcWorkspace','Current')` erreicht, dass die Simulation im Workspace der Funktion `simopterror` abläuft. Dies ist für die Verwendung der Variablen `Kp`, `KI` und `Kd` durch das Simulink-Modell nötig. Die MATLAB-Funktion `simopterror` kann nun mit der Optimierungsroutine `lsqnonlin` bezüglich der Reglerparameter `x(1)`=Kp, `x(2)`=KI und `x(3)`=Kd minimiert werden. Hinsichtlich des Rechenaufwands ist zu beachten, dass bei jedem Funktionsaufruf von `simopterror` das Simulink-Modell `simopt` simuliert werden muss. Der Aufruf der Optimierung erfolgt durch das folgende MATLAB-Skript:

```
% opt_simopt.m
% Optimierung des Simulink-Modells simopt.mdl durchführen
x0=[1, 1, 1];  % Anfangswerte der Reglerparameter
options = optimset('Algorithm','levenberg-marquardt','Display','final',...
                   'TolX',0.01,'TolFun',0.01);
x = lsqnonlin(@simopterror,x0,[],[],options)     % Optimierung starten

% Variablen wieder umbenennen
Kp = x(1); KI = x(2); Kd = x(3);
```

Die Ausgabe des Befehls `lsqnonlin` lautet dann:

```
>> opt_simopt
Local minimum possible.
lsqnonlin stopped because the final change in the sum of squares relative to
its initial value is less than the selected value of the function tolerance.
x =
    2.2444    1.6018    1.9923
```

Nach erfolgreicher Optimierung wird das Simulink-Modell nochmals gestartet, um das Regelergebnis mit dem des ungeregelten Systems zu vergleichen. Die Erhöhung der Dämpfung in der Sprungantwort des geregelten Systems ist in Abb. 7.10 deutlich erkennbar. Bei nichtlinearen Systemen wie in Abb. 7.8 muss man stets beachten, dass die

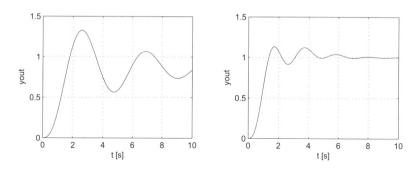

Abb. 7.10: *Sprungantwort des ungeregelten (links) und des geregelten Systems nach der Optimierung der Reglerparameter (rechts)*

im Sinne der *least squares*-Optimierung berechneten Parameter von der Sprunghöhe des Sollwerts abhängen, da die Anstiegsbegrenzung und die Sättigung dann verschieden stark wirksam werden.

7.8   Übungsaufgaben

7.8.1   Nullstellenbestimmung

Bestimmen Sie die Nullstellen der Funktion $f(x) = e^{-x^2} - x^2 + x$. Stellen Sie zur Bestimmung der Suchintervalle die Funktion im Intervall $x = [-1 \ldots 2]$ grafisch dar.

7.8.2   Lösen von Gleichungssystemen

1. Lösen Sie das lineare Gleichungssystem

$$3x_1 - 4x_2 + 5x_3 = 1$$

$$-3x_1 + 4x_2 + x_3 = 4$$

$$5x_1 - x_2 - 3x_3 = 0$$

2. Lösen Sie das folgende nichtlineare Gleichungssystem mit dem Befehl `fsolve`. Verwenden Sie bei der Lösung die Jacobi-Matrix, um die Zahl der Funktionsauswertungen zu reduzieren.

$$x_1 - e^{-x_2^2} = 0$$

$$x_2 + e^{-x_1} = 0 \tag{7.53}$$

7.8.3   Minimierung ohne Nebenbedingungen

1. Bestimmen Sie die Minima und Maxima der Funktion $f(x) = -x^2 - 5 \cdot e^{-x^2}$ mithilfe des Befehls `fminbnd`. Stellen Sie zur Festlegung der Suchintervalle die Funktion im Bereich $x = [-2.5 \ldots 2.5]$ grafisch dar.

2. Bestimmen Sie das Minimum und die drei Maxima der Funktion
   $f(x) = 10 \cdot e^{-x_1^2 - x_2^2} \cdot (x_1^3 + x_2^2 + 0.5)$
   ohne Berücksichtigung von Nebenbedingungen mittels des Befehls `fminunc`. Stellen Sie zur Festlegung der Startwerte der Optimierungsalgorithmen die Funktion im Bereich $x_1 = [-3 \ldots 3]$, $x_2 = [-3 \ldots 3]$ grafisch dar.

7.8.4   Minimierung unter Nebenbedingungen

Bestimmen Sie das globale Minimum der Funktion aus Aufgabe 7.8.3.2 unter der Gleichungsnebenbedingung $x_1^2/1.25^2 + (x_2+1)^2/2^2 = 1$ mithilfe des Befehls `fmincon`. Stellen Sie die Nebenbedingung projiziert auf die Funktion aus Aufgabe 7.8.3.2 im selben Bild dar. Daraus lässt sich ein passender Startwert für die Optimierung ablesen.

Hinweis: Bei der Nebenbedingung handelt es sich um eine Ellipse mit der Parameterdarstellung $x_1(t) = 1.25 \cdot \sin(t)$, $x_2(t) = 2 \cdot \cos(t) - 1$, $t = 0 \ldots 2\pi$.

7.8.5   Ausgleichspolynom

Der Datensatz `ausgl_daten.mat` (Download über www.matlabbuch.de) enthält verrauschte Messdaten einer Kennlinie $y(u)$. Bestimmen Sie die Koeffizienten eines Ausgleichspolynoms 1., 3. und 5. Ordnung. Welche Ordnung ist Ihrer Meinung nach ausreichend?

Für Interessierte: Lösen Sie diese Aufgabe mit dem Befehl `polyfit`.

7.8.6   Curve Fitting

Der Datensatz `curve_daten.mat` (Download über www.matlabbuch.de) enthält die Impulsantwort $y(t)$ eines gedämpften schwingungsfähigen Systems. Es ist bekannt, dass in der Impulsantwort genau zwei Frequenzen enthalten sind und dass die Schwingung abklingend ist. Bestimmen Sie aus dem Messdatensatz mittels des Befehls `lsqcurvefit` die Parameter $\mathbf{x} = [T\ \omega_1\ \omega_2\ \varphi_1\ \varphi_2]$ der Ausgleichsfunktion

$$y = f(\mathbf{x}, t) = e^{-t/T} \cdot (\sin(\omega_1 t - \varphi_1) + \sin(\omega_2 t - \varphi_2)).$$

Hinweis: Verwenden Sie als Startwert für die Optimierung den Vektor $\mathbf{x}_0 = [2\ 4\ 10\ 1\ 2]$.

7.8.7   Lineare Programmierung

In dieser Aufgabe soll ein optimaler Terminplan für einen Produktionsprozess ermittelt werden (Netzplantechnik). Die Produktion besteht aus sieben Arbeitsschritten a_1 bis a_7, wobei a_1 den Beginn und a_7 das Ende mit den Ausführungszeiten $d_1 = d_7 = 0$ kennzeichnet. Alle anderen Arbeitsschritte mit den jeweiligen Dauern d_i und Abhängigkeiten sind im Netzplan in Abb. 7.11 dargestellt.

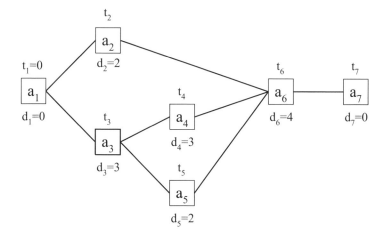

Abb. 7.11: Netzplan des Produktionsprozesses

Es sollen mittels eines linearen Programms die optimalen Anfangszeitpunkte t_i der einzelnen Arbeitsschritte a_i ermittelt werden, so dass die Gesamtdauer der Herstellung minimal wird. Die Zielfunktion ergibt sich damit zu:

$$f(\mathbf{t}) = \mathbf{g}^T \mathbf{t} = t_7 \qquad \text{mit} \qquad \mathbf{t} = [\, t_1 \ t_2 \ t_3 \ t_4 \ t_5 \ t_6 \ t_7 \,]^T \tag{7.54}$$

Ferner ist zu beachten, dass alle Startzeitpunkte positiv sein müssen und ein Arbeitsschritt erst dann beginnen kann, wenn der vorhergehende Arbeitsschritt bereits abgeschlossen ist. Für den Arbeitsschritt a_5 bedeutet dies, dass die Gleichung $t_5 - t_3 \geq d_3$ gelten muss. Allgemein müssen also noch Ungleichungsnebenbedingungen der folgenden Form gelten:

$$t_j - t_i \geq d_j \tag{7.55}$$

Berechnen Sie nun die optimalen Anfangszeitpunkte t_i und die minimale Produktionszeit. Ist das Ergebnis eindeutig?

8 Simulink Grundlagen

Simulink erweitert die MATLAB-Produktfamilie um den modellbasierten Entwurf, die Simulation und Analyse dynamischer Systeme. Seine grafische Bedienoberfläche erlaubt die Erstellung des betrachteten Systems in der übersichtlichen und intuitiv zugänglichen Form eines Signalflussplans bestehend aus verknüpften Funktionsblöcken. Die textorientierte – und damit häufig unübersichtlichere – Programmierung von Differential- und Differenzengleichungen bleibt dem Benutzer erspart. In einer umfangreichen Bibliothek stellt Simulink eine große Anzahl vorgefertigter Standardfunktionsblöcke für lineare, nichtlineare, diskrete und hybride Systeme zur Verfügung. Auch eigene Blöcke und Bibliotheken können erstellt werden.

Das Simulink-Basispaket kann durch eine breite Palette von Zusatzprodukten für spezielle Anwendungsgebiete erweitert werden. Zusatzprodukte[1] sind z.B.

- Stateflow (Kap. 12) für die Modellierung ereignisorientierter Systeme,
- SimMechanics und SimPowerSystems zur physikalischen Modellierung von Systemen,
- Simulink Control Design für Entwurf und Analyse von Steuerungs- und Regelungssystemen,
- Simulink Coder, Embedded Coder, HDL Coder zur Generierung von Code aus Simulink.

In diesem Kapitel werden die grundlegenden Eigenschaften des Simulink-Basispakets behandelt (im folgenden kurz als „Simulink" bezeichnet), wie die Benutzung der Bedienoberfläche, das Erstellen und Arbeiten mit einem Simulationsmodell und die Darstellung und grafische Aufbereitung von Simulationergebnissen. Dabei werden die grundlegenden Simulink-Bibliotheken vorgestellt und deren wichtigste Blöcke detailliert besprochen.

Nach der Erstellung des gewünschten Modells in Simulink durch die Verknüpfung der benötigten Funktionsblöcke wird die Simulation gestartet. Während der Simulation können die Signale an beliebigen Stellen im Signalflussplan des Modells abgegriffen und dargestellt werden. Genauso können Signale aber auch für die grafische Darstellung, Aufbereitung und Weiterbearbeitung in MATLAB gespeichert werden. Auch eine Belegung und Veränderung der Parameter aller Funktionsblöcke ist direkt oder von

---

[1] Die Liste der Simulink-Zusatzprodukte ist mittlerweile sehr umfangreich – die genannten sind nur eine kleine Auswahl. Unter `http://www.mathworks.de/products/simulink/` findet sich die komplette Liste.

MATLAB aus möglich. Für die Analyse von Simulationsergebnissen können sowohl simulinkeigene Werkzeuge als auch jederzeit alle durch MATLAB und dessen Toolboxen zur Verfügung gestellten Analysewerkzeuge verwendet werden.

8.1   Starten von Simulink

In diesem Kapitel geht es um den Einstieg in Simulink. Es werden der *Simulink Library Browser* beschrieben, wie man die Online-Hilfe öffnet und die Simulink Examples findet, was Funktionsbausteine genau sind und wie der *Simulink Editor* zum Erstellen und Editieren eines Signalflussplans gestartet wird.

Simulink-Bausteinbibliothek und *Simulink Library Browser*

Bevor mit Simulink gearbeitet werden kann, muss MATLAB, wie unter Kap. 2.1 beschrieben, gestartet werden. Bei UNIX-basierten Betriebssystemen erscheint nach Eingabe des Befehls

■ `simulink`

im MATLAB-Command-Window das Fenster der Bausteinbibliothek *Library: simulink*, Abb. 8.1, das mittlerweile mit einer dem Simulink-Editor (S. 286) ähnlichen Toolbar ausgestattet ist. Wer unter Windows arbeitet, startet Simulink entweder durch Linksklick auf das Simulink-Icon Simulink Library im Toolstrip HOME des MATLAB-Command-Window oder durch Eingabe von

■ `simulink`

Es öffnet sich der *Simulink Library Browser*, Abb. 8.2, von dem aus die Bausteinbibliothek aus Abb. 8.1 per Rechtsklick auf Simulink in der linken Fensterhälfte geöffnet werden kann.

Die Bausteine der Unterbibliotheken *Sources*, *Sinks*, *Math Operations*, *Logic and Bit Operations*, *Signal Routing*, *Signal Attributes* und *Ports & Subsystems* (Signalerzeugung, -ausgabe, Mathematische Verknüpfungen, Logik- und Bit-Operationen, Signalführung und -eigenschaften, Subsysteme) werden in diesem Kapitel behandelt. Die Bausteine unter *Continuous*, *Discontinuities*, *Lookup Tables*, *User-Defined Functions*, *Model Verification* und *Model-Wide Utilities* folgen in Kap. 9, die Funktionsblöcke in *Discrete* werden in Kap. 10 behandelt.

Durch Links-Doppelklick auf ein Bibliotheks-Icon (z.B. ✳) werden in der rechten Fensterhälfte des *Library Browsers* die in dieser Unterbibliothek enthaltenen Standard-Funktionsbausteine angezeigt. Bei Verwendung der Bausteinbibliothek Abb. 8.1 erfolgt die Anzeige im gleichen Fenster – ein eingeblendeter Explorer Bar (z.B. simulink ▶ Sources) hilft bei der Orientierung. Nun können die Funktionsblöcke, wie in Kap. 8.2 erklärt, durch „Drag & Drop" mit der linken Maustaste in ein Simulationsfenster hineinkopiert werden.

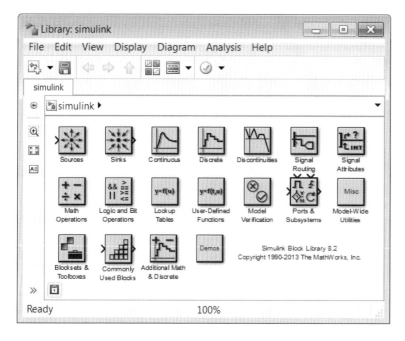

Abb. 8.1: *Fenster der Simulink-Bausteinbibliothek*

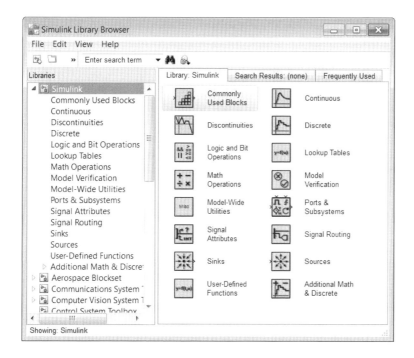

Abb. 8.2: *Simulink Library Browser für* MATLAB *unter Windows*

Simulink Online-Hilfe und Simulink Examples[2]

Simulink stellt eine umfangreiche Online-Hilfe zur Verfügung. Sie kann auf unterschiedliche Weise geöffnet werden:

- vom *Simulink Library Browser* aus über das Menü *Help/Simulink Help*,

- von der Bausteinbibliothek aus Abb. 8.1 und aus dem Simulink-Editor (S. 286) mit *Help/Simulink/Simulink Help* und

- aus der *Block Parameters* Dialogbox jedes Funktionsblocks (z.B. Abb. 8.3 für Block *Sine Wave*) durch Klick auf $\boxed{\text{Help}}$

Um die Eigenschaften der verschiedenen Funktionsbausteine und die Einsatzmöglichkeiten von Simulink kennen zu lernen, steht dem Benutzer ein breites Spektrum an Beispielmodellen, die Simulink Examples, aus vielen Anwendungsgebieten zur Verfügung. Die Simulink Examples sind erreichbar durch Links-Klick auf $\boxed{\text{Examples}}$ im Startfenster der Simulink Online-Hilfe. Von jeder beliebigen Seite der Online-Hilfe aus kommt man zu den Simulink Examples durch Linksklick auf $\equiv$ und Auswahl von *Examples* aus der erscheinenden *Table of Contents*. Ebenso können sie über die Bausteinbibliothek aus Abb. 8.1, Menüpunkt *Help/Simulink/Examples* geöffnet werden.

Es stehen kurze Videos, die die grundlegenden Vorgehensweisen beim Erstellen von Simulink-Modellen zeigen, sowie einen große Anzahl einfacher und komplexer Modelle zu unterschiedlichsten Aufgabenstellungen u.a. aus den Bereichen *Automotive*, *Aerospace* und *Industrial Automation* sowie zu allgemeinen Simulink-Themen wie *Subsystems* und *Model Reference* (Subsysteme und *Model Referencing*, Kap. 8.9) zum Abspielen/Ausprobieren bereit.

Eigenschaften der Funktionsbausteine

Alle Funktionsbausteine sind nach einem einfachen Muster, wie in Abb. 8.3 dargestellt, aufgebaut. Jeder Block hat einen oder mehrere Ein- und Ausgänge (Ausnahmen sind u.a. Blöcke der *Sources*- und *Sinks*-Bibliothek), einen Namen, und innerhalb des Block-Rechtecks wird das charakteristische Merkmal des Blocks dargestellt (Übertragungsfunktion, Kurvenverlauf, Dateiname etc.). Der Name kann vom Benutzer geändert

Abb. 8.3: *Simulink Funktionsbaustein*

werden (Links-Doppelklick auf den Namen), jeder Name darf jedoch nur einmal pro Modellebene (siehe Kap. 8.9) vergeben werden. Bei Links-Doppelklick auf den Block wird die *Block Parameters* Dialogbox geöffnet (Ausnahmen sind z.B. *Scope*, *Slider Gain*, *Subsystem*, *S-Function Builder*), in der die spezifischen Parameter des Blocks eingestellt

---

[2] In den Versionen R2012a und früher hießen die Simulink Examples noch Simulink Demos.

werden können (Default-Werte sind vorgegeben), wie z.B. Amplitude, Frequenz oder Phase des Blocks *Sine Wave* in Abb. 8.4. Zur Eingabe der Parameter können Zahlenwerte oder Namen von im MATLAB Workspace definierten Variablen verwendet werden. Auch alle zulässigen MATLAB-Ausdrücke sind verwendbar; sie werden während der Simulation ausgewertet.

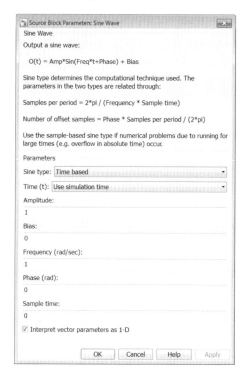

Abb. 8.4: *Block Parameters Dialogbox des Funktionsbausteins* **Sine Wave** *aus der Unterbibliothek* **Sources**

Geänderte Parameter-Einstellungen können durch Klick auf [OK] (Fenster wird geschlossen) oder [Apply] (Fenster bleibt erhalten) übernommen werden. *Source*-Blöcke haben keinen [Apply]-Button, sie müssen vor Simulationsbeginn stets geschlossen werden. Ein Doppelklick auf [Help] öffnet das Fenster der Online-Hilfe.

Die spezifischen Parameter eines Blocks können darüber hinaus auch vom MATLAB-Command-Window aus über den Befehl `set_param` (siehe Kap. 8.3) eingestellt werden. Dies ist besonders bei der automatisierten Ausführung und Modifikation von Simulink-Modellen nützlich.

Befindet sich ein Block in einem Simulink-Modell, so öffnet ein Rechtsklick auf den Block das zugehörige Kontextmenü, in dem u.a. Befehle zum Editieren und Formatieren des Blocks, aber auch die *Block Properties* Dialogbox angewählt werden können. Die *Block Properties* Dialogbox ermöglicht es, jedem Block zusätzliche individuelle Eigenschaften zuzuweisen, wie beschreibenden Text, Anmerkungen oder so genannte *Callbacks*, Funktionen oder Programme, die z.B. beim Initialisieren des Blocks oder Öffnen/Schließen der *Block Parameters* Dialogbox ausgeführt werden. *Callbacks* existieren auch auf Modell-Ebene und werden in Kap. 8.8.1 behandelt.

Der Simulink-Editor

Vom Fenster der Bausteinbibliothek (*Library: simulink*) bzw. vom *Library Browser* aus
können neue Simulink-Modelle durch den Menüpunkt *File/New/Model* oder über den
Button ![icon] geöffnet werden. Es erscheint ein neues Fenster, der Simulink-Editor, mit
einer Menüleiste und Toolbar wie in Abb. 8.5 in dem ein leeres Simulink-Modell wie
ein unbeschriebenes Blatt Papier zur Bearbeitung bereitsteht (Default-Name: *untitled*). Nun können per „Drag & Drop" mit der linken Maustaste Funktionsbausteine
aus den gewünschten Bibliotheken geholt und in diesem Fenster abgelegt und zu einem Signalflussplan verknüpft werden. Ein bereits bestehendes Simulink-Modell wird
durch das Menü *File/Open* (im *Library Browser*: Button ![icon]) zur Bearbeitung geöffnet. Ein Simulink-Modell erhält beim Speichern (Menü *File/Save* bzw. *File/Save As*)
standardmäßig die Extension .slx[3] .

Abb. 8.5: *Menüleiste und Toolbar des Simulink-Editors*

Über die Menüleiste des Simulink-Editors kann das erstellte Simulink-Modell vollständig
kontrolliert werden. Die wichtigsten Menüpunkte sind in der Toolbar als Icons besonders
leicht zugänglich gemacht.

8.2   Erstellen und Editieren eines Signalflussplans

Simulink kann fast ausschließlich mit der Maus bedient werden. Durch einen Doppelklick
auf eine der Unterbibliotheken des *Library*-Fensters werden die dort enthaltenen Funktionsblöcke in einem eigenen Fenster angezeigt. Ein Doppelklick auf die Unterbibliotheken
(im rechten Fensterteil) des *Library Browsers* zeigt die enthaltenen Blöcke im gleichen
Fenster an. Aus diesen Funktionsblöcken kann der gewünschte Signalflussplan aufgebaut
werden. Zum Formatieren und Editieren stehen folgende Möglichkeiten zur Verfügung:

Kopieren: „Drag & Drop" mit der <u>rechten</u> Maustaste kopiert einen Block (auch in ein
anderes Fenster).

Verschieben: Mit der <u>linken</u> Maustaste kann ein Block innerhalb eines Fensters posi-
tioniert werden.

Markieren: Mit der <u>linken</u> Maustaste können Blöcke durch einzelnes Anklicken ausgewählt werden (für mehrere nicht nebeneinanderliegende Blöcke die *Shift*-Taste gedrückt halten und die Blöcke nacheinander anklicken), oder es kann um mehrere Blöcke
ein Auswahlrahmen gezogen werden.

---

[3] Das SLX-Speicherformat entspricht den Open Packaging Conventions (OPC) und ist damit sehr
viel kompakter als das bis Version R2012a als Standard verwendete Format .mdl.

Vergrößern/Verkleinern von einzelnen Blöcken: Markierte Blöcke können durch Ziehen an einer Ecke mit der <u>linken</u> Maustaste in ihrer Größe verändert werden.

Zoomen / Vergrößern/Verkleinern der Gesamtansicht: Menüpunkt *View/Zoom* (dort mehrere Optionen) oder mit den Tastenkombinationen *Ctrl++* (Zoom in), *Ctrl+−* (Zoom out) und *Alt+1* (Zoom to normal).

Löschen: Markierte Blöcke und Linien werden über den Menübefehl *Edit/Clear* gelöscht (oder Taste *Del*). Mit *Edit/Undo* bzw. der Tastenkombination *Ctrl+Z* können einzelne Bearbeitungsschritte rückgängig gemacht werden.

Subsysteme: Es können ein oder mehrere Blöcke markiert und entweder über den Menüpunkt *Diagram/Subsystem&Model Reference/Create Subsystem from Selection* oder über das Kontextmenü (siehe weiter unten bei **Formatieren eines Blocks**), Menüpunkt *Create Subsystem from Selection*, zu einem Subsystem zusammengefasst werden (siehe Kap. 8.9.1).

Verbinden zweier Blöcke: Weg 1: Klicken Sie mit der <u>linken</u> Maustaste auf den Ausgang eines Blocks (außerhalb dessen Rand) und ziehen Sie die Maus – bei gedrückter Taste – bis zu einem Blockeingang. Nach dem Loslassen wird automatisch eine Verbindungslinie erzeugt. Weg 2: Aktuellen Block markieren, *Ctrl* gedrückt halten und Zielblock mit <u>linker</u> Maustaste anklicken – die Blöcke werden automatisch verbunden.

Signalverzweigung: Ein Signal kann verzweigt werden, indem man mit der <u>rechten</u> Maustaste auf eine bereits bestehende Verbindunglinie klickt und – bei gedrückter Taste – von dort eine Verbindungslinie zu einem Blockeingang zieht.

Verschieben einer Linie: Für mehr Übersichtlichkeit kann eine Verbindungslinie nachträglich verschoben werden. Mit der <u>linken</u> Maustaste können Eckpunkte beliebig und Geradenstücke parallel verschoben werden.

Erzeugen von Vektorlinien: Zur einfacheren Unterscheidung zwischen Pfaden, die skalare Signale führen und Pfaden, die Signale im Vektor(1-D)- oder Matrix- bzw. Array(2-D)-Format (Kap. 8.4.1) führen, kann durch Auswahl des Menüpunkts *Display/Signals&Ports/Wide Nonscalar Lines* die Liniendicke der nichtskalaren Signale vergrößert werden.

Anzeige von Signaldimension und -datentyp: Der Menüpunkt *Display/Signals&Ports/Signal Dimensions* zeigt die Dimension (Kap. 8.4.1) des auf einer Verbindungslinie geführten Signals an, mit *Display/Signals&Ports/Port Data Types* wird zusätzlich der Datentyp (Kap. 8.4.1) des Signals an der Verbindungslinie mitangezeigt.

Formatieren eines Blocks: Nach Klick mit der <u>rechten</u> Maustaste auf einen Block erscheint das zugehörige Kontextmenü des Blocks. Unter *Format* finden sich u.a. Möglichkeiten zur Einstellung von Schriftart und -größe sowie zur farblichen Markierung der Umrisse (*Foreground Color*) und des Hintergrunds (*Background Color*) der Blöcke. Kippen und Drehen des Blocks geht mit *Rotate&Flip* – sinnvoll zur übersichtlichen Modellierung von (Regel-)kreisstrukturen.

Formatieren einer Linie: Nach Klick mit der <u>rechten</u> Maustaste auf eine Verbindungslinie erscheint das zugehörige Kontextmenü der Verbindungslinie bzw. des auf ihr geführten Signals. Hier stehen u.a. Befehle zum Editieren der Linie und Einstellung von Schriftart und -größe zur Verfügung.

Block Properties **Dialogbox:** Unter *Diagram/Properties* im Simulink-Editor (bei markiertem Block) oder mit *Properties* aus dem Block-Kontextmenü erhält man die *Block Properties* Dialogbox, in der einige allgemeine Blockparameter gesetzt werden können. Zum Beispiel kann man sich unter *Block Annotation* wichtige (auch blockinterne) Parameter (*Block property tokens*) automatisch unterhalb des Blocknamens anzeigen lassen, unter *Callbacks* kann zu vorgegebenen Block Callback Funktionen (z.B. *OpenFcn, CloseFcn*) MATLAB-Code eingetragen werden, der bei Ausführung der entsprechenden Aktion auf den Block (z.B. Öffnen, Schließen) ausgeführt wird.

Signal Properties **Dialogbox:** Die *Signal Properties* Dialogbox einer Verbindungslinie bzw. eines Signals kann z.B. über Auswahl von *Properties* aus dem Kontextmenü der Verbindungslinie aufgerufen werden. Hier kann u.a. der Name der Verbindungslinie vergeben oder ein beschreibender Text eingegeben werden. Für die Vergabe eines Signal-Namens gibt es allerdings auch einen sehr viel einfacheren Weg: Links-Doppelklick auf die Verbindungslinie schaltet in den Texteingabemodus für den gewünschten Signal-Namen um. Mittels der *Signal Properties* Dialogbox kann das Signal auch während der Simulation auf den MATLAB-Workspace geschrieben werden (siehe Kap. 8.5.2).

8.3   Simulations- und Parametersteuerung

8.3.1   Interaktive Steuerung

Durch Linksklick auf den Startbutton ▶ in der Toolbar des Simulink-Editors bzw. Auswahl des Menüpunktes *Simulation/Run* wird die Simulation des programmierten Modells gestartet. Während der Simulation kann über den Button ⏸ (bzw. *Simulation/Pause*) die Simulation angehalten oder über ⏹ (bzw. *Simulation/Stop*) abgebrochen werden.

8.3.2   Programmatische Steuerung

Alternativ besteht auch die Möglichkeit, eine Simulation von der MATLAB-Kommandozeile aus, also programmatisch, zu kontrollieren. Dies ist besonders dann sinnvoll, wenn Simulationsläufe ohne manuelles Starten und Auswerten, abgearbeitet werden sollen. Dies kann mit den Befehlen `sim` oder `set_param` ausgeführt werden.

Steuerung mit dem `sim`-Befehl

Bei Verwendung des Befehls `sim`[4] lautet der Aufruf zur Simulation des Simulink-Modells `sys.slx`:

---

[4] Eine mit `sim` gestartete Simulation kann vor Erreichen der Stoppzeit nur mittels der Tastenkombination *Ctrl+C* abgebrochen werden.

```
SimOut = sim('sys')
```

Sollen auch Simulationsparameter übergeben werden, kann einer der folgenden Aufrufe[5] verwendet werden:

$SimOut$ = sim('sys', 'Param1', $Value1$, 'Param2', $Value2$ ...)

$SimOut$ = sim('sys', $ParameterStruct$)

$SimOut$ = sim('sys', $ConfigSet$)

Mit diesem Befehl können alle Parameter, die standardmäßig in die Register (z.B. *Solver*, *Data Import/Export*) der *Model Configuration Parameters* Dialogbox (Kap. 8.7.1) eingetragen werden, auch von MATLAB aus gesteuert werden.

Das Argument auf der rechten Seite, hier *SimOut*, ist ein Datenobjekt der Klasse *Simulink.SimulationOutput* (zu Datenobjekten siehe Kap. 8.4.2), das die während des Simulationslaufs geschriebenen Daten enthält, z.B. die Simulationszeit (`tout`), die Zustandsgrößen (`xout`) oder die Ausgangsgrößen (`yout`), je nachdem was im *Data Import/Export*-Register (S. 323) unter *Save to workspace* aktiviert war. Mit

$meine\_variablen$ = SimOut.who

werden die Namen aller geschriebenen Daten angezeigt, z.B.

```
meine_variablen =

'tout'
'xout'
'yout'
```

Die Werte der geschriebenen Daten erhält man mit

$mein\_tout$ = SimOut.get('tout')

Die Parameter des **sim**-Befehls können entweder einzeln als Name/Wert-Paar übergeben werden ('*Param1*', *Value1*,'*Param2*', *Value2* ...), als Struktur (*ParameterStruct*) oder als Modell-Konfigurationsset (*Configset*). Auf diesen drei Wegen können für wichtige Simulationsparameter wie Integrationsalgorithmus, Schrittweiten, Fehlertoleranzen, Refine-Faktor, Ausgabeoptionen etc. Werte übergeben werden. Die in der *Model Configuration Parameters* Dialogbox gesetzten Parameter werden dadurch nicht verändert, sondern nur beim durch **sim** angestoßenen Simulationslauf außer Kraft gesetzt.

Eine Auflistung aller möglichen Parameter erhält man mit

CS = getActiveConfigSet('sys')
get_param(CS, 'ObjectParameters')

und mit

---

[5] Der bisherige Befehlsaufruf [t,x,y] = sim('sys', *timespan*, *options*, *ut*) kann jedoch weiterhin verwendet werden, ebenso die Befehle **simget** und **simset** zum Holen und Setzen der Struktur *options*.

```
get_param(CS, 'Param1')
```

den aktuellen Wert eines Parameters, hier *Param1*[6] .

Mit

```
set_param(CS, 'Param1', Value1, 'Param2', Value2, ...)
```

kann das bereits bestehende Modell-Konfigurationsset *CS* an den durch 'Param1', 'Param2' etc. bestimmten Stellen modifiziert werden.

Beispiel:

```
sim('sys',set_param(getActiveConfigSet('sys'),'StopTime',400,'Solver','ode23',...
    'MaxStep',0.01));
```

setzt für sys.slx die Stoppzeit auf 400 Sekunden sowie den Integrationsalgorithmus auf *ode23* mit größter Schrittweite (*Max step size*) von 0.01 Sekunden.

Steuerung mit dem set_param-Befehl

Der Befehl set_param kann auch dazu verwendet werden die Simulation zu steuern. In diesem Fall lautet der Aufruf:

```
set_param('sys', 'SimulationCommand', 'cmd')
```

Mit diesem Befehl kann das Simulationsmodell mit dem Namen sys.slx mit *start* bzw. *stop* für *cmd* gestartet und gestoppt werden. Nach einer Pause (*pause*) kann mit *continue* fortgefahren werden. Mit *update* kann ein Modell aktualisiert werden. Der aktuelle Status der Simulation des Modells *sys* kann mit

```
get_param('sys', 'SimulationStatus')
```

abgefragt werden.

Desweiteren ermöglicht der set_param-Befehl auch das Setzen von Blockparametern. Am Beispiel des Simulink-Modells bsp_math.slx (Abb. 8.20) soll verdeutlicht werden, wie mit set_param beliebige Blockparameter verändert werden können:

```
set_param('bsp_math/Constant','Value','100')
set_param('bsp_math/Sine Wave','Bias','1')
set_param('bsp_math/Math Function','Function','log10')
```

setzt den Wert des *Constant*-Blocks von 80 auf 100 (vergl. Abb. 8.20!), im *Sine Wave* wird der Bias von 0 auf 1 gesetzt und in der *Math Function* wird anstelle der Exponentialfunktion die 10er-Logarithmusfunktion verwendet.

---

[6] Es ist nur die Einzelabfrage möglich, get_param(CS, 'Param1', 'Param2', ...) geht nicht.

8.4 Signale und Datenobjekte

8.4.1 Arbeiten mit Signalen

Simulink versteht unter dem Begriff *Signale* Daten, die während der Simulation eines Modells an den Ausgängen der Funktionsblöcke erscheinen. Die Verbindungslinien zwischen den Funktionsblöcken eines Simulink-Modells sind damit zu verstehen als grafische Repräsentation der mathematischen Beziehungen zwischen den Signalen (d.h. den Blockausgängen).

Signale in Simulink haben charakteristische Eigenschaften, die vom Benutzer festgelegt werden können, wie z.B. einen Namen (Kap. 8.2, unter **Signal Properties Dialogbox**), eine Dimension (siehe unten), einen Wertebereich[7] , oder einen Datentyp (siehe unten). Zur übersichtlicheren Handhabung von Signalen bietet Simulink die Datenobjekt-Klasse *Simulink.Signal* an, mit der ein Signal assoziiert werden kann (Kap. 8.4.2).

In Simulink werden bei Signalen verschiedene Dimensionen unterschieden:

- Skalare Signale oder Ein-Element-Arrays ohne Dimension,

- 1-D-Signale, häufig auch als 1-D Arrays oder Vektoren bezeichnet, mit nur einer Dimension, ihrer Länge n

- 2-D-Signale, häufig auch als 2-D Arrays oder Matrizen bezeichnet, mit zwei Dimensionen, $[m \times n]$. Darunter fallen auch Zeilen- ($[1 \times n]$) und Spaltenvektoren ($[m \times 1]$).

- multidimensionale Signale oder n-D Arrays mit mehr als zwei Dimensionen. Bei einem 3-D-Signal wird die nach Zeile und Spalte dritte Dimension als „Seite" (*page* in der Online-Hilfe) bezeichnet.

Je nach Art können die Funktionsblöcke Signale einer oder mehrerer Dimensionen an ihrem Eingang akzeptieren oder am Ausgang ausgeben.

Mit den Blöcken *Mux* und *Bus Creator* aus der Bibliothek *Signal Routing* (siehe Kap. 8.8.3) können beliebig viele Signale zu so genannten *composite*-Signalen, also Verbundsignalen zusammengefasst werden. Verbundsignale gleichen Kabelbündeln, mit denen ein Simulink-Modell übersichtlicher gestaltet werden kann. Der Multiplexer-Block *Mux* sollte verwendet werden, wenn die zusammenzufassenden Signale Skalare oder Vektoren sind, alle die gleichen Eigenschaften (v.a. gleiche Datentypen) haben und das Hauptanliegen die grafische Zusammenfassung der Signale zur Erhaltung der Übersichtlichkeit ist. Daher sind *Mux*-Ausgänge immer *virtuell* (siehe unten). Beim *Bus Creator* gilt diese Einschränkung nicht. Sein Ausgangssignal, auch als *Signal-Bus* bezeichnet, kann daher virtuell oder nichtvirtuell sein.
Wichtig: *Mux*- und *Bus Creator*-Blöcke sollten nicht miteinander gemischt werden, da hierdurch die Robustheit des Modells abnimmt, z.B. bei der Lösbarkeit von Schleifen (S. 368 und Kap. 9.6) oder beim Erstellen klarer Fehlermeldungen.

---

[7] Das geht über die *Block Parameters* Dialogbox, Parameter *Output minimum* und *Output maximum*, allerdings nicht für alle Blöcke; welche genau steht in der Online-Hilfe unter Simulink/Modeling/Configure Models/Signals.

Unter einem *virtuellen* Signal versteht Simulink die grafische Repräsentation eines anderen im Signalflussplan „weiter oben" liegenden nichtvirtuellen Signals. Virtuelle Signale sind rein grafische Elemente und werden bei der Simulation und Codegeneration ignoriert. Während der Simulation verwendet Simulink die Routine *signal propagation*, um ein virtuelles Signal zu seiner nichtvirtuellen Signalquelle zurückzuverfolgen, d.h. um herauszufinden, welche Funktionsblöcke am Ende tatsächlich verbunden sind:

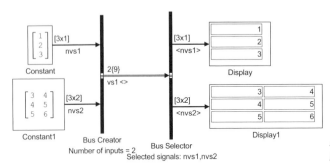

Abb. 8.6: *Beispiel zu virtuellen Signalen:* `bsp_sigprop.slx`

In Abb. 8.6 werden die nichtvirtuellen Signale *nvs1* und *nvs2* von den Blöcken **Constant** und **Constant1** erzeugt und mithilfe eines **Bus Creator** zum neuen *composite*-Signal-Bus *vs1* zusammengefasst. Mittels **Bus Selector** wird dieser anschließend wieder in seine ursprünglichen Signalanteile zerlegt. *vs1* ist standardmäßig ein virtuelles Signal, da es lediglich eine grafische Zusammenfassung von *nvs1* und *nvs2* darstellt. Die Ausgangssignale des **Bus Selector** sind ebenfalls virtuell, da sie nur ein grafisches Abbild der Ursprungssignale *nvs1* und *nvs2* sind. Mithilfe der Routine *signal propagation* kann Simulink erkennen, dass *vs1* aus *nvs1* und *nvs2* besteht als auch, dass es sich bei den Ausgängen des **Bus Selectors** eigentlich um *nvs1* und *nvs2* handelt (automatische Erzeugung der Signal-Label <*nvs1*> bzw. <*nvs2*>). Simulink erkennt also, dass eigentlich die Funktionsblöcke **Constant** bzw. **Constant1** und **Display** bzw. **Display1** direkt miteinander verknüpft sind.

Bei virtuellen Signalen steht in der *Signal Properties* Dialogbox die Option *Show propagated signals* zur Verfügung, die – auf *on* oder *all* gesetzt – die im Beispiel gezeigte automatische Erweiterung des Signal-Labels um die enthaltenen bzw. dahinter stehenden Signale erzeugt.

Neben den bisher beschriebenen Eigenschaften ist jedem Signal in Simulink auch ein bestimmter Datentyp zugewiesen, der unter anderem bestimmt, wie viel Speicher für die Darstellung des Signals alloziert wird. Simulink unterstützt die folgenden von MATLAB unterstützten Datentypen

- *double* (double-precision floating point nach IEEE Standard 754, mit 64 bit Speicherbedarf pro Zahl)

- *single* (single-precision floating point nach IEEE Standard 754, mit 32 bit Speicherbedarf pro Zahl)

- *int8*, *uint8*, *int16*, *uint16*, *int32*, *uint32* (signed/unsigned 8-, 16- bzw. 32-bit integer).

Darüber hinaus kennt Simulink noch den Datentyp

- *boolean* (*false* (0) oder *true* (1)[8]) , wird intern als *uint8* behandelt)

Lediglich die beiden Datentypen *int64* und *uint64* werden nicht unterstützt.

Der Default-Datentyp eines Simulink-Modells ist *double*. Die Möglichkeit, den Datentyp von Signalen und Blockparametern in Simulink zu spezifizieren ist besonders dann sinnvoll, wenn aus einem Simulink-Modell ausführbarer Code für Echtzeitanwendungen erzeugt werden soll, da der Speicherbedarf und damit die Ausführungsgeschwindigkeit stark vom gewählten Datentyp abhängen.

8.4.2 Arbeiten mit Datenobjekten

Simulink bietet die Möglichkeit an, Signale und Blockparameter mithilfe von Datenobjekten leichter zu handhaben und zu verwalten. Solche Datenobjekte können unter Verwendung der von Simulink zur Verfügung gestellten Datenobjekt-Klassen (wie z.B. *Simulink.Signal* oder *Simulink.Parameter*) erstellt werden. Eine Liste aller existierenden Simulink Datenobjekt-Klassen erhält man durch Links-Klick auf `Classes` im unteren Teil des Startfensters der Simulink Online-Hilfe.

Eigene Datenobjekt-Klassen können wie folgt erstellt werden:

- Kopieren des Verzeichnisses
  $MATLABROOT$\toolbox\simulink\simdemos\dataclasses\+SimulinkDemo
  ins eigene Arbeitsverzeichnis, inklusive der Unterverzeichnisse `@Parameter` und
  `@Signal`.

- Umbenennen von `+SimulinkDemo`, z.B. in `+meinPackage`.

- Hinzufügen des `+meinPackage` übergeordneten Verzeichnisses zum MATLAB-**Pfad**
  (siehe Kap. 3.4).

- Nun können die in den Verzeichnissen `@Parameter` und `@Signal` liegenden
  Template-Dateien `Parameter.m` und `Signal.m` im Editor geöffnet und dort eigene Eigenschaften (*properties*) und Methoden (*methods*) hinzugefügt werden.

Jedes Datenobjekt (hier die Variable *param1*) kann z.B. mit dem *Model Explorer* (Kap. 8.4.3), aber auch durch Zuweisung im MATLAB-Command-Window erstellt werden:

---

[8] Hat ein Signal den Datentyp boolean, ist für Simulink dieses Signal dann *true* (1), wenn es reelle Werte ≥ 0 hat.

```
param1= Simulink.Parameter

param1 =

  Simulink.Parameter handle
  Package: Simulink

  Properties:
        Value: []
     CoderInfo: [1x1 Simulink.CoderInfo]
   Description: ''
      DataType: 'auto'
          Min: []
          Max: []
      DocUnits: ''
    Complexity: 'real'
    Dimensions: [0 0]

  Methods, Events, Superclasses
```

Durch Zuordnung zur Klasse *Simulink.Parameter* können der Variable *param1* nicht nur ein Wert, sondern auch wichtige zusätzliche Eigenschaften (Wertebereich, Datentyp, Dimension, Speicherklasse bei Codeerzeugung usw.) zugewiesen werden. Die Eigenschaften von *param1* wie z.B. Wert, Einheit, Wertebereich können nun z.B. durch einfache Zuweisung

```
param1.Value=0.2;param1.DocUnits = 'Hz';param1.Min=0;param1.Max = 1

param1 =

  Simulink.Parameter handle
  Package: Simulink

  Properties:
        Value: 0.2000
     CoderInfo: [1x1 Simulink.CoderInfo]
   Description: ''
      DataType: 'auto'
          Min: 0
          Max: 1
      DocUnits: 'Hz'
    Complexity: 'real'
    Dimensions: [1 1]
```

gesetzt bzw. verändert werden. Die Verwendung des *Simulink.Parameter*-Datenobjekts *param1* erfolgt wie eine gewöhnliche Variable, die in der *Block Parameters* Dialogbox (Kap. 8.1) beim gewünschten Parameter anstelle eines numerischen Werts eingetragen wird.

Die Erstellung von *Simulink.Signal*-Datenobjekten erfolgt ebenfalls entweder im *Model Explorer* oder im MATLAB-Command-Window wie beschrieben. Danach muss die gewünschte Signallinie im Simulink-Modell noch dem erstellten Datenobjekt (z.B. *sig1*) zugeordnet werden. Dies erfolgt über die *Signal Properties* Dialogbox (Kap. 8.2): *Signal name = sig1* mit *Apply* übernehmen, dann die Check Box *Signal name must resolve to Simulink signal object* aktivieren.

Unter dem Menüpunkt *Code/Data Objects/Data Object Wizard* kann der *Data Object Wizard* gestartet werden, mit dessen Hilfe die (mit einem Namen versehenen) Signale und Blockparameter eines Simulink-Modells automatisch auf ihre Zuordnung zu einem Datenobjekt untersucht werden können. Für nicht zugeordnete Signale und Parameter können Datenobjekte erzeugt und eine Verknüpfung durchgeführt werden. Der *Data Object Wizard* ist vor allem dann sinnvoll, wenn wichtige Eigenschaften von Signalen und Blockparametern mittels Datenobjekten zentral verwaltet und gehandhabt werden sollen.

8.4.3 Der *Model Explorer*

Der *Model Explorer* wird über die Menüpunkt *View/Model Explorer* oder *Tools/Model Explorer* aufgerufen. Es öffnet sich eine grafische Oberfläche, mit der der Benutzer zur jedem Zeitpunkt Überblick hat über alle geöffneten Simulink-Modelle und Stateflow *Charts* (der *Model Explorer* ersetzt den *Stateflow Explorer*) sowie Einfluss nehmen kann auf deren Simulationsparameter (Kap. 8.7), evtl. erzeugten C-Code, globale und lokale Variablen, Datenobjekte und Signale. Abb. 8.7 zeigt das Fenster des *Model Explorers*. Aus der links aufgelisteten *Model Hierarchy* ist zu erkennen, dass nur drei Modelle geöffnet sind: das Modell `vdp.slx` aus den Simulink Examples, ein Modell `untitled.slx` und das Beispiel `bsp_sigprop.slx` aus Kap. 8.4.1. Durch Markierung von *Base Workspace* in der *Model Hierarchy* erscheint im mittleren Fensterteil eine Inhaltsliste der im MATLAB-Workspace definierten MATLAB-Variablen (hier *param2*) und Datenobjekte (hier *param1*, siehe Kap. 8.4.2). Im rechten Fensterteil, dem *Dialog View*, werden die Eigenschaften bzw. Parameter des in der *Model Hierarchy* bzw. in der Inhaltsliste markierten Objekts (hier *param1*) dargestellt. Ein Vergleich von Abb. 8.7 mit Kap. 8.4.2 zeigt, dass die Eigenschaften des *Simulink.Parameter*-Datenobjekts *param1* auch über den *Model Explorer* überwacht bzw. verändert werden können.

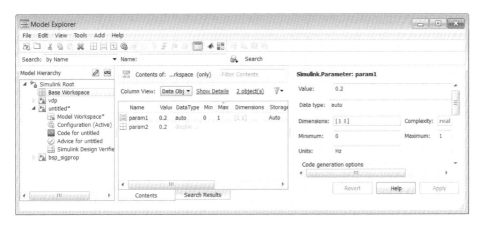

Abb. 8.7: *Fenster des Model Explorers mit geöffneten Simulink-Modellen* `vdp.slx`, `untitled.slx` *und* `bsp_sigprop.slx`

Durch eine integrierte Suchfunktion kann in allen geöffneten *Charts*, Modellen und ihren Subsystemen z.B. nach Blöcken (hier: *Search: by Name*), Eigenschaften (von Variablen und Signalen wie z.B. Name oder Wert), Datenobjekt-Klassen oder Strings gesucht werden.

Mittels des Menüs *Add* können globale (im MATLAB-Workspace) und lokale (im *Model Workspace*) MATLAB-Variablen, Datenobjekte (z.B. *Simulink.Parameter* oder *Simulink.Signal*), Stateflow Events und Daten erstellt werden ohne das MATLAB-Command-Window zu benutzen. Liegt für ein Modell oder *Chart* C-Code vor (z.B. erzeugt mit dem Simulink Coder, bisher Real-Time Workshop), so können alle zugehörigen Files angezeigt (hier unter *Code for untitled*) und deren Inhalt im *Dialog View* dargestellt werden.

8.5   Signalerzeugung und -ausgabe

Zur Signalerzeugung und -ausgabe können entweder die Blöcke der Bibliotheken *Sources* und *Sinks* verwendet werden, oder der so genannte *Signal & Scope Manager*, der zwar eine globalere Handhabung bietet, jedoch bei eingeschränkten Möglichkeiten. Speziell zur Speicherung von Signalen auf den MATLAB-Workspace steht darüber hinaus auch noch die Option *Signal Logging* zur Verfügung.

Alle drei Möglichkeiten werden im Folgenden vorgestellt.

8.5.1   Bibliothek: *Sources* – Signalerzeugung

Ein Doppelklick auf das *Sources*-Icon im Simulink Library Browser (Abb. 8.2) öffnet das Fenster der Unterbibliothek mit den zugehörigen Blöcken. Als Standardquellen stehen unter anderem verschiedene Signalgeneratoren zur Verfügung, aber auch andere Blöcke, die Eingaben aus einer Datei oder dem MATLAB-Workspace ermöglichen.

Im Unterschied zu den anderen Funktionsblöcken besitzen die *Block Parameters* Dialog-boxen aller *Sources*-Blöcke keinen *Apply*-Button. Sie müssen daher vor Simulationsstart geschlossen werden.

Im Folgenden werden die wichtigsten Blöcke kurz beschrieben.

Constant

Der *Constant*-Block erzeugt einen zeitunabhängigen reellen oder komplexen Wert. Dieser kann ein Skalar (Ein-Element-Array), ein Vektor oder eine Matrix sein, je nachdem welche Form für den Parameter *Constant Value* eingetragen wurde und ob die Check Box *Interpret vector parameters as 1-D* aktiviert ist. Ist die Check Box deaktiviert, werden Zeilen- und Spaltenvektoren im *Constant Value*-Feld mit ihren Dimensionen, also $[1 \times n]$ bzw. $[n \times 1]$ als Matrizen berücksichtigt. Ist die Check Box jedoch aktiviert, werden Zeilen- und Spaltenvektoren einfach als Vektoren der Länge n, also 1-D-Signale, behandelt. Im Register *Signal Attributes* können zusätzlich noch eine Unter- und Obergrenze, sowie der Datentyp (Kap. 8.4.1) des erzeugten Signals angegeben werden. Die Default-Abtastzeit *inf* (siehe auch Kap. 10.1) soll verdeutlichen, dass sich der Ausgangswert (normalerweise) nicht ändert. Dennoch kann der unter *Constant Value* eingetragene Wert natürlich während der Simulation verstellt werden – es sei denn, die Check Box *Inline Parameters* im *Optimization*-Register der *Model Configuration Parameters* Dialogbox wurde explizit aktiviert (siehe S. 327). Eine Änderung des *Sampling mode* von *Sample based* auf *Frame based* ist nur bei installierter DSP System Toolbox sinnvoll, da nur hiermit framebasierte Signale erzeugt werden können (DSP steht für „Design and simulate signal processing").

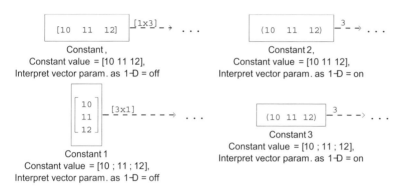

Abb. 8.8: *Beispiele zum Constant-Block:* `bsp_constant.slx`. *Die Anzeige der blockinternen Parameter im Blocknamen erfolgte mittels der Block Properties Dialogbox, siehe Kap. 8.2.*

From File

Mit dem *From File*-Block können Daten aus einem *MAT-File* (siehe Kap. 3.3) eingelesen werden. Eine solche Datei kann z.B. während einer vorangegangenen Simulation mit einem *To File*-Block (siehe S. 306) erzeugt worden sein[9]. Die in dem *MAT-File* abgelegten Daten müssen in einem der im *To File*-Block wählbaren Speicherformate, d.h. MATLAB *timeseries* oder *Array* vorliegen. Ein einzulesender Array muss folgende Matrix-Form haben:

$$\begin{bmatrix} t_1 & t_2 & \cdots & t_{final} \\ u1_1 & u1_2 & \cdots & u1_{final} \\ u2_1 & u2_2 & \cdots & u2_{final} \\ \cdots & & & \\ un_1 & un_2 & \cdots & un_{final} \end{bmatrix}$$

Dabei ist t ein Vektor aus monoton ansteigenden Zeitwerten, $u1$ bis un sind die Vektoren der Ausgangssignale. Das Ausgangsignal des *From File*-Blocks wird damit zu einem Vektor-Signal (1-D Array) der Länge n.

---

[9] Aus einem *MAT-File*, das während der aktuellen Simulation mittels *To File* erst erzeugt wird, kann nicht gelesen werden.

Sollen Daten, die mit einem *To Workspace*-Block geschrieben und in eine Datei gespeichert wurden, gelesen werden, muss Folgendes beachtet werden: Der *To Workspace*-Block schreibt bei *Save format: Array* keine Zeitwerte; diese können jedoch über die Check Box *Time* im Register *Data Import/Export* der *Model Configuration Parameters* Dialogbox (siehe S. 323) gespeichert werden (z.B. in der Variable *tout*). Zusätzlich muss der Array (z.B. *simout*), der vom *To Workspace*-Block geschrieben wurde vor dem Abspeichern in ein *MAT-File* transponiert werden, damit dieses von einem *From File*-Block gelesen werden kann. Mit den Befehlen

```
matrix = [tout'; simout'];
save filename matrix
```

wird aus der Simulationszeit *tout* und dem Array *simout* eine Variable *matrix* mit dem vom *From File* benötigten Format erzeugt und in einem *MAT-File* mit Namen *filename* abgespeichert.

From Workspace

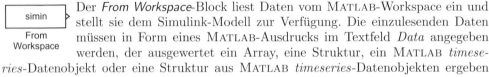

Der *From Workspace*-Block liest Daten vom MATLAB-Workspace ein und stellt sie dem Simulink-Modell zur Verfügung. Die einzulesenden Daten müssen in Form eines MATLAB-Ausdrucks im Textfeld *Data* angegeben werden, der ausgewertet ein Array, eine Struktur, ein MATLAB *timeseries*-Datenobjekt oder eine Struktur aus MATLAB *timeseries*-Datenobjekten ergeben muss. Mit der Option *Form output after final data value by* kann bestimmt werden, wie das Ausgangssignal des *From Workspace* aussehen soll nach dem letzten Zeitschritt, an dem Daten aus dem MATLAB-Workspace vorlagen (z.B. Extrapolation oder Halten des letzten Wertes).

Array: Darunter fallen skalare Signale, 1-D Arrays (Vektoren) und 2-D Arrays (Matrizen). In diesem Fall muss der Ausdruck im Textfeld *Data* ausgewertet die Form einer Matrix ergeben, in der ein Vektor von ansteigenden Zeitwerten einem Vektor oder einer Matrix aus Signalwerten zugewiesen wird. Sollen die n skalaren oder Vektor-Signale $u1$ bis un eingelesen werden, so muss sich der MATLAB-Ausdruck (Default-Name *simin*) im Textfeld *Data* zu folgendem Ausdruck ergeben (t ist ein Vektor aus monoton ansteigenden Zeitwerten):

$$
simin = \begin{bmatrix} t_1 & u1_1 & u2_1 & \cdots & un_1 \\ t_2 & u1_2 & u2_2 & \cdots & un_2 \\ \cdots & & & & \\ t_{final} & u1_{final} & u2_{final} & \cdots & un_{final} \end{bmatrix}
$$

Soll ein von einem *To File*-Block (in ein *MAT-File*) geschriebener Array gelesen werden, so muss dieses erst mit `load` geladen und sein Inhalt mit `transpose` oder ' zu der oben angegebenen Matrix-Form transponiert werden.

Struktur: Unter Verwendung der Formate *Structure* (hier ist das Zeit-Feld leer) und *Structure with time* können sowohl skalare Signale, 1-D- als auch 2-D-Arrays eingelesen werden. Folgendes Beispiel der $[2 \times 2]$-Matrix $u3$ soll verständlich machen, wie eine *Structure with time* aufgebaut sein muss:

$$strukturname.time = [t_1 \quad t_2 \quad \cdots \quad t_{final}]^T$$
$$strukturname.signals.values = [u3_1 \quad u3_2 \quad \cdots \quad u3_{final}]^T$$
$$strukturname.signals.dimensions = [2 \quad 2]$$

Für Skalare und 1-D Arrays ist das gezeigte Format dasselbe wie beim Einlesen von Daten über das Register *Data Import/Export* der *Model Configuration Parameters* Dialogbox (Kap. 8.7). Bei einer *Structure* oder *Structure with time* akzeptiert ein *From Workspace*-Block wie gezeigt jedoch nur <u>ein</u> Element im Feld *strukturname.signals*. Eine *Structure with time*, die durch einen *To Workspace*-Block geschrieben wurde, kann ohne Probleme eingelesen werden.

timeseries-**Datenobjekt** : *timeseries*-Datenobjekte, die von einem *To Workspace*- oder *To File*-Block (Daten vorher aus der Datei in den Workspace laden) geschrieben wurden können ohne Modifikation eingelesen werden.

Ramp

Ramp

Der *Ramp*-Block generiert ein rampenförmiges Signal als Anregung für ein Simulink-Modell. In der *Block Parameters* Dialogbox können die Steigung der Rampe, Startzeit und -wert des Blockausgangs eingestellt werden. Zeilen- oder Spaltenvektoren können mithilfe der Check Box *Interpret vector parameters as 1-D* im 1-D- oder 2-D-Array-Format ausgegeben werden.

Random Number, Uniform Random Number und Band-Limited White Noise

Random Number

Band–Limited White Noise

Der **Random Number**-Block erzeugt <u>normal</u>verteilte Zufallszahlen mit beliebigem Mittelwert (*Mean*) und Varianz (*Variance*), der **Uniform Random Number**-Block <u>gleich</u>verteilte Zufallszahlen in einem mit *Minimum* und *Maximum* festlegbaren Intervall. Unter *Seed* kann ein Startwert für den Zufallsgenerator angegeben werden. Soll das Ausgangssignal direkt oder indirekt integriert werden (in zeitkontinuierlichen oder hybriden Systemen), so sollte auf den **Band-Limited White Noise**-Block übergegangen werden. Hier ist die Bandbreite des Ausgangssignals durch die Wahl der *Sample time* begrenzbar. Eine gute Approximation von idealem weißen Rauschen erhält man mit einer Wahl von *Sample time* $\approx 1/100 \cdot 2\pi/\omega_{max}$, wobei ω_{max} (in rad/sec.) die Bandbreite, bzw. $1/\omega_{max}$ die kleinste Zeitkonstante des betrachteten dynamischen Systems darstellt. *Noise power* bestimmt die Leistung des Ausgangssignals.

Repeating Sequence, Repeating Sequence Interpolated und Repeating Sequence Stair

Repeating Sequence

Der **Repeating Sequence**-Block erlaubt es, ein beliebiges Signal zu spezifizieren, das kontinuierlich wiederholt wird. Der Parameter *Time values*

Repeating
Sequence
Interpolated

Repeating
Sequence
Stair

muss ein Vektor von monoton ansteigenden Zeitwerten sein. Der Ausgabe-vektor *Output values* muss in seiner Länge mit dem Parameter *Time values* korrespondieren. Zwischenwerte werden durch lineare Interpolation ermit-telt. Der höchste Wert im Zeitvektor gibt das Wiederholungsintervall für den Ausgabevektor an. Die **Repeating Sequence Interpolated** ermöglicht es, auch Datenpunkte zwischen den Zeit-/Ausgangswert-Paaren berech-nen zu lassen. Durch Wahl der *Sample time* wird die Auflösung bestimmt und mittels der *Lookup Method* die Interpolationsmethode. Zwischen den Werten wird der Ausgang konstant gehalten. Die **Repeating Sequence Stair** ist die einfachste Form: hier werden die Werte unter *Vector of output values* in den von der *Sample time* vorgegebenen Abständen wiederholt. Dabei kann durch Wahl von *Sample time = -1* diese auch vom nachfolgenden Block rückvererbt werden. Auch bei der *Repeating Sequence Stair* wird der Ausgang zwischen den Werten konstant gehalten.

Signal Builder

Signal Builder

Der Block *Signal Builder* ermöglicht die schnelle Erzeugung von austausch-baren Signalgruppen. Durch Links-Doppelklick erscheint die *Signal Buil-der* Dialogbox, in der alle Arten von abschnittsweise linearen Anregungs-signalen in Gruppen grafisch erstellt werden können.

In der Beispieldatei `bsp_sigbuild.slx` (Abb. 8.9) werden mit dem *Signal Builder* drei Signalgruppen erzeugt (Abb. 8.10), wobei jede aus den Signalen *Signal 1* und *Signal 2* besteht. Am *Signal Builder*-Block entstehen daher zwei Ausgänge. Über einen *Mux* werden die Signale grafisch zusammengefasst und auf einen *Integrator* gegeben, der die Verläufe aufintegriert. Wie die *Signal Builder* Dialogbox (Abb. 8.10) zeigt, ist *Signal 1*

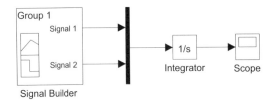

Abb. 8.9: *Beispiel zum Signal Builder:* `bsp_sigbuild.slx`

ein (nicht periodisches) Rechtecksignal; seine Rechteckbreite variiert von Gruppe zu Gruppe. Beim Dreiecksignal *Signal 2* (ebenfalls nicht periodisch) wird die Amplitude von Gruppe zu Gruppe verändert. Im Drop-Down-Menü *Active Group* kann die gerade interessierende Signalgruppe ausgewählt und damit aktiviert werden. Die Signale der jeweils aktiven Gruppe werden auf den Ausgang des *Signal Builder* gegeben. So kann das Simulink-Modell ohne jeden Umbau schnell mit unterschiedlichen Signalen oder Signalgruppen beaufschlagt und getestet werden.

Auch bereits vorhandene Daten können in den *Signal Builder* importiert und dort dar-gestellt werden. Diese Daten können in einem *MAT*-File (.mat), einer Excel-Datei (.xls, .xlsx) oder in einem Textfile (.csv) abgelegt sein und müssen, was das Format angeht,

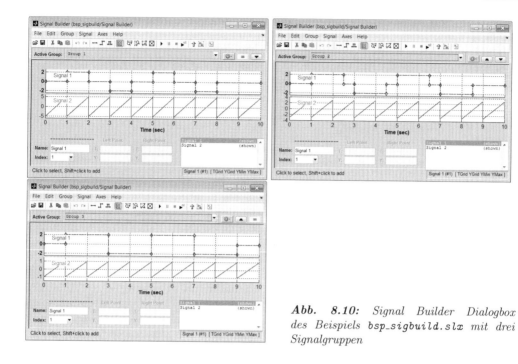

Abb. 8.10: Signal Builder Dialogbox des Beispiels `bsp_sigbuild.slx` mit drei Signalgruppen

einigen Anforderungen[10] genügen. Zum Start des Datenimports wird das Menü *File/Import from file* in der *Signal Builder* Dialogbox angewählt und in der erscheinenden *Import File* Dialogbox die interessierende Datei eingetragen oder ausgewählt. Danach kann entschieden werden, ob und welche der Daten, die Simulink in der Datei erkennt, importiert werden sollen. Bei Excel-Dateien z.B. werden Daten, die in verschiedenen Arbeitsmappen liegen beim Import gleich unterschiedlichen Gruppen zugeordnet. Die Option des Datenimports erweitert den Einsatzbereich des *Signal Builder* enorm und erspart dem Benutzer ggf. viel Arbeit.

Der in der *Signal Builder* Dialogbox angezeigte Zeitbereich der Signale ist standardmäßig 10 sec. und muss manuell mit *Axes/Change Time Range* an die Simulationszeit angepasst werden. Die auf den Zeitbereich 10 sec. zugeschnittenen Signale werden bei einer Anpassung an eine Simulationszeit > 10 sec. konform der unter *File/Simulation Options/Signal values after final time* gewählten Option „verlängert".

Signal Generator und Pulse Generator

Signal Generator

Mit dem **Signal Generator** können Signale verschiedener Form (z.B. Sinus, Sägezahn) erzeugt werden; der **Pulse Generator** gibt Rechteckimpulse mit y-Offset gleich Null als Anregung aus, aufgetragen über die Simulationszeit (*Time(t) = Use simulation time*) oder über ein externes Zeitsignal

---

[10] Siehe „Importing Signal Groups from Existing Data Sets" unter Simulink/Modeling/Configure Models/Signals/Examples and How To/Signal Groups/Creating Signal Group Sets in der Online-Hilfe.

**Pulse
Generator**

(*Time(t) = Use external signal*). Die wichtigsten Parameter wie Amplitude, Frequenz, Pulsbreite etc. können beliebig gewählt werden.

Bei beiden Blöcken können, wie beim *Constant*-Block, Zeilen- oder Spaltenvektoren mithilfe der Check Box *Interpret vector parameters as 1-D* im 1-D- oder 2-D-Array-Format ausgegeben werden. Für zeitdiskrete und hybride Systeme muss im *Pulse Generator* der *Pulse type* auf *Sample based* umgestellt werden.

Sine Wave

Sine Wave

Dieser Block ermöglicht die Erzeugung eines Sinus-Signals sowohl in zeitkontinuierlichen (*Sample time = 0*) als auch in zeitdiskreten (*Sample time > 0*) Modellen. Im *Time based* Modus bestimmt sich das Ausgangssignal aus den einstellbaren Parametern *Amplitude, Bias, Frequency, Phase* über den Zusammenhang $y = Amplitude \cdot \sin(Frequency \cdot time\_t + Phase) +$ *Bias*. Bei *Time(t) = Use simulation time* ist *time_t* die interne Simulationszeit, bei *Time(t) = Use external signal* wird für *time_t* ein beliebiges außen angelegtes Zeitsignal verwendet. Da die Einheit der Phase [rad] ist, ist es möglich hier direkt mit Bruchteilen und Vielfachen von `pi` (siehe Kap. 2.1) zu arbeiten. Um bei großen Simulationszeiten Rundungsfehler zur vermeiden, kann in den *Sample Based* Modus umgeschaltet werden. Wie beim *Constant*-Block können Zeilen- oder Spaltenvektoren mithilfe der Check Box *Interpret vector parameters as 1-D* im 1-D- oder 2-D-Array-Format ausgegeben werden.

Step

Step

Mithilfe des *Step*-Blocks kann ein stufenförmiges Anregungssignal erzeugt werden. In der *Block Parameters* Dialogbox können Anfangs- und Endwert des Sprungsignals sowie der Zeitpunkt des Sprungs festgelegt werden. Wie beim *Constant*-Block können Zeilen- oder Spaltenvektoren mithilfe der Check Box *Interpret vector parameters as 1-D* im 1-D- oder 2-D-Array-Format ausgegeben werden.

8.5.2 Bibliothek: *Sinks*, *Signal Logging* und der *Simulation Data Inspector*

In der Unterbibliothek *Sinks* finden sich die Standard-Ausgabe-Blöcke von Simulink. Es besteht die Möglichkeit, Signale grafisch darzustellen, sowie Ergebnisse in ein File oder in den MATLAB-Workspace zu speichern.

Zur Speicherung von Daten auf den MATLAB-Workspace bietet Simulink zusätzlich zur *Sinks*-Bibliothek auch die Möglichkeit des so genannten *Signal Logging* an. Diese Option wird von der *Signal Properties* Dialogbox (Kap. 8.2) aus gesteuert und kommt komplett ohne Verwendung von *Sinks*-Blöcken aus. Sie wird ab Seite 309 behandelt.

Zur Untersuchung und zum Vergleich von gespeicherten oder geloggten Signalen steht das Werkzeug *Simulation Data Inspector* zur Verfügung. Es wird ab Seite 311 beschrieben.

Zunächst folgt eine Kurzbeschreibung der wichtigsten Blöcke der *Sinks*-Bibliothek.

Sinks – Signalausgabe

Scope, Floating Scope, Scope Signal Viewer

Scope

Mit dem **Scope**-Block können während einer Simulation Signale dargestellt werden. Die Signale werden dabei über die Simulationszeit aufgetragen. Wird vor der Simulation das *Scope*-Fenster (Abb. 8.11) durch Links-Doppelklick auf einen *Scope*-Block geöffnet, kann der Verlauf der auf den *Scope*-Block geführten Signale direkt mitverfolgt werden. Bei Verwendung von Model Callbacks (siehe Kap. 8.8.1) kann das automatische Öffnen aller *Scope*-Blöcke vor Simulationsbeginn erzwungen werden. Die Buttons in der Toolbar des *Scope*-Fensters ermöglichen ein Vergrößern von Teilbereichen der dargestellten Daten, eine automatische Skalierung der Achsen, eine Speicherung der Achseneinstellungen für nachfolgende Simulationen sowie ein direktes Ausdrucken der Kurven.

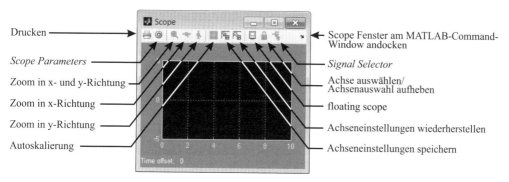

Abb. 8.11: *Scope-Fenster*

Bei Klick auf den *Scope Parameters*-Button ⊙ des *Scope*-Fensters erscheint die *Scope Parameters*-Dialogbox.

In der Registerkarte *General* können Achseneinstellungen manuell vorgenommen werden. Eine *Number of axes* > 1 erzeugt im *Scope*-Fenster mehrere Teilbilder, ähnlich wie beim MATLAB-Befehl subplot (siehe S. 48). Die Eingabe eines Zahlenwerts (sec.) im Parameter *Time range* stellt die aufgezeichneten Signale nur bis zum angegebenen Zeitpunkt dar. Ein Rechtsklick auf eine Achse (im *Scope*-Fenster) und Auswahl von *Axes Properties* im Kontextmenü stellt noch weitere Möglichkeiten der Achseneinstellungen zur Verfügung.

Unter *Sampling* kann bei Auswahl von *Decimation* ein „Auslassungsfaktor" angegeben werden. Z.B. wird bei einer Eingabe von 100 im *Scope*-Fenster nur jeder 100ste eingelesene Signalwert angezeigt.

Möchte man mehrere Signale gemeinsam in einem Bild darstellen lassen (und nicht in einem Teilbild pro Signal), so ist es sinnvoll, das *Scope* mit einem *composite*-Signal (siehe S. 291) zu beaufschlagen. Die Signal-Farb-Zuordnung ist dann wie folgt (ab dem siebten Signal wird mit der Farbwahl wieder von vorne begonnen):

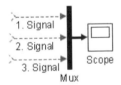

1. Signal: Gelb   4. Signal: Rot
2. Signal: Magenta   5. Signal: Grün
3. Signal: Cyan   6. Signal: Dunkelblau

In der *Scope parameters* Dialogbox sollte dann zusätzlich noch die Check Box *Legends* aktiviert werden, die eine Legende mit Signalnamen oder, wenn diese nicht vorhanden sind, mit den Namen der Quellblöcke erzeugt.

Ein **Floating Scope** (Auswahl auch über Schaltfläche *floating scope* in der Toolbar des *Scope*-Fensters) ermöglicht die Darstellung eines oder mehrerer Signale aus dem Modell, wobei die Signallinien nicht mit dem *Scope*-Block verknüpft sind: Wird die Check Box *floating scope* in der *Scope Parameters*-Dialogbox aktiviert so verschwindet der Blockeingang. Während der Simulation werden dann innerhalb der jeweils aktiven Achse (dicker blauer Rahmen, Button *Achse auswählen/Achsenauswahl aufheben*) die Signale angezeigt, deren Verknüpfungslinien markiert waren: einfacher Mausklick auf die Linie (bei gedrückter Shifttaste können mehrere Linien markiert werden) oder Auswahl über den *Signal Selector* in der Toolbar des *Scope*-Fensters. Bei Verwendung eines *floating scope* muss sichergestellt sein, dass im Register *Optimization* der *Model Configuration Parameters* Dialogbox (siehe S. 327) die Check Box *Signal storage reuse* deaktiviert ist. Dies lässt jedoch den Speicherbedarf stark ansteigen. Wenn nur wenige Signale online inspiziert werden sollen, ist es daher sinnvoller, diese Signale vor Simulationsstart als so genannte *Test points* (siehe Abb. 8.16) zu deklarieren. Für diese Signale wird dann kein *Signal storage reuse* durchgeführt.

In der Registerkarte *History* der *Scope Parameters*-Dialogbox kann auf die Menge an gespeicherten und angezeigten Daten Einfluss genommen werden. Um Daten über das gesamte Simulationsintervall anzuzeigen, kann entweder die Check Box *Limit data points to last* deaktiviert werden oder im angrenzenden Textfeld ein Zahlenwert $\geq$ der Anzahl der eingelesenen Datenpunkte angegeben werden. *Save data to workspace* speichert die angezeigten Signale auf den Workspace unter dem angegebenen *Variable name* und *Format* (*Array* bei *Number of axes* = 1, *Array*, *Structure* und *Structure with time* bei *Number of axes* $\geq$ 1). Ein gespeicherter *Array* hat die folgende Form:

$$\begin{bmatrix} t_1 & u1_1 & u2_1 & \cdots & un_1 \\ t_2 & u1_2 & u2_2 & \cdots & un_2 \\ \cdots & & & & \\ t_{final} & u1_{final} & u2_{final} & \cdots & un_{final} \end{bmatrix}$$

Dieses Format kann von einem *From Workspace*-Block ohne Modifikation eingelesen werden.

Eine gespeicherte *Structure* erhält die drei Felder *time*, *signals* und *blockName*. Das Zeit-Feld bleibt jedoch leer. Soll dort auch die Simulationszeit mit abgelegt werden, so muss als Format *Structure with time* gewählt werden. Wird z.B. ein *composite*-Signal siehe S. 291) der Breite n auf den *Scope*-Block geführt, hat die gespeicherte *Structure with time* folgendes Aussehen:

$$strukturname.time = [t_1 \; t_2 \; \cdots \; t_{final}]^T$$

$$strukturname.signals.values = \begin{bmatrix} u1_1 & u2_1 & \cdots & un_1 \\ u1_2 & u2_2 & \cdots & un_2 \\ \cdots & & & \\ u1_{final} & u2_{final} & \cdots & un_{final} \end{bmatrix}$$

$$strukturname.signals.dimensions = n$$

$$strukturname.signals.label = \text{'Label des auf den Scope-Block geführten}$$
$$\text{Signals'}$$

$$strukturname.signals.title = \text{'Titel des Scope–Plots'}$$

$$strukturname.signals.plotStyle = [0 \; 0 \; 0]$$

$$strukturname.blockName = \text{'Modellname/Name\_des\_Scope-Blocks'}$$

In der Registerkarte *Style* können die Hintergrundfarbe des Rahmens mit *Figure color* sowie die Hintergrundfarbe des Plots und die Farbe der Achsenbeschriftung mit *Axes colors* verändert werden. Im unteren Teil der Registerkarte kann auf Farbe, Liniendicke und Linienstyle der einzelnen Signallinien Einfluss genommen werden.

Wer sich vor allem bei komplexen Modellen die unter Umständen zahlreichen *Scopes* sparen will, verwendet stattdessen so genannte **Scope Signal Viewer**. Dazu wird im Kontextmenü der gewünschten Signallinie der Punkt *Create & Connect Viewer/Simulink/Scope* gewählt. Die Signallinie erhält dann ein ▢-Icon, das sich bei Linksklick zu einem *Viewer: Scope*-Fenster (im Aussehen vergleichbar mit Abb. 8.11) öffnet. Eine Speicherung der dargestellten Signale auf den Workspace erfolgt wie beim *Scope* über die Registerkarte *History* der *Scope Signal Viewer Parameters* Dialogbox. Bei aktivierter Check Box *Save to model signal logging object (logsout)* wird ein Datenobjekt *logsout* der Klasse *Simulink.ModelDataLogs*[11] erzeugt.

Angenommen, dass der *Logging Name = ScopeData* gewählt wurde, die Signallinie nicht mit einem Signalnamen versehen ist und der erzeugende Block ein *Mux* mit zwei Eingangssignalen war, erhält man nach der Simulation mit dem Befehl

```
logsout.ScopeData.axes1

ans =

Simulink.ScopeDataLogs (axes1):
  Name                    Elements   Simulink Class

  SL_Mux1                    2       TsArray
```

Information über das in `logsout` gepackte *Simulink.ScopeDataLogs*-Datenobjekt , das vom Scope Signal Viewer geschrieben wurde und kann mit

---

[11] Ist im *Data Import/Export*- Register der *Model Configuration Parameters* Dialogbox das *Signal logging format* auf *Dataset* gesetzt (was standardmäßig der Fall ist), kann *logsout* nicht erzeugt werden. Abhilfe: das *Signal logging format* auf *ModelDataLogs* setzten und Simulation nochmals durchführen.

```
un=logsout.ScopeData.axes1.('SL_Mux1')
Simulink.TsArray (untitled/Mux):
  Name                      Elements    Simulink Class

    unnamed1                    1         Timeseries
    unnamed2                    1         Timeseries
```

auf die darin liegenden *timeseries*-Datenobjekte *unnamed1* und *unnamed2* zugreifen. Grafische Darstellung geht dann z.B. mit

```
plot(un.unnamed1), hold on, plot(un.unnamed2)
```

Scope Signal Viewer werden mit dem *Signal & Scope Manager* (Kap. 8.5.3) verwaltet und können dort natürlich auch erzeugt werden.

To File

Der *To File*-Block schreibt seine Eingangsdaten zusammen mit dem Vektor der korrespondierenden Zeitpunkte in Form eines MATLAB *timeseries*-Datenobjekts oder als *Array* in ein *MAT-File* (siehe Kap. 3.3). Beide entsprechen den vom *From File*-Block benötigten Formaten und können daher von diesem Block ohne Modifikation eingelesen werden. Ein *From Workspace*-Block kann die Transponierte des *Array* lesen und das *timeseries*-Datenobjekt ohne Modifikation. In der *Block Parameters* Dialogbox können der Name des *MAT-File* und des *Array* bzw. *timeseries*-Datenobjekts angegeben werden, mit *Decimation* und *Sample time* kann wie unter *To Workspace* erläutert verfahren werden.

To Workspace

Der *To Workspace*-Block schreibt seine Eingangsdaten auf den MATLAB-Workspace in Form eines MATLAB *timeseries*-Datenobjekts, eines *Array*, einer *Structure* oder *Structure with time* und benennt diese mit dem unter *Variable name* eingetragenen Namen. *Decimation* erlaubt wie beim *Scope*-Block, dass Datenwerte bei der Aufzeichnung ausgelassen werden. Bei Verwendung eines *Variable-step*-Solvers (siehe Kap. 8.7) wird der Parameter *Sample time* nützlich: Da in diesem Fall die Intervalle zwischen den Zeitschritten während der Simulation nicht konstant sind, kann hier durch die Angabe eines Faktors (in Sekunden) eine konstante Schrittweite für die Aufzeichnung der Eingangssignale festgelegt werden. Beim Default-Wert –1 werden die Daten mit der vom Solver vorgegebenen Zeitschrittweite geschrieben.

Ein mit einem *To Workspace*-Block gespeicherter Array hat folgendes Aussehen:

$$
\begin{bmatrix}
u1_1 & u2_1 & \cdots & un_1 \\
u1_2 & u2_2 & \cdots & un_2 \\
\cdots & & & \\
u1_{final} & u2_{final} & \cdots & un_{final}
\end{bmatrix}
$$

Eine von einem *To Workspace*-Block geschriebene *Structure with time* besitzt die drei Felder *time*, *signals* und *blockName* mit folgendem Aussehen (bei einer *Structure* bleibt das *time*-Feld leer):

$$strukturname.time = [t_1 \ t_2 \ \cdots \ t_{final}]^T$$

$$strukturname.signals.values = \begin{bmatrix} u1_1 & u2_1 & \cdots & un_1 \\ u1_2 & u2_2 & \cdots & un_2 \\ \cdots & & & \\ u1_{final} & u2_{final} & \cdots & un_{final} \end{bmatrix}$$

$$strukturname.signals.dimensions = n$$

$$strukturname.signals.label = \text{'Label des auf den } \textit{To Workspace}\text{-Block}$$
$$\text{geführten Signals'}$$

$$strukturname.blockName = \text{'Modellname/}$$
$$\text{Name\_des\_}\textit{To\_Workspace}\text{\_Blocks'}$$

Um einen gespeicherten Array mit einem *From Workspace*-Block wieder einzulesen, wird der korrespondierende Zeitvektor benötigt. Es kann die standardmäßig im *Data Import/Export*-Register der *Model Configuration Parameters* Dialogbox (siehe S. 323) geschriebene Variable *tout* verwendet werden. Eine *Structure with time* und ein *time-series*-Datenobjekt können ohne Modifikation von einem *From Workspace*-Block eingelesen werden.

XY Graph und XY Graph Signal Viewer

XY Graph

Ein **XY Graph** stellt seine Eingangssignale (Skalare) übereinander aufgetragen in einer MATLAB-Figure dar. Der erste (obere) Eingang wird dabei der x-Achse, der zweite der y-Achse zugeordnet. In der *Block Parameters* Dialogbox können die Limits der Achsen manuell eingestellt werden.

Ein so genannter ***XY Graph Signal Viewer*** erspart dem Benutzer den *XY Graph*-Block. Dazu wird zunächst das Kontextmenü der Linie des auf der x-Achse aufzutragenden Signals und hier der Punkt *Create & Connect Viewer/Simulink/XY Graph* gewählt.

Die Signallinie erhält ein ⬜-Icon. Danach wird im Kontextmenü des auf der y-Achse aufzutragenden Signals der Punkt *Connect To Viewer/XY Graph/Axis y* ausgewählt, wodurch die Signallinie ebenfalls mit einem ⬜-Icon markiert wird.

Durch Rechtsklick auf ⬜ und Auswahl von *Open Viewer/XY Graph* öffnet sich die *Block Parameters* Dialogbox, in der Minimum und Maximum beider Achsen eingestellt werden können.

XY Graph Signal Viewer werden mit dem *Signal & Scope Manager* (Kap. 8.5.3) verwaltet und können dort natürlich auch erzeugt werden.

Beispiel

Am Beispiel `bsp_sources_sinks.slx` (Abb. 8.12) soll die Funktionsweise der Blöcke *Sine Wave*, *Repeating Sequence*, *Scope* und *XY Graph* verdeutlicht werden. Es werden

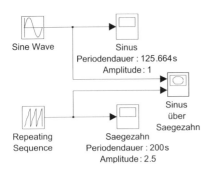

Abb. 8.12: *Beispiel zur Benutzung von Sources- und Sinks-Blöcken:* `bsp_sources_sinks.slx`

eine Sinuswelle und ein selbst erzeugter Sägezahn sowohl einzeln als auch übereinander aufgetragen dargestellt.

Parameter des *Sine Wave*-Blocks:

Sine type:	Time based	*Bias:*	0
Time (t):	Use simulation time	*Phase (rad):*	0
Amplitude:	1	*Sample time:*	0
Frequency (rad/sec):	0.05		

Damit wird eine Sinuswelle mit Periodendauer $T = 2\pi/\omega = 2\pi/0.05\,\mathrm{s} = 125.664\,\mathrm{s}$ und Amplitude 1 erzeugt.

Parameter des *Repeating Sequence*-Blocks:

Time values: [0:20:200]   *Output values:* [0:0.25:2.5]

Aus diesen Daten kann die Periodendauer des Sägezahns zu $200\,s$ und die Amplitude zu 2.5 abgelesen werden.

Parameter des *Sinus über Saegezahn*-Blocks (*XY Graph*):

x-min: −1	*y-max:* 2.5	*Sample time:* −1
x-max: 1	*y-min:* 0	

Mit dieser Parametereinstellung wird der Ausschnitt auf der x- und y-Achse des *XY Graphs* auf die Amplituden der Eingangssignale zugeschnitten.

Simulationsparameter im Register *Solver* der *Model Configuration Parameters* Dialogbox (detaillierte Beschreibung in Kap. 8.7.1):

Start time:	0.0	*Stop time:*	1000.0
Variable-step-Solver type:	discrete(no contin. states)	*Max step size:*	2.0
Zero crossing control:	Use local settings		

Durch diese Wahl der wichtigsten Simulationsparameter wird die Simulation etwas verlangsamt (Integration mit begrenzter maximaler Schrittweite ist aufwändiger zu berechnen), so dass der Verlauf der Signale bequem in den *Scopes* und dem *XY Graph* mitverfolgt werden kann. In den *Scope*-Blöcken wurde die Check Box *Limit data points to last* deaktiviert, um sicherzustellen, dass die Signale in vollständiger Länge angezeigt werden können, unabhängig von der gewählten Schrittweite. Da das Modell keine kontinuierlichen Zustände enthält, wurde der Algorithmus *discrete (no continuous states)* zur Integration verwendet.

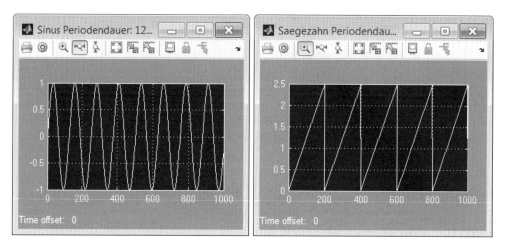

Abb. 8.13: *Fenster der* **Scope**-*Blöcke nach Simulation des Systems* `bsp_sources_sinks.slx`

Die explizite Wahl dieses Solvers ist jedoch an sich nicht nötig: Simulink erkennt automatisch, ob das Modell kontinuierliche Zustandsgrößen enthält oder nicht und wählt in letzterem Fall den Solver *discrete(no continuous states)* automatisch (auch wenn weiterhin der Default-Algorithmus *ode45* eingestellt ist). Der Benutzer wird mittels einer Warnung im MATLAB-Command-Window über die automatische Solver-Wahl informiert.

Die Abb. 8.13 und 8.14 zeigen die Ergebnisse der Simulation.

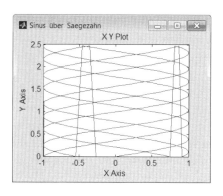

Abb. 8.14: *Fenster des* XY *Graph-Blocks nach Simulation des Systems* `bsp_sources_sinks.slx`

Signal Logging

Wird in der *Signal Properties* Dialogbox (Kap. 8.2/S. 288) eines Signals die Check Box *Log signal data* aktiviert (Abb. 8.16), so kann das zugehörige Signal auch ohne

Verwendung von *To Workspace*-Blöcken, **Scopes** oder *Scopes Signal Viewers* auf den
MATLAB-Workspace gespeichert werden. Im Register *Data Import/Export* der *Model
Configuration Parameters* Dialogbox (siehe S. 323) muss dazu die Check Box *Signal
logging* aktiviert (was standardmäßig der Fall ist) und im angrenzenden Textfeld ein
Variablenname eingetragen sein (Default-Name *logsout*). Das Default-*Signal logging for-
mat*: *Dataset* erzeugt ein *Simulink.SimulationData.Dataset-Datenobjekt*.

Das ebenfalls angebotene *Signal logging format*: *ModelDataLogs* erzeugt ein
Simulink.ModelDataLogs-Datenobjekt. Dieses Speicherformat wird aus Gründen der
Rückwärtskompatibilität zu bisherigen Simulink-Versionen noch unterstützt, sollte aber
nur noch in Ausnahmefällen, wie beim Speichern von Daten aus einem Scope Signal
Viewer (S. 305 inkl. Fußnote) verwendet werden.

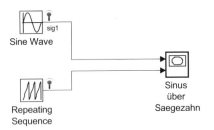

Abb. 8.15: *Speichern von Signalen auch ohne
Scope-Blöcke:* `bsp_sources_sinks_sl.slx`

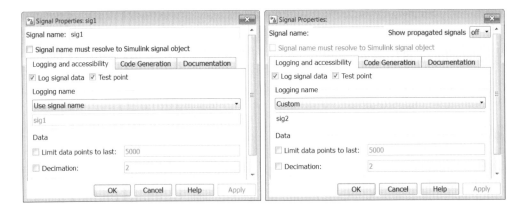

Abb. 8.16: *Signal Properties Dialogboxen des Beispiels* `bsp_sources_sinks_sl.slx`

Abbildungen 8.15 und 8.16 zeigen am Beispiel `bsp_sources_sinks_sl.slx`, dass die
Scope-Blöcke aus `bsp_sources_sinks.slx` entfallen können, wenn nur die Signalspei-
cherung, nicht aber die grafische Darstellung in Simulink im Vordergrund steht. Durch
Aktivierung der Check Boxen *Log signal data* können nun die Ausgangssignale des
Sine Wave und der **Repeating Sequence** unter den Namen *sig1* und *sig2* gespeichert
werden. Wie zu erkennen ist, kann das *Signal Logging* auch für Signale durchgeführt
werden, für die kein Signalname vergeben wurde (*sig2*, hier wurde nur ein *Logging
name* vergeben). Die geloggten Signale werden im Simulink-Modell mit einem ↑-Icon
markiert und im MATLAB-Workspace in der Variable *logsout* aus der Datenobjekt-

Klasse *Simulink.SimulationData.Dataset* gespeichert. Ein Aufruf von *logsout* im MAT-LAB-Command-Window ergibt

```
logsout =

  Simulink.SimulationData.Dataset
  Package: Simulink.SimulationData

  Characteristics:
              Name: 'logsout'
    Total Elements: 2

  Elements:
    1: 'sig2'
    2: 'sig1'

  -Use  get or getElement to access elements by index or name.
  -Use addElement or setElement to add or modify elements.

  Methods, Superclasses
```

Nun können die einzelnen in *logsout* enthaltenen Elemente *sig2* und *sig1* über ihren Index oder ihren Namen herausgeholt werden[12] . Mit

```
sig1 = logsout.get(2)
```

oder alternativ[13]

```
sig1 = logsout.get('sig1')
```

(analog für *sig2*) können die Elemente von *logsout* extrahiert werden. Sie sind Datenobjekte der Klasse *Simulink.SimulationData.Signal*, deren Daten sich im Unterfeld *Values*, einem *timeseries*-Datenobjekt befinden. Ein Plot der Signale *sig1* und *sig2* ist besonders einfach. Ohne die Unterfelder von *sig1.Values* und *sig2.Values* für Zeit- und Datenwerte ansprechen zu müssen, können z.B. mit

```
plot(sig1.Values)
```

die Daten von *sig1* in einer Figure dargestellt werden.

Der *Simulation Data Inspector*

Eine bequeme Methode, Signale zu untersuchen und zu vergleichen ist das Werkzeug *Simulation Data Inspector*. Er kann Signale darstellen, die während einer Simulation aufgezeichnet wurden. Durch Klick auf ⦿ in der Simulink-Editor Toolbar oder mit dem Menü *Simulation/Output/Record&Inspect Simulation Output* wird die Aufzeichung der

---

[12] Wer das Speicherformat *ModelDataLogs* eingestellt hat, kann auch weiterhin den Befehl `logsout.unpack('all')` verwenden. Oder direkter Zugriff auf die Daten mit `logsout.sig1.Data` bzw. `logsout.sig2.Data`.

[13] `get` ist nur die Kurzform vom (eigentlichen) Befehl `getElement` – Funktion und Aufruf beider ist identisch.

Signale vorbereitet[14] – die Signale aller folgender Simulationsläufe (unabhängig vom Simulink-Modell) werden nun aufgezeichnet, dabei wird jeder Simulationslauf einem eigenen *Run* zugeordnet. Nach Ende des Simulationslaufs erscheint im Simulink-Editor das gelbe Info-Feld ⓘ Simulation results are available for viewing. Open Simulation Data Inspector. , aus dem heraus mit Klick auf Simulation Data Inspector derselbige geöffnet werden kann.

Wurde die Signal-Aufzeichnung aktiviert, erscheinen folgende Signale automatisch im *Simulation Data Inspector*:

- Mittels *Signal Logging* geloggte Signale (egal ob das Speicherformat auf *Dataset* oder *ModelDataLogs* gesetzt wurde) – es ist kein Extrahieren der Elemente notwendig.

- Signale, die mithilfe eines *Outport*-Blocks (siehe S. 347) gespeichert wurden (unabhängig vom Speicherformat).

- Zustandsgrößen eines Simulink-Modells, die mittels der Check Box *States* im Register *Data Import/Export* (siehe S. 323) der *Model Configuration Parameters Dialogbox* gespeichert wurden (unabhängig vom Speicherformat).

- Signale, die mittels eines *Data Store Write*/*Data Store Memory*-Blockpaares (siehe S. 341, Register *Logging* in der *Block Parameters* Dialogbox und Check Box *Data Stores* in der *Model Configuration Parameters Dialogbox*) gespeichert wurden.

Außerdem können folgende Daten aus *MAT*-Files und dem Matlab-Workspace importiert werden:

- alle Daten im *Structure with time*-Format.

- Datenobjekte der Klassen *timeseries*, *Simulink.ModelDataLogs* und *Simulink.SimulationData.Dataset*.

Durch Klick auf 🔳 in der Toolbar des *Simulation Data Inspector* bzw. mittels des Menüs *File/Import Data* können Signale oder Datenobjekte importiert und dem aktuellen (*Existing run*) oder einem neuen „Simulationslauf" (*New run*) hinzugefügt werden.

In Abb. 8.17 wurden die Signale *sig1* und *sig2* aus dem Beispiel `bsp_sources_sinks_sl.slx` aufgezeichnet. Sie erscheinen aufgelistet im *Inspect Signals*-Register in der linken Fensterhälfte und können durch Aktivieren der ihrer Check Boxen in der rechten Fensterhälfte dargestellt werden. Nach Klick auf 📈▾ erscheinen die Plot-Optionen. Hier besteht die Möglichkeit, die Signale, die gerade in der rechten Fensterhälfte zu sehen sind auch in einer Matlab-Figure darstellen zu lassen (*Plot in New Figure*), wo die Darstellung noch bearbeitet werden und natürlich auch zur weiteren Verwendung in andere Speicherformate exportiert werden kann.

---

14) Alternativ auch durch Aktivierung der Check Box *Record and inspect simulation output* im Register *Data Import/Export* der *Model Configuration Parameters* Dialogbox.

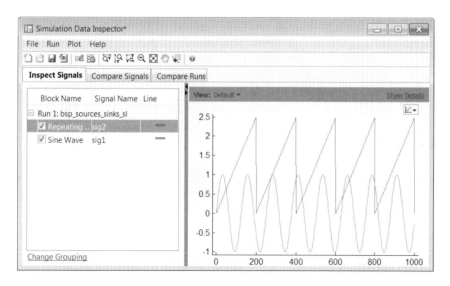

Abb. 8.17: Die Oberfläche des Simulation Data Inspector zum Untersuchen und Vergleichen von gespeicherten oder geloggten Signalen, hier Register Inpect Signals

Im Register *Compare Signals* können importierte oder aufgezeichnete Signale einzeln untereinander verglichen werden (unabhängig, zu welchem *Run* sie gehören) und *Compare Runs* ermöglicht sogar den Vergleich ganzer Simulationsläufe (bzw. der zugehörigen Signale) untereinander. Das ist besonders hilfreich, wenn ein Simulink-Modell mit unterschiedlichen Parametern oder Eingangssignalen beaufschlagt wurde und deren Auswirkung untersucht werden soll.

8.5.3 Der *Signal & Scope Manager*

Mit dem *Signal & Scope Manager* kann die Erzeugung und grafische Darstellung von Signalen modellweit gehandhabt werden; **Sources**- und **Sinks**-Blöcke werden dabei nicht mehr benötigt. Die Verwendung des *Signal & Scope Managers* soll an Abb. 8.18 verdeutlicht werden, in der links die „herkömmliche" Realisierung von Signalquellen und Senken (`bsp_ssm1.slx`), rechts die Realisierung mittels *Signal & Scope Manager* gezeigt ist (`bsp_ssm2.slx`).

Der *Signal & Scope Manager* wird über den Menüpunkt *Diagram/Signals& Ports/Signal & Scope Manager* oder aus dem Kontextmenü einer beliebigen Signallinie gestartet. Abbildung 8.19 zeigt die Register *Generators* und *Viewers* des *Signal & Scope Managers* von `bsp_ssm2.slx`. Die gewünschten Signalquellen und -senken (z.B. **Sine Wave**) wurden nach Auswahl aus der Typliste (z.B. *Generators/Simulink*) im linken Fensterteil über den Button *Attach to model* ≫ zur Liste *Generators/Viewers in model* hinzugefügt und über den *Signal Selector* (Button €) mit den Eingängen der entsprechenden Modell-Blöcke (z.B. *Sum2:2, Sum1:2, Sum:1*) verbunden. Über die Schaltfläche 📖 können die *Block Parameters* Dialogboxen der *Generators* und *Viewers* geöffnet

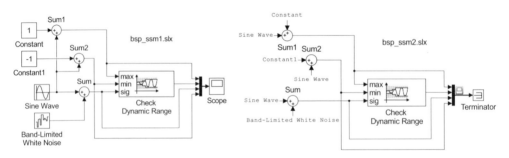

Abb. 8.18: *Links: Signalerzeugung und -ausgabe mit* **Sources-** *und* **Sinks-***Blöcken:* bsp_ssm1.slx. *Rechts: Realisierung über den Signal & Scope Manager:* bsp_ssm2.slx

und deren Parameter eingestellt werden. Die mit dem *Signal & Scope Manager* erzeugten Signalquellen und -senken werden im Blockdiagramm als grau unterlegter Text (z.B. Sine Wave) bzw. mit einem Viewer-Icon ⬚ gekennzeichnet. Ein Doppelklick auf den unterlegten Text bzw. das Viewer-Icon öffnet wie gewohnt die *Block Parameters* Dialogboxen bzw. Fenster der *Generators* und *Viewers*. *Viewer*-Scopes können auch über das Kontextmenü einer Signallinie erzeugt (Punkt *Create & Connect Viewer*) bzw. mit einem Signal verknüpft werden (Punkt *Connect to Viewer/Scope*), siehe dazu S. 305.

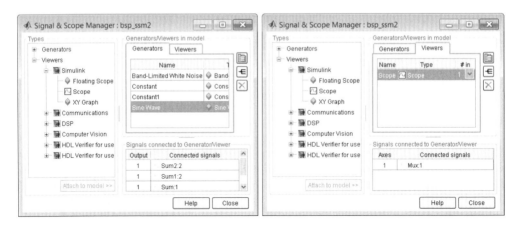

Abb. 8.19: *Dialogbox des Signal & Scope Managers von* bsp_ssm2.slx: *Generators-Register (links), Viewers-Register (rechts)*

8.6 Mathematische Verknüpfungen und Operatoren

8.6.1 Bibliothek: *Math Operations*

In der Unterbibliothek *Math Operations* befinden sich Blöcke zur mathematischen Verknüpfung von Signalen. Neben einfachen Bausteinen zur Summation und Multiplikation stehen u.a. Blöcke mit vordefinierten Funktionen aus dem Bereich der Mathematik und Trigonometrie zur Verfügung. Im Folgenden werden die wichtigsten Blöcke kurz beschrieben, der *Algebraic Constraint*-Block wird in Kap. 9.6 gesondert behandelt.

Math Function und Trigonometric Function

Math
Function

Trigonometric
Function

Im **Math Function**-Block steht eine Anzahl an vorgegebenen gängigen mathematischen Funktionen zur Verfügung, wie z.B. Exponential- und Logarithmusfunktionen. Unter *Function* können diese direkt ausgewählt werden. Analog stellt der **Trigonometric Function**-Block alle wichtigen trigonometrischen und hyperbolischen Funktionen zur Verfügung, auswählbar unter *Function*. Im Gegensatz zum *Fcn*-Block (Unterbibliothek *User-Defined Functions*) können beide Blöcke auch 2-D-Signale verarbeiten.

Product, Divide und Dot Product

Product

Divide

Dot Product

Der **Product**-Block führt eine elementweise oder Matrix-Multiplikation bzw. Division seiner Eingangssignale (1-D- und 2-D-Signale) durch, abhängig vom Wert der Parameter *Number of inputs* und *Multiplication*. Für *Multiplication = Element-wise(.*)* gilt: Eine Folge von * und / erzeugt eine Multiplikation oder Division der einzelnen Elemente der Eingangssignale (MATLAB-Operation y = u1.*u2). Beispiel: Werden auf einen *Product*-Block mit *Number of inputs = */**, die Signale 5, Sinus(x) und der Vektor [4 4 5 6] geführt, so entsteht ein Ausgangssignal der Form [20/Sinus(x) 20/Sinus(x) 25/Sinus(x) 30/Sinus(x)]. Hat der *Product*-Block nur einen Eingang, und ist dieser ein Vektor, so ist der Ausgang das Produkt der Vektorelemente. Für *Multiplication = Matrix(*)* gilt: Sind die Signale A, B und C an den Eingängen 1, 2 und 3 Matrizen der entsprechenden Dimensionen, so entsteht bei einer *Number of inputs = **/* das Matrizen-Produkt ABC^{-1} am Ausgang.

Der **Divide**-Block ist ein *Product*-Block, bei dem der *Number of inputs* standardmäßig zu */ gesetzt ist.

Der **Dot Product**-Block berechnet das Skalarprodukt seiner Eingangsvektoren. Der Blockausgang ist gleich dem MATLAB-Befehl y = sum(conj(u1).*u2).

Gain und Slider Gain

Gain

Slider
Gain

Der **Gain**-Block verstärkt sein Eingangssignal (1-D- oder 2-D-Signal) mit dem Ausdruck, der unter *Gain* angegeben wurde. Über *Multiplication* kann eingestellt werden, ob eine elementweise oder eine Matrix-Multiplikation des Eingangs mit dem *Gain* stattfinden soll. Der **Slider Gain**-Block erlaubt die Verstellung des skalaren Verstärkungsfaktors während der Simulation. Im *Slider Gain*-Fenster (öffnet sich bei Links-Doppelklick auf den Block) kann die Verstellung über einen Schieberegler oder die direkte Eingabe eines Wertes geschehen. Darüber hinaus können die Grenzen des Schiebereglerbereichs unter *Low* und *High* angegeben werden.

Sum und Add

Sum

Add

Der Ausgang des **Sum**-Blocks ist die Addition seiner Eingangssignale. Sind alle Eingangssignale skalar, so ist auch das Ausgangssignal skalar. Bei gemischten Eingangssignalen wird elementweise addiert. Beispiel: Werden auf einen *Sum*-Block die Signale 1, Sinus(x) und der Vektor [4 4 5 6] geführt, so entsteht ein Ausgangssignal der Form [5+Sinus(x)   5+Sinus(x)   6+Sinus(x)   7+Sinus(x)].

Hat der *Sum*-Block nur einen Eingang, und ist dieser ein Vektor, werden dessen Elemente zu einem Skalar addiert. Beispiel: Wird auf den *Sum*-Block nur der Vektor [4 4 5 6] geführt, so entsteht am Ausgang zu jedem Zeitschritt der Wert 19. Unter *List of signs* kann die Anzahl und Polarität der Eingänge durch die Eingabe einer Zahl > 1 oder einer Folge von + und − bestimmt werden.

Wird im *Sum*-Block die Option *Icon shape = rectangular* gewählt, entsteht der **Add**-Block.

Beispiel

Das folgende einfache Beispiel aus der Physik soll die Funktionsweise der Blöcke *Product*, *Divide*, *Gain* und *Math Function* verdeutlichen (zum *Mux*-Block siehe Kap. 8.4.1 und 8.8.3). Abb. 8.20 zeigt das System `bsp_math.slx`, das die Gleichung

$$f(t) = 80 \cdot exp(-\frac{1}{80}\,t) \cdot \sin\left(0.25\,t + \frac{\pi}{3}\right)$$

grafisch modelliert. Die gedämpfte Sinus-Schwingung $f(t)$ und ihre Einhüllenden $80 \cdot exp(-\frac{1}{80}\,t)$ und $-80 \cdot exp(-\frac{1}{80}\,t)$ werden aufgezeichnet. Der *Clock*-Block liefert die Simulationszeit. Diese wird für die Berechnung der Exponential-Funktion in den Einhüllenden benötigt.

Parameter des *Sine Wave*-Blocks:

Sine type:	Time based	*Bias:*	0
Time (t):	Use simulation time	*Phase (rad):*	pi/3
Amplitude:	1	*Sample time:*	0
Frequency (rad/sec):	0.25		

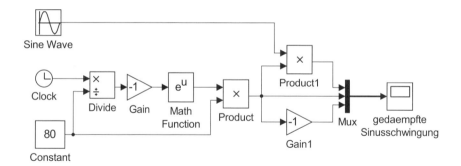

Abb. 8.20: *Beispiel zur Benutzung von* Sources-, Sinks- *und* Math Operations-*Blöcken:* `bsp_math.slx`

Damit wird eine Sinuswelle mit Periodendauer $T = 2\pi/\omega = 2\pi/0.25\,\mathrm{s} = 25.133\,\mathrm{s}$ und Amplitude 1 erzeugt.

Simulationsparameter im Register *Solver* der *Model Configuration Parameters* Dialogbox (siehe S. 319):

Start time:	0.0	*Stop time:*	400.0
Variable-step-Solver:	discrete(no continuous states)	*Max step size:*	0.005
Zero crossing control:	Use local settings		

In Abb. 8.21 sind die Ergebnisse der Simulation dargestellt.

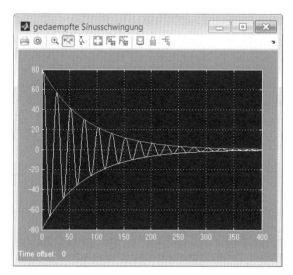

Abb. 8.21: *Fenster des* Scope-*Blocks nach der Simulation von* `bsp_math.slx`

8.6.2   Bibliothek: *Logic and Bit Operations*

Bitwise Operator

Der *Bitwise Operator* wendet auf seine Eingangssignale vom Typ *integer*, Fixed-Point oder *boolean* die unter *Operator* ausgewählte Logikfunktion an (AND, OR usw.). Defaultmäßig akzeptiert der *Bitwise Operator* nur ein Eingangssignal, das er über die in *Operator* spezifizierte Logikfunktion mit der unter *Bit Mask* angegebenen Bitmaske verknüpft. Wird die Check Box *Use bit mask ...* deaktiviert, werden beliebig viele Eingangssignale des gleichen Datentyps akzeptiert und verknüpft. Das Ausgangssignal des *Bitwise Operator* als Ergebnis der Verknüpfung ist immer skalar.

Logical Operator

Der *Logical Operator*-Block verknüpft die korrespondierenden Elemente seiner Eingänge gemäß den unter *Operator* zur Verfügung stehenden Logikfunktionen. Der Ausgang kann die Werte 1 (TRUE) oder 0 (FALSE) annehmen. Die Eingänge können beliebige Dimension (bis n-D) haben, diese muss jedoch für alle gleich sein. Der Ausgang hat dann dieselbe Dimension. Beispiel: Werden die Vektoren [0 0 1] und [0 1 0] durch OR miteinander verknüpft, so entsteht am Ausgang der Vektor [0 1 1]. Eine Verstellung des *Output data type* im Register *Data Type* kann erforderlich sein, wenn das Signal in Blöcken, die nur *double*-Signale akzeptieren weiterverarbeitet werden soll. Bei entsprechender Fehlermeldung *Output data type = Inherit: Logical* wählen und im Register *Optimization* die Check Box *Implement logic signals as boolean data* (siehe S. 327) deaktivieren.

Relational Operator

Der *Relational Operator*-Block verknüpft seine zwei Eingänge gemäß den unter *Relational operator* zur Verfügung stehenden Vergleichsoperatoren. Der Ausgang kann die Werte 1 (TRUE) oder 0 (FALSE) annehmen. Beispiel: Liegt das Signal u1 am oberen Eingang und u2 am unteren, wird der Ausgang zu $y = u1 < u2$, $y = u1 \geq u2$ etc. n-D-Eingangssignale werden analog zum *Logical Operator* verarbeitet. Auch bezüglich des *Output data type* gelten die für den *Logical Operator* getroffenen Aussagen.

8.7   Simulationsparameter

Vor dem Start der Simulation sollten die Simulationsparameter für das Modell festgelegt werden. Dies geschieht durch Aufruf der *Model Configuration Parameters* Dialogbox unter dem Menüpunkt *Simulation/Model Configuration Parameters*. Dort sind alle Parameter schon mit Default-Werten belegt, d.h. die Simulation könnte auch direkt gestartet werden. Es empfiehlt sich jedoch, die Parameter stets an das jeweilige Modell anzupassen, um optimale Ergebnisse zu erzielen.

Die Default-Werte der Simulationsparameter können bei Bedarf auch verändert werden.

Dies geschieht in den *Simulink Preferences* (Menü *File/Preferences* im *Library Brow-ser* oder *File/Simulink Preferences* im Simulink-Editor) oder den MATLAB *Preferences* (*Preferences* im Toolstrip HOME des MATLAB-Command-Window). Dort vorgenomme-ne Veränderung sind auch über die aktuelle MATLAB-Session hinaus gültig. Zurückset-zen lassen sich alle Veränderungen mit dem Button *Restore to Default Preferences* im rechten Fensterteil der *Simulink Preferences/Configuration Defaults* ganz unten (evtl. Balken runterscrollen).

8.7.1   Die *Model Configuration Parameters* Dialogbox

Register *Solver*

Hier können Beginn und Ende der Simulation, Optionen für den Integrationsalgorith-mus, die Behandlung von Multitasking-Systemen (siehe S. 410) und die Steuerung der *zero crossing detection* (siehe S. 321) festgelegt werden. Abb. 8.22 zeigt das Fenster des *Solver*-Registers mit der Default-Einstellung.

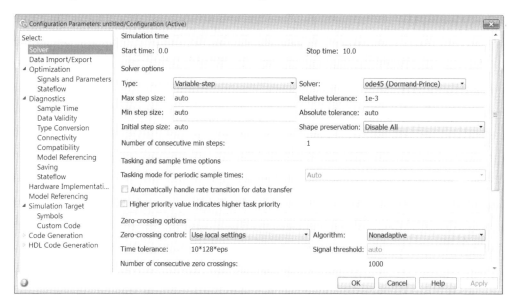

Abb. 8.22: *Solver-Register der Model Configuration Parameters Dialogbox*

Für die numerische Lösung der Differentialgleichungen bietet Simulink eine Vielzahl von Algorithmen (engl. Solver) an, die ein breites Spektrum an Problemstellungen abdecken. Es sind die gleichen Algorithmen, die auch in MATLAB zur Lösung von Differentialglei-chungen, Kap. 4.1.1, zur Verfügung stehen. Eine genaue Auflistung der *Variable-step*-Algorithmen für zeitkontinuierliche Systeme findet sich in Tab. 4.1.

Darüber hinaus bietet Simulink zusätzlich *Fixed-step*-Solver für die Simulation von dy-namischen Systemen mit fester Schrittweite an. Die Algorithmen *ode8*, *ode5*, *ode4* und *ode3* basieren wie die Algorithmen *ode45* und *ode23* auf dem Runge-Kutta-Verfahren, *ode2* basiert auf der Trapezformel nach Heun, und *ode1* verwendet das Polygonzugverfahren nach Euler (explizite Rechnung). Daneben steht noch der Algorithmus *ode14x* zur Verfügung, der mit einer Kombination des Newton-Raphson-Verfahrens mit einem Extrapolationsalgorithmus arbeitet. Für zeitdiskrete Systeme steht der *discrete*-Algorithmus sowohl vom Typ *Variable-step* als auch *Fixed-step* zur Verfügung. Für Systeme, die keine Zustandsgrößen enthalten, wählt Simulink automatisch den Solver *discrete(no continuous states)*.

In [31] wird der Großteil der von MATLAB/Simulink verwendeten Integrationsalgorithmen ausführlich beschrieben. Vier der bekanntesten Integrationsverfahren werden in Kap. 8.7.2 kurz dargestellt, um die Aufgabenstellung bei der numerischen Integration von Differentialgleichungen zu verdeutlichen.

Variable-step-Solver arbeiten mit variabler Integrationsschrittweite. Die Differentialgleichungen werden zunächst unter Verwendung der Schrittweite zu Beginn, der *Initial step size*, gelöst. Sind die Ableitungen der Zustandsgrößen zu Simulationsbeginn zu groß, kann eine manuell gewählte *Initial step size* vom Solver auch unterschritten werden. Während der Simulation wird versucht, die Differentialgleichungen unter Verwendung der größtmöglichen Schrittweite *Max step size* zu lösen. Wird die *Max step size* auf *auto* gesetzt, berechnet sich ihr Wert abhängig von *Start time* und *Stop time* zu:

$$Max\ step\ size = \frac{Stop\ time - Start\ time}{50} \tag{8.1}$$

Durch die Möglichkeit der Schrittweitenanpassung können *Variable-step*-Solver während der Simulation die Änderung der Zustandsgrößen vom letzten zum aktuellen Zeitpunkt überwachen. Darüber hinaus wird bei variabler Schrittweite die Erkennung von Unstetigkeitsstellen wie z.B. Sprungstellen möglich (*zero crossing detection*). Für einen ersten Versuch eignet sich bei zeitkontinuierlichen Systemen in der Regel der Default-Algorithmus *ode45*.

Schrittweitenanpassung: Damit die Integrationsschrittweite an die Dynamik der Zustandsgrößen angepasst werden kann, wird bei jedem Integrationsschritt die Änderung jeder Zustandsgröße vom letzten zum aktuellen Zeitpunkt berechnet. Diese Änderung wird mit *local error* e_i ($i = 1, \ldots$, Anzahl der Zustandsgrößen im System) bezeichnet, siehe Abb. 8.23. Der *Variable-step*-Solver ermittelt nun bei jedem Integrationsschritt, ob der *local error* jeder Zustandsgröße die Bedingungen für den *acceptable error* erfüllt, der durch die Parameter *Relative tolerance* und *Absolute tolerance* der *Model Configuration Parameters* Dialogbox (abgekürzt mit *reltol* und *abstol*) bestimmt wird:

$$e_i \leq \underbrace{\max\left(reltol \cdot |x_i|, abstol\right)}_{acceptable\ error}$$

Erfüllt eine der Zustandsgrößen diese Bedingung nicht, wird die Integrationsschrittweite herabgesetzt und erneut gerechnet. Dass der *acceptable error* über eine Maximalwert-Auswahl bestimmt wird, hat folgenden Grund: Ein für *Relative tolerance* eingegebener Wert entspricht der zulässigen Änderung in % des aktuellen Betrags der Zustandsgröße

x_i. Wenn der *acceptable error* nur durch *reltol*·$|x_i|$ bestimmt würde, könnte dieser bei sehr kleinem $|x_i|$ so klein werden, dass die Zustandsgrößen sich nicht mehr ändern dürften. Dies wird durch einen festen Wert von *abstol* abgefangen. Bei Wahl der *Absolute tolerance* zu *auto* wird mit dem Wert 10^{-6} zum Startzeitpunkt begonnen. Danach wird *abstol* auf *reltol*·$\max(|x_i|)$ gesetzt. So wird gewährleistet, dass in Bereichen, wo $|x_i|$ sehr klein oder null ist, sich die Zustandsgröße noch ändern darf. Abb. 8.23 soll diesen Sachverhalt verdeutlichen.

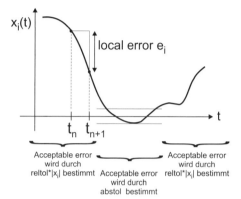

Abb. 8.23: *Schrittweitenanpassung bei Variable-step-Solvern*

Durch diese Vorgehensweise wird sichergestellt, dass in Bereichen, in denen die Zustandsgrößen sehr steile Verläufe (d.h. hohe Dynamik) aufweisen, die Schrittweite automatisch verkleinert wird. In Bereichen, in denen sich die Zustandsgrößen kaum ändern (z.B. im eingeschwungenen Zustand), kann dagegen durch Verwendung der größtmöglichen Schrittweite *Max step size* Rechenzeit gespart werden.

Die Wahl von *abstol* gilt modellweit, d.h. für alle Zustände. Kann damit nicht die gewünschte Genauigkeit erzielt werden, so bieten die Blöcke *Integrator*, *Integrator Second-Order* (beide S. 363), *Integrator Limited*, *Integrator Second-Order Limited*, *Variable Transport Delay* (S. 367), *Transfer Fcn* (S. 366), *State Space* (S. 366) und *Zero-Pole* (S. 367) die Möglichkeit, den Wert von *abstol* in der *Block Parameters* Dialogbox individuell zu setzen. Für die in den genannten Blöcken geführten Zustände wird dann der globale, in der *Model Configuration Parameters* Dialogbox gesetzte Wert von *abstol* überstimmt.

zero crossing detection: Unter *zero crossings* versteht Simulink Unstetigkeiten im Verlauf der Zustandsgrößen sowie gewöhnliche Nulldurchgänge. Unstetige Signale können u.a durch folgende *zero crossing*-Blöcke erzeugt werden: *Abs, Backlash, Compare To Zero, Dead Zone, From Workspace, Hit Crossing, If, Integrator, MinMax, Relay, Relational Operator, Saturation, Sign, Signal Builder, Step, Switch, Switch Case* sowie Subsysteme, deren Ausführung durch Steuersignale kontrolliert wird (siehe S. 347) und eventuell vorhandene Stateflow *Charts*. Diese Art von Funktionsblöcken führt *zero crossing*-Variablen mit sich, die von der unstetigen Zustandsgröße abhängen und an einer Unstetigkeitsstelle ihr Vorzeichen ändern. Simulink fragt am Ende jedes Integrationsschritts diese Variablen ab und kann so erkennen, ob innerhalb des aktuellen Schritts ein *zero crossing* aufgetreten ist. Wenn ja, wird der Zeitpunkt des Auftretens durch

Interpolation zwischen dem letzten und dem aktuellen Wert der entsprechenden *zero crossing*-Variablen möglichst genau festgestellt. Simulink rechnet dann bis zum linken Rand der Unstetigkeitsstelle und fährt beim nächsten Integrationsschritt am rechten Rand fort. Bei zu grob gewählten Toleranzen kann es passieren, dass Nulldurchgänge (von Zustandsgrößen x_i oder *zero crossing*-Variablen) nicht erkannt werden, wenn die entsprechende Variable zu Beginn und Ende des aktuellen Integrationsschritts dasselbe Vorzeichen hat (siehe Abb. 8.24 links). Besteht dieser Verdacht, müssen die Toleranzen verkleinert werden, um sicherzustellen, dass der *Variable-step*-Solver die Schrittweite klein genug wählt. Eine sinnvolle Vorgehensweise dabei ist, zunächst die *Absolute tolerance* in Schritten von einer halben bis einer Zehnerpotenz herabzusetzen, und dann, wenn sich keine Verbesserung der Genauigkeit einstellt, auch die *Relative tolerance* in ähnlicher Schrittweite. Eine hervorragende Möglichkeit, die Ergebnisse der Simulationsläufe miteinander zu vergleichen, ist der *Simulation Data Inspector*, der auf S. 311 beschrieben wird.

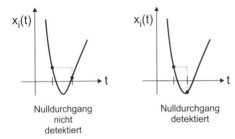

Abb. 8.24: *Erkennung von Nulldurchgängen hängt von den Toleranzen ab*

Die Option *Zero crossing control* (erscheint nur bei *Variable-step*-Solvern) ermöglicht es, die Erkennung von Unstetigkeitsstellen modellweit zu aktivieren (*Enable all*) oder zu deaktivieren (*Disable all*, Kompromiss zwischen Rechenzeit und Genauigkeit!). Bei Wahl von *Zero crossing control = Use local settings* kann die *zero crossing detection* für jeden der oben genannten *zero crossing*-Blöcke durch Aktivierung/Deaktivierung der Check Box *Enable zero crossing detection* in der jeweiligen *Block Parameters* Dialogbox individuell zugelassen bzw. unterdrückt werden. Die Optionen *Time tolerance*, *Number of consecutive zero crossings*, *Algorithm* und *Signal threshold* sind von Interesse, wenn in einem Simulink-Modell Unstetigkeiten in beliebig kurzen (bis hin zu infinitesimal kleinen) Zeitabständen auftreten. Ein solches Verhalten kann z.B. durch die Modellierung von schaltenden Regelungen oder von Leistungsstellgliedern hervorgerufen werden oder einfach in der Natur des modellierten physikalischen Systems liegen, wie die Simulink Example-Modelle `sldemo_bounce.slx` und `sldemo_doublebounce.slx` verdeutlichen. Im Normalfall reichen die Default-Werte aus.

Fixed-step-Solver arbeiten mit fester Schrittweite; eine Schrittweitenanpassung und Erkennung von Unstetigkeitsstellen ist nicht möglich. Da die Anzahl der Integrationsschritte jedoch bekannt ist, kann die Rechenzeit für ein Simulationsmodell genau abgeschätzt werden. Dies ist besonders dann von Bedeutung, wenn aus dem Blockdiagramm – z.B. mit dem Simulink Coder, bisher Real-Time Workshop – Code erzeugt und für eine Hardwareanwendung (Microcontroller, DSP etc.) weiterverwendet werden soll. Ein weiterer Vorteil besteht darin, dass bei Simulation mit konstanter Schrittweite ein Vergleich mit Mess-Signalen (z.B. aus digitalen Regelsystemen) sowie eine

Weiterverwendung der Simulationsergebnisse in der Praxis (z.B. Einlesen in digitale Regelsysteme) möglich ist.

Bei Auswahl eines *Fixed-step*-Solvers erscheinen neben der Option *Fixed step size (fundamental sample time)* für die Schrittweite unter *Tasking and sample time options* noch weitere Optionsfelder: *Periodic sample time constraint* steht standardmäßig auf *Unconstrained*. Eine Umstellung auf *Ensure sample time independent* ist nur bei *Model Referencing* (Kap. 8.9.4) von Belang, *Specified* wird nur für die Simulation von Multitasking-Systemen benötigt. Letzteres gilt auch für die Check Boxen *Higher priority value indicates higher task priority* und *Automatically handle data transfers between tasks*, eine Aktivierung ist daher im Normalfall nicht notwendig. Diese und die Option *Tasking mode for periodic sample times* werden in Kap. 10.3.2 (S. 411) genauer besprochen.

Implizite Solver verwenden in ihren Algorithmen Gleichungen, in denen - wie in Gl. (8.3) - zukünftiges Wissen ($\dot{y}_1$ in Gl. (8.3)) für die Berechnung des zukünftigen Zustandswerts (y_1 in Gl. (8.3)) benötigt wird. Zur Gruppe der impliziten Solver gehören die Variable-step Algorithmen *ode15s, ode23s, ode23t, ode23tb* und das Fixed-step Verfahren *ode14x*. Um dennoch eine numerische Integration durchführen zu können, wird von diesen Solvern die sogenannte *solver Jacobian*, eine Teilmatrix der Jacobimatrix berechnet, was auf verschiedene Weise geschehen kann. Die Option *Solver Jacobian method*, die nur erscheint, wenn ein impliziter Solver ausgewählt wurde, bietet eine Liste von Auswahlmöglichkeiten an: *Sparse perturbation, Full perturbation, Sparse analytical, Full analytical* und *auto*. Bei Wahl von letzterem ermittelt Simulink selbsttätig die passende Methode (aus den vorgenannten) u.a. abhängig von der Anzahl der Zustandsgrößen im Simulink-Modell. Unter "Choosing a Jacobian Method for an Implicit Solver" in der Online-Hilfe (mit Anführungsstrichen eingeben!) findet sich eine ausführlich Behandlung der impliziten Solver sowie ein Diagramm, wie Simulink bei Wahl von *Solver Jacobian method = auto* vorgeht. Darüberhinaus ist das Simulink Example-Modell `sldemo_solvers.slx` empfehlenswert, das am Beispiel eines Foucaultschen Pendels den Unterschied bzw. die Leistungsfähigkeit der Variable-step Solver *ode45, ode23, ode15s* und *ode23t* (auch in Abhängigkeit von *Relative tolerance*) zeigt.

Register *Data Import/Export*

In diesem Register besteht die Möglichkeit, Daten auf den MATLAB-Workspace zu schreiben oder von diesem zu lesen, ohne entsprechende Blöcke wie **To Workspace**, **From Workspace** etc. im Modell zu platzieren. Darüber hinaus können die Zustandsgrößen des Modells geschrieben und/oder mit Anfangswerten belegt werden. Letzteres ist besonders dann sinnvoll, wenn bei einer vorangegangenen Simulation des gleichen Modells der Endzustand mit *Save to workspace - Final states* gespeichert wurde und die aktuelle Simulation von diesem Zustand aus gestartet werden soll. Abb. 8.25 zeigt das Fenster des *Data Import/Export*-Registers mit der Default-Einstellung.

Wird die *Input*-Check Box unter *Load from workspace* aktiviert, können im angrenzenden Textfeld die einzulesenden Daten angegeben werden. Die Daten können (unabhängig von der Wahl von *Save to workspace - Format*!) unter anderem in den bekannten Formaten *Array, Structure, Structure with time* oder als *timeseries*-Datenobjekt vorliegen. Für Daten im Format *Array* gelten die auf Seite 298 im Zusammenhang mit

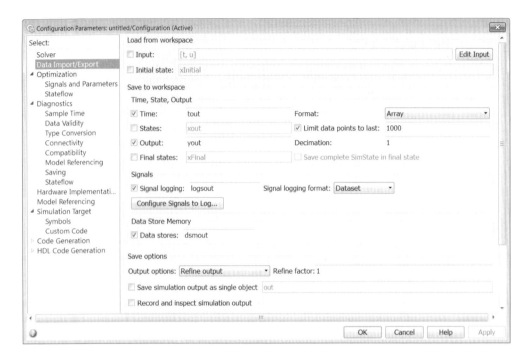

Abb. 8.25: *Data Import/Export-Register der Model Configuration Parameters Dialogbox*

dem *From Workspace*-Block gemachten Angaben. Die Vektoren der einzelnen Signale werden in der Reihenfolge der Spalten in die *Inport*-Blöcke (Unterbibliotheken *Sources* und *Ports & Subsystems*, Kap. 8.9.1) auf der obersten Ebene des Simulink-Modells eingelesen. Eine einzulesende *Structure* oder *Structure with time* muss das auf Seite 326 angegebene Format haben. Wichtig: In der *Block Parameters* Dialogbox jedes *Inport*-Blocks muss unter *Port dimensions* die Dimension des korrespondierenden Einzelsignals (Feld *strukturname.signals.dimensions*) eingetragen werden.

Eine benutzerdefinierbare Zuordnung von einzulesenden Daten auf *Inport*-Blöcke in der obersten Modellebene bietet die *Root Inport Mapping* Dialogbox, die sich bei Linksklick auf ⸢ Edit Input ⸥ öffnet. Im oberen Fensterteil muss ein MAT-File ausgewählt werden, aus dem die Daten gelesen werden sollen. Geschriebene Daten also vorher mit

```
save filename.mat Daten
```

speichern. Einlesen direkt vom Workspace geht nicht. Als Formate können u.a. eingelesen werden: Datenobjekte der Klassen *timeseries*, *Simulink.SimulationData.Dataset* und *Simulink.SimulationData.Signal* [15] , sowie *Structure*, *Structure with time* und *Array*.

Im mittleren Fensterteil kann der *Mapping Mode* gewählt werden, z.B. zu *Index*, *Si-*

---

[15] Dieses Format haben z.B. die einzelnen Elemente eines mittels *Signal Logging* geschriebenen *Dataset*-Datenobjekts, siehe S. 311.

gnal Name, oder *Block Path*, wobei *Signal Name* der bequemste Weg der Zuordnung ist: sollen mittels *Signal Logging* geschriebene Daten gemappt werden, sollte bei diesem *Mapping Mode* den geloggten Signalen ein Signalname z.B. *sig1*, *sig2* und *sig3* gegeben werden. In der Variable `logsout` (siehe S. 311) sind dann 3 Elemente vorhanden. Nach Speichern in ein MAT-File können diese Signale wiederum 3 *Inport*-Blöcken auf der obersten Modellebene eines beliebigen Simulink-Modells (auch des gleichen) zugeordnet werden, wenn die Ausgangssignale dieser *Inport*-Blöcke ebenfalls *sig1*, *sig2* und *sig3* benannt werden. Sollte eines oder mehrere Signale von *sig1*, *sig2* und *sig3* ein *composite*-Signal sein (siehe S. 291) muss ggf. in der *Block Parameters* Dialogbox des entsprechenden *Inport*-Blocks unter *Signal Attributes* die Option *Port dimensions* angepasst werden. Wer *timeseries*-Datenobjekte z.B. *simout*, *simout1* und *simout2* mittels *To Workspace*-Blöcken geschrieben und in ein MAT-File gespeichert hat, muss <u>diese</u> Namen an den Ausgängen der 3 *Inport*-Blöcke angeben, nicht die Namen die ggf. unter den *Properties* von z.B. *simout* erscheinen oder mit `simout.Name` abgefragt werden können. Letztere entstehen durch einen vergebenen Signalnamen des auf den *To Workspace*-Block geführten Signals und werden beim *Mapping Mode: Signal Name* nicht anerkannt.

Nach Wahl des *Mapping Mode* wird durch Linksklick auf [Map Signals] die Zuordnung angestoßen und im unteren Fensterteil erfolgreich zugeordnete Signal/*Inport*-Block-Paare grün unterlegt angezeigt.

Unabhängig vom Format gilt: Bei Aktivierung der Check Box *Interpolate data* in der *Block Parameters* Dialogbox der *Inport*-Blöcke inter- oder extrapoliert Simulink die Daten linear, wenn dies nötig ist.

Für die Initialisierung von Zuständen im Modell muss die *Initial state*-Check Box aktiviert werden. Im angrenzenden Textfeld kann dann eine Variable (Format *Array*, *Structure* oder *Structure with time*) eingetragen werden, die die Anfangswerte enthält. Diese Option ist besonders dann sinnvoll, wenn die eingelesenen Zustandswerte in einer vorangegangenen Simulation mit der Option *Save to workspace*, Check Box *Final state* oder einem *To Workspace*-Block auf den Workspace gespeichert wurden. In diesem Fall ist es möglich, die Simulation mit exakt denselben Werten der Zustandsgrößen beginnen zu lassen, mit denen eine vorangegangene beendet wurde.

Ausgangsgrößen des Modells können durch die standardmäßig aktivierte Check Box *Output* unter dem eingetragenen Variablennamen (default: *yout*) auf den Workspace gespeichert werden. Simulink erkennt nur solche Signale als Ausgänge an, die auf einen *Outport*-Block (Unterbibliotheken *Sinks* und *Ports & Subsystems*, Kap. 8.9.1) geführt sind. Ebenso können die Zustandsgrößen (default: *xout*) eines Modells durch Aktivierung der *States*-Check Box unter dem angegebenen Variablennamen gespeichert werden. An Formaten (*Save to workspace - Format*) stehen die bekannten Formate *Array*, *Structure* und *Structure with time* zur Verfügung. Ein gespeicherter Array (von Ausgangs- oder Zustandsgrößen) hat folgendes Aussehen (stimmt mit *To Workspace*-Block überein):

$$\begin{bmatrix} u1_1 & u2_1 & \cdots & un_1 \\ u1_2 & u2_2 & \cdots & un_2 \\ \cdots & & & \\ u1_{final} & u2_{final} & \cdots & un_{final} \end{bmatrix}$$

Eine *Structure with time* besitzt zwei Felder, *time* und *signals*. Bei der *Structure* bleibt das *time*-Feld leer. Bei Speicherung von n Zustandsgrößen bzw. n Ausgangsgrößen mittels n **Outport**-Blöcken erhält die *Structure with time* folgendes Aussehen:

$$strukturname.time = [t_1 \ t_2 \ \cdots \ t_{final}]^T$$
$$strukturname.signals(1).values = [u1_1 \ u1_2 \ \cdots \ u1_{final}]^T$$
$$strukturname.signals(1).dimensions = \text{'Dimension des Signals\_1'}$$
$$strukturname.signals(1).label = \text{'Label des Signals\_1'}$$
$$strukturname.signals(1).blockName = \text{'Modellname/Name\_des\_zugehörigen\_Blocks'}$$
$$\cdots$$
$$strukturname.signals(n).values = [un_1 \ un_2 \ \cdots \ un_{final}]^T$$
$$strukturname.signals(1).dimensions = \text{'Dimension des Signals\_n'}$$
$$strukturname.signals(n).label = \text{'Label des Signals\_n'}$$
$$strukturname.signals(n).blockName = \text{'Modellname/Name\_des\_zugehörigen\_Blocks'}$$

Information über die automatische Zuordnung der Zustandsgrößen zu Spalten bei *Array* bzw. Feldern bei *Structure* und *Structure with time* erhält man z.B. über den Befehl (mit $sys \, \widehat{=} \,$ Modellname, siehe auch S. 374):

```
[sizes, x0, xstring] = sys
```

Werden die Zustandsgrößen auf den Workspace geschrieben, so kann bei einer *Structure* oder *Structure with time* natürlich auch das Feld *strukturname.signals.blockName* abgefragt werden.

Bei Simulation mit einem *Variable-step*-Solver können im Register *Data Import/Export* unter *Save options* noch zusätzliche Ausgabeoptionen festgelegt werden: Durch Auswahl der Option *Refine output* im Parameterfeld *Output options* besteht die Möglichkeit bei großer Integrationsschrittweite durch Eingabe eines *Refine factors* > 1 zusätzlich Zwischenwerte durch Interpolation berechnen zu lassen. Dies erzeugt feiner aufgelöste Kurvenverläufe, erhöht jedoch die Rechenzeit kaum. Es sollte jedoch beachtet werden, dass durch einen *Refine factor* > 1 die rechnerische Genauigkeit der Signalverläufe nicht steigt! Die Zeiten, zu denen diese zusätzlichen Zwischenwerte berechnet werden, können explizit angegeben werden, wenn die Option *Produce additional output* gewählt wird. Unter *Output times* kann hier ein Zeitpunkt oder ein Vektor mit Zeitpunkten eingetragen werden. *Produce specified output only* gibt das Simulationsergebnis nur zu den eingetragenen Zeitwerten aus.

Die Check Box *Signal Logging* (standardmäßig aktiviert) ermöglicht die Speicherung von Signalen mittels *Signal Logging* (siehe S. 309). Die Option *Record and inspect simulation output* unter den *Save options* erzwingt die Aufzeichnung der Signale zur Analyse im *Simulation Data Inspector* (siehe S. 311).

Unter den *Save options* steht noch eine weitere Check Box zur Verfügung: *Save simulation output as single object*. Wird diese Check Box aktiviert, so schreibt Simulink alle auf den MATLAB-Workspace ausgegebenen Signale, egal mit welcher Methode sie aufgezeichnet wurden (mit **To Workspace**, **Scope**, **Outport** oder mittels **Signal Logging**) nicht mehr einzeln auf den Workspace sondern in eine einzige Variable (default: *out*) vom Typ eines *Simulink.SimulationOutput*-Datenobjekts. Ein Aufruf von

■ out

erzeugt z.B.

```
        ScopeData: [1x1 struct]
         logsout: [1x1 Simulink.SimulationData.Dataset]
          simout: [1x1 timeseries]
            tout: [80002x1 double]
            yout: [80002x3 double]
```

Die einzelnen Variablen (*ScopeData, logsout, simout, tout, yout*) erscheinen also, unabhängig von ihrem Format, als Felder des Datenobjekts. Ähnlich wie beim *Signal Logging* auf S. 311 erklärt, müssen nun noch die in *out* enthaltenen Variablen einzeln entpackt werden, z.B. *ScopeData* mit

```
ScopeData = out.get('ScopeData')
ScopeData =

        time: [80002x1 double]
     signals: [1x1 struct]
   blockName: 'bsp_math/gedaempfte
Sinusschwingung'
```

Register *Optimization*

Abbildung 8.26 zeigt das Fenster des *Optimization*-Registers (hier die oberste Registerkarte) mit der Default-Einstellung. Hier können verschiedene Optionen zur Optimierung der Simulation (z.B. Rechen- und Speicheraufwand) als auch der Codeerzeugung ausgewählt werden.

Block reduction ermöglicht Simulink die automatische Zusammenlegung von Blöcken während der Simulation, dies spart Rechenzeit. Erzeugter Code wird dadurch kompakter und schneller ausführbar, jedoch wird möglicherweise eine Fehlersuche im Code erheblich erschwert.

Die Check Box *Conditional input branch execution* bezieht sich auf Simulink-Modelle, in denen **Switch**- oder **Multiport Switch**-Blöcke (Bibliothek **Signal Routing**, Kap. 8.8.3) verwendet werden. Aktiviert bewirkt sie, dass während der Simulation (bis auf wenige Ausnahmen) jeweils nur die Blöcke des Signalpfades berechnet werden, der tatsächlich durch das Kontrollsignal der Blöcke an den Ausgang durchgeschaltet wird. Dies verringert die Rechenzeit und erzeugt kompakteren Code.

Wenn die Check Box *Implement logic signals as boolean data* deaktiviert ist, können Blöcke wie **Logical Operator**, **Relational Operator** (siehe S. 318), *Hit Crossing* (siehe S. 379) und **Combinatorial Logic**, die am Ausgang standardmäßig den Datentyp *boolean* ausgeben, auf Ausgabe von *double* umgeschaltet werden. Dazu muss in deren *Block Parameters* Dialogbox jedoch vorher der *Output data type* auf *Logical* umgestellt werden. Dies ist jedoch nur dann nötig, wenn Simulink-Modelle aus sehr viel älteren Versionen simuliert werden sollen bei denen die meisten Blöcke standardmäßig nur den Datentyp *double* akzeptierten. Standardmäßig ist die Check Box aktiviert; dies hilft, den Speicherbedarf eines evtl. später erzeugten Codes zu reduzieren.

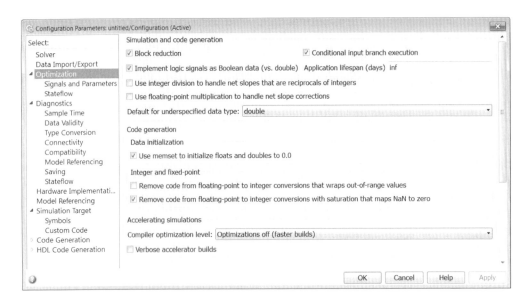

Abb. 8.26: *Optimization-Register (oberste Registerkarte) der Model Configuration Parameters Dialogbox*

Die Option *Application lifespan* wird benötigt, falls sich Blöcke im Modell befinden, die die bereits vergangene oder die absolute Zeit benötigen (z.B. Timer-Blöcke aus dem Simulink Coder, bisher Real-Time Workshop). In diesem Fall bestimmt sie, welcher Datentyp bzw. Wortgröße zur Speicherung der absoluten Zeit verwendet wird, was bei Codeerzeugung den Arbeitsspeicherbedarf reduziert. Bei der Standardeinstellung *inf* belegt ein Timer 64 Bit im Arbeitsspeicher. Um bei speicherplatzrelevanten Anwendungen wie Codeerzeugung Speicherplatz einzusparen, sollte die *Application lifespan* nur so groß wie nötig gewählt werden.

Die Optionen *Use integer division to handle net slopes that are reciprocals of integers* und *Use floating-point multiplication to handle net slope corrections* sind von Interesse, wenn der Fixed-Point Designer aus der Simulink Produktfamilie (mit entsprechender Lizenz) zum Einsatz kommen soll. Anderenfalls können die Check Boxen deaktiviert belassen werden.

Die unter *Code generation* zur Verfügung stehenden Optionen *Use memset to initialize floats and doubles to 0.0*, *Remove code from floating-point to integer conversions that wraps out-of-range values* und *Remove code from floating-point to integer conversions with saturation that maps NaN to zero* erscheinen nur bei lizensiertem Simulink Coder aus der Simulink Produktfamilie und können daher auf den Default-Einstellungen belassen werden.

Die Optionen *Compiler optimization level* und die Check Box *Verbose accelerator builds* sind von Interesse, wenn der *Accelerator mode* zur beschleunigten Simulation genutzt werden soll. Unter *Compiler optimization level* kann gewählt werden, ob der Code ohne Optimierungen erzeugt werden soll – dies geht schneller (*Optimizations off (faster builds*)) – oder ob optimierter Code erzeugt werden soll, der schneller ausgeführt werden kann, jedoch bei der Erzeugung mehr Zeit in Anspruch nimmt (*Optimizations on (faster runs)*). Durch Aktivierung von *Verbose accelerator builds* wird dem Nutzer bei der Codeerzeugung mehr Hintergrundinformationen angezeigt, sowie evtl. verwendete Optimierungen.

Im Unterregister *Signals and Parameters* sind noch folgende Optionen interessant:

Eine Aktivierung der Check Box *Inline parameters* unterdrückt die Möglichkeit, Blockparameter während einer Simulation zu verstellen. Allein die Parameter, die im MATLAB-Workspace als Variable deklariert wurden und anschließend mithilfe der Dialogbox *Model Parameter Configuration* (Auswahl von *Configure*) als *Global(tunable) parameters* ausgewiesen wurden, bleiben verstellbar: Dazu während der Simulation den Wert der Variablen im Workspace ändern und die Änderung mit dem Menüpunkt *Simulation/Update Diagram* im Simulink-Editor übernehmen. Da nicht verstellbare Blockparameter von Simulink als Konstanten behandelt werden können, wird gegenüber der Default-Einstellung (die die meisten Blockparameter während der Simulation verstellbar lässt) Rechenzeit und Arbeitsspeicherbedarf gespart.

Die Check Box *Signal storage reuse* sollte nur deaktiviert werden, wenn eine im Modell implementierte C-MEX S-Funktion mit dem *Simulink Debugger* (siehe Kap. 8.7.3) auf Fehler durchsucht oder im Modell ein *floating scope* (siehe S. 304) oder *floating display* verwendet wird. Für das Ein- und Ausgangssignal jedes Blocks wird dann ein separater Speicherbereich alloziert. Der Speicher, der bei der Simulation eines Modells belegt wird, erhöht sich dadurch stark.

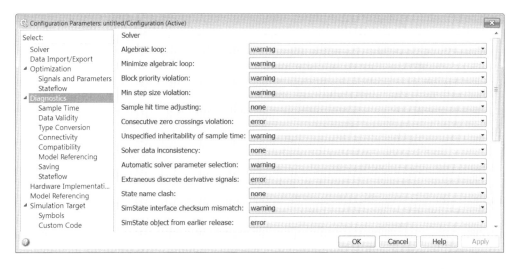

Abb. 8.27: *Diagnostics-Register (Ursachengruppe Solver, oberste Registerkarte) der Model Configuration Parameters Dialogbox*

Register *Diagnostics*

Im Register *Diagnostics* kann bestimmt werden, wie mögliche Ereignisse während eines Simulationslaufs von Simulink behandelt werden sollen. Die Ereignisse sind mehreren Ursachengruppen wie *Solver* (oberste Registerkarte, Abb. 8.27), *Sample Time*, *Data Validity*, *Type Conversion* usw. zugeordnet, deren individuelle Ereignisliste durch Auswahl des entsprechenden Unterregisters (siehe Abb. 8.27, linker Fensterteil) angezeigt werden kann. Für jedes der aufgelisteten Ereignisse (*Algebraic loop*, *Minimize algebraic loop*, *Block priority violation* usw.) kann nebenstehend ausgewählt werden, wie reagiert werden soll: Bei *none* wird das Ereignis ignoriert, *warning* erzeugt eine Warnung im MATLAB-Command-Window, *error* erzeugt eine Fehlermeldung und ruft den Abbruch der Simulation hervor.

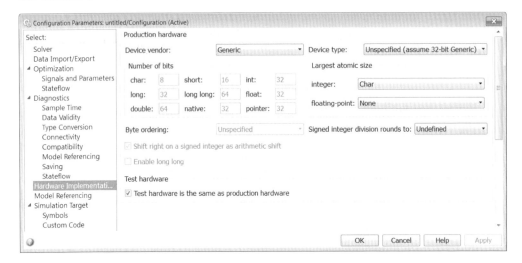

Abb. 8.28: *Hardware Implementation-Register der Model Configuration Parameters Dialogbox*

Register *Hardware Implementation*

Soll aus einem Simulink-Modell später einmal Code für digitale Systeme erzeugt werden, so sollten die Optionen des *Hardware Implementation*-Registers (Abb. 8.28) beachtet werden. Hier können die Eigenschaften der Zielhardware spezifiziert werden, auf der der Code später ausgeführt werden soll (unter *Production Hardware*). Mit Kenntnis dieser Eigenschaften kann Simulink dann bereits während der Simulation des Modells auf im Zusammenhang mit der Zielhardware evtl. auftretende Probleme (wie z.B. einen Arithmetischen Überlauf) aufmerksam machen. Unter *Device vendor* kann der gewünschte Hardware-Hersteller ausgewählt werden (z.B. AMD, Analog Devices, Freescale, Infineon, Texas Instruments) und dazu unter *Device type* eine Liste aktuell verfügbarer Mikroprozessoren des jeweiligen Herstellers. Entspricht die spätere Anwendungsumgebung keinem der Listeneinträge, können nach Auswahl von *Device vendor = Generic* und *Device type = Custom* die charakteristischen Eigenschaften der Hardware wie *Number of bits*, *Largest atomic size* und *Byte ordering* auch individuell eingetragen werden.

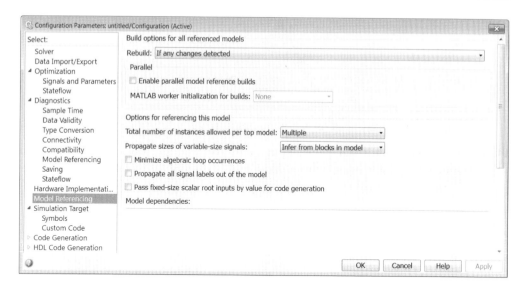

Abb. 8.29: *Model Referencing-Register der Model Configuration Parameters Dialogbox*

Register *Model Referencing*

Im oberen Fensterteil *Build options for all referenced models* des *Model Referencing-Registers* (Abb. 8.29) kann ausgewählt werden, wie mit Modellen verfahren werden soll, die vom betrachteten Modell referenziert werden (siehe dazu Kap. 8.9.4). Bei der Default-Einstellung *Rebuild = If any changes detected* wird nur dann das Simulation Target erneut erstellt, wenn sich z.B. das referenzierte Modell selbst, von ihm verwendete Workspace-Variablen oder eingebundene S-Funktionen geändert haben. Im unteren Fensterteil *Options for referencing this model* wird unter *Total number of instances allowed per top model* festgelegt, wie oft das betrachtete Modell als Referenz innerhalb anderer Modelle einbindbar ist. Unter *Model dependencies* können dem betrachteten Modell vom Benutzer zugeordnete Files angegeben werden (z.B. M-Files, die über Callback Funktionen (Kap. 8.8.1) mit dem betrachteten Modell verknüpft sind). Sie werden dann bei Simulation aller Simulink-Modelle die das betrachtete Modell referenzieren auf Änderungen mitüberprüft.

8.7.2 Numerische Integration von Differentialgleichungen

Das Verhalten eines dynamischen Systems mit der Ausgangsgröße $y(t)$ und der Anregung $u(t)$ kann allgemein mithilfe einer oder mehrerer inhomogener Differentialgleichungen 1. Ordnung

$$\dot{y}(t) = f(u(t), y(t))$$

beschrieben werden. Zur Berechnung des Zeitverlaufs von $y(t)$ muss diese Gleichung integriert werden. Die numerische Integration liefert eine Näherungslösung y_1 der analytischen Lösung $y(t_1)$ der Differentialgleichung:

$$y_1 = y_0 + \int\limits_{t_0}^{t_1} f(u(t), y(t))dt \quad \approx \quad y(t_1) = y(t_0) + \int\limits_{t_0}^{t_1} f(u(t), y(t))dt \tag{8.2}$$

Der entstehende Fehler $dy = y_1 - y(t_1)$ hängt vom Integrationsverfahren ab.

Polygonzugverfahren nach Euler (explizite Rechnung): Dies ist das einfachste und bekannteste Integrationsverfahren. Die Integration von t_0 bis t_1 wird angenähert

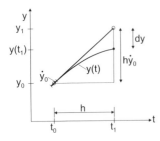

Abb. 8.30: *Polygonzugverfahren nach Euler (explizite Rechnung); Integrationsschrittweite h (nach [31])*

durch die Höhe $h\dot{y}_0$ des Dreiecks, das durch die Verlängerung der Tangente $\dot{y}_0$ an die wahre Kurve $y(t)$ im Punkt (y_0, t_0) bis t_1 entsteht. Damit berechnet sich y_1 abhängig von der Schrittweite h zu:

$$y_1 = y_0 + h\dot{y}_0$$

Abb. 8.30 zeigt das Vorgehen. Deutlich ist der entstehende Fehler dy zu erkennen. Das explizite Euler-Verfahren neigt daher bei großer Schrittweite zur Instabilität.

Trapezverfahren von Heun: Beim Trapezverfahren von Heun wird das Integral auf der rechten Seite von Gl. (8.2) durch die so genannte Trapezregel (Abb. 8.31) approximiert. Dadurch entsteht die Näherung (Abb. 8.32):

$$y_1 = y_0 + h \cdot \frac{(\dot{y}_0 + \dot{y}_1)}{2} \tag{8.3}$$

Da Gl. (8.3) implizit ist (y_1 taucht wegen $\dot{y}_1 = f(u_1, y_1)$ auch auf der rechten Seite der Gleichung auf), muss sie bei nicht separierbaren Variablen iterativ gelöst werden. Dazu wird zunächst z.B. mit dem Polygonzugverfahren nach Euler ein Schätzwert y_1^P bzw. $\dot{y}_1^P$ bestimmt, der dann auf der rechten Seite von Gl. (8.3) anstelle von $\dot{y}_1$ eingesetzt wird. Dies wird in Abb. 8.32 durch $^{(P)}$ verdeutlicht.

Runge-Kutta-Verfahren: Hier wird das Integral von t_0 bis t_1 mithilfe der Kepler'schen Fassregel angenähert. Da dies ein implizites Verfahren ist, müssen die zum Zeitpunkt t_0 noch nicht bekannten Funktionswerte y_1 und y_2 durch die Prädiktor-Korrektor-Methode berechnet werden. Zunächst wird mit der expliziten Euler-Methode

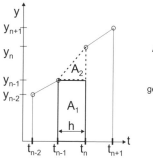

$$A_1 = h \cdot y_{n-1} \qquad A_2 = \frac{1}{2} \cdot h \cdot (y_n - y_{n-1})$$

$$\Downarrow$$

gesamte Trapezfläche unter dem
Kurvenabschnitt $[y_{n-1}\, y_n]$:

$$A_1 + A_2 = h \cdot \frac{(y_{n-1} + y_n)}{2}$$

Abb. 8.31: *Trapezregel: Die Fläche unter dem Kurvenabschnitt $[y_{n-1}\ y_n]$ wird durch ein Trapez approximiert*

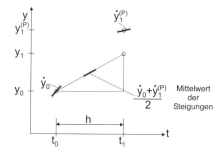

Abb. 8.32: *Trapezverfahren nach Heun; Integrationsschrittweite h (nach [31])*

ein Schätzwert y_1^P bestimmt, und dieser mit der Trapezformel von Heun zu y_1 korrigiert. Das Polynom 3. Ordnung $P_3(t)$ durch y_0 und y_1 liefert bei t_2 schließlich den Schätzwert y_2^P. Damit berechnet sich y_2 zu:

$$y_2 = y_0 + \frac{2h}{6} \cdot [\dot{y}_0 + 4\dot{y}_1 + f(u_2, y_2^P)]$$

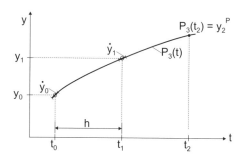

Abb. 8.33: *Runge-Kutta-Verfahren; Integrationsschrittweite h (nach [31])*

Wie zu erkennen ist, handelt es sich beim Runge-Kutta-Verfahren um ein Doppelschrittverfahren. Meistens wird der Doppelschritt von t_0 nach t_2 zu einem Schritt zusammengezogen und die Schrittweite halbiert.

Explizite Rechnung nach Adams-Bashforth: Hier handelt es sich um ein Mehrschrittverfahren, d.h. zur Näherung des Integrals von t_0 bis t_1 bzw. t_n bis t_{n+1} werden zusätzlich die Steigungen an bereits vergangenen Punkten verwendet. Abb. 8.34 zeigt, dass durch die drei Punkte $\dot{y}_n$, $\dot{y}_{n-1}$ und $\dot{y}_{n-2}$ ein Interpolationspolynom $P_2(t)$ gelegt wird. Damit kann in Gleichung (8.2) $f(u(t), y(t))$ unter dem Integral durch $P_2(t)$ ersetzt werden. y_{n+1} berechnet sich dann zu:

$$y_{n+1} = y_n + \frac{h}{12} \cdot [23\dot{y}_n - 16\dot{y}_{n-1} + 5\dot{y}_{n-2}]$$

Um das Verfahren nach Adams-Bashforth starten zu können, müssen zunächst die ersten Werte mit einem Einschrittverfahren wie Euler oder Runge-Kutta berechnet werden.

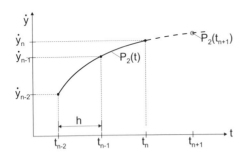

Abb. 8.34: *Verfahren nach Adams-Bashforth; Integrationsschrittweite h (nach [31])*

8.7.3   Fehlerbehandlung und Simulink Debugger

Tritt während der Simulation ein Fehler auf, hält Simulink die Simulation an und ein *Simulation Diagnostics* Viewer wird geöffnet. Im oberen Teil des Fensters (Abb. 8.35) sind die am Fehler beteiligten Blöcke des Modells aufgelistet. Werden sie angeklickt, erscheint im unteren Fensterteil die genaue Beschreibung des Fehlers und im Modell wird zusätzlich die Fehlerquelle farbig hervorgehoben, um ihre Lokalisierung zu erleichtern.

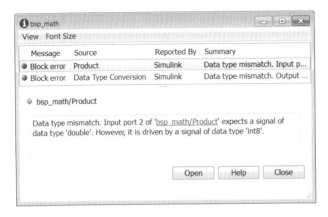

Abb. 8.35: *Fehlermeldung im Simulation Diagnostics Viewer*

Ein Linksklick auf den *Open*-Button öffnet im Allgemeinen die *Block Parameters* Dialogbox des zugehörigen Blocks, so dass dort direkt Parameteränderungen vorgenommen werden können.

Soll ein Simulink-Modell auf Fehler durchsucht werden, so hilft der *Simulink Debugger*. Mithilfe des *Simulink Debuggers* kann die Simulation abschnittsweise ausgeführt und Zustände, Eingangs- und Ausgangsgrößen überprüft werden. Der *Simulink Debugger* wird aus dem Simulink-Editor mit dem Menüpunkt *Simulation/Debug/Debug Model)* gestartet. An dieser Stelle soll am Beispiel `bsp_math.slx` von S. 316 ein kurzer Einblick in die grafische Bedienoberfläche des *Simulink Debuggers* (Abb. 8.36) gegeben werden.

Wird die Simulation über den Button ▶ in der Toolbar des Debuggers gestartet,

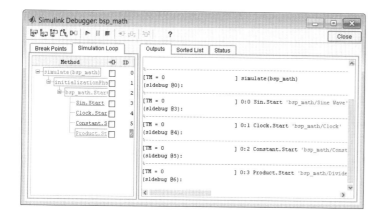

Abb. 8.36: *Fenster des Simulink Debuggers für Simulink-Modell* `bsp_math.slx`

hält der Debugger automatisch nach dem ersten Simulationsssschritt *simulate(bsp_math)* an. Mithilfe der Schaltflächen kann nun die Simulation blockweise oder schrittweise fortgesetzt und dabei Ein- und Ausgänge der gerade ausgeführten Blöcke angezeigt werden. Abb. 8.36 oben zeigt das Fenster des Debuggers von `bsp_math.slx` nach Simulationsstart und viermaliger Aktivierung von (blockweise Fortsetzung) sowie das Blockdiagramm von `bsp_math.slx` mit eingeblendeter Debugger-Information.

Im *Breakpoints*-Register des Debuggers können die Punkte, an denen der Debugger anhält selbst gesetzt sowie zusätzliche Haltebedingungen (z.B. bei zero crossings) festgelegt werden.

Um die Fehlersuche nicht zu behindern, sollten im *Optimization*-Register der *Model Configuration Parameters* Dialogbox (siehe S. 327) die Check Boxen *Signal storage reuse* und *Block reduction* deaktiviert werden.

8.8 Verwaltung und Organisation eines Simulink-Modells

Die Punkte in diesem Unterkapitel dienen der grafischen und strukturellen Organisation aber auch der komfortableren Durchführung einer Simulation sowie dem Drucken eines Simulink-Modells.

8.8.1 Arbeiten mit Callbacks

Zur schnellen Modifikation, Simulation und Auswertung eines Simulink-Modells wird es sinnvoll sein, Definitionen von Blockparametern oder Befehlsfolgen zur grafischen Darstellung oder Weiterverarbeitung von Simulationsergebnissen in MATLAB-Skripts (M-Files) zusammenzufassen. Auf diese Weise hat man zu jedem Zeitpunkt Übersicht über die Parameter, mit denen aktuell simuliert wird, bzw. muss nach der Simulation Analyse- und Plotbefehle nicht immer wieder händisch aufrufen. Um diese MATLAB-Skripts mit dem Simulink-Modell fest zu verknüpfen, werden Model Callbacks verwendet. MATLAB-Skripts (und natürlich alle Arten von MATLAB-Befehlen) können jedoch auch mit Blöcken verknüpft werden. In diesem Fall werden Block Callbacks verwendet.

Unter Callbacks versteht man Funktionen oder Programme, die ausgeführt werden, wenn eine bestimmte Aktion auf ein Simulink-Modell oder einen Block ausgeführt wird, wie z.B. Laden, Initialisieren, Starten oder Speichern eines Modells oder Kopieren, Verschieben, Löschen eines Blocks.

Model Callbacks

Soll ein MATLAB-Skript z.B. automatisch bei der Initialisierung eines Simulink-Modells ausgeführt werden, um in ihm definierte Blockparameter in den MATLAB-Workspace zu laden, wird unter *File/Model properties* der *Model Properties*-Editor aufgerufen. Im Register *Callbacks* wird links der Punkt *InitFcn* ausgewählt und im rechten Fensterteil der Name des MATLAB-Skripts (ohne die Extension .m) eingetragen (Abb. 8.38). Sollen die Blockparameter auch bereits schon beim Öffnen des Simulink-Modells zur Verfügung stehen, wird das MATLAB-Skript zusätzlich unter *PreLoadFcn* eingetragen. Information, welche (Model oder Block) Callbacks wann aufgerufen werden, erhält man durch Aktivieren der Check Box *Callback tracing* unter *File/Simulink Preferences*. Damit wird Simulink veranlasst, alle Callbacks bei ihrem Aufruf im MATLAB-Command-Window aufzulisten.

Aus dem MATLAB-Command-Window kann die Verknüpfung eines MATLAB-Skripts mittels Model Callbacks mit dem `set_param`-Befehl durchgeführt werden. Der Befehlsaufruf

```
set_param('sys', 'InitFcn', 'sys_ini')
```

verknüpft das MATLAB-Skript *sys_ini.m* mittels des Model Callback Parameters *InitFcn* mit dem Simulink-Modell *sys.slx*. Damit wird erreicht, dass *sys_ini.m* zum Zeitpunkt der Initialisierung (für den *InitFcn* steht) von *sys.slx* ausgeführt wird. Rückgängig gemacht werden kann diese Verknüpfung über die Befehlszeile:

```
set_param('sys', 'InitFcn', '')
```

Callback-Tracing wird durch die folgende Befehlszeile aktiviert:

```
set_param(0, 'CallbackTracing', 'on')
```

Welche Callback Parameter Simulink für Modelle anbietet, und wie diese bei Verwendung des `set_param`-Befehls bezeichnet werden, zeigt Abb. 8.38.

Beispiel

In diesem einfachen Beispiel werden die Ausgänge eines *Constant-* und eines *Repeating Sequence*-Blocks miteinander verglichen. Die Signale werden einzeln auf den Workspace geschrieben und können mit MATLAB grafisch dargestellt werden. Die Parameter der Blöcke werden im MATLAB-Skript `bsp_parameter_ini.m` definiert. Zum Zeitpunkt des Simulationsstarts werden die beiden *Scope*-Blöcke geöffnet und die Minimal- und Maximalwerte ihrer y-Achsen mit günstigen Werten vorbelegt (MATLAB-Skript `bsp_parameter_start.m`). Ein Skript für die grafische Ausgabe kann z.B. aussehen wie die Datei `bsp_parameter_plot.m`. Beim Beenden von `bsp_parameter.slx` wird schließlich noch mittels `bsp_parameter_close.m` die in `bsp_parameter_plot.m` erzeugte `figure(5)` geschlossen (die geöffneten *Scope*-Blöcke schließen sich automatisch).

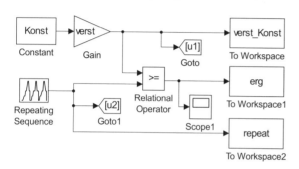

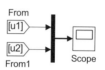

Abb. 8.37: *Beispiel zur Verwendung von Model Callbacks: bsp_parameter.slx*

Der *Model Properties*-Editor aus Abb. 8.38 zeigt, mittels welcher Model Callback Parameter die MATLAB-Skripte mit `bsp_parameter.slx` verknüpft wurden. Aus Abb. 8.39 rechts ist das Ergebnis der Simulation zu entnehmen. Hier wurden die im Format *timeseries* gespeicherten Einzelsignale *verst_Konst*, *repeat* und *erg* in zwei Subplots über die Simulationszeit *tout* aufgetragen.

```
%bsp_parameter_ini.m
%Constant
Konst= 1.15;
%Repeating Sequence
zeit=[0:15:135];
wiederhol=[0,0,5,5,10,10,20,20,10,10];
%Gain
verst=10;
```

```
%bsp_parameter_plot.m
plot(verst_Konst)
hold on
plot(repeat); grid on
set(gca,'Fontsize',13)
title('verst\_Konst und repeat')
subplot(2,1,2)
plot(erg); grid on
set(gca,'Ylim', [0 2],'Fontsize',13)
title('Ergebnis des Vergleichs')
xlabel(''); ylabel('')
```

```
%bsp_parameter_start.m
blocks = find_system(bdroot, 'BlockType', 'Scope');
for i = 1:length(blocks)
    set_param(blocks{i}, 'Open','on')
end
%Block Scope
set_param(blocks{1},'YMin', '0', 'YMax', '20')
%Block Scope1
set_param(blocks{2},'YMin', '0', 'YMax', '2')
```

```
%bsp_parameter_close.m
close(figure(5))
```

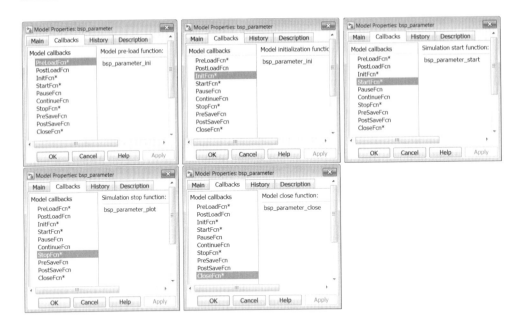

Abb. 8.38: *Callbacks-Register im Model Properties-Editor von* `bsp_parameter.slx` *(die Bezeichnungen der Callbacks bei Verwendung des* `set_param`*-Befehls entsprechen den Listeneinträgen im linken Fensterteil)*

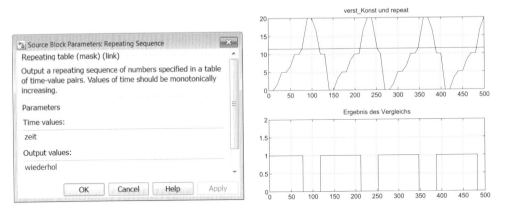

Abb. 8.39: *Links: Block Parameters Dialogbox der* **Repeating Sequence***. Rechts: Ergebnis der Simulation, erzeugt mit* `bsp_parameter_plot.m`

Block Callbacks

Block Callbacks sind Funktionen, die entweder bei einer bestimmten Aktion auf einen Funktionsblock ausgeführt werden (z.B. Öffnen, Schließen, Verschieben, Löschen - siehe auch Code des MATLAB-Skripts `bsp_parameter_start.m` weiter oben auf dieser Seite) oder zu bestimmten Zeitpunkten des Simulationslaufs, genauso wie *Model Callbacks* (z.B. Öffnen des Modells, Initialisierung, Simulationsstart oder -stop). Zum interaktiven Setzen von Block Callbacks wird im Kontextmenü des gewünschten Blocks der Punkt *Properties* ausgewählt, der die *Block Properties* Dialogbox öffnet. Im Register *Callbacks* können nach Auswahl der gewünschten Callback Parameter im linken Fensterteil (z.B. *ClipboardFcn*, *CloseFcn*) die benötigten Befehle oder MATLAB-Skripts (ohne die Extension .m) im rechten Fensterteil eingetragen werden. Für ein Setzen von Block Callbacks über das MATLAB-Command-Window wird ebenfalls der `set_param`-Befehl verwendet. Der Aufruf

```
set_param('sys/Constant1', 'OpenFcn', 'block_ini')
```

zum Beispiel verknüpft das MATLAB-Skript *block_ini.m* mittels des Block Callback Parameters *OpenFcn* mit der Aktion des Öffnens (Links-Doppelklick) des Blocks **Constant1** des Modells *sys.slx*. Dadurch wird beim Öffnen des Blocks **Constant1** nicht mehr die *Block Parameters* Dialogbox geöffnet, sondern es werden nur die in *block_ini.m* gespeicherten Befehle abgearbeitet.

8.8.2 Der *Model Browser*

Der *Model Browser* ermöglicht es dem Simulink-Benutzer, in einem komplexen Modell mit mehreren Modellebenen (erzeugt durch Subsysteme, Kap. 8.9) leichter zu navigieren. Der *Model Browser* öffnet sich standardmäßig beim Öffnen eines neuen Simulink-Modells als links an den Simulink-Editor angedocktes Teilfenster. Bei einfachen Modellen mit nur einer Modellebene kann er bequem durch Klick auf « im senkrechten Trennbalken zwischen linkem Teilfenster (*Model Browser*) und rechtem Teilfenster (Simulink-Modell) minimiert werden. Abb. 8.40 zeigt das Fenster des Simulink Examples Modells `slexAircraftPitchControlExample.slx` nach dem Öffnen mit

```
slexAircraftPitchControlExample
```

Die im Modell existierenden Subsysteme (wie z.B. *Controllers*, *Aircraft Dynamic Model*) werden im linken Fensterteil aufgelistet. Ein Linksklick auf einen Listeneintrag öffnet das Subsystem. Tiefer verschachtelte Subsysteme erscheinen ebenfalls in der Liste im linken Fensterteil, ihrem jeweils überlagerten Subsystem zugeordnet. Einrücken der Listeneinträge verdeutlicht die Verschachtelungstiefe. Ein ▷ links vor einem Listeneintrag verdeutlicht, dass sich in diesem Subsystem noch unterlagerte Ebenen befinden.

8.8.3 Bibliotheken: *Signal Routing* und *Signal Attributes* – Signalführung und -eigenschaften

Die Blöcke dieser Unterbibliotheken dienen der grafischen Organisation von Funktionsblöcken und ihren Verbindungslinien. Komplexere Modelle können so übersichtlich gestaltet und komfortabel bedient werden.

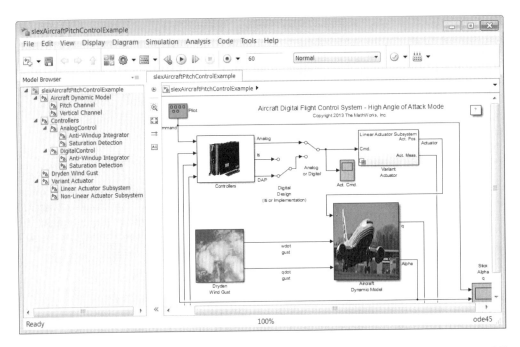

Abb. 8.40: *Fenster des Simulink Model Browsers für das Simulink Example-Modell* `slexAircraftPitchControlExample.slx`

Signal Routing – Signalführung

Bus Creator, Bus Selector

Bus
Creator

Bus
Selector

Mit einem **Bus Creator** können Signale zu einem neuen *composite*-Signal-Bus kombiniert werden. Anders als beim *Mux* sind hier den Eigenschaften der Einzelsignale keine Grenzen gesetzt. *Number of inputs* legt die Anzahl der Einzelsignale fest, die Default-Wahl *Inherit bus signal names from input ports* in der List Box bewirkt, dass an Einzelsignale evtl. vergebene Namen auch im Signal-Bus bzw. bei einer späteren Zerlegung des Signal-Busses mittels *Bus Selector* oder *Demux* weiterverwendet werden.

Signale, die mithilfe eines *Mux*- oder *Bus Creator*-Blocks zusammengefasst wurden, können – außer mit einem *Demux*-Block – auch mit einem **Bus Selector** aus dem Signal-Bus wieder rekonstruiert werden. Es besteht auch die Möglichkeit verschiedene Einzelsignale wieder neu zusammenzufassen. Im folgenden Beispiel (Abb. 8.41) wurden die drei Einzelsignale der *Constant*-Blöcke mit einem *Bus Creator* zusammengefasst. In der *Block Parameters* Dialogbox des *Bus Selector*-Blocks sind sie unter *Signals in the bus* aufgelistet. Über den *Select >>*-Button kann ausgewählt werden, welche der Signale extrahiert oder neu zusammengefasst werden sollen. Im Beispiel wurden *A* und *signal3* ausgewählt. Damit erhält der *Bus Selector* zwei Ausgänge, an denen *A* und *signal3* abgegriffen werden können. Würde die Check Box *Output as* *bus* aktiviert, würden *A* und *signal3* zu einem neuen Ausgangssignal zusammengefasst. Der *Bus Selector* hätte dann nur einen Ausgang.

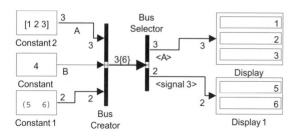

Constant 2 · Constant · Constant 1 · Bus Creator · Bus Selector · Display · Display 1

Abb. 8.41: *Beispiel zum Bus Creator und Bus Selector-Block:* `bsp_busselector.slx`

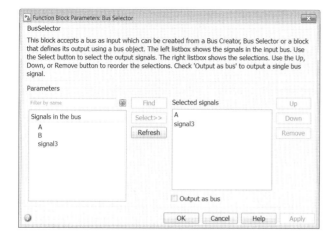

Abb. 8.42: *Block Parameters Dialogbox des Bus Selector-Blocks*

Data Store Memory, Data Store Read, Data Store Write

Data Store Memory

Data Store Read

Data Store Write

Mit einem **Data Store Memory**-Block kann ein lokaler, d.h. modellinterner Data Store-Speicherbereich definiert und initialisiert werden, in den mit **Data Store Write** Daten abgelegt und mit **Data Store Read** wieder ausgelesen werden können. Der Name des Speicherbereichs muss dazu im Feld *Data store name* aller drei Blöcke angegeben werden. Die Dimension der zu speichernden Daten wird im *Data Store Memory* durch entsprechende Dimensionierung des *Initial value* festgelegt.

Sitzt der *Data Store Memory*-Block in der obersten Modellebene, so ist der durch ihn definierte Data Store-Speicherbereich von allen Ebenen des Simulink-Modells aus zugänglich und erlaubt daher den einfachen Austausch von Daten zwischen Subsystemen (Kap. 8.9.1). Befindet sich der *Data Store Memory*-Block in einem Subsystem, so ist sein Data Store-Speicherbereich nur in diesem Subsystem und seinen evtl. unterlagerten Subsystemen zugänglich.

Soll der Datenaustausch auch über die Modellgrenzen hinausgehen, so muss mithilfe eines Datenobjekts der Klasse *Simulink.Signal* ein globaler Data Store-Speicherbereich im MATLAB-Workspace eingerichtet werden (ein *Data Store Memory*-Block wird dann nicht benötigt, siehe dazu "Data Stores with Signal Objects" in der Online-Hilfe, Suchbegriff mit Anführungszeichen eingeben). Beim Arbeiten mit referenzierten Modellen (Kap. 8.9.4) muss ebenfalls ein globaler Data Store-Speicherbereich verwendet werden; in diesem Fall reicht ein lokaler Data Store-Speicherbereich nicht mehr aus.

Goto und From

Goto

Die Blöcke **Goto** und **From** erlauben es, Signale von einem Funktionsblock zu einem anderen zu schicken, ohne dass diese Blöcke tatsächlich grafisch miteinander verbunden sind (siehe Abb. 8.37, `bsp_parameter.slx`).

From

Wie bei der Verwendung von Data Store-Speicherbereichen (siehe S. 341) erhalten komplexe Modelle dadurch mehr Übersichtlichkeit. Im Unterschied zu Data Store-Speicherbereichen können *Goto*- und *From*-Blöcke jedoch nicht für den Datenaustausch mit referenzierten Modellen (Kap. 8.9.4) verwendet werden.

Wird im *Goto*-Block im Textfeld *Goto tag* ein Name (default-Name A) eingetragen, so schickt dieser sein Eingangssignal an einen oder mehrere *From*-Blöcke, in denen derselbe Name in ihrem *Goto tag*-Textfeld steht. Die Sichtbarkeit eines solches *Tags* kann im *Goto*-Block zu *local*, *scoped* oder *global* festgelegt werden.

Mux und Demux

Mux

Demux

Mit dem **Mux**-Block können 1-D-Signale (also skalare oder Vektor-Signale, Kap. 8.4.1) zu einem neuen *composite*-Vektor-Signal kombiniert werden. Unter *Number of inputs* können die Namen, die Dimensionen und die Anzahl der Eingangssignale angegeben werden. Beispiel: Mit dem Eintrag [4 3 –1] werden drei Eingänge definiert mit der Signalbreite 4 am ersten und 3 am zweiten Eingang. Die Signalbreite des dritten Eingangs wird durch Eintrag von –1 nicht festgelegt.

Der **Demux**-Block hat die umgekehrte Funktion. Er teilt ein aus Einzelsignalen kombiniertes Signal wieder in Einzelsignale auf. Der *Demux*-Block arbeitet entweder im Vektor-Modus (Check Box *Bus selection mode* ist deaktiviert) oder *bus selection*-Modus (Check Box *Bus selection mode* ist aktiviert). Im Vektor-Modus werden am Eingang nur 1-D-Signale akzeptiert, deren Elemente der *Demux* abhängig von der *Number of outputs* auf seine Ausgänge aufteilt. Für *Number of outputs* kann eine Zahl > 1 oder ein Zeilenvektor eingetragen werden. Wird ein Zeilenvektor angegeben, hängt die Aufteilung der Elemente des Eingangssignals auf die Ausgänge von der Breite des Eingangssignals, der Anzahl und der Breite der Ausgänge ab. Im *bus selection*-Modus werden am Eingang nur Signale akzeptiert, die entweder der Ausgang eines *Mux*-Blocks oder eines anderen *Demux*-Blocks sind.

Das nachfolgende kurze Beispiel (Abb. 8.43) sollen die Arbeitsweise eines *Demux*-Blocks verdeutlichen:

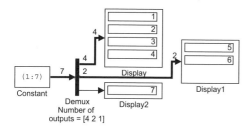

Abb. 8.43: *Beispiel zum* **Demux***-Block: Ein 7-elementiges Eingangssignal wird in 3 Einzelsignale aufgeteilt (benutzerdefinierte Aufteilung):* `bsp_demux.slx`

Selector

Mit dem *Selector* können aus einem 1-D-Signal (Vektor), 2-D-Signal (Matrix) oder höherdimensionalen Signal einzelne Elemente ausgewählt oder zu einem neuen Signal verknüpft werden. Folgendes Beispiel (Abb. 8.44) verdeutlicht die Verwendung für 1-D- und 2-D-Signale.

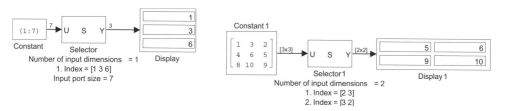

Abb. 8.44: *Beispiele zum* Selector*-Block:* `bsp_selector.slx`

Switch, Manual Switch und Multiport Switch

Der **Switch**-Block schaltet abhängig vom Kontrollsignal u2 am Eingang 2 (mittlerer Eingang) eines seiner beiden Eingangssignale durch. Parameter sind die *Criteria for passing first input* ($u2 \geq$, $>$ *Threshold*, $u2 \neq 0$) und die Schaltschwelle (*Threshold*).

Beim **Manual Switch** erfolgt die Auswahl eines der beiden Eingangssignale per manuellem Links-Doppelklick.

Beim **Multiport Switch** liegt das Kontrollsignal am obersten Eingang 1 an. Abhängig vom gerundeten Wert des Kontrollsignals wird der jeweilige Eingang durchgeschaltet. Beispiel: Bei einem Wert des Kontrollsignals von $3,3$ (gerundet 3) wird das Signal am Eingang 3 an den Ausgang weitergeleitet. Der Kontrolleingang wird bei der Nummerierung der Eingänge nicht gezählt. Über *Number of data ports* kann die Anzahl der Eingangssignale festgelegt werden.

Signal Attributes – Signaleigenschaften

Probe

Der Block *Probe* (zu deutsch: Sonde, Prüfkopf) fragt sein Eingangssignal auf wichtige Eigenschaften ab: Breite, Abtastzeit, Dimension, ob es reell oder komplex ist und ob es sich um ein rahmenbasiertes (framed) Signal handelt (Aktivierung der entsprechenden Check Boxen). Abhängig von der Anzahl der aktivierten Check Boxen hat der *Probe*-Block einen oder mehrere Ausgänge, an denen die Signaleigenschaften abgegriffen werden können.

Rate Transition

Der *Rate Transition*-Block vereinfacht die Verknüpfung von Blöcken mit unterschiedlichen Abtastzeiten. Mithilfe der Check Boxen *Ensure data integrity during transfer* und *Ensure deterministic data transfer* kann auf den benötigten Speicherplatz sowie auf die zeitliche Verzögerung bei der Datenübertragung Einfluss genommen werden. Der *Rate Transition*-Block erkennt automatisch in welchem Modus er arbeiten muss, z.B. ob als *Zero-Order Hold* (Übergang von einem langsamen zu einem schnellen Block) oder als *Unit Delay* (Übergang von einem schnellen zu einem langsamen Block). Systeme mit gemischten Abtastzeiten werden in Kap. 10.3 (S. 410) behandelt.

Signal Conversion

Der *Signal Conversion*-Block erzeugt ein den Werten nach dem Eingang gleiches Ausgangssignal, jedoch kann der Typ des Signals verändert werden. Bei Wahl von *Contiguous copy* aus der Dropdown-Liste unter *Output* z.B. wird das mit einem *Mux* erzeugte *composite*-Eingangssignal in einen neuen, zusammenhängenden Speicherbereich kopiert. Dies kann vor allem bei der Erstellung von Code aus einem Simulink-Modell hilfreich sein. *Virtual bus* konvertiert den an seinem Eingang anliegenden nichtvirtuellen Signal-Bus (siehe Kap. 8.4.1) in einen virtuellen, was vor allem bei breiten Signal-Bussen den Speicherberarf erheblich verringern kann.

8.8.4   Drucken und Exportieren eines Simulink-Modells

Genauso wie MATLAB-Figures können auch Simulink-Modelle ausgedruckt und exportiert werden. Mit `print -s`*sys* wird das Modell `sys.slx` auf dem Standard-Drucker ausgegeben. Der Druck über *File/Print* lässt jedoch die Einstellung mehrerer Druckoptionen zu. Hier kann z.B. die zu druckende Modellebene gewählt werden.

Der Export eines Simulink-Modells in eine Datei erfolgt analog zu MATLAB-Figures:

```
print -ssys;                % Drucken von sys.slx auf Standarddrucker
print -ssys -dmeta sys_emf; % Speichern als Windows-Metafile (sys_emf.emf)
print -ssys -dpdf sys_pdf;  % Speichern im color PDF file format (sys_pdf.pdf)
```

Soll eine unterlagerte Modellebene eines Simulink-Modells, erzeugt durch ein Subsystem (besprochen im anschließenden Kap. 8.9.1) z.B. mit dem Namen *Aircraft Dynamic Model* exportiert werden, lautet der Aufruf:

```
print -ssys/'Aircraft Dynamic Model' -dpdf sys_air_pdf;  % Speichern als .pdf
```

Der Export tiefer verschachtelter Modellebenen funktioniert nach gleichem Schema. Bei Subsystemen mit Namen, die aus mehreren Worten bestehen, muss der Name beim Export wie gezeigt in Anführungszeichen gesetzt werden.

8.9 Subsysteme und *Model Referencing*

8.9.1 Erstellen von Subsystemen / Bibliothek: *Ports & Subsystems*

Um komplexe Modelle übersichtlicher zu gestalten, bietet Simulink die Möglichkeit der Hierarchiebildung, d.h. der Unterteilung von Modellen in so genannte *Subsysteme* an. Neben dem Vorteil, dass sich die Anzahl der im Simulationsfenster dargestellten Funktionsblöcke reduziert, können funktionell verwandte Blöcke sinnvoll zu eigenen Modellteilen (Subsystemen) zusammengefasst werden, welche durch Masken (Kap. 8.9.2) leichter bedienbar gemacht werden, oder (mit oder ohne Maske) zur Erstellung einer eigenen Blockbibliothek (Kap. 8.9.3) herangezogen werden können. Daneben besteht die Möglichkeit, Subsysteme abhängig von Bedingungen auszuführen (*Enabled Subsystem*, *Triggered Subsystem*, *Enabled and Triggered Subsystem*, *For Each-*, *For Iterator-*, *Function-Call-*, *If Action-*, *Switch Case Action-* und *While Iterator Subsystem*), wodurch der Benutzer die Ausführungsreihenfolge bzw. den Ablauf von Modellteilen steuern kann. Bei Auswahl des blau unterlegten Blocks *Subsystem Examples* aus der im folgenden behandelten Bibliothek *Ports & Subsystems* erhält der Benutzer eine Zusammenstellung der o.g. bedingt ausgeführten Subsysteme mit Beispielen und hilfreichen Kommentaren.

Übersicht über die (beliebig tief) verschachtelten Subsysteme behält der Benutzer mit dem in Kap. 8.8.2 beschriebenen *Model Browser*.

Ein Subsystem kann auf zwei Wegen erstellt werden:

1. Die Funktionsblöcke, die zusammengefasst werden sollen, werden im bestehenden Modell mithilfe eines Auswahlrahmens markiert (damit wird sichergestellt, dass alle Verbindungslinien ebenfalls markiert werden). Im Menü *Diagram* wird dann der Punkt *Subsystem&Model Reference/Create Subsystem from Selection* ausgewählt. Die markierten Blöcke werden von Simulink durch einen *Subsystem*-Block ersetzt. Ein Doppelklick auf diesen Block öffnet die Subsystemebene im gleichen Fenster. Ein Explorer Bar unterhalb der Toolbar zeigt im Simulink-Editor an, in welcher Ebene man sich befindet. Darüberhinaus wird im *Model Browser* das angewählte Subsystem hell markiert. Die Ein- und Ausgangssignale des Subsystems werden mit der darüber liegenden Systemebene automatisch durch *Inport-* und *Outport*-Blöcke verknüpft.

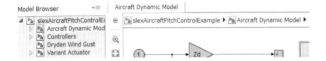

Abb. 8.45: *Explorer Bar und Model Browser nach Klick auf das Subsystem 'Aircraft Dynamic Model' im Simulink Example* slexAircraftPitchControlExample.slx

2. Aus der Unterbibliothek *Ports & Subsystems* wird ein gewünschter *Subsystem*-Block in das Modell kopiert. Mit einem Doppelklick wird das Fenster geöffnet und die gewünschten Funktionsblöcke eingefügt. Die Verbindungen zur nächsthöheren Ebene werden durch *Inport*- und *Outport*-Blöcke hergestellt. Das Subsystem enthält standardmäßig bereits einen *Inport*- und einen *Outport*-Block.

Die *Block Parameters* Dialogbox eines Subsystems erhält man durch Wahl von *Subsystem parameters...* im Kontextmenü des Blocks. Hier können z.B. Schreib- und Leserechte gesetzt werden.

Ports & Subsystems – Ports und Subsysteme

If und If Action Subsystem

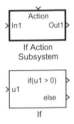

Mithilfe der Blöcke **If** und **If Action Subsystem** können if-then-else-Bedingungen, wie sie z.B. aus der Programmiersprache C bekannt sind, realisiert werden. Im *If*-Block können die Anzahl der Eingänge (*Number of inputs*) sowie if- und elseif-Bedingungen (Textfelder *if expression, elseif expressions*) angegeben werden. Durch Aktivierung/Deaktivierung der Check Box *Show else condition* wird der else-Ausgang erzeugt/unterdrückt. Das *If Action Subsystem* enthält standardmäßig einen *Action Port* Block, der den zusätzlichen *Action*-Eingang erzeugt. Hier kann gewählt werden, ob die Zustandsvariablen des *If Action Subsystems* bei Ausführung gehalten oder auf ihre Initialisierungswerte zurückgesetzt werden sollen. Abb. 8.46 zeigt, wie die Anweisung if (u1 > 0) {If Action Subsystem1;}else{If Action Subsystem;} mithilfe von Subsystemen in Simulink umgesetzt werden kann.

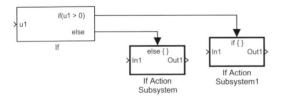

Abb. 8.46: *Realisierung einer if-then-else-Bedingung in Simulink mit If- und If Action Subsystem-Blöcken*

Die Bibliothek *Ports & Subsystems* bietet noch weitere Subsystem-Blöcke an, mit denen auch for-, switch-, while- und do-while-Schleifen realisiert werden können.

Inport und Outport

Inport- und **Outport**-Blöcke stellen allgemein die Eingänge zu und Ausgänge von einem Simulationsmodell dar. Simulink nummeriert die *Inport*- und *Outport*-Blöcke (unabhängig voneinander) automatisch beginnend bei 1. Im Textfeld *Port dimensions* (Register *Signal Attributes*) kann die zulässige Breite des *Inport*-Eingangssignals angegeben werden (Zahl > 1, z.B. 3). Eine manuelle Festlegung der *Port dimensions* ist z.B. dann nötig, wenn Daten im Format *Structure* oder *Structure with time* aus dem Workspace in die *Inport*-Blöcke auf der obersten Modellebene (d.h. nicht in einem Subsystem) eingelesen werden sollen (siehe S. 324).

In einem Subsystem übernehmen *Inport*- und *Outport*-Blöcke die Funktion der Ein- und Ausgänge. Die Verknüpfung mit den auf das Subsystem geführten Signalen der nächsthöheren Ebene ist wie folgt geregelt (analog für *Outport*-Blöcke): Ein *Inport*-Block mit der *Port number* 1 bekommt sein Eingangssignal von dem Block, der mit dem obersten Eingang des Subsystems verbunden ist.

Steht ein *Outport*-Block innerhalb eines bedingt ausgeführten Subsystems (Blöcke *Enabled*-, *Enabled and Triggered*-, *Function-Call*-, *If Action*-, *Switch Case Action*- und *Triggered Subsystem*), ist die Option *Output when disabled* von Bedeutung: hier kann angegeben werden, wie mit dem Ausgang verfahren wird, wenn das Subsystem gerade nicht ausgeführt wird (Zurücksetzen oder Halten auf dem letzten Wert). *Initial output* gibt an, auf welchen Wert der Ausgang jeweils zurückgesetzt wird.

Über *Inport*- und *Outport*-Blöcke auf der obersten Modellebene können Daten aus dem Workspace eingelesen bzw. dorthin geschrieben werden. Dazu muss im Register *Data Import/Export* der *Model Configuration Parameters* Dialogbox (siehe S. 323) die *Input*- bzw. *Output*-Check Box aktiviert und im angrenzenden Textfeld der Name der einzulesenden Variablen bzw. der Variablen, auf die geschrieben werden soll, eingetragen sein.

Inport- und *Outport*-Blöcke auf der obersten Modellebene können auch dazu verwendet werden bei einer Linearisierung (Befehl `linmod`, Kap. 9.2.1) des Simulink-Modells Ein- und Ausgänge des linearisierten Systems festzulegen.

Inport- und *Outport*-Blöcke sind auch in den Bibliotheken *Sources* bzw. *Sinks* zu finden.

Enabled Subsystem

Ein *Enabled Subsystem* enthält einen *Enable*-Block (ebenfalls aus *Ports & Subsystems*) und weist einen zusätzlichen Eingang auf, an den das Enable(Freigabe)-Signal angelegt werden kann. Es wird an jedem Integrationsschritt, an dem das Enable-Signal einen positiven Wert hat, ausgeführt. Der Parameter *States when enabling* im *Enable*-Block gibt an, wie die Zustandsvariablen bei einer erneuten Ausführung belegt werden (Zurücksetzen oder Halten auf dem letzten Wert). *Show output port* weist dem *Enable*-Block einen Ausgang zu, so dass das Steuersignal weiterverarbeitet werden kann.

Abb. 8.47 verdeutlicht die Verwendung eines *Enabled Subsystem*-Blocks. Hier wird eine Sinuswelle sowohl als Eingang als auch als Enable-Signal auf ein Subsystem geführt.

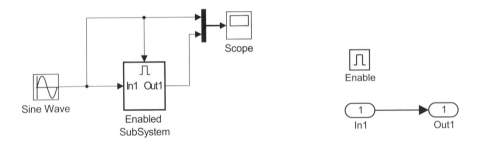

Abb. 8.47: *Beispiel zum Enabled Subsystem:* `bsp_ensub.slx` *und Subsystem 'Enabled Subsystem'*

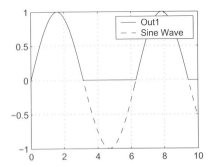

Abb. 8.48: *Simulationsergebnis von* `bsp_ensub.slx`

Im *Enabled Subsystem* wird das Eingangssignal durchgeschleift. Der *Scope*-Block speichert die Signale im Format *Structure with time* auf den Workspace, von wo aus sie in einer MATLAB-Figure geplottet werden können (Abb. 8.48). Da das Subsystem nur für positives Enable-Signal ausgeführt wird, ist der Subsystemausgang *Out1* während der negativen Sinushalbwelle Null.

Model, Model Variants

 Mithilfe des **Model**-Blocks können andere Simulink-Modelle in das betrachtete (Eltern-)Modell (das den *Model*-Block enthält) eingebunden werden (*Model Referencing*, siehe dazu Kap. 8.9.4). Unter *Model name* muss der Name des referenzierten Modells eingetragen werden, unter *Model arguments* erscheinen z.B. die Namen von Blockparametern, die im *Model Explorer* (Kap. 8.4.3) definiert wurden und im referenzierten Modell ebenfalls diesen Namen tragen. Im Textfeld *Model argument values* können die *Model arguments* dann mit Werten belegt werden.

Der Block **Model Variants** unterstützt die Handhabung und Referenzierung verschiedener Varianten eines Simulink-Modells. Diese Varianten können sich nicht nur bezüglich ihrer Parameter, sondern beliebig unterscheiden. In der *Block Parameters* Dialogbox wird jeder Variante des ursprünglichen Simulink-Modells ein Datenobjekt der Klasse *Simulink.Variant*, als sogenanntes *Variant object* zugeordnet, sowie eine Bedingung, z.B. *A ==1 && B ==2*, für jede Variante eine andere. Ist die jeweilige Bedingung erfüllt, wird die zugehörige Variante von Simulink als aktiv betrachtet (*Active variant*) und mittels des *Model Variants*-Blocks referenziert. Aus einer Gruppe von Varianten kann immer nur eine aktiv sein.

Subsystem und Atomic Subsystem

Der **Subsystem**-Block dient dem Erstellen von Teil- oder Untersystemen innerhalb eines Simulationsmodells. Die Verknüpfung zur darüber liegenden Modellebene wird durch *Inport*-Blöcke für Eingangssignale des Subsystems und *Outport*-Blöcke für die Ausgänge bewerkstelligt. Die Anzahl der Ein- und Ausgänge des *Subsystem*-Blocks passt Simulink automatisch den im Subsystem-Fenster vorhandenen *Inport*- und *Outport*-Blöcken an. Die Ein- und Ausgänge des *Subsystem*-Blocks werden standardmäßig nach den Namen der *Inport*- und *Outport*-Bausteine benannt. Durch entsprechende Umbenennung der *Inport*- und *Outport*-Blöcke kann die physikalische Funktion des Subsystems unterstrichen werden (z.B. kann bei einem Regler statt *In1, In2: Sollwert, Istwert* und statt *Out1: Reglerausgang* eingesetzt werden).

Im Kontextmenü kann unter *Subsystem parameters...* die *Block Parameters* Dialogbox des *Subsystem*-Blocks geöffnet werden. Durch Aktivierung der Check Box *Treat as atomic unit* wird der Block zu einem **Atomic Subsystem**. Während die Grenzen eines *Subsystems* bei der Simulation ignoriert werden (d.h. ein normales *Subsystem* ist virtuell), bilden die Blöcke eines *Atomic Subsystems* eine nicht-trennbare Einheit. Kommt ein *Atomic Subsystem* während der Simulation zur Ausführung, so wird Simulink dann gezwungen alle Blöcke innerhalb des *Atomic Subsystems* hintereinander abzuarbeiten, bevor mit einem anderen Block fortgefahren werden kann.

Triggered Subsystem und Function-Call Subsystem

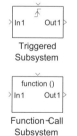

Ein **Triggered Subsystem** enthält einen *Trigger*-Block (ebenfalls aus *Ports & Subsystems*) und weist einen zusätzlichen Eingang auf, an den das Trigger(Auslöse)-Signal angelegt werden kann. Ein getriggertes Subsystem wird nur zum Zeitpunkt des Trigger-Impulses ausgeführt. Getriggert werden kann auf eine positive (*rising*) oder negative Flanke im Steuersignal (*falling*) oder auf beide Flanken (*either*, Parameter *Trigger type* im *Trigger*-Block). Bei der Option *function-call* kann das Auslösen des Trigger-Impulses durch eine selbst programmierte S-Funktion gesteuert werden. Das getriggerte Subsystem wird dann zu einem **Function-Call Subsystem**. Abb. 8.49 verdeutlicht die Funktion eines *Triggered Subsystem*-Blocks. Hier werden zwei Sinuswellen unterschiedlicher Frequenz auf das Subsystem geführt. Der *Sine Wave*-Block stellt dabei das Trigger-Signal (Amplitude 0.2, Frequenz 10 rad/sec.) zur Verfügung. Im Subsystem wird das Eingangssignal durchgeschleift. Im *Scope* werden die Signale aufgezeichnet (Abb. 8.50). Der Parameter *Trigger type* des *Trigger*-Blocks steht auf *either*, so dass das Subsystem sowohl für steigende als auch für fallende Flanke des *Sine Wave*-Ausgangs ausgeführt wird. Wie aus Abb. 8.50 zu erkennen ist, realisiert somit der Ausgang *Out1* ein Sample&Hold des *Sine Wave1*-Signals mit der doppelten Frequenz des Trigger-Signals.

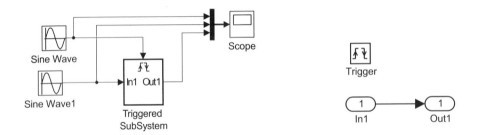

Abb. 8.49: *Beispiel zu getriggerten Subsystemen:* `bsp_trigsub.slx` *und Subsystem 'Triggered Subsystem'*

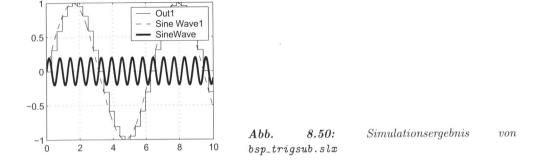

Abb. 8.50: *Simulationsergebnis von* `bsp_trigsub.slx`

8.9.2 Maskierung von Subsystemen

Durch die Option der Maskierung von Subsystemen wird die Parametrierung von komplexeren Subsystemen erleichtert. Die Parameter können auf diese Weise in einer einzigen *Block Parameters* Dialogbox zusammengefasst werden. Durch die Maskierung wird aus einem komplexen Subsystem ein neuer, eigener Block erzeugt. Eine benutzerdefinierte Unterbibliothek (Kap. 8.9.3) kann so entworfen werden.

Variablen, die in einem maskierten Subsystem verwendet werden und über die *Block Parameters* Dialogbox mit Werten belegt werden können (im Beispiel die Parameter m und b), sind lokale Variablen (die im *Model Workspace* liegen, Zugriff auf diesen hat man z.B. mit dem *Model Explorer*, Kap. 8.4.3) und damit nicht auf dem MATLAB-Workspace sichtbar. Nur so ist gewährleistet, dass maskierte Blöcke wie Standard-Funktionsblöcke in einem Simulationsmodell mehrfach verwendet werden können.

Beispiel

Als Beispiel soll das in Abb. 8.51 bzw. 8.52 gezeigte Subsystem *mx+b* maskiert werden. Das Subsystem berechnet über die Gleichung $y = m \cdot x + b$ aus dem Eingangssignal x eine Gerade mit der Steigung m und dem y-Achsenabschnitt b. In der *Block Parameters* Dialogbox (Maske des Subsystems) sollen m und b später als beliebig veränderbare Parameter auftreten.

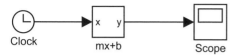

Abb. 8.51: *Beispiel zur Maskierung von Subsystemen:* `bsp_mask.slx`

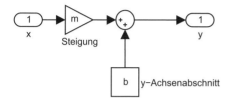

Abb. 8.52: *Subsystem 'mx+b'*

Wird das Subsystem *mx+b* markiert, kann im Block-Kontextmenü (einfacher Rechtsklick) der Punkt *Mask/Create Mask* aufgerufen werden und die Mask Editor Dialogbox erscheint. Das *Initialization*-Register erlaubt die Initialisierung der Parameter des neuen Blocks, die im *Parameters&Dialog*-Register definiert wurden. Im *Documentation*-Register kann eine kurze Funktionsbeschreibung sowie der Text des *Help*-Fensters (bei Klick auf den *Help*-Button) eingetragen werden. Im Register *Icon&Ports* stehen Optionen zur Gestaltung des Block-Icons zur Auswahl.

Im *Parameters&Dialog*-Register des Mask Editors (Abb. 8.53 links) wird zunächst der Eintrag *Parameters* im mittleren Fensterteil *Dialog Box* durch Klick auf ⬚) markiert. Nun kann für jeden der beiden Parameter *m* und *b* des Subsystems durch Klick auf den *Promote underlying block parameters*-Button 📑 im linken Fensterteil unter *Controls/Parameters* ein Eintrag (z.B. 📑#1) in der *Dialog Box* erzeugt werden. Anschließend muss dieser Eintrag mit einem im Subsystem vorhandenen Blockparameter verknüpft werden. Dazu wird im rechten Fensterteil *Property editor* unter *Properties* auf den *Promoted Parameter Selector* 📑 geklickt der die gleichnamige Dialogbox öffnet. Unter *Child blocks* wird *Steigung* (bzw. *y-Achsenabschnitt*) angewählt und unter *Promotable parameters* der erste Listeneintrag *Gain:* (bzw. *Constant value:*) und mit Doppelklick in den rechten Fensterteil *Promoted parameters (Type: edit)* übernommen. Dann wird mit Klick auf *OK* das Fenster geschlossen. Nun können im Fensterteil *Dialog Box* des Mask Editors die Standardbezeichungen unter *Prompt* und *Name* zugeschnitten werden, wie in Abb. 8.53 links gezeigt. Damit der zweite Parameter *y-Achsenabschnitt* neben *Steigung* erscheint wurde noch im rechten Fensterteil *Property editor* unter *Layout* die *Item location = Current row* gewählt. Bei Doppelklick auf den Subsystem-Block in `bsp_mask.slx` erscheint nun nicht mehr das Subsystem-Fenster sondern eine *Block Parameters* Dialogbox, wie in Abb. 8.53 rechts.

Im *Documentation*-Register des Mask Editors (Abb. 8.54 links) wird unter *Mask type* die Bezeichnung des Blocks (im Beispiel 'Geradenberechnung') eingetragen. Im Textfeld *Mask description* wird der beschreibende Text des Blocks eingetragen, der in der *Block Parameters* Dialogbox unter der Blockbezeichnung erscheint (Abb. 8.53 rechts). Der Hilfe-Text unter *Mask help* soll die Bedienung des Blocks erleichtern.

Im Register *Icon&Ports* kann das Icon des Blocks gestaltet werden. Es stehen Befeh-

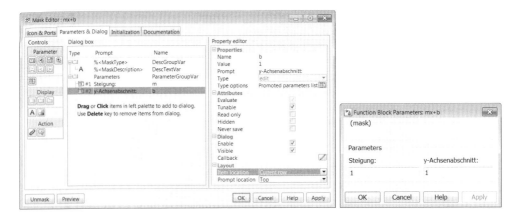

Abb. 8.53: *Maskieren von Subsystem* **mx+b:** *Parameters&Dialog-Register und resultierende Block Parameters Dialogbox*

Abb. 8.54: *Maskieren von Subsystem* **mx+b:** *Documentation-Register und resultierende Block Parameters Dialogbox*

le zum Darstellen von Text und Linien sowie Übertragungsfunktionen zur Verfügung (Beispiele in der Dropdown-Liste *Command* im unteren Fensterteil). Mit dem Befehl

```
image(imread('grafik.bmp'))
```

im Fensterteil *Icon drawing commands* können Bilddaten (z.B. im BMP-, GIF- oder JPG-Format) eingebunden werden.

Für das Subsystem *mx+b* wurde mithilfe der Befehle `plot([0 1],[0.1 0.1])` `plot([0.1 0.1],[0 1])` ein x-y-Koordinatensystem sowie mit `plot([0 0.6],[0.3 1.05])` eine Gerade mit $m > 0$ und $b > 0$ gezeichnet. Für die Option *Icon units* wurde *Normalized* gewählt (linke untere Blockecke $\hat{=}$ $(0,0)$, rechte obere Blockecke $\hat{=}$ $(1,1)$). Mithilfe der Optionen *Block frame*, *Icon transparency*, *Icon rotation* und *Port rotation* können unter anderem die Sichtbarkeit des Blockrahmens und eine eventuelle Drehung

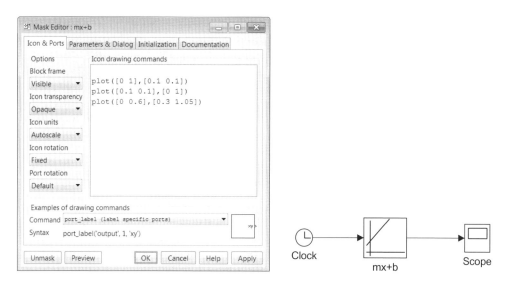

Abb. 8.55: *Maskieren von Subsystem* mx+b: *Icon-Register und resultierendes Simulink-Modell* bsp_mask.slx

der Grafik bei Drehung oder Spiegelung des Blocks eingestellt werden. Soll anstelle einer Grafik Text in einen Block eingefügt werden, stehen dafür Befehle wie disp('Text') bzw. disp(Variablenname) zur Verfügung. *Variablenname* muss dabei die Variable eines im *Parameters*-Registers definierten Prompts sein. Es wird dann der Wert der Variable dargestellt, sofern ihr in der *Block Parameters* Dialogbox ein solcher zugewiesen wurde. Mit disp('Text') dargestellter Text kann durch den Befehl \n innerhalb der Anführungsstriche umgebrochen werden.

Um weitere Änderungen an einem maskierten Subsystem vorzunehmen, kann der Mask Editor nach Markierung des Blocks jederzeit aus dem Block-Kontextmenü mit *Mask/Edit Mask* aufgerufen werden. Der Punkt *Mask/Look Under Mask* öffnet das Subsystem-Fenster wie der Doppelklick bei unmaskierten Subsystemen. Mit dem *Unmask*-Button im Mask Editor links unten kann die Maskierung eines Subsystems rückgängig gemacht werden. Die im Mask Editor eingetragenen Informationen werden aufgehoben bis das Modell geschlossen wird.

8.9.3 Erstellen einer eigenen Blockbibliothek

Eigene Blöcke (wie z.B. selbstprogrammierte S-Funktionen) oder Subsysteme mit häufig verwendeten Teilmodellen, die man mit Masken genau auf die eigenen Bedürfnisse zugeschnitten hat, können in einer eigenen Blockbibliothek zusammengestellt und damit schnell wiederverwendbar gemacht werden. Über den *Library Browser* ist ein Zugriff auf diese eigene Bibliothek jederzeit möglich.

Aus dem Simulink-Editor oder vom *Library Browser* aus kann ein neues, leeres Bibliotheksfenster (vergleichbar mit dem Fenster der Simulink-Bausteinbibliothek aus

Abb. 8.1) mit dem Menüpunkt *File/New/Library* erstellt werden. Durch Ziehen mit der linken Maustaste können nun Blöcke oder Subsysteme aus einem Simulink-Modell oder Standard-Unterbibliotheken in das Bibliotheksfenster gezogen werden. Für Blöcke gilt: soll der Link (also die Verknüpfung) mit dem Standard-Funktionsblock aufgebrochen und der in die eigene Bibliothek gestellte Block selbst zu einem Referenzblock werden, muss dem Block vorher eine Maske gegeben werden. Dazu wird der gewünschte Block markiert aus dem Block-Kontextmenü der Punkt *Mask/Create Mask* aufgerufen. Anchließend kann mit dem Punkt *Mask/Edit Mask* der aus Kap. 8.9.2 bekannte Mask Editor aufgerufen und die Blockmaske gestaltet werden.

Subsysteme können mit oder ohne Maske in die eigene Blockbibliothek gestellt werden und dort als Referenzblock dienen.

Folgende Schritte lassen die eigene Blockbibliothek auch im *Library Browser* erscheinen:

1. Das neue Bibliotheksfenster muss zunächst in einem dem MATLAB-**Pfad** (siehe Kap. 3.4) zugehörigen Verzeichnis abgespeichert werden. Dabei muss jede eigene Bibliothek in einem eigenen Verzeichnis stehen.

2. Dieses Verzeichnis muss standardmäßig ein `slblocks.m`-File enthalten. In den meisten Fällen genügt es, ein neues MATLAB-Skript mit den folgenden Befehlen

   ```
   function blkStruct = slblocks
   Browser.Library = 'lib_sys';
   Browser.Name = 'Name der Bibliothek';
   blkStruct.Browser = Browser;
   ```

   zu erstellen und unter dem Namen `slblocks.m` im gleichen Verzeichnis wie die eigene Blockbibliothek abzuspeichern. Dabei ist `lib_sys.slx` der Name unter dem das erzeugte neue Bibliotheksfenster abgespeichert wurde und `Name der Bibliothek` der Name, unter dem dieses Fenster im *Library Browser* erscheinen soll.

3. Für `slblocks.m` gibt es auch ein reich kommentiertes Template. Wer darauf zurückgreifen möchte, benutzt den Befehl

   ```
   edit slblocks.m
   ```

   und speichert das sich öffnende Template-File $MATLABROOT$ `\toolbox\simulink\blocks\slblocks.m` in das gleiche Verzeichnis wie die eigene Blockbibliothek.

4. In dieser gespeicherten Kopie von `slblocks.m` werden nun die allgemeinen Platzhalter (vor allem bei *Browser.Library* und *Browser.Name*) durch die eigenen Angaben wie in Punkt 2 ersetzt.

5. Damit der *Library Browser* die vorgenommenen Veränderungen erkennt, muss gegebenenfalls MATLAB beendet und neu gestartet werden.

Beispiel: Folgende Befehle in der Datei `slblocks.m` lassen die eigene Blockbibliothek mit dem Dateinamen `eBib.slx` (die das maskierte Subsystem *mx+b* aus Kap. 8.9.2 und einen maskierten *Gain*-Block enthält) im *Library Browser* unter dem Eintrag *Eigene Blöcke* erscheinen (Abb. 8.56):

```
function blkStruct = slblocks

Browser.Library = 'eBib';
Browser.Name    = 'Eigene Blöcke';

blkStruct.Browser = Browser;
```

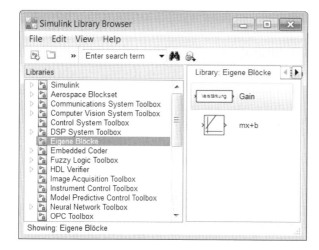

Abb. 8.56: *Library Browser, mit Eintrag der selbstdefinierten Blockbibliothek 'Eigene Blöcke'*

Unter http://www.degruyter.com/ (Buchtitel in das Suchfeld eingeben) und http://www.matlabbuch.de/ sind die Dateien `eBib.slx` und `slblocks.m` im Verzeichnis `simulink_grund/lib1` zu finden. Dieses Verzeichnis einfach dem MATLAB-**Pfad** hinzufügen mit dem Menüpunkt *Set Path* im Toolstrip HOME des MATLAB-Command-Window, um 'Eigene Blöcke' (nach einem evtl. Neustart von MATLAB) im *Library Browser* anzeigen zu lassen.

8.9.4   *Model Referencing*

Model Referencing bietet die Möglichkeit, beliebige bereits vorhandene Simulink-Modelle in ein anderes, gerade betrachtetes Eltern-Modell einzubinden. Das referenzierte Modell kann dadurch unabhängig vom Eltern-Modell entworfen werden (und umgekehrt). Im Gegensatz zu Subsystemen müssen die einzubindenden Modellteile nicht in das gerade betrachtete Modell hineinkopiert werden, sondern verbleiben – vor (auch unabsichtlichen) Änderungen geschützt – in einem eigenen Modell.

Um eine Referenz auf ein bereits vorhandenes Simulink-Modell zu erstellen wird ein *Model*-Block (siehe S. 348) aus der Bibliothek *Ports&Subsystems* in das gerade betrachtete Eltern-Modell eingebracht und durch Eingabe des Namens des Simulink-Modells unter *Model name* eine Referenz auf dieses Modell erzeugt. Das referenzierte Modell muss sich dabei im gleichen oder in einem zum MATLAB-**Pfad** gehörigen Verzeichnis (Kap. 3.4) befinden. Wenn im *Model*-Block der *Simulation mode = Accelerator* gewählt wurde, wir bei Simulationsstart des Eltern-Modells ein so genanntes Simulation Target (eine ausführbare C MEX S-Funktion, die unter Windows die Erweiterung *_msf.mexw64* erhält) des referenzierten Modells im aktuellen Verzeichnis erzeugt, sowie ein Verzeichnis `slprj`, das alle bei der Erzeugung des Simulation Target verwendeten Dateien enthält. Bei jedem erneuten Simulationsstart des Eltern-Modells wird von Simulink überprüft, ob sich das referenzierte Modell seit der letzten Erzeugung des Simulation Target verändert hat. Abhängig von der Wahl des Parameters *Rebuild* im Register *Model Referencing* (siehe S. 331) der *Model Configuration Parameters* Dialogbox des Eltern-Modells wird dann das Simulation Target neu erzeugt oder nicht. Für die Erstellung des Simulation Target wird standardmäßig der MATLAB-interne Compiler *lcc-win64* verwendet. Die Installation eines eigenen Compilers ist nicht notwendig.

Bei Wahl von *Simulation mode = Normal* wird kein Simulation Target erzeugt.

Beispiel

Anhand der Simulink-Modelle `bsp_referencing.slx` (Abb. 8.57 links) und `bsp_referencing_g.slx` (Abb. 8.57 rechts) soll das Vorgehen beim *Model Referencing*

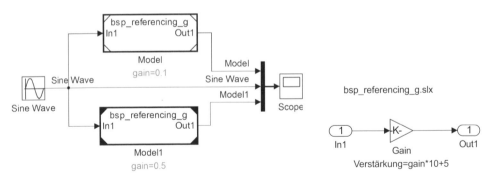

Abb. 8.57: *Eltern-Modell* `bsp_referencing.slx` *(links) und referenziertes Modell* `bsp_referencing_g.slx` *(rechts)*

verdeutlicht werden: In `bsp_referencing_g.slx` wird das Eingangssignal über einen *Gain*-Block mit dem Verstärkungsfaktor *gain·10+5* zum Ausgang geführt. Durch die Verwendung eines *Inport*- und *Outport*-Blocks am Ein- und Ausgang entsteht beim Referenzieren von `bsp_referencing_g.slx` in `bsp_referencing.slx` an den *Model*-Blöcken jeweils ein Ein- und ein Ausgang.

Um beim Referenzieren den Wert des Verstärkungsfaktors variabel gestalten zu können, muss die Variable *gain* im *Model Explorer* (Menüpunkt *View/Model Explorer*, z.B. in der Menüleiste von `bsp_referencing.slx`) als MATLAB-Variable im *Model Workspace* von `bsp_referencing_g.slx` definiert (Button ⊞) und mit einem Wert belegt werden sowie unter *Model arguments* eingetragen werden (Abb. 8.58 oben). In der *Block Parameters* Dialogbox der Blöcke *Model* und *Model1* (zu öffnen z.B über das Block-Kontextmenü, Punkt *Block Parameters (ModelReference)*) in `bsp_referencing.slx` erscheint *gain*

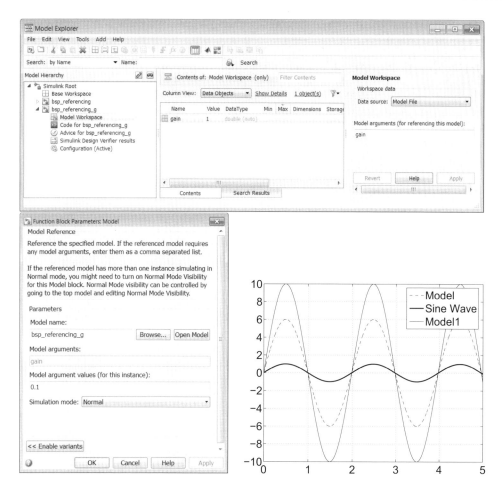

Abb. 8.58: *Model Explorer (oben), Block Parameters Dialogbox des Blocks* **Model** *(unten links) und Simulationsergebnis von* `bsp_referencing.slx` *(unten rechts)*

dann unter *Model arguments* (grau unterlegt, da eine Veränderung nur über den *Model Explorer* möglich ist). Im Feld *Model argument values* kann *gain* mit beliebigen Werten (hier 0.1 und 0.5) belegt werden (Abb. 8.58 unten links). In **Model** wurde der *Simulation mode = Normal* gewählt, in **Model1** *Simulation mode = Accelerator*. Abbildung 8.58 zeigt unten rechts das Simulationsergebnis von `bsp_referencing.slx`.

Einschränkungen bezüglich Solver-Auswahl bestehen in der aktuellen Simulink-Version nicht mehr. Daher wurde als Solver für beide Modelle der Variable-step-Solver *discrete(no continuous states)* gewählt.

Einige Einschränkungen müssen beim Einsatz von *Model Referencing* noch in Kauf genommen werden (für eine Liste siehe Online-Hilfe unter "model referencing limitations"), sie werden jedoch von Version zu Version abgebaut.

8.10   Übungsaufgaben

8.10.1   Nichtlineare Differentialgleichungen

Schreiben Sie ein Simulink-Modell, das folgenden Satz von nichtlinearen Differentialgleichungen löst:

$$\dot{x} = \sigma \cdot (y - x)$$

$$\dot{y} = -xz + \rho x - y$$

$$\dot{z} = xy - \beta z$$

Erstellen Sie ein MATLAB-Skript zur Initialisierung des Modells mit $\sigma = 3$, $\rho = 26.5$
und $\beta = 1$. Verknüpfen Sie das Skript mit Ihrem Modell als Model Callback *InitFcn*.

Zeichnen Sie x über z in einem **XY Graph** auf. Wählen Sie als Parameter *x-min = -15*,
x-max = 15, *y-min = 0* und *y-max = 50*.

Lassen Sie die Zustandsvariablen x, y und z während der Simulation auf den Workspace
speichern (mit der Option *Save to workspace/States* in der *Model Configuration Parameters* Dialogbox) und schreiben Sie ein weiteres MATLAB-Skript, mit dem Sie die
Trajektorie im Zustandsraum grafisch darstellen können (z.B. mit dem `plot3`-Befehl).
Verknüpfen Sie das Skript mit Ihrem Modell als Model Callback *StopFcn*.

Für die Programmierung der Differentialgleichungen benötigen Sie den *Integrator*-Block
aus der Unterbibliothek **Continuous** (Kap. 9.1). Die Default-Einstellungen in der *Block
Parameters* Dialogbox können Sie bis auf die *Initial condition* übernehmen. Geben Sie
hier einen Wert > 0, z.B. 5 ein.

Abb. 8.59 zeigt die Simulationsergebnisse für die angegebene Parameterkonstellation
und eine Simulationszeit von 100 Sekunden.

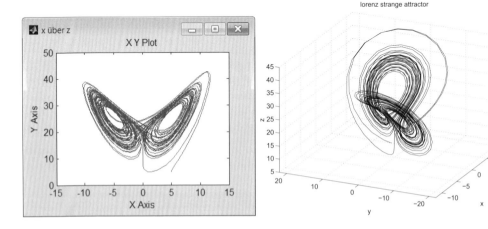

***Abb. 8.59:** Trajektorie des Lorenz Attraktors*

Hinweis: Die drei Differentialgleichungen beschreiben den aus der Mathematik und Physik bekannten Lorenz Attraktor. Sie stellen ein einfaches Modell atmosphärischer Konvektionsvorgänge dar und wurden 1961 von Edward Lorenz zur Wettervoraussage aufgestellt. Für bestimmte Kombinationen von σ, ρ und β entsteht ein chaotisches Systemverhalten, das um zwei Gleichgewichtspunkte im Raum schwingt.

8.10.2 Gravitationspendel

In dieser Übungsaufgabe soll das Modell eines Gravitationspendels, wie in Abb. 8.60 dargestellt, programmiert und das Subsystem anschließend maskiert werden. Wichtige Systemparameter sollen über die Maske des Subsystems einstellbar gemacht werden.

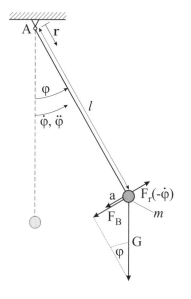

Es gilt:

φ	Auslenkwinkel aus der Ruhelage
$\dot{\varphi}$	Winkelgeschwindigkeit
$\ddot{\varphi}$	Winkelbeschleunigung
a	Beschleunigung
l	Länge des Seils
m	Masse des Pendels incl. Seil
g	Erdbeschleunigung, $g = 9.81 \ m/s^2$
G	Erdanziehungskraft
$F_r(-\dot{\varphi})$	winkelgeschwindigkeitsabhängige Reibkraft im Lager
F_B	Kraft durch Erdbeschleunigung
A	Aufhängungspunkt (Drehpunkt)
r	Radiusvariable der Bewegungsebene

Abb. 8.60: *Zum mathematischen Gravitationspendel*

Die Betrachtungsweise des Pendels erfolgt idealisiert (Seil ist nicht dehnbar, Pendelmasse punktförmig, nur Schwingungen in der $r - \varphi$-Ebene möglich). Allein eine winkelgeschwindigkeitsabhängige Reibkraft $F_r(-\dot{\varphi})$ soll im Lager am Aufhängungspunkt angreifen. Sie wird über eine *arctan*-Funktion modelliert und versucht, das Pendel zu jedem Zeitpunkt zu verlangsamen.

Die Gleichungen des Systems lauten

1. Beschleunigung: $\qquad\qquad\qquad a = \ddot{\varphi} \cdot l$

2. Kraft durch Erdbeschleunigung: $\quad F_B = G \cdot \sin\varphi = m \cdot g \cdot \sin\varphi$

3. Reibkraft: $\qquad\qquad\qquad F_r(-\dot{\varphi}) = -F_r(\dot{\varphi}) = -1.3 \cdot \arctan(50 \cdot \dot{\varphi})$

Daraus ergibt sich die Momentensumme um den Punkt A zu

$$\stackrel{\curvearrowleft}{\textstyle\sum_{+}} M^{(A)} = 0: \qquad -l \cdot m \cdot a - l \cdot F_B + l \cdot F_r(-\dot{\varphi}) = 0$$

und es folgt für die DGL des reibungsbehafteten Gravitationspendels:

$$\ddot{\varphi} = -\frac{g}{l} \cdot \sin\varphi + \frac{F_r(-\dot{\varphi})}{m \cdot l}$$

$$= -\frac{g}{l} \cdot \sin\varphi - \frac{1}{m \cdot l} \cdot 1.3 \cdot \arctan(50 \cdot \dot{\varphi})$$

Für die Programmierung der DGL benötigen Sie wieder *Integrator*-Blöcke aus der *Continuous*-Unterbibliothek. Wählen Sie beide Male die *Initial condition source* zu *external* und führen Sie von außen geeignete Werte für den Auslenkwinkel zu Beginn, φ_0, und die Anfangswinkelgeschwindigkeit $\dot{\varphi}_0$ auf die Integratoren, mit denen das Pendel gestartet werden soll!

Das Pendel soll innerhalb eines Subsystems programmiert werden, aus dem die Zustandsvariablen Winkel und Winkelgeschwindigkeit (φ und $\dot{\varphi}$) sowie die Winkelbeschleunigung ($\ddot{\varphi}$) als Ausgänge herausgeführt werden sollen. Sie sollen in einem *Scope* oder einer MATLAB-Figure aufgezeichnet werden. Abb. 8.61 links zeigt das äußere Erscheinungsbild des maskierten Pendels mit seinen Ausgängen.

Maskierung: Ähnlich wie im zuvor behandelten Beispiel sollen die Parameter m, l, φ_0 und $\dot{\varphi}_0$ über die Maske des Subsystems einstellbar sein. In Abb. 8.61 rechts ist die *Block Parameters* Dialogbox gezeigt, die das maskierte Pendel erhalten soll. Überlegen Sie sich außerdem einen tatsächlich hilfreichen Hilfetext für den Block!

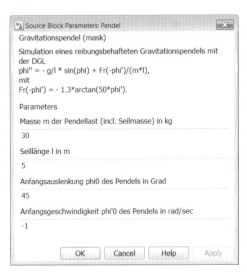

Abb. 8.61: *Erscheinungsbild des maskierten Pendels und zugehörige Block Parameters Dialogbox*

Hinweise:

- Überlegen Sie sich, wie Sie fein aufgelöste Kurvenverläufe für φ, $\dot{\varphi}$ und $\ddot{\varphi}$ erzeugen können, ohne übermäßige Rechenzeiteinbuße.

- Vergessen Sie nicht, dass die benötigte Sinus-Funktion ihr Eingangssignal in der Einheit rad erwartet.

- Wie könnten Sie Ihre Signale auf den MATLAB-Workspace speichern, ohne dabei über einen *Scope-* oder *To Workspace*-Block zu gehen?

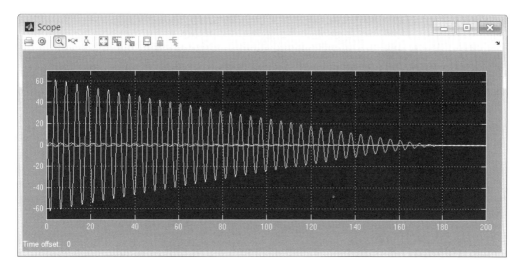

Abb. 8.62: *Winkel, Winkelgeschwindigkeit und Winkelbeschleunigung des reibungsbehafteten Gravitationspendels, dargestellt in einem Scope-Block für die Parameter m = 30 kg, l = 5 m, $\varphi_0 = 45\,°$, $\dot{\varphi}_0 = -1$ rad/sec.*

9 Lineare und nichtlineare Systeme in Simulink

Aufbauend auf den im vorangegangenen Kapitel gelegten Simulink-Grundlagen treten nun Blöcke für die Repräsentation der Dynamik in zeitkontinuierlichen Systemen hinzu (Unterbibliothek *Continuous*), nichtlineare Anteile in Systemen wie z.B. Sättigungen und Totzeiten (Unterbibliothek *Discontinuities*) sowie programmierbare MATLAB-Funktionen und „Nachschlage-Tabellen" der Unterbibliotheken *User-Defined Functions* und *Lookup Tables*. Als eigene Punkte werden außerdem die Analyse von Simulink-Modellen, die Behandlung von algebraischen Schleifen sowie die Programmierung von S-Funktionen vorgestellt.

Abtastsysteme in Simulink werden in Kap. 10 ausführlich behandelt.

9.1 Simulink-Bibliothek: *Continuous* – Zeitkontinuierliche Systeme

Derivative

Derivative

Eine Differentiation des Eingangssignals wird mit dem *Derivative*-Block durchgeführt. Der Ausgang des Blocks berechnet sich zu $\Delta u/\Delta t$, wobei Δ jeweils die Änderung der entsprechenden Größe seit dem vorangegangenen Integrationsschritt bezeichnet. Der Anfangswert des Ausgangssignals ist 0. Zur Linearisierung wird der *Derivative*-Block durch ein DT_1-Verhalten $s/(N{\cdot}s+1)$ approximiert, dessen Zeitkonstante N unter *Linearization Time Constant* eingegeben werden kann.

Integrator und Integrator, Second-Order

Integrator

Integrator, Second-Order

Der **Integrator** integriert sein Eingangssignal. Der Anfangswert, von dem aus integriert wird, kann in der *Block Parameters* Dialogbox z.B. direkt gesetzt werden, durch Wahl von *internal* unter *Initial condition source* und Eingabe eines Startwerts in das Textfeld *Initial condition*. Wird die *Initial condition source* auf *external* gesetzt, entsteht am Block-Icon ein weiterer Eingang, an den ein außerhalb des Blocks gesetzter Anfangswert angelegt werden kann.

Der Ausgang des *Integrator*-Blocks kann durch ein Signal von außen auf den Anfangswert zurückgesetzt werden. Unter *External reset* kann eingestellt werden, durch welches

Verhalten des Rücksetzsignals der Reset ausgelöst werden soll (z.B. *rising* für die positive Flanke). Bei Wahl von *External reset* zu *rising, falling, either, level* oder *level hold* entsteht ein eigener Eingang für das Rücksetzsignal.

Soll das Ausgangssignal begrenzt werden, wird die Check Box *Limit output* aktiviert und die gewünschten Werte in die *saturation limit*-Textfelder eingetragen. Eine Aktivierung der Check Box *Show saturation port* ermöglicht das Abgreifen des entsprechenden Sättigungssignals: 1 für Ausgang in positiver Sättigung, −1 in negativer und 0 dazwischen.

Durch Aktivierung der Check Box *Show state port* entsteht ein zusätzlicher Ausgang (*state port*), an dem die Zustandsgröße des Integrators abgegriffen werden kann. Die Zustandsgröße des Integrators stimmt in ihren Werten mit dem Ausgangssignal des Integrators überein; Simulink berechnet Ausgangssignal und Zustandsgröße jedoch zu leicht unterschiedlichen Zeitpunkten.

In manchen Fällen wird die Verwendung der Zustandsgröße nötig: Wird das Ausgangssignal des Integrators direkt oder über Blöcke, die dem Signal keine zeitliche Verzögerung aufprägen an den Rücksetz- oder Anfangswerteingang zurückgeführt, entsteht eine Schleife, im Falle des Anfangswerteingangs sogar eine algebraische Schleife (siehe Kap. 9.6). Dies kann vermieden werden, wenn anstelle des Ausgangssignals die Zustandsgröße zurückgeführt wird.

Enthält ein Modell Zustandsvariable, deren Betrag sich um mehrere Größenordnungen unterscheidet, kann die Spezifizierung des Parameters *Absolute tolerance* in den einzelnen *Integrator*-Blöcken des Modells zusätzlich zur *Absolute tolerance* in der *Model Configuration Parameters* Dialogbox (siehe S. 320) helfen, dass dieser Wert bei der numerischen Integration eingehalten wird.

Zur einfacheren Linearisierbarkeit trotz Rücksetzung und/oder begrenztem Ausgangssignal kann die Check Box *Ignore limit and reset when linearizing* aktiviert werden. Beide Optionen werden dann bei einer Linearisierung (Kap. 9.2.1) ignoriert.

Ein Eintrag unter *State Name* weist der im *Integrator* geführten Zustandsgröße einen Namen zu. Dieser Namen erscheint z.B. bei Speicherung der Zustandsgrößen im Vektor *xout* (Check Box *States* im *Data Import/Export*-Register der *Model Configuration Parameters* Dialogbox) als *Save format=Structure* oder *Structure with time* im Unterfeld *xout.signals.stateName*. Daraus kann entnommen werden, wie von Simulink die Zustandsgrößen aus dem Blockdiagramm auf die Zustandsvariablen im Zustandsvektor *xout* verteilt werden.

Der **Integrator, Second-Order** vereinigt 2 seriellen Integratoren in sich und führt damit eine doppelte Integration des Eingangssignals u durch. Neben seinem Ausgangssignal x kann auch die zweite Zustandsgröße $\dot{x} = dx/dt$ abgegriffen werden. Der Eingang u entspricht dann also der doppelten Ableitung des Ausgangssignals x: $u \,\hat{=}\, \ddot{x} = d^2x/dt^2$. In der *Block Parameters* Dialogbox sind die schon vom *Integrator* bekannten Blockparameter für x und dx/dt übersichtlich auf verschiedene Registerkarten aufgeteilt.

PID Controller

PID Controller

Der Block *PID Controller* modelliert das System eines $PIDT_1$-Reglers, d.h. eines realen PID-Reglers. Durch Wahl des Parameters *Controller* lässt er sich auch zu einem P-, I-, PI- oder PD-Regler vereinfachen.

Bei *Form = Parallel* (Default) lautet die Übertragungsfunktion

$$G_R(s) = P + I \cdot \frac{1}{s} + D \cdot \frac{s}{1 + s\frac{1}{N}}$$

Bei *Form = Ideal* lautet sie

$$G_R(s) = P \cdot \left(1 + I \cdot \frac{1}{s} + D \cdot \frac{s}{1 + s\frac{1}{N}}\right)$$

In der *Block Parameters* Dialogbox des *PID Controller* (*Compensator formula*) ist der letzte Summand (Übertragungsfunktion des DT_1-Anteils) in der Form $D \cdot \dfrac{N}{1 + N\frac{1}{s}}$ angegeben, in der Online-Hilfe hat er die Form $D \cdot \dfrac{Ns}{s + N}$. Die oben angegebene Form des letzten Summanden lässt sich jedoch mit der der in der Regelungstechnik üblichen Schreibweise

$$G_R(s) = K_P \cdot \left(1 + \frac{1}{T_N} \cdot \frac{1}{s} + \frac{T_V s}{1 + sT_P}\right)$$

besser vergleichen. Somit lauten die Reglerparameter für

- *Form = Parallel*: $P = K_P$, $I = \dfrac{K_P}{T_N}$, $D = K_P \cdot T_V$ und $N = \dfrac{1}{T_P}$

- *Form = Ideal*: $P = K_P$, $I = \dfrac{1}{T_N}$, $D = T_V$ und $N = \dfrac{1}{T_P}$

Unter *Initial conditions* können interne oder externe Anfangswerte für die Zustandsvariablen der beiden dynamischen Anteile *Integrator* (I-Anteil) und *Filter* (DT_1-Anteil) gesetzt werden und in der Registerkarte *State Attributes* mit Namen versehen werden.

Wenn der Reglerausgang z.B. zur Modellierung von Stellgrößenbeschränkungen begrenzt werden soll steht in der Registerkarte *PID Advanced* dafür die Check Box *Limit output* zur Verfügung. Um ein unkontrolliertes Aufintegrieren des Reglereingangssignals (windup) durch den integralen Anteil bei Ausgang in der Sättigung zu Vermeiden können in der Dropdown-Liste *Anti-windup method* zwei Anti-Windup-Verfahren ausgewählt werden:

- *back-calculation*: die Differenz aus begrenztem und unbegrenztem Reglerausgang (ist normalerweise Null, wird aber bei Ausgang in der Sättigung negativ) wird proportional verstärkt und an den Integratoreingang zurückgeführt.

- *clamping*: sobald der Ausgang in die Sättigung läuft wird der Integratoreingang auf Null gesetzt und somit das Ausgangssignal konstant gehalten.

State-Space

Der *State-Space*-Block bildet ein lineares System in Zustandsdarstellung nach, das durch folgendes Gleichungssystem beschrieben wird (siehe auch Kap. 5.1.3):

$$\dot{\mathbf{x}} = \mathbf{A}\mathbf{x} + \mathbf{B}\mathbf{u} \qquad\qquad \mathbf{y} = \mathbf{C}\mathbf{x} + \mathbf{D}\mathbf{u}$$

Die Ordnung des Systems wird durch die Dimension der Systemmatrix **A** bestimmt. Ist Nx die Anzahl der Zustandsvariablen, Nu die Anzahl der Eingangsgrößen und Ny die Anzahl der Ausgänge, müssen die Systemparameter folgende Dimensionen besitzen: **A**: $Nx \times Nx$, **B**: $Nx \times Nu$, **C**: $Ny \times Nx$ und **D**: $Ny \times Nu$. Damit bestimmt Nu die Breite des Eingangssignals und Ny die des Ausgangssignals.

Unter *Initial conditions* können die Anfangswerte der Zustandsgrößen übergeben werden (Zeilen- oder Spaltenvektor), *Absolute tolerance* und *State Name* werden wie bei *Integrator*/*Transfer Fcn* behandelt.

Transfer Function

Mit dem *Transfer Fcn*-Block kann die Übertragungsfunktion eines linearen Systems modelliert werden. Er entspricht dem Befehl `tf`(*num, den*) der Control System Toolbox. Parameter sind die Polynome für Zähler (*Numerator coefficients*) und Nenner (*Denominator coefficients*) der Übertragungsfunktion, sie müssen in absteigender Ordnung von s eingegeben werden. Die Ordnung des Nennerpolynoms muss dabei größer oder gleich der Ordnung des Zählerpolynoms sein. Beispiel: Der Eintrag [4 3 0 1] unter *Numerator coefficients* und [1 0 7 3 1] unter *Denominator coefficients* erzeugt eine Übertragungsfunktion der Form:

$$H(s) = \frac{y(s)}{u(s)} = \frac{4s^3 + 3s^2 + 1}{s^4 + 7s^2 + 3s + 1}$$

Unter *Numerator coefficients* können auch Matrizen angegeben werden. Die Breite des Ausgangssignals richtet sich dann nach der Anzahl der Zeilen in der Matrix. Als Eingangssignale werden jedoch nur skalare Größen akzeptiert.

Absolute tolerance und *State Name* werden wie beim *Integrator* behandelt, es ist jedoch noch zu beachten: die Namen mehrerer Zustandsgrößen (z.B. 2) müssen in der Form *State Name* = { *'Name1'*, *'Name2'* } angegeben werden.

Transport Delay und Variable Transport Delay

Transport
Delay

Ti

Variable
Transport
Delay

Der **Transport Delay**-Block gibt sein Eingangssignal verzögert um die unter *Time delay* ≥ 0 angegebene Zeit aus. Bis die Simulationszeit die angegebene Verzögerungszeit zu Simulationsbeginn erstmals überschreitet, gibt der *Transport Delay*-Block den unter *Initial output* angegebenen Wert aus. Für die Zwischenspeicherung der Daten wird ein Pufferspeicher benutzt, dessen Größe unter *Initial buffer size* eingetragen werden kann. Überschreitet die gespeicherte Datenmenge diese Größe, alloziert Simulink automatisch weitere Speicherbereiche. Die Simulationsgeschwindigkeit kann dadurch erheblich vermindert werden. Durch Aktivieren der Check Box *Use fixed buffer size* kann der Speicherbereich auf die *Initial buffer size* begrenzt werden. Bei vollem Pufferspeicher überschreibt Simulink dann die im Speicher befindlichen Daten mit den neuen Daten. Das ist bei linearem Eingangssignal kein Problem, da Simulink fehlende, d.h. bereits überschriebene Werte für das Ausgangssignal per linearer Extrapolation ermitteln kann (wenn die *Initial buffer size* eine der Verzögerungszeit einigermaßen angepasste Größe hat). Bei nichtlinearem Eingangssignal sollte die Check Box *Use fixed buffer size* besser nicht aktiviert werden, da eine lineare Extrapolation des Ausgangssignals in diesem Fall leicht zu fehlerhaften Werten führen kann. Unter *Pade order* kann ein ganzzahliger Wert ≥ 0 angegeben werden, der bestimmt, welche Ordnung m (für Zähler und Nenner gleich) die Padé-Approximation $R_{m,m}(s)$ (siehe z.B. [48]) des Blocks (mit einem *Time delay* = T_t) haben soll:

$$e^{-sT_t} \approx R_{m,m}(s) = \frac{p_0 + p_1(sT_t) + p_2(sT_t)^2 + \ldots + p_m(sT_t)^m}{q_0 + q_1(sT_t) + q_2(sT_t)^2 + \ldots + q_m(sT_t)^m} \qquad \text{mit} \quad p_0 = q_0$$

Diese Option ist dann von Bedeutung, wenn ein Simulink-Modell linearisiert werden soll. Die Default-Einstellung *Pade order* = *0* (d.h. $m = 0$) resultiert darin, dass bei einer Linearisierung der *Transport Delay*-Block durch ein Verstärkungsglied mit Faktor 1 ersetzt wird.

Für eine veränderliche Zeitverzögerung stehen die Blöcke **Variable Time Delay** und **Variable Transport Delay** zur Verfügung.

Zero-Pole

Zero–Pole

Im Gegensatz zur *Transfer Fcn* erzeugt der *Zero-Pole*-Block aus den Parametern *Zeros*, *Poles* und *Gain* eine Übertragungsfunktion in einer nach Nullstellen und Polen faktorisierten Form (m = Anzahl der Nullstellen, n = Anzahl der Pole, hier Beispiel für ein SISO-System):

$$H(s) = K \cdot \frac{\mathbf{Z(s)}}{\mathbf{P(s)}} = K \cdot \frac{(s - Z(1)) \cdot (s - Z(2)) \ldots (s - Z(m))}{(s - P(1)) \cdot (s - P(2)) \ldots (s - P(n))}$$

$\mathbf{Z(s)}$ kann dabei ein Vektor oder eine Matrix sein, welche die Nullstellen des Systems enthält, $\mathbf{P(s)}$ ist der Vektor der Pole. Die skalare oder vektorielle Größe K enthält den oder die Verstärkungsfaktoren des Systems. Die Anzahl der Elemente in K entspricht der Zeilenzahl von $\mathbf{Z(s)}$. Die Anzahl der Pole muss dabei wieder größer oder gleich der Nullstellenzahl sein. Komplexe Nullstellen oder Pole müssen in konjugiert komplexen Paaren angegeben werden. Der *Zero-Pole*-Block entspricht dem Befehl zpk(z,p,k) aus der Control System Toolbox.

Absolute tolerance und *State Name* werden wie bei *Integrator/Transfer Fcn* behandelt.

Beispiel

In diesem Beispiel soll die Problematik des Rücksetzens eines *Integrator*-Blocks näher beleuchtet werden. Ein Integrator integriert das Signal 0.5 des *Constant*-Blocks auf. Erreicht sein Ausgang den Wert 2, erfolgt eine Rücksetzung auf den vom *Ramp*-Block erzeugten Anfangswert (*External reset = rising*). Die Lösung nach Abb. 9.1 würde eine Schleife erzeugen, da der Ausgang des *Relational Operator*-Blocks und damit das Rücksetzsignal direkt vom Integratorausgang abhängt.

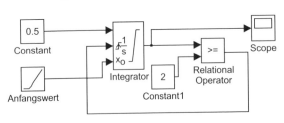

Abb. 9.1: *Beispiel zur Integrator-Rücksetzung; es entsteht eine Schleife:* bsp_continuous.slx

Dieses Problem könnte durch das Einfügen eines *Memory*-Blocks (Unterbibliothek *Discrete*, Kap. 10.2) in den Rückführzweig gelöst werden (Abb. 9.2). Doch selbst bei kleinen Schrittweiten wird die Verzögerung des Rücksetzsignals das eigentliche Systemverhalten verfälschen (siehe auch Abb 9.4 rechts). Diese Lösung wird daher nicht empfohlen!

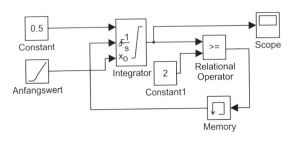

Abb. 9.2: *Beispiel zur Integrator-Rücksetzung; Vermeidung der Schleife durch Memory-Block:* bsp_continuous1.slx. *Diese Lösung wird nicht empfohlen!*

Abbildung 9.3 zeigt die korrekte, von Simulink vorgesehene Lösung des Schleifenproblems. Hier wurde anstelle des Ausgangssignals die Zustandsgröße des Integrators abgegriffen (Aktivierung der Check Box *Show state port*). Die *Scope*-Daten zeigt Abb. 9.4 links.

Steigt das Signal des *Ramp*-Blocks über den Wert 2, wird der Integratorausgang proportional zum Anfangswert ansteigen. Eine Begrenzung des Ausgangs auf 2 verhindert dies (Aktivierung der Check Box *Limit output, Upper saturation limit* = 2).

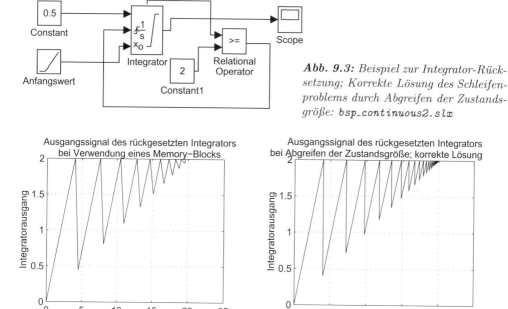

Abb. 9.3: *Beispiel zur Integrator-Rück-setzung; Korrekte Lösung des Schleifen-problems durch Abgreifen der Zustands-größe:* `bsp_continuous2.slx`

Abb. 9.4: *Beispiel zur Integrator-Rücksetzung:* Scope-*Daten aus Abb. 9.2 (links) und Abb. 9.3 (rechts)*

9.2 Analyse von Simulationsergebnissen

Neben den bereits in Kap. 8.5.2 vorgestellten Möglichkeiten der grafischen Darstellung von Signalen (z.B. zur Schnell-Analyse „by inspection") sowie deren Speicherung und Weiterverarbeitung auf den MATLAB-Workspace, stehen für die Analyse von Simulink-Modellen bzw. deren Ergebnissen auch noch die Befehle `linmod` und `trim` zur Verfügung. Sie werden in den folgenden Kapiteln 9.2.1 und 9.2.2 vorgestellt.

Der in älteren Simulink-Versionen zur Verfügung stehende Simulink LTI-Viewer wurde aus dem Simulink Basispaket entkoppelt und in stark erweiterter Form in das Simulink-Zusatzprodukt Simulink Control Design integriert, das auf Basis einer gut bedienbaren grafischen Oberfläche die Linearisierung bequemer macht. In Kap. 9.2.3 wird kurz in das Simulink Control Design eingeführt. Kap. 11.2.3 behandelt ebenfalls den grundlegenden Umgang mit dem Simulink Control Design am Beispiel der Gleichstrom-Nebenschluss-Maschine.

9.2.1 Linearisierung mit der `linmod`-Befehlsfamilie

Mit der MATLAB-Befehlsfamilie `linmod` (`linmod`, `linmod2`, `linmodv5` und `dlinmod`) wird die Linearisierung von Simulink-Modellen möglich. Anstelle von `linmod` können auch die Blöcke *Time-Based Linearization* und *Trigger-Based Linearization* aus der Unterbibliothek *Model-Wide Utilities* (Kap. 9.5.1) verwendet werden.

Aus nichtlinearen Simulink-Modellen ist damit eine unkomplizierte Ermittlung eines linearen Modells möglich, von bereits linearen Modellen kann die Zustandsdarstellung oder Übertragungsfunktion direkt aus der Blockdiagrammform gewonnen werden. Das linearisierte System wird in MATLAB in Zustandsdarstellung mit den Matrizen $\mathbf{A}$, $\mathbf{B}$, $\mathbf{C}$ und $\mathbf{D}$ oder als Zähler- und Nennerpolynom der Übertragungsfunktion ausgegeben. Die Ein- und Ausgänge des Systems müssen in Simulink mit *Inport*- und *Outport*- Blöcken, die sich auf der obersten Modellebene befinden, gekennzeichnet werden. Funktionsblöcke der Unterbibliotheken *Sources* und *Sinks* werden von Simulink nicht als Ein- und Ausgänge (in Bezug auf den `linmod`-Befehl) erkannt! Die Blöcke schließen sich jedoch nicht aus: *Inport*-Blöcke und *Sources* z.B. können parallel verwendet werden, wenn sie auf einen *Sum*-Block geführt werden.

- **Verwendung von `linmod`**

  sys_lin = `linmod`(`'sys'`, x, u, $para$)

  erzeugt die linearisierte Darstellung des Simulink-Modells `sys.slx` in der Variablen sys_lin (Format *Structure*).

  Für direkte Ausgabe der Zustandsdarstellung des linearisierten Modells lautet der Aufruf:

  $[A,B,C,D]$ = `linmod`(`'sys'`, x, u, $para$)

  bzw. für Ausgabe der Übertragungsfunktion:

  $[num,den]$ = `linmod`(`'sys'`, x, u, $para$)

Mit dem Zustandsvektor x und Eingangsvektor u kann ein bestimmter Arbeitspunkt angegeben werden, um den linearisiert werden soll. Die Default-Werte sind jeweils 0. Mit dem 3-elementigen Vektor $para$ können zusätzliche Optionen definiert werden: Für zeitvariante Modelle kann mit $para(2)$ explizit ein fester Zeitpunkt $t > 0$ angegeben werden, an dem die Linearisierung durchgeführt wird. Wird $para(3) = 1$ gesetzt (der Default-Wert ist 0), so bleiben die Zustandsgrößen von Blöcken, die durch die Wahl der Ein- und Ausgangsgrößen keine Wirkung auf das Ein-/Ausgangsverhalten haben, bei der Berechnung des linearen Modells unberücksichtigt. Die Dimension der Zustandsmatrizen weicht dann von der Ordnung des ursprünglichen Blockdiagramms ab. $para(1)$ ist bei `linmod` ohne Funktion.

Bei der Linearisierung mit dem Befehl `linmod` wird auf bereits vorhandene analytisch berechnete lineare Darstellungen (z.B. werden *Transport Delay*-Blöcke durch eine Padé-Approximation mit der angegebenen Ordnung ersetzt, siehe S. 367) für jeden Funktionsblock zurückgegriffen. Bei Anstoß der Linearisierung werden alle Blöcke durch ihre lineare Darstellung ersetzt und daraus die linearisierte Darstellung des Simulink-Modells gebildet.

- **Verwendung von** `linmod2`

  Der Aufruf des Befehls `linmod2` erfolgt analog zu `linmod`:

  sys_lin = linmod2('*sys*', *x*, *u*, *para*)

  `linmod2` verwendet einen Linearisierungsalgorithmus, bei dem die Zustands- und Eingangsvariablen durch Störsignale zur Ermittlung der Zustandsdarstellung von Simulink aus dem Arbeitspunkt ausgelenkt werden. Der Algorithmus ist speziell für eine Minimierung von Rundungsfehlern ausgelegt. Mit *para(1)* wird die untere Grenze des skalaren *perturbation level*, d.h. Störfaktors, festgelegt (Default-Wert ist 10^{-8}). Bei der Linearisierung wird dieser vom Algorithmus für jede Zustandsvariable zur Ermittlung der System-Matrizen individuell gesetzt. Die Koeffizienten der System-Matrizen des linearen Modells sind daher natürlich abhängig von der Größe des *perturbation level*.

- **Verwendung von** `linmodv5`

  Der Aufruf des Befehls `linmodv5` erfolgt analog zu `linmod`[1] :

  sys_lin = linmodv5('*sys*', *x*, *u*, *para*, *xpert*, *upert*)

  Wie `linmod2` verwendet auch `linmodv5` einen Linearisierungsalgorithmus, bei dem die Zustands- und Eingangsvariablen durch Störsignale zur Ermittlung der Zustandsdarstellung von Simulink aus dem Arbeitspunkt ausgelenkt werden. Es wird der sog. *full model perturbation*-Algorithmus verwendet, ein älteres Verfahren, das bereits vor 1998 entwickelt wurde.

  Mit *xpert* und *upert* können die *perturbation levels*, d.h. Störfaktoren, für die Zustands- und Eingangsvariablen vom Benutzer selbst definiert werden. *para(1)* ist nur dann von Belang, wenn *xpert* und *upert* nicht angegeben wurden; in diesem Fall werden sie mit dem Default-Wert von *para(1)* = 10^{-5} berechnet zu: *xpert* = *para(1)+1e-3*para(1)*abs(x)*, *upert* = *para(1)+1e-3*para(1)*abs(u)*. Die Koeffizienten der ermittelten System-Matrizen des linearen Modells sind abhängig von der Größe von *xpert* und *upert*.

  Hinweis: *Derivative-* und *Transport Delay*-Blöcke sollten vor einer Linearisierung mit `linmodv5` durch die entsprechenden Blöcke der Control System Toolbox, *Switched derivative for linearization* bzw. *Switched transport delay for linearization* der Unterbibliothek *Simulink Extras/Linearization* ersetzt werden.

Die Zuordnung der Zustandsvariablen zu Blöcken im nichtlinearen Modell wird bei der Linearisierung beibehalten. Bei Bedarf kann sie mit

`[sizes,x0,xstring]` = *sys*

für das (nichtlineare oder linearisierte) Modell `sys.slx` überprüft werden. Alternativ kann für das linearisierte Modell bei Rückgabe der System-Matrizen in eine Struktur auch das Unterfeld *sys_lin.StateName* abgefragt werden.

---

[1] `linmodv5` entspricht dabei einem Aufruf des `linmod`-Befehls mit der Option 'v5':

sys_lin = linmod('*sys*', *x*, *u*, *para*, *xpert*, *upert*, 'v5')

Steht das linearisierte Simulink-Modell in Zustandsdarstellung (**A**,**B**,**C**,**D** bzw. *sys_lin.a*, *sys_lin.b*, *sys_lin.c*, *sys_lin.d*) zur Verfügung, können weitere Befehle der Control System Toolbox (Kap. 5.1) verwendet werden. Zum Beispiel kann mit

```
sys = ss(A,B,C,D)
```

aus dem System in Zustandsdarstellung ein LTI-Objekt (LTI steht für *linear time invariant*) erzeugt werden, oder mit

```
bode(A,B,C,D)
```

bzw.

```
bode(sys_lin)
```

das Bode-Diagramm (Betrag und Phase der Übertragungsfunktion) berechnet und in einer MATLAB-Figure dargestellt werden.

Für die Linearisierung von Abtastsystemen bzw. die Erzeugung eines zeitdiskreten linearisierten Modells existiert der spezielle Befehl `dlinmod`. Dieser wird in Kap. 10.3.2 ausführlich besprochen.

Sollen anstelle des Befehls `linmod` die Blöcke *Time-Based-* oder *Trigger-Based Linearization* (Kap. 9.5.1) verwendet werden, so entfällt die Angabe des Arbeitspunkts. Der Block *Time-Based Linearization* berechnet das lineare System zu einem festlegbaren Zeitpunkt, beim Block *Trigger-Based Linearization* kann die Linearisierung des Simulink-Modells durch ein Trigger-Signal ausgelöst werden.

Beispiel

Abb. 9.5 zeigt ein Modell einer Strecke 2. Ordnung, dessen Ausgang über eine einfache Zeitverzögerung an den Eingang zurückgeführt ist. Ausgänge des Systems sind die Ausgangssignale der *Transfer Fcn*-Blöcke, Eingang ist die Angriffsstelle des Anregungssignals.

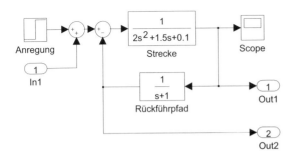

Abb. 9.5: Beispiel zur Systemlinearisierung: bsp_linmod.slx

Mit dem Befehlsaufruf

```
[A,B,C,D] = linmod('bsp_linmod')

A =
    -0.7500    -0.0500    -1.0000
     1.0000          0          0
          0     0.5000    -1.0000
B =
     1
     0
     0
C =
          0     0.5000          0
          0          0     1.0000
D =
     0
     0
```

wird die Zustandsdarstellung des Systems gewonnen,

```
[num,den] = linmod('bsp_linmod')

num =

          0     0.0000     0.5000     0.5000
          0          0     0.0000     0.5000

den =

     1.0000     1.7500     0.8000     0.5500
```

gibt die Koeffizienten der Zähler- und Nennerpolynome der Systemübertragungsfunktionen zurück, die mit

```
sys1=tf(num(1,:),den)
```

bzw.

```
sys2=tf(num(2,:),den)
```

in die bekannte Übertragungsfunktion-Form gebracht werden können.

Mit

```
sys_lin=linmod('bsplinmod')
sys_lin =
                a: [3x3 double]
                b: [3x1 double]
                c: [2x3 double]
                d: [2x1 double]
        StateName: {3x1 cell}
       OutputName: {2x1 cell}
        InputName: {'bsplinmod/In1'}
        OperPoint: [1x1 struct]
               Ts: 0
```

erhält man neben den Daten der Zustandsdarstellung (*sys_lin.a,...,sys_lin.d*) noch Zusatzinformation z.B. über die Zuordnung der Zustände zu den im Modell programmierten Blöcken (*sys_lin.StateName*) oder den aktuellen Arbeitspunkt (*sys_lin.OperPoint*).

Ohne vorherige Linearisierung kann die Zuordnung der Zustände auch aus dem Parameter *xstring* im Befehlsaufruf

```
[sizes, x0, xstring] = bsp_linmod
sizes =
     3
     0
     2
     1
     0
     1
     2
x0 =
     0
     0
     0
xstring =
     'bsp_linmod/Strecke'
     'bsp_linmod/Strecke'
     'bsp_linmod/Rückführpfad'
```

ermittelt werden.

9.2.2   Bestimmung eines Gleichgewichtspunkts

Mit dem MATLAB-Befehl `trim` kann der Gleichgewichtspunkt (eingeschwungener Zustand, $\dot{x} = 0$) eines Modells bestimmt werden. Der Befehl

```
[x,u,y] = trim('sys',x0,u0,y0)
```

findet den Gleichgewichtspunkt des Modells `sys.slx`, der dem Anfangszustand ($x0, u0, y0$) am nächsten liegt. Bei nichtlinearen Systemen können mehrere Gleichgewichtspunkte existieren. `trim` liefert aber immer nur einen Gleichgewichtspunkt, der den Anfangswerten am nächsten liegt. Werden diese Anfangswerte nicht explizit angegeben, so sucht Simulink den Gleichgewichtspunkt, der der Bedingung $x0 = 0$ am nächsten kommt. Existiert kein Gleichgewichtspunkt, gibt Simulink den Punkt aus, an dem die Abweichungen der Zustandsableitungen $\dot{x}$ von 0 minimiert werden.

Beispiel

Für das Simulink-Modell `bsp_linmod.slx` aus Abb. 9.5[2] soll nun der Gleichgewichtspunkt für den Anfangszustand

```
x0=[1; 1; 1], u0 = [3]
```

gefunden werden.

Der Aufruf von `trim` gibt die gefundene Lösung aus.

```
[x,u,y,dx] = trim('bsp_linmod',x0,u0)
x =

   -0.0000
    2.5806
    1.2903
u =
    1.4194
y =
    1.2903
    1.2903
dx =
    1.0e-10 *

    0.5479
   -0.0000
         0
```

Durch Angabe von `dx` als Argument der linken Seite beim Aufruf von `trim` kann Information über die verbleibende Abweichung der Zustandsableitungen von 0 erhalten werden.

9.2.3   Linearisierung mit dem Simulink Control Design

Wird – nach Installation des Simulink-Zusatzprodukts Simulink Control Design – der Menüpunkt *Analysis/Control Design/Linear Analysis* aufgerufen, so öffnet sich das *Linear Analysis Tool*, eine der grafischen Bedienoberflächen des Simulink Control Design. Mit diesem Zusatzprodukt aus der Simulink-Familie können für nichtlineare Simulink-Modelle Arbeitspunkte spezifiziert und an diesen eine Linearisierung durchgeführt werden. Desweiteren wird eine umfassende Analyse der linearisierten Modelle sowie der

---

[2] Wichtiger Hinweis zur MATLAB-Version 5.3: Enthält ein Simulink-Modell, auf das der `trim`-Befehl angewendet werden soll, *Scope-* und *To Workspace*-Blöcke, so dürfen in diesen die Variablen zur Datenspeicherung nicht mit den Default-Namen der Argumente der linken Seite x, u, y und dx des `trim`-Befehls benannt werden! Beim Aufruf von `trim` können sonst die entsprechenden Rückgabeparameter nicht berechnet werden.

Ab der MATLAB-Version 6 können im oben beschriebenen Fall zwar die Rückgabeparameter korrekt berechnet werden, jedoch wird beim Aufruf von `trim` der Datenvektor y des *Scope*-Blocks *Speicherung* mit den Rückgabewerten von `trim` überschrieben.

Entwurf und die Modifikation von linearen Steuerungs- und Regelungselementen unterstützt.

In diesem Kapitel sollen die grundsätzlichen Funktionen des Simulink Control Design bezüglich Linearisierung am Beispiel einer vereinfachten Erregerflussregelung einer Gleichstrom-Nebenschluss-Maschine dargestellt werden.

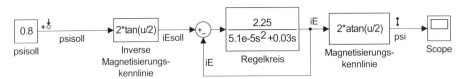

Abb. 9.6: *Beispiel zur Linearisierung mit dem Simulink Control Design:* `bsp_linmod_scd.slx`

Abbildung 9.6 zeigt den Regelkreis bei Verwendung von normierten Größen. Er wird durch die Modellierung der Magnetisierungskennlinie $\psi = f(i_E)$, die den Zusammenhang zwischen Erregerfluss ψ und Erregerstrom i_E darstellt, als (hysteresefreie) Arcustangens-Funktion $\psi = 2 \cdot \arctan(i_E/2)$ (bzw. $i_{Esoll} = 2 \cdot \tan(\psi_{soll}/2)$) nichtlinear.

Um eine Linearisierung durchführen zu können, müssen zunächst Ein- und Ausgangsgrößen des Modells festgelegt werden. Dies kann vor oder nach Start des *Linear Analysis Tools* durch Rechtsklick auf die gewünschte Signallinie geschehen: im erscheinenden Kontextmenü der Signallinie wird dann unter *Linear Analysis Points* z.B. *Input Perturbation* oder *Output Measurement* gewählt. Die so erzeugten Ein- und Ausgangspunkte werden (wie in Abb. 9.6 erkennbar) mit einem ⧾ᵒ̃ - (Eingänge) bzw. ↕ -Icon (Ausgänge) gekennzeichnet.

Im Toolstrip EXACT LINEARIZATION des *Linear Analysis Tools* können die manuell festgelegten Ein- und Ausgänge bei Wahl von *Analysis I/Os = Model I/Os* und Klick auf ✎ im Fenster *Edit model I/Os* eingesehen und editiert werden. Mit 📊 können die Blöcke, die im Pfad zwischen Linearisierungs-Eingang und -Ausgang liegen, farblich hervorgehoben werden.

Nach Klick auf den Button *Linearize* wird die Linearisierung (um den Standard-Arbeitspunkt *Operating Point = Model Initial Condition* = Null) des Modells gestartet und im linken Fensterteil erscheint unter *Linear Analysis Workspace* eine Variable *linsys1* (für jeden Linearisierungsvorgang eine eigene), die den kompletten Datensatz des linearisierten Modells enthält (Doppelklick). Bei der Standardeinstellung *Plot Result = New Step* wird im rechten Fensterteil das Verhalten des Linearisierungsausgangs (hier: *psi*) bei Sprunganregung am Linearierungseingang (*psisoll*) als Step Response angezeigt. Unter *Plot Result* stehen auch andere Optionen wie *New Impulse*, *New Nyquist* oder *New Bode* zur Auswahl.

Abbildung 9.7 zeigt das Linearisierungsergebnis im *Linear Analysis Tool* nach Doppelklick auf die Variable *linsys1*. Dasselbe Ergebnis für die Matrizen A, B, C, D wird auch bei Aufruf des Befehls

```
[A,B,C,D] = linmod('bsp_linmod_scd')
```

erhalten (sofern die Ein- und Ausgänge mit *Inport*- und *Outport*-Blöcken versehen sind).

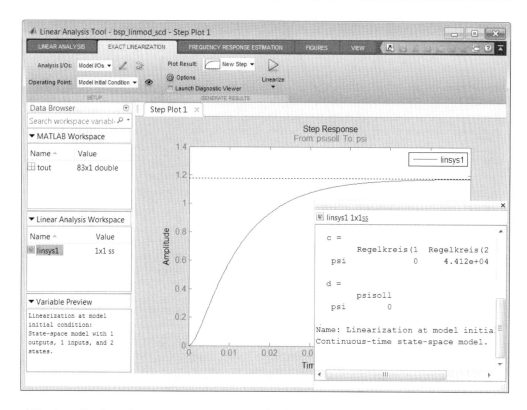

Abb. 9.7: *Ergebnis der Linearisierung bei $x = [0\ 0]$, $u = 0$, $y = 0$ im Linear Analysis Tool für* `bsp_linmod_scd.slx`

Standardmäßig wird als Linearisierungsmethode *Block by block analytic* verwendet, bei der, wie vom `linmod`-Befehl her bekannt (siehe S. 370), jeder Block durch seine analytisch berechnete lineare Darstellung ersetzt wird. Daneben besteht auch die Möglichkeit, mit dem Verfahren der *Numerical perturbation* zu linearisieren, bei dem, wie vom `linmodv5`-Befehl her bekannt (siehe S. 371), zur Ermittlung der System-Matrizen die Systemvariablen durch Einbringen von Störsignalen aus dem Arbeitspunkt ausgelenkt werden. Die Wahl der Linearisierungsmethode sowie der zugehörigen Optionen erfolgt durch Klick auf *Options* im EXACT LINEARIZATION-Toolstrip des *Linear Analysis Tools*. Im sich öffnenden Fenster *Options for exact linearization* kann u.a. auch die Reihenfolge bei der Zuordnung Zustände/Zustandsvariablen manuell festgelegt werden.

9.3 Simulink-Bibliothek: *Discontinuities* – Nichtlineare Systeme

Backlash

Backlash

Der *Backlash*-Block modelliert das Verhalten eines Systems mit Lose. Lose können z.B. in mechanischen Anordnungen, die Getriebe beinhalten, als Getriebespiel auftreten. Zwischen den Zähnen der ineinander greifenden Zahnräder kann hier durch ungenaue Fertigung oder Abnutzung ein Spiel entstehen. Der Parameter *Deadband width* gibt die Loseweite (Breite der Totzone symmetrisch um den *Initial output*) an. Der *Backlash*-Block kann sich jeweils in einem der drei folgenden Betriebszustände befinden:

- Positiver Anschlag: Ausgangssignal steigt proportional zum Eingangssignal, $y(i) = u(i) - 1/2 \cdot Deadband\ width$. Beispiel Getriebe: die Zahnräder sind im Eingriff, eine positive Drehzahl des Antriebs bewirkt eine positive Drehzahl an der Last.

- Entkoppelt: Kehrt sich das Eingangssignal um, muss erst die gesamte Loseweite durchquert werden, bis der negative Anschlag erreicht wird. Der Ausgang ist währenddessen vom Eingang entkoppelt. Beispiel Getriebe: Nach Drehrichtungsänderung lösen sich die Zahnräder voneinander, die Drehzahl der Last kann durch den Motor nicht gesteuert werden.

- Negativer Anschlag: Ausgangssignal sinkt proportional zum Eingangssignal, $y(i) = u(i) + 1/2 \cdot Deadband\ width$. Beispiel Getriebe: die Zahnräder befinden sich wieder im Eingriff, diesmal an der gegenüberliegenden Zahnflanke, eine negative Drehzahl des Antriebs bewirkt eine negative Drehzahl an der Last.

Das Beispiel-Modell `bsp_backlash.slx` aus Abb. 9.8 verdeutlicht die Funktionsweise des *Backlash*-Blocks: Mithilfe eines *Rate Limiter*-Blocks wird aus dem Rechtecksignal (Amplitude 1 und Frequenz $0.4\,Hz$) des *Signal Generator* der Sägezahn u mit gleicher positiver und negativer Steigung erzeugt. Der Sägezahn ist Eingangssignal des *Backlash*-Blocks. Der *Backlash*-Block hat einen *Initial output* $= 0$ und eine *Deadband width* $= 1$. Aus der MATLAB-Figure (erzeugt mit dem MATLAB-Skript `bsp_backlash_plot.m`, das als Model Callback *StopFcn* verknüpft wurde, siehe dazu Kap. 8.8.1) sind die drei Betriebszustände gut zu erkennen. Am positiven Anschlag steigt y um 0.5 versetzt zu u an. Nach dem Richtungswechsel von u bleibt y konstant bis die Loseweite ($= Deadband\ width = 1$) durchquert ist und sinkt dann am negativen Anschlag um 0.5 versetzt zu u.

Coulomb & Viscous Friction

Coulomb &
Viscous
Friction

Der *Coulomb & Viscous Friction*-Block modelliert ein System mit Haft- und Gleitreibung. Diese Reibungsarten können z.B. in mechanischen Systemen mit translatorischen oder rotatorischen Bewegungen auftreten. Durch die Haftreibung entsteht am Nulldurchgang des Eingangssignals (z.B. Drehzahl bei rotatorischen Bewegungen) eine Unstetigkeitsstelle. Erst wenn

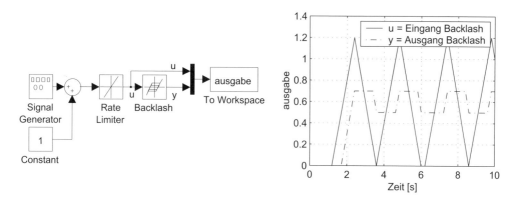

Abb. 9.8: *Beispiel zum Backlash-Block:* `bsp_backlash.slx` *(links) und Ergebnis der Simulation (rechts)*

das antreibende Moment einer rotatorischen Bewegung größer als das Haftreibmoment wird, kann die Drehmasse in Bewegung gesetzt werden. Sinkt das antreibende Moment unter das Haftreibmoment, bleibt die Drehmasse stehen. Für Drehzahlen > 0 entsteht ein linear ansteigendes Reibmoment (Gleitreibung).

Die Größe der Haftkraft bzw. des Haftmoments wird durch den Parameter *Coulomb friction value (Offset)* festgelegt. Die Steigung der Gleitreibung wird durch *Coefficient of viscous friction (Gain)* bestimmt.

Dead Zone und Dead Zone Dynamic

Dead Zone

Dead Zone
Dynamic

Mit dem **Dead Zone**-Block kann ein System modelliert werden, das in einem bestimmten Bereich des Eingangssignals am Ausgang den Wert 0 erzeugt. Die untere und obere Grenze der Totzone werden durch die Parameter *Start of dead zone* und *End of dead zone* festgelegt. Liegt das Eingangssignal innerhalb dieser Grenzen, entsteht am Ausgang der Wert 0. Für Werte des Eingangssignals $u \leq$ *Start of dead zone* wird der Ausgang zu $y = u -$ *Start of dead zone*. Für Werte des Eingangssignals $u \geq$ *End of dead zone* wird der Ausgang zu $y = u -$ *End of dead zone*. Im Block **Dead Zone Dynamic** können an die Eingänge *up* und *lo* Signale für dynamisch veränderbare Werte von *Start/End of dead zone* angelegt werden.

Hit Crossing

Hit
Crossing

Der *Hit Crossing*-Block erkennt den Zeitpunkt, zu dem das Eingangssignal den unter *Hit crossing offset* eingetragenen Wert in der unter *Hit crossing direction* angegebenen Richtung durchläuft. Ist die Check Box *Show output port* aktiviert, wird zum Crossing Zeitpunkt eine 1 am Ausgang, sonst 0 ausgegeben. Wird im *Optimization*-Register der *Model Configuration Parameters* Dialogbox die Check Box *Implement logic signals as boolean data* deaktiviert, ist das Ausgangssignal vom Typ *double*, ansonsten *boolean*.

Quantizer

 Der *Quantizer*-Block setzt sein Eingangssignal in ein stufenförmiges Ausgangssignal um. Die Stufenhöhe wird dabei durch das *Quantization interval* bestimmt. Zum Integrationszeitpunkt $t(i)$ berechnet sich der Ausgang
Quantizer $y(i)$ abhängig vom *Quantization interval* Parameter q und Eingang $u(i)$
unter Zuhilfenahme der MATLAB-Funktion round zu:

$$y(i) = q \cdot \text{round}(\frac{u(i)}{q})$$

Abb. 9.9: Beispiel zum *Quantizer*-Block: `bsp_quantizer.slx`

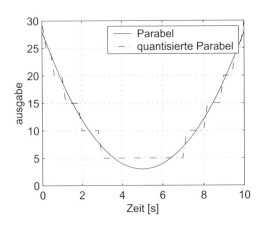

Abb. 9.10: Ergebnis der Simulation von `bsp_quantizer.slx`

Im Beispiel aus Abb. 9.9 wird mit einem *Fcn*-Block (Unterbibliothek *User-Defined Functions*, Kap. 9.5) eine in x- und y-Richtung verschobene Parabel erzeugt und quan-
tisiert. Eingang und Ausgang des *Quantizer*-Blocks werden in einer MATLAB-Figure
(Abb. 9.10, erzeugt mit dem MATLAB-Skript `bsp_quantizer_plot.m`, das als Model
Callback *StopFcn* verknüpft wurde, siehe dazu Kap. 8.8.1) aufgezeichnet. Als *Quantization interval* wurde $q = 5$ gewählt.

Rate Limiter und Rate Limiter Dynamic

Rate Limiter

Rate Limiter
Dynamic

Der **Rate Limiter**-Block begrenzt die erste Ableitung des Eingangssignals auf die unter *Rising slew rate* (Begrenzung bei positiver Steigung des Eingangssignals) bzw. *Falling slew rate* (Begrenzung bei negativer Steigung des Eingangssignals) angegebenen Werte. Die intern ermittelte Steigung *rate* zum Integrationszeitpunkt $t(i)$ berechnet sich zu

$$rate(i) = \frac{u(i) - y(i-1)}{t(i) - t(i-1)}$$

Der *Rate Limiter* steht auch als dynamische Variante **Rate Limiter Dynamic** zur Verfügung, bei dem eine dynamisch veränderbare *Rising/Falling slew rate* an die zwei zusätzlichen Eingänge *up* und *lo* gelegt werden kann.

Relay

Relay

Mit dem *Relay*-Block wird abhängig vom Eingangssignal der Ausgang zwischen den zwei Werten *Output when on* und *Output when off* geschaltet. Das Relais ist eingeschaltet, 'on', wenn der Eingang $u \geq$ dem *Switch on point* wird. Dann gilt: $y = Output\ when\ on$. Dort bleibt es, bis $u \leq Switch$ *off point* wird. Nun gilt: $y = Output\ when\ off$. Der *Switch on point* muss immer größer oder gleich dem *Switch off point* gewählt werden. Für *Switch on point* > *Switch off point* modelliert der *Relay*-Block eine Hysterese, bei *Switch on point* = *Switch off point* wird ein Schalter modelliert.

Saturation und Saturation Dynamic

Saturation

Saturation
Dynamic

Der **Saturation**-Block begrenzt den Maximalwert des Eingangssignals nach oben (*Upper limit*) und unten (*Lower limit*). Er steht auch als dynamische Variante **Saturation Dynamic** zur Verfügung, bei denen ein dynamisches *Upper/Lower limit* an die zwei zusätzlichen Eingänge *up* und *lo* gelegt werden kann.

9.4   Bibliothek: *Lookup Tables* – Nachschlagetabellen

1-D Lookup Table[3] , 2-D Lookup Table und n-D Lookup Table

1-D Lookup
Table

2-D Lookup
Table

n-D Lookup
Table

Alle drei Lookup Tables besitzen eine vereinheitlichte *Block Parameters* Dialogbox, die sich nur im default-Wert des Parameters *Number of table dimensions* unterscheidet und – abhängig davon – ihr Aussehen ändert. Die *Number of table dimensions* bestimmt auch die Anzahl der Blockeingänge. Die Ein- und Ausgangswerte (*Breakpoints* und *Table data*) werden, wenn möglich, im Block-Icon grafisch dargestellt.

Die **1-D Lookup Table** besitzt eine *Number of table dimensions* = *1* und bildet das Eingangssignal anhand der in der dadurch eindimenionalen Nachschlagetabelle *Breakpoints 1* × *Table data* abgelegten Information auf den Ausgang ab (Kurve). Fällt der aktuelle Wert des Eingangssignals genau mit einem Tabellenpunkt (Punkt in den *Breakpoints 1*) zusammen, wird der zugehörige Punkt aus *Table data* ausgelesen. Liegt der aktuelle Wert des Eingangssignals außerhalb des Tabellenbereichs oder zwischen zwei Tabellenpunkten, wird mit den unter *Lookup method* (Registerkarte *Algorithm*) gewählten Verfahren extra- bzw. interpoliert. Zur Interpolation sind dies die Verfahren

- *Flat*: Interpolation mit konstantem Wert

- *Linear*: lineare Interpolation und

- *Cubic Spline*: Spline-Interpolation

Bei Extrapolation wird *Flat* durch die Methode

- *Clip*: Halten des letzten Wertes

ersetzt.

Im folgenden Beispiel `bsp_lookuptable.slx` (Abb. 9.11 links) wurde die *1-D Lookup Table* mit folgenden Werten ausgestattet (`bsp_lookuptable_ini.m` als Model Callbacks *PreLoadFcn* und *InitFcn*, Kap. 8.8.1):

```
% Breakpoints 1 (vector of input values)
vecin=[-10:2:10];
% Table Data (vector of ouput values)
vecout=[-5 -5 -5 -2 -2 -2 4.5 4.5 4.5 0 -1];
```

Eingang der *1-D Lookup Table* ist ein Rampensignal mit Steigung 1 und Startwert −10, so dass der gesamte Eingangs-Wertebereich der *Breakpoints 1* durchfahren wird. Am Ausgang entsteht die in der *1-D Lookup Table* abgelegte Stufenkurve. Nach der Simulation wird über `bsp_lookuptable_plot.m` (als Model Callback *StopFcn*) das Ergebnis grafisch dargestellt (Abb. 9.11 rechts).

---

[3] Die *1-D Lookup Table* ersetzt die aus den vergangenen Simulink-Versionen bekannte *Lookup Table*.

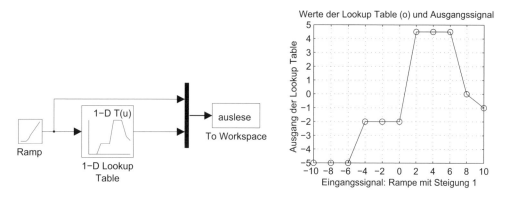

Abb. 9.11: *Beispiel zur* **Lookup Table:** `bsp_lookuptable.slx` *(links) und Simulationsergebnis (rechts)*

Die **2-D Lookup Table** ermöglicht mit einer *Number of table dimensions = 2* die Ablage einer zweidimensionalen Nachschlagetabelle (Fläche) *Breakpoints 1 × Breakpoints 2 × Table data*. Unter *Table data* müssen die möglichen Ausgangswerte dazu in Form einer Matrix festgelegt werden. *Breakpoints 1* bestimmt die zu den Reihen der Matrix, *Breakpoints 2* die zu den Spalten der Matrix korrespondierenden Eingangswerte. Mit *Breakpoints 1* und *Breakpoints 2* werden also die Punkte in der x-y-Ebene definiert, *Table data* enthält dann die zugehörigen z-Werte.

Das Signal am ersten (oberen) Eingang $u1$ der *2-D Lookup Table (2-D)* wird mit *Breakpoints 1*, das Signal am zweiten (unteren) Eingang wird mit *Breakpoints 2* verglichen. Ist für das Wertepaar am Blockeingang ein Eintrag unter *Table data* vorhanden, wird dieser an den Ausgang gegeben; andernfalls wird automatisch zwischen den unter *Table data* abgelegten Werten inter- oder extrapoliert. Hierbei gelten die Aussagen für die *1-D Lookup Table*.

Bei Verwendung einer **n-D Lookup Table** kann die Nachschlagetabelle bis zu 30 Dimensionen besitzen. Dazu wird unter *Number of table dimensions* der entsprechende Wert eingetragen (Links-Klick auf den Zahlenwert – nicht die Dropdown-Liste mit Klick auf ⌄ aufrufen!). Nach Bestätigen mit *OK* oder *Apply* wird die Anzahl der Blockeingänge angepasst. Für die Inter- und Extrapolation zwischen den durch die in den *Breakpoints 1* bis n definierten Datenpunkten gelten die für die *1-D Lookup Table* getroffenen Aussagen.

Eine bequeme Möglichkeit, die Daten von Blöcken aus der *Lookup Tables*-Bibliothek zu überwachen und zu ändern, bietet der *Lookup Table Editor* (Abb. 9.12), der über den Menüpunkt *Edit/Lookup Table Editor* aus dem Simulink-Editor geöffnet wird oder durch Auswahl von *Edit table and breakpoints* oder *Edit* in der *Block Parameters* Dialogbox der meisten *Lookup Tables*-Blöcke. Hier werden im rechten Fensterteil die Daten der im linken Fensterteil ausgewählten *Lookup Tables*-Blöcke in Tabellenform (Zeilen oder Spalten) dargestellt. Per Mausklick kann der Inhalt jeder Tabellenzelle geändert werden. Um die Änderungen bei der Simulation wirksam werden zu lassen, muss der jeweilige *Lookup Tables*-Block erst aktualisiert werden (Button 🖬 oder Menüpunkt *Fi-*

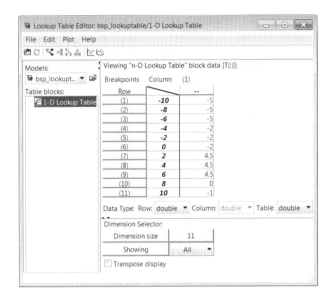

Abb. 9.12: Lookup Ta-
ble Editor mit Daten von
`bsp_lookuptable.slx`

le/Update Block Data). Im Fall von `bsp_lookuptable.slx` werden die Variablen *vecin*
und *vecout* dann mit neuen Werten belegt.

9.5   Bibliothek: *User-Defined Functions* – Benutzer-definierbare Funktionen

Function

Mithilfe des *Fcn*-Blocks kann auf ein Signal ein im Stil der Sprache C frei
programmierbarer mathematischer Ausdruck angewendet werden. Mit u
kann auf das (skalare) Eingangssignal bzw. die erste Komponente eines
vektoriellen Eingangssignals Bezug genommen werden, $u(i)$ oder $u[i]$ bezeichnen die i-te Komponente eines vektoriellen (1-D) Eingangssignals. Der mathematische Ausdruck darf numerische Konstanten, mathematische Funktionen (Kap. 2.1),
arithmetische, logische und Vergleichsoperatoren (Kap. 2.3.1) enthalten, sowie natürlich
Klammern und im MATLAB-Workspace definierte Variablen. Bezüglich der Priorität der
Operatoren bei der Auswertung des Parameters *Expression* gelten die Regeln der Sprache C. Matrizen und Vektoren können nur elementweise angesprochen werden.

Beispiel: Der Ausdruck

```
(u[1]/m - g*sin(u[3])*cos(u[3]) + l*power(u[2],2)*sin(u[3]))/...
(M/m + power(sin(u[3]),2))
```

in einem *Fcn*-Block weist dem skalaren Ausgang y folgenden Ausdruck mit den auf dem

MATLAB-Workspace bekannten Variablen m, M, l und g zu:

$$y = \frac{\dfrac{u[1]}{m} - g \cdot \sin u[3] \cdot \cos u[3] + l \cdot u[2]^2 \cdot \sin u[3]}{\dfrac{M}{m} + \sin^2 u[3]}$$

Interpreted MATLAB Function[4)]

Interpreted
MATLAB
Function

Der *Interpreted MATLAB Fcn*-Block stellt eine Erweiterung des *Fcn*-Blocks dar. Unter dem Parameter *MATLAB function* können neben mathematischen Ausdrücken auch MATLAB-Funktionen (Kap. 2.5) auf das Eingangssignal angewendet werden. Wichtig ist dabei, dass die Breite des von der spezifizierten MATLAB-Funktion ausgegebenen Signals dem Wert im Textfeld *Output dimensions* des *MATLAB Fcn*-Blocks entspricht. Der Default-Wert -1 weist dem Blockausgang die Signalbreite des Eingangs zu. Unter *Output signal type* kann der Typ des Ausgangssignals angegeben werden (*auto*, *real* oder *complex*).

Die Berechnung eines *MATLAB Fcn*-Blocks benötigt sehr viel mehr Zeit als die eines *Fcn*-Blocks, da bei jedem Integrationsschritt der MATLAB *parser* aufgerufen wird, der die Syntax analysiert. Bezüglich Rechenzeiteinsparung ist daher bei einfachen Funktionen die Verwendung des *Fcn*- oder *Math Function*-Blocks besser; komplizierte Operationen sollten als S-Funktion geschrieben werden.

MATLAB Function[4)]

Mit dem *MATLAB Function*-Block kann wie mit dem *Interpreted MATLAB Function*-Block MATLAB-Code in Form einer MATLAB-Funktion (Kap. 2.5) in ein Simulink-Modell (oder Stateflow-*Chart*, siehe Kap. 12.2.5) eingebracht werden. Gegenüber der *Interpreted MATLAB Function* hat die *MATLAB Function* jedoch entscheidende Vorteile. Werden die verwendeten MATLAB-Befehle auf die in der Liste *Functions Supported for C/C++ Code Generation*[5)] verfügbaren Befehle beschränkt, kann bei Simulationsstart automatisch eine ausführbare Datei (unter Windows mit der Erweiterung *_sfun.mexw64*, C-Code im automatisch erzeugten Verzeichnis *slprj*) aus der *MATLAB Function* erzeugt werden. Bei der Simulation kann dadurch (vor allem, wenn der in der *MATLAB Function* eingetragene Code normalerweise sehr rechenaufwändig wäre) enorm an Rechenleistung eingespart werden, da eine als executable vorliegende Datei extrem schnell ausgeführt werden kann.

Unter Verwendung dieses C-Codes kann dann bei Bedarf mit dem Simulink-Zusatz-

---

[4)] Der *Interpreted MATLAB Function*-Block entspricht dem aus vergangenen Simulink-Versionen (R2010b und älter) bekannten *MATLAB Fcn*-Block. Der in diesem Buch (Version R2013b) als *MATLAB Function* bezeichnete Block wiederum ist der (umbenannte) *Embedded MATLAB Function*-Block aus vergangenen Simulink-Versionen.

[5)] In vergangenen Simulink-Versionen (R2010a und älter) als *Embedded Matlab Function Library* bezeichnet.

produkt Simulink Coder[6] C-Code für das gesamte Simulink-Modell erzeugt (zugeschnitten auf eine gewünschte Zielhardware, wie z.B. xPCTarget) und compiliert werden. Die Befehle in der Liste *Functions Supported for C/C++ Code Generation* stehen
bereits in C zur Verfügung und können bei Code-Erzeugung direkt eingebunden werden.
Welche Befehle genau bereits zur Verfügung stehen findet man in der Online-Hilfe unter *"Functions Supported for C/C++ Code Generation"*. Auf die Programmierung von
S-Funktionen zur Code-Erzeugung muss somit also nur noch zurückgegriffen werden,
wenn in der Funktion dynamische Systeme realisiert werden sollen.

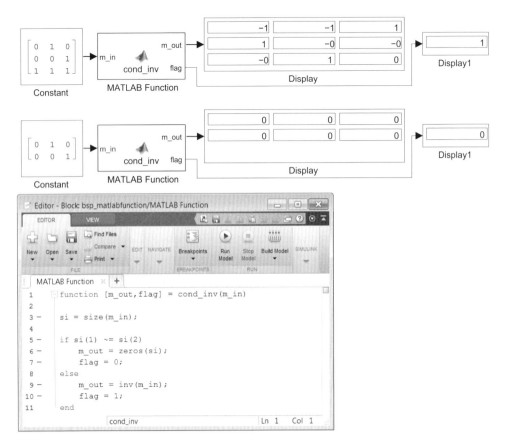

Abb. 9.13: *Beispiel* `bsp_matlabfunction.slx`*: Aufruf mit einer* $[3 \times 3]$*-Matrix (oben) und einer*
$[2 \times 3]$*-Matrix (mitte). Unten: Der* MATLAB*-Editor mit dem Code der eingebetteten Funktion*
`cond_inv`

Das Beispiel `bsp_matlabfunction.slx` zeigt, wie mit einer *MATLAB Function* eine einfache Matrix-Inversion mit vorangehender Abfrage der Matrix-Dimension realisiert werden kann. Abb. 9.13 zeigt das Beispiel bei Speisung mit einer $[3 \times 3]$-Matrix (oben) und

---

[6] Ab der Version R2011a wurden die Simulink-Zusatzprodukte Real-Time Workshop und Stateflow
Coder in das neue Produkt Simulink Coder zusammengefasst.

einer $[2 \times 3]$-Matrix (mitte) sowie den MATLAB-Editor, der sich bei Links-Doppelklick auf die *MATLAB Function* öffnet. Die im Code der Funktion `cond_inv` verwendeten MATLAB-Befehle `size`, `zeros` und `inv` gehören zur *Functions Supported for C/C++ Code Generation*-Liste.

MATLAB System

MATLAB System

Der *MATLAB System*-Block ermöglicht das Einbinden von Systemobjekten in Simulink. Systemobjekte werden als MATLAB-Skripte programmiert (Extension .m) und dienen der Modellierung von dynamischen Systemen aller Art, außer zeitkontinuierlichen Systemen. Systemobjekte kommen ursprünglich aus MATLAB, können aber auch in vielen weiteren Toolboxen verwendet werden, die die Bezeichung 'System' in ihrem Namen tragen (z.B. Control System Toolbox, Communications System Toolbox, DSP System Toolbox). Mit der Einbindbarkeit in Simulink wurde nun das Einsatzgebiet von Systemobjekten nochmals erweitert.

Wie bei S-Funktionen (Kap. 9.7) muss auch bei der Programmierung von Systemobjekten ein vorgegebener „äußerer Rahmen" (Aufruf bestimmter Funktionen) eingehalten werden. Ein Template dazu öffnet sich im MATLAB-Editor, wenn im Toolstrip HOME des MATLAB-Command-Window rechts auf *New/System Object* geklickt wird. Außerdem gibt es 3 Beispiele in den Simulink Examples unter *Modeling Features/Custom Blocks with S-Functions, System Objects and Legacy Code Tool*:

- System Identification for an FIR System Using MATLAB System Blocks, Simulink-Modell `slexSysIdentMATLABSystemExample.slx`

- Variable-Size Input and Output Signals Using MATLAB System Blocks, Simulink-Modell `slexVarSizeMATLABSystemExample.slx`,

- Illustration of Law of Large Numbers Using MATLAB System Blocks, Simulink-Modell `slexLawOfLargeNumbersExample.slx`.

Bei einem neu aus dem *Library Browser* kopierten *MATLAB System* öffnet sich nach Doppelklick die *Block Parameters* Dialogbox und unter *System object name* kann der Name des programmierten Systemobjekts (ohne Extension .m) eingetragen werden. Durch Klick auf <u>Source code</u> kann der MATLAB-Editor mit dem Code des verknüpften Systemobjekts geöffnet werden. *Simulate using* lässt die Auswahl zu zwischen

- *Code generation*: Simulation unter Verwendung eine ausführbaren Datei (unter Windows Extension *.mexw64*, automatische Codeerzeugung bei Start der Simulation) und

- *Interpreted execution*: Bei der Simulation wird (wie bei Level-2 MATLAB S-Funktionen) der MATLAB Parser zur Interpretation des MATLAB Codes im verknüpften Systemobjekt aufgerufen.

Beispiel

Am Beispiel `pt1fun_sysobj.slx` (Abb. 9.14 links) wird mittels eines *MATLAB System*-Blocks ein Systemobjekt eingebunden, in dem ein zeitdiskretes dynamisches System modelliert wurde. In Anlehnung an das Beispiel `pt1fun.slx` zu S-Funktionen (Abb. 9.18) wurde, ausgehend von der zeitkontinuierlichen Übertragungsfunktion
$Y(s) = 1/(1 + sT) \cdot U(s)$,
ein zeitdiskretes System durch Euler-Vorwärts-Approximation $s \mathrel{\widehat{=}} (z - 1)/T_s$, (mit $T_s =$ Abtastzeit) aufgestellt: $Y(z) = \left(T_s/(T \cdot z + (T_s - T))\right) \cdot U(z)$. Im Zeitbereich lautet die Differenzengleichung
$y(k) = y(k - 1) - T_s/T \cdot y(k - 1) + T_s/T \cdot u(k - 1)$,
die in dieser Form auch im Systemobjekt `pt1sysobj.m` realisiert wurde.

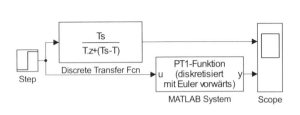
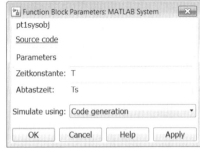

Abb. 9.14: *Beispiel zur Benutzung eines MATLAB System-Blocks:* `pt1fun_sysobj.slx`

Im Folgenden soll der Quellcode der des Systemobjekts `pt1sysobj.m` vorgestellt und kurz besprochen werden:

```
classdef pt1sysobj < matlab.System & matlab.system.mixin.CustomIcon ...
                   & matlab.system.mixin.Nondirect

    properties (Nontunable)
        %Zeitkonstante
        Zeitkonstante = 1;
        %Abtastzeit
        Abtastzeit = 0.05;
    end

    properties (DiscreteState)
        % Define any discrete-time states
        PreviousOutput; % y(k-1), Ausgang zum vorangegangenen Zeitpunkt
        PreviousInput;  % u(k-1), Eingang zum vorangegangenen Zeitpunkt
    end
methods
    function obj = pt1sysobj(varargin)
        setProperties(obj, nargin, varargin{:});
    end
end
end
methods (Access=protected)
        function Blockicon = getIconImpl(~)
            Blockicon = ...
```

```
            sprintf('PT1-Funktion\n(diskretisiert\nmit Euler vorwärts)');
    end

    function validatePropertiesImpl(obj)
        if ((numel(obj.Zeitkonstante)>1) || (obj.Zeitkonstante <= 0))
        error('Die Zeitkonstante T muss ein skalarer Wert > Null sein.');
        end
        if ((numel(obj.Abtastzeit)>1) || (obj.Abtastzeit <= 0))
        error('Die Abtastzeit Ts muss ein skalarer Wert > Null sein.');
        end
        if (obj.Abtastzeit >= 1/10*obj.Zeitkonstante)
        error('Die Abtastzeit muss <= 1/10 der Zeitkonstante sein.')
        end
    end

    function setupImpl(obj,~)
        % Specify initial values for DiscreteState properties
        obj.PreviousInput = 0;
        obj.PreviousOutput = 0;
    end

    function y = outputImpl(obj, u)
        %T: Zeitkonstante;
        %Ts: Abtastzeit
        % Implement System algorithm: y(k) =
        % y(k-1)- Ts/T * y(k-1) + Ts/T * u(k-1)
        y = obj.PreviousOutput - obj.Abtastzeit/obj.Zeitkonstante * ...
            obj.PreviousOutput + obj.Abtastzeit/obj.Zeitkonstante * ...
            obj.PreviousInput;
        obj.PreviousOutput = y; % store y(k) for next timestep
    end

    function updateImpl(obj, u)
      obj.PreviousInput = u;
    end

    function flag = isInputDirectFeedthroughImpl(~,~)
      flag = false;
    end
end
end
```

Im Objekt-Kopf wird mit < das Systemobjekt `pt1sysobj` verschiedenen Systemobjekt-Klassen zugeordnet: der Standard-Klasse *matlab.System* (dazu muss jedes Systemobjekt gehören), der Klasse *matlab.system.mixin.CustomIcon* (damit das Blockicon vom Benutzer definiert werden kann), sowie der Klasse *matlab.system.mixin.Nondirect*, da das zeitdiskrete dynamische System $y(k) = y(k - 1) - T_s/T \cdot y(k - 1) + T_s/T \cdot u(k - 1)$ nicht sprungfähig ist. Mit den `properties (nontunable)` wird eine Art Maske für die *Block Parameters* Dialogbox vom Benutzer definiert (Abb. 9.14 rechts): hier sollen 2 Felder erscheinen, in die die Parameter Zeitkonstante T und Abtastzeit T_s des Systems eintragen werden können. Die Namen der Felder, 'Zeitkonstante' und 'Abtastzeit' werden über die <u>hinter dem Kommentarzeichen</u> % stehenden Bezeichnungen bestimmt. In den `properties (DiscreteState)` können Variablen definiert werden, die dem zeitdiskreten dynamischen System angehören, hier die `PreviousOutput` und `PreviousInput`. Die erste *method*, `function obj = pt1sysobj(varargin)` muss in jedem Systemobjekt stehen, das in Simulink eingebunden werden soll – sie erlaubt, dass die Anzahl der übergebenen Argumente an das Systemobjekt variieren darf. Unter `methods (Access=protected)` folgen *methods*, in der das Blockicon zugeschnitten wird (`Blockicon = getIconImpl(~)`), die übergebenen Parameter auf korrekte Anzahl und Größenordnung abgefragt werden (`validatePropertiesImpl(obj)`), sowie Startwerte für das zeitdiskrete dynamische System gesetzt werden (`setupImpl(obj,~)`). Schließlich wird in `y = outputImpl(obj, u)` die Differenzengleichung des zeitdiskreten dynamischen Systems $y(k) = y(k-1) - T_s/T \cdot y(k-1) + T_s/T \cdot u(k-1)$ berechnet und der an y übergebene Wert mit `obj.PreviousOutput = y;` für den nächsten Abtastschritt zwischengespeichert. Gleiches gilt für den Eingang in `updateImpl(obj, u)`. Abgeschlossen wird mit der *method* `flag = isInputDirectFeedthroughImpl(~,~)`, die standardmäßig in jedem Systemobjekt vorhanden sein muss, dessen dynamisches System nicht sprungfähig ist.

S-Function, S-Function Builder und Level-2 MATLAB S-Function

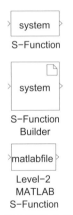

Der **S-Function**-Block ermöglicht es, eine als MATLAB-Executable File (MEX-File, programmiert in C, C++ oder Fortran) vorliegende oder in MATLAB (Level-1) programmierte S-Funktion in ein Simulink-Modell einzubinden. Der Name der S-Funktion muss dazu im Parameterfeld *S-function name* eingetragen werden. Mithilfe des *S-function parameters*-Textfeldes können der aufgerufenen S-Funktion zusätzliche Parameter übergeben werden, z.B. MATLAB-Ausdrücke oder Variablen. Mehrere Parameter müssen dabei durch ein Komma getrennt werden. Durch Klick auf den *Edit*-Button öffnet sich der Quellcode der S-Funktion im MATLAB-Editor (siehe Abb. 9.13). Das Textfeld *S-function modules* ist nur von Belang, wenn mit dem Simulink-Zusatzprodukt Simulink Coder aus dem Simulink-Modell, das den *S-Function*-Block enthält, Code erzeugt werden soll.

C MEX S-Funktionen können auch bequem unter Verwendung des Blocks **S-Function Builder** programmiert werden. Dieser stellt eine grafische Oberfläche u.a. mit vorgefertigten Registerkarten wie z.B. *Initialization* oder *Continuous Derivatives* dar, welche die Rümpfe von Standard-C-Methoden repräsentieren. Eigener C-Code muss dann nur noch in die Textfelder der entsprechenden Register eingetragen werden.

Der **Level-2 MATLAB S-Function**-Block erlaubt das Einbinden einer als MATLAB-Skript im Level-2 geschriebenen S-Funktion. Beim Programmieren einer MATLAB S-Funktion sollte immer der aktuelle Typ Level-2 verwendet werden. Bei diesem Typ wurde gegenüber dem bisherigen Typ Level-1 der Umfang der zur Verfügung stehenden Callback Methoden stark erweitert und an die für C MEX S-Funktionen verfügbaren Methoden angeglichen. Bereits bestehende, mit älteren MATLAB-Versionen erstellte Level-1 MATLAB S-Funktionen brauchen nicht konvertiert zu werden; zum Einbinden kann wie gewohnt der *S-Function*-Block verwendet werden.

Zur näheren Erläuterung von S-Funktionen siehe Kap. 9.7 und Abb. 9.18.

9.5.1 Bibliotheken: *Model Verification* und *Model-Wide Utilities* – Prüfblöcke und Modell-Ergänzungen

Diese Unterbibliotheken stellen Blöcke zur Verfügung, die sowohl der Überprüfung von Simulink-Modellen auf ein bestimmtes statisches oder dynamisches Verhalten dienen, als auch Blöcke, mit deren Hilfe modellweite Zusatzinformation abgelegt und Zusatzeigenschaften definiert werden können. Sie dienen der leichteren und komfortableren Bedienung, Handhabung und Dokumentation von Simulink-Modellen.

Model Verification – Prüfblöcke

Assertion

Assertion

Der *Assertion*-Block überwacht, dass keines der Elemente seines Eingangssignals Null wird. Für den Fall, dass Null erreicht wird, kann vom Benutzer festgelegt werden, ob die Simulation unterbrochen werden soll oder nicht, ob eine Standardwarnung erscheint oder eine selbstdefinierte Callback Funktion (MATLAB-File) ausgeführt werden soll.

Wie auch bei allen anderen Blöcken der *Model Verification*-Bibliothek kann beim *Assertion*-Block die Überwachung des Eingangssignals problemlos deaktiviert werden. Damit müssen Prüfblöcke nach erfolgreicher Überwachung nicht aus dem Simulink-Modell entfernt werden. Eine globale Aktivierung/Deaktivierung aller Prüfblöcke kann über das *Diagnostics*-Register (Untergruppe *Data Validity/Debugging*; Kap. 8.7.1 und Abb. 8.27) der *Model Configuration Parameters* Dialogbox durchgeführt werden.

Check Static Gap und Check Dynamic Gap

Check
Static Gap

Check
Dynamic Gap

Diese Blöcke überwachen, ob ihr Eingangssignal (beim *Check Dynamic Gap* der Eingang *sig*) immer größer gleich oder kleiner gleich einer statischen (Parameter *Upper/Lower Bound*) oder dynamischen Grenze (Eingänge *min* und *max*) geblieben ist. Wie beim *Assertion*-Block kann der Benutzer bestimmen, welche Aktion bei Verletzung der Überwachungsbedingung eintreten soll.

Der Block *Check Dynamic Range* wird im Beispiel aus Abb. 8.18 behandelt.

Check Static Lower Bound und Check Dynamic Lower Bound

Check Static
Lower Bound

Check Dynamic
Lower Bound

Die Blöcke *Check Static Lower Bound* und *Check Dynamic Lower Bound* überwachen ihr Eingangssignal auf Einhaltung einer statischen oder dynamischen unteren Schranke. Der Benutzer kann wieder bestimmen, welche Aktion bei Verletzung der Überwachungsbedingung eintreten soll.

Für die Überwachung auf Einhaltung einer oberen Schranke müssen die Blöcke *Check Static Upper Bound* und *Check Dynamic Upper Bound* verwendet werden.

Model-Wide Utilities – Modell-Ergänzungen

DocBlock

DocBlock

Ein Doppelklick auf den *DocBlock* erzeugt ein Textfile und öffnet es in dem in den MATLAB *Preferences* (*Preferences* im Toolstrip HOME des MATLAB-Command-Window) unter *Editor/Debugger* spezifizierten Editor. Hier kann Hilfe- und Dokumentationstext eingegeben werden. Das Textfile wird beim Speichern dem *DocBlock* zugeordnet und kann nach Schließen jederzeit durch Doppelklick auf den Block wieder geöffnet und modifiziert werden.

Time-Based Linearization und **Trigger-Based Linearization**

Timed–Based
Linearization

Trigger–Based
Linearization

Die Blöcke *Time-Based Linearization* und *Trigger-Based Linearization* rufen zu einem vorgebbaren Zeitpunkt bzw. abhängig von einem Triggersignal die Befehle `linmod` bzw. `dlinmod` auf, welche eine Linearisierung des Simulink-Modells durchführen (siehe auch Kap. 9.2.1). Das Ergebnis der Linearisierung wird als Struktur im MATLAB-Workspace abgespeichert. Die Struktur trägt den Namen des Modells, an den z.B. *_Time_Based_Linearization* angehängt wird. Die Felder *a*, *b*, *c* und *d* der Struktur enthalten die Matrizen $\mathbf{A}$, $\mathbf{B}$, $\mathbf{C}$ und $\mathbf{D}$ der Zustandsdarstellung des linearen Modells, des Weiteren werden die Namen der Zustände, Eingänge, Ausgänge, und die Abtastzeit als Felder abgelegt. Das Feld *OperPoint* enthält Information über den Wert der Eingänge und Zustände zum Zeitpunkt der Linearisierung.

9.6   Algebraische Schleifen

Algebraische Schleifen können in Modellen auftreten, in welchen Blöcke mit *direct feedthrough* verwendet werden. Bei diesen Blöcken hängt das Ausgangssignal vom Eingangssignal zum gleichen Zeitpunkt ab. Blöcke mit *direct feedthrough* sind **Math Function**, **Sum**, **Gain**, **Product**, **State Space** mit Durchschaltmatrix $\mathbf{D} \neq 0$, *Integrator* bezüglich des Anfangswerteingangs (die Schleife, die durch die Rückführung des *Integrator*-Ausgangssignals an den Rücksetzeingang entsteht ist nicht algebraisch) sowie *Transfer Function* und *Zero-Pole*, wenn Zähler- und Nennerpolynom gleicher Ordnung sind.

Wird der Ausgang eines Blocks mit *direct feedthrough* direkt oder über andere *direct feedthrough*-Blöcke an seinen Eingang zurückgeführt, so hängt das aktuelle Eingangssignal des Blocks vom eigenen Ausgang zum gleichen Zeitpunkt ab, der wiederum vom Eingangssignal zum gleichen Zeitpunkt abhängt. Eine algebraische Schleife entsteht.

Beim *Integrator* tritt eine algebraische Schleife immer dann auf, wenn sein Ausgangssignal direkt oder über *direct feedthrough*-Blöcke das externe Anfangswertsignal steuert. Die Schleifenproblematik kann durch den bereits im Beispiel von Kap. 9.1 (Abb. 9.3) angegebenen Ansatz gelöst werden: Anstelle des *Integrator*-Ausgangssignals wurde dort die *Integrator*-Zustandsgröße am *state port* abgegriffen und für die Rückführung verwendet. Der *state port* ist ein zusätzlicher Ausgang, der durch Aktivierung der Check Box *Show state port* erzeugt werden kann. Ausgangssignal und Zustandsgröße eines *Integrator*-Blocks sind dem Wert nach gleich, werden jedoch von Simulink intern zu unterschiedlichen Zeitpunkten berechnet, so dass die Schleifenproblematik vermieden wird.

Enthält ein Modell eine algebraische Schleife, wird von Simulink zu jedem Integrationsschritt eine Routine aufgerufen, die diese Schleife iterativ löst (Trust-Region-Verfahren). Damit das Verfahren konvergiert, ist es in vielen Fällen nötig, einen Startwert vorzugeben. Dies kann z.B. durch Einbringen eines *Initial Condition* (*IC*)-Blocks geschehen (Unterbibliothek *Signal Attributes*).

Eine relativ bequeme Möglichkeit zur Lösung einer algebraischen Schleife ist der von Simulink bereitgestellte Block *Algebraic Constraint* aus der Unterbibliothek *Math Operations*. Der Startwert für das Iterationsverfahren kann hier durch Spezifizierung des Parameters *Initial guess* vorgegeben werden.

Algebraic Constraint

 Der *Algebraic Constraint*-Block zwingt sein Eingangssignal zu 0 und gibt an seinem Ausgang den Wert der Größe z aus, für die der Eingang 0 wird. Die Ausgangsgröße muss das Eingangssignal durch eine wie auch immer geartete Rückführung beeinflussen.

Unter *Initial guess* kann ein Startwert für die Größe z angegeben werden, von dem aus der Algorithmus für die Lösung der algebraischen Schleife gestartet wird. Durch geschickte Wahl von *Initial guess* kann die Genauigkeit der Lösung verbessert werden, bzw. in kritischen Fällen wird die Lösung der algebraischen Schleife damit überhaupt erst ermöglicht. Folgendes Beispiel soll die Funktion des *Algebraic Constraint*-Blocks verdeutlichen. Es soll die Lösung der Gleichung

$$f(z) = \frac{1}{7} z^3 - \frac{1}{28} \sin z - z - 5 = 0$$

gefunden werden. Zu der im Block *Display* angezeigten Lösung der Gleichung kann der Algorithmus jedoch erst ab einem *Initial guess* > 1.5 konvergieren.

9.7 S-Funktionen

S-Funktionen sind Funktionen, die mittels eines *S-Function*-, *S-Function Builder*- oder *Level-2 MATLAB S-Function*-Blocks (Unterbibliothek *User-Defined Functions*) innerhalb eines Simulink-Modells ausgeführt werden können. Der Simulink-Benutzer kann auf diese Weise eigene Algorithmen, die auch zeitkontinuierliche dynamische Systeme einschließen, in ein Simulink-Modell einbringen. Dies ist ein Vorteil vor allem dann, wenn diese Algorithmen nicht mehr durch Standard-Funktionsblöcke realisiert werden können oder bereits bestehender Code (*legacy code*, z.B. C, C++) in das Modell eingebunden

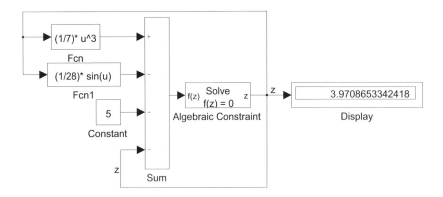

Abb. 9.15: *Beispiel einer algebraischen Schleife:* `bsp_algloop.slx`

werden soll. Außerdem kann mithilfe von S-Funktionen die von Simulink zur Verfügung gestellte Bausteinbibliothek um beliebige Funktionen erweitert werden. Wichtig bei der Programmierung einer S-Funktion ist die Einhaltung eines „äußeren Rahmens" (Aufruf bestimmter Routinen – in Simulink als „Callback Methoden" bezeichnet –, Setzen von Flags etc.), der Simulink ermöglicht, während des Simulationslaufs korrekt mit der S-Funktion zu kommunizieren. Simulink bietet dazu für jede Programmiersprache ein eigenes *Template File* an, das diesen „äußeren Rahmen" mit allen oder häufig verwendeten Callback Methoden bereits enthält. Diese Template Files sollten vom Benutzer unbedingt als Ausgangsbasis verwendet werden; sie erleichtern die Programmierung eigener S-Funktionen erheblich. Die Template Files und viele hilfreiche Beispiele erhält man durch Doppelklick auf den (blau hinterlegten) Block *S-Function Examples* in der Unterbibliothek *User-Defined Functions*. Es öffnet sich das Bibliotheksfenster *Library: sfundemos* wie in Abb. 9.16 gezeigt.

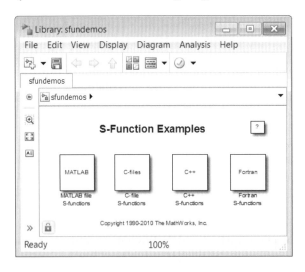

Abb. 9.16: *Bibliotheksfenster der S-Function Examples: Doppelklick auf eine Untergruppe zeigt Beispiele und Template Files an*

Wie aus Abb. 9.16 zu erkennen ist, können S-Funktionen in den folgenden Programmiersprachen realisiert werden:

- in MATLAB als MATLAB file S-Functions vom (bisherigen) Typ Level-1 (Template File `sfuntmpl.m`, Einbinden mit Block *S-Function*) oder vom aktuellen Typ Level-2 (Template `msfuntmpl.m`, Einbinden mit Block *Level-2 MATLAB S-Function*), wobei angeraten wird, MATLAB file S-Funktionen nur noch im Level-2 zu programmieren. Bei diesem Typ wurde das Spektrum der verfügbaren Standard Callback Methoden stark erweitert und an C MEX S-Funktionen angepasst. Der Vorteil einer Programmierung in MATLAB ist vor allem der geringe Entwurfsaufwand: Es können alle MATLAB-Befehle (auch aus allen Toolboxen) bei der Programmierung verwendet werden. Nachteil: geringe Ausführungsgeschwindigkeit, da die S-Funktion bei jedem Integrationsschritt von Simulink mithilfe des MATLAB Parsers Zeile für Zeile interpretiert werden muss. Darüber hinaus ist eine Erzeugung von ausführbarem Code für Echtzeitanwendungen nicht möglich. Das Verzeichnis für MATLAB file Template Files ist $MATLABROOT$\toolbox\simulink\blocks.

- in den Programmiersprachen C, C++ oder Fortran als MEX S-Funktionen (MEX steht für MATLAB-Executable). Die Templates für C sind `sfuntmpl_basic.c` (häufig benutzte Callback Methoden) und `sfuntmpl_doc.c` (alle verfügbaren Callback Methoden und ausführliche Kommentare) wenn der Code mittels eines *S-Function*-Blocks eingebunden werden soll. Für C MEX S-Funktionen kann daneben auch der Block *S-Function Builder* (siehe S. 390) verwendet werden. Das Verzeichnis für C MEX-Templates ist $MATLABROOT$\simulink\src. Für die Programmierung von Level-1 S-Funktionen in FORTRAN steht als Template `sfuntmpl_fortran.f`, für Level-2 S-Funktionen `sfuntmpl_gate_fortran.c` zur Verfügung, beide ebenfalls in $MATLABROOT$\simulink\src.

MEX S-Funktionen müssen vor Simulationsstart vom Benutzer mit dem Befehl

```
mex -optionen sfunktion_name.extension
```

compiliert und gelinkt werden. Mit dem Befehl

```
mex -v -setup
```

können installierte Compiler lokalisiert und ausgewählt werden. Der matlabinterne Compiler *lcc-win64* kann für die Compilierung von C MEX S-Funktionen nicht mehr verwendet werden (und wird auch bei der Compilersuche mit `mex -v -setup` nicht mehr gefunden). Von MATLAB unterstützte (externe) Compiler für die aktuelle Version R2013b sind unter http://www.mathworks.de/support/compilers/R2013b/index.html aufgelistet.

Die beim `mex`-Befehl benötigten Angaben *optionen* und *extension* müssen je nach verwendeter Programmiersprache angepasst werden. Vorteil von MEX S-Funktionen ist z.B. die schnellere Ausführungsgeschwindigkeit, da bei Simulationsstart die S-Funktion als ausführbarer Code vorliegt. Weiterer Vorteil ist, dass bereits vorhandener Code in ein Simulink-Modell eingebunden werden kann. Eine wichtige Anwendung speziell von C MEX S-Funktionen ist darüber hinaus der

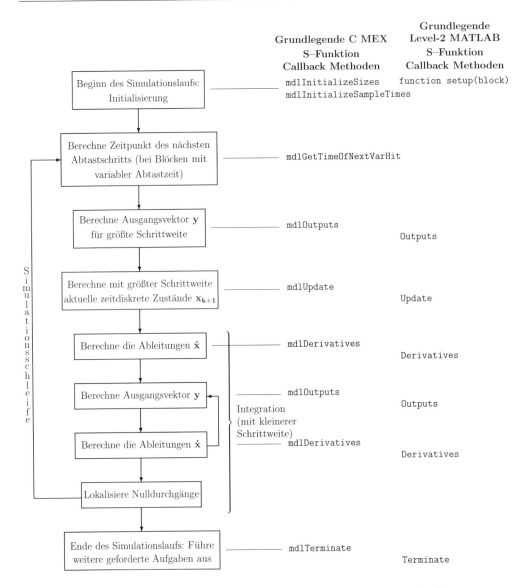

Abb. 9.17: *Schritte und grundlegende Callback Methoden beim Simulationslauf*

Zugriff auf Hardware (z.B. AD-Wandler), da dies in der Programmiersprache C üblicherweise problemlos möglich ist. Außerdem können bereits existierende Hardwaretreiber eingebunden werden. Nachteil: Die Programmierung ist für ungeübte Benutzer sehr viel komplizierter und damit aufwändiger.

Wie jeder Standard-Funktionsblock kennt auch eine S-Funktion (und damit die Blöcke *S-Function*, *S-Function Builder* und *Level-2 MATLAB S-Function*) die Aufteilung der Signale in einen Eingangsvektor u, einen Zustandsvektor x und einen Ausgangsvektor y. In S-Funktionen werden zeitkontinuierliche und zeitdiskrete Zustandsvariablen getrennt voneinander behandelt, d.h. es werden unterschiedliche Callback Methoden zur Berechnung von $\dot{x}$ bzw. x_{k+1} aufgerufen.

Abb. 9.17 zeigt die Schritte, die Simulink bei einem Simulationslauf ausführt, und die grundlegenden Callback Methoden, die bei diesen Schritten in einer C MEX- bzw. Level-2 MATLAB S-Funktion aufgerufen werden. Die C MEX Callback Methoden entsprechen den in einer Level-1 MATLAB S-Funktion zur Verfügung stehenden Methoden. Neben diesen grundlegenden Methoden steht in C MEX- aber auch in Level-2 MATLAB S-Funktionen eine große Anzahl weiterer (optionaler) Callback Methoden zur Realisierung des gewünschten Systemverhaltens zur Verfügung. Sie können den Template Files, den Beispieldateien oder der Online-Hilfe (nach "S-function callback methods" suchen) entnommen werden.

Beispiel: PT$_1$

Im folgenden Simulink-Beispiel `pt1fun.slx` (Abb. 9.18 links) ist im Zeitkontinuierlichen ein einfaches PT$_1$-Glied mit der Übertragungsfunktion $Y(s) = 1/(1 + sT) \cdot U(s)$ mittels einer S-Funktion in mehreren Varianten realisiert:

`pt1sfun_m2` : Level-2 MATLAB S-Funktion, Datei `pt1sfun_m2.m`

`pt1sfun_c` : C MEX S-Funktion, Datei `pt1sfun_c.c`

`pt1sfun_csfb` : C MEX S-Funktion, erstellt mit dem *S-Function Builder*

`pt1sfun_m` : Level-1 MATLAB S-Funktion, Datei `pt1sfun_m.m`

Die Zeitkonstante T wird als vom Benutzer wählbarer Parameter im entsprechenden Block (Felder *Parameters* bzw. *S-Function Parameters*) übergeben. Abb. 9.18 zeigt das Simulink-File, die *Block Parameters* Dialogbox des Blocks *Level-2 MATLAB S-Function* und das Simulationsergebnis im Block *Scope* für eine Zeitkonstante $T = 0.5\,\mathrm{s}$.

Unter http://www.degruyter.com/ (Buchtitel in das Suchfeld eingeben) und http://www.matlabbuch.de/ (Verzeichnis `simulink_systeme`) sind die Quellcodes aller im Beispiel `pt1fun.slx` verwendeten S-Funktionen abgelegt. Die C MEX S-Funktion `pt1sfun_c.c`[7] muss vor Simulationsstart mit dem Aufruf

```
mex pt1sfun_c.c
```

in eine ausführbare Form (`pt1sfun_c.mexw64` unter Windows)[8] übersetzt werden. Das Übersetzen der S-Funktion `pt1sfun_csfb` wird im *S-Function Builder* über den Button *Build* (rechts oben) angestoßen. Es entstehen die Dateien `pt1sfun_csfb.c`

---

[7] In der Unterbibliothek `C-file S-Functions/Continuous` der *S-Function Examples* befinden sich 2 ähnliche, zwar viel komplexere, aber sehr hilfreiche Beispiele zur Realisierung von Zustandssystemen als C MEX S-Funktion: „Continuous time system" (`sfncdemo_csfunc.slx`, bzw. `csfunc.c`) und „State space with parameters" (`sfncdemo_stspace.slx`, bzw. `stspace.c`).

[8] Wurde das File bereits in einer MATLAB-Version vor der in diesem Buch beschriebenen Version R2011a übersetzt, befindet sich im aktuellen Verzeichnis womöglich die alte Form `pt1sfun_c.dll`. Diese wird bei Aufruf von `mex pt1sfun_c.c` umbenannt in `pt1sfun_c.dll.old` und danach die neue Form `pt1sfun_c.mexw64` gespeichert. Man erhält eine ausführliche Info-Meldung im Command-Window. Dies gilt auch für den *S-Function Builder*.

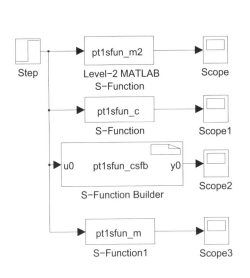
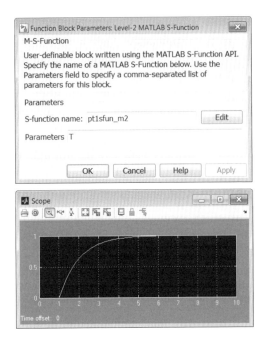

Abb. 9.18: *Beispieldatei* `pt1fun.slx` *(links), Block Parameters Dialogbox des Blocks* Level-2 MATLAB S-Function *(rechts oben) und Ergebnis des Blocks* Scope *(rechts unten)*

(Standard-Code), `pt1sfun_csfb_wrapper.c` (Benutzer-Code) und (unter Windows) `pt1sfun_csfb.mexw64`.

Im Folgenden soll der Quellcode der Level-2 MATLAB S-Funktion `pt1sfun_m2.m` vorgestellt und kurz besprochen werden:

```
% Quellcode der Level-2 MATLAB S-Funktion pt1sfun_m2.m,
% für das MATLAB-Release R2011a (Matlab 7.12, Simulink 7.7) und höher

function pt1sfun_m2(block)

% PT1SFUN_M2 modelliert das Verhalten eines PT1-Gliedes. Die Zeit-
% konstante T wird als Parameter übergeben

setup(block);

%endfunction

function setup(block)

  %%%% Beginn Block-Info %%%%

  % Eigenschaften (Anzahl I/Os, Dimension, Datentyp, Komplexität,
  % Direct Feedthrough Y/N etc.) sollen dynamisch bezogen werden
  block.SetPreCompInpPortInfoToDynamic;
```

```
    block.SetPreCompOutPortInfoToDynamic;

    % Anzahl der übergebenen Parameter
    block.NumDialogPrms      = 1;                    % Nur T wird übergeben
    block.DialogPrmsTunable = {'Nontunable'}; % T soll während der Simulation
                                                     % nicht verstellbar sein

    % Anzahl der kontinuierlichen Zustandsgrößen (kann nicht dynamisch
    % bezogen werden)
    block.NumContStates = 1;

    % Abtastzeit und Offset werden zu Null gesetzt, da System
    % zeitkontinuierlich gerechnet wird (könnte auch dynamisch bezogen werden)
    block.SampleTimes = [0 0];

    %%%% Ende Block-Info %%%%

    % Benötigte Callback Methoden in dieser S-Funktion
    block.RegBlockMethod('CheckParameters', @CheckPrms);
    block.RegBlockMethod('PostPropagationSetup', @DoPostPropSetup);
    block.RegBlockMethod('InitializeConditions', @InitializeConditions);
    block.RegBlockMethod('Outputs', @Outputs);
    block.RegBlockMethod('Derivatives', @Derivatives);

%endfunction

% Überprüfe übergebenen Parameter
function CheckPrms(block)

    if block.DialogPrm(1).Data <= 0
        error('Die Zeitkonstante T muss größer Null gewählt werden');
    end

%endfunction

% Definiere den Data Type Work Vector DWork als "globale" (d.h. von
% allen Funktionen)lesbare Variable; DWork dient als Speicher für die
% System-Matrizen.
function DoPostPropSetup(block)
    block.NumDworks = 1;

    block.Dwork(1).Name          = 'Systemmmatrizen';% muss angegeben werden
    block.Dwork(1).Dimensions    = 4;                % A,B,C,D
    block.Dwork(1).DatatypeID    = 0;                % double
    block.Dwork(1).Complexity    = 'Real';           % reell

%endfunction

% Definiere System-Matrizen als Elemente von DWork
% und setze Anfangswert der Zustandsgröße
function InitializeConditions(block)

    % Zustandsmatrix A (hier skalar)
    block.Dwork(1).Data(1) = [-1/block.DialogPrm(1).Data];
```

```
% Eingangsmatrix B (hier skalar)
block.Dwork(1).Data(2) = [ 1/block.DialogPrm(1).Data];
% Ausgangsmatrix C (hier skalar)
block.Dwork(1).Data(3) = [ 1 ];
% Durchschaltmatrix D (hier skalar und gleich Null, da sich beim PT1
% der Eingang nicht direkt auf den Ausgang auswirkt)
block.Dwork(1).Data(4) = [ 0 ];

block.ContStates.Data(1) = zeros(size(block.Dwork(1).Data(1),1),1);

%endfunction


% Berechne Systemausgang zu y = C*x+D*u
function Outputs(block)

  x = block.ContStates.Data(1);
  u = block.InputPort(1).Data;
  C = block.Dwork(1).Data(3);        % Ausgangsmatrix C
  D = block.Dwork(1).Data(4);        % Durchschaltmatrix D
  block.OutputPort(1).Data = C*x + D*u;

%endfunction


% Berechne Zustandsableitung zu x' = A*x+B*u
function Derivatives(block)

  x = block.ContStates.Data(1);
  u = block.InputPort(1).Data;
  A = block.Dwork(1).Data(1); % Zustandsmatrix A
  B = block.Dwork(1).Data(2); % Eingangsmatrix B

block.Derivatives.Data(1) = A*x + B*u;

%endfunction
```

Zunächst müssen im Teil Block-Info die grundlegenden Eigenschaften wie Anzahl und Breite der Ein- und Ausgänge, Anzahl der Zustandsgrößen und der Parameter der S-Funktion gesetzt werden. Was die Eigenschaften der Ein- und Ausgänge angeht wurde mit dem Aufruf von block.SetPreCompInpPortInfoToDynamic bzw. block.SetPreCompOutPortInfoToDynamic[9] von der Möglichkeit Gebrauch gemacht, diese von Simulink automatisch (d.h. abhängig von anderen in der S-Funktion angegebenen Informationen sowie von dem die S-Funktion speisenden Block) bestimmen zu lassen. Diese Informationen benötigt Simulink, um die Kompatibilität (bezüglich Signalbreite, -datentyp usw.) des *Level-2 MATLAB S-Function*-Blocks mit den anderen Blöcken des Modells sicherzustellen. Anschließend werden die im Weiteren verwendeten Callback Methoden[10] aufgerufen: zunächst die Methode CheckPrms zur Überprüfung

---

[9] Das Setzen der grundlegenden Eigenschaften in setup entspricht in C den Methoden mdlInitializeSizes und mdlInitializeSampleTimes. In dieser Funktion können nicht nur die Eigenschaften der Ein- und Ausgänge, sondern auch die Anzahl der Zustandsgrößen dynamisch bezogen werden (DYNAMICALLY_SIZED). Im Unterschied zu einer C MEX S-Funktion müssen in einer Level-2 MATLAB S-Funktion letztere jedoch manuell gesetzt werden.

[10] Die Suche nach "Level-2 MATLAB S-Function Callback Methods" in der Online-Hilfe liefert eine

des übergebenen Parameters T, anschließend die Methode `DoPostPropSetup` in der der *Data Type Work Vector*[11] `DWork` definiert wird (zur Speicherung der System-Matrizen) und `InitializeConditions` zur Belegung von `DWork` mit Daten und Initialisierung der Zustandsgröße. `Outputs` und `Derivatives` entsprechen den Methoden `mdlOutputs` und `mdlDerivatives` bei C MEX S-Funktionen (Abb. 9.17). Einen Überblick über alle setzbaren Blockeigenschaften bzw. alle Callback Methoden erhält man auch bei Durchsicht des Templates `msfuntmpl.m`.

9.8 Übungsaufgaben

9.8.1 Modellierung einer Gleichstrom-Nebenschluss-Maschine (GNM)

Modellieren Sie den Ankerkreis und die mechanische Trägheit einer Gleichstrom-Nebenschluss-Maschine in Simulink. Als Eingangsgrößen sind die Ankerspannung U_A sowie das Widerstandsmoment M_W zu verwenden. Folgende Gleichungen und Daten sind gegeben:

Ankerstrom:
$$I_A = \int \frac{1}{L_A} (U_A - E_A - R_A I_A)\, dt$$

Gegenspannung:
$$E_A = C_E\, N\, \Psi$$

Drehzahl:
$$N = \int \frac{1}{2\pi J} (M_{Mi} - M_W)\, dt$$

Inneres Drehmoment:
$$M_{Mi} = C_M\, I_A\, \Psi$$

$$C_M = \frac{C_E}{2\pi}$$

Es sollen folgende Werte gelten:

Ankerwiderstand: $R_A = 250\,\text{m}\Omega$

Ankerinduktivität: $L_A = 4\,\text{mH}$

Fluss: $\Psi = 0.04\,\text{Vs}$

Motorkonstante: $C_E = 240.02$

Trägheitsmoment: $J = 0.012\,\text{kg}\,\text{m}^2$

Fassen Sie die Parameter der Gleichstrom-Nebenschluss-Maschine in einem MATLAB-Skript zusammen und initialisieren Sie damit Ihr Simulink-Modell (Model Callbacks

Liste aller verfügbaren Callback Methoden und ihre C MEX Pendants.

[11] Unter "Using DWork Vectors in Level-2 MATLAB S-Functions" in der Online-Hilfe findet man Informationen zu Verwendung von `DWork` vectors in Level-2 MATLAB S-Funktionen.

verwenden). Testen Sie das Modell, indem Sie einen Sprung der Ankerspannung von 0 auf 50 V ohne Widerstandsmoment $M_W = 0$ simulieren. Schreiben Sie ein weiteres MATLAB-Skript, das Ihnen wieder mithilfe von Model Callbacks automatisch im Anschluss an die Simulation die in Abb. 9.19 dargestellten Verläufe erzeugt.

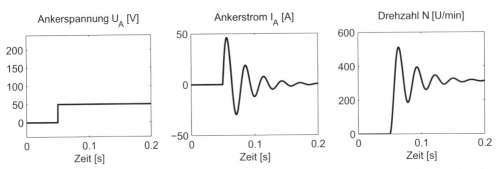

Abb. 9.19: *Simulationsergebnis der Gleichstrom-Nebenschluss-Maschine bei Sprung der Ankerspannung U_A:* GNM_lsg.slx

9.8.2   Modellierung einer Pulsweitenmodulation (PWM)

Um eine variable Ankerspannung mit hohem Wirkungsgrad zu erzeugen, soll die Zwischenkreisspannung eines Stromrichters mittels einer Pulsweitenmodulation (PWM) getaktet werden. Durch das Tastverhältnis (= relative Einschaltdauer) wird so die mittlere wirksame Ankerspannung eingestellt.

Erweitern Sie das obige Modell der Gleichstrom-Nebenschluss-Maschine um eine Dreipunkt-PWM als Stellglied für die Ankerspannung U_A. Vergleichen Sie dazu den Sollwert der Ankerspannung mit einem positiven Dreiecsignal; schalten Sie entsprechend die Zwischenkreisspannung U_{max} bzw. die Spannung null auf den Ausgang der PWM (= U_A) durch. Verfahren Sie entsprechend mit negativen Sollwerten (siehe auch Beispiel in Abb. 9.21).

Folgende Daten der PWM sind gegeben:

Zwischenkreisspannung: U_{max} $= 200$ V

Pulsfrequenz: $F_{PWM} = $ 5   kHz

Hinweis: Um die durch $F_{PWM} = 5$ kHz eingebrachte hohe Dynamik des Systems gut abbilden zu können, sollte die *Max step size* im Bereich 10^{-5} sec. gewählt werden.

Testen Sie das Modell, indem Sie einen Sprung des Ankerspannungs-Sollwerts (Mittelwert) von 0 auf 50 V simulieren (siehe Abb. 9.20).

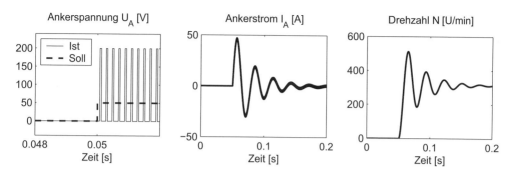

Abb. 9.20: *Simulationsergebnis der Gleichstrom-Nebenschluss-Maschine mit PWM bei Sprung der Ankerspannung U_A:* `GNM_lsg.slx`

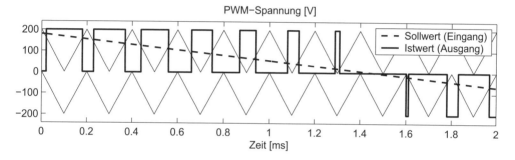

Abb. 9.21: *Verhalten der Dreipunkt-PWM bei variabler Sollspannung: Es sind die positive und negative Dreiecksspannung sowie die getaktete Ausgangsspannung gezeigt. Datei* `PWM.slx`

9.8.3 Aufnahme von Bode-Diagrammen

- Berechnen Sie die Zustandsdarstellung des Ankerkreises der GNM in MATLAB mit dem Befehl `linmod` (Rückgabe als *Structure*) oder einem der Blöcke *Time-Based-* oder *Trigger-Based Linearization*.

  Wählen Sie als Eingangsgrößen die Ankerspannung U_A und das Widerstandsmoment M_W, als Ausgangsgröße die Drehzahl N (`GNM_bode_lsg.slx`).

- Stellen Sie nun den Amplituden- und Phasenverlauf der beiden Übertragungsfunktionen $\dfrac{N(s)}{U_A(s)}$ und $\dfrac{N(s)}{M_W(s)}$ als Bode-Diagramme in zwei MATLAB-Figures über das Frequenzintervall $[WMIN, WMAX]=[1, 10000]\,\text{rad/s}$ dar wie in Abb. 9.22 und 9.23 gezeigt (`GNMbode.slx`). Verwenden Sie dazu die MATLAB-Befehle `bodeoptions` und `bodeplot`:

```
P = bodeoptions
```

bzw.

```
bodeplot(SYS,{WMIN,WMAX},P)
```

Übergeben Sie in P Plotoptionen wie einen benutzerdefinierten Titel
(`P.Title.String`), Fontgrößen für Titel (`P.Title.FontSize`) und Ach-
senbeschriftungen (`P.XLabel.FontSize` – analog für die y-Achse – und
`P.TickLabel.FontSize`) sowie Gitternetzlinien (`P.Grid`).

Hinweis: Die Liniendicke (*LineWidth*, bekannt aus dem `plot`-Befehl) kann mit
`bodeplot` und `bode` nicht eingestellt werden! Soll sie geändert werden, muss dies
manuell im Figure-Fenster mit dem Menüpunkt *Tools/Edit Plot* vorgenommen
werden.

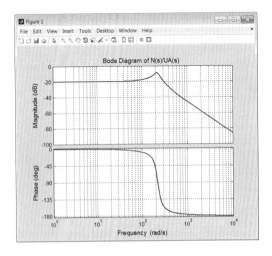

Abb. 9.22: *Bode-Diagramm der Übertragungsfunktion* $N(s)/U_A(s)$

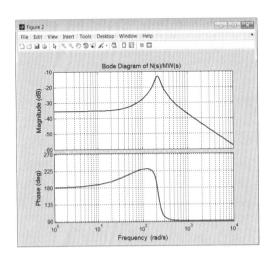

Abb. 9.23: *Bode-Diagramm der Übertragungsfunktion* $N(s)/M_W(s)$

10 Abtastsysteme in Simulink

Sobald ein System z.B. durch Hardware-Beschränkungen nicht mehr als unendlich schnell abgetastet betrachtet werden kann, muss von der zeitkontinuierlichen Darstellung im Laplace-(s-) oder Zeit-Bereich auf die zeitdiskrete Darstellung im z- oder ebenfalls wieder im Zeit-Bereich übergegangen werden. Simulink unterstützt den Entwurf zeitdiskreter, d.h. abgetasteter Systeme mit der Bibliothek *Discrete* und einem eigenen Werkzeug, dem *Model Discretizer*, der in Kap. 10.4 vorgestellt wird.

10.1 Allgemeines

Abtastzeit

Bei zeitdiskreten Systemen muss für jeden Block die zugehörige Abtastzeit T_s in Sekunden angegeben werden. Alle zeitdiskreten Blöcke sind intern an ihrem Eingang mit einem Abtaster und an ihrem Ausgang mit einem Halteglied 0. Ordnung ausgestattet, d.h. der Eingang wird zu allen Zeitpunkten $t = k \cdot T_s$ abgetastet; der Ausgang bleibt zwischen zwei Abtastvorgängen konstant. Auf diese Weise können Blöcke mit unterschiedlichen Abtastzeiten kombiniert sowie kontinuierliche und zeitdiskrete Blöcke gemischt werden (Ausnahmen bei fester Simulations-Schrittweite siehe Kap. 10.3.2).

Bei der Vorgabe der Abtastzeit gibt es folgende Besonderheiten zu beachten:

Offset: Wird für die Abtastzeit (Parameter *sample time*) ein Vektor der Länge 2 angegeben, z.B. $[T_s\ offset]$ (mit $offset < T_s$), wird die erste Zahl als Abtastzeit interpretiert und die zweite als Offset, d.h. die Abtastung findet zu den Zeitpunkten $t = k \cdot T_s + offset$ statt.

Vererbung: Abtastzeiten (und Offsets) können an nachfolgende und speisende Blöcke vererbt werden, indem dort als Abtastzeit der Wert -1 angegeben wird.

„Kontinuierliche" Abtastzeit: Wird in der *Block Parameters* Dialogbox eine *Sample time = 0* spezifiziert (bei Verwendung eines Variable-step Solvers), so wird der zugehörige Block im quasikontinuierlichen Modus berechnet, wie im Abschnitt **Schrittweitenanpassung** (S. 320) beschrieben.

Konstante Abtastzeit: Blöcke, deren Ausgangssignal sich während der Simulationsdauer nicht ändert, haben eine konstante Abtastzeit. Ihre Abtastzeit *Sample time = inf* bewirkt, dass sie nur ein einziges Mal während der Simulation ausgeführt werden, zum Zeitpunkt der Initialisierung. Simulink spart dadurch Rechenaufwand. Eine konstante Abtastzeit kann z.B. für Subsysteme mit besonderer Funktion benötigt werden. Standard-Blöcke mit konstanter Abtastzeit sind z.B. *Ground* oder *Constant* aus der Unterbibliothek *Sources* (Kap. 8.5.1). Zu beachten ist, dass bei allen Blöcke mit einer

Sample time = inf die Blockparameter als nicht-verstellbar deklariert werden müssen (siehe S. 327).

Grafische Darstellung

Zum Plotten zeitdiskreter Verläufe eignet sich der Befehl

> `stairs`(x, y [, *plotstil*])

der analog zu `plot` verwendet werden kann, aber eine stufenförmige Ausgabe erzeugt.

Handelt es sich um reine Datensequenzen, so sollte der Befehl

> `stem`(x, y [, *plotstil*])

verwendet werden. Es wird jeder Abtastwert y_i zu seinem zugehörigen Zeitpunkt x_i einzeln als vertikaler Strich abgeschlossen mit einem ungefüllten (oder gefüllten: *plotstil* = '`filled`') Kreis dargestellt.

Farbliche Markierung / *Sample Time Legend*

Der Menüpunkt *Display / Sample Time / Colors* in der Menüleiste des Simulink-Editors ermöglicht eine farbliche Unterscheidung von Blöcken in einem Simulink-Modell, das zeitdiskrete Blöcke enthält. Unterschiedliche Abtastzeiten, zeitkontinuierliche Blöcke, sowie Subsysteme können somit schnell voneinander unterschieden werden. Zuordnung: schwarz = zeitkontinuierliche Blöcke, gelb = Subsysteme und Blöcke, die Signale mit unterschiedlichen Abtastzeiten zusammenfassen (z.B. *Mux*, *Demux*), rot = Blöcke mit der kürzesten Abtastzeit, grün = Blöcke mit der zweitkürzesten Abtastzeit etc.

Sobald vom Menüpunkt *Display / Sample Time* einer der Unterpunkte *Colors*, *Annotations* oder *All* ausgewählt wird, öffnet sich automatisch ein Fenster in dem eine Legende der Abtastzeiten dargestellt wird. Dieses kann auch mit *Ctrl+J* geöffnet werden. Mit dieser Legende erhält man eine übersichtliche Darstellung aller verwendeten Abtastzeiten, ihrer Werte und ihrer zugeordneten Farbe. Bei mehreren geöffneten Simulink-Modellen wird im *Sample Time Legend*-Fenster für jedes Modell eine eigene Registerkarte hinzugefügt.

10.2   Simulink-Bibliothek: *Discrete* – Zeitdiskrete Systeme

Für die Modellierung und Simulation zeitdiskreter dynamischer Systeme steht die spezielle Bibliothek *Discrete* zur Verfügung. Die in den Simulink-Grundlagen (Kap. 8) beschriebenen Blöcke für Signalerzeugung (*Sources*), -ausgabe (*Sinks*), mathematische Verknüpfungen (*Math Operations*) sowie zur grafischen Organisation (*Signal Routing*, *Signal Attributes*) sind wie gewohnt zu verwenden, die Abtastzeit wird hier in das (soweit vorhandene) Parameterfeld *Sample time* eingetragen. Auch eine Vererbung der Abtastzeit (*Sample time = −1*) von speisenden oder nachfolgenden zeitdiskreten Blöcken ist möglich.

Im Folgenden werden die wichtigsten *Discrete*-Blöcke vorgestellt.

Discrete Filter und Discrete FIR Filter

Discrete Filter

Discrete
FIR Filter

Der Block **Discrete Filter** stellt eine Filter-Übertragungsfunktion (IIR oder FIR) nach Gleichung (6.10)

$$H(z^{-1}) = \frac{B(z^{-1})}{A(z^{-1})} = \frac{b_1 + b_2\,z^{-1} + b_3\,z^{-2} + \ldots + b_{m+1}\,z^{-m}}{a_1 + a_2\,z^{-1} + a_3\,z^{-2} + \ldots + a_{n+1}\,z^{-n}}$$

dar (wobei $n \geq m$ gelten muss). Die Koeffizienten werden absteigenden z-Potenzen beginnend mit z^0 zugeordnet. Im Textfeld *Numerator coefficient* können die Koeffizienten des Zählerpolynoms auch in Form einer Matrix eingetragen werden, die Breite des Ausgangssignals entspricht dann der Anzahl der Zeilen dieser Matrix. Mit diesem Block lassen sich vorteilhaft digitale Filter (Kap. 6.4.2) implementieren.

Der *Discrete Filter* lässt sich variabler einsetzen als der **Discrete FIR Filter**, bei dem nur die *Numerator coefficients* eingegeben werden können (der Nenner ist immer 1). Allerdings lässt der *Discrete FIR Filter* es zu, dass die Filterkoeffizienten auch als zeitveränderliche Größen von außen zugeführt werden können. Dazu wird die *Coefficient source = Input port* gesetzt und es entsteht ein zusätzlicher Eingang *Num*. Auch was die Auswahl der Filterstruktur *Filter structure* angeht, hat der *Discrete FIR Filter* mehr Freiheitsgrade. Neben der Direktform (*Filter structure = Direct form*) können noch weitere Strukturformen wie *Direct form sysmmetric, - asysmetric* und *-transposed*, sowie *Lattice MA* (Lattice moving average-Struktur, minimum phase) ausgewählt werden.

Discrete PID Controller

Discrete PID
Controller

Der Block *Discrete PID Controller* entspricht dem kontinuierlichen *PID Controller* (S. 365), bei dem in der *Block Parameters* Dialogbox die Option *Time domain = Discrete-time* gewählt wurde. Wie beim *Discrete-Time Integrator* (S. 408) kann (hier unter *Discrete-time settings*) der Integrationsalgorithmus, getrennt für I-Anteil (*Integrator method*) und DT$_1$-Anteil (*Filter method*), zu *Forward Euler, Backward Euler* oder *Trapeziodal*, sowie die Abtastzeit (*Sample time T_s*) gewählt werden.

Discrete State-Space

Discrete State -Space

Der Block *Discrete State-Space* stellt ein zeitdiskretes System in Zustandsform dar. Er entspricht dem Block *State-Space* bei kontinuierlichen Systemen.

Discrete Transfer Function

Discrete
Transfer Fcn

Der Block *Discrete Transfer Function* ist ähnlich wie das *Discrete Filter* aufgebaut. Er stellt die folgende Übertragungsfunktion dar:

$$H(z) = \frac{B(z)}{A(z)} = \frac{b_1\,z^m + b_2\,z^{m-1} + b_3\,z^{m-2} + \ldots + b_{m+1}}{a_1\,z^n + a_2\,z^{n-1} + a_3\,z^{n-2} + \ldots + a_{n+1}} \qquad (10.1)$$

Die Koeffizienten werden ebenfalls absteigenden z-Potenzen zugeordnet; diese beginnen aber mit z^m bzw. z^n ($n \geq m$). Werden die Vektoren der Zähler- und Nennerkoeffizienten eines *Discrete Transfer Function*-Blocks auf dieselbe Länge gebracht, indem an den kürzeren Nullen angefügt werden, verhält sich dieser Block wie ein *Discrete Filter*-Block. Im Textfeld *Numerator coefficients* können die Koeffizienten des Zählerpolynoms auch in Form einer Matrix eingetragen werden, die Breite des Ausgangssignals entspricht dann der Anzahl der Zeilen dieser Matrix.

Discrete Zero-Pole

Discrete
Zero–Pole

Im Block *Discrete Zero-Pole* können anstelle der Koeffizienten die Pole und Nullstellen einer Übertragungsfunktion nach Gleichung (10.1) sowie ein Verstärkungsfaktor vorgegeben werden. Voraussetzung dafür ist die Faktorisierbarkeit der Übertragungsfunktion. Im Textfeld *Zeros* können die Koeffizienten der Nullstellen auch in Form einer Matrix eingetragen werden, die Breite des Ausgangssignals entspricht dann der Anzahl der Zeilen dieser Matrix.

Discrete-Time Integrator

Discrete–Time
Integrator

Der *Discrete-Time Integrator*-Block entspricht im Wesentlichen dem kontinuierlichen *Integrator*. Neben der Abtastzeit T_s und einem Verstärkungsfaktor *Gain value* kann in der *Block Parameters* Dialogbox der Integrationsalgorithmus (*Integrator method*) gewählt werden (y: Integratorausgang, u: Integratoreingang, n: aktueller Abtastzeitpunkt, K: Verstärkungsfaktor):

- *Integration: ForwardEuler* (Euler explizit):

$$y(n) = y(n-1) + K{\cdot}T_s{\cdot}\;u(n-1) \qquad \text{bzw.} \qquad \frac{y(z)}{u(z)} = K{\cdot}T_s \;\cdot\; \frac{1}{z-1}$$

- *Integration: BackwardEuler* (Euler implizit):

$$y(n) = y(n-1) + K{\cdot}T_s{\cdot}\;u(n) \qquad \text{bzw.} \qquad \frac{y(z)}{u(z)} = K{\cdot}T_s \;\cdot\; \frac{z}{z-1}$$

- *Integration: Trapezoidal* (Trapezformel nach Heun):

$$y(n) = y(n-1) + K{\cdot}T_s/2{\cdot}\;\big(u(n)+u(n-1)\big) \qquad \text{bzw.} \qquad \frac{y(z)}{u(z)} = K{\cdot}T_s/2 \;\cdot\; \frac{z+1}{z-1}$$

Wird die *Integrator method* zu *Accumulation* gewählt, so wird unabhängig vom Wert der *Sample time* und des *Gain value* bei der Berechnung von $y(n)$ die Abtastzeit $T_s = 1$ sec. und der Verstärkungsfaktor $K = 1$ gewählt.

Memory

Memory

Der *Memory*-Block gibt an seinem Ausgang das Eingangssignal zum vorangegangenen Integrationsschritt aus. Intern stellt der *Memory*-Block also ein Halteglied 0. Ordnung dar, wobei das Signal jeweils über eine Schrittweite gehalten wird. Bei Simulation mit den Integrationsalgorithmen *ode15s* und *ode113* (beides Mehrschrittverfahren) sollte der *Memory*-Block nicht verwendet werden.

Unit Delay

Unit Delay

Der *Unit Delay*-Block tastet das Eingangssignal ab und verzögert es um einen Abtastschritt. Dieser Block stellt damit das Grundelement zeitdiskreter Systeme dar.

Zero-Order Hold

Zero–Order
Hold

Der *Zero-Order Hold*-Block tastet das Eingangssignal ab und hält es bis zum nächsten Abtastzeitpunkt konstant. Er findet bei abgetasteten Systemen dann Verwendung, wenn ansonsten keiner der oben beschriebenen zeitdiskreten Blöcke eingesetzt wird (die alle ein Halteglied 0. Ordnung mit einschließen).

Der ebenfalls verfügbare Block *First Order Hold* ist aufgrund seines Prädiktionsverhaltens für die meisten Anwendungen nicht geeignet.

10.3 Simulationsparameter

Bei der Wahl des Solvers für eine zeitdiskrete Simulation muss beachtet werden, ob es sich um ein rein zeitdiskretes oder ein hybrides (gemischt zeitdiskretes und zeitkontinuierliches) System handelt. Darüber hinaus muss darauf geachtet werden, ob die zeitdiskreten Blöcke gleiche oder unterschiedliche Abtastzeiten haben.

Folgende Aufstellung soll die Wahl des Solvers erleichtern.

10.3.1 Rein zeitdiskrete Systeme

Zeitdiskrete Blöcke haben gleiche Abtastzeiten

<u>Simulation mit fester Schrittweite</u>: Es sind sowohl der *discrete (no continuous states)*-Solver als auch andere *Fixed-step*-Solver verwendbar. Die Wahl von *auto* bei *Fixed step size* resultiert in einer der Abtastzeit entsprechenden Integrationsschrittweite. Bei Simulation mit kleinerer Schrittweite muss die *Fixed step size* so gewählt werden, dass sich die Abtastzeit der Blöcke als ein ganzzahliges Vielfaches der *Fixed step size* ergibt.

Beispiel: Bei einer *Sample time* = 0.7 kann als *Fixed step size* 0.1, 0.05 etc. gewählt werden. Bei Nichtbeachtung erhält man eine entsprechende Fehlermeldung.

Simulation mit variabler Schrittweite: Es sind sowohl der *discrete (no continuous states)*-Solver als auch andere *Variable-step*-Solver verwendbar. Die Wahl von *auto* bei *Max step size* resultiert in einer festen(!), der Abtastzeit entsprechenden Integrations-schrittweite. Bei Werten größer oder kleiner der Abtastzeit für *Max step size* wird die Schrittweite automatisch auf die Abtastzeit gesetzt.

Zeitdiskrete Blöcke haben gemischte Abtastzeiten

Simulation mit fester Schrittweite: Bei Wahl eines *Fixed-step*-Solvers müssen alle Ab-tastzeiten in dem durch die Simulations-Schrittweite vorgegebenen Raster liegen; dies gilt auch für Abtastzeiten, die durch einen Offset verschoben sind. Es sind sowohl der *discrete (no continuous states)*-Solver als auch andere *Fixed-step*-Solver verwendbar. Bei Wahl von *auto* bei *Fixed step size* ergibt sich für die Integrationsschrittweite ein Wert, der dem größten gemeinsamen Teiler der unterschiedlichen Abtastzeiten entspricht (*fundamental sample time*). Beispiel: Ein Modell mit den Abtastzeiten 0.75 und 0.5 würde bei obiger Einstellung mit einer Schrittweite von 0.25 simuliert. Dies muss auch bei einer manuellen Wahl der *Fixed step size* berücksichtigt werden.

Allgemein muss bei Simulation mit fester Schrittweite auf die Übergänge zwischen Blöcken mit unterschiedlichen Abtastzeiten geachtet werden:

Wird im Feld *Tasking mode for periodic sample times* (nur veränderbar nach Wahl von *Solver options/Type = Fixed-step*) die Einstellung *SingleTasking* gewählt, werden die Übergänge zwischen verschiedenen Abtastzeiten von Simulink ignoriert und brauchen nicht speziell behandelt zu werden. Bei *SingleTasking* werden zu jedem Abtastschritt alle Blöcke unabhängig von ihrer Abtastzeit einfach nacheinander berechnet. Die Ein-stellung *MultiTasking* dagegen legt strengere Maßstäbe an, wie sie bei der Simulation einer Multitasking-Umgebung (z.B. Mikroprozessor) notwendig sind. In einer solchen Umgebung können sich periodische Tasks (in Simulink werden diese durch Blöcke mit fester Abtastzeit modelliert) abhängig von ihrer Priorität gegenseitig unterbrechen (i.A. haben die Tasks mit den kürzesten Abtastzeiten die höchste Priorität). Dies kann bei unsachgemäßer Verknüpfung von Tasks unterschiedlicher Priorität zu Datenverlusten und unvorhersehbaren Ergebnissen führen. Simulink erzeugt in diesem Fall entspre-chende Fehlermeldungen. Wird die Check Box *Automatically handle rate transition for data transfer* aktiviert, so kann der Benutzer die Handhabung der Übergänge zwischen unterschiedlichen Abtastzeiten automatisch von Simulink durchführen lassen. Für pe-riodische Tasks, d.h. Blöcke mit fester Abtastzeit kann Simulink beim automatischen Datentransfer

- Datenintegrität d.h. Unversehrtheit, z.B. Unveränderbarkeit eines Block-Eingangs während der gesamten Dauer der Berechnung des Block-Ausgangs als auch einen

- deterministischen Datentransfer – hier ist der Zeitpunkt der Datenübergabe im Voraus bestimmbar, weil er z.B. durch die Abtastzeitpunkte der beteiligten Blöcke feststeht –

garantieren.

Sollen in einem Simulink-Modell unter Multitasking-Bedingungen jedoch auch asynchrone Ereignisse simuliert werden (z.B. modelliert durch bedingt ausgeführte Subsysteme wie *Enabled Subsystem*, *Triggered Subsystem* oder *Function-Call Subsystem*, siehe S. 346), so können die Übergänge zwischen diesen und anderen periodischen oder asynchronen Tasks von Simulink zwar noch automatisch gehandhabt werden, jedoch kann in diesem Fall nur Datenintegrität beim Transfer sichergestellt werden. Für einen deterministischen Datentransfer ist es notwendig einen *Rate Transition*-Block (aus *Signal Attributes*, S. 344) zur fehlerfreien Datenübertragung einzufügen.

Wird der Parameter *Tasking mode for periodic sample times* auf *Auto* gestellt, wählt Simulink *SingleTasking*, wenn im Modell alle Blöcke die gleiche Abtastzeit haben, und *MultiTasking*, wenn unterschiedliche Abtastzeiten auftreten.

Simulation mit variabler Schrittweite: Es sind sowohl der *discrete (no continuous states)*-Solver als auch andere *Variable-step*-Solver verwendbar. Bei diesen Solvern wird die Integrationsschrittweite – unabhängig, ob für *Max step size auto* oder ein anderer Wert gewählt wurde – so eingestellt, dass alle Blöcke zu ihren individuellen Abtastzeitpunkten berechnet werden.

10.3.2 Hybride Systeme (gemischt zeitdiskret und zeitkontinuierlich)

Hybride Systeme enthalten sowohl zeitdiskrete als auch kontinuierliche Elemente. Auch bei dieser Art von Systemen können innerhalb eines Systems mehrere unterschiedliche Abtastzeiten auftreten, z.B. wenn periodische Tasks oder asynchrone Ereignisse in einer Multitasking-Umgebung modelliert werden sollen. In diesem Fall sind die Hinweise für rein zeitdiskrete Systeme mit unterschiedlichen Abtastzeiten zu beachten (Kap. 10.3.1, S. 410).

Der Solver *discrete (no continuous states)* für feste und variable Schrittweite ist nicht mehr verwendbar, da das System ja nun sowohl zeitdiskrete als auch zeitkontinuierliche Zustandsgrößen hat. Die Solver *ode23* und *ode45* (Runge-Kutta-Verfahren variabler Ordnung) sind empfehlenswert. Aufgrund der unstetigen Signalverläufe, die durch das Halten der Signale am Ausgang der zeitdiskreten Blöcke entstehen, sollten die Solver *ode15s* und *ode113* nicht verwendet werden.

zeitdiskrete Blöcke haben gleiche Abtastzeiten

Simulation mit fester Schrittweite: Die Wahl von *auto* bei *Fixed step size* resultiert in einer der Abtastzeit entsprechenden Integrationsschrittweite. Ansonsten muss die *Fixed step size* so gewählt werden, dass sich die Abtastzeit der Blöcke als ein ganzzahliges Vielfaches der *Fixed step size* ergibt. Bei Nichtbeachtung erhält man eine entsprechende Fehlermeldung.

Simulation mit variabler Schrittweite: Bei Werten größer der Abtastzeit für *Max step size* wird die maximale Schrittweite automatisch auf die Abtastzeit gesetzt.

zeitdiskrete Blöcke haben gemischte Abtastzeiten

<u>Simulation mit fester Schrittweite</u>: Es gelten die Aussagen zur Simulation von rein zeitdiskreten Systemen mit unterschiedlichen Abtastzeiten aus Kap. 10.3.1, S. 410, mit Ausnahme, dass der Solver *discrete (no continuous states)* natürlich nicht weiter verwendet werden kann.

<u>Simulation mit variabler Schrittweite</u>: Bei Werten größer der Abtastzeit für *Max step size* wird die maximale Schrittweite automatisch auf die Abtastzeit gesetzt.

Beispiel

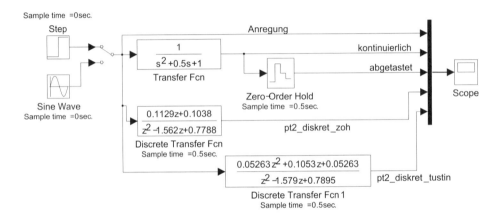

Abb. 10.1: *Simulink-Modell* `bsp_hybrid.slx`: *Zeitkontinuierliches System (oben) und zeitdiskretisierte Systeme mit Abtastzeit* 0.5 s *(unten)*

Abb. 10.1 zeigt den kontinuierlichen Block *Transfer Fcn* mit und ohne Abtastung sowie die mit der Methode Zero-Order Hold ZOH (Sprunginvarianzmethode) und der Tustin-Approximation (Trapezmethode) ins Zeitdiskrete übertragenen Systeme *Discrete Transfer Fcn* und *Discrete Transfer Fcn 1*. Deren Koeffizienten wurden mit den folgenden aus der Control System Toolbox, Kap. 5.2.9, bekannten Befehlen erzeugt:

```
pt2               = tf([1], [1 0.5 1]);     % Erzeugt kontinuierliches PT2
pt2_diskret_zoh   = c2d(pt2, 0.5, 'zoh')    % Diskretisieren mit ZOH, Ts=0.5s
pt2_diskret_tustin = c2d(pt2, 0.5, 'tustin') % Diskretisieren mit tustin, Ts=0.5s
```

Soll das Abtastsystem aus einem bestehenden (zeitkontinuierlichen, zeitdiskreten oder hybriden) Simulink-Modell erstellt werden, ist dies analog zu Kap. 9.2.1 mit den Befehlen

$sysd\_lin$ = dlinmod('*sys*' , Ts, x, u, *para*)

und

$sysd\_lin$ = dlinmodv5('*sys*' , Ts, x, u, *para*, *xpert*, *upert*) möglich, deren Syntax den Befehlen `linmod` und `linmodv5` entspricht. Der zusätzliche Parameter T_s ist die Abtastzeit. Zur Diskretisierung zeitkontinuierlicher Modellteile wird grundsätzlich die Diskretisierungsmethode Zero-Order Hold ZOH verwendet.

Die Übertragungsfunktion des im *Discrete Transfer Fcn*-Block abgelegten Abtastsystems (*pt2_diskret_zoh*) kann daher alternativ mit den folgenden Befehlen erzeugt werden, wenn der Block *Transfer Fcn* in Abb. 10.1 zwischen *Inport*- und *Outport*-Blöcke gesetzt (nicht in der Abbildung gezeigt) und das Simulink-Modell unter dem Namen `bsp_hyb.slx` gespeichert wird.

```
[A, B, C, D]      = dlinmod('bsp_hyb', 0.5);
pt2_diskret_zoh   = tf(ss(A, B, C, D, 0.5))
```

Für eine ausführliche Beschreibung der Analyse eines linearisierten Simulink-Modells mit MATLAB und der Control System Toolbox sei auf Kap. 11.2.2 verwiesen.

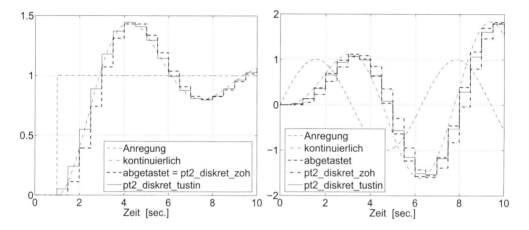

Abb. 10.2: *Simulationsergebnisse von* `bsp_hybrid.slx`

Die Ergebnisse der Simulation sind aus Abb. 10.2 zu ersehen. Für Sprunganregung (Abb. 10.2 links) liegen die Signale *abgetastet* und *pt2_diskret_zoh* übereinander, da hier die Anregung zwischen den Abtastschritten konstant bleibt. Für Speisung mit einem Sinus-Signal (Abb. 10.2 rechts) stimmen die Signale *abgetastet* und *pt2_diskret_zoh* nicht länger überein. Hier verändert sich die Anregung (kontinuierliches Sinus-Signal) zwischen den Abtastschritten. Damit ist die Voraussetzung *Sprunginvarianz* für die Diskretisierung mit Zero-Order Hold ZOH nicht mehr gegeben. Wird in Abb. 10.1 ein *Zero-Order Hold*-Block direkt nach dem Schalter (noch vor der Verzweigung) eingefügt, so ist die Sprunginvarianz der Anregung wieder gegeben und die Signale *abgetastet* und *pt2_diskret_zoh* stimmen wieder überein.

10.4   Der *Model Discretizer*

Der *Model Discretizer* erlaubt eine Zeitdiskretisierung beliebig vieler zeitkontinuierlicher Blöcke ohne den im Beispiel `bsp_hybrid.slx` gemachten Umweg über MATLAB. Voraussetzung (und Nachteil) für seine Benutzung ist allerdings eine installierte Control System Toolbox, wobei deren Version auch älter sein kann (Version 5.2 aufwärts, die in diesem Buch behandelte Version der Control System Toolbox ist 9.6 (R2013b)).

Die grafische Bedienoberfläche des *Model Discretizers* wird über den Menüpunkt *Analysis/Control Design/Model Discretizer* geöffnet. Für Anwender, die ihr Simulink-Modell zwar zeitdiskret berechnen lassen wollen, jedoch den bekannten (und geliebten) s-Bereich nicht verlassen wollen, besteht die Möglichkeit, die diskretisierten Blöcke mit einer Maske versehen zu lassen, in die die Parameter wie bisher im s-Bereich eingegeben werden können. Der *Model Discretizer* bringt für diesen Anwendungsfall eine spezielle Block-Bibliothek *Library: discretizing* mit, die mit dem Befehl

`discretizing`

vom MATLAB-Command-Window aus aufgerufen werden kann (Abb. 10.3). Sie enthält eine Auswahl der angesprochenen zeitdiskreten Blöcke mit zeitkontinuierlicher Maske.

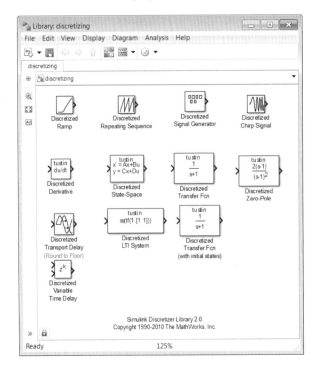

Abb. 10.3: *Fenster der Bausteinbibliothek des Model Discretizers*

Abbildung 10.4 zeigt die Beispieldatei `bsp_hybrid_md.slx`, in der die Blöcke *Transfer Fcn1* und *Transfer Fcn2* (Kopien von *Transfer Fcn*) mit dem *Model Discretizer* diskretisiert wurden. Für beide wurde die *Transform method* zu *Zero-order hold* und die *Sample time* zu 0.5 gewählt und durch einen Links-Klick auf die Schaltfläche [$\frac{s}{z}$] die Dis-

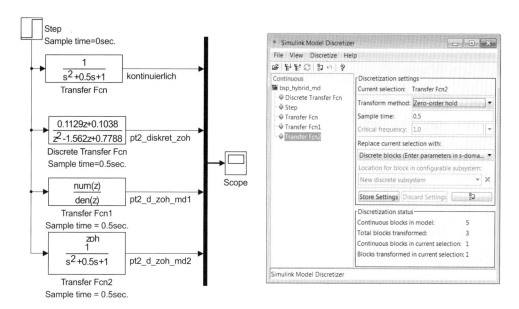

Abb. 10.4: `bsp_hybrid_md.slx` *und Model Discretizer-Bedienoberfläche*

kretisierung gestartet. Bei **Transfer Fcn1** wurde zusätzlich die Option *Replace current selection with* zu *Discrete blocks (Enter parameters in z-domain)* ausgewählt, durch die der Block die in Abb. 10.5 links gezeigte neue *Block Parameters* Dialogbox erhielt. Wie zu erkennen ist, stimmen die berechneten Parameter bzw. deren gerundete Werte mit den im Block-Icon der **Discrete Transfer Fcn** angezeigten (für `bsp_hybrid.slx` in MATLAB berechneten) Parametern überein. Bei **Transfer Fcn2** wurde die Option *Replace current selection with* zu *Discrete blocks (Enter parameters in s-domain)* ausgewählt, die, wie bereits oben angesprochen, den Block zwar diskretisiert, ihm jedoch eine zeitkontinuierliche Maske (*Block Parameters* Dialogbox, siehe Abb. 10.5 rechts) zuweist, in die Parameter auch weiterhin im s-Bereich eingetragen werden können. Die mit dem *Model Discretizer* erzeugte diskretisierte Version der **Transfer Fcn2** stimmt mit dem Block **Discretized Transfer Fcn** der *discretizing*-Bibliothek (Abb. 10.3) überein.

Neben der im Beispiel verwendeten Diskretisierungsmethode Zero-Order Hold ZOH (siehe auch Gl. 5.22) stehen noch die, ebenfalls in Kap. 5.2.9 beschriebenen Methoden First-Order Hold FOH (Gl. 5.23) und Tustin-Approximation (Gl. 5.24) zu Verfügung.

Darüberhinaus können zur Diskretisierung noch weitere Methoden verwendet werden:

- *tustin with prewarping*: arbeitet nach der Tustin-Approximation, hier wird jedoch die nichtlineare Frequenzabbildung der Tustin-Approximation zwischen dem s- und dem z-Bereich durch eine zu dieser Abbildung inversen „Vorverzerrung" der (Kreis-)Frequenz kompensiert.

- *matched pole-zero*: hier werden alle Pole und Nullstellen der Übertragungsfunktion (des zu diskretisierenden Blocks) im s-Bereich einfach mittels der s-z-Bereich-Beziehung $z = exp(sT_s)$ (mit T_s gleich der Abtastzeit) in den z-Bereich übertragen.

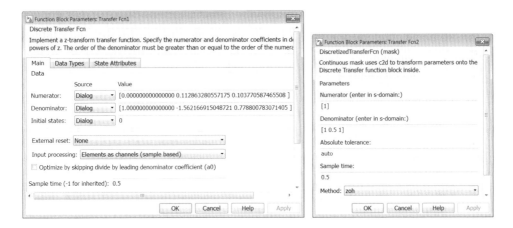

Abb. 10.5: *Block Parameters Dialogboxen der Blöcke* **Transfer Fcn1** *und* **Transfer Fcn2** *nach Diskretisierung*

Nach Simulation von `bsp_hybrid_md.slx` kann die Übereinstimmung der Signale *pt2_diskret_zoh*, *pt2_d_zoh_md1* und *pt2_d_zoh_md2* überprüft werden. Die verbleibenden minimalen Abweichungen ergeben sich durch die in die *Discrete Transfer Fcn* eingetragenen gerundeten Werte der Zähler- und Nennerkoeffizienten.

10.5   Übungsaufgaben

10.5.1   Zeitdiskreter Stromregler für GNM

Elektrische Maschinen werden meist digital geregelt. Daher soll in dieser Aufgabe für die Gleichstrom-Nebenschluss-Maschine aus Kap. 9.8.1 ein zeitdiskreter Stromregler implementiert werden. Kopieren Sie sich dazu das für die Aufgaben 9.8.1 und 9.8.2 programmierte Simulink-Modell und die zugehörige Initialisierungsdatei in Ihr aktuelles Arbeitsverzeichnis und bauen Sie darauf auf.

Die Abtastzeit ist gegeben zu $T_s = 800\,\mu s$.

Für den Reglerentwurf wird angenommen, dass die Übertragungsfunktion des Ankerkreises (Gegenspannung vernachlässigt) die folgende Form habe:

$$G_I(s) = \frac{I_A(s)}{U_{Asoll}(s)} = \frac{1}{1 + sT_{str}} \cdot \frac{1}{R_A} \frac{1}{1 + s\frac{L_A}{R_A}}$$

Die Übertragungsfunktion $1/(1 + sT_{str})$ ist dabei das vereinfachte Modell der PWM als PT_1. Es ist zu beachten, dass die (Ersatz-)Zeitkonstante T_{str} nun näherungsweise der halben Abtastzeit (= mittlere Totzeit) entspricht, also: $T_{str} = \dfrac{T_s}{2}$.

Legen Sie zunächst einen analogen PI-Stromregler $G_{RI}(s)$ nach dem Betrags-Optimum (BO) aus (siehe [29]), wenn $T_\sigma = T_{str}$ die kleinere, $T_1 = L_A/R_A$ die größere Zeitkonstante und $V = 1/R_A$ die Verstärkung des Ankerkreises $G_I(s)$ ist:

$$G_{RI}(s) = \frac{U_{Asoll}(s)}{I_{Asoll}(s) - I_A(s)} = \frac{T_1}{2\,T_\sigma V} \left(\frac{1 + sT_1}{sT_1} \right) = V_{RI} \left(\frac{1 + sT_{RI}}{sT_{RI}} \right)$$

Transformieren Sie anschließend die Reglerübertragungsfunktion in den z-Bereich; verwenden Sie dazu die Befehle `tf`, `c2d` und `tfdata` mit der Transformationsmethode *zoh*. Implementieren Sie den zeitdiskreten Stromregler mit einem geeigneten Block aus der *Discrete*-Bibliothek.

10.5.2 Zeitdiskreter Anti-Windup-Drehzahlregler für GNM

In einem weiteren Schritt soll nun für die Drehzahlregelung ein Abtastregler eingesetzt werden. Damit der Ankerstrom den zulässigen Maximalwert von $I_{Amax} = 20\,A$ nicht übersteigt, soll der Drehzahlregler zusätzlich mit einer Anti-Windup-Funktion ausgestattet werden. Die Abtastzeit sei ebenfalls $T_s = 800\,\mu s$.

Die Übertragungsfunktion der Drehzahlstrecke (incl. des geschlossenen Ankerstromregelkreises) ergibt sich zu:

$$G_N(s) = \frac{N(s)}{I_{Asoll}(s)} = \frac{1}{1 + s\,2T_{str}} \cdot C_M\,\Psi \cdot \frac{1}{s\,2\pi J}$$

Legen Sie zunächst wieder einen analogen PI-Drehzahlregler $G_{RN}(s)$ nach dem Symmetrischen Optimum (SO) aus (siehe [29]), wenn $T_\sigma = 2T_{str}$ die kleinere, $T_1 = 2\pi J$ die größere Zeitkonstante und $V = C_M\Psi$ die Verstärkung der Teilstrecke ist!

$$G_{RN}(s) = \frac{I_{Asoll}(s)}{N_{soll}(s) - N(s)} = \frac{T_1}{2\,T_\sigma V} \left(\frac{1 + s\,4T_\sigma}{s\,4T_\sigma} \right) = V_{RN} \left(\frac{1 + s\,T_{RN}}{s\,T_{RN}} \right)$$

Begrenzen Sie nun den Strom am Reglerausgang auf $\pm I_{Amax}$ und berechnen Sie die Differenz ΔI zwischen unbegrenztem und begrenztem Ausgang! Erweitern Sie den entworfenen PI-Drehzahlregler, so dass gilt:

$$I_{Asoll,\,unbegrenzt} = \int \frac{1}{T_N} \left(V_{RN}\,(N_{soll} - N) - \Delta I \right) dt + V_{RN}\,(N_{soll} - N)$$

$$\Delta I = I_{Asoll,\,unbegrenzt} - I_{Asoll,\,begrenzt}$$

Der Regler soll in der entworfenen analogen Form erhalten bleiben und <u>nicht</u> wie der Ankerstromregler diskretisiert werden. Erweitern Sie daher nun den Regler durch Einfügen entsprechender Abtast- und Halteglieder, so dass ein Regler mit zeitsynchroner Abtastung entsteht!

Simulieren Sie einen Drehzahlsprung von $N_{soll} = 0$ auf $1000\,\mathrm{U/min}$ bei einem Widerstandsmoment von $M_W = 10\,\mathrm{Nm}$.

Schreiben Sie ein MATLAB-Skript, das Ihnen automatisch im Anschluss an die Simulation mittels Model Callbacks die in Abb. 10.6 bzw. 10.7 dargestellten Verläufe erzeugt.

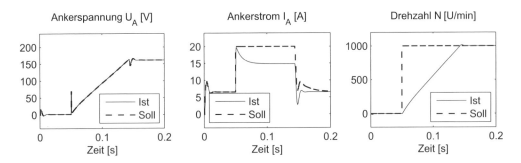

Abb. 10.6: *Simulationsergebnis der Gleichstrom-Nebenschluss-Maschine mit zeitdiskreten Reglern*

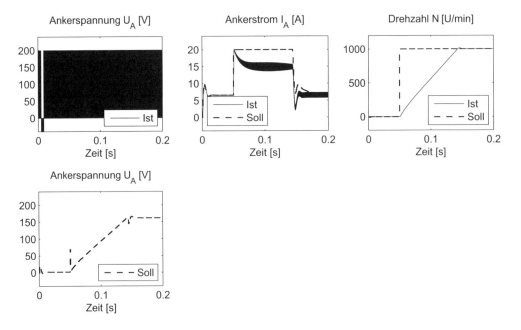

Abb. 10.7: *Simulationsergebnis der Gleichstrom-Nebenschluss-Maschine mit zeitdiskreten Reglern und PWM*

11 Regelkreise in Simulink

In diesem Kapitel sollen nun die in den vorangehenden Simulink-Kapiteln 8 und 9 erworbenen Kenntnisse und Fertigkeiten mit den in Kapitel 5.3 gezeigten Verfahren zur Analyse und dem Entwurf von Reglern verknüpft werden.

Anhand des Beispielsystems „Gleichstrom-Nebenschluss-Maschine" werden die einzelnen Schritte vom Aufbau des Regelkreises in Simulink über die Berechnung der Reglerkoeffizienten bis hin zur Auslegung der benötigten Zustandsbeobachter gezeigt.

11.1 Die Gleichstrom-Nebenschluss-Maschine GNM

Als regelungstechnisches Beispielsystem wird eine Gleichstrom-Nebenschluss-Maschine nach Signalflussplan Abb. 11.1 betrachtet, die strom- und drehzahlgeregelt werden soll.

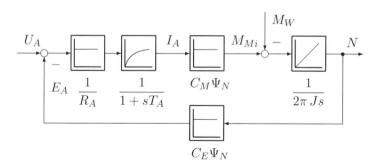

Abb. 11.1: *Signalflussplan der Gleichstrom-Nebenschluss-Maschine (konstanter Fluss)*

Die Gleichungen in der Differentialgleichungsform lauten (der Einfachheit halber wird nur der Bereich konstanten Nennflusses $\Psi = \Psi_N$ betrachtet):

Ankerspannung:
$$U_A = E_A + R_A I_A + L_A \cdot \frac{d I_A}{dt} \tag{11.1}$$

Gegenspannung:
$$E_A = C_E \cdot N \cdot \Psi \tag{11.2}$$

Drehzahl:
$$\frac{d N}{dt} = \frac{1}{2\pi J} \cdot (M_{Mi} - M_W) \tag{11.3}$$

Inneres Drehmoment:
$$M_{Mi} = C_M \cdot I_A \cdot \Psi \tag{11.4}$$

Ankerzeitkonstante:
$$T_A = \frac{L_A}{R_A} \tag{11.5}$$

11.1.1 Initialisierung der Maschinendaten

Die Maschinendaten der Gleichstrom-Nebenschluss-Maschine lauten:

Ankerwiderstand:	R_A	$=$	250	$m\Omega$
Ankerinduktivität:	L_A	$=$	4	mH
Ankerzeitkonstante:	T_A	$=$	16	ms
Nennfluss:	Ψ_N	$=$	0.04	Vs
Trägheitsmoment:	J	$=$	0.012	$kg\,m^2$
Maschinenkonstanten:	C_E	$=$	236.8	$= 2\pi \cdot 38.2 \; = \; 2\pi \cdot C_M$

Diese Daten werden in der Initialisierungsdatei `gnm_i.m` gespeichert, die vor dem Start der Simulink-Simulation am MATLAB-Prompt von Hand aufgerufen werden muss oder aber durch Eintragen des Dateinamens in das Feld *Model post-load function* in der Registerkarte *Callbacks* des Untermenüs *Modell Properties* im Menu *File* beim Starten der Simulation automatisch aufgerufen wird. Zusätzlich werden noch die allgemeinen Simulationsparameter *Stop time* `Tstop` und die maximale Integrationsschrittweite der Simulation *Max step size* `step_max` festgelegt (Abb. 11.3). Ebenso wird als Eingangssignal ein Sprung des Spannungssollwerts zum Zeitpunkt `Tsprung` auf den Wert `UAsoll` bestimmt.

```
%%  gnm_i.m
%%  Kap 11.1.1
%%  Initialisierungsdatei zu gnm.mdl

%% Allgemeine Simulationsdaten
Tstop    = 0.2 ;            % Stopp der Simulation
step_max = 0.0001 ;         % Maximale Schrittweite

%% Spannungs-Sollwertsprung
Tsprung  = 0 ;             % Zeitpunkt des Sprungs [ s ]
UAsoll   = 50 ;            % Sollspannung         [ V ]
%% Widerstandsmomenten-Sprung
T_MW = 0 ;                % Zeitpunkt des Sprungs [ s ]
MW   = 0 ;                % Sprunghöhe           [ Nm ]

%% Maschinendaten der GNM
RA   = 0.250 ;            % Ankerwiderstand       [ Ohm ]
LA   = 0.004 ;            % Ankerinduktivität     [ H ]
TA   = LA / RA ;          % Ankerzeitkonstante    [ s ]
PsiN = 0.04 ;             % Nennfluss             [ Vs ]
J    = 0.012 ;            % Trägheitsmoment       [ kg m^2 ]
CM   = 38.2 ;             % Motorkonstanten
CE   = 2*pi*CM ;
```

11.1.2 Simulink-Modell

Mit dem Signalflussplan aus Abb. 11.1 und den Variablennamen aus der Initialisierungs-datei `gnm_i.m` kann nun ohne weiteres das Simulink-Modell `gnm.mdl` programmiert wer-den (Abb. 11.2). Es werden folgende Blöcke verwendet:

Library	*Block*
Sources:	Step, Inport
Sinks:	To Workspace, Outport

Library	*Block*
Continuous:	Integrator, Transfer Fcn
Math:	Sum, Gain

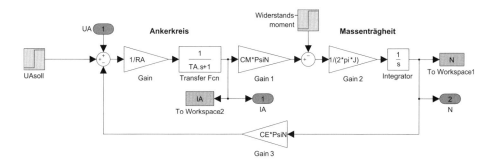

Abb. 11.2: *Simulink-Modell* `gnm.mdl` *der Gleichstrom-Nebenschluss-Maschine*

Die Einstellungen der Punkte *Solver* und *Data Import/Export* in den *Configuration-Parameters* zeigen Abb. 11.3 und Abb. 11.4. Im *Data Import/Export* werden als *Save to Workspace*-Variablen `t` für die Zeit (*Time*) und `y` für die Ausgabe (*Output*) gewählt.

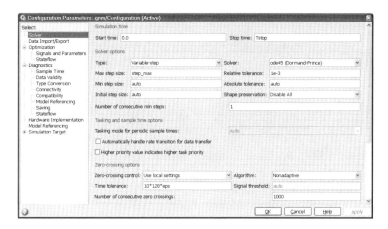

Abb. 11.3: *Configuration Parameters: Auswahl Solver*

Abb. 11.4: *Configuration Parameters: Auswahl Data Import/Export*

Mit *To Workspace*-Blöcken explizit im Workspace gespeichert werden der Ankerstrom I_A und die Drehzahl N in die Workspace-Variablen IA bzw. N (Abb. 11.5).[1]

Abb. 11.5: *Block Parameters:* **To Workspace**-*Blöcke für Drehzahl N und Ankerstrom I_A*

Der *Inport*-Block UA und die *Outport*-Blöcke IA und N werden für die Erstellung der Zustandsdarstellung bzw. der Übertragungsfunktionen mittels linmod vom Eingang UA zu den Ausgängen IA und N benötigt: Diese können dann mit den in Kap. 5 (Control System Toolbox) vorgestellten Verfahren untersucht und bearbeitet werden.

---

[1] Die Ausgangsblöcke IA und N liefern das gleiche Ergebnis wie die Workspace-Variablen IA bzw. N. Diese unnötige Verdopplung der Workspace-Variablen dient hier nur der besseren Verständlichkeit!

11.2 Untersuchung der Systemeigenschaften

11.2.1 Untersuchung mit Simulink

Für eine erste Untersuchung der Systemeigenschaften wird eine Simulink-Simulation mit einem sprungförmigen Verlauf der Ankerspannung gestartet.

Hierzu wird als Eingangssignal der *Step*-Block UAsoll verwendet, dem als Parameter für *Step time* und *Final Value* die in gnm_i.m gesetzten Variablen Tsprung und UAsoll übergeben werden. Der Wert *Initial Value* wird zu Null gesetzt. Somit springt also zum Zeitpunkt Tsprung der Ausgang des UAsoll-Blocks von Null auf den Wert *Final Value*.

Die Anzeige der als Workspace-Variablen IA und N gespeicherten Signale in Abb. 11.6 erfolgt mit dem MATLAB-Skript gnm_a.m:

```
%%  gnm_a.m
%%  Kap 11.2.1
%%  Ausgabedatei zu gnm.mdl

figure
    subplot(211)
    plot(t,N*60)
    title('Drehzahl N [U/min]')
    subplot(212)
    plot(t,IA)
    title('Ankerstrom IA [A]')
    xlabel('Zeit t')

if exist('druck') == 1 , print('-deps' ,'p_gnm_nia.eps') , end
if exist('druck') == 1 , print('-depsc','p_gnm_nia_c.eps') , end
```

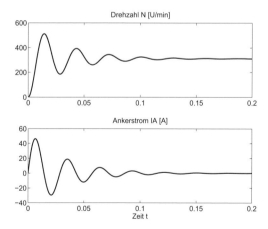

Abb. 11.6: *Sprungantwort von Drehzahl* **N** *und Ankerstrom* **IA** *(erzeugt mit* gnm_a.m*)*

11.2.2   Untersuchung des linearisierten Modells mit MATLAB und der Control System Toolbox

Um die umfangreichen Untersuchungsverfahren der Control System Toolbox auf ein Simulink-Modell anwenden zu können, muss dieses erst in ein LTI-Modell umgewandelt werden, was mit den MATLAB-Befehlen `linmod`, `linmod2`[2] bzw. `dlinmod` und dem aus der Control System Toolbox stammenden MATLAB-Befehl `ss` geschieht (Kap. 9.2.1).

In einem ersten Schritt wird aus dem Simulink-Modell, das sich (intern) aus einem System von ODEs (Ordinary Differential Equations; siehe Kap. 4) zusammensetzt, die lineare zeitinvariante Zustandsdarstellung generiert:

$$[A,B,C,D] = \texttt{linmod}('sys'[,x,u])$$

$$[A,B,C,D] = \texttt{linmod2}('sys'[,x,u])$$

$$[A,B,C,D] = \texttt{dlinmod}('sys',T_s[,x,u]) \qquad \texttt{\% zeitdiskretes Modell}$$

Hierbei ist sys der Name des Simulink-Modells und T_s die Abtastzeit bei zeitdiskreten Systemen. Mit den optionalen Parametern x und u können die Zustände und die Eingänge vorbelegt werden: Es wird also der Arbeitspunkt, um den linearisiert wird, festgelegt (Standardmäßig ist der Arbeitspunkt 0). Die Ein- und Ausgänge werden durch *Inport*- und *Outport*-Blöcke auf der obersten Modellebene des Simulink-Modells erzeugt, wie dies in Kap. 11.1.2 für UA bzw. IA und N bereits geschehen ist. Schließlich sind A, B, C und D die System-Matrizen der Zustandsdarstellung.

Das SS-LTI-Modell erhält man aus der Zustandsdarstellung mittels des aus Kap. 5.1.3 bekannten Befehls:

$$sys = \texttt{ss}(A,B,C,D)$$

$$sysd = \texttt{ss}(A,B,C,D,T_s) \qquad \texttt{\% zeitdiskretes Modell}$$

Für das Beispiel der Gleichstrom-Nebenschluss-Maschine wird der gesamte Vorgang wiederum durch das MATLAB-Skript `gnm2sys.m` erledigt. Zusätzlich werden hier noch die Namen für die Ein- bzw. Ausgänge des Systems mit den Simulink-Variablen-Namen `'UA'`, `'IA'` und `'N'` belegt.

n

```
%%  gnm2sys.m
%%  Kap 11.2.2
%%  Erzeugt mittels linmod ein linearisiertes LTI-Modell von gnm.mdl

[A,B,C,D] = linmod('gnm')           % Linearisieren des Simulink-Modells

sysgnm = ss (A,B,C,D) ;             % Erzeugen eines LTI-Modells
sysgnm.InputName  = 'UA' ;          % Eingangsname des LTI-Modells setzen
sysgnm.OutputName = {'IA' 'N'} ;    % Ausgangsnamen des LTI-Modells setzen
sysgnm                              % LTI-Modell anzeigen
```

---

[2] Der Befehl `linmod2` verwendet im Gegensatz zu `linmod` einen verbesserten Berechnungsalgorithmus, der Rundungsfehler stärker minimiert.

Die Ausgabe am MATLAB-Prompt zeigt sich wie folgt:

```
>> [A,B,C,D] = linmod('gnm')            % Linearisieren des Simulink-Modells
A =
   1.0e+03 *
   -0.0625    -0.0384
    1.2666         0
B =
        4
        0
C =
   62.5000         0
        0    1.0000
D =
        0
        0

>> sysgnm                               % LTI-Modell anzeigen
  a =
              x1        x2
    x1     -62.5     -38.4
    x2      1267         0

  b =
              UA
    x1       4
    x2       0

  c =
              x1        x2
    IA      62.5         0
    N          0         1

  d =
              UA
    IA       0
    N        0

Continuous-time state-space model.
```

Das so gewonnene SS-LTI-Modell sysgnm kann nun mit den bereits aus Kap. 5.3 bekannten Analyse-Werkzeugen untersucht werden. So erhält man z.B. für die natürliche Frequenz ω_n und die Dämpfung D des Systems mit dem Befehl damp (Kap. 5.3.2) folgende Ausgabe:

```
>> damp(sysgnm)

          Eigenvalue           Damping      Freq. (rad/s)
   -3.13e+01 + 2.18e+02i       1.42e-01       2.21e+02
   -3.13e+01 - 2.18e+02i       1.42e-01       2.21e+02

(Frequencies expressed in rad/seconds)

>> bode(sysgnm)
>> pzmap(sysgnm)
>> sgrid
```

Die mit `bode` und `pzmap` erzeugten Plots finden sich in Abb. 11.7.

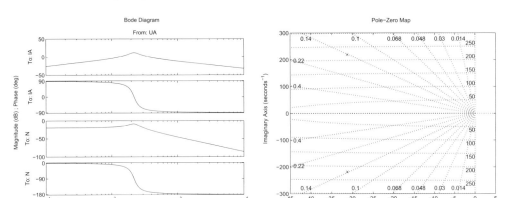

Abb. 11.7: *Bode-Diagramm (links) und Nullstellen-Polstellen-Verteilung (rechts)*

Erstellen eines LTI-Modells aus einem Simulink-Modell	
`linmod('sys'[,x,u])` `linmod2('sys'[,x,u])`	Erzeugt eine zeitkontinuierliche linearisierte Zustandsdarstellung aus dem Simulink-Modell *sys* (*x,u*: Vorbelegung des Zustands- und Eingangsvektors)
`dlinmod('sys',`T_s`[,x,u])`	Erzeugt eine zeitdiskrete linearisierte Zustandsdarstellung aus dem Simulink-Modell *sys* mit der Abtastzeit T_s
`ss(`$A,B,C,D[,T_s]$`)`	Erzeugt ein SS-LTI-Modell (Systemmatrix A, Eingangsmatrix B, Ausgangsmatrix C, Durchschaltmatrix D)

11.2.3 Interaktive Untersuchung eines Modells mit Simulink Linear Analysis Tool

Neben den oben gezeigten Möglichkeiten kann mit Simulink auf schnelle und einfache Weise ein System ohne die MATLAB-Befehle untersucht werden.[3] Aufgerufen wird hierzu im Menü *Analysis*, Untermenü *Control Design* eines Simulink-Modells unter *Linear Analysis* das sogenannte *Linear Analysis Tool*. Weitere Angaben hierzu finden sich auch in Kap. 9.2.

---

[3] Das Simulink Control Design ersetzt das vor dem MATLAB-Release R14 in Simulink integrierte Blockset *Model_Inputs_and_Outputs* und ist nicht mehr standardmäßig in Simulink enthalten.

In dem in Abb. 11.8 gezeigten *Linear Analysis Tool* kann man unter dem Register *Exact Linearization* das Simulink-Modell linearisieren, wobei unter *Operating Points* verschiedene Arbeitspunkte eingestellt werden können, um die die Linearisierung erfolgt. Für die Linearisierung können unter *Analysis I/Os* bestehende Ein- und Ausgänge des Simulink-Modell verwendet oder neue festgelegt werden, die dann auch dort erscheinen.

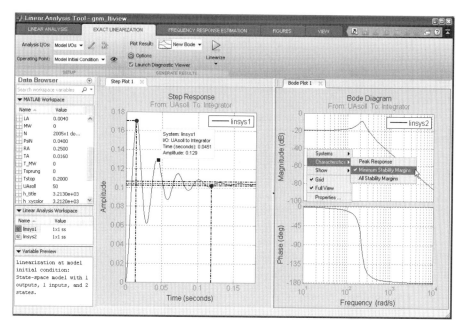

Abb. 11.8: *Linear Analysis Tool*

Als Ein- und Ausgänge für die *AnalysisI/Os* wurden bei dem in Abb. 11.9 gezeigten Simulink-Modell `gnm_ltiview.mdl` der Gleichstrom-Nebenschluss-Maschine die *Model I/Os*, also der direkt nach dem UAsoll-Block markierte Linearisierungs-Eingang und der Linearisierungs-Ausgang nach dem *Integrator*-Blocks (Drehzahl N) verwendet.

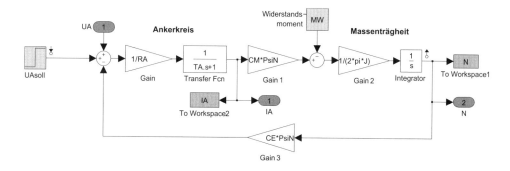

Abb. 11.9: *Simulink-Modell* `gnm_ltiview.mdl` *der Gleichstrom-Nebenschluss-Maschine*

Wie bei dem aus der Control System Toolbox bekannten LTI-Viewer können im *Linear Analysis Tool* auch Untersuchungen mit verschiedenen Verfahren, z.B. Sprungantwort oder Bodediagramm wie in Abb. 11.8 gezeigt, aber auch Nyquist-, Nichols-Diagramm oder Nullstellen-Polstellen-Verteilung, durchgeführt werden.

Zudem kann anstelle des in Abb. 11.8 gezeigten *Linear Analysis Tool* im Simulink-Modell im Menü *Analysis*, Untermenü *Control Design* unter *Compensator Design* der bereits aus Kap. 5.4.2 bekannte und in Abb. 11.10 gezeigte *Control and Estimation Tools Manager* aufgerufen werden, mit dem Regler entworfen werden können.

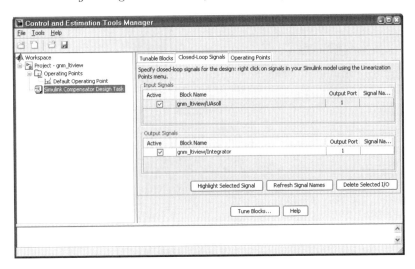

Abb. 11.10: *Control and Estimation Tools Manager*

Ist die Control System Toolbox vorhanden, so stellt diese das Simulink-Blockset *cstblocks* zu Verfügung, das einen Block ***LTI System*** enthält, mit dem LTI-Modelle in Simulink-Modellen als Simulink-Blöcke definiert werden können (Abb. 11.11).

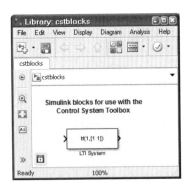

Abb. 11.11: *Blockset cstblocks zur Definition von LTI-Modellen der Control System Toolbox als Simulink-Blöcke*

Für die Bedienung des LTI-Viewers sei auf Kap. 5.3.5 und für die Bedienung des *Linear Analysis Tool* und des *Control and Estimation Managers* auf die umfassende Anleitung in den MATLAB- und Simulink-Handbüchern verwiesen [37], [44]

11.3 Kaskadenregelung

Ziel der Untersuchung des Systems ist natürlich die Auslegung eines Reglers, in diesem Fall für die Drehzahl N. Die gängige Regelungsstruktur für elektrische Antriebssysteme ist nach wie vor die klassische Kaskadenstruktur mit einem Drehzahlregelkreis, dem ein Stromregelkreis unterlagert ist. Da das Augenmerk auf Programmierung und Simulation liegt, sei für die Reglerauslegung auf die Literatur verwiesen [17, 18, 26, 27, 29].

11.3.1 Stromregelung

Für die Stromregelung wird die Übertragungsfunktion des Ankerkreises unter Vernachlässigung der Gegenspannung E_A aus Abb. 11.12 hergeleitet.

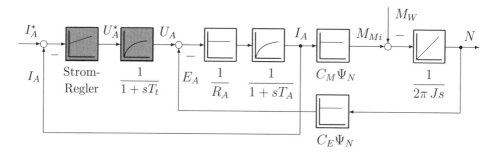

Abb. 11.12: *Stromregelung der Gleichstrom-Nebenschluss-Maschine*

Sie ergibt sich bei Berücksichtigung des Stromrichters als PT_1-Glied zu:

$$G_I(s) = \frac{I_A(s)}{U_A^*(s)} = \frac{1}{1+sT_t} \cdot \frac{1}{R_A} \cdot \frac{1}{1+sT_A}$$

Die Zeitkonstante und die Verstärkung des Ankerkreises und die kleine Summenzeitkonstante (Totzeit des Stromrichters) ergeben sich zu:

$$T_1 = T_A = \frac{L_A}{R_A} \qquad V = \frac{1}{R_A} \qquad T_\sigma = T_t = 100\,\mu s \qquad (11.6)$$

Die Auslegung des PI-Stromreglers erfolgt mittels des Betrags-Optimums (BO) nach der folgenden Einstellregel (T_1: größere Zeitkonstante; T_σ: kleinere Summenzeitkonstante; V: Streckenverstärkung):

$$T_{RI} = T_1 = T_A \qquad V_{RI} = \frac{T_1}{2T_\sigma V} = \frac{R_A T_A}{2T_t} = \frac{L_A}{2T_t} \qquad (11.7)$$

Somit ergibt sich die Übertragungsfunktion des PI-Stromreglers zu (U_A^*: Spannungs-sollwert):

$$G_{RI}(s) = \frac{U_A^*(s)}{I_A^*(s) - I_A(s)} = V_{RI}\left(\frac{1}{sT_{RI}} + 1\right) = \frac{L_A}{2T_t} \cdot \left(\frac{1}{sT_A} + 1\right) \quad (11.8)$$

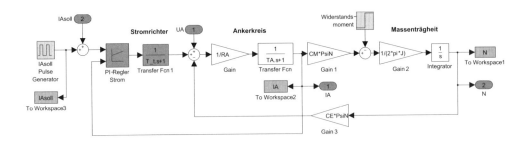

Abb. 11.13: *Simulink-Modell* `gnmregi.mdl` *der stromgeregelten GNM*

Das Simulink-Modell der Stromregelung in Abb. 11.13 kann auf dem Signalfluss-plan der GNM (Abb. 11.2) aufgebaut werden, ebenso wird in der Initialisierungsdatei `gnmregi_i.m` auch die zugehörige Initialisierungsdatei `gnm_i.m` eingebunden.

```
%%  gnmregi_i.m
%%  Kap 11.3.1
%%  Initialisierungsdatei zu gnmregi.mdl

%% Maschinen- und allgemeine Simulationsdaten
gnm_i                           % Gleichstrommaschine

%% Stromrichter
T_t = 0.0001 ;                  % Totzeit des Stromrichters
%% Strom-Blöcke
T_IAsoll = 0.05 ;              % Dauer einer Periode    [ s ]
IA_soll  = 10 ;                % Sollstrom              [ A ]
%% Stromregelung: PI-Regler, BO-optimiert
V_Ri     = LA / (2*T_t) ;      % Verstärkungsfaktor     [ Ohm ]
T_Ri     = TA ;                % Nachstellzeit          [ s ]
int_regi = 0 ;                 % Startwert des Regler-Integrators
```

Die Parameter des Stromreglers werden in MATLAB direkt in Abhängigkeit von den Streckenparametern berechnet, als Eingangssignal für das Simulink-Modell dient hier dann eine Folge von Strompulsen der Höhe `IA_soll` mit der Periodendauer `T_IAsoll`, wobei die Parameter *Pulse width (% of period)* und *Phase delay* des *IAsoll Pulse Generator*-Blocks unverändert auf 50 bzw. 0 belassen wurden.

Für die Anregung mit blockförmigem Sollstrom finden sich in Abb. 11.14 die Verläufe von Strom IA und Drehzahl N sowie das Bode-Diagramm für die Übertragungsfunktion von IAsoll nach IA.

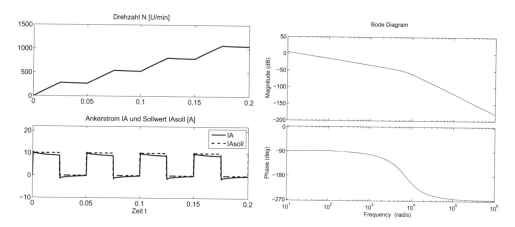

Abb. 11.14: *Sprungantwort von Drehzahl* **N** *und Ankerstrom* **IA** *bei Stromregelung (links) und Bode-Diagramm (Übertragungsfunktion von* **IAsoll** *nach* **IA***)*

Um in Simulink die Bedienung zu erleichtern und die Übersichtlichkeit zu fördern, wurde der Block *PI-Regler Strom* programmiert und mit einer Eingabemaske versehen (Abb. 11.15).

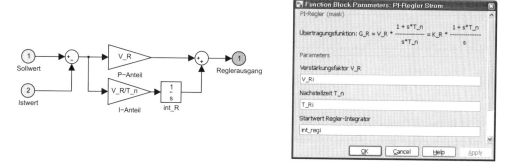

Abb. 11.15: *Block* **PI-Regler Strom***: Unterlagertes Reglermodell und Eingabemaske*

11.3.2 Drehzahlregelung

Die Drehzahlregelung nach Abb. 11.16 verwendet den gerade in Kap. 11.3.1 ausgelegten Stromregelkreis[4] als unterlagerte Teilstrecke, wobei die Übertragungsfunktion des Stromregelkreises wie folgt angenähert wird ($Iers$ = Strom im Ersatzregelkreis):

$$G_{Iers}(s) = \frac{I_A(s)}{I_A^*(s)} = \frac{1}{1 + 2\,T_t \cdot s + 2\,T_t^2 \cdot s^2} \approx \frac{1}{1 + 2\,T_t \cdot s} \qquad (11.9)$$

---

[4] Im Weiteren werden Probleme der Stellgrößenbegrenzung für den Sollwert des Stromes außer Acht gelassen, um die Darstellung nicht unnötig zu komplizieren.

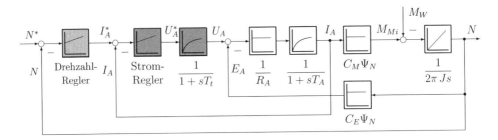

Abb. 11.16: *Drehzahlregelung der Gleichstrom-Nebenschluss-Maschine*

Zusammen mit der Übertragungsfunktion der Mechanik ist folgende Gesamtstrecke zu regeln:

$$G_N(s) \;=\; \frac{N(s)}{I_A^*(s)} \;=\; \frac{C_M \, \Psi_N}{2\,\pi J \cdot s} \cdot \frac{1}{1 + 2\,T_t \cdot s} \;=\; \frac{1}{T_S \cdot s} \cdot \frac{1}{1 + T_\sigma \cdot s} \qquad (11.10)$$

Mit den Streckenparametern T_S und T_σ lassen sich leicht die Parameter eines nach dem Symmetrischen Optimum (SO) ausgelegten PI-Reglers angeben:

$$T_{RN} \;=\; 4\,T_\sigma \;=\; 8\,T_t \qquad\qquad V_{RN} \;=\; \frac{T_S}{2\,T_\sigma} \;=\; \frac{1}{4\,T_t} \cdot \frac{2\,\pi J}{C_M \, \Psi_N} \qquad (11.11)$$

Die Übertragungsfunktion des Drehzahlregelkreises berechnet sich nach SO zu:

$$G_{Ners}(s) \;=\; \frac{N(s)}{N^*(s)} \;=\; \frac{1 + 8\,T_t \cdot s}{1 + 8\,T_t \cdot s + 16\,T_t^2 \cdot s^2 + 16\,T_t^3 \cdot s^3} \qquad (11.12)$$

Das Simulink-Modell `gnmregn.mdl` vergrößert sich um den Drehzahlregelkreis mit der Drehzahlrückführung, ebenso wächst auch die Zahl der *To Workspace-*, *Input-* und *Output-*Blöcke, um das System besser untersuchen zu können.

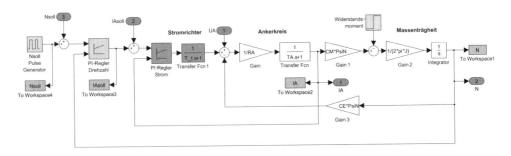

Abb. 11.17: *Simulink-Modell* `gnmregn.mdl` *der drehzahlgeregelten GNM*

Als Sollwertgenerator wird nun der Nsoll Pulse Generator-Block verwendet, der Drehzahlpulse mit der Amplitude N_soll und Periodendauer T_Nsoll erzeugt. Zusätzlich wird zum Zeitpunkt T_MW ein sprungförmiges Widerstandsmoment der Höhe MW als Störgröße ins System eingespeist.

```
%% gnmregn_i.m
%% Kap. 11.3.2
%% Initialisierungsdatei zu gnmregn.mdl

%% Maschinen- und allgemeine Simulationsdaten
gnm_i                        % Gleichstrommaschine
gnmregi_i                    % Stromregelkreis + Stromrichter
step_max = 0.0001 ;          % Maximale Schrittweite
%% Drehzahlsollwert-Blöcke
T_Nsoll = 0.40 ;             % Dauer einer Periode    [ s ]
N_soll  = 500/60 ;           % Solldrehzahl           [ 1/s ]
%% Widerstandsmomenten-Sprung
T_MW = 0.10 ;                % Zeitpunkt des Sprungs  [ s ]
MW   = 100 ;                 % Sprunghöhe             [ Nm ]

%% Drehzahlregelung: PI-Regler, SO-optimiert
V_Rn = 2*pi*J / (CM*PsiN*2*2*T_t);  % Verstärkungsfaktor  [ Vs ]
T_Rn = 4*2*T_t ;             % Nachstellzeit          [ s ]
int_regn = 0 ;              % Startwert Regler-Integrator
```

Abb. 11.18 zeigt links die Sprungantworten von Drehzahl N und Ankerstrom IA auf den Drehzahlsollwertsprung sowie rechts die Störantworten dieser Größen auf das Widerstandsmoment bei Drehzahlregelung.

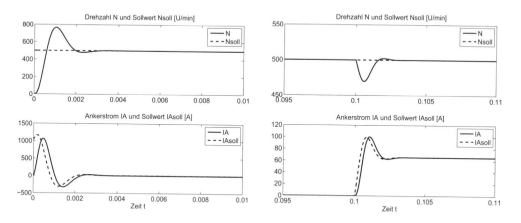

Abb. 11.18: *Sprungantwort (links) und Störantwort (rechts) von Drehzahl N und Ankerstrom IA bei Drehzahlregelung*

11.4   Zustandsbeobachter

Oft kann aufgrund technologischer Gegebenheiten oder aus Kostengründen die Drehzahl
nicht gemessen werden, trotzdem soll die GNM drehzahlgeregelt werden. Als Ausgang
steht nur noch der Strom-Istwert IA zu Verfügung. Somit muss ein Zustandsbeobachter
entworfen werden, mit dem die nicht mehr gemessene Drehzahl N geschätzt werden soll.

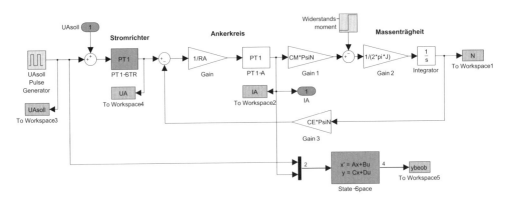

Abb. 11.19: *Simulink-Modell* `gnmbeob.mdl` *der GNM mit Zustandsbeobachter*

Als Simulations-Modell dient nun die um den Stromrichter-Block *PT1-STR* erweiterte
GNM (Simulink-Modell `gnmbeob.mdl`) aus Abb. 11.19, die zusätzlich einen *State-Space*-
Block enthält, der den Zustandsbeobachter repräsentiert und dessen Zustandsmatrizen
enthält.[5]

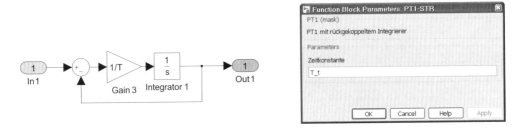

Abb. 11.20: *Block* ***PT1****: PT_1-Glied mit rückgeführtem Integrator und Eingabemaske*

Zusätzlich wird noch der Block *PT1* für ein aus einem rückgeführten Integrierer gebil-
detes PT_1-Glied als maskierter Block mit Eingabemaske (Abb. 11.20) erstellt: So wird
zum einen sichergestellt, dass der Ausgang des Blocks der für den Beobachterentwurf
nötige Zustand ist, zum anderen können evtl. auftretende Probleme der numerischen
Integration vermieden werden.

---

[5] Dies ist der allgemeine Fall. Wird für die Zustandsdarstellung des Beobachters ein SS-LTI-Modell
generiert, so kann auch der Block *LTI System* aus der Simulink-Library *cstblocks* (Control System
Toolbox) benutzt werden (siehe Abb. 11.11 und Kap. 11.2.3).

Für die Initialisierung der allgemeinen Simulationsdaten und zur Erzeugung des SS-LTI-Modells `sys` der beobachteten Strecke von UAsoll nach IA wird die Datei `gnmbeob_i.m` verwendet, die in Kap. 11.6.4 komplett aufgeführt ist. Hier soll nur auf die im Zusammenhang mit dem Beobachterentwurf wichtigen Befehle eingegangen werden.

Um das Simulink-Modell mit dem Befehl `linmod` linearisieren zu können, müssen alle Variablen mit einem Wert belegt sein. Dies gilt auch für den *State-Space*-Block (Kap. 9.1), der die (zu diesem Zeitpunkt noch unbekannten) Beobachtermatrizen enthalten soll. Deshalb werden diese mit geeigneten Werten vorbelegt, und zwar so, dass dem System keine Zustände zugefügt werden und andererseits die Anzahl der Eingänge übereinstimmt[6] . Ebenso wird noch der Anfangswertvektor `beobx0` der Zustände definiert:

```
beob      = ss([],[],[],[0 0]) ;        % Beobachter initialisieren
beobx0    = [ 0 ] ;                      % Beobachter Anfangszustände
```

Da für die Berechnung der Beobachterpole und der Rückführmatrix **L** die Zustandsdarstellung der Strecke mit den Eingängen **u**, den Zuständen **x** und den Ausgängen **y** vorliegen muss, wird mittels des Befehls `linmod` die Zustandsdarstellung des Simulink-Modells ermittelt und mit dem Befehl `ss` das entsprechende SS-LTI-Modell der Strecke erzeugt.

```
[A,B,C,D] = linmod('gnmbeob');           % System-Matrizen extrahieren
sys       = ss(A,B,C,D);                 % SS-LTI-Modell Strecke
```

Der Systemeingang ist hier die Solldrehzahl UAsoll, die Systemzustände sind in diesem Fall IA, die Drehzahl N und der Ausgang des Stromrichterblocks (ohne Name), der Systemausgang ist der Zustand IA.

Hier ist bei der Systemerstellung mit `linmod` auf die **Reihenfolge der Zustände** zu achten! Diese kann abgefragt werden mit den folgenden Befehlen (Kap. 8.7):

```
>> [s,x0,xstord] = gnmbeob ;
>> xstord
xstord =
    'gnmbeob/PT1-A/Integrator'
    'gnmbeob/Integrator'
    'gnmbeob/PT1-STR/Integrator1'
```

Die Zustände sind also IA, N und UA. Da der Beobachter auch mit dem Befehl `estim` berechnet werden soll, ist der Eingang des Beobachters der bekannte Eingang des Systems (UAsoll) und der gemessene Systemausgang (IA). Der Ausgang des Beobachters ist der Vektor ybeob, der den geschätzten Systemausgang und die Systemzustände enthält (Abb. 5.28).

---

[6] Im Gegensatz zu früheren Versionen akzeptiert der `ss`-Befehl inzwischen keine unterschiedliche Zeilenzahl von `A`- und `B`-Matrix mehr, so dass jetzt nur noch die Durchgriffsmatrix `D` einen Eintrag ungleich [] enthält.

11.4.1   Luenberger-Beobachter

Für die Auslegung des Luenberger-Beobachters werden die in Kap. 5.4.3 dargestellten Verfahren und Befehle verwendet. Zur Erinnerung nochmal die Gleichung des Luenberger-Beobachters mit integrierter Fehlergleichung (Abb. 5.27):

$$\dot{\hat{x}} = (\mathbf{A} - \mathbf{LC})\,\hat{x} + [\mathbf{B} - \mathbf{LD} \ \ \mathbf{L}] \cdot \begin{bmatrix} \mathbf{u} \\ \mathbf{y} \end{bmatrix} \qquad (11.13)$$

Die Auslegung der Rückführmatrix **L** geschieht mit dem Befehl `place` und folgt dem bekannten Beispiel aus Kap. 5.4.4, Seite 178. Im Folgenden wieder ein Ausschnitt aus der Initialisierungsdatei `gnmbeobl_i.m` (Kap. 11.6.5):

```
polo = 5*real(pole(sys))+imag(pole(sys))/5*i   % Beobachterpole
l    = place(sys.a',sys.c',polo).'             % Rückführvektor berechnen
beob = estim(sys,l,1,1)                         % SS-LTI-Modell Beobachter
```

Zuerst werden die Beobachterpole `polo` festgelegt, die dann zusammen mit den transponierten System-Matrizen `sys.a'` und `sys.c'` an den Befehl `place` übergeben werden, der – wiederum transponiert – den Rückführvektor `l` berechnet. Abschließend wird mit dem Befehl `estim` das LTI-Modell `beob` der Zustandsdarstellung des Beobachters generiert, wobei der dritte Parameter (*sensors*, 1) der gemessene Ausgang IA und der vierte Parameter (*known*, 1) der bekannte Eingang UAsoll ist.

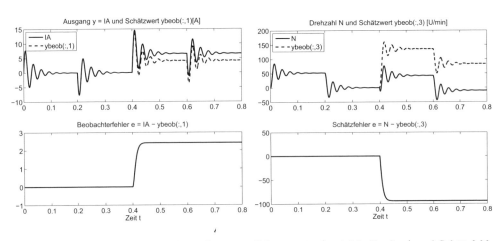

Abb. 11.21: *Luenberger-Beobachter: Istwerte, Schätzwerte (gestrichelt; oben) und Schätzfehler (unten) von Ankerstrom IA (links) und Drehzahl N (rechts)*

Eine Simulation führt zu den in Abb. 11.21 dargestellten Verläufen. Wie gut an den Schätzfehlern zu erkennen, stimmen bei der blockförmigen Anregung (UAsoll) am Anfang die geschätzten Werte (gestrichelt) mit den richtigen Werten überein, doch bleibt nach einem Sprung des Widerstandsmoments bei `T_MW = 0.4` ein erheblicher Schätz-bzw. Beobachterfehler zurück.

Dies resultiert aus der Struktur des Beobachters: Da zum einen in der Zustandsdarstellung kein Störeingriff berücksichtigt wurde und zum anderen die Rückführung des
Beobachterfehlers nur proportional mit $\mathbf{L}$ erfolgt, kann der Beobachter diesen bleibenden Schätzfehler nicht zu null machen. Abhilfe schafft der nun folgende Störgrößen-
Beobachter.

11.4.2 Störgrößen-Beobachter

Um den Einfluss einer Störgröße mit konstantem stationärem Endwert und den daraus resultierenden bleibenden Beobachterfehler zu null machen zu können, muss der
Luenberger-Beobachter ($\mathbf{D} = \mathbf{0}$) um den Rückführpfad in Abb. 11.22 erweitert werden:

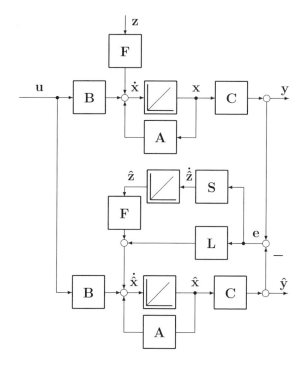

Abb. 11.22: *Störgrößen-Beobachter*

Der Beobachterfehler $\mathbf{e} = \mathbf{y} - \hat{\mathbf{y}}$ wird über die Einstellmatrix $\mathbf{S}$, die Störeingriffsmatrix
der Strecke $\mathbf{F}$ und einen Integrator auf $\dot{\hat{\mathbf{x}}}$ zurückgeführt. Der Integrator sorgt dafür,
dass eine sonst bleibende Abweichung des Beobachterfehlers so lange aufintegriert wird,
bis dieser null ist.

Die Zustandsgleichungen des Störgrößen-Beobachters lauten mit dem Beobachterfehler
$\mathbf{e} = \mathbf{y} - \hat{\mathbf{y}} = \mathbf{y} - \mathbf{C}\hat{\mathbf{x}}$ eingesetzt:

$$\dot{\hat{\mathbf{x}}} = \mathbf{A}\,\hat{\mathbf{x}} + \mathbf{B}\,\mathbf{u} + \mathbf{L}\,\mathbf{e} + \mathbf{F}\,\hat{\mathbf{z}} = (\mathbf{A} - \mathbf{L}\mathbf{C})\,\hat{\mathbf{x}} + \mathbf{B}\,\mathbf{u} + \mathbf{L}\,\mathbf{y} + \mathbf{F}\,\hat{\mathbf{z}} \tag{11.14}$$

$$\dot{\hat{\mathbf{z}}} = \mathbf{S}\,\mathbf{e} \qquad\qquad = -\mathbf{S}\mathbf{C}\,\hat{\mathbf{x}} + \mathbf{S}\,\mathbf{y} \tag{11.15}$$

$$\hat{\mathbf{y}} = \mathbf{C}\,\hat{\mathbf{x}} \tag{11.16}$$

In Matrixnotation geschrieben lauten die Gleichungen:

$$\begin{bmatrix} \dot{\hat{\mathbf{x}}} \\ \dot{\hat{\mathbf{z}}} \end{bmatrix} = \begin{bmatrix} \mathbf{A} - \mathbf{LC} & \mathbf{F} \\ -\mathbf{SC} & \mathbf{0} \end{bmatrix} \cdot \begin{bmatrix} \hat{\mathbf{x}} \\ \hat{\mathbf{z}} \end{bmatrix} + \begin{bmatrix} \mathbf{B} & \mathbf{L} \\ \mathbf{0} & \mathbf{S} \end{bmatrix} \cdot \begin{bmatrix} \mathbf{u} \\ \mathbf{y} \end{bmatrix} \tag{11.17}$$

$$\hat{\mathbf{y}} = \begin{bmatrix} \mathbf{C} & \mathbf{0} \end{bmatrix} \cdot \begin{bmatrix} \hat{\mathbf{x}} \\ \hat{\mathbf{z}} \end{bmatrix} \tag{11.18}$$

Für die Simulation wird der geschätzte Ausgangsvektor $\hat{\mathbf{y}}$ noch so modifiziert, dass auch die geschätzten Systemzustände $\hat{\mathbf{x}}$ und die Störungen $\hat{\mathbf{z}}$ in ybeob abgespeichert werden:

$$\hat{\mathbf{y}}_{\mathrm{beob}} = \begin{bmatrix} \mathbf{C} & \mathbf{0} \\ \mathbf{I} & \mathbf{0} \\ \mathbf{0} & \mathbf{I} \end{bmatrix} \cdot \begin{bmatrix} \hat{\mathbf{x}} \\ \hat{\mathbf{z}} \end{bmatrix} \tag{11.19}$$

Die Initialisierungsdaten und die Beobachterauslegung finden sich in der Datei gnmbeobs_i.m (Kap. 11.6.6). Zusätzlich zum Luenberger-Beobachter muss hier noch der Störeingriffsvektor F (Signalflussplan Abb. 11.1, $M_W \rightarrow N$) und der Rückführkoeffizient s angegeben werden:[7]

```
F = [ 0 -1/(2*pi*J) 0 ]' ;          % Eingriff der Störung
s = 100 ;                           % Rückführkoeffizient
```

Die Zustandsdarstellung des Beobachters wird nun „von Hand" programmiert. Besonders zu beachten ist: Da die einzelnen Zustandsmatrizen des SS-LTI-Modells beob nacheinander neu belegt und somit in ihrer Dimension geändert werden, MATLAB aber bei jeder Zuweisung einer neuen Matrix an ein LTI-Modell sofort die Übereinstimmung der Dimensionen prüft, muss beob zuerst gelöscht werden.[8]

```
clear beob
beob.a = [ sys.a-l*sys.c F ; -s*sys.c 0 ] ;
beob.b = [ sys.b l ; 0 s ] ;
beob.c = [ sys.c 0 ; eye(size(beob.a)) ] ;
beob.d = zeros(size(beob.c*beob.b)) ;
beob   = ss(beob.a,beob.b,beob.c,beob.d)     % SS-LTI-Modell Beobachter
```

Im Unterschied zu Abb. 11.21 sieht man hier deutlich die Wirkung des I-Anteils des Störgrößen-Beobachters, der auch nach dem Auftreten des Widerstandsmoments bei T_MW = 0.4 den Beobachterfehler zu null macht (Abb. 11.23).

---

[7] Der integrale Rückführzweig könnte natürlich der Zustandsdarstellung des Beobachters zugeschlagen werden und zusammen mit der Rückführmatrix **L** berechnet werden.

[8] Umgangen werden kann dieses Problem dadurch, dass die Zustandsmatrizen als normale MATLAB-Matrizen, z.B. als A, B, C und D, definiert werden und dann an den Befehl ss übergeben werden.

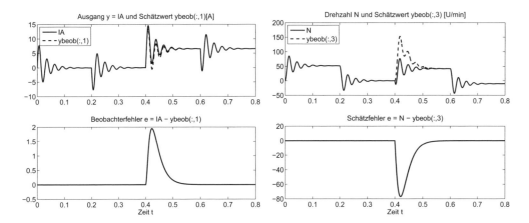

Abb. 11.23: *Störgrößen-Beobachter: Istwerte, Schätzwerte (gestrichelt) und Schätzfehler von Ankerstrom IA (links) und Drehzahl N (rechts)*

11.5 Zustandsregelung mit Zustandsbeobachter

Nun wird ein Zustandsregler ausgelegt und programmiert, wie er sich in Abb. 11.24 darstellt (nach Kap. 5.6.7). Die entsprechenden Gleichungen hier nochmals:

Regelgesetz:
$$\mathbf{u} = K_V \mathbf{w} - \mathbf{K} \cdot \hat{\mathbf{x}} \tag{11.20}$$

Geschlossener Regelkreis:
$$\dot{\mathbf{x}} = (\mathbf{A} - \mathbf{B}\,\mathbf{K}) \cdot \mathbf{x} + \mathbf{B}\,K_V \mathbf{w} \tag{11.21}$$

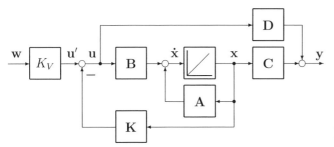

Abb. 11.24: *Zustandsregler mit Sollwertanpassung*

Der Faktor der Sollwertanpassung K_V berechnet sich nach folgender Formel:

$$K_V = \frac{-1}{\mathbf{C}(\mathbf{A} - \mathbf{BK})^{-1}\mathbf{B}} \tag{11.22}$$

Die Wunsch-Pole des Zustandsreglers sollen nach Dämpfungs-Optimum (DO) ausgelegt werden, das DO-Polynom 3. Ordnung hat folgende Übertragungsfunktion:

$$P_{DO}(s) = \frac{1}{8T_{sys}^3 \cdot s^3 + 8T_{sys}^2 \cdot s^2 + 4T_{sys} \cdot s + 1} \tag{11.23}$$

mit der Systemzeitkonstante T_{sys} als dem „frei" wählbaren Einstellparameter des Zustandsreglers.

Das Simulink-Modell zeigt Abb. 11.25, wobei hier auch der Beobachter programmiert
ist. Wesentliche Merkmale des Zustandsreglers sind zum einen die Rückführung der drei
Systemzustände IA, N und UA mit dem Rückführvektor k und zum anderen der Faktor
K_V der Sollwertanpassung. Eingang ist hier wieder UAsoll, jedoch gibt es nun zwei
Systemausgänge: IA (*Outport*-Block 1), das als Eingang für den Beobachter dient, und
N (Outport-Block 2), das für den Reglerentwurf die Ausgangsgröße darstellt.

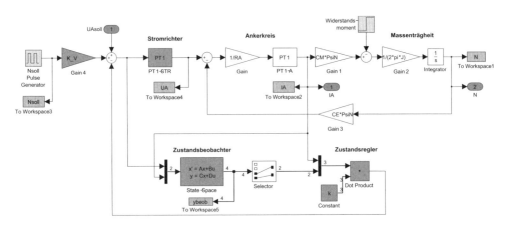

Abb. 11.25: *Simulink-Modell* `gnmbeobreg.mdl` *mit Zustandsbeobachter und Zustandsregler*

Aus der Grundinitialisierungsdatei `gnmbeobreg_i.m` (Kap. 11.6.7) interessieren vor allem die folgenden Abschnitte:

Zuerst müssen alle Variablen des Simulink-Modells `gnmbeobreg.mdl` gesetzt werden,
um mittels `linmod` die Systemdarstellung für den Beobachter- und den Reglerentwurf
erzeugen zu können. Um keine zusätzlichen Zustände zu generieren, muss auch hier das
Beobachter-System `beob` wie in Kap. 11.4 definiert werden. Damit der Zustandsregler
nicht in die Linearisierung eingeht, werden die Rückführkoeffizienten k auf null gesetzt.

```
%% SS-LTI-Modell Strecke erzeugen
beob    = ss([],[],[],0) ;        % Beobachter initialisieren
beobx0 = [ 0 ] ;                  % Beobachter Anfangszustände
k       = [ 0 0 0 ] ;             % Rückführvektor
K_V     = 1 ;                     % Vorfaktor initialisieren
```

Eine gesonderte Behandlung erfordert der *Selector*-Block (Kap. 8.8.3): Dieser extrahiert
aus ybeob die beiden für die Zustandsregelung notwendigen Systemzustände N und UA,
der Zustand IA hingegen ist messbar (Systemausgang!) und wird direkt verwendet.
Durch die Leer-Initialisierung von `beob` ist zuerst nur ein Systemausgang vorhanden,
so dass dieser doppelt auf die beiden Ausgänge des *Selector*-Blocks gelegt wird.

```
sel_aus = [1 1] ;                 % 2 Selectorausgänge
sel_in  = 1 ;                     % Anzahl Selectoreingang
```

Als nächster Schritt wird die Systemdarstellung `sys` des gesamten Modells berechnet und aus diesem werden zwei Teilsysteme extrahiert: Für den Beobachterentwurf das LTI-Modell `sysbeob` vom Eingang `UAsoll` nach `IA` (Ausgang 1) und für den Reglerentwurf das LTI-Modell `syszreg` vom Eingang `UAsoll` nach `N` (Ausgang 2).

```
[A,B,C,D] = linmod('gnmbeobreg');      % System-Matrizen extrahieren
sys       = ss(A,B,C,D);               % LTI-Modell Strecke
sysbeob   = sys(1,1)                   % LTI-Modell für Beobachterentwurf
syszreg   = sys(2,1)                   % LTI-Modell für Reglerentwurf
```

Aus der Initialisierungsdatei `gnmbeobregl_i.m` (Kap. 11.6.8) sind folgende Zeilen für die Auslegung des Zustandsreglers von Bedeutung:[9]

Die Auslegung des Beobachters erfolgt analog zu Kap. 11.4.1, es wird hier allerdings das LTI-Modell `sysbeob` statt `sys` verwendet:

```
%% Luenberger-Beobachter berechnen
polo = 50*real(pole(sysbeob))+imag(pole(sysbeob))/50*i % Beobachterpole
l    = place(sysbeob.a',sysbeob.c',polo).'      % Rückführvektor berechnen
beob = estim(sysbeob,l,1,1)                      % SS-LTI-Modell Beobachter
```

Nach Gleichung (11.23) werden mit der Systemzeit `T_sys` die Pole `polc` des Wunsch-Polynoms berechnet. Anschließend werden diese und die Zustandsmatrizen `syszreg.a` und `syszreg.b` des LTI-Modells `syszreg` an `place` übergeben und damit die Koeffizienten des Beobachtervektors `k` bestimmt. Der Faktor der Sollwertanpassung `K_V` wird nach Gleichung (11.22) berechnet.

```
%% Zustandsregler berechnen
T_sys = 0.001;                                  % Systemzeitkonstante [s]
polc  = roots([ 8*T_sys^3 8*T_sys^2 4*T_sys 1 ]) % Wunsch-Pole Regler
k     = place(syszreg.a,syszreg.b,polc)          % Nullstellen berechnen
K_V   = -1/(syszreg.c*inv(syszreg.a-syszreg.b*k)*syszreg.b)
```

Zuletzt werden wieder die Parameter des *Selector*-Blocks gesetzt: `sel_aus` extrahiert die beiden geschätzten Größen für `N` und `UA` aus `ybeob`, `sel_in` setzt die Anzahl der Selector-Eingänge auf die Anzahl der Systemausgänge des Beobachters.[10]

```
sel_aus = [3 4] ;                               % 2 Selectorausgänge
sel_in  = size(beob,1) ;                        % Anzahl Selectoreingänge
```

---

[9] Es wird hier der Luenberger-Beobachter verwendet. In der Datei `gnmbeobregs_i.m` (Kap. 11.6.9) wird auf gleichem Wege der in Kap. 11.4.2 eingeführte Störgrößen-Beobachter definiert.

[10] Natürlich könnte der Befehl `size(beob,1)` auch direkt in der Eingabemaske des *Selector*-Blocks geschrieben werden.

Die Abb. 11.26 und 11.27 zeigen Drehzahl N und Ankerstrom IA für den Beginn der
Simulation und während des Widerstandsmomentensprungs vergrößert an. Wie daraus
abzulesen, funktioniert die Regelung nun mit den beobachteten Zuständen ohne weitere
Probleme, allerdings musste die maximale Simulationsschrittweite sehr klein gewählt
werden (`step_max = 0.000005`).

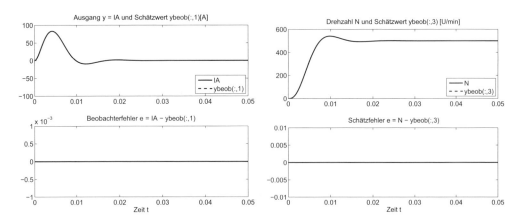

Abb. 11.26: *Zustandsregler: Sprungantwort von Ankerstrom* IA *(links) und Drehzahl* N *(rechts)*

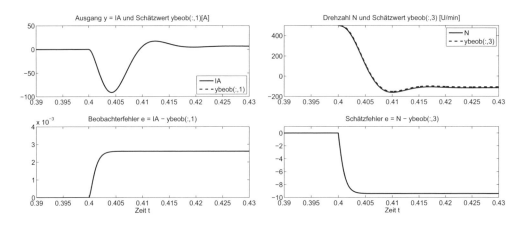

Abb. 11.27: *Zustandsregler: Störantwort von Ankerstrom* IA *(links) und Drehzahl* N *(rechts)*

Dass der Zustandsregler den Störsprung bei `T_MW = 0.4` nicht ausregelt, liegt an der
rein proportionalen Rückführung der Systemzustände. Gelöst werden kann dieses Problem z.B. durch Verwendung eines Störgrößen-Beobachters zur fehlerfreien Ermittlung
der geschätzten Größen (Kap. 11.4.2) und/oder eines Zustandsreglers mit Führungsintegrator (Aufgabe 5.6.7).

11.6 Initialisierungsdateien

11.6.1 Gleichstrom-Nebenschluss-Maschine

```
%% gnm_i.m
%% Kap 11.1.1
%% Initialisierungsdatei zu gnm.mdl


%% Allgemeine Simulationsdaten
Tstop    = 0.2 ;              % Stopp der Simulation
step_max = 0.0001 ;           % Maximale Schrittweite


%% Spannungs-Sollwertsprung
Tsprung  = 0 ;               % Zeitpunkt des Sprungs [ s ]
UAsoll   = 50 ;              % Sollspannung          [ V ]
%% Widerstandsmomenten-Sprung
T_MW = 0 ;                   % Zeitpunkt des Sprungs [ s ]
MW   = 0 ;                   % Sprunghöhe            [ Nm ]


%% Maschinendaten der GNM
RA   = 0.250 ;              % Ankerwiderstand        [ Ohm ]
LA   = 0.004 ;              % Ankerinduktivität      [ H ]
TA   = LA / RA ;           % Ankerzeitkonstante     [ s ]
PsiN = 0.04 ;              % Nennfluss              [ Vs ]
J    = 0.012 ;             % Trägheitsmoment        [ kg m^2 ]
CM   = 38.2 ;              % Motorkonstanten
CE   = 2*pi*CM ;
```

11.6.2 Stromregelung

```
%% gnmregi_i.m
%% Kap 11.3.1
%% Initialisierungsdatei zu gnmregi.mdl


%% Maschinen- und allgemeine Simulationsdaten
gnm_i                        % Gleichstrommaschine


%% Stromrichter
T_t = 0.0001 ;               % Totzeit des Stromrichters
%% Strom-Blöcke
T_IAsoll = 0.05 ;            % Dauer einer Periode   [ s ]
IA_soll  = 10 ;             % Sollstrom             [ A ]
%% Stromregelung: PI-Regler, BO-optimiert
V_Ri     = LA / (2*T_t) ;   % Verstärkungsfaktor    [ Ohm ]
T_Ri     = TA ;            % Nachstellzeit         [ s ]
int_regi = 0 ;             % Startwert des Regler-Integrators
```

11.6.3   Drehzahlregelung

```
%%  gnmregn_i.m
%%  Kap. 11.3.2
%%  Initialisierungsdatei zu gnmregn.mdl


%% Maschinen- und allgemeine Simulationsdaten
gnm_i                               % Gleichstrommaschine
gnmregi_i                           % Stromregelkreis + Stromrichter
step_max = 0.0001 ;                 % Maximale Schrittweite
%% Drehzahlsollwert-Blöcke
T_Nsoll = 0.40 ;                    % Dauer einer Periode     [ s ]
N_soll  = 500/60 ;                  % Solldrehzahl            [ 1/s ]
%% Widerstandsmomenten-Sprung
T_MW = 0.10 ;                       % Zeitpunkt des Sprungs [ s ]
MW   = 100 ;                        % Sprunghöhe              [ Nm ]


%% Drehzahlregelung: PI-Regler, SO-optimiert
V_Rn = 2*pi*J / (CM*PsiN*2*2*T_t);  % Verstärkungsfaktor      [ Vs ]
T_Rn = 4*2*T_t ;                    % Nachstellzeit           [ s ]
int_regn = 0 ;                      % Startwert Regler-Integrator
```

11.6.4   Grundeinstellung Zustandsbeobachter

```
%%  gnmbeob_i.m
%%  Kap 11.4
%%  Initialisierungsdatei zu gnmbeob.mdl


%% Allgemeine Simulationsdaten
Tstop = 0.8 ;                       % Stopp der Simulation
step_max = 0.00001 ;                % Maximale Schrittweite
%% Stromrichter
T_t = 0.0001 ;                      % Totzeit des Stromrichters
%% Ankerspannungssollwert-Impulse
T_UAsoll = 0.4 ;                    % Dauer einer Periode     [ s ]
UA_soll  = 500/60 ;                 % Sollspannung            [ V ]
%% Widerstandsmomenten-Sprung
T_MW = 0.40 ;                       % Zeitpunkt des Sprungs [ s ]
MW   = 10  ;                        % Sprunghöhe              [ 1/s ]


%% Beobachter Grundeinstellung
beob      = ss([],[],[],[0 0]);     % Beobachter initialisieren
beobx0    = [ 0 ] ;                 % Beobachter Anfangszustände
[A,B,C,D] = linmod('gnmbeob');      % System-Matrizen extrahieren
sys       = ss(A,B,C,D);            % SS-LTI-Modell Strecke
```

11.6.5   Zustandsbeobachtung mit Luenberger-Beobachter

```
%%  gnmbeobl_i.m
%%  Kap 11.4.1
%%  Initialisierungsdatei für Luenberger-Beobachter

%% Maschinen- und allgemeine Simulationsdaten
gnm_i                                         % Gleichstrommaschine
gnmbeob_i                                      % Grundeinstellung

%% Luenberger-Beobachter
polo = 5*real(pole(sys))+imag(pole(sys))/5*i  % Beobachterpole
l    = place(sys.a',sys.c',polo).'            % Rückführvektor berechnen
beob = estim(sys,l,1,1)                        % SS-LTI-Modell Beobachter
```

11.6.6   Zustandsbeobachtung mit Störgrößen-Beobachter

```
%%  gnmbeobs_i.m
%%  Kap 11.4.2
%%  Initialisierungsdatei für Störgrößen-Beobachter

%% Maschinen- und allgemeine Simulationsdaten
gnm_i                                         % Gleichstrommaschine
gnmbeob_i                                      % Grundeinstellung

%% Störgrößen-Beobachter
F = [ 0 -1/(2*pi*J) 0 ]'  ;                    % Eingriff der Störung
s = 100 ;                                      % Rückführkoeffizient
polo = 5*real(pole(sys))+imag(pole(sys))/5*i  % Beobachterpole
l    = place (sys.a',sys.c',polo).'            % Rückführvektor berechnen

% Beobachter-Matrizen berechnen
% Zusätzlich Ausgabe der Zustände in Simulink -> beob.c, beob.dS
clear beob
beob.a = [ sys.a-l*sys.c F ; -s*sys.c 0 ] ;
beob.b = [ sys.b l ; 0 s ] ;
beob.c = [ sys.c 0 ; eye(size(beob.a)) ] ;
beob.d = zeros(size(beob.c*beob.b)) ;
beob    = ss(beob.a,beob.b,beob.c,beob.d)      % SS-LTI-Modell Beobachter
```

11.6.7   Zustandsregelung mit Zustandsbeobachter

```
%%  gnmbeobreg_i.m
%%  Kap. 11.5
%%  Initialisierungsdatei zu gnmbeobreg.mdl

%% Maschinen- und allgemeine Simulationsdaten
Tstop = 0.8 ;                        % Stopp der Simulation
step_max = 0.000005 ;                % Maximale Schrittweite
ws_decim = 10 ;                      % Workspace-Decimation
%% Stromrichter
T_t = 0.0001 ;                       % Totzeit des Stromrichters
%% Drehzahlsollwert-Impulse
T_Nsoll = 0.8 ;                      % Dauer einer Periode   [ s ]
N_soll  = 500/60 ;                   % Solldrehzahl          [ 1/s ]
%% Ankerspannungssollwert-Impulse
T_UAsoll = T_Nsoll ;                 % Dauer einer Periode   [ s ]
UA_soll  = N_soll ;                  % Sollspannung          [ V ]
%% Widerstandsmomenten-Sprung
T_MW = 0.4 ;                         % Zeitpunkt des Sprungs [ s ]
MW   = 10 ;                          % Sprunghöhe            [ 1/s ]


%% SS-LTI-Modell Strecke erzeugen
beob    = ss([],[],[],[0 0]);        % Beobachter initialisieren
beobx0 = [ 0 ] ;                     % Beobachter Anfangszustände
k       = [ 0 0 0 ] ;                % Rückführvektor
K_V     = 1 ;                        % Vorfaktor initialisieren
sel_aus = [1 1] ;                    % 2 Selectorausgänge
sel_in  = 1  ;                       % Anzahl Selectoreingang

[A,B,C,D] = linmod('gnmbeobreg');    % System-Matrizen extrahieren
sys       = ss(A,B,C,D);             % LTI-Modell Strecke
sysbeob   = sys(1,1)                 % LTI-Modell für Beobachterentwurf
syszreg   = sys(2,1)                 % LTI-Modell für Reglerentwurf
```

11.6.8   Zustandsregelung mit Luenberger-Beobachter

```
%%  gnmbeobregl_i.m
%%  Kap. 11.5
%%  Initialisierungsdatei zu gnmbeobreg.mdl

%% Maschinen- und allgemeine Simulationsdaten
gnm_i                                % Gleichstrommaschine
gnmbeobreg_i                         % Grundeinstellung
```

```
%% Luenberger-Beobachter berechnen
polo = 50*real(pole(sysbeob))+imag(pole(sysbeob))/50*i % Beobachterpole
l    = place(sysbeob.a',sysbeob.c',polo).'   % Rückführvektor berechnen
beob = estim(sysbeob,l,1,1)                  % SS-LTI-Modell Beobachter

%% Zustandsregler berechnen
T_sys = 0.001;                               % Systemzeitkonstante [s]
polc  = roots([ 8*T_sys^3 8*T_sys^2 4*T_sys 1 ]) % Wunsch-Pole Regler
k     = place(syszreg.a,syszreg.b,polc)      % Nullstellen berechnen
K_V   = -1/(syszreg.c*inv(syszreg.a-syszreg.b*k)*syszreg.b)

sel_aus = [3 4] ;                            % 2 Selectorausgänge
sel_in  = size(beob,1) ;                     % Anzahl Selectoreingänge
```

11.6.9 Zustandsregelung mit Störgrößen-Beobachter

```
%%  gnmbeobregs_i.m
%%  Kap. 11.5
%%  Initialisierungsdatei zu gnmbeobreg.mdl

%% Maschinen- und allgemeine Simulationsdaten
gnm_i                                        % Gleichstrommaschine
gnmbeobreg_i                                 % Grundeinstellung

%% Störgrößen-Beobachter
F = [ 0 -1/(2*pi*J) 0 ]'  ;                  % Eingriff der Störung
polo = 25*real(pole(sysbeob))+imag(pole(sysbeob))/25*i  % Beobachterpole
l = place(sysbeob.a',sysbeob.c',polo).'      % Rückführvektor berechnen
s = 10000 ;                                  % Rückführkoeffizient

% Beobachter-Matrizen berechnen
clear beob
beob.a = [ sysbeob.a-l*sysbeob.c F ; -s*sysbeob.c 0 ] ;
beob.b = [ sysbeob.b l ; 0 s ] ;
beob.c = [ sysbeob.c 0 ; eye(size(beob.a)) ] ;
beob.d = zeros(size(beob.c*beob.b)) ;
beob   = ss(beob.a,beob.b,beob.c,beob.d)     % SS-LTI-Modell Beobachter

%% Zustandsregler berechnen
T_sys = 0.001;                               % Systemzeitkonstante [s]
polc  = roots([ 8*T_sys^3 8*T_sys^2 4*T_sys 1 ]) % Wunsch-Pole Regler
k     = place(syszreg.a,syszreg.b,polc)      % Nullstellen berechnen
K_V   = -1/(syszreg.c*inv(syszreg.a-syszreg.b*k)*syszreg.b)

sel_aus = [3 4] ;                            % 2 Selectorausgänge
sel_in  = size(beob,1) ;                     % Anzahl Selectoreingänge
```

11.7   Übungsaufgaben

11.7.1   Zustandsdarstellung GNM

Die beschreibenden Gleichungen (11.1–11.5) der Gleichstrommaschine lauten in Zustandsdarstellung wie folgt:

$$\frac{d}{dt}\begin{bmatrix} I_A \\ N \end{bmatrix} = \begin{bmatrix} \dfrac{-R_A}{L_A} & \dfrac{-C_E\Psi_N}{L_A} \\ \dfrac{C_M\Psi_N}{2\pi J} & 0 \end{bmatrix} \cdot \begin{bmatrix} I_A \\ N \end{bmatrix} + \begin{bmatrix} \dfrac{1}{L_A} & 0 \\ 0 & \dfrac{-1}{2\pi J} \end{bmatrix} \cdot \begin{bmatrix} U_A \\ M_W \end{bmatrix} \quad (11.24)$$

$$\begin{bmatrix} I_A \\ N \end{bmatrix} = \begin{bmatrix} 1 & 0 \\ 0 & 1 \end{bmatrix} \cdot \begin{bmatrix} I_A \\ N \end{bmatrix} \quad (11.25)$$

Verwenden Sie nun als Vorlagen die Dateien `gnmregn.mdl` und `gnmregn_i.m` und programmieren Sie die Gleichstrommaschine mit den Eingängen UA und Widerstandsmoment MW und dem Ausgang yss wie in der obigen Zustandsdarstellung.

Im weiteren Verlauf dieser Übung sollen alle Schritte eines Reglerentwurfs in MATLAB und Simulink durchgeführt werden. Dazu wird ein rein fiktives System betrachtet, welches in der Datei `system_bsp.mdl` vorbereitet ist. Die Vorbelegung aller wichtigen System- und Simulationsdaten erfolgt in der Initialisierungsdatei `system_ini.m` (siehe Internet-Download).

11.7.2   Systemanalyse

Bei der betrachteten Regelstrecke handelt es sich um ein System 4. Ordnung mit Rückführung. Dies ist nicht mit der Rückführung einer Regelung zu verwechseln. Der Vorwärtszweig ist als ZPK-System, die Rückführung als Übertragungsfunktion dargestellt. Die *Input*- und *Output*-Blöcke zur Extraktion der Zustandsdarstellung in MATLAB sind bereits angebracht. Die folgenden Aufgabenstellungen können in der Initialisierungsdatei `system_ini.m` ergänzt werden:

1. In einem ersten Analyseschritt soll die Sprungantwort des Systems ermittelt werden. Simulieren Sie dazu das System und stellen Sie die Sprungantwort grafisch dar.

2. Extrahieren Sie die Zustandsdarstellung des Systems mittels des Befehls `linmod`. Erstellen Sie auch ein *SS-LTI-Objekt*. Stellen Sie auf Basis der Zustandsdarstellung die Sprungantwort und das Bode-Diagramm des Systems mit Befehlen der Control System Toolbox dar.

3. Stellen Sie mit dem Simulink-LTI-Viewer die Sprungantwort, die Nullstellen-Polstellen-Verteilung und das Bode-Diagramm dar. Dazu muss das Simulink-Modell entsprechend modifiziert werden.

11.7.3 Entwurf eines Kalman-Filters

Zur Zustandsbeobachtung soll im Folgenden ein Kalman-Filter entworfen werden. Gehen Sie davon aus, dass nur der Ausgang y des Systems messbar ist. Auf alle anderen Zustandsgrößen ist kein Zugriff möglich. Weiterhin sollen Prozess- und Messrauschen berücksichtigt werden (siehe Abb. 5.32). Die Matrix $\mathbf{G}$ soll identisch mit der Einkoppelmatrix $\mathbf{B}$ sein, wohingegen die Matrix $\mathbf{H}$ nicht berücksichtigt wird ($\mathbf{H} = \mathbf{0}$). Die Varianzen der Rauschsignale sind gegeben zu $\mathbf{Q} = \mathbf{R} = 10^{-3}$. Das System hat demnach die beiden Eingänge w (Prozessrauschen) und u (Stellgröße). Ein vorbereitetes Simulink-Modell enthält die Datei `sys_kalman.mdl`.

1. Erstellen Sie ein *SS-LTI-Objekt* unter Berücksichtigung der Rauschgrößen. Welche Dimension muss jetzt die Einkoppelmatrix $\mathbf{B}$ besitzen?

2. Erstellen Sie ein *SS-LTI-Objekt* des gesamten Kalman-Filters und implementieren Sie es mithilfe eines **State-Space**-Blocks im Simulink-Modell `sys_kalman.mdl`. Vergleichen Sie dann den geschätzten Ausgang mit dem exakten (unverrauschten) und dem tatsächlichen (verrauschten) Ausgangssignal durch Simulation des Gesamtsystems. Stellen Sie auch die geschätzten Zustandsgrößen über der Zeit dar.

11.7.4 Entwurf eines LQ-optimierten Zustandsreglers

Die in Kap. 11.7.3 mittels Kalmanfilter geschätzten Zustandsgrößen können nun für die Realisierung eines Zustandsreglers benutzt werden. Als Optimierungsmethode soll eine linear-quadratisch optimale Regelung entworfen werden.

1. Entwerfen Sie einen linear-quadratisch-optimalen Zustandsregler mit Ausgangsgrößengewichtung mittels des Befehls `lqry`. Wählen Sie als Gewicht der Ausgangsgröße $\mathbf{Q} = 1$ und als Gewicht der Stellgröße $\mathbf{R} = 0.1$.

2. Implementieren Sie den Zustandsregler unter Verwendung des Modells aus Kap. 11.7.3. Verwenden Sie die geschätzten Zustandsgrößen des Kalman-Filters zur Regelung und simulieren Sie das Gesamtsystem. Betrachten Sie eine Sprungantwort der Höhe 100.

3. Da stationäre Genauigkeit offenbar noch nicht gewährleistet ist, soll der Sollwert mit einen Faktor K_V skaliert werden. Für stationäre Genauigkeit muss mit der Reglermatrix $\mathbf{K}$ gelten:

$$K_V = -\frac{1}{\mathbf{C}\,(\mathbf{A} - \mathbf{B}\mathbf{K})^{-1}\,\mathbf{B}}$$

Implementieren Sie den Vorfaktor K_V im Simulink-Modell und prüfen Sie nun die stationäre Genauigkeit durch Simulation.

12 Stateflow

Stateflow ist eine grafische Erweiterung von Simulink zur Modellierung und Simulation endlicher Zustandsautomaten (*Finite State Machines*). Es handelt sich um ein Werkzeug zur Modellierung event-gesteuerter reaktiver Systeme mit einer endlichen Anzahl von Zuständen (Moden). Zur Theorie ereignisdiskreter Systeme sei auf [1, 15, 26] verwiesen. Ein Vergleich mit Simulink-Systemen ergibt zwei grundlegende Unterschiede: Stateflow-Modelle sind event-gesteuert und werden nur bei Auftreten von internen oder externen Ereignissen (Events, Triggersignalen) abgearbeitet. Simulink-Systeme hingegen werden mit konstanter oder variabler Integrationsschrittweite unabhängig von Ereignissen berechnet. Der Begriff des Zustands ist in Simulink regelungstechnisch geprägt und bezeichnet die wertkontinuierlichen Zustandsvariablen eines dynamischen Systems. Ein Zustand eines Stateflow-Modells kann hingegen genau zwei Werte annehmen; er kann aktiv oder inaktiv sein. Ein typisches Beispiel eines endlichen Zustandsautomaten ist die Steuerung einer Verkehrsampel. Es existieren die Zustände *Rot*, *Gelb* und *Grün*, wobei jeder Zustand entweder aktiv oder inaktiv sein kann.

Die Darstellung von Zustandsautomaten erfolgt in Stateflow mithilfe von Zustandsübergangsdiagrammen (*Charts*), die mit einem grafischen Editor erstellt werden. Sämtliche Bedingungen für Zustandsübergänge und Aktionen werden als Labels in so genannter *Action Language* spezifiziert. Ein Stateflow-Diagramm (*Chart*) muss immer in einem Simulink-Modell eingebettet sein. Es stellt sich dann wie ein gewöhnliches Subsystem in Simulink dar. Das Stateflow *Chart* kann mit dem umgebenden Simulink-Modell durch Eingangs- und Ausgangsgrößen interagieren, wodurch schließlich ein hybrides (gemischt zeitkontinuierliches und ereignisdiskretes) System entsteht.

Beim Start des umgebenden Simulink-Modells wird das Stateflow *Chart*, gesteuert von Simulink, ebenfalls ausgeführt. Vor der eigentlichen Ausführung wird aus dem *Chart* eine Simulink S-Funktion erzeugt. Die Erstellung der S-Funktion läuft automatisch ab und benötigt keinen Benutzereingriff. Folgende Schritte werden abgearbeitet: Erstellung einer C-Code S-Funktion im Unterverzeichnis `slprj/sfprj`[1] (dieses Verzeichnis wird bei Bedarf neu angelegt), Compilierung des C-Codes und Erzeugung eines mex-Files (Dateiendung je nach Betriebssystem). Zur Verwendung von Stateflow ist zwingend ein C-Compiler erforderlich. Vor der ersten Benutzung muss ein einmaliger Setup-Vorgang des Compilers durchgeführt werden. Dazu wird der Befehl

```
>> mex -setup
```

am MATLAB-Command-Window eingegeben. Unter Windows sollte der mitgelieferte Compiler *Lcc* ausgewählt werden, unter Unix/Linux der GNU C-Compiler *Gcc* und un-

---

[1] Wenn dieses Verzeichnis auf einem Netzlaufwerk liegt, kann es zu Zugriffsproblemen bei der Compilierung kommen.

ter Mac OS X die Entwicklungsumgebung XCode. Die generierten Setup-Informationen werden in einer Datei gespeichert und sind für alle weiteren Compiler-Läufe verfügbar.

Während der Abarbeitung des Stateflow-Diagramms werden die jeweils aktiven Übergänge und Zustände im geöffneten *Chart* animiert dargestellt. Der Ablauf des Zustandsautomaten kann also während der Laufzeit verfolgt werden. Über die Definition von Ausgangssignalen des Stateflow *Charts* können alle aus Simulink bekannten Signalaufzeichnungsmethoden verwendet werden. Ferner können sowohl Eingangssignale aus Simulink als auch Variablen aus dem MATLAB-Workspace in den Stateflow *Chart* importiert werden. Für eine tiefer gehende Modellanalyse stehen noch ein Parser (Überprüfung der Semantik, Start über *Chart/Parse Chart*), ein Debugger (gezielte Fehlersuche durch schrittweise Ausführung des *Charts*, Start über *Simulation/Debug...*) und der Model Explorer (Definition und Manipulation von Events, Variablen, Eingangs- und Ausgangssignalen, Start über *Tools/Model Explorer*) zur Verfügung. Zur Analyse von Ergebnissen können alle vorhandenen Toolboxen aus MATLAB herangezogen werden.

12.1 Elemente von Stateflow

Die Basis von Stateflow sind gedächtnisbehaftete Zustandsübergangsdiagramme. Mithilfe der verfügbaren Elemente aus Stateflow können aber auch Flussdiagramme ohne Gedächtnis (*stateless*) realisiert werden. Zustandsübergangsdiagramme und Flussdiagramme werden grafisch in so genannten *Charts* dargestellt und in Simulink eingebettet. Die nichtgrafischen Elemente eines Stateflow *Charts* (Events, Daten unterschiedlichen Typs, Ein- und Ausgänge zu Simulink) werden im *Data Dictionary* gespeichert und über den Model Explorer verwaltet (Kap. 12.1.3). Stateflow besitzt einen streng objektorientierten Aufbau, d.h. jedes Element (Objekt) besitzt ein eindeutiges Mutter-Objekt (*parent*) und kann beliebig viele Kind-Objekte (*children*) hervorbringen, von denen jedes wieder Kind-Objekte besitzen kann. Die Mutter aller Objekte ist das Stateflow *Chart* selbst. Die im *Chart* enthaltenen Elemente, wie etwa Zustände, Events, Variablen oder Funktionen, sind Kinder des *Charts*. Mithilfe dieser Mutter-Kind-Objektbeziehungen ist eine Hierarchiebildung möglich, mit der zusammengehörende Objekte eines *Charts* strukturiert werden können (Kap. 12.2). In der Notation werden Mutter-Kind-Beziehungen zwischen Objekten durch einen trennenden Punkt dargestellt. Wenn das Kind-Objekt mit dem Namen `kind1` des Mutter-Objekts mit dem Namen `mutter2` angesprochen werden soll, so wird dies durch den Ausdruck `mutter2.kind1` dargestellt.

Stateflow *Charts* werden in Simulink wie gewöhnliche Subsysteme behandelt. Es können mehrere *Charts* in einem Simulink-Modell vorhanden sein, und jedes *Chart* kann Daten mit Simulink und anderen *Charts* (über Simulink) austauschen. Alle *Charts* zusammen werden als *State Machine* bezeichnet. Vor der Simulation wird aus der *State Machine* eine einzige Simulink S-Funktion generiert (unter Verwendung eines C-Compilers).

Zum Einfügen eines leeren *Charts* in ein Simulink-Modell muss die Stateflow Library durch den Befehl

```
>> stateflow
```

oder kürzer

>> sf

geöffnet werden. Die Stateflow Library enthält neben einem leeren *Chart* auch noch eine Reihe von lauffähigen Beispielen, die durch Doppelklick geöffnet werden können (Abb. 12.1). Das leere *Chart* wird durch Ziehen mit der linken Maustaste in ein

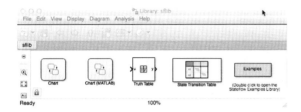

***Abb. 12.1:** Stateflow Library*

Simulink-Modell eingefügt. Durch Eingabe von

>> sfnew

wird ein neues Simulink-Modell mit einem leeren *Chart* erzeugt. Durch Doppelklick auf das leere *Chart* öffnet sich der grafische Editor von Stateflow. Abb. 12.2 zeigt den Editor mit der Tool-Leiste zum Platzieren der grafischen Elemente. Standardmäßig,

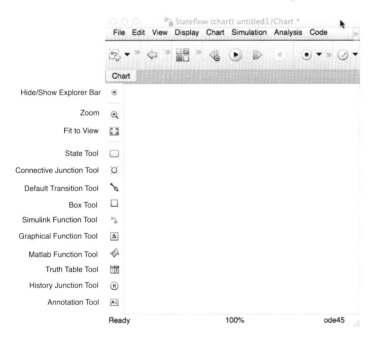

***Abb. 12.2:** Grafischer Stateflow Editor*

wenn kein Tool aus der linken Leiste in Abb. 12.2 ausgewählt wurde, können mit dem Mauszeiger des Editors Zustandsübergänge (Transitionen) gezeichnet werden. Die weiteren Elemente eines Stateflow *Charts* können durch vorherige Auswahl aus der Tool-Leiste hinzugefügt werden. Ein *Chart* besteht aus Zuständen (State Tool), Zustandsübergängen (Standardeinstellung des Editors), *Connective Junctions* (*Connective Junction Tool*), *History Junctions* (*History Junction Tool*), Standardübergängen (*Default Transition Tool*) und Labels an Zuständen und Transitionen. Erweiterte Elemente wie *Truth Tables* (*Truth Table Tool*), grafische Funktionen (*Graphical Function Tool*), *Boxes* (*Box Tool*), *Matlab Functions* (*Matlab Function Tool*) und *Simulink Functions* (*Simulink Function Tool*) können ebenfalls direkt zum *Chart* hinzugefügt werden. Neben dem Menü in der Kopfzeile in Abb. 12.2 kann bei jedem markierten Objekt mit der rechten Maustaste ein Shortcut-Menü mit gängigen Operationen aufgerufen werden. Weiterhin sind alle Operationen wie Markieren, Kopieren, Ausschneiden, Einfügen, Verschieben, Löschen, Wiederholen, Rückgängig (*Undo*) und Markieren mehrerer Objekte mit den gleichen Tastenkombinationen wie in Simulink möglich. Der Inhalt eines *Charts* kann entweder über den Menüpunkt *File/Print Current View* oder den MATLAB-Befehl `sfprint` in einer Grafikdatei in verschiedenen Formaten gespeichert werden. Eine ausführliche html-Dokumentation eines *Charts* inklusive des umgebenden Simulink-Modells wird über *File/Print/Print details* erzeugt.

Abb. 12.3 zeigt ein Stateflow *Chart* bestehend aus allen Grundelementen. Die jeweilige Funktion und der sinnvolle Einsatz dieser Elemente wird in Kap. 12.1.1 erklärt. Die Definition von nichtgrafischen Elementen und deren Management im Model Explorer schließt sich in Kap. 12.1.3 an.

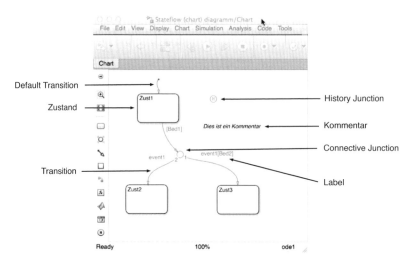

Abb. 12.3: *Beispiel eines Stateflow Charts*

12.1.1   Grafische Elemente eines Charts

Die grafischen Elemente eines *Charts* definieren die möglichen Zustände, die zulässigen Zustandsübergänge, Übergangsbedingungen und auszuführende Aktionen. Ferner kann mittels Annotation Tool ein Kommentar in das *Chart* eingefügt werden (siehe Abb. 12.2 und 12.3). In diesem Abschnitt werden nur die grundlegenden grafischen Elemente behandelt; weitere grafische Gestaltungsmöglichkeiten, insbesondere solche der Hierarchiebildung und Zusammenfassung von Objekten, werden in Kap. 12.2 näher betrachtet.

Zustände. Ein Zustand beschreibt den Modus eines reaktiven Systems, in dem es sich gerade befindet. Ein *Chart* kann beliebig viele Zustände enthalten. Es gibt zwei Arten von Zuständen: **Exklusiv-Zustände** (Oder-Zustände) und **Parallel-Zustände** (Und-Zustände). Die Wahl zwischen diesen Zustandstypen erfolgt durch das Shortcut-Menü und Auswahl des Punktes *Decomposition*. Die Festlegung des Zustandstyps kann für jede Hierarchie-Ebene neu erfolgen. Werden Exklusiv-Zustände verwendet, kann zum selben Zeitpunkt immer nur genau ein Zustand aktiv sein. Bei Parallel-Zuständen können auch mehrere Zustände gleichzeitig aktiv sein. Exklusiv-Zustände werden durch durchgezogene Rechtecke (Abb. 12.4), Parallel-Zustände durch gestrichelte Rechtecke dargestellt (Abb. 12.5). Bei Parallel-Zuständen kann zudem die Ausführungsreihenfolge vorgegeben werden. Die Reihenfolgenummer wird im Zustandssymbol rechts oben angezeigt (Abb. 12.5). Eine manuelle Vorgabe der Ausführungsreihenfolge kann über das *Shortcut*-Menü *Execution Order* eingestellt werden. Dazu muss im Menü *Chart/Properties* der Eintrag *User specified state/transition execution order* ausgewählt sein. Ist dieser Eintrag nicht ausgewählt, wird die Ausführungsreihenfolge anhand der Positionierung der Parallel-Zustände bestimmt. Ein *Chart* aus Parallel-Zuständen wird dann von oben nach unten und links nach rechts ausgeführt.

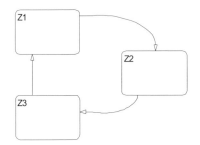

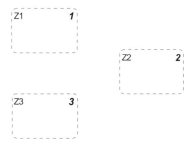

Abb. 12.4: *Chart mit Exklusiv-Zuständen*   ***Abb. 12.5:*** *Chart mit Parallel-Zuständen*

Ein Zustand wird dem *Chart* durch Auswahl des *State Tools* des grafischen Editors und anschließende Platzierung des Zustandssymbols an die gewünschte Position hinzugefügt. Jeder neue Zustand erhält zu Beginn das Label „?", welches zwingend auf einen anderen Namen geändert werden muss. Dies geschieht durch Anklicken des Symbols „?" mit der linken Maustaste. Alle Zustände in derselben Hierarchie-Ebene (siehe auch Kap. 12.2) müssen unterschiedliche Namen besitzen. Das Label eines Zustands besteht neben dem Namen aus optionalen Aktionen. Eine häufige Aktion ist die Veränderung des Werts einer Variablen. Ein Beispiel eines kompletten Zustandslabels ist in Abb. 12.6 dargestellt. Neben dem Zustandsnamen `Zustand1` sind in Abb. 12.6 fünf verschiedene Aktionen definiert, die durch die Schlüsselwörter `entry`, `during`, `exit`, `on event1` und

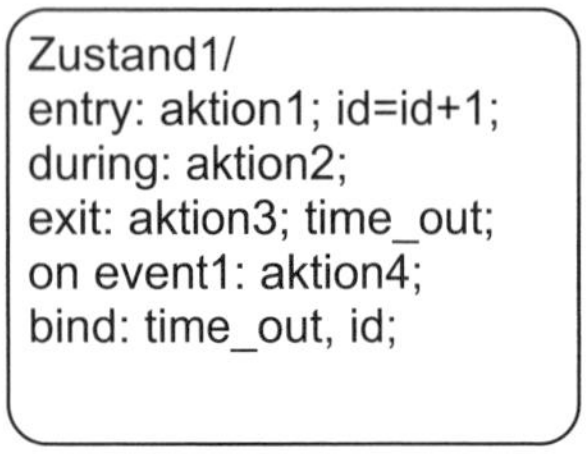

```
Zustand1/
entry: aktion1; id=id+1;
during: aktion2;
exit: aktion3; time_out;
on event1: aktion4;
bind: time_out, id;
```

Abb. 12.6: *Zustand mit komplettem Label*

`bind` eingeleitet werden. Jede dieser Aktionen ist optional, es können alle oder nur einzelne Aktionen entfallen. Die Definition einer Aktion erfolgt durch Wechsel in eine neue Zeile im Zustandslabel und Angabe des entsprechenden Schlüsselworts gefolgt von der auszuführenden Aktion. Die Syntax zur Spezifikation von Aktionen ist ähnlich zur Programmiersprache C. Insbesondere können Werte von Variablen zugewiesen, logische Vergleiche durchgeführt und Events ausgelöst werden. Zum Auslösen eines Events wird lediglich der Name des Events gefolgt von einem Semikolon angegeben. Genaueres zur Syntax der so genannten *Action Language* folgt in Kap. 12.3.

Entry Action: Die *Entry Action* ist eine Aktion, die bei Eintritt in den jeweiligen Zustand als Folge einer gültigen Transition dorthin ausgeführt wird. Sie beginnt mit einer neuen Zeile im Zustandslabel, gefolgt vom Schlüsselwort `entry` und einem Doppelpunkt. Das Schlüsselwort *entry* kann auch abgekürzt als `en` angegeben werden. Nach dem Doppelpunkt folgt eine durch Kommata oder Semikolons getrennte Liste von Aktionsanweisungen, in Abb. 12.6 die einzelne Aktion `aktion1` (siehe Kap. 12.3). Bei Verwendung eines Kommas als Trennzeichen wird das Ergebnis der Aktion im MATLAB-Command-Window ausgegeben, bei Verwendung des Semikolons wird diese Ausgabe unterdrückt. In einer Liste von mehreren Aktionen kann jede Aktionsdefinition in einer neuen Zeile beginnen. Sie wird so lange der *Entry Action* zugerechnet, bis ein neues Schlüsselwort einen anderen Aktionstyp einleitet. Ist eine einzelne Aktionsdefinition länger als eine Zeile, so kann sie durch die Trennzeichen „..." auf mehrere Zeilen aufgeteilt werden. Besonderheit bei der *Entry Action*: Sie kann bereits in derselben Zeile wie der Zustandsname beginnen und wird durch einen Schrägstrich „/" vom Zustandsnamen getrennt.

During Action: Die *During Action* wird während der Aktivität des Zustands ausgeführt, in Abb. 12.6 die Aktion `aktion2`. Die Definition einer *During Action* wird durch das Schlüsselwort `during` oder abgekürzt `dur` eingeleitet. Es gelten alle Syntaxregeln wie auch bei der *Entry Action*. Die *During Action* wird ausgeführt, nachdem der Zustand aktiv wurde und solange keine Transition vom Zustand weg gültig ist. Die Häufigkeit der Ausführung der *During Action* hängt von den Einstellungen der Trigger-Methode des *Charts* ab (Details siehe Kap. 12.1.2). In vielen Fällen wird die *During Action* entweder bei jedem Abtastschritt des übergeordneten Simulink-Modells oder nur bei Auftreten von externen Triggersignalen ausgeführt.

Exit Action: Die *Exit Action* wird beim Verlassen eines Zustands infolge einer gültigen Transition ausgeführt. Sie wird durch das Schlüsselwort `exit` oder abgekürzt `ex` eingeleitet. Es gelten wiederum die gleichen Syntaxregeln wie bei der *Entry Action*. In Abb. 12.6 werden die Aktionen `aktion3` und `time_out` beim Verlassen des Zustands ausgeführt.

On-Event Action: Eine *On-Event Action* wird ausgeführt, wenn der Zustand aktiv ist und das angegebene Event auftritt. Die *On-Event Action* wird durch das Schlüsselwort **on** gefolgt vom Namen des Events (in Abb. 12.6 das Event **event1**) und einem Doppelpunkt eingeleitet; anschließend folgt die auszuführende Aktion (in Abb. 12.6 die Aktion **aktion4**). Soll dieselbe Aktion beim Auftreten mehrerer verschiedener Events ausgeführt werden, so kann dies durch Angabe einer durch Komma getrennten Liste von Events nach dem Schlüsselwort **on** erfolgen. Ein Beispiel hierzu ist:

```
on event1, event2, event4: aktion124;
```

Die Aktion **aktion124** wird ausgeführt, wenn eines der Events **event1**, **event2** oder **event4** auftritt.

Bind Action: Eine *Bind Action* definiert die Zugehörigkeit von Events und Variablen zu einem Zustand. Durch die *Bind Action* in Abb. 12.6 werden das Event **time_out** und die Variable **id** an den Zustand **Zustand1** *gebunden*. Das bedeutet, das Event **time_out** kann ausschließlich vom Zustand **Zustand1** und eventueller Kind-Objekte aktiviert werden, alle anderen Zustände und Transitionen können allerdings das Event empfangen. Die Variable **id** kann nur vom Zustand **Zustand1** verändert werden, alle anderen Objekte können jedoch ihren Wert lesen. Events und Variablen können an höchstens einen Zustand *gebunden* sein.

Durch Markierung eines Zustands mit der rechten Maustaste und Auswahl des Menüpunktes *Properties* im *Shortcut*-Menü kann der Zustand weiter konfiguriert werden. Abb. 12.7 zeigt das *Property*-Fenster eines Zustands und die zusätzlichen Einstellmöglichkeiten. Zunächst kann das Zustandslabel ebenso im *Property* Fenster be-

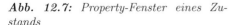

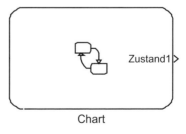

Abb. 12.7: *Property-Fenster eines Zustands*

Abb. 12.8: *Ausgabe der Zustandsaktivität nach Simulink*

arbeitet werden. Zusätzlich können Haltepunkte für die Verwendung des Debuggers gesetzt werden (*Breakpoints*). Im Feld *Documentation* kann eine kurze Dokumentation des Zustandes eingetragen werden, für ausführliche Textdokumente kann das Feld *Document Link* zum Verweis auf Hilfetexte benutzt werden (Verweis auf Textdateien oder Hypertext-Dokumente).

Wenn die Zustandsaktivität außerhalb des Stateflow *Charts* im umgebenden Simulink-Modell benötigt wird, so kann dies durch Auswahl des Punktes *Output State Activity* erreicht werden. Dadurch wird im *Data Dictionary* eine Variable mit dem Namen des Zustands vom Typ *State* angelegt und ein zusätzlicher Ausgangsport am *Chart* angezeigt (Abb. 12.8). Zu beachten ist, dass alle Zustände, deren Aktivität am Ausgang sichtbar sein soll, unterschiedliche Namen besitzen müssen, auch wenn sie in *Superstates* oder *Subcharts* eingebettet sind (siehe Kap. 12.2). Der Ausgang des Zustandsports ist bei Aktivität gleich eins und ansonsten null. Auch ohne explizites Herausführen der Zustandsaktivität nach Simulink kann die Aktivität in einem *Floating Scope* in Simulink angezeigt werden. Die Zustände können wie normale Signale ausgewählt werden.

Transitionen. Transitionen stellen eine Übergangsmöglichkeit des *Charts* von einem Quell- zu einem Zielobjekt dar. Transitionen können zwischen zwei Zuständen und zwischen Zuständen und Verbindungspunkten (*Connective Junctions*) bestehen. Die häufigste Anwendung dürfte der Übergang zwischen zwei Zuständen sein. Eine Transition wird durch Ziehen mit der linken Maustaste zwischen zwei Objekten erzeugt. Eine Transition haftet an Zuständen nur an deren geraden Kanten, die abgerundeten Ecken dienen der Änderung ihrer Größe.

Die Auswertung von Transitionen erfolgt nach folgendem Muster: Zunächst muss das Quellobjekt (meist ein Zustand) aktiv sein. Dann werden alle Transitionen, die von dem Objekt weg führen, auf ihre Gültigkeit überprüft. Die gültige Transition wird daraufhin ausgeführt. Die Labels der Transitionen müssen so spezifiziert werden, dass höchstens eine Transition gültig sein kann. Bei Parallel-Zuständen erfolgt die Auswertung möglicher Transitionen in der Bearbeitungsreihenfolge der Zustände (siehe Kap. 12.1.1).

Eine Transition kann mit einem Label versehen werden. Das Label beschreibt Bedingungen, unter denen eine Transition gültig ist. Es besteht aus einem *Event*, einer Bedingung (*Condition*), einer Bedingungsaktion (*Condition Action*) und einer Transitionsaktion (*Transition Action*). Jedes dieser Elemente eines Labels ist optional. Eine Transition ohne Label ist immer gültig und wird immer dann ausgeführt, wenn das Quellobjekt aktiv ist und das *Chart* abgearbeitet wird. Die allgemeine Form eines Labels einer Transition lautet:

```
event[condition]{condition_action}/transition_action
```

Abb. 12.9 zeigt als Beispiel einen einfachen Ein/Aus-Schalter. Der Schalter befinde sich zunächst in Stellung `On`. Wenn das Label der Transition gültig ist, wechselt der Zustand von `On` nach `Off`.

Event: Nur wenn das Event `event_off` auftritt, kann die Transition gültig werden. Die nachfolgende Bedingung `bedingung` muss für die Gültigkeit der Transition aber zusätzlich erfüllt sein. Wenn im Label kein Event angegeben wird, wird die darauf folgende Bedingung beim Auftreten eines beliebigen Events ausgewertet. Mehrere Events

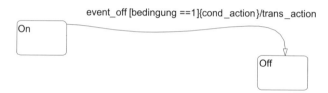

Abb. 12.9: *Vollständiges Label einer Transition am Beispiel eines Ein/Aus-Schalters*

können durch logische Oder-Verknüpfung durch den Operator | kombiniert werden. In Abb. 12.9 wird die Transition ausgeführt, wenn neben dem Event `event_off` auch die Bedingung `bedingung==1` erfüllt ist.

Bedingung (Condition): Die Bedingung ist ein boolescher Ausdruck, mit dem die Ausführung einer Transition gesteuert wird. Die Transition wird nur dann ausgeführt, wenn die Bedingung den booleschen Wert `true` liefert. Wenn keine Bedingung angegeben wurde, wird von Stateflow eine zu `true` ausgewertete Bedingung angenommen. Eine Bedingung muss in [ ] eingeschlossen werden. Die genaue Notation zur Darstellung boolescher Ausdrücke wird in Kap. 12.3 behandelt.

Bedingungsaktion (Condition Action): Die Bedingungsaktion wird ausgeführt, sobald die vorausgegangene Bedingung als `true` ausgewertet wurde und **bevor** die Transition tatsächlich ausgeführt wird. Besteht die Transition aus mehreren Segmenten (z.B. durch *Connective Junctions*), so wird die Bedingungsaktion vor der Auswertung von Labeln weiterer Transitionssegmente ausgeführt. Wenn keine Bedingung angegeben wurde, so nimmt Stateflow eine zu `true` ausgewertete Bedingung an, d.h. die Aktion wird bei Ausführung der Transition auf jeden Fall ausgeführt. Eine Bedingungsaktion muss in { } eingeschlossen werden. Im Beispiel in Abb. 12.9 wird die Aktion `cond_action` ausgeführt, wenn `bedingung==1` wahr ist.

Transitionsaktion (Transition Action): Die Transitionsaktion wird ausgeführt, sobald Stateflow ein gültiges Ziel der Transition erkannt hat und Event und Bedingung, falls angegeben, jeweils erfüllt waren. Besteht eine Transition aus mehreren Segmenten, so wird die Transitionsaktion nur dann ausgeführt, wenn der gesamte Pfad der Transition gültig ist. Eine Transitionsaktion wird durch einen vorangestellten Slash („/") eingeleitet. In Abb. 12.9 wird bei gültiger Transition die Transitionsaktion `trans_action` ausgeführt.

Es existieren drei verschiedene Arten von Transitionen. So genannte *Inner Transitions* führen von umgebenden *Superstates* zu unterlagerten *Substates*, ohne den *Superstate* zu verlassen. Diese Art der Transition wird in Kap. 12.2 behandelt.

Die zweite Transitionsart ist die Standardtransition (*Default Transition*). Sie wird durch Auswahl des *Default Transition Tools* im grafischen Editor erzeugt (siehe Abb. 12.2). Die Standardtransition besitzt kein Quellobjekt und verläuft vom Leeren zu einem Zustand oder einem Verbindungspunkt. Die Gültigkeit einer Standardtransition wird nur dann überprüft, wenn kein Zustand innerhalb der umgebenden Hierarchiestufe (*Chart, Superstate* oder *Subchart*) aktiv ist, die umgebende Hierarchiestufe jedoch aktiviert bzw. ausgeführt wird. Ein Beispiel zur Standardtransition zeigt Abb. 12.10. Wird das

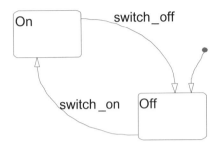

Abb. 12.10: *Chart mit Default Transition*

Chart zum ersten Mal aufgerufen, so sind zunächst alle Zustände inaktiv. Die Standardtransition trägt kein Label und wird daher ohne Bedingung bei der erstmaligen Abarbeitung des *Charts* ausgeführt. Das *Chart* befindet sich also standardmäßig zu Beginn im Zustand `Off` und kann bei Auftreten der Events `switch_on` und `switch_off` zwischen diesen beiden Zuständen wechseln. Die Standardtransition wird bei der weiteren Ausführung nicht mehr auf ihre Gültigkeit überprüft, da nun bereits genau ein Zustand aktiv ist.

Die dritte und häufigste Art von Transitionen verläuft zwischen einem Quell- und Zielobjekt. Quell- und Zielobjekt können jeweils Zustände und Verbindungspunkte sein. Das Zielobjekt einer Transition, bestehend aus mehreren Abschnitten, kann nur ein Zustand sein. Die Transition wird nur dann ausgeführt, wenn der gesamte Weg von der Quelle zum Ziel gültig war. Diese voranstehenden Aussagen werden im Folgenden noch deutlicher.

Die Ausführung von Transitionen wird durch das Label und das Auftreten von Events gesteuert. In Tab. 12.1 werden typische Szenarien von Labeln und deren Gültigkeit gegenübergestellt.

Tab. 12.1: *Typische Labels und Gültigkeit der Transitionen*

Label besteht aus:	Transition ist gültig, wenn:
Event	das Event auftritt
Event und Bedingung	das Event auftritt und die Bedingung wahr ist
Bedingung	ein beliebiges Event auftritt und die Bedingung wahr ist
Transitionsaktion	ein beliebiges Event auftritt
leeres Label	ein beliebiges Event auftritt

Verbindungspunkte (Connective Junctions). Ein Verbindungspunkt (*Connective Junction*) stellt eine Entscheidungsmöglichkeit zwischen mehreren möglichen Pfaden einer Transition dar. Dadurch lassen sich Konstrukte wie `for`-Schleifen, `do-while`-Schleifen und `if-then`-Abfragen realisieren. Außerdem können durch die Verwendung von Verbindungspunkten Flussdiagramme (ohne Zustände) erzeugt werden. Ein Verbindungspunkt wird im Stateflow *Chart* als Kreis dargestellt. Er wird durch Auswahl des *Connective Junction Tools* (siehe Abb. 12.2) und Platzieren mit der linken Maustaste erzeugt.

Zunächst werden zwei Grundformen der Verwendung eines Verbindungspunktes diskutiert: zum einen die Anordnung *zwei Quellen, ein Ziel* und zum anderen die Anordnung *eine Quelle, zwei Ziele*. Anschließend werden die Konstrukte für Schleifen, `if`-Abfragen und Flussdiagramme an Beispielen erläutert.

Grundsätzlich gilt für Transitionen, die über Verbindungspunkte verlaufen, dass die Transition nur dann ausgeführt wird, wenn ein kompletter Pfad von einem Quellzustand zu einem Zielzustand gültig ist. Weiterhin ist zu fordern, dass die Labels der Transitionen so spezifiziert wurden, dass genau ein Pfad gültig ist. Es erfolgt keine Präferenzierung von mehreren möglichen Pfaden, wenn jeder Pfad ein Label mit Bedingung trägt. Eine Ausnahme ergibt sich, wenn außerdem ein Pfad mit einem Label ohne Bedingung vorhanden ist. Es werden dann bei der Auswertung zuerst alle Pfade mit Bedingung berücksichtigt (Pfade mit Bedingung haben Vorrang) und erst dann der Pfad ohne Bedingung. Die in der Nähe des Verbindungspunkts angegebene Zahl gibt die Reihenfolge der Transitionsüberprüfung durch Stateflow an. Die Reihenfolge der Überprüfung kann durch das Shortcut-Menü *Execution Order* manuell vorgegeben werden. Dazu muss im Menü *File/Chart Properties* der Punkt *User specified state/transition execution order* aktiviert sein.

Transition von einer Quelle zu zwei Zielen: Der betrachtete Zustandsautomat soll folgende Funktion erfüllen: Es existieren drei Zustände, A, B und C. Anfangs ist der Zustand A aktiv. Abhängig von den Events `E_eins` und `E_zwei` soll entweder in den Zustand B oder C übergegangen werden. Das zugehörige *Chart* ist in Abb. 12.11 dargestellt. Der erste Zweig der Transition vom Zustand A zum Verbindungspunkt wird

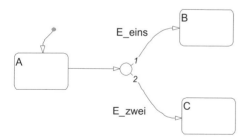

Abb. 12.11: *Transition von einer Quelle zu zwei Zielen;* `einsnachzwei.mdl`

bei Auftreten eines beliebigen Events ausgeführt. Wenn das auslösende Event `E_eins` war, so wird der obere Pfad der Transition ausgeführt, wenn es `E_zwei` war, wird der untere Pfad ausgeführt und wenn es schließlich ein anderes Event war, so wird keine Transition ausgeführt und das *Chart* verbleibt im Zustand A.

Transition von zwei Quellen zu einem Ziel: Nun soll als entgegengesetzte Problemstellung die Transition von zwei Quellzuständen zu einem Zielzustand mithilfe eines Verbindungspunktes realisiert werden. Der Zustandsautomat soll nun die folgende

Funktionalität aufweisen: Zu Beginn sei, abhängig von vorherigen Events, entweder der
Zustand A oder B aktiv. Abhängig von den Events E_eins und E_zwei soll ein Wechsel
in den Zustand C erfolgen. In Abb. 12.12 ist ein *Chart* als Realisierung dargestellt. Bei

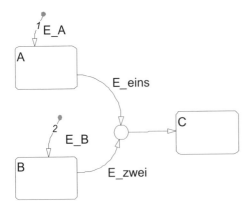

Abb. 12.12: *Transition von zwei Quellen*
zu einem Ziel; zweinacheins.mdl

der Initialisierung des *Charts* wird abhängig von den Events E_A und E_B entweder der
Zustand A oder B aktiviert. Wenn A aktiv ist und das Event E_eins auftritt, ist die
gesamte Transition von A nach C gültig, und die Transition wird ausgeführt; der zweite
Ast der Transition ist für alle Events gültig, da ein leeres Label spezifiziert wurde. Wenn
B aktiv ist und das Event E_zwei auftritt, erfolgt ein Zustandsübergang von B nach C.

Self Loop Transition: Eine *Self Loop Transition* ist dadurch charakterisiert, dass eine
Transition existiert, bei der Quelle und Ziel identisch sind. Abb. 12.13 zeigt das *Chart*
einer *Self Loop Transition*. Der erste Abschnitt der Transition weg vom Zustand A ist

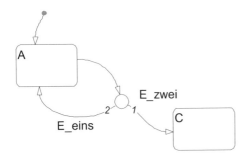

Abb. 12.13: *Self Loop Transition;*
selfloop.mdl

für jedes beliebige Event gültig. Wenn das auslösende Event E_zwei war, erfolgt ein
Übergang von A nach C. War das auslösende Event E_eins, wird Zustand A verlassen
und über den unteren Teil der Transition wieder aktiviert. Besonders interessant sind
Self Loops, wenn im Rahmen von Transitionsaktionen weitere Manipulationen (Zählervariablen erhöhen, Events auslösen etc.) vorgenommen werden.

For-Schleife: In jeder gängigen Programmiersprache ist das Konstrukt einer for-
Schleife bekannt. In einem Stateflow *Chart* kann die for-Schleife mithilfe eines Verbin-

dungspunktes realisiert werden. Abb. 12.14 zeigt dafür eine Realisierungsmöglichkeit. Bei Auftreten des Events E_eins ist der erste Zweig der Transition vom Zustand A

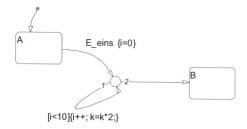

Abb. 12.14: *For-Schleife mittels Verbindungspunkt;* `forloop.mdl`

nach B gültig. In der Bedingungsaktion wird die Variable i auf null vorbelegt. Eine von einem Verbindungspunkt abgehende Transition mit Bedingung hat Vorrang vor einer Transition ohne Bedingung; die Transition vom Verbindungspunkt zurück zum selben Verbindungspunkt wird daher zuerst auf Gültigkeit überprüft. Die untere Transition wird nun so oft ausgeführt, bis die Bedingung [i<10] nicht mehr erfüllt ist. In der Bedingungsaktion wird neben der Erhöhung der Zählervariablen i auch noch die weitere Aktion k=k*2; ausgeführt. Wenn das Label der unteren Transition nicht mehr erfüllt ist (weil i<10 nicht mehr gilt), wird schließlich nachrangig die Transition vom Verbindungspunkt zum Zustand B auf Gültigkeit geprüft und auch ausgeführt.

If-Abfrage: Mittels *Connective Junctions* lassen sich problemlos if-Abfragen realisieren. Der folgende MATLAB-Code ist in Abb. 12.15 in ein *Chart* umgesetzt.

```
if a>b
  if a>c
    aktion1
  else
    aktion2
  end
else
  aktion3
  z=z+1
end
```

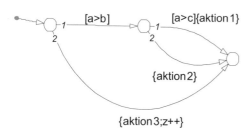

Abb. 12.15: *Flussdiagramm: Mehrfache* `if`*-Abfrage in Stateflow*

Die Teile eines Stateflow *Charts*, die ohne Zustände auskommen, wie etwa die for-Schleife oder die if-Abfrage, bezeichnet man als Flussdiagramme (*stateless*). Sie können

Aktionen ausführen (über Bedingungs- und Transitionsaktion) wie Zustandsdiagramme auch. Der wesentliche Unterschied zwischen beiden Diagrammtypen besteht in der Fähigkeit von Zustandsdiagrammen, ihren Modus der letzten Ausführung zu speichern. Die Ausführung beim nächsten Mal ist abhängig vom Ergebnis der aktuellen Ausführung. Reine Flussdiagramme sind hingegen nicht gedächtnisbehaftet.

12.1.2   Chart-Eigenschaften und Trigger-Methoden

Ein Stateflow *Chart* wird grundsätzlich nur bei Auftreten von Events abgearbeitet. Events können dabei intern, implizit (z.B. bei der Aktivierung oder beim Verlassen eines Zustands) oder extern erzeugt werden. Beim Start einer Simulation ist das *Chart* zunächst in Ruhe (wie auch die gesamte *State Machine*), zur Ausführung muss es durch ein externes Event aktiviert (man sagt auch „aufgeweckt") werden. Die Regeln, nach denen Stateflow *Charts* durch externe Events aktiviert werden, können für jedes *Chart* einzeln festgelegt werden. Man spricht auch von der *Chart Update Method*. Es werden drei Methoden zur Aktivierung des *Charts* unterschieden: *Inherited*, *Discrete* und *Continuous*. Diese Methoden können unter *Chart/Properties* ausgewählt werden (siehe Abb. 12.16). *Inherited* stellt dabei die Standard-Update-Methode dar.

Abb. 12.16: Einstellung der Update-Methode in den Chart Properties

Inherited: Die Update-Methode *Inherited* bedeutet, dass die Aktivierung des *Charts* von Simulink vererbt wird. Wenn im *Data Dictionary* Event-Eingänge von Simulink definiert sind, wird das *Chart* nur dann aktiviert, wenn es explizit von außen durch ein Triggersignal angesprochen wird (siehe Kap. 12.1.3). Bei der Definition der Events kann dann jeweils zwischen steigender, fallender, beliebiger Flanke und *Function Call* ausgewählt werden. Das letztere Triggersignal stellt einen Spezialfall in Stateflow dar. Normalerweise steuert Simulink die Ausführung aller Subsysteme, so auch aller Stateflow *Charts*. Bei einem durch *Function Call* getriggerten Stateflow-Diagramm liegt die

Kontrolle über den Ausführungszeitpunkt bei Stateflow. Diese Methode ist besonders dann interessant, wenn das Triggersignal von einem anderen Stateflow *Chart* erzeugt wird. In diesem Fall kann ein Stateflow *Chart* ein anderes *Chart* aktivieren, ohne die Kontrolle zwischenzeitlich an Simulink abgeben zu müssen. Abb. 12.17 zeigt ein Beispiel eines durch steigende Flanken getriggerten Stateflow *Charts*.

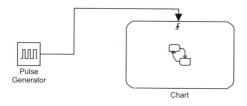

Abb. 12.17: Auf steigende Flanke getriggertes Stateflow Chart

Wenn im *Data Dictionary* keine Event-Eingänge von Simulink definiert sind, jedoch Eingangssignale von Simulink, dann wird das *Chart* durch implizite Events aktiviert. Die Rate der Events entspricht der höchsten Abtastrate der Eingangssignale des *Charts*. Das Eingangssignal mit der höchsten Abtastrate (kleinsten Abtastzeit) bestimmt somit auch die maximale Abtastrate des *Charts*. In Abb. 12.18 ist ein *Chart* mit einem Eingangssignal dargestellt.

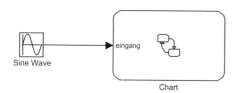

Abb. 12.18: Stateflow Chart mit vererbter Update-Methode

Discrete: Bei Wahl der Update-Methode *Discrete* wird von Simulink ein implizites Event mit der im Textfeld *Sample Time* angegebenen Rate erzeugt. Das Stateflow *Chart* wird mit genau dieser Rate periodisch aktiviert. Diese Rate kann sich von der anderer Subsysteme und insbesondere von der Abtastrate der Eingangssignale unterscheiden.

Continuous: Diese Update-Methode aktiviert das Stateflow *Chart* zu jedem Integrationsschritt des kontinuierlichen Simulink-Solvers, als auch zu Zwischenzeitpunkten, falls diese vom Simulink-Solver benötigt werden. Die Aktivierung zu Zwischenzeitpunkten kann etwa bei Solvern mit variabler Schrittweite während der Schrittweitenanpassung auftreten (siehe Abb. 8.22). Bei den Update-Methoden *Discrete* und *Continuous* muss das *Chart* keine Eingangssignale besitzen. Ein Beispiel für die Nutzung der *Continuous*-Update-Methode wird in Kap. 12.6 erklärt.

Unabhängig von der Update-Methode kann im Menü *Chart/Properties* der Punkt *Execute Chart At Initialization* aktiviert werden. Dies bewirkt, dass bei der Initialisierung des umgebenden Simulink-Modells im Stateflow *Chart* ein implizites Event ausgelöst wird. Daraufhin werden alle *Default Transitions* auf ihre Gültigkeit überprüft und ausgeführt. Dadurch kann das *Chart* bei Simulationsbeginn in eine definierte Ausgangslage versetzt werden, ohne dass explizit ein Event auftreten muss. Durch Auswahl der

Check-Box *Export Chart Level Graphical Functions* können grafische Funktionen (siehe Kap. 12.2.3) eines *Charts* auch in anderen *Charts* aufgerufen werden, solange beide *Charts* zum selben Simulink-Modell gehören.

Wenn ein Event auftritt, wird das *Chart* einen Schritt weiter geschaltet. Es werden alle möglichen Transitionen geprüft und bei Gültigkeit wird in den nächsten Zustand gewechselt. Unabhängig von möglicherweise weiteren gültigen Transitionen, wird immer nur ein Schritt ausgeführt und dann auf das nächste Event gewartet. Wenn im Menü *Chart/Properties* der Eintrag *Enable Super Step Semantics* (siehe Abb. 12.16) ausgewählt ist, werden Transitionen so lange auf Gültigkeit geprüft, bis entweder ein Ruhezustand erreicht ist (keine weiteren gültigen Transitionen) oder die vom Benutzer vorgegebene Maximalzahl für Supersteps erreicht ist.

12.1.3   Nichtgrafische Elemente eines Charts

Bisher wurden vorwiegend die grafischen Elemente von Stateflow betrachtet. Die nichtgrafischen Elemente wie Events, Variablen, Eingänge und Ausgänge zu Simulink sollen nun in den Mittelpunkt rücken. Vor der Verwendung von Events, Variablen, Eingangs- und Ausgangssignalen müssen diese im *Data Dictionary* deklariert und ihre Eigenschaften festgelegt werden. Das *Data Dictionary* erfüllt eine Funktion analog der des MATLAB-Workspace. Der Inhalt des *Data Dictionary* kann mit dem Model Explorer betrachtet werden, der durch den Menüpunkt *Tools/Model Explorer* gestartet wird. In den Abb. 12.19 und 12.20 sind ein einfaches Stateflow *Chart* und der zugehörige Inhalt des Model Explorers dargestellt.

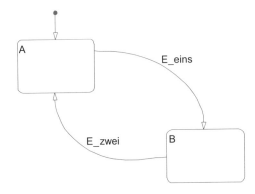

Abb. 12.19: *Stateflow Chart mit zwei Zuständen*

Im Explorer sind im linken Teil neben dem *Chart* auch die beiden Zustände A und B sowie Elemente des umgebenden Simulink-Modells zu erkennen. Die Einrückung stellt dabei die „Mutter-Kind-Beziehung" dar. Im mittleren Teil werden alle nichtgrafischen Elemente, zugeordnet zum jeweiligen Mutter-Objekt, angezeigt. Im Beispiel in Abb. 12.20 ist ein lokales Event `E_zwei`, ein Eingangs- und ein Ausgangssignal (`eingang` und `ausgang`, jeweils vom Typ *double*) und ein Eingangs- und Ausgangs-Event (`E_eins` und `event2`) im Mutter-Objekt *Chart* definiert. Eingangs- und Ausgangssignale zu Simulink müssen immer in der obersten Hierarchie-Ebene im Mutter-Objekt *Chart* defi-

Abb. 12.20: *Zu Abb. 12.19 gehörender Model Explorer*

niert werden. Lokale Events und Variablen können auch Unterobjekten des *Charts* zuge-ordnet werden, wie etwa *Subcharts* oder *Superstates* (siehe Kap. 12.2). Die Sichtbarkeit von Variablen und Events beschränkt sich immer auf das Mutter-Objekt einschließlich aller Kind-Objekte. Variablen und Events sind nicht in Vorgänger-Objekten sichtbar. Im rechten Teil des Model Explorers sind die detaillierten Eigenschaften des im mittleren Teil markierten Objekts sichtbar. Es handelt sich um die gleichen Einstellmöglichkeiten wie über das Shortcut-Menü rechte Maustaste/*Properties*.

Die Deklaration von Variablen und Events kann auf zwei Weisen erfolgen. Im grafi-schen Editor von Stateflow werden Ein- und Ausgänge zu Simulink über den Menüpunkt *Chart/Add Inputs & Outputs* dem Mutter-Objekt *Chart* hinzugefügt. Auf ähnliche Wei-se werden lokale Variablen und Events über den Menüpunkt *Chart/Add Other Elements* hinzugefügt. Im grafischen Editor können Events und Variablen nur dem *Chart* als Mutter-Objekt hinzugefügt werden; im Model Explorer können als Mutter-Objekte auch *Superstates* oder *Subcharts* gewählt werden. Dadurch wird eine eingeschränkte Sicht-barkeit der Variablen erreicht. Um eine lokale Variable dem Zustand A hinzuzufügen, wird zuerst der Zustand im Explorer mit der linken Maustaste markiert. Dann wird über den Menüpunkt *Add/Data* eine Standardvariable mit dem Namen `data` dekla-riert. Durch Verwendung des Shortcut-Menüs (rechte Maustaste/*Properties*) oder des rechten Teils des Model Explorers können der Name und alle weiteren Eigenschaften verändert werden (Abb. 12.21).

Ein lokales Event wird durch Markieren des Zustands, in dem das Event sichtbar sein soll, und anschließende Auswahl des Menüpunkts *Add/Event* deklariert.

Lokale Variablen: Jede Variable muss vor ihrer Verwendung im *Data Dictionary* de-klariert werden. Bei lokalen Größen muss das *Scope* im *Property*-Dialogfenster auf *Local*

Abb. 12.21: *Property-Dialog-Fenster im Explorer*

gesetzt werden. Der Typ der Variablen kann im Menü *Type* auf verschiedene Floating-Point-, Fixed-Point- (`fixdt`), Integer- und Boolean-Formate eingestellt werden. Eine Sonderstellung nimmt der Datentyp `ml` ein. Einer Variablen vom Typ `ml` kann jeder beliebige Datentyp innerhalb von Stateflow und das Ergebnis einer MATLAB-Funktion mit dem `ml`-Operator (siehe Kap. 12.3.6) zugewiesen werden. Es handelt sich gewissermaßen um einen Platzhalter für beliebige Daten. Der Datentyp `ml` kann auch für Eingangsdaten von Simulink und Ausgangsdaten nach Simulink verwendet werden. Bei Operationen mit `ml`-Variablen muss die tatsächliche Dimension der Variablen schon bei der Generierung der Stateflow S-Funktion bekannt sein. Ist dies nicht möglich, so kann es zur Laufzeit zu Größenkonflikten und Fehlermeldungen kommen. Eine `ml`-Variable kann nicht als Konstante definiert und nicht bei der Erzeugung von Echtzeit-Code mittels Simulink Coder integriert werden. Im Feld *Units* kann zu Dokumentationszwecken eine Einheit zugeordnet werden; die Vergabe von Einheiten beeinflusst die Abarbeitung eines *Charts* nicht. Im Fensterbereich *Limit Range* wird der zulässige Wertebereich der Variablen festgelegt, der auf keinen Fall über- bzw. unterschritten werden kann. Bei der Deklaration einer mehrdimensionalen Variablen muss die Größe im Feld *Size* angegeben werden. Soll die Variable ein Vektor sein, so genügt der Eintrag eines skalaren Wertes im Feld *Size*, der die Länge des Vektors angibt. Die Definition eines mehrdimensionalen Arrays erfordert den Eintrag eines MATLAB-Vektors im Feld *Size*, wobei jedes Vektorelement die Länge in der zugehörigen Dimension angibt. Eine 3×4 Matrix wird demnach durch den Eintrag [3 4] im Feld *Size* erzeugt. Der erste Index eines Arrays wird im Feld *First Index* eingestellt (üblicherweise 0 oder 1). Eine lokale Variable kann als *expression* oder *parameter* aus dem MATLAB-Workspace oder dem *Data Dictionary* initialisiert werden. Im Feld *Logging* kann für Entwicklungszwecke der zeitliche Verlauf einer Variablen im MATLAB-Workspace aufgezeichnet und anschließend analysiert werden. Im Feld *Description* wird bei Bedarf eine knappe Dokumentation der Variablen eingefügt. Zusätzlich kann im Feld *Document Link* ein Hyperlink auf eine externe Hilfedatei gesetzt werden.

Lokale Events: Lokale Events werden dem *Chart* entweder im Model Explorer (über Menü *Add/Event*) oder im grafischen Editor von Stateflow (über Menü *Chart/Add Inputs & Outputs*) hinzugefügt. Durch Aufruf des Shortcut Menüeintrags *Properties* oder durch Verwendung der rechten Seite des Model Explorers erhält man ein Dialogfenster zur Konfiguration des Events (Abb. 12.22). Hier wird der Name des Events, evtl. Dokumentation und das *Scope* eingestellt. Bei Events, die weder Eingänge von, noch Ausgänge zu Simulink sind, muss das *Scope* zu *Local* gewählt werden.

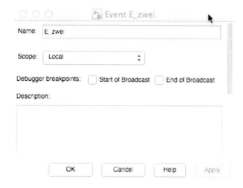

Abb. **12.22:** *Property-Dialog-Fenster eines Events*

Eingangs-Events von Simulink: Die Deklaration eines Events als Eingang von Simulink erfolgt im grafischen Editor über das Menü *Chart/Add Inputs & Outputs/Event Input From Simulink* oder im Model Explorer über *Add/Event*. Das zum *Chart* gehörende Simulink-Subsystem erhält dadurch an der Oberseite einen Trigger-Eingang (Abb. 12.17). Bei mehreren Eingangs-Events ist der Trigger-Eingang vektorwertig; die Zuordnung der Events zu den Elementen des Eingangs erfolgt durch das Feld *Port* im *Property*-Dialog-Fenster. Im Feld *Trigger* wird die Flanke, auf die hin ein Event erzeugt wird, festgelegt. Zur Auswahl stehen *Rising, Falling, Either* und *Function Call*. Eine Flanke wird nur dann als Flanke interpretiert, wenn ein Nulldurchgang vorliegt, d.h. wenn das Signal sein Vorzeichen wechselt oder einer der beiden Flankenwerte null ist. Ein Sprung von 1 nach 2 ist keine steigende Flanke im Sinne von Stateflow, wohl aber ein Sprung von -1 nach 1. Der Trigger-Typ *Function Call* stellt eine Besonderheit dar. Bei flankengetriggerten Eingangs-Events wird das *Chart* erst zum nächsten Simulationsschritt ausgeführt. Beim Trigger-Typ *Function Call* wird das *Chart* sofort, auch in der Mitte eines Simulationsschritts, ausgeführt. Wenn zwei Stateflow *Charts* über Events vom Typ *Function Call* kommunizieren sollen, so muss sowohl das Ausgangs-Event des einen als auch das Eingangs-Event des anderen *Charts* auf *Function Call* gesetzt werden. Wenn ein *Function Call* Event mittels einer *Bind Action* an einen Zustand gebunden wird, so wird die Kontrolle des zugehörigen *Function Call* Subsystems vollständig an diesen Zustand übertragen. Kein anderes Objekt kann das *Function Call* Event auslösen und damit das Subsystem aktivieren. Das zugehörige Subsystem ist aktiv, wenn der Zustand, an den das *Function Call* Event gebunden ist, aktiv ist, und wird inaktiv, wenn der Zustand verlassen wird.

Ausgangs-Events nach Simulink: Ausgangs-Events nach Simulink werden dazu benutzt, andere Stateflow *Charts* zu aktivieren oder getriggerte Subsysteme in Simulink auszuführen. Wenn als *Scope* des Events *Output to Simulink* gewählt wird, erscheint ein zusätzlicher Ausgang am *Chart* mit dem Namen des Events. In Abb. 12.23 wurde das Event `event2` als Ausgang definiert. Bei der Verknüpfung von Subsystemen oder *Charts* durch Events muss an der Quelle und am Ziel jeweils der gleiche Trigger-Typ eingestellt werden.

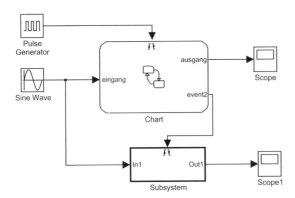

Abb. 12.23: *Chart mit Ausgangs-Event nach Simulink*

Eingangsdaten von Simulink: Zur Definition eines Eingangssignals von Simulink muss das *Scope* einer Variablen auf *Input from Simulink* gesetzt werden, so dass am *Chart* ein Eingangsport angezeigt wird. Im *Property*-Dialogfenster kann neben allen Einstellungen lokaler Variablen zusätzlich die Eingangsportnummer zugewiesen werden. Dies gibt die Reihenfolge der Anzeige der Eingänge an. Alle Eingangs- und Ausgangsdaten von und zu Simulink können Matrizen beliebiger Dimension sein. Dadurch ist in Simulink und Stateflow durchgängig die Verwendung matrix-wertiger Signale möglich.

Ausgangsdaten nach Simulink: Bei Wahl des *Scopes* einer Variablen zu *Output to Simulink* wird automatisch ein Ausgangsport am *Chart* angefügt. Auch hier sind alle Einstellungen von lokalen Variablen möglich; zusätzlich wird durch das Feld *Port* die Reihenfolge der Ausgänge festgelegt. Sowohl bei Eingangs- als auch bei Ausgangsdaten zu Simulink steht der Datentyp *inherited* zur Verfügung, der eine Vererbung des Datentyps bewirkt.

Konstante: Ein spezieller Typ einer lokalen Variable ist eine Konstante. Eine Konstante wird durch Einstellung des *Scope* auf *Constant* deklariert. Alle Einstellungen von gewöhnlichen Variablen, mit Ausnahme des Feldes *Limit Range*, sind auch für Konstanten verfügbar. Der Unterschied zwischen lokalen Variablen und Konstanten ist, dass der Wert von Konstanten durch Anweisungen in *Action Language* nicht modifiziert werden kann. Konstanten können nur vom *Data Dictionary* initialisiert werden.

Parameter: Eine Variable vom Datentyp *Parameter* kann während der Abarbeitung des *Charts* nicht verändert werden. Die Initialisierung eines Parameters erfolgt ausschließlich über den MATLAB-Workspace. Ansonsten sind die Eigenschaften identisch zu denen einer Konstanten.

Data Store Memory: Eine Variable des Typs *Data Store Memory* kann zum Datenaustausch mit Simulink verwendet werden. Wenn in Simulink ebenfalls ein *Data Store Memory* mit dem gleichen Namen wie in Stateflow angelegt wird, handelt es sich um ein und dieselbe Variable. Es kann sowohl von Simulink als auch von Stateflow darauf zugegriffen werden. Die Verwendung ist ähnlich zu globalen Variablen in anderen Programmiersprachen.

Die wesentlichen Komponenten eines Stateflow *Charts* sind nun bekannt: grafische Elemente zur Beschreibung des Zustandsautomaten und nichtgrafische Elemente zur Variablendefinition und zur Kommunikation mit der Außenwelt des *Charts* (vornehmlich mit Simulink). Es ist unerheblich, ob zuerst die grafischen und dann die nichtgrafischen Elemente eingefügt werden, lediglich zur Laufzeit müssen alle benutzten Komponenten zur Verfügung stehen.

Das nachfolgende Kap. 12.2 stellt Möglichkeiten zur Hierarchiebildung mithilfe von *Subcharts*, *Superstates* und erweiterten Funktionen dar. In Kap. 12.3 werden die wichtigsten Komponenten der *Action Language*, also der Definition von Aktionen, Abfrage von Ergebnissen und Manipulation von Variablen behandelt.

12.2 Strukturierung und Hierarchiebildung

Bisher wurden alle grafischen Objekte (Zustände, Transitionen, Labels) in der obersten Hierarchie-Ebene des *Charts* erzeugt. Stateflow erlaubt jedoch verschiedene Arten der Gruppierung und Hierarchiebildung, die zum einen den Zweck der besseren Übersichtlichkeit verfolgen, zum anderen aber auch neue Funktionalitäten wie etwa parallelen Ablauf von Ausschnitten eines *Charts* zulassen.

12.2.1 Superstates

Die wichtigste Strukturierungsmethode stellt die Einführung von so genannten *Superstates* dar. Ein *Superstate* ist das Mutter-Objekt für beliebig viele weitere Zustände. Er ist genau dann aktiv, wenn er selbst das Ziel einer Transition war oder wenn mindestens eines seiner Kind-Objekte aktiviert wird. Ein *Superstate* kann nie für sich alleine aktiv sein, es muss immer mindestens eines seiner Kind-Objekte aktiv sein. Er kann, genau wie normale Zustände auch, ein Label tragen, sowie das Ziel und die Quelle von Transitionen sein. Die Funktionsweise von *Superstates* hängt entscheidend davon ab, ob sie in Exklusiv-Oder- oder in Parallel-Anordnung verwendet werden. Die Exklusiv-Oder-Anordnung kann dann vorteilhaft eingesetzt werden, wenn ein Zustand in mehrere *Substates* (Unterzustände) aufgeschlüsselt werden soll. Die Parallel-Anordnung kommt dann zum Einsatz, wenn parallele Abläufe in einem *Chart* abgebildet werden sollen. Die *Substates* eines *Superstates* können weitere *Substates* enthalten, d.h. eine beliebig tiefe Schachtelung ist möglich. Die Anordnung der Zustände in Exklusiv-Oder- oder Parallel-Anordnung muss nicht für das gesamte *Chart* festgelegt werden, vielmehr kann für jeden *Superstate* die Anordnung der *Substates* neu festgelegt werden. Ein *Superstate* wird erzeugt, indem zunächst ein normaler Zustand an die gewünschte Stelle platziert wird und dieser dann durch Ziehen mit der linken Maustaste vergrößert wird. In diesen vergrößerten Zustand können beliebig viele normale Zustände eingefügt werden.

Die Tatsache, ob ein Zustand ein normaler Zustand oder ein *Superstate* ist, entscheidet sich allein aufgrund seiner geometrischen Anordnung im Verhältnis zu den restlichen Zuständen. Die Anordnungsmethode (Exklusiv-Oder bzw. Parallel) der Kind-Objekte innerhalb eines *Superstates* wird durch Markierung des *Superstate* und Auswahl von *Decomposition/Exclusive* oder *Decomposition/Parallel* im Shortcut-Menü verändert. Zum leichteren Verschieben oder Kopieren eines *Superstates* kann sein Inhalt durch einen Doppelklick gruppiert werden. Die Gruppierung wird durch einen weiteren Doppelklick wieder aufgehoben.

Die Verwendung von *Superstates* wird im Folgenden an leicht verständlichen Beispielen erläutert.

Superstates in Exklusiv-Oder-Anordnung. Der Zustandsautomat in Abb. 12.24 zeigt zwei *Superstates* in Exklusiv-Oder-Anordnung (siehe dazu auch Abb. 12.4). Es

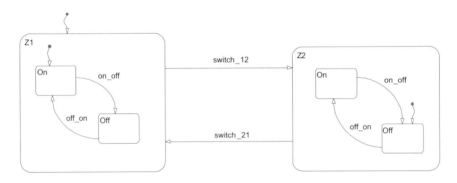

Abb. 12.24: *Chart mit zwei Superstates in Exklusiv-Oder-Anordnung;* `superstatebsp.mdl`

existieren zwei *Superstates* Z1 und Z2, die beide in die Zustände On und Off unterteilt sind. Bei der ersten Ausführung des *Charts* wird durch die *Default Transition* der Zustand Z1 aktiv. Nach der Aktivierung von Z1 entscheidet Stateflow, ob und welches Kind-Objekt aktiviert wird. Durch die *Default Transition* auf Z1.On wird bei jeder Aktivierung von Z1 der *Substate* Z1.On standardmäßig ebenfalls aktiviert. Bei Auftreten des Events `on_off` wechselt Z1.On nach Z1.Off. Tritt daraufhin das Event `off_on` auf, wechselt der Zustandsautomat wieder zurück nach Z1.On. Egal in welchem *Substate* sich das *Chart* gerade befindet (Z1.On oder Z1.Off), bei Auftreten des Events `switch_12` wird der Zustand Z1 incl. des gerade aktiven *Substates* verlassen und der *Superstate* Z2 wird aktiv. Nach der Aktivierung von Z2 wird nach gültigen Transitionen zu Kind-Objekten von Z2 gesucht. Durch die *Default Transition* auf Z2.Off wird neben Z2 auch Z2.Off aktiviert. Wenn die Events `off_on` und `on_off` auftreten, vollzieht sich der bereits beschriebene Wechsel zwischen Z2.Off und Z2.On. Tritt schließlich das Event `switch_21` auf, so werden wieder Z1 und Z1.On aktiv.

Aus diesem Beispiel wird die wesentliche Stärke von *Superstates* und *Substates* klar: Verschiedene Zustände eines Automaten müssen nicht durch eine hohe Zahl von Einzelzuständen im *Chart* repräsentiert werden, sondern können durch funktionale Zusammenfassung in hierarchischer Struktur durch *Super-* und *Substates* dargestellt werden.

Dadurch erhöht sich die Übersichtlichkeit, es lassen sich wiederverwendbare Module bilden (wiederkehrende *Superstates*) und es lassen sich auf einfache Weise Funktionalitäten erzeugen, die sonst nur durch erheblichen Aufwand an Transitionen und Abfragen möglich wären.

Es wird weiterhin das Beispiel aus Abb. 12.24 betrachtet. Die Funktion des Zustandsautomaten soll in der Weise erweitert werden, dass bei einem Wechsel zwischen Z1 und Z2 nicht immer die Zustände Z1.On und Z2.Off aktiv werden, sondern der Zustand, der zuletzt aktiv war. Nehmen wir an, vor einem Wechsel von Z1 nach Z2 war der Zustand Z1.Off aktiv. Wenn Z1 nach einiger Zeit durch das Event `switch_21` wieder aktiv wird, soll nicht der *Substate* Z1.On, wie durch die *Default Transition* vorgegeben, sondern der zuletzt aktive Zustand Z1.Off aktiviert werden. Diese Funktionalität kann durch Einfügen von *History Junctions* in die *Superstates* Z1 und Z2 erzielt werden. Abb. 12.25 zeigt das modifizierte Stateflow *Chart*. *History Junctions* werden als Kreise

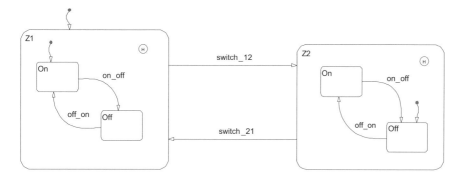

Abb. 12.25: *Chart mit zwei Superstates in Exklusiv-Oder-Anordnung und History Junctions;* `superstatehistory.mdl`

mit einem „H" in der Mitte dargestellt. Sie werden durch Auswahl des *History Junction Tools* (Abb. 12.2) und Platzieren mit der linken Maustaste erzeugt. Die *History Junction* innerhalb eines *Superstates* bewirkt, dass immer das zuletzt aktive Kind-Objekt aktiviert wird, wenn der *Superstate* aktiv wird. Bei vorhandener *History Junction* wird die *Default Transition* nur bei der ersten Aktivierung des jeweiligen *Superstates* ausgewertet, bei allen weiteren Aktivierungen greift die *History Junction*. Sie fügt dem *Superstate* ein Gedächtnis über das zuletzt aktive Kind-Objekt hinzu.

Die Quelle und das Ziel einer Transition müssen nicht demselben Mutter-Objekt angehören, d.h. Transitionen über Hierarchie-Ebenen hinweg sind zulässig. Diese werden dann als *Supertransitions* bezeichnet. Zur Verdeutlichung soll an das Beispiel in Abb. 12.24 angeknüpft werden. Es soll zusätzlich zu den bereits getroffenen Annahmen gefordert werden, dass ein Wechsel von Z1 nach Z2 und umgekehrt nur dann erfolgen darf, wenn die jeweiligen *Substates* Z1.Off bzw. Z2.Off aktiv sind. Diese Forderung kann sehr leicht durch hierarchieübergreifende Transitionen erfüllt werden. Das zugehörige *Chart* ist in Abb. 12.26 dargestellt. Beim Übergang von Z1.Off nach Z2 wird zugleich auch der *Superstate* Z1 verlassen, da keines seiner Kind-Objekte mehr aktiv ist. Gleiches gilt für einen Übergang von Z2.Off nach Z1. Transitionen können ohne

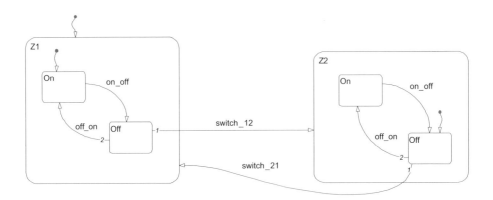

Abb. 12.26: *Chart mit hierarchieübergreifenden Transitionen;* `superstatebsp2.mdl`

Beachtung von Hierarchiegrenzen zwischen beliebigen Quell- und Zielobjekten bestehen, auch über mehrere Hierarchiestufen hinweg.

Ein weiteres Konstruktionselement im Zusammenhang mit *Superstates* sind so genannte *Inner Transitions*. Sie verlaufen von einem *Superstate* zu einem seiner Kind-Objekte. Da der *Superstate* immer aktiv ist, wenn auch eines seiner Kind-Objekte aktiv ist, ist die *Inner Transition* potentiell auch immer gültig (abhängig von ihrem Label). Dies kann vorteilhaft für `If-Then`-Entscheidungen genutzt werden. Es soll folgende Problemstellung betrachtet werden: Ein Zustandsautomat kann sich in den drei Zuständen Z1, Z2 und Z3 abhängig von den Bedingungen [bed1] und [bed2] befinden. Beim Auftreten des Events `update` sollen die Bedingungen erneut überprüft und evtl. ein nötiger Zustandswechsel durchgeführt werden. Man könnte nun von jedem der drei Zustände eine Transition zu jedem der verbleibenden Zustände mit entsprechenden Bedingungen verwenden. Eleganter ist das Problem in Abb. 12.27 gelöst.

Bei der erstmaligen Ausführung des *Charts* ist die *Default Transition* zum Verbindungspunkt gültig. Abhängig von den Bedingungen [bed==1] und [bed==2] wird einer der Zustände Z1, Z2 oder Z3 aktiviert. Außerdem ist der *Superstate* Super_Z aktiv, da eines seiner Kind-Objekte aktiv ist. Die Ausführung des *Charts* werde nun durch ein beliebiges Event angestoßen. Die einzige potentiell gültige Transition ist die *Inner Transition* mit dem Label `update`, da ihr Quellobjekt (der Zustand Super_Z) aktiv ist. Wenn das anstoßende Event `update` war, ist die *Inner Transition* zum Verbindungspunkt gültig. Je nachdem, welche der Bedingungen [bed1] und [bed2] erfüllt sind, erfolgt ein Wechsel in den Zustand Z1, Z2 oder Z3, und der vorher aktive Zustand wird verlassen.

Superstates in Parallel-Anordnung. Die Parallel-Anordnung von *Superstates* erlaubt die quasi parallele Ausführung von Ausschnitten eines *Charts*. Parallele *Superstates* können in der selben Hierarchie-Ebene (d.h. sie besitzen das gleiche Mutter-Objekt) gleichzeitig aktiv sein. Die Ausführungsreihenfolge wird an den rechten oberen Ecken der *Superstates* angezeigt und kann über das Shortcut-Menü *Execution Order* eingestellt werden.

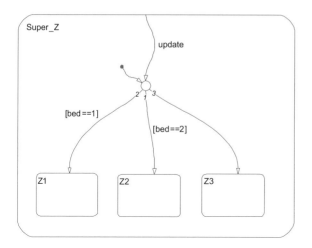

Abb. 12.27: *Superstate mit Inner Transition;* `innertransition.mdl`

Als Beispiel für parallele *Superstates* soll ein Ausschnitt aus der Steuerung eines PKW betrachtet werden. Es existieren zwei sich ausschließende Zustände `On` und `Off`, die den Zustand der Zündung des PKW anzeigen. Wenn die Zündung eingeschaltet ist (Zustand `On`), können gleichzeitig das Licht und die Lüftung in Betrieb gesetzt werden. Das Licht kann entweder an- oder ausgeschaltet sein, die Lüftung ist in die möglichen Betriebszustände `Off`, `Stufe1` und `Stufe2` unterteilt. Eine mögliche Realisierung dieses Zustandsautomaten ist in Abb. 12.28 dargestellt. Bei erstmaliger Ausführung des

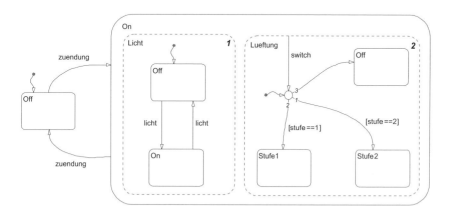

Abb. 12.28: *Superstates in Parallel-Anordnung;* `parallel.mdl`

Charts wechselt das System in den Zustand `Off`. Bei Betätigung des Zündschlüssels (Event `zuendung_an`) wird der Zustand `On` aktiv. Dieser ist in die parallelen und damit gleichzeitig aktiven *Substates* `Licht` und `Lueftung` unterteilt. Beide Zustände sind zwar gleichzeitig aktiv, `Licht` wird aber vor `Lueftung` abgearbeitet, was durch die Reihenfolgenummern 1 und 2 in den rechten oberen Ecken angezeigt wird. Der Zustand `Licht` ist in die sich ausschließenden *Substates* unterteilt. Standardmäßig wird `Licht.Off` aktiviert; ein Wechsel zwischen `Licht.Off` und `Licht.On` wird durch die Events `licht_an` und `licht_aus` ausgelöst. Der zweite Parallel-Zustand `Lueftung` ist in die Exklusiv-Zustände `Off`, `Stufe1` und `Stufe2` aufgeschlüsselt, welche die jeweilige Gebläsestufe kennzeichnen. Bei der ersten Aktivierung von `On.Lueftung` ist die `Default Transition` zum Verbindungspunkt gültig. Je nachdem, ob die Bedingungen `[stufe1==1]` und `[stufe2==1]` erfüllt sind, erfolgt ein Wechsel in den Zustand `Lueftung.Stufe1`, `Lueftung.Stufe2` oder `Lueftung.Off`. Das Event `switch` zeigt eine Schalterbewegung des Lüftungsschalters an. Beim Auftreten von `switch` ist die *Inner Transition* zum Verbindungspunkt gültig und es erfolgt wiederum ein Zustandswechsel, abhängig von der Gültigkeit der Bedingungen `[stufe1==1]` und `[stufe2==1]`, in die Zustände `Lueftung.Stufe1`, `Lueftung.Stufe2` oder `Lueftung.Off`.

Die Einführung der Parallel-Zustände `Licht` und `Lueftung` orientiert sich exakt an den tatsächlichen Gegebenheiten, nämlich der Tatsache, dass Licht und Lüftung gleichzeitig aktiv sein können. Es ist keine Transformation der möglichen Zustände in eine spezielle Stateflow-Notation nötig. Diese Vorgehensweise sollte für eine übersichtliche Modellierung von Zustandsautomaten stets angestrebt werden.

12.2.2   Subcharts

Stateflow erlaubt die beliebig tiefe Schachtelung von *Charts*, d.h. in einem *Chart* können weitere *Charts* erzeugt werden. Diese so genannten *Subcharts* besitzen die gleichen Eigenschaften wie Superstates (siehe Kap. 12.2.1), nur die visuelle Anordnung ist unterschiedlich. Zur Erzeugung eines *Subcharts* wird zuerst ein *Superstate* um die zu gruppierenden Objekte gebildet. Dieser wird anschließend markiert und dann durch das Shortcut-Menü *Group & Subchart/Subchart* in ein *Subchart* umgewandelt. Es erhält denselben Namen wie der vorausgegangene *Superstate* und kann auch wie ein *Superstate* behandelt werden. Lediglich der Inhalt wird maskiert und ist nicht mehr sichtbar. In Fortführung des Beispiels in Abb. 12.24 soll der *Superstate* `Z2` in ein *Subchart* umgewandelt werden. Das Ergebnis ist in Abb. 12.29 dargestellt. Das *Subchart* `Z2` ist nun zum Kind-Objekt des *Charts* geworden. Es kann durch Doppelklick mit der linken Maustaste geöffnet werden. Die Navigation zurück in das übergeordnete *Chart* oder zurück zur letzten Ansicht erfolgt mit den Pfeiltasten nach links oder nach oben im grafischen Editor. Wie auch bei *Superstates* können Transitionen über Hierarchiegrenzen hinweg erfolgen. Zu diesem Zweck wird das Beispiel in Abb. 12.26 erweitert. Die Transition mit dem Label `switch_12` führt nun direkt auf den Zustand `Z2.On`, und der *Superstate* `Z2` ist in ein *Subchart* umgewandelt worden. Die hierarchieübergreifenden Transitionen (so genannte *Supertransitions*) werden als Pfeile in das bzw. aus dem *Subchart* dargestellt. Nach dem Öffnen des *Subcharts* werden die Transitionen als Pfeile von außen kommend bzw. nach außen führend dargestellt. Das erweiterte *Chart* und das geöffnete *Subchart* sind in den Abb. 12.30 und 12.31 dargestellt.

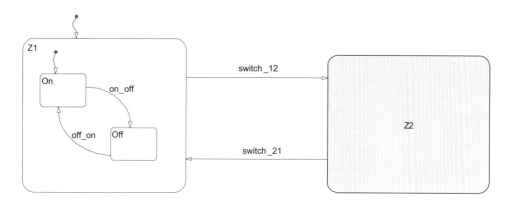

Abb. 12.29: *Zustandsdiagramm mit Subchart;* `subchartbsp.mdl`

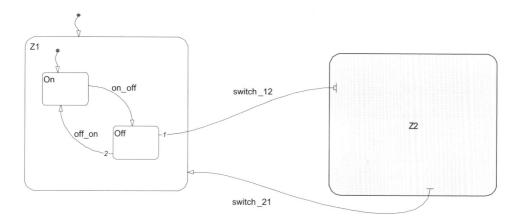

Abb. 12.30: *Zustandsdiagramm mit Subchart und Supertransitions;* `subchartbsp2.mdl`

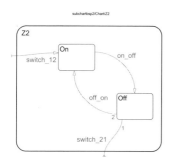

Abb. 12.31: *Subchart Z2 aus Abb. 12.30*

Wenn nachträglich eine Transition von außerhalb eines *Subcharts* zu einem Objekt innerhalb erzeugt werden soll, so kann dies ohne vorherige Aufhebung des *Subcharts* durchgeführt werden. Die Transition wird in Richtung Mittelpunkt des *Subcharts* mit der linken Maustaste gezogen und dort angeheftet. Anschließend geht man mittels Doppelklick mit der linken Maustaste in das *Subchart*. Dort erscheint die angeheftete Transition in Rot und kann zum neuen Zielzustand vervollständigt werden.

Der wesentliche Vorteil von *Subcharts* im Vergleich zu *Superstates* ist die Tatsache, dass der Inhalt beim *Subchart* maskiert wird. Vor allem bei komplexen Zustandsautomaten stößt man dann nicht auf das Problem, die grafischen Objekte immer weiter verkleinern zu müssen, damit noch alles auf einer Bildschirmseite Platz findet und kein ständiges Scrollen notwendig wird.

Eine besondere Form des *Subcharts* stellt das *Atomic Subchart* dar. Ein *Atomic Subchart* ist in sich abgeschlossen und kann mehrmals innerhalb eines *Charts* wiederverwendet werden. Bei Verwendung eines *Atomic Subcharts* als Library-Link, ist es möglich, eine Funktionalität nur einmal zu entwickeln und bei Änderungen nur an einer Stelle anzupassen. Aus einem *Atomic Subchart* heraus kann auf keine Variable des *Charts* zugegriffen werden. Der Datenaustausch muss über *Data Store Memory* erfolgen. Das *Atomic Subchart* wird erzeugt, indem zuerst ein *Superstate* erzeugt wird, der dann mittels Shortcut-Menü *Make Contents/Atomic Subcharted* in ein *Atomic Subchart* umgewandelt wird. Das Beispiel aus Abb. 12.29 mit einem *Atomic Subchart* ist in Abb. 12.32 dargestellt.

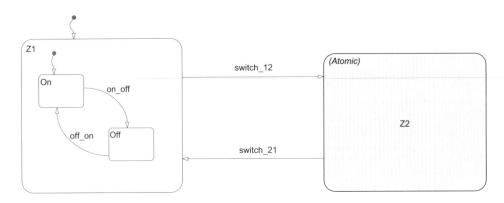

Abb. 12.32: *Zustandsdiagramm mit Atomic Subchart;* `subchartbsp_atomic.mdl`

12.2.3   Grafische Funktionen

Eine grafische Funktion wird durch einen Flussgrafen ohne Zustände definiert. Die Funktion kann anschließend von allen Aktionen (z.B. Transitionsaktion, *Entry Action* eines Zustands) aufgerufen und das Ergebnis weiter verwendet werden. Die Sichtbarkeit einer grafischen Funktion richtet sich nach ihrem Mutter-Objekt. Grundsätzlich ist die Funktion innerhalb ihres Mutter-Objekts und in allen weiteren Kind-Objekten sichtbar. Es bestehen jedoch zwei Ausnahmen: Wenn in einem Kind-Objekt eine Funktion mit demselben Namen angelegt wird, so ist in diesem Kind-Objekt nur die dort beheimatete Funktion sichtbar. Eine Funktion, die direkt im *Chart* als Mutter-Objekt angelegt wurde, kann in allen weiteren *Charts* der *State Machine* sichtbar gemacht werden, wenn im Menü *File/Chart Properties* der Punkt *Export Chart Level Graphical Functions* ausgewählt wird.

Eine grafische Funktion wird mittels des *Graphical Function Tool* der linken Tool-Leiste erzeugt. Im Label der Funktion muss der Prototyp der Funktion angegeben werden. Das Label der Funktion kann entweder durch direktes Anklicken oder durch Aufruf des Shortcut Menüs *Properties* editiert werden. Der Prototyp setzt sich aus einem oder mehreren Rückgabewerten, dem Funktionsnamen und formalen Argumenten der Funktion zusammen. Ein Funktionsprototyp weist folgende Syntax auf:

```
y = f1(a1, a2, a3)
```

Hier wird eine Funktion `f1` mit dem Rückgabewert `y` und den Argumenten `a1`, `a2` und `a3` formal definiert. Evtl. benötigte lokale Variablen sowie der Rückgabewert und die Argumente müssen nun noch im *Data Dictionary* definiert werden; dort werden auch die Datentypen ausgewählt. Das Scope des Rückgabewerts muss auf *Output*, das der Argumente auf *Input* gesetzt werden. Damit die Funktion auf ihre Argumente, Rückgabewerte und lokalen Variablen zugreifen kann, müssen alle Daten als Kinder der Funktion angelegt werden. Auf alle anderen Variablen hat die Funktion keinen Zugriff.

Nach der formalen Definition einer Funktion muss sie jetzt noch mit Leben gefüllt werden. Es muss eine Verknüpfung der Argumente zu einem Rückgabewert stattfinden. Eine Funktion kann keine Zustandsgrößen enthalten, so dass die Berechnung des Funktionswerts als Flussdiagramm realisiert werden muss. Als Minimum muss die Funktion eine *Default Transition* und einen Verbindungspunkt als Abschluss enthalten. Es sind jedoch alle möglichen Flussdiagramm-Konstrukte (z.B. `if`-Abfragen, `for`-Schleifen) auch in grafischen Funktionen zulässig. Abb. 12.33 zeigt die Funktion `f1`, deren Rückgabewert aus dem Produkt aller Argumente berechnet wird. Berechnungen werden üblicherweise innerhalb von Transitionsaktionen oder Bedingungsaktionen durchgeführt. Grafische

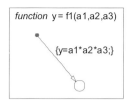

Abb. 12.33: *Grafische Funktion*
$y = a_1 \cdot a_2 \cdot a_3$

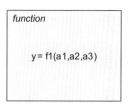

Abb. 12.34: *Grafische Funktion als Subchart maskiert*

Funktionen können durch die Umwandlung in *Subcharts* maskiert werden, so dass nur noch der Prototyp, aber nicht mehr der Inhalt sichtbar ist. Abb. 12.34 zeigt diese Möglichkeit anhand der Funktion `f1`.

Der Aufruf einer grafischen Funktion kann durch eine beliebige Zustandsaktion (z.B. *Entry Action*), eine Transitionsaktion oder eine Bedingungsaktion erfolgen. Die formalen Parameter müssen beim Aufruf durch Zahlenwerte oder andere bereits definierte Variablen ersetzt werden. Abb. 12.35 zeigt den Aufruf der Funktion f1 durch die *Entry Action* eines Zustands. Die Variablen e, m, n und k müssen im *Data Dictionary* bereits definiert sein. Wenn unter *File/Chart Properties* die Check-Box *Export Chart Level*

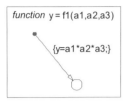 

Abb. 12.35: *Aufruf der grafischen Funktion f1 durch eine Entry Action*

Graphical Functions ausgewählt wurde, können auch grafische Funktionen aus anderen *Charts* aufgerufen werden, solange sie sich innerhalb desselben Simulink-Modells befinden.

12.2.4 Truth Tables

Mit *Truth Tables* lassen sich logische Wahrheitstabellen in Stateflow kompakt realisieren. Dadurch werden unübersichtliche UND/ODER-Verknüpfungen vermieden. *Truth Tables* werden wie grafische Funktionen verwendet und intern auch so realisiert. Sie werden durch *Action Language* Kommandos aufgerufen und sofort abgearbeitet. Ein *Truth Table* besteht aus einer Tabelle von Bedingungen (*conditions*), Entscheidungsergebnissen (*decision outcomes*) und Aktionen (*actions*). Am Beispiel in Tab. 12.2 werden die einzelnen Komponenten erklärt. Es handelt sich um einen Quantisierer, der jeweils die nächst kleinere ganze Zahl y seines Eingangs x ausgibt. Zusätzlich existiert eine untere Sättigung bei 0 und eine obere Sättigung bei +5.

Tab. 12.2: *Beispiel eines Truth Tables*

Condition	D 1	D 2	D 3	D 4	D 5	D 6
x<1	T	F	F	F	F	–
x<2	T	T	F	F	F	–
x<3	T	T	T	F	F	–
x<4	T	T	T	T	F	–
x<5	T	T	T	T	T	–
Action	y=0	y=1	y=2	y=3	y=4	y=5

Der *Truth Table* würde in MATLAB-Code folgendermaßen ausgewertet:

```
if ((x < 1) & (x < 2) & (x < 3) & (x < 4) & (x < 5))
   y = 0;
elseif (~(x < 1) & (x < 2) & (x < 3) & (x < 4) & (x < 5))
   y = 1;
elseif (~(x < 1) & ~(x < 2) & (x < 3) & (x < 4) & (x < 5))
   y = 2;
elseif (~(x < 1) & ~(x < 2) & ~(x < 3) & (x < 4) & (x < 5))
   y = 3;
elseif (~(x < 1) & ~(x < 2) & ~(x < 3) & ~(x < 4) & (x < 5))
   y = 4;
else
   y = 5;
end
```

Eine in die *Condition*-Spalte eingetragene Bedingung muss zu `true` oder `false` ausgewertet werden. Alle Bedingungen sind voneinander unabhängig. Mögliche Ergebniswerte der Bedingungen in den Entscheidungsspalten **D 1** bis **D 6** sind `true` (T), `false` (F) oder beliebig (–). Das Entscheidungsergebnis stellt die spaltenweise UND-Verknüpfung der einzelnen Bedingungsergebnisse (Spalten **D 1** bis **D 6**) dar. Jedem Entscheidungsergebnis ist eine Aktion (letzte Zeile in Tab. 12.2) zugeordnet. Das Abtesten der einzelnen Entscheidungsergebnisse erfolgt von links nach rechts. Wenn ein Entscheidungsergebnis zu `true` ausgewertet wird, wird die zugehörige Aktion sofort ausgeführt und der *Truth Table* verlassen. Die letzte Spalte in Tab. 12.2 stellt ein Default-Entscheidungsergebnis dar, da es unabhängig von Bedingungen immer zu `true` ausgewertet wird.

Im Stateflow *Chart* wird ein *Truth Table* mit dem *Truth Table Tool* der linken Tool-Leiste hinzugefügt. Das Label des *Truth Tables* enthält den Prototyp der Funktion, z.B. `y=f(x)`, wobei der Name `f` gleichzeitig der Name ist, unter dem der *Truth Table* in *Action Language* aufgerufen wird. Abb. 12.36 zeigt das Label des *Truth Tables*. Der *Truth*

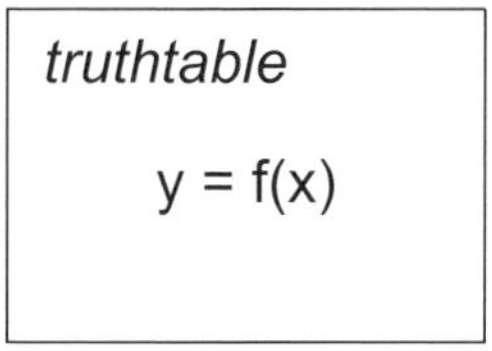

Abb. 12.36: *Chart mit Truth Table y=f(x)*

Table erscheint im Model Explorer als eigenes Objekt. Für Daten und Events für den *Truth Table* gelten die gleichen Regeln wie für *Super-* und *Substates*. Insbesondere lassen sich lokale Variablen innerhalb des *Truth Tables* definieren und der *Truth Table* hat Zugriff auf alle Daten des *Charts*. Der Inhalt des *Truth Tables* wird mit dem *Truth Table* Editor bearbeitet. Dieser wird durch Doppelklick auf das Objekt im *Chart* geöffnet (Abb. 12.37). Der obere Bereich enthält die Bedingungstabelle (*condition table*), der untere die Aktionstabelle (*action table*). In der Spalte *Description* können in beiden Tabellen Kommentare eingetragen werden. Beide Tabellen können durch weitere Zeilen (zusätzliche Bedingungen bzw. zusätzliche Aktionen), die Bedingungstabelle auch durch weitere Spalten (zusätzliche Entscheidungsergebnisse) mit Hilfe der Schaltflächen der oberen Leiste erweitert werden. Dazu muss die entsprechende Tabelle ausgewählt sein.

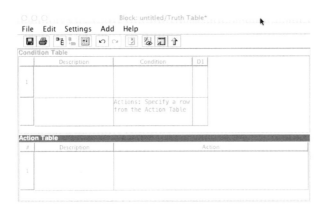

Abb. 12.37: *Truth Table Editor*

Der in Stateflow spezifizierte *Truth Table* aus Tab. 12.2 ist in Abb. 12.38 dargestellt. Der

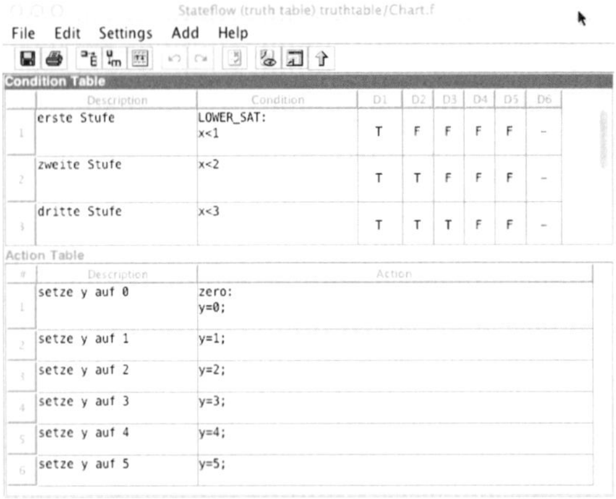

Abb. 12.38: *Truth Table Editor für das Beispiel aus Tab. 12.2;* `truthtable.mdl`

Condition Table in Abb. 12.38 beinhaltet die Bedingungen und Entscheidungsergebnisse **D 1** bis **D 6**. In den Bedingungen sind optionale Label, gefolgt von einem Doppelpunkt zulässig (hier `LOWER_SAT`, `UPPER_SAT`). Sie beeinflussen die Ausführung nicht. Der *Action Table* beinhaltet eine Liste von Aktionen. Die Zuordnung von Entscheidungsergebnis (eine der Spalten **D 1** bis **D 6**) zu Aktion erfolgt in der letzten Zeile des *Condition Table* über die Nummer der zugehörigen Aktion (wie bei **D 2** bis **D 6**) oder über das optional vergebene Label `zero` (wie bei **D 1**). Es existieren zwei spezielle Aktionen, die unabhängig von der Abarbeitung der Entscheidungsergebnisse ausgeführt werden: Die *Init-Action* wird bei Aufruf des *Truth Tables* vor der Überprüfung der Bedingungen einmalig ausgeführt. Sie wird durch das spezielle Label `INIT` eingeleitet. Im folgenden Beispiel wird in der *Init-Action* ein Text im MATLAB Command Window ausgegeben (zum Befehl `ml` siehe Kap. 12.3.6).

```
INIT:
ml.disp('Ausführung Truth Table beginnt');
```

Eine *Final-Action* wird vor Verlassen des *Truth Tables* einmalig ausgeführt und durch das spezielle Label FINAL eingeleitet. Sowohl *Init-Action* als auch *Final-Action* können an beliebiger Stelle der *Action Table* angeordnet sein. In einem *Truth Table* kann der komplette Sprachumfang einer *Embedded* MATLAB *Function* verwendet werden (siehe Kap. 12.2.5).

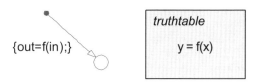

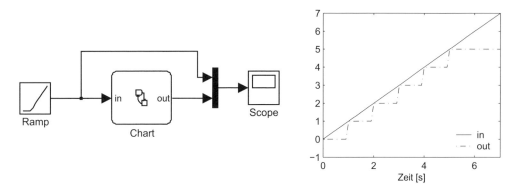

Abb. 12.39: *Chart mit Aufruf des Truth Tables;* `truthtable.mdl`

Das *Chart* aus Abb. 12.36 wird nun noch so ergänzt, dass der *Truth Table* bei jedem Abtastschritt des umgebenden Simulink-Modells ausgeführt wird und sein Ergebnis an Simulink ausgibt. Dazu wird die Update-Methode des *Charts* auf *inherited* eingestellt, ein Ein- und Ausgangssignal zu Simulink mit den Namen in und out im Model Explorer erzeugt und eine *Default Transition* auf einen Verbindungspunkt geführt. Die Transition wird bei jedem Aufruf des *Charts* ausgeführt. In der Bedingungsaktion der Transition wird der *Truth Table* mit dem Eingangssignal in aufgerufen und das Ausgangssignal out gesetzt. Das ergänzte *Chart* ist in Abb. 12.39 dargestellt. Im Simulink-Modell in Abb. 12.40 erzeugt ein Rampensignal von 0 bis 7 den Eingang des *Charts*. Das Ausgangssignal wird in einem *Scope* dargestellt.

Abb. 12.40: *Simulink-Modell und Ergebnis zum Truth Table;* `truthtable.mdl`

12.2.5 MATLAB Functions in Stateflow Charts

Eine MATLAB *Function in Stateflow* stellt eine wichtige Schnittstelle zwischen Stateflow und der MATLAB-Programmiersprache dar. Diese Möglichkeit besteht auch in Simulink (siehe S. 385). Es lassen sich damit Programmieraufgaben lösen, die einfach durch einen Programmablauf darstellbar sind oder die den Zugriff auf spezielle MATLAB-Funktionen benötigen. Eine MATLAB *Function in Stateflow* wird über das entsprechende Tool am linken Rand des *Chart*-Editors hinzugefügt. Im Label der Funktion wird der Funktionsprototyp wie bei einer grafischen Funktion definiert. Alle weiteren Schritte werden im Folgenden am Beispiel einer Minimumbildung erläutert.

Die betrachtete Funktionalität soll aus zwei Eingangssignalen das Minimum beider Signale am Ausgang ausgeben. Die Minimumbildung wird als Stateflow *Chart* mittels MATLAB *Function in Stateflow* realisiert. Das Simulink-Modell gibt als Testmuster eine Rampe mit Steigung 1 und Startzeitpunkt 0 und eine zweite Rampe mit Steigung 2 und Startzeitpunkt 25 auf die Funktion zur Minimumbildung. Das Simulink-Modell und das Ergebnis der Minimumbildung ist in Abb. 12.41 dargestellt. Das Stateflow *Chart*

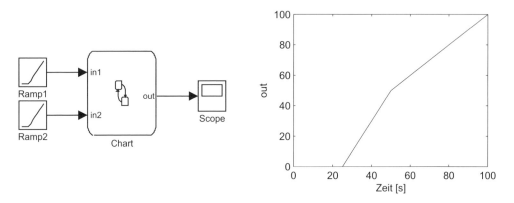

Abb. 12.41: *Simulink-Modell und Ergebnis der Minimumbildung;* `emmatlab.mdl`

besteht aus der MATLAB *Function in Stateflow*, gekennzeichnet durch den Text MATLAB Function mit dem Funktionsprototyp `minimum(x1,x2)` und einem Flussdiagramm zum Aufruf der Funktion. Die Variable `out` ist ein Ausgang zu Simulink, die Variablen `in1` und `in2` sind Eingänge von Simulink und müssen im Model Explorer entsprechend deklariert werden. Durch Doppelklick auf die MATLAB *Function in Stateflow* öffnet sich der MATLAB *Function Editor* zum Bearbeiten der Funktion. Das Stateflow *Chart* und die MATLAB *Function in Stateflow* sind in Abb. 12.42 dargestellt. Die MATLAB *Function in Stateflow* wird programmiert wie eine gewöhnliche MATLAB-Funktion, auch mit mehreren Rückgabewerten. Bei der Ausführung ergibt sich folgende Besonderheit: Für einen Teil der verfügbaren MATLAB-Befehle existiert eine compilierte C-Bibliothek, die auch für Echtzeitanwendungen auf Zielhardware geeignet ist. Wenn ein entsprechender Befehl in der Bibliothek vorhanden ist, wird dieser verwendet. Wenn keine entsprechende Funktion in der Bibliothek vorhanden ist, wird der ursprüngliche MATLAB-Befehl im Workspace ausgeführt. In diesem Fall ist nur die Simulation, nicht jedoch die Generierung von Echtzeitcode möglich. Eine Liste aller Funktionen der C-Bibliothek kann

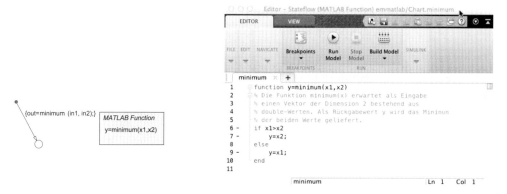

Abb. 12.42: *Stateflow Chart und Embedded* MATLAB *Function der Minimumbildung*

in der Online-Hilfe mit dem Suchbegriff `functions supported for code generation` angezeigt werden.

Der Vorteil der MATLAB *Function in Stateflow* liegt in der Möglichkeit nahezu beliebigen MATLAB-Code in Stateflow *Charts* einzubinden und diesen auch für Echtzeitanwendungen zu verwenden. Die zeitaufwändige Umsetzung in grafische Funktionen kann somit entfallen.

12.2.6   Simulink Functions in Stateflow

Die Verwendung einer *Simulink Function in Stateflow* erfolgt analog zur MATLAB *Function in Stateflow Charts*, lediglich die Funktionsdefinition erfolgt auf Basis von Simulink. Erstellt wird die *Simulink Function in Stateflow* über das *Simulink Function* Tool (siehe Abb. 12.2). Die Funktion kann entweder auf *Chart*-Ebene oder in einem *Substate* definiert werden. Je nachdem ist die Funktion dann im ganzen *Chart* oder nur innerhalb des *Substates* sichtbar. In der grafischen Oberfläche wird der Funktionsprototyp definiert, z.B. $out = fun(x, y)$. Diese Funktion hat zwei Eingänge und einen Ausgang. Durch Doppelklick auf die Funktion erhält man ein leeres Simulink-Modell mit zwei Eingängen, einem Ausgang und dem *Function Call* Element $f()$. In diesem Simulink-Modell können nun alle gängigen Elemente zur Berechnung eines Ausgangswerts verwendet werden. Mit dem *Function Call* Element $f()$ kann das Verhalten von Zustandsvariablen (*reset* oder *held*) gesteuert werden. Ferner kann die Aufrufmethode gewählt werden. Bei der Methode *triggered* wird die Funktion nur bei Aufrufen ausgeführt, bei der Methode *periodic* wird die Funktion mit der angegebenen Abtastrate ausgeführt.

In Abb. 12.43 ist ein einfaches *Chart* mit eingebetteter Simulink-Funktion dargestellt. Das Chart wird durch die Update Methode *Discrete* mit einer Abtastzeit von 1 ms zyklisch getriggert und wechselt zwischen den beiden Zuständen Z1 und Z2. Bei jedem Eintritt in den Zustand Z2 wird die Funktion mit den Variablen a und b aufgerufen, das Ergebnis wird in die Variable y gespeichert. Die *Simulink Function in Stateflow* berechnet die Formel

$$out = 2 \cdot x + y + 1 \qquad\qquad (12.1)$$

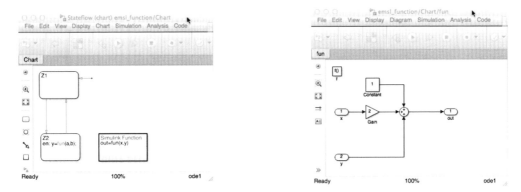

Abb. 12.43: *Stateflow Chart und Simulink Function in Stateflow*

Wenn Funktionen bereits in Simulink vorliegen, müssen diese nicht mehr in *Action Language* übertragen werden, sondern können direkt verwendet werden. Auch die Behandlung von zeitkontinuierlichen Systemen innerhalb Stateflow wird durch einbinden der Simulink-Funktionen möglich.

12.2.7   State Transition Tables

Ein *State Transition Table* ist eine tabellenförmige Repräsentation eines Stateflow *Charts*. Insbesondere bei sequentieller Abarbeitung des *Charts* kann hier die Übersichtlichkeit erhöht werden. Aus der Stateflow-Library kann der *State Transition Table* in das Simulink-Modell gezogen werden (siehe Abb. 12.1). Der *State Transition Table* soll nun am Beispiel einer Cappuccino-Maschine erläutert werden. Nach der Betätigung des Start-Knopfes, wird für 10 s Milchschaum bereitet, anschließend für 10 s Espresso hinzugefügt und nach weiteren 5 s ist die Maschine wieder bereit für eine neue Eingabe.

Abb. 12.44 zeigt das Simulink-Modell mit dem *State Transition Table*. Als Eingangsgrößen werden die Variablen `Start` und die Systemzeit `t` benutzt. Der *State Transition Table* wird zu dirkreten werden berechnet.

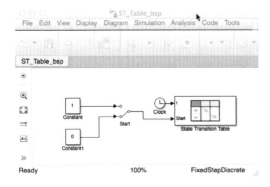

Abb. 12.44: *Simulink Modell der Cappuccino Maschine;* `ST_Table.slx`

Im eigentlichen *State Transition Table* ist die Abfolge der einzelnen Zustände abgebildet. Jede Zeile stellt einen Zustand mit Transition zum nächsten Zustand dar. Der Label der Transition kann alle üblichen Elemente (Bedingung, Aktion, Event) enthalten. Der Folgezustand wird bei jeder Transition explizit angegeben. Der komplette *State Transition Table* ist in Abb. 12.45 dargestellt.

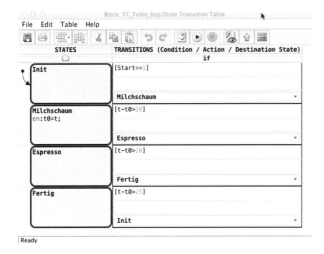

Abb. 12.45: *State Transition Table der Cappuccino Maschine;* `ST_Table.slx`

Im Zustand `Init` wird auf den Wert `Start==1` gewartet. Liegt dieser vor, wird der Zustand `Milchschaum` aktiv. Zunächst wird die aktuelle systemzeit in der Variablen `t0` gespeichert. Nach Ablauf von 10 s erfolgt der Übergang in den Zustand `Espresso`, nach weiteren 10 s in den Zustand `Fertig`. Nach einer Wartezeit von 5 s kehrt der Automat in den Ausgangszustand `Init` zurück und wartet auf eine weitere Eingabe.

Durch das Einrücken von Zuständen ist prinzipiell auch die Abbildung von *Superstates* und *Substates* möglich. Die benötigten Elemente des *Data Dictionary* werden über den Model Explorer oder das Menü *Table* erzeugt. Das äquivalente Stateflow *Chart* kann über das Menü *Table/View State Diagram* erzeugt werden.

12.3 Action Language

Die *Action Language* stellt Elemente innerhalb von Stateflow zur Verfügung, die zur Durchführung von Vergleichen, zum Aufruf von Funktionen und zum Anstoß von Aktionen benötigt werden. Einige Komponenten wurden bereits verwendet, ohne näher darauf einzugehen. Beispiele hierfür sind Zustands- und Transitionsaktionen, logische Vergleiche und die Zuweisung von Werten an Variablen. Bei allen Labeln von Zuständen und Transitionen muss die Syntax der *Action Language* eingehalten werden. Bevor wir auf die verschiedenen Arten von Aktionen näher eingehen, muss beachtet werden, dass einer Reihe von Schlüsselworten eine besondere Bedeutung zukommt. Die in Tab. 12.3 aufgeführten Schlüsselworte können nicht als freie Bezeichnungen (z.B. Variablennamen) verwendet werden.

Tab. 12.3: Schlüsselworte der Action Language

Schlüsselwort (Abkürzung)	Bedeutung
change(data_name) chg(data_name)	Erzeugt ein lokales Event, wenn sich der Wert von data_name ändert.
during du	Darauf folgende Aktionen werden als *During Action* eines Zustands ausgeführt.
entry en	Darauf folgende Aktionen werden als *Entry Action* eines Zustands ausgeführt.
entry(state_name) en(state_name)	Erzeugt ein lokales Event, wenn der angegebene Zustand aktiviert wird.
exit ex	Darauf folgende Aktionen werden als *Exit Action* eines Zustands ausgeführt.
exit(state_name) ex(state_name)	Erzeugt ein lokales Event, wenn der angegebene Zustand verlassen wird.
in(state_name)	Bedingung, die als **true** ausgewertet wird, wenn der Zustand **state_name** aktiv ist.
on event_name	Darauf folgende Aktionen werden ausgeführt, wenn das Event mit dem Namen **event_name** auftritt.
send(event_name,state_name)	Sendet das Event **event_name** an den Zustand **state_name** (direktes *Event-Broadcasting*).
matlab(funktion,arg1,arg2...) ml()	Aufruf der MATLAB-Funktion **funktion** mit den Argumenten **arg1**, **arg2**, ...
matlab.var ml.var	Zugriff auf die Variable **var** im MATLAB-Workspace.

12.3.1   Numerische Operatoren

Tab. 12.4 fasst alle zulässigen numerischen Operationen in *Action Language* zusammen.

Tab. 12.4: Numerische Operationen

Operator	Beschreibung
a + b	Addition zweier Operanden.
a - b	Subtraktion zweier Operanden.
a * b	Multiplikation zweier Operanden.
a / b	Division zweier Operanden.
a %% b	Restwert Division (Modulus).

12.3.2 Logische Operatoren

Tab. 12.5 fasst alle zulässigen logischen Operationen in *Action Language* zusammen. Nur wenn im Menü *Chart/Properties* der Eintrag *Enable C-like bit operations* ausgewählt wurde, sind die logischen Operationen auch bitweise definiert.

Tab. 12.5: *Logische Operatoren*

Operator	Beschreibung
a == b	Gleichheit zweier Operanden.
a ~= b	Ungleichheit zweier Operanden.
a != b	Ungleichheit zweier Operanden.
a > b	Größer-Vergleich zweier Operanden.
a < b	Kleiner-Vergleich zweier Operanden.
a >= b	Größer-Gleich-Vergleich zweier Operanden.
a <= b	Kleiner-Gleich-Vergleich zweier Operanden.
a && b	Logisches UND zweier Operanden.
a & b	Bitweises UND zweier Operanden.
a || b	Logisches ODER zweier Operanden.
a | b	Bitweises ODER zweier Operanden.
a ^ b	Bitweises XOR zweier Operanden.

12.3.3 Unäre Operatoren und Zuweisungsaktionen

In Tab. 12.6 sind die in *Action Language* möglichen unären Operatoren und Zuweisungsaktionen zusammengefasst.

Tab. 12.6: *Unäre Operatoren und Zuweisungsaktionen*

Operator	Beschreibung
~a	Bitweises Komplement von a.
!a	Logische NOT-Operation.
-a	Negativer Wert von a.
a++	Variable a um 1 erhöhen.
a--	Variable a um 1 erniedrigen.
a = expression	Zuweisung an die Variable a.
a := expression	Zuweisung an die Variable a mit Typumwandlung.
a += expression	Identisch mit der Anweisung a = a + expression.
a -= expression	Identisch mit der Anweisung a = a - expression.
a *= expression	Identisch mit der Anweisung a = a * expression.
a /= expression	Identisch mit der Anweisung a = a / expression.

Der Operator := führt vor der Zuweisung eine Typkonversion aller Operanden von
expression in den Datentyp von a durch, bevor expression tatsächlich ausgewertet
wird. Dies kann vor allem bei Fixed-Point-Variablen zu unterschiedlichen Ergebnissen,
im Vergleich zur Zuweisung mittels =, führen. Bei der Zuweisung mittels = wird die
Typkonversion erst nach Auswertung von expression durchgeführt. Durch Nachstel-
len eines F wird eine Floating-Point-Zahl mit einfacher Genauigkeit gekennzeichnet.
Dadurch ist eine Speicherplatzeinsparung, vor allem in Echtzeit-Code, möglich. Die
folgende Zuweisung kennzeichnet eine Gleitkomma-Zahl mit einfacher Genauigkeit:

```
x = 3.21F;
```

12.3.4   Detektion von Wertänderungen

In Tab. 12.7 sind die in *Action Language* möglichen Operatoren zur Detektion von
Wertänderungen zusammengefasst. Die Variable u kann eine lokale Variable, ein Ein-

Tab. 12.7: *Change Operatoren*

Operator	Beschreibung
haschanged(u)	true, wenn sich u verändert hat
haschangedfrom(u,u0)	true, wenn u=u0 war und u sich verändert hat
haschangedto(u,u0)	true, wenn sich u auf u0 verändert hat

gang von Simulink oder ein Ausgang nach Simulink sein. Die Veränderung bezieht sich
jeweils auf zwei aufeinander folgende Rechenschritte von Stateflow.

12.3.5   Datentyp-Umwandlungen

Die Umwandlung von Datentypen kann auf zweierlei Weise erfolgen. Bei expliziter Typumwandlung wird der Operator cast verwendet. Die Anweisung

```
y = cast(3*x, int16);
```

bewirkt, dass der Ausdruck 3*x in den Datentyp int16 (Integer 16 Bit) umgewandelt
wird und anschließend der Variablen y zugewiesen wird. Eine Typumwandlung kann
auch im MATLAB-Stil erfolgen. Die Anweisung

```
y = int16(3*x);
```

ist äquivalent zur vorangegangenen Anweisung. In beiden Fällen können als Datentypen die Ausdrücke double, single, int32, int16, int8, uint32, uint16, uint8 oder
boolean verwendet werden.

Mit Hilfe des type-Operators wird eine Typumwandlung abhängig vom Datentyp einer
anderen Variablen vorgenommen. Die Anweisung

```
x = cast(y,type(z));
```

wandelt die Variable y in den Datentyp der Variablen z um und weist das Ergebnis der
Variablen x zu.

12.3.6 Aufruf von MATLAB-Funktionen und Zugriff auf den Workspace

In *Action Language*-Anweisungen können MATLAB-Funktionen von Stateflow aus aufgerufen werden. Das Ergebnis wird einer Variablen des *Data Dictionary* zugewiesen. Die Argumente der Funktion können entweder Variablen des MATLAB-Workspace sein oder von Stateflow an die Funktion übergeben werden. Die Übergabe von Stateflow-Variablen an eine MATLAB-Funktion erfolgt analog zur Parameterübergabe im Befehl `printf` der Programmiersprache C.

Wenn die MATLAB-Funktion mit einer Workspace-Variablen als Argument aufgerufen werden soll, muss diese zuerst in MATLAB definiert worden sein. Der Ergebniswert wird immer an eine Variable im *Data Dictionary* zugewiesen. Abb. 12.46 zeigt den Aufruf der Funktion $\sin(x)$ im Zuge einer Bedingungsaktion beim Übergang von Z1 nach Z2. Die Größe x ist eine Variable des Workspace.

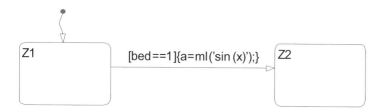

Abb. 12.46: MATLAB-*Funktionsaufruf mit Workspace-Variable*

Der Aufruf einer MATLAB-Funktion mit Variablen aus Stateflow ist in Abb. 12.47 dargestellt. Die Argumente werden zunächst durch Platzhalter bestimmten Typs ersetzt und beim tatsächlichen Aufruf von Stateflow durch die Zahlenwerte ersetzt. In Abb. 12.47 wird die Funktion $\sin(x) \cdot \cos(y)$ mit den Argumenten d1 und d2 aufgerufen. Die Platz-

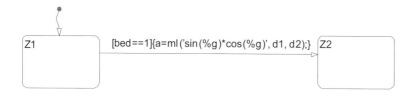

Abb. 12.47: MATLAB-*Funktionsaufruf mit Argumentübergabe durch Stateflow*

halter entsprechen denen aus der Programmiersprache C. %g und %f stehen für Double-Zahlen, %d und %i für Integer-Zahlen und %s steht für einen String.

Der Zugriff auf Variablen des MATLAB-Workspace wird ebenfalls mit dem ml-Operator realisiert. Auf die Variable x des Workspace wird durch die folgende *Action Language*-Anweisung zugegriffen:

∎ `ml.x`

Komplexere Anweisungen können durch wiederholtes Anwenden von `ml` konstruiert werden. Die Anweisung

∎ `ml.x = ml.a + ml.b * ml.c`

innerhalb einer Zustandsaktion oder Transitionsaktion in *Action Language* ist identisch zur Anweisung

∎ `x = a + b * c`

direkt am MATLAB-Prompt. Mit dem `ml`-Operator kann auch auf beliebige Funktionen aus MATLAB zugegriffen, diese mit Workspace- oder Stateflow-Variablen aufgerufen und das Ergebnis an Workspace- oder Stateflow-Variablen zurückgegeben werden. Der Ausdruck

∎ `ml.x = ml.sin(ml.y);`

weist der Workspace-Variablen x den Sinus der Workspace-Variablen y zu. Wenn die Sinus-Funktion mit der Stateflow-Variablen a aufgerufen wird und das Ergebnis wieder in der Workspace-Variablen x gespeichert werden soll, so geschieht dies durch den Aufruf:

∎ `ml.x = ml.sin(a);`

Um das Ergebnis von `ml.sin(a)` an die Stateflow-Variable b zuzuweisen, muss der `ml`-Operator auf der linken Seite der Zuweisung entfallen.

∎ `b = ml.sin(a);`

Alle gezeigten Operationen sind auch mit Matrizen (Arrays) möglich. In *Action Language* wird auf Matrix-Elemente mit nachgestellten eckigen Klammern zugegriffen. Um dem Element (1, 3) der Workspace-Variablen x den Sinus des Elements (2, 5) der Stateflow-Variablen a zuzuweisen, ist folgende Anweisung nötig:

∎ `ml.x[1][3] = ml.sin(a[2][5]);`

Es ist auch möglich Operationen durchzuführen, die auf eine ganze Matrix wirken. Die Inverse der Stateflow-Variablen a wird im folgenden Kommando an die Stateflow-Variable b zugewiesen. Dabei müssen beide Variablen vorher im *Data Dictionary* mit entsprechender Dimension definiert worden sein.

∎ `b = ml.inv(a);`

Es sei noch angemerkt, dass der Aufruf selbst erstellter C-Funktionen möglich ist, jedoch hier nicht weiter vertieft werden soll.

12.3.7 Variablen und Events in Action Language

Beim Zugriff auf Variablen oder Events versucht Stateflow, diese in derselben Hierarchie-Ebene (d.h. innerhalb desselben Mutter-Objekts) wie die aufrufende Aktion zu finden.

Anschließend wird die Hierarchie-Ebene darüber untersucht, bis die oberste Ebene erreicht ist. Wenn auf eine Variable eines anderen Mutter-Objekts Zugriff benötigt wird, so muss der volle Pfad dorthin angegeben werden. Eine lokale Variable x innerhalb des Zustands Z1.Open wird durch die Anweisung Z1.Open.x referenziert.

Arrays werden in *Action Language* anders als in MATLAB dargestellt. Auf das Array Element $(1, 3, 7)$ der Variablen matrix wird durch die Anweisung matrix[1][3][7] zugegriffen. Grundsätzlich muss jedes Element eines Arrays einzeln angesprochen werden; Matrixoperationen sind in *Action Language* nicht verfügbar. Eine Ausnahme bildet die so genannte **skalare Expansion**. Bei der Zuweisung, Multiplikation und Addition können ganze Arrays auf einmal manipuliert werden. Alle Elemente des Arrays matrix werden durch die Anweisung matrix = 10 auf den Wert 10 gesetzt. Zwei Matrizen gleicher Größe können durch die Anweisung matrix1 + matrix2 elementweise addiert werden. Schließlich kann die Multiplikation aller Matrixelemente mit einer skalaren Zahl (hier der Zahl 3) durch die Anweisung matrix * 3 durchgeführt werden, ohne dass jedes Matrixelement einzeln angesprochen werden muss.

Bisher war im Zusammenhang mit Events immer vom „Auftreten" eines Events die Rede. In *Action Language* kann ein Event aber auch direkt ausgelöst werden. Dazu müssen das Event und sein Scope im *Data Dictionary* definiert werden. Diese Einstellungen legen auch gleichzeitig die Sichtbarkeit des Events fest. Beim Auslösen von Events wird zwischen **ungerichtetem** und **gerichtetem Auslösen** (*Broadcasting*) unterschieden.

Ungerichtetes *Broadcasting* bewirkt, dass das Event bei allen potentiellen Empfängern innerhalb des definierten Scopes sichtbar ist. Das ungerichtete *Broadcasting* erfolgt durch Angabe des Namens des Events. Die Methode des *Event-Broadcastings* wird insbesondere bei der Synchronisation von Parallel-Zuständen angewendet. Das Beispiel in Abb. 12.48 zeigt dazu eine Möglichkeit. Wenn das Event e1 auftritt, erfolgt ein Wechsel

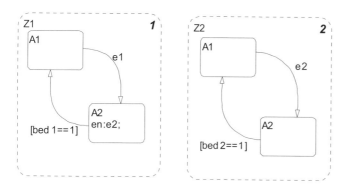

Abb. 12.48: *Ungerichtetes Event-Broadcasting*

von Z1.A1 nach Z1.A2. Beim Eintritt in Z1.A2 wird durch die *Entry Action* das ungerichtete Event e2 ausgelöst, was wiederum einen Zustandswechsel von Z2.A1 nach Z2.A2 des zweiten parallelen Zustands verursacht. Genau dies versteht man unter der angesprochenen Synchronisationswirkung. Das Event ist in diesem Fall in allen Zuständen des *Charts* sichtbar.

Will man hingegen erreichen, dass das Event `e2` nur innerhalb des gewünschten Empfängerzustands `Z2` sichtbar ist, so kann man sich des gerichteten *Event-Broadcastings* bedienen. Abb. 12.49 zeigt das modifizierte *Chart*. Die *Entry Action*

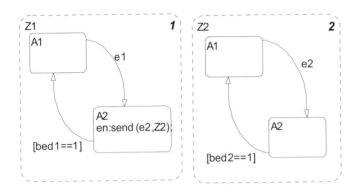

Abb. 12.49: *Gerichtetes Event-Broadcasting*

von `Z1` löst das Event `e2` aus, wobei durch den Aufruf `send(e2,Z2)` sichergestellt wird, dass `e2` nur innerhalb von `Z2` sichtbar ist. Das Event `e2` wird gewissermaßen direkt an `Z2` gesendet. Statt des Befehls `send` kann das Event auch durch die objektorientierte Notation `en:Z2.e2;` direkt an `Z2` gesendet werden.

Zum Abschluss dieses Abschnitts sei noch auf zwei wichtige Konventionen hingewiesen.

1. Falls das Label einer Transition oder eines Zustands für eine Zeile zu lang ist, so kann es durch das Fortsetzungssymbol ... am Ende der Zeile in die nächste Zeile umgebrochen werden.

2. Der Variablenname `t` hat die spezielle Bedeutung der Simulink-Simulationszeit. Die Variable `t` braucht dabei nicht im *Data Dictionary* deklariert werden, sie ist generell in allen Objekten eines *Charts* bekannt, und der Wert der Simulationszeit wird von Simulink an Stateflow vererbt.

12.3.8   Temporallogik-Operatoren

Temporallogik-Operatoren sind boolesche Operatoren, die auf der Basis des wiederholten Auftretens von Events ausgewertet werden. Sie dürfen nur in Transitionen mit jeweils einem Zustand als Quelle und Ziel (auch über Verbindungspunkte hinweg) sowie in Zustandsaktionen auftreten. Das Aufsummieren von Events erfolgt nur, solange der Quellzustand aktiv ist. Bei einem Zustandswechsel wird der interne Event-Zähler zurückgesetzt. Stateflow definiert die Operatoren `after`, `before`, `at`, `every` und `temporalCount`.

Der `after`-Operator wird zu `true` ausgewertet, wenn das Event `E` mindestens n-mal aufgetreten ist. Die Syntax lautet:

■ `after(n, E)`

Der `after`-Operator kann in jede beliebige Bedingung eingebaut werden, aber auch in Zustandsaktionen. Das folgende Label einer *During Action* eines Zustands bewirkt, dass die Aktion `aktion_during` dann ausgeführt wird, wenn das Event E mindestens 5-mal aufgetreten ist.

■ `during: on after(5, E): aktion_during;`

Der `after`-Operator kann durch hinzufügen des Schlüsselwortes `sec` einen Bezug zur absoluten Zeitbasis herstellen. Die folgende Anweisung wird zu `true` ausgewertet, wenn 4,8 Sekunden seit der letzten Aktivierung des Quellzustandes vergangen sind:

■ `after(4.8, sec)`

Der `before`-Operator ist gewissermaßen das Gegenteil des `after`-Operators. Der Ausdruck

■ `before(n, E)`

wird dann zu `true` ausgewertet, wenn das Event E weniger als n-mal aufgetreten ist. Auch hier ist durch Verwendung des Schlüsselwortes `sec` ein Bezug zur Absolutzeit möglich. Der Ausdruck

■ `before(4.8, sec)`

wird als `true` ausgewertet, wenn weniger als 4,8 Sekunden seit der letzten Aktivierung des Quellzustandes vergangen sind.

Der `at`-Operator wird hingegen nur genau ein einziges Mal zu `true` ausgewertet. Die folgende Anweisung wird zu `true` ausgewertet, wenn das Event E genau n-mal aufgetreten ist.

■ `at(n, E)`

Mit dem `every`-Operator wird eine Bedingung periodisch zu `true` ausgewertet. Die Anweisung

■ `every(n, E)`

wird genau bei jedem n-ten Auftreten des Events E seit der Aktivierung des Quellzustands zu `true` ausgewertet. Dies entspricht der Funktion des `at`-Operators, wobei zusätzlich beim n-ten Event der interne Zähler jeweils zurückgesetzt wird.

Der `temporalCount`-Operator liefert als Ergebnis die vergangene Zeit in Sekunden seit der letzten Aktivierung des Quellzustandes. Wenn der Operator in der *Exit Action* eines Zustandes verwendet wird, kann dadurch die Aktivierungsdauer des Zustandes berechnet werden.

■ `exit: y=temporalCount(sec);`

12.4   Anwendungsbeispiel: Getränkeautomat

In diesem Anwendungsbeispiel wird die Steuerung eines einfachen Getränkeautomaten mit folgender Funktionalität entworfen: Der Automat besitzt die zwei Zustände Off und On, die anzeigen, ob er ein- oder ausgeschaltet ist. Bei der Initialisierung soll sich die Steuerung im Zustand Off befinden. Der Wechsel zwischen Off und On soll durch das Tastersignal schalter ausgelöst werden.

Der Automat stellt die vier Getränke Orangensaft, Cola, Fanta und Wasser zur Verfügung. Die Auswahl erfolgt durch eine Variable wahl, die die vier Getränke Orangensaft bis Wasser in den Zahlenwerten 1 bis 4 codiert. Der Kauf eines Getränks erfolgt in zwei Schritten: Zuerst wählt man die Sorte durch die Variable wahl aus und dann betätigt man einen Taster (dargestellt durch das Event auswahl), durch den die Getränkeausgabe erfolgt. Der Zustand On des Getränkeautomaten kann demnach in die *Substates* Bereit, Orange, Cola, Fanta und Wasser untergliedert werden.

Im Ausgabefach des Automaten befindet sich ein Sensor, der erkennt, ob die ausgewählte Getränkeflasche bereits entnommen wurde. Die Entnahme soll durch das Event entnahme angezeigt werden. Nur wenn die Flasche entnommen wurde, darf eine neue Flasche ausgegeben werden.

Da kein realer Automat vorhanden ist, werden die Events für schalter, auswahl und entnahme in Simulink durch manuelle Schalter ersetzt. Das *Chart* soll nicht bei jedem Abtastschritt ausgeführt werden, sondern nur bei Auftreten eines der angesprochenen Events. Es soll sich also um ein getriggertes *Chart* handeln.

Eine Lösung des vorgestellten Problems ist in Abb. 12.50 als Stateflow *Chart* dargestellt. Abb. 12.51 zeigt das umgebende Simulink-Modell. Zusätzlich zu den in Abb. 12.50 definierten grafischen Elementen sind die in Abb. 12.52 enthaltenen Elemente des *Data*

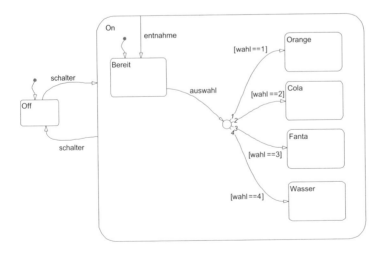

Abb. 12.50: *Stateflow Chart der Steuerung eines Getränkeautomaten;* `getraenkeautomat.mdl`

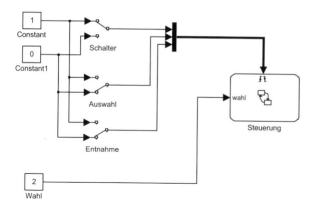

Abb. 12.51: *Umgebendes Simulink-Modell der Steuerung des Getränkeautomaten*

Abb. 12.52: *Inhalt des Data Dictionary*

Dictionary definiert. Die Funktionsweise wird nun noch näher erläutert. Mithilfe der manuellen Schalter werden Flankensignale erzeugt, die von Stateflow als die Events `schalter`, `auswahl` und `entnahme` interpretiert werden. Diese Eingangsevents von Simulink sind im Explorer so definiert worden, dass sie auf eine beliebige Flanke reagieren (*Trigger: Either Edge*). Das *Chart* darf nur bei Auftreten eines der Eingangsevents ausgeführt werden. Aus diesem Grund muss die Update-Methode auf *Inherited* gesetzt werden. Die Variable `wahl` ist eine Eingangsgröße vom Typ Double mit dem Wertebereich 1 bis 4 und wird in Simulink durch eine Konstante an das *Chart* übergeben. Im Dialogfeld *Chart Properties* ist der Punkt *Execute Chart At Initialization* ausgewählt, so dass bei der Initialisierung ein implizites Event ausgelöst wird und alle gültigen Standardtransitionen ausgeführt werden.

Zur animierten Darstellung wird in Simulink eine feste Simulations-Schrittweite und eine Abtastzeit von 0.1 ms gewählt, andernfalls wäre die Simulation zu schnell beendet. Bei der Initialisierung wechselt der *Chart* in den Zustand `Off`. Zum Einschalten muss das Event `schalter` durch den manuellen Schalter ausgelöst werden. Nach dem Wechsel in den *Superstate* On ist die Standardtransition gültig und der Automat befindet sich im Zustand `On.Bereit`. Die Konstante `wahl` kann Werte zwischen 1 und 4 annehmen und steuert die Auswahl zwischen den verschiedenen Getränken. Durch das Event `auswahl` (ausgelöst durch den entsprechenden Schalter in Simulink) wechselt das *Chart* in den Zustand der ausgewählten Getränkesorte. Dort könnten dann in einem realen Getränke-automat die entsprechenden Aktionen zur Ausgabe einer Flasche ausgelöst werden. Der Wechsel zurück in den Zustand `On.Bereit` kann durch die *Inner Transition* erst nach Auftreten des Events `entnahme` erfolgen. Dieses Event wird wiederum durch den ent-sprechenden manuellen Schalter in Simulink ausgelöst. Vom Zustand `On.Bereit` kann wieder eine neue Getränkeauswahl erfolgen. Zu jedem Zeitpunkt kann der Getränkeau-tomat über das Event `schalter` in den Zustand `Off` versetzt werden. Durch Starten der Simulation und Betätigen der drei Schalter können die Zustandsübergänge im Stateflow *Chart* verfolgt werden.

12.5 Anwendungsbeispiel: Steuerung eines Heizgebläses

Die vorhergehende Anwendung in Kap. 12.4 war ein typischer Fall für die Verwendung von Exklusiv-Zuständen. In diesem Beispiel soll im Rahmen des Entwurfs einer Steue-rung eines Heizgebläses der Fall von Parallel-Zuständen untersucht werden.

Das Gebläse soll kalte und heiße Luft ausstoßen können. Zum Aufheizen kann ein Heiz-stab ein- und ausgeschaltet werden. Der Heizstab darf nur dann eingeschaltet werden, wenn auch das Gebläse in Betrieb ist, da sonst ein Schaden am Gerät entstehen kann. Der Heizlüfter besitzt einen Taster für das Gebläse und einen Schalter für den Heizstab.

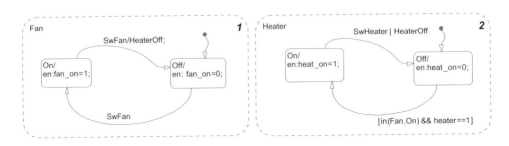

Abb. 12.53: *Stateflow Chart der Steuerung des Heizgebläses;* `geblaese.mdl`

Eine mögliche Steuerung des Heizgebläses ist in Abb. 12.53 dargestellt. Die Steuerung ist in zwei Parallel-Zustände aufgeteilt, da Gebläse und Heizstab prinzipiell unabhängig voneinander angesteuert werden. Die Bedingung, dass der Heizstab nur bei eingeschal-tetem Gebläse in Betrieb sein darf, wird über das Event `HeaterOff` realisiert. Das um-gebende Simulink-Modell und der Inhalt des *Data Dictionary* gehen aus den Abb. 12.54 und 12.55 hervor.

Das *Chart* wird nur bei Auftreten der externen Events `SwFan` und `SwHeater` ausgeführt; die Update-Methode ist auf *Inherited* eingestellt. Die beiden Events werden durch ma-nuelle Schalter im Simulink-Modell ausgelöst. In den *Chart Properties* ist der Punkt

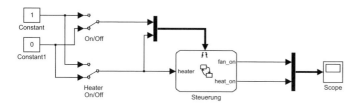

Abb. 12.54: *Umgebendes Simulink-Modell des Heizgebläses*

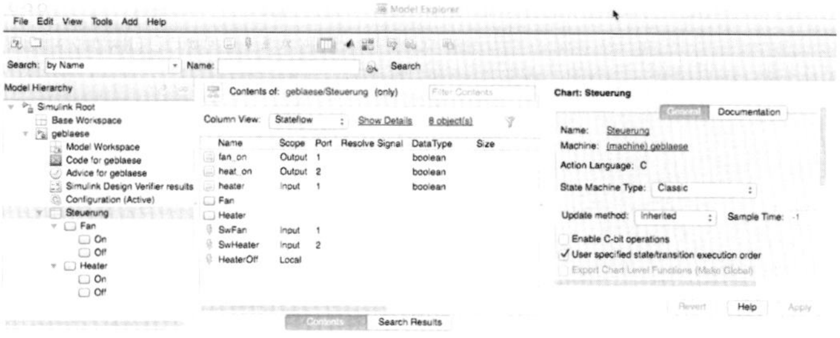

Abb. 12.55: *Model Explorer der Gebläsesteuerung*

Execute Chart At Initialization ausgewählt, so dass ein implizites Event ausgelöst wird, welches die beiden *Default Transitions* zur Ausführung bringt. Die geometrische Anordnung ist so gewählt, dass der Zustand `Fan` vor dem Zustand `Heater` abgearbeitet wird.

Nach der Initialisierung befinden sich beide Zustände in ihren jeweiligen `Off`-*Substates*. Bei Betätigung des Schalters `On/Off` wird das Event `SwFan` unabhängig von der Schaltrichtung ausgelöst. Dies bewirkt einen Zustandswechsel von `Fan.Off` nach `Fan.On`. Der *Superstate* `Heater` wechselt dadurch von `Heater.Off` nach `Heater.On`, falls der Schalter `Heater On/Off` in Stellung `On` ist, d.h. falls die logische Variable `heater` gleich eins ist. Wenn die Variable `heater` gleich null ist, wird der *Superstate* `Heater` vom Event `SwFan` nicht berührt.

Bei erneuter Schalterbewegung findet ein Wechsel von `Fan.On` nach `Fan.Off` statt. In der zugehörigen Transitionsaktion (Abb. 12.53) wird zusätzlich das lokale Event `HeaterOff` ausgelöst, welches einen Zustandswechsel von `Heater.On` nach `Heater.Off` bewirkt, falls sich der Zustand `Heater` im *Substate* `On` befand. Die Transition von `Heater.On` nach `Heater.Off` ist genau dann gültig, wenn eines der beiden Events `SwHeater` oder `HeaterOff` auftritt. Eine Bewegung des Schalters `Heater On/Off` von `Off` nach `On` in Simulink löst das Event `SwHeater` aus und setzt den Wert der logischen Variablen `heater` auf `true`. Dies führt zu einer Transition von `Heater.Off` nach `Heater.On`, falls der Zustand `Fan.On` aktiv ist (siehe Tab. 12.3). Dies entspricht einer Einschaltsperre, die bewirkt, dass der Heizstab nur eingeschaltet werden kann, wenn das Gebläse bereits in Betrieb ist. Wenn die Steuerung im Zustand `Heater.On` ist, bewirkt die Betätigung des Schalters der Heizung einen Übergang von `Heater.On` nach `Heater.Off` oder umgekehrt, je nach Ausgangslage.

Betrachten wir nochmals kurz die Synchronisation zwischen den beiden *Superstates*. Wenn sich beide im Zustand On befinden und das Gebläse aufgrund des Events SwFan einen Wechsel von Fan.On nach Fan.Off vollzieht, so wird durch das lokale Event HeaterOff in der Transitionsaktion auch ein Abschalten der Heizung erzwungen. Da die Variable heater nur von der Schalterstellung Heater On/Off abhängt, wechseln bei erneutem Auftreten des Events SwFan sowohl der *Superstate* Fan als auch Heater in den jeweiligen On-Zustand, wenn sich der Schalter Heater On/Off immer noch in Stellung On befindet. Der Schalter Heater On/Off hat also zwei Funktionen: er belegt den Wert der logischen Variablen heater und löst bei einer Schaltung das Event SwHeater aus.

Die *Entry Actions* der vier *Substates* geben jeweils mittels zweier logischer Variablen den Betriebszustand von Gebläse und Heizung an Simulink aus, sie besitzen aber keine Wirkung auf den Ablauf des Zustandsautomaten.

Im Simulink-Modell wurde eine feste Abtastzeit von 0.1 ms eingestellt, damit die Simulationsdauer ausreichend hoch wird und die Animation im Stateflow *Chart* verfolgt werden kann.

12.6   Anwendungsbeispiel: Springender Ball

Mit Stateflow können neben ereignisdiskreten dynamischen Systemen auch gemischt kontinuierlich diskrete Systeme modelliert werden (hybride Systeme). Die Vorgehensweise wird anhand eines springenden Balls dargestellt.

Die Differentialgleichung des Balls in freier Bewegung lautet (Position y und Geschwindigkeit v)

$$\dot{y} = v \qquad\qquad\qquad\qquad\qquad\qquad\qquad\qquad (12.2)$$

$$\dot{v} = -9.81$$

Zum Zeitpunkt des Auftreffens des Balls auf den Untergrund findet ein Energieverlust statt und die Geschwindigkeit kehrt ihr Vorzeichen um. Dieses gemischt dynamische System kann in Stateflow mit einem einzigen Zustand modelliert werden. Zunächst muss das verwendete *Chart* auf die kontinuierliche Arbeitsweise vorbereitet werden. Dazu wird die Update-Methode auf *Continuous* eingestellt (siehe Abb. 12.16 auf Seite 464).

Anschließend werden die beiden Variablen y und v im Model-Explorer angelegt (Abb. 12.56). Um das Ergebnis in Simulink später betrachten zu können wird noch eine *Output*-Variable mit dem Namen y_out angelegt. In Simulink wird die Simulationszeit auf 15 s und der Solver auf *ode45* eingestellt. Das Staeflow *Chart* und das umgebende Simulink-Modell sind in Abb. 12.57 dargestellt. Zu Beginn wird in der *Default Transition* die Position zu $y = 10$ und die Geschwindigkeit zu $v = 0$ initialisiert. Anschließend wird der Zustand Bewegung aktiv. In der *During Action* wird die Differentialgleichung des Balls berechnet. Dabei werden die Bezeichnungen y_dot und v_dot verwendet. Diese Variablen müssen nicht definiert werden, sondern Stateflow berechnet für alle Variablen mit der Update Methode *Continuous* und der Endung _dot die erste zeitliche Ableitung der Variablen. Als Ausgabewert zu Simulink wird die Position y verwendet.

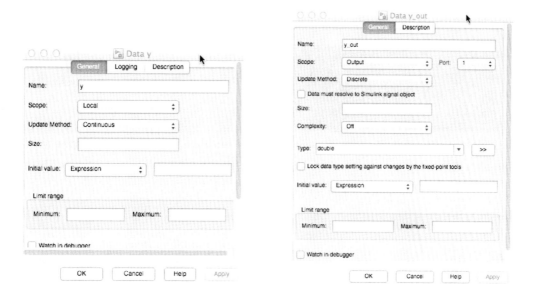

Abb. 12.56: *Anlegen lokaler Variablen mit Continuous-Update-Methode;* `ball.mdl`

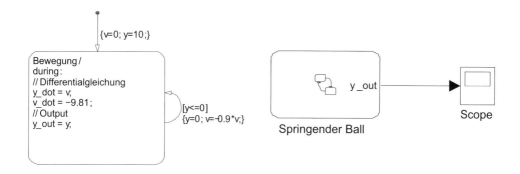

Abb. 12.57: *Stateflow Chart und umgebendes Simulink Modell des springenden Balls;* `ball.mdl`

Nun muss noch das Event des Auftreffens auf den Untergrund modelliert werden. Dazu wird in der *Self Loop Transition* abgefragt, ob der Untergrund erreicht ist (y<=0) und bei erfüllter Bedingung die Geschwindigkeit invertiert und leicht abgeschwächt (v=-0.9*v). Nach diesem Neusetzen der Zustandsvariablen der Differentialgleichung wird sofort wieder der Zustand Bewegung aktiv und die Differentialgleichung wird in der *During Action* kontinuierlich bis zum nächsten Auftreffen auf den Untergrund integriert. Der Verlauf der Position y ist in Abb. 12.58 dargestellt.

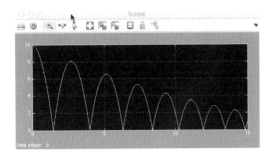

Abb. 12.58: *Verlauf der Position des springenden Balls;* `ball.mdl`

12.7   Übungsaufgaben

12.7.1   Mikrowellenherd

Entwerfen Sie die Steuerung eines Mikrowellenherds mit folgender Funktionalität:

- Es existiert jeweils ein Schalter zum Öffnen und Schließen der Türe, zum Ein- und Ausschalten und zur Veränderung der Heizleistung.

- Es sollen die drei Leistungsstufen `Stufe1`, `Stufe2` und `Stufe3` berücksichtigt werden.

- Die Tür wird zunächst durch den Türschalter geschlossen.

- Durch den Ein-/Ausschalter wird das Gerät in der gewählten Leistungsstufe in Betrieb gesetzt. Dies darf nur bei geschlossener Tür möglich sein.

- Durch Ausschalten wird das Gerät außer Betrieb gesetzt, die Türe bleibt aber noch geschlossen.

- Bei Öffnen der Türe während des Betriebs wird das Gerät gleichzeitig abgeschaltet.

- Während des Betriebs soll ein Wechsel der Leistungsstufe jederzeit durch Auswahl und Betätigung des Schalters zur Veränderung der Leistungsstufe möglich sein.

- Bei erneutem Schließen der Tür soll der zuletzt aktive Zustand wieder eingenommen werden (Gerät in Betrieb oder Gerät abgeschaltet).

Die folgenden Hinweise sollten Sie beim Lösen der Aufgabe beachten: Das *Chart* ist eventgesteuert, in den *Chart Properties* muss daher die Update-Methode auf *Inherited* gesetzt werden.

Bei der Initialisierung soll das *Chart* einmalig ausgeführt werden, so dass alle Standardübergänge ausgewertet werden. Wählen Sie dazu *Execute Chart At Initialization* im Menü *Chart Properties*.

Die Heizstufe wird am besten durch eine Konstante von Simulink an das *Chart* übergeben.

Die benötigten Eingangsevents werden in Simulink am einfachsten durch manuelle Schalter realisiert, wobei der Trigger-Typ der Events auf *Either Edge* gesetzt ist.

Machen Sie bei der Realisierung so ausgiebig wie möglich von der Bildung von *Superstates* und *Substates* Gebrauch. Dadurch lassen sich viele, ansonsten benötigte logische Abfragen vermeiden.

12.7.2 Zweipunkt-Regelung

Gegeben ist das dynamische System gemäß Abb. 12.59. Es soll ein Zweipunkt-Regler

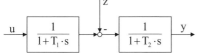

Abb. 12.59: *Dynamisches System für die Zweipunkt-Regelung*

für die Regelgröße y **in Stateflow** realisiert werden, der die folgenden Anforderungen erfüllt:

- Die möglichen Stellgrößen u betragen $+10$ oder 0. Die Zeitkonstanten der Regelstrecke betragen $T_1 = 0.1$ und $T_2 = 1$.

- Bei einer Abweichung der Regelgröße y vom Sollwert w von mehr als 10% wird ein Schaltvorgang von 0 auf $+10$ bzw. von $+10$ auf 0 durchgeführt.

- Der Regler besitzt einen Zustand `blockiert`, in dem kein Regelvorgang durchgeführt wird (Stellgröße $u = 0$) und einen Zustand `Freigabe`, in dem die geforderte Stellaktivität durchgeführt wird. Die Freigabe der Regelung erfolgt durch eine boolesche Variable, die in Simulink von einem manuellen Schalter verändert wird.

- Um die Belastung des Stellglieds abzuschätzen, wird bei freigegebenem Regler bei jedem 10ten Schaltvorgang von $u = 0$ auf $u = +10$ die **Workspace-Variable** `zaehler` um eins erhöht.

Entwerfen Sie ein Stateflow *Chart* mit der geforderten Funktionalität und den Eingangssignalen `freigeben` (Freigabe der Regelung), `w` (Sollwert) und `y` (Regelgröße). Beachten Sie, dass das *Chart* kontinuierlich ausgeführt werden muss. Führen Sie die Simulation für eine Dauer von 120 s mit einem Sollwert von $w = 5$ durch und schalten Sie nach $t = 60$ s eine Störgröße $z = 2$ auf das System. Stellen Sie die Regelgröße y und die Stellgröße u in einem *Scope* dar und verwenden Sie eine feste Schrittweite von $< 10^{-3}$, um die Schaltvorgänge verfolgen zu können. Überprüfen Sie am Ende der Simulation die Workspace-Variable `zaehler`.

Symbolverzeichnis

Randzeichen

≫ So wird Matlab-Programm-Code gekennzeichnet,
≫ wie er direkt am Matlab-Prompt eingegeben

und ausgegeben wird.

Text- und Schrifthervorhebungen

inverse	MATLAB-Befehl
Block	Simulink-Block
V	Variable in Formeln; Variable in MATLAB-Befehlen
[optional]	Optionale Parameter in eckigen Klammern

Allgemeine Vereinbarungen

$\mathbf{A}$	Matrizen
$\mathbf{x}$	Vektoren (in MATLAB-Formeln nicht fett)
x	Skalare
$\mathrm{Im}\{.\}$	Imaginärteil von .
$\mathrm{Re}\{.\}$	Realteil von .

Symbole

○	Nullstellen in Nullstellen-Polstellen-Verteilung (Befehl pzmap) $\left(^{Control}_{System}TB\right)$
×	Polstellen in Nullstellen-Polstellen-Verteilung (Befehl pzmap) $\left(^{Control}_{System}TB\right)$
$\delta(t)$	Dirac-Impuls
$\delta[k]$	Einheitsimpuls bei diskreten Systemen
ΔF	Frequenzauflösung $\left(^{Signal}_{Processing}TB\right)$
$\Delta\omega$	Frequenzauflösung $\left(^{Signal}_{Processing}TB\right)$
λ_i	reelle Eigenwerte eines Systems $\left(^{Control}_{System}TB\right)$
$\sigma \pm j\omega$	komplexe Eigenwerte eines Systems $\left(^{Control}_{System}TB\right)$
Φ_{yy}	Autokorrelationsfunktion des Ausgangs

Φ_{xx}	Autokorrelationsfunktion der Zustände
	Autokorrelationsfunktion $\left(\substack{Signal \\ Processing}TB\right)$
Φ_{xy}	Kreuzkorrelationsfunktion $\left(\substack{Signal \\ Processing}TB\right)$
$\varphi(\omega)$	Phasenwinkel der Frequenzgangfunktion $\left(\substack{Control \\ System}TB\right)$
φ_R	Phasenrand (Phasenreserve) $\left(\substack{Control \\ System}TB\right)$
$\chi(s)$	Charakteristisches Polynom einer Übertragungsfunktion $\left(\substack{Control \\ System}TB\right)$
ω	Frequenz, Frequenzvektor $\left(\substack{Control \\ System}TB\right)$
ω_φ	Phasen-Durchtrittsfrequenz $\left(\substack{Control \\ System}TB\right)$
ω_A	Amplituden-Durchtrittsfrequenz $\left(\substack{Control \\ System}TB\right)$
ω_N	Nyquist-Frequenz $\left(\substack{Control \\ System}TB\right)$
ω_n	natürliche Frequenz = Kennkreisfrequenz $\left(\substack{Control \\ System}TB\right)$
ω_0	Kennkreisfrequenz = natürliche Frequenz $\left(\substack{Control \\ System}TB\right)$
$\mathbf{A}$	Systemmatrix $(Nx \times Nx)$ $\left(\substack{Control \\ System}TB\right)$
$\overline{\mathbf{A}}$	Systemmatrix der Beobachtbar- bzw. Steuerbarkeitsform $\left(\substack{Control \\ System}TB\right)$
$\mathbf{A_c}$	Systemmatrix des steuerbaren Teilsystems $\left(\substack{Control \\ System}TB\right)$
a_k, b_k	Koeffizienten der reellen Fourierreihe $\left(\substack{Signal \\ Processing}TB\right)$
$\mathbf{A_m}$	Systemmatrix in Modalform $\left(\substack{Control \\ System}TB\right)$
$\mathbf{A_{nc}}$	Teilmatrix der unsteuerbaren Zustände $\left(\substack{Control \\ System}TB\right)$
$\mathbf{A_{no}}$	Teilmatrix der unbeobachtbaren Zustände $\left(\substack{Control \\ System}TB\right)$
A	Systemmatrix (MATLAB-Variable) $\left(\substack{Control \\ System}TB\right)$
a	Systemmatrix (MATLAB-Variable) $\left(\substack{Control \\ System}TB\right)$
ant	Vektor mit den komplexen Frequenzanworten $\left(\substack{Control \\ System}TB\right)$
$\mathbf{B}$	Eingangsmatrix $(Nx \times Nu)$ $\left(\substack{Control \\ System}TB\right)$
$\overline{\mathbf{B}}$	Eingangsmatrix der Beobachtbar- bzw. Steuerbarkeitsform $\left(\substack{Control \\ System}TB\right)$
$\mathbf{B_c}$	Eingangsmatrix des steuerbaren Teilsystems $\left(\substack{Control \\ System}TB\right)$
$\mathbf{B_o}$	Eingangsmatrix des beobachtbaren Teilsystems $\left(\substack{Control \\ System}TB\right)$
$\mathbf{b}$	Eingangsvektor $(Nx \times 1)$ $\left(\substack{Control \\ System}TB\right)$
b	Eingangsmatrix (MATLAB-Variable) $\left(\substack{Control \\ System}TB\right)$
$\mathbf{C}$	Ausgangsmatrix $(Ny \times Nx)$ $\left(\substack{Control \\ System}TB\right)$
$\overline{\mathbf{C}}$	Ausgangsmatrix der Beobachtbar- bzw. Steuerbarkeitsform $\left(\substack{Control \\ System}TB\right)$
$\mathbf{C_c}$	Ausgangsmatrix des steuerbaren Teilsystems $\left(\substack{Control \\ System}TB\right)$
$\mathbf{C_o}$	Ausgangsmatrix des beobachtbaren Teilsystems $\left(\substack{Control \\ System}TB\right)$
$\mathbf{Co}$	Steuerbarkeitsmatrix (**Co**ntrollability Matrix) $\left(\substack{Control \\ System}TB\right)$
$\mathbf{c}$	Ausgangsvektor bei MISO- und SISO-Systemen $(1 \times Nx)$ $\left(\substack{Control \\ System}TB\right)$
c	Ausgangsmatrix (MATLAB-Variable) $\left(\substack{Control \\ System}TB\right)$
$\mathbf{D}$	Durchschaltmatrix $(Ny \times Nu)$ $\left(\substack{Control \\ System}TB\right)$
D	Dämpfungsfaktor
d	Durchschaltmatrix (MATLAB-Variable) $\left(\substack{Control \\ System}TB\right)$
$den(s)$	Nennerpolynom einer Übertragungsfunktion $\left(\substack{Control \\ System}TB\right)$

e	Exponentialfunktion
eh	Einheit der Frequenz $\left(\substack{Control\\System}TB\right)$
$F(\mathbf{x})$	vektorwertige Funktion $\left(\substack{Optimi-\\zation}TB\right)$
$F(j\omega)$	Frequenzgangfunktion $\left(\substack{Control\\System}TB\right)$
$-F_0(j\omega)$	Übertragungsfunktion des offenen Regelkreises $\left(\substack{Control\\System}TB\right)$
F_R	Amplitudenrand (Amplitudenreserve) $\left(\substack{Control\\System}TB\right)$
FRD	Frequenzgang-Daten-Modell/Frequency Response Data $\left(\substack{Control\\System}TB\right)$
$f(\mathbf{x})$	skalare Funktion $\left(\substack{Optimi-\\zation}TB\right)$
$freq$	Frequenzenvektor $\left(\substack{Control\\System}TB\right)$
$G(\omega)$	Übertragungsfunktion $\left(\substack{Control\\System}TB\right)$
$h(t)$	Zeitsignal $\left(\substack{Signal\\Processing}TB\right)$
h_{ij}	Übertragungsfunktion vom Systemeingang j zum Systemausgang i $\left(\substack{Control\\System}TB\right)$
	Nullstellen-Polstellen-Darstellung vom Systemeingang j zum Systemausgang i $\left(\substack{Control\\System}TB\right)$
$H(j\omega)$	zeitkontinuierliches komplexes Spektrum $\left(\substack{Signal\\Processing}TB\right)$
$H_d(\omega_k)$	zeitdiskretes komplexes Spektrum der DFT $\left(\substack{Signal\\Processing}TB\right)$
$H(z^{-1})$	Filterübertragungsfunktion $\left(\substack{Signal\\Processing}TB\right)$
$\mathbf{H}$	zweidimensionale Matrix von Übertragungsfunktionen $\left(\substack{Control\\System}TB\right)$
	zweidimensionale Matrix von Nullstellen-Polstellen-Darstellungen $\left(\substack{Control\\System}TB\right)$
i	Index für Systemausgang $\left(\substack{Control\\System}TB\right)$
	komplexer Operator $i = \sqrt{-1}$
J_{ij}	Jacobi-Matrix $\left(\substack{Optimi-\\zation}TB\right)$
j	Index für Systemeingang $\left(\substack{Control\\System}TB\right)$
	komplexer Operator j$= \sqrt{-1}$
k	Abtastschritt in zeitdiskreter Darstellung
	Verstärkungsfaktor in Nullstellen-Polstellen-Darstellung $\left(\substack{Control\\System}TB\right)$
m	Ordnung des Zählerpolynoms einer Übertragungsfunktion $\left(\substack{Control\\System}TB\right)$
	Anzahl der Nullstellen bei Nullstellen-Polstellen-Darstellung $\left(\substack{Control\\System}TB\right)$
mag	Amplitudengang (dreidimensionaler Array) $\left(\substack{Control\\System}TB\right)$

n	Ordnung des Nennerpolynoms einer Übertragungsfunktion ($^{Control}_{System}TB$)
	Anzahl der Polstellen bei Nullstellen-Polstellen-Darstellung ($^{Control}_{System}TB$)
$num(s)$	Zählerpolynom einer Übertragungsfunktion ($^{Control}_{System}TB$)
Nf	Anzahl der Frequenzen eines FRD-Modells (Befehl `size`)
Ns	Systemordnung/Anzahl der Zustände (Befehl `size`)
Nu	Anzahl der Systemeingänge ($^{Control}_{System}TB$)
Nx	Anzahl der Systemzustände ($^{Control}_{System}TB$)
Ny	Anzahl der Systemausgänge ($^{Control}_{System}TB$)
Ob	Beobachtbarkeitsmatrix (**Ob**servability Matrix) ($^{Control}_{System}TB$)
p	Polstellen in ZPK-Modellen Nullstellen-Polstellen-Darstellung ($^{Control}_{System}TB$)
	Variable der s-Transformation
$phase$	Phasengang (dreidimensionaler Array) ($^{Control}_{System}TB$)
SS	Zustandsdarstellung/State-Space ($^{Control}_{System}TB$)
s	Variable der s-Transformation
sys	LTI-Modell ($^{Control}_{System}TB$)
T	Transformationsmatrix ($^{Control}_{System}TB$)
T	Zeitkonstante ($^{Control}_{System}TB$)
	Abtastzeit ($^{Signal}_{Processing}TB$)
T_s	Abtastzeit ($^{Control}_{System}TB$)
TF	Übertragungsfunktion/Transfer Function ($^{Control}_{System}TB$)
TB	Toolbox
u	Eingangsvektor ($Nu \times 1$) ($^{Control}_{System}TB$)
u	Systemeingang bei SIMO- und SISO-Systemen ($^{Control}_{System}TB$)
	Eingangssignal ($^{Control}_{System}TB$)
w	Frequenzvektor ($^{Control}_{System}TB$)
x	Zustandsvektor ($Nx \times 1$) ($^{Control}_{System}TB$)
x$_0$	Anfangswertvektor
y	Ausgangsvektor ($Ny \times 1$) ($^{Control}_{System}TB$)
y	Systemausgang bei MISO- und SISO-Systemen ($^{Control}_{System}TB$)
	Ausgangssignal ($^{Control}_{System}TB$)
ZPK	Nullstellen-Polstellen-Darstellung/Zero-Pole-Gain ($^{Control}_{System}TB$)
z	Nullstellen in ZPK-Modellen Nullstellen-Polstellen-Darstellung ($^{Control}_{System}TB$)
	Ein-Schritt vorwärts Schiebeoperator der z-Transformation
z^{-1}	Ein-Schritt rückwärts Schiebeoperator der z-Transformation

Literaturverzeichnis

[1] ABEL, D.: *Theorie ereignisdiskreter Systeme*. Oldenbourg Verlag, 1998.

[2] AMANN, H.: *Gewöhnliche Differentialgleichungen*. Walter Degruyter Verlag, Berlin, 1995.

[3] BEUCHER, O.: MATLAB *und Simulink lernen. Grundlegende Einführung*. Addison Wesley Verlag, 2000.

[4] BODE, H.: MATLAB *in der Regelungstechnik*. Teubner Verlag, Stuttgart, Leipzig, 1998.

[5] BJÖRK, Å., DAHLQUIST, G.: *Numerische Methoden*. Oldenbourg Verlag, München, Wien, 1972.

[6] BRONSTEIN, I. N., SEMENDJAJEW, K. A.: *Taschenbuch der Mathematik*. Verlag Harri Deutsch, Thun und Frankfurt am Main, 25. Auflage, 1991.

[7] CAMACHO, E. F., BORDONS, C.: *Model Predictive Control*. Springer Verlag, Heidelberg, London, New York, 2000.

[8] CAVALLO, A., SETOLA, R., VASCA, F.: *Using Matlab, Simulink and Control System Toolbox*. Prentice Hall, London, 1996.

[9] GILL, P. E., MURRAY, W., WRIGHT, M. H.: *Practical Optimization*. Academic Press, London, 1981.

[10] HÄMMERLIN, G., HOFFMANN, K.-H.: *Numerische Mathematik*. Springer Verlag, Berlin, Heidelberg, New York, 1994.

[11] HALE, J.: *Ordinary Differential Equations*. Wiley-Interscience, New York, 1969.

[12] HOFFMANN, J.: MATLAB *und Simulink: Beispielorientierte Einführung in die Simulation dynamischer Systeme*. Addison Wesley Verlag, 1998.

[13] HOFFMANN, J., BRUNNER, U.: MATLAB *und Tools für die Simulation dynamischer Systeme*. Addison Wesley Verlag, 2002.

[14] KAUTSKY, J., NICHOLS, N. K. *Robust Pole Assignment in Linear State Feedback*. Int. J. Control, no. 41, S. 1129-1155, 1985.

[15] KIENCKE, U.: *Ereignisdiskrete Systeme – Modellierung und Steuerung verteilter Systeme*. Oldenbourg Verlag, 1997.

[16] LOCHER, F.: *Numerische Mathematik für Informatiker.* Springer Verlag, Berlin, Heidelberg, New York, 1993.

[17] LUDYK, G.: *Theoretische Regelungstechnik 1.* Springer Verlag, Berlin, Heidelberg, 1995.

[18] LUDYK, G.: *Theoretische Regelungstechnik 2.* Springer Verlag, Berlin, Heidelberg, 1995.

[19] LUTZ, H., WENDT, W.: *Taschenbuch der Regelungstechnik.* Verlag Harri Deutsch, Thun und Frankfurt am Main, 3. Auflage, 2000.

[20] MEYBERG, K., VACHENAUER, P.: *Höhere Mathematik 1.* Springer Verlag, Berlin, Heidelberg, 2001.

[21] MEYBERG, K., VACHENAUER, P.: *Höhere Mathematik 2.* Springer Verlag, Berlin, Heidelberg, 2001.

[22] NOSSEK, J. A.: *Netzwerktheorie 1.* Vorlesungsskript, TU München, München, o. J.

[23] OBERLE, H. J., OPFER, G.: *Optimierung mit MATLAB – Einführung in die Theorie und die numerischen Verfahren.* Vorlesungsskript, Institut für Angewandte Mathematik, Universität Hamburg, 1999.

[24] OHM, J.-R., LÜKE, H.-D.: *Signalübertragung.* Springer Verlag, Heidelberg, Berlin, 2002.

[25] PAPAGEORGIOU, M.: *Optimierung: Statische, dynamische, stochastische Verfahren für die Anwendung.* Oldenbourg Verlag, München, 1996.

[26] SCHMIDT, G.: *Grundlagen der Regelungstechnik.* Springer Verlag, Berlin, 1994.

[27] SCHMIDT, G.: *Regelungs- und Steuerungstechnik 2.* Skriptum zur Vorlesung an der TU München, 1996.

[28] SCHRÖDER, D.: *Elektrische Antriebe – Grundlagen.* Springer Verlag, Heidelberg, Berlin, 2000.

[29] SCHRÖDER, D.: *Elektrische Antriebe – Regelung von Antriebssystemen.* Springer Verlag, Heidelberg, Berlin, 2001.

[30] SCHRÖDER, D. (ED.): *Intelligent Observer and Control Design for Nonlinear Systems.* Springer Verlag, Heidelberg, Berlin, 2000.

[31] SCHRÜFER, E.: *Signalverarbeitung – Numerische Verarbeitung digitaler Signale.* Carl Hanser Verlag, München, 1992.

[32] SHAMPINE, L. F.: *Numerical Solution of Ordinary Differential Equations.* Chapman & Hall, New York, 1994.

[33] SHAMPINE, L. F., REICHELT, M. W.: *The Matlab ODE Suite*. SIAM Journal on Scientific Computing, Vol. 18, 1997, pp 1-22. `http://www.mathworks.de/access/helpdesk/help/pdf_doc/otherdocs/ode_suite.pdf`

[34] STÖCKER, H.: *Taschenbuch mathematischer Formeln und moderner Verfahren.* Verlag Harri Deutsch, Thun und Frankfurt am Main, 3. Auflage, 1995.

[35] STOER, J.: *Numerische Mathematik 1.* Springer Verlag, Heidelberg, 1999.

[36] STOER, J., BULIRSCH, R.: *Numerische Mathematik 2.* Springer Verlag, Heidelberg, 2000.

[37] THE MATHWORKS: *Control System Toolbox User's Guide*. The MathWorks Inc.

[38] THE MATHWORKS: *Creating Graphical User Interfaces*. The MathWorks Inc.

[39] THE MATHWORKS: *Getting Started with* MATLAB. The MathWorks Inc.

[40] THE MATHWORKS: MATLAB *Mathematics*. The MathWorks Inc.

[41] THE MATHWORKS: MATLAB *Online-Manuals*. The MathWorks Inc.

[42] THE MATHWORKS: *Optimization Toolbox User's Guide*. The MathWorks Inc.

[43] THE MATHWORKS: *Signal Processing Toolbox User's Guide*. The MathWorks Inc.

[44] THE MATHWORKS: *Simulink Control Design User's Guide*. The MathWorks Inc.

[45] THE MATHWORKS: *Simulink User's Guide*. The MathWorks Inc.

[46] THE MATHWORKS: *Simulink Writing S–Functions*. The MathWorks Inc.

[47] THE MATHWORKS: *Stateflow and Stateflow Coder User's Guide*. The MathWorks Inc.

[48] VAJTA, M.: *Some Remarks on Padé-Approximations.* 3. TEMPUS-INTCOM Symposium, September 2000, Veszprém, Ungarn. `http://wwwhome.math.ut-wente.nl/vajtam/publications/temp00-pade.pdf`

[49] VOSS, H.: *Grundlagen der Numerischen Mathematik.* TU Hamburg-Harburg, Arbeitsbereich Mathematik, 2000.

[50] ZAUDERER, E.: *Partial Differential Equations of Applied Mathematics.* Wiley, 1989.

Index